数 字 草 业

理论、技术与实践

辛晓平　闫瑞瑞　姚艳敏　唐华俊 等　著

科 学 出 版 社
北　京

内 容 简 介

数字草业是科学问题驱动下的技术研究。本书从数字草业的科学原理、技术发展、产品应用等三方面，提炼了我国现代数字草业理论与技术框架。全书共分三篇十章：第一篇剖析了数字草业的概念、基本原理及发展趋势；第二篇系统论述了数字草业核心技术内容，包括数字草业技术标准与规范、草地生物环境要素监测技术、草地生产监测技术、草地生态退化监测技术、草地生产模拟技术、天然草地与栽培草地生产管理技术；第三篇介绍了我国数字草业技术软硬件技术产品研发及应用情况。

本书为草业信息科学发展奠定了理论基础，为草地优化管理提供了学科支撑，对于促进农牧业信息化、科学化和现代化具有实践意义。本书可供从事草业科研管理和生产经营等相关人员参考。

图书在版编目（CIP）数据

数字草业：理论、技术与实践／辛晓平等著. —北京：科学出版社，2015.11
ISBN 978-7-03-044541-4

Ⅰ.①数… Ⅱ.①辛… Ⅲ. ① 数字技术–应用–草原建设–研究
Ⅳ. ①S812.5-39

中国版本图书馆 CIP 数据核字(2015)第 124624 号

责任编辑：李秀伟 白 雪 ／ 责任校对：郑金红
责任印制：肖 兴 ／ 封面设计：刘新新

科学出版社 出版
北京东黄城根北街 16 号
邮政编码：100717
http://www.sciencep.com

中国科学院印刷厂 印刷

科学出版社发行 各地新华书店经销

*

2015 年 11 月第 一 版 开本：787 × 1092 1/16
2015 年 11 月第一次印刷 印张：28 3/4
字数：680 000

定价：198.00 元

(如有印装质量问题，我社负责调换)

《数字草业——理论、技术与实践》
著者名单

（按姓氏汉语拼音排序）

陈宝瑞　春　亮　段庆伟　李　刚　李向林　毛克彪

蒙旭辉　倪　静　隋雪梅　唐华俊　万里强　王　旭

吴　琼　吴宏军　辛晓平　徐大伟　徐丽君　闫瑞瑞

姚艳敏　张　钊　张保辉　张宏斌　周　磊　朱晓昱

序

草业科学是一门古老而又新兴的科学，内涵丰富。人类先祖从采集渔猎到捕获动物，形成了最原始的草业——草地畜牧业。在协调动物生产与植物生产关系的同时，草业科学的元素就开始累积。草业从生产特性上看包括前植物生产层、植物生产层、动物生产层、后生物生产层等 4 个层次。草原是处于植物生产与动物生产之间的界面，长期以来人们对于草业的界面特性认识不足，因此在草业科学的发展过程中不是被纳入植物生产类（如西欧），就是被纳入动物生产类（如我国）。因此，在很长一段时期，草业科学不是一门独立的学科。直至 20 世纪 40 年代，草业才从西方农学与畜牧学中分化出来，形成独立的学科体系。草业科学是以维持草地生态系统健康和获得相关产品为目的，研究从草地资源到草地农业系统的发生与发展的科学。

我国草地放牧利用已有 3000 年以上的历史，草原农垦历史亦逾千年，比世界上其他几个草地大国早得多，可是在草业发展方面，却较其他国家落后。现代草业主要是工业革命以后欧美的原始农/牧业系统吸收现代科学成果的产物，牧草对于欧美农业的影响不亚于农作物。栽培牧草在西方农业中被认为是绿色黄金，意大利早在 1550 年就开始豆科牧草的大面积栽培，欧洲西部稍晚一点，英国不迟于 1645 年。西欧发达国家成功实施的以栽培草地为基础的先进草地畜牧业不仅有高度发展的生产力，还保证了人与自然的协调相处；草业是目前美国最大的农业产业，食品工业 78%的产值来自草。欧美国家都非常重视草业生产各环节的高效管理和有效转化。20 世纪中叶以来，随着计算机技术、对地观测技术的发展，欧美发达国家都逐步建立了现代草业监测与管理系统，大大提高了草地经营管理的水平和效率。

近 30 年来，我国草业迅速成长，发展了一系列草业生产单项技术，但从系统视角开展不同草业生产层及其界面的管理研究还在肇始阶段。数字草业就是以草业生产各环节的定量监测、管理控制为目的的一门科学，是现代信息技术与草业科学的交叉学科。它在数字地球、数字农业的基本标准和规范框架下，构建面向草业系统现代化管理的数字技术和理论框架，通过草业要素、草业过程、草业管理的数字化，定量认识草业系统中各种要素（生物的、环境的、经济的）属性及其相互关系的动态规律，并应用于草业生产和经济发展。数字草业可以大大丰富草地畜牧业生产监测、管理、评价与决策的技术选择，完善我国草地畜牧业生产各环节的管理，探索农牧业信息化、科学化和资源节约型发展模式，有效提高我国草地畜牧业生产能力。

数字草业将有力拉动现代草业生产方式的转变和生产水平的提高。通过引进国外先进技术与再创新，我们可以发挥后发优势，迅速弥补草地农业在研究和管理上的不足，通过栽培草地生产过程模拟与管理、不同营养级之间转化过程的精准设计，提高草地农业的生产效率和经济效益；通过对不同自然和经济属性的草地系统进行合理空间规划，协调草业生产和生态环境的关系，在维持草地生态健康的前提下，促进现代草业生产方式的转变，建立资源节约、环境友好的新型现代草业生产体系。

数字草业技术将促进草业生产、经济与产业化过程的科学管理决策。我国草业比较薄弱，生产规模小、科技水平及含量相对较低，受自然条件、市场因素和政策影响波动较大。草业发展进入新阶段后，生产过程由过去的资源约束变为资源和市场的双重约束，集约化、产业化经营成为现代草业发展的必由之路。数字草业技术实现对草业生产经济与产业化过程定量监测，快速、准确地收集草业生产的实时信息，有力加强草业管理决策的准确性、科学性和权威性。

数字草业技术是现阶段提高我国草业经营效率、长远地保持草地畜牧业可持续发展的技术保障。通过数字草业技术推动现代草业建设，实现经济与生态双赢的草地可持续生产，发挥草地作为绿色屏障的生态功能，体现草地作为后备食物资源的生产功能，促进东、中、西协调发展，促进西部地区生态和生产协调发展，是把我国西部广大草原区建设成为社会、自然、经济协调发展的、适合人类生存的环境的关键。

“展翅雏鹰多珍重，青青诸子胜于蓝”。希望数字草业能借现代信息技术发展而迅速成长，完善开拓草业学科、为草业生产发展保驾护航。

任继周

2015 年 6 月

前　言

本书凝练了数字草业课题组 15 年来的主要研究。1999～2000 年，课题组承担了农业部计划司“我国北方草原区耕地和草地资源变化遥感监测”任务，提出了草地生产力/产草量的监测问题，之后十余年，我们一直致力于草地生产力监测、模拟及应用。针对草地生产力/产草量模拟精度提高的问题，课题组的研究逐渐从全国尺度监测模型构建，转向局域尺度产品验证与算法更新；从笼统的草地生产力监测，转向草原冠层主要植被参数［光合有效辐射吸收比例（FPAR）、叶面积指数（LAI）、光能利用率（LUE）］与环境参数（水分、温度）反演；从静态光学利用率模型，转向基于植被生物地化过程的动态模拟；从天然草原监测模拟，转向天然及栽培草地的模拟与诊断。这些理论方法进展初步构建了数字草业的理论和技术框架。学以致用，为了便于技术成果转化应用，自 2001 年开始课题组基于现代信息技术对草业专业模型进行集成升级，研制了草业智能管理决策平台、草地信息监测平台、草业监测管理掌上平台等软硬件技术产品，为政府决策、生产管理和科学研究提供快捷实用的工具。

课题组基于工作人员十余年来的研究成果、历届研究生毕业论文、博士后出站报告，2010 年组织完成了第一稿。但是，当时有些章节的研究尚欠火候，成果应用还比较有局限性，所以又进行了几年的沉淀和完善。这次重新组织书稿，除纳入“十二五”最新成果以外，还特邀倪静、李向林等承担了部分章节的撰写工作。

本书由唐华俊和辛晓平提出编写大纲并负责完成全书的修改定稿，由闫瑞瑞进行统稿、图文编辑校正。各章节主要著者如下：第一、第二章，辛晓平、唐华俊；第三章，姚艳敏、倪静、张保辉；第四章，王旭、毛克彪；第五章，李刚、隋雪梅、吴琼；第六章，周磊、张宏斌；第七章，陈宝瑞、张钊、徐丽君、春亮、闫瑞瑞、段庆伟、蒙旭辉；第八章，闫瑞瑞、徐大伟、李向林、万里强；第九章，张保辉、闫瑞瑞、徐大伟、吴宏军；第十章，唐华俊、辛晓平、朱晓昱。

本书共三篇十章。第一篇介绍了数字草业的基本概念及内涵，探讨了数字草业的研究对象及特点，回顾了草业发展历程，阐述了数字草业研究的背景和意义，剖析了数字草业的基本原理（理论基础、技术原理）及发展趋势。第二篇系统论述了数字草业核心技术内容，包括数字草业技术标准与规范、草地生物环境要素监测技术、草地生产监测技术（草地生产力及冠层 LAI/FPAR/LUE 反演等）、草地生态退化监测技术、草地生产模拟技术及天然与栽培草地生产管理技术。第三篇介绍了我国数字草业技术软硬件技术产品及应用情况，包括数据产品（草业科学数据共享中心）、软件产品（草地监测管理平台、栽培草地管理平台、远程诊断平台）及硬件产品（基于手持终端的管理诊断系统）。全书还探讨了我国数字草业发展面临的问题，对数字草业发展趋势进行了展望、预测。

数字草业是在新兴学科背景下由科学问题驱动的技术研究。以前农业信息化研究往往是“生产”或“现实”问题驱动的研究，从而缺乏科学理论的指导，忽视了要面对的科学问题。本书的学术思路是在新兴信息技术及其理论指导下，成果紧密结合当前主流信息技术、草地监测与草业管理专业理论的最新进展，跟踪国际草业数字化研究的前沿领域，将先进的理论和技术应用到我国草业产业化发展和生产实践中，探索草业数字化监测和管理关键技术、相关科学问题与假设，提炼我国现代数字草业理论与技术框架。本书成果为草业信息科学发展奠定了理论基础，为草地生产管理优化决策提供了学科支撑，对于促进农牧业信息化、科学化和现代化具有实践意义。

本书集成了前后 3 个五年计划的连续攻关研究成果，我们要特别感谢任继周先生在学术思路上的点拨、张新时先生对初期研究的肯定和支持，他们的认可，给了我们勇往直前的动力。

同时，感谢国际科技合作项目“草地生态系统优化管理关键技术合作（2012DFA31290）”提供了国际合作交流、引进吸收国外先进技术的机会，使得我们的研究与国际同行接轨，并直接促成本书的最终完成；感谢国家牧草产业技术体系专项（CARS-35）资金的支持；感谢 973 计划项目“草地与农牧交错带生态系统重建机理及优化生态-生产范式（G2000018607）”、863 计划项目“草业信息管理和决策系统研究（2002AA243021）”给予我们最初的经费支持；感谢国家农业科学数据共享中心草地与草业数据分中心（http: //grassland.agridata.cn/）为本书提供翔实的数据支持。

我国草业学科发展较晚，数字草业尚处于肇始阶段，很多科学问题尚待解决，本书只是对近十余年数字草业研究工作的一个阶段性总结，由于水平所限，难免有疏漏之处，敬请批评指正。

著　者

2015 年 4 月

目　　录

第一篇　理　论　篇

第二篇　技　术　篇

第三篇　实　践　篇

第一篇

理　论　篇

第一章 数字化管理：从数字地球到数字草业

1991 年，美国政府智囊团首先提出的“信息社会”概念拉开了数字化信息革命的帷幕。1992 年，西方七国集团在布鲁塞尔召开的“信息技术部长会议”通过了建立信息社会的原则和中间试验计划，并确定了“全球信息社会”的构想。1993～1994 年，美国分别实施了“全美信息高速公路”、“国家空间数据基础设施”计划，旨在建立美国国家信息框架，推动社会信息化，抢占信息产业的制高点和主动权。1996 年，在约翰内斯堡召开的“信息社会和发展大会的部长级会议”讨论了以信息高速公路为标志的信息社会的到来，并通过了全球 Internet 的建设计划、全球环境与资源管理计划、全球紧急情况（如特大自然灾害）管理计划、全球卫星计划（包括遥感卫星）和海洋信息社会建设等重大计划。而尼葛·洛庞帝（Nicholas Negroponte）所著《数字化生存》则用简洁易懂的方式描述了“计算不再只和计算机有关，它决定我们的生存”这样一个全新的人类生存理念，普及和介绍了数字化信息革命及其对现有生活方式的影响。

1992年，美国副总统戈尔从生态环境和全球气候变化的角度提出了数字地球的概念，但当时并未引起人们的广泛关注。1998年，戈尔在美国加利福尼亚科学中心发表了题为“数字地球：21世纪认识地球的方式”的讲演，正式提出数字地球的构想，与美国的其他全球性重大科技战略相辅相成，并作为美国政府白皮书发布，引起包括中国在内的全球性关注。“数字地球”是指一个可以嵌入海量地理数据的、多分辨率的、真实地球的三维表示，涉及以建模与数字模拟为特征的计算科学、海量储存技术、高分辨率的卫星图像技术、每秒传送一百万兆比特数据的宽带网络、互操作规范、元数据标准以及卫星图像的自动解译、多源数据的融合和智能代理等信息技术，其本质是用数字化的手段处理地球表面的过程和格局问题，在计算机上对全球变化的过程、规律、影响以及对策进行多分辨、多尺度、多时空和多种类的三维描述及各种模拟和仿真，从而提高人类应付全球变化的能力，解决环保、生态、农业、经济等问题。

数字地球是世界进入信息时代的最重要标志之一，对于发展全球信息产业具有非常重要的作用。“数字地球”也引起了我国政府和专家学者的极大关注，于 2006 年 5 月成立了国际数字地球学会，共商在我国实现数据共享以及建设中国的“数字地球”等的途径、总体框架、战略和策略等问题，并提出了“数字中国”的构想（毕思文，2001）。其基础理论是建立在地球系统科学、信息科学和计算科学等学科研究的基础上，将地球系统作为一个有机整体，研究地球各圈层组成要素之间的相互联系、相互作用的规律，进而建立地球系统现象的发生、发展的地学模型、数学模型、物理模型、力学模型、信息模型和计算机模型等。其技术支撑系统的主要研究内容有数据采集、存储、传输、处理和显示等技术，还包括构建宽带数据网，建立国家空间数据基础设施，发展超级计算机，大容量时空数据存储、管理，模拟仿真和虚拟现实、显示等。“数字地球”系统工程是在上述理论研究和技术支撑体系的共同支持下，通过软件开发和硬件集成，建立可运行的、分布式和开放网络信息系统，为我国资源合理利用、环境保护、减灾防灾、国防安全、知识传播和科学研究服务。

信息时代的来临正在改变人类的生存和发展方式。数字农业（digital agriculture）是“数字地球”在农业上的具体应用和实现，它将计算机技术、微电子技术、网络和多媒体技术、空间信息技术等方面的技术发展应用于农业生产，改变了几千年来传统农业的生产方式，翻开了农业发展的崭新一页。20 世纪 90 年代，美国国家研究委员会（National Research Council）进行了农业高新技术发展战略研究，1997 年，经过美国国家科学院、美国国家工程院的两院院士组织讨论，发表了名为《21 世纪的精细农业——农作物管理中的地学空间和信息技术》的报告，全面分析了地学空间信息技术在改善作物生产管理决策和改善经济效益方面的巨大潜力，阐明了空间信息技术为现代农业发展提供的机遇。

20 世纪 90 年代中期以来，数字农业在理论和技术体系方面迅速完善。“数字农业”使用计算机技术、地学空间技术、网络通讯技术、电子工程技术等数字化技术，结合生物工程技术及农业生产管理技术，将农业所涉及的农学、地理学、生态学、土壤学和植物生理学等基础学科有机结合，进行数字化和可视化的表达、设计、控制、管理，对农业生产、管理、经营、流通、服务等领域进行数字化设计、可视化表达和智能化控制，达到合理利用农业资源、降低生产成本、改善生态环境等目的，使农业按照人类的需求目标发展。

“数字农业”可以说是一次世界性农业科技革命的历史机遇。我国学界和政府对数字农业和农村信息化工作给予了高度重视。“十五”期间，科技部启动了“数字农业技术研究专项”，优先选择能对未来农业发展产生重大影响和具有重大应用前景的技术和产品，从数字农业技术标准与发展战略、数字农业关键技术研究与产品开发、数字农业技术系统集成与平台构建、数字农业示范等 4 个方面开展研究，逐步建立了我国数字农业技术体系；“十一五”、“十二五”期间，国家高技术研究发展计划（863 计划）在已有工作基础上，在现代农业技术领域设立了数字农业技术专题，加大对以“数字农业”为主要内容的农业信息技术研究的投入。专题针对我国农业和农村经济发展的重大需求，围绕我国农业产前决策、产中管理、产后农产品流通的关键环节，瞄准国际数字农业发展的前沿技术，以农业生物-环境信息获取与解析技术、农业过程数字模型与系统仿真技术、虚拟农业与数字化设计技术、农业数字化管理技术、农业数字化控制技术等内容为切入点，组织实施了一批“数字农业”关键技术，初步构建我国“数字农业”技术框架。

国家农业信息化工程技术研究中心赵春江认为，“数字农业”将工业可控生产和计算机辅助设计的思想引入农业，把信息技术作为农业生产力的重要因素，参与农业各个环节并使其成为不可缺少的组成部分（赵春江和薛绪掌，2005）。数字农业依据其操作对象尺度的大小、实现功能的不同而表现出一定的层次性，主要内容包括对农业不同要素（生物要素、环境要素、技术要素、社会经济要素）、不同方面（种植业、畜牧业、水产业、林业等）、不同过程（生物过程、环境过程、经济过程）、不同水平（分子水平、细胞水平、器官水平、个体水平、群体水平、社会水平）、不同部门（生产、科研、教育、行政、流通、服务等）的数字化表达、设计、控制和管理。总之，数字农业技术的不断发展正在深刻地改变农业生产的全过程，代表着现代农业生产管理的方向。

数字草业是数字农业的一个重要分支，也是数字地球的重要研究内容（唐华俊等，2009）。草地生态系统是陆表最重要、分布最广的生态系统类型之一，世界草地总面积

32 亿 hm^2，占地球陆地面积的 20%。作为最大的陆表生态系统，草地不但是主要的生态屏障，也是主要的食物来源和生产材料。草地生态系统根据其结构和功能特性、人类干预的程度，可以分为天然草原和草地农业系统两大类。天然草原是在数百万年到上千万年的进化过程中逐渐形成的一个完整的生态系统，它不仅是家畜的放牧场，也是特殊的生物资源和基因资源宝库，对人类环境和文明发展具有极其重大且不可代替的作用；草地农业系统是 19 世纪末期以来，随着环境问题、粮食问题的出现，为了提高生态系统生产力和稳定性、推进畜牧业现代化进程，形成的以多年生牧草及豆科牧草为主从事畜牧业生产的土地管理制度，包括永久性栽培草地和高产饲草基地。数字草业就是在数字地球和数字农业的基本标准和技术规范下，研究和解决上述草地生态系统及产业中的数字化表达、控制、管理与决策等问题，比狭义的数字农业（数字种植业、数字养殖业）具有更宽泛的内容，既涉及草地生态系统自然属性的数字化表达与管理，亦涉及草地生产系统产业属性的数字化研究与决策。

第一节　数字草业的基本概念与内涵

一、草业的发展及概念

在讨论数字草业的概念以前，我们首先回顾一下“草业”的发展及概念。

草业科学是一门古老而又新兴的科学，内涵丰富。人类先祖从采集渔猎到捕获动物，驯化饲养，收获奶、肉、皮毛等动物产品，形成了最原始的草业——草地畜牧业。畜牧业的目的是动物生产，手段或过程是牧草等植物生产，在协调动物生产与植物生产的关系的同时，草业科学的元素就开始累积。处于植物生产与动物生产之间的草原，是两者之间的界面。长期以来，人们对于草业的界面特性认识不足，因此草业科学在发展过程中不是被纳入植物生产类（如西欧），就是被纳入动物生产类（如我国）。因此，在很长一段时期，草业科学不是一门独立学科。第一次世界大战后，羊毛、肉类不足，价格上涨，以畜牧生产为目的的草业科学在 20 世纪 30 年代开始发展，40 年代趋于成熟，从西方农学与畜牧学中分化出来，形成独立的学科体系。

虽然我国拥有大面积的草原、几千年的畜牧业历史，但我国“草业”是一个发展较晚的新产业，在长期“以粮为纲”思想的影响下，畜牧业仅仅是副业生产的传统观念深入人心。与林业相比，草原也不能像森林一样，直接提供以生态系统第一性生产力为主的产品，因此形成在生产上重农轻草、在生态上重农轻草的观念，草业产业和学科发展长期生存于夹缝之中，尽管如此，中国草业发展和草原学科研究在过去的一个世纪中仍取得了若干成就。

20 世纪初，我国就开始了草原科学研究。新中国成立后，经济水平不断发展，草原科学所面临的任务与内涵有很大扩展。1984 年，钱学森在《草原、草业和新技术革命》一文中首次正式提出“草业”概念，认为草业产业是草原的经营和生产，应当突破传统放牧的方式，利用科学技术把草业变成知识密集的产业，这是我国第一次对草业给出定义。许鹏（1985）提出：草业是以草资源为基本生产资料，从事生产经营的产业部门，并给出了草地生产系统的结构与流程图，提出草地生产结构的核心是草地与牲畜，它们在自然因素和人为因素的影响下，通过人类经营，进行着牧草生产、牲畜增殖增重和畜产品生产过程，以及草、畜产品加工流通，草地植物多种用途开发的增值过程。任继周提出，草地农业是一种特殊的农业生产系统，从生产特性来看它包括 4 个层次：前植物生产层（前初级生产层），如风景、旅游、绿地、水土保持等，不以收获植物或动物产品为目的，以“景观资源”表现其生产意义；植物生产层（初级生产层），以收获植物营养体、子实、纤维、脂肪、分泌物等为目的，以植物资源表现其生产意义；动物生产层，是对植物生产层的利用与转化；后生物生产层（加工贸易层），是对植物生产层、动物生产层产品的加工、流通、交换和增值（任继周，1995；任继周等，2000）。这些代表性论述，初步概括了草业的含义及内涵。

对“草业”概念的明确是草原科学发展的一次飞跃。此后，草原科学从单纯理论和应用技术研究，转向兼顾理论研究、应用技术和产业化研究的综合学科，草业和草业科学开始了一个崭新的发展阶段。1997 年，教育部改定专业目录，正式将草原科学更名为草业科学；2011 年，草业科学从畜牧学中独立出来，与农业、林业、畜牧业等一起构成大农业的支柱学科。草业科学是以维持草地生态系统健康和获得相关产品为目的，研究从草地资源到草地农业系统的发生与发展的科学。

21 世纪以来，随着对生态系统服务与人类福祉的关注，草业具有了更加广阔的内涵。现代草业以恢复和保护受损天然草地生态系统为前提，通过改进草地质量提高草地生产力，形成以饲料牧草业、草食畜牧业、生态草业（城市草坪业和草地生态产业）为核心，兼顾生态、经济和社会效益的产业体系。

纵观草业发展，现代草业应该包括草地生态系统的自然（生态）属性和人文（农业）属性两方面内容的产业化，可以概括为以下 3 个子产业。

1）草食畜牧业：以天然草地和其他草料利用经草食牲畜采食转化为畜产品进入市场为目标的产业，现代草地畜牧业是传统草地畜牧业的深化和升级，通过粮、草、畜有机结合，最大限度地生产植物产品和动物产品，有效地弥补以谷物生产为主体的传统农业生产的缺失环节，是对以农副产品为主要饲料来源的农区畜牧业的重大补充。

2）饲料牧草业：以生产可供市场流通的饲草饲料产品为目标，其原料生产包括栽培草地、天然草地打草场、可供饲用的农林工副产品，其加工包括干草捆到颗粒、条块饲料压制，饲草铡短到氨化、微贮、青贮，以及添加剂利用和混合、配合饲料的生产。

3）生态草业：以草地植被的景观价值或生态服务价值为目标的产业，包括抵偿碳配额的草地生态治理工程和绿色景观营造，主要有草地资源优化配置规划、水土保持建设、自然保护区建设、旅游区建设、草坪建设等。良好的生态环境是国民经济和社会长期稳定发展的基础，绿化国土、改善环境关系到中华民族的生存和长远发展。生态草业是过去涉足甚少的领域，应该将其作为草业中一个有生命力的子产业去着力开发。

二、数字草业的概念、研究对象和特点

数字草业是数字农业的一个重要分支，它在数字地球、数字农业的基本标准和规范框架下，构建面向草地生态系统现代化管理的数字技术和理论框架；集成计算机技术、网络通讯技术、空间信息技术、自动化技术与草业科学、地理学、生态学等基础学科，

对草地生态系统各要素（环境要素、生物要素、经济要素等）及其重要过程进行监测、模拟、管理与控制。数字草业，在宏观上进行区域草业生态、生产、经济的监测与评估，为草业可持续发展提供决策支持；在微观上通过专家系统和知识工程建设，进行草地生产过程的数字化管理与控制，最大限度地优化生产投入、产量和效益。

数字草业虽然是数字农业的分支，但是其研究对象比数字农业、数字林业更为复杂。狭义的数字农业的研究对象是人工化程度较高的农田生态系统，其生产过程的可控程度比较高，生态系统成分与自然生态系统相比较简单，与数字技术结合可以达到很高的精细化程度。数字林业与数字草业一样，从属于数字农业与数字地球的框架与概念，但是从产品属性看，林业是以生态系统第一性生产力为产品，不涉及动物与植物的相互作用，所以数字林业的研究对象相对要单纯一些，而数字草业必须要考虑植被与家畜的动态关系。

数字草业的研究对象包括草业的三个子产业，草食畜牧业、饲料牧草业和生态草业，这三个子产业都基于天然草地系统和草地农业系统进行产品生产。因此，数字草业的研究要素不但包括三个子产业的各个生产环节，也涉及天然草地系统和草地农业系统的自然属性和人文属性。由于研究对象的复杂性，数字草业比数字种植业、数字养殖业具有更宽泛的内容，既涉及不同子产业自然属性的数字化表达与管理，亦涉及草业系统产业属性的数字化研究与决策。其中饲料牧草业数字技术研究以植物生产加工过程为核心，从技术角度看比较接近数字种植业；生态草业数字技术研究以草地生态系统的生物质生产和生态服务为核心，比较接近数字林业；而草地畜牧业数字技术研究的核心是草地-家畜生产系统的自然、生产和经济过程，数字林业、数字种植业、数字养殖业的同类技术均有所涉及。

数字草业包括三方面内容：一是草业要素的数字化，即对草业的生物、环境、经济的信息实现全面数字化；二是草业过程的数字化，即对草业过程的内在规律及外部联系的数字化表达，最常用也最有效的是利用数学模型对经验知识进行集成，从经验认知提炼和抽象出机理，从而大大节约草业研究的经费与时间，使传统的试验研究成果在更大的地理范围、更长的时间范围内推广应用；三是草业管理的数字化，即在草业生产、科研、教育、行政、流通、服务等各个环节全面地实现数字化与网络化管理，包括草业数据库系统、草业规划系统、草业专家系统、模拟优化决策系统等。这三个方面是密切联系的，没有草业要素的数字化，就不可能有信息技术的全面应用；没有信息技术的全面应用，也就不可能实现草业管理的数字化。数字草业的发展将使草业实现更高的效率、草畜产品达到更高的质量，同时，又使草地生态系统得到更有效的保护，建立可持续发展的现代草业产业技术体系。

第二节 数字草业的研究背景

食物安全与后备资源开发已成为 21 世纪我国农业发展战略与经济社会可持续发展的重大问题。长期以来，我国农业生产经营充分挖掘了农田的生产潜力，草地与海洋的巨大潜力未能得到有效发挥。我国是世界上草地资源最丰富的国家之一，拥有世界上最丰富的草地类型和牧草品种资源。我国草地面积占世界草地总面积的 12.4%，拥有各类天然草原近 398 万 km^2（可利用面积约 300 万 km^2），约占国土总面积的 41%，仅次于澳大利亚，居世界第二位。对我国宝贵的草资源有序开发、合理经营，促进天然草地生态系统和草地农业系统的建设和利用，大力发展现代草业，是保障我国食物安全的重要组成部分。

我国草地面积比耕地和森林的总和还大，但是大部分分布在干旱、半干旱和高原寒带地区，气候干旱少雨，土壤沙化严重，生态系统非常脆弱，承载能力低。按其所处的自然和经济条件可分为北方温带草原、高寒草地、西部荒漠草地、南方草山草坡等4类。北方温带草原分布在北温带半干旱区，包括内蒙古高原、黄土高原与松辽平原，面积106.7万km^2，是我国北方主要牧区之一，从东向西受水分条件限制依次出现草甸草原、典型草原、荒漠草原和荒漠，以饲养绵羊、肉牛为主；高寒草地主要分布在青藏高原，一般海拔4000m以上，面积126.7万km^2，是世界上最为特殊的一类草地，由东南部的高寒草甸向西北逐步演变为高寒草甸草原、高寒草原、高寒荒漠草原和高寒荒漠等草地类型，主要饲养牦牛与藏羊；西部荒漠草地分布于新疆的天山和阿尔泰山、柴达木与阿拉善，以山地草原、荒漠和绿洲为主，面积约60万km^2，多生细毛羊与骆驼；南方草山草坡分布于东南季风区，总面积约67万km^2，以次生灌草丛为主，水热条件好，但由于地形破碎、草质低劣，改造利用需要大量投入，开发利用很不充分，具有发展草食畜牧业的巨大潜力。

我国草地放牧利用已有3000年以上的历史，草原农垦历史亦逾千年，比世界上其他几个草地大国早得多，可是在草地利用与管理方面，却远较其他国家落后。传统的畜牧业是自给自足型的自然经济，满足于低投入、低产出、靠天养畜的粗放经营方式，生产力与商品率均甚低，目前我国天然草原每年的畜牧业生产能力约为2.5亿个羊单位，只有世界平均水平的30%左右，这一方面说明我国草地畜牧业的生产还有很大的增长空间，同时对我国草地畜牧业的生产方式、生产水平的改进提出了新的要求。

草业的发展程度是农业现代化的重要标志，美国、加拿大、法国、荷兰、爱尔兰、澳大利亚、新西兰等农业发达国家，草业是农业生产的主体，草业经济产值占其农业总产值的60%～70%，牧草种植面积占耕地面积的60%以上。随着我国人民生活水平的提高，食物结构中粮食消耗量会持续降低，而肉、奶等畜产品消耗量将上升。这就需要改变过去单一的种植农业模式，调整农业结构，大力发展草地农业，粮食作物、牧草、家畜相结合，农田、栽培草地、天然草地相结合，发展栽培草地，实行草田轮作，加速草食家畜生产。

从粮食安全的角度看，我国每年粮食产量的近40%用于畜牧业饲料用粮，其中绝大部分用于猪饲料。每1kg猪肉生产大约消耗3kg粮食，我国粮食安全问题在很大程度上是饲料粮短缺问题，“人畜争粮”是造成我国粮食安全问题的主要原因。目前，我国猪肉产量占肉类总产量的65%左右，牛羊肉产量只占15%，而发达国家牛羊肉产量占肉类总产量的比重一般都在50%以上，这也是畜牧业现代化的一个标志。据测算，如果我国牛羊肉比重达目前肉类总产量50%的水平，可节约粮食1亿t以上，相当于2014年全国粮食总产量的17%。在保证市场畜产品供给的前提下，依托草地农业发展，逐步提高草食家畜比重，显然可以降低畜牧业对粮食的消耗。

作为我国最大的陆地生态系统，草原不但是畜牧业发展的重要物质基础和牧区农牧民赖以生存的基本生产资料，草地与森林一起构成我国主要的陆地生态屏障，在保护和促进国家生态安全的战略中具有重要地位。我国是《生物多样性公约》、《联合国防治荒漠化公约》和《联合国气候变化框架公约》等国际公约的缔约国，对于维护全球生态环境具有不可推卸的责任。草地上拥有非常丰富的生物资源，是许多有价值的大型野生有蹄类食草动物与猛禽类的栖息地，也是大量优良野生牧草、药草、观赏植物与经济植物的家园，可提供发展我国食品、纺织、制革、造纸、制药、化工等轻工业以及对外出口贸易等多种经济的原材料，许多草原植物具有特殊的抗旱、耐寒、耐盐碱、高光合效率的生态生理特性，对农作物、牧草、饲料和林木的改良及育种具有很高的价值，其特殊基因资源是人类未来赖以生存和发展的珍贵基因宝库。草原是地球陆地上仅次于森林的最主要的吸收同化 CO_2 的碳汇，尤其是草地土壤腐殖质层富含有机碳，是北半球陆地生态系统的重要碳汇。我国 60 亿亩[①]天然草地的年固碳总量约为 6 亿 t，对于全球生态环境具有重大意义，是我国在国际气候生态外交中举足轻重的筹码。同时草地植被是陆地最大面积的“皮肤”，防风固沙、水土保持与水源涵养作用十分显著，尤其在具有很强荒漠化潜势的半干旱地带、地势陡峭与地球重力作用强烈的山地，草地植被的屏障功能就格外重要，如草原退化引发的沙尘灾害近年来成为一个跨地区、跨国界的环境问题。

但由于 20 世纪下半叶草地粗放经营和掠夺式利用，我国天然草地生态退化达 90%以上，很大程度上已成为沙尘暴、水土流失与自然灾害的渊薮，碳储量随草地生产力降低、土壤退化而大大降低。沙尘暴、荒漠化、水土流失等生态环境问题，对牧民的生产生活造成了极大影响，直接危及牧区经济社会可持续发展和国家生态安全。草地已不能满足人类社会对其生产力与生态功能极大增长的需求，从而成为我国西部牧区建设全面小康社会的瓶颈。党中央、国务院高度重视草原保护建设工作，“十五”以来实施了一系列草原保护建设政策与工程，包括退牧还草工程、天然草原保护工程、京津风沙源治理工程及草原生态保护补助奖励机制。退牧还草工程从 2003 年开始实施，截至 2012 年年底，中央财政累计在西藏、内蒙古、新疆、青海、四川、甘肃、宁夏、云南和新疆生产建设兵团等项目区投入资金 175.7 亿元。2010 年，国务院通过的《草原生态保护补助奖励机制》，每年投入 136 亿，促进草地生态恢复、畜牧业发展方式转变和牧民增收。

但是，由于草地生产和生态状况信息难以准确、实时获取，草地生产过程缺乏科学管理和动态调控，草地生产过程和保护建设工程缺乏技术支撑，草地退化形势仍相当严峻。同时，目前我国草业开始由原始生产方式向现代工程建设方式、高强度人工种草发展模式转变，规模化草业处于起步阶段，生产管理中的科技引导对行业发展具有决定性意义。数字草业能够建立从信息采集、动态监测、管理决策到信息传播的技术体系，丰富翔实的基础数据库及数字化决策管理服务系统为草地生产管理优化决策提供科学支撑，对于建立我国现代草业产业技术体系，促进农牧业信息化、科学化和现代化具有重要作用。

国际上，数字草业技术已经发展到较高水平，且在实际生产中得到应用。20 世纪中叶以来，随着计算机技术、对地观测技术的发展和应用，欧美发达国家在建立现代草业生产体系的同时，也发展了完善的草地生产监测与数字化管理系统，大大提高了草地经营管理的水平和效率。目前，国际草地数字化管理技术进入以网络化、空间化、智能控制为主的全面信息化阶段，数据信息越来越系统、数字化产品越来越实用。

我国数字草业技术研究尚处于肇始阶段，我国 20 世纪 80 年代以来也开展了草业数字化监测、管理与决策支持研究与应用，但由于技术条件和基础数据等限制，一直没有建立起完整、实用、服务于草地生态和草业生产的数字化监测管理平台和技术体系。与

① 1 亩≈666.7m²

国际同类技术相比差距很大，缺乏自主知识产权的平台技术和产品技术。由于长期以来我们在生态方面重森林而轻草地，在生产方面重农而轻牧，草业在科学研究和产业发展方面缺乏连续的支持，所以数字草业的技术积累非常薄弱。从草业要素的数字化、草业过程的数字化、草业管理的数字化三方面来看，数字草业的基础非常薄弱。

草业要素的数字化方面，草业科学研究产生的大部分数据长期处于分散状态，大量野外调查和实验数据濒临丢失，即使公开发表过的数据由于信息化程度低很难到达生产者和决策者手中，基础数据和研究信息缺乏导致了草业生产管理部门的许多决策失误。可以预见，随着草业产业化的不断发展，草业要素的基础数据信息缺乏对草业产业化的阻碍将更加突出。数字草业的首要任务，是整合目前分散在各科研机构、产业领域的草业信息化成果，研究和制定草业科学数据共享元数据标准、通用数据模型和关键技术标准，初步构建草业科学数据共享平台，形成适用于科学研究、生产决策的草业数据共享平台，促进我国农业信息化和草业产业化进程。

草业过程、草业管理的数字化是数字草业最关键的部分，是决策支持系统研究的核心技术。数学模型是草业过程表达、管理决策的主要技术，其模拟的对象是草业系统中各种要素（事物的、环境的、经济的）属性及其相互关系的动态规律。认识、掌握和利用这些规律并应用于草业生产经济发展，不但能够为保障国家生态安全、食物安全提供动态信息，同时为我国草业研究与国际资环领域接轨奠定技术基础。

数字草业技术是现阶段提高我国草业经营效率、长远地保持草地畜牧业可持续发展的技术保障。今后我国数字草业技术发展的战略目标是充分利用后发优势，以数字草业信息标准及基础数据库、草地生物-环境信息获取与解析技术、草业过程数字模型与系统仿真技术、栽培草地数字化设计技术、草业数字化管理技术、草业数字化控制技术等内容为突破口，力争在数字草业重大技术、重大系统、重大产品上取得突破，逐步建立我国数字草业技术体系、应用体系和运行管理体系，全面推进我国现代草业信息化进程。通过数字草业技术推动现代草业建设，实现经济与生态双赢的草地可持续生产，发挥草地作为绿色屏障的生态功能，体现草地作为后备食物资源的生产功能，促进东、中、西协调发展，促进西部地区生态和生产协调发展，是把我国西部广大草原区建设成为社会、自然、经济协调发展的、适合人类生存的环境的关键。

第三节　数字草业的研究意义

在经济全球化、信息化以及我国加入世界贸易组织的新形势下，中央提出了以信息化带动工业化，发挥后发优势，实现社会生产力跨越式发展的战略。数字草业技术的发展与应用必将全方位促进我国现代草业的发展，对提高我国草业系统生产能力和转化效率、带来我国草业生产方式的革新、促进草业管理决策水平再上新台阶、解决目前生态环境面临的困境发挥极其重要的作用。数字技术的应用是我国现代草业发展的迫切需求。面对加入WTO 后的国际竞争，当前和今后相当长的一个阶段内，我们草畜产品市场面临着国际市场的严峻挑战，国产化产品和进口产品将在同等竞争条件下求生存、求发展，数字草业通过信息技术在草业领域的集成应用，是今后我国实现草业跨越式发展的突破口，是中国草业积极防御战略的基石，是提高我国草业国际竞争力、世界范围内占有一席之地的战略选择。

数字草业将有效服务于提高草地畜牧业生产能力。虽然我国草地畜牧业在过去几十年中取得了辉煌成就，但由于长期依赖天然草地放牧的粗放经营，草地畜牧业的优势地位正在逐渐丧失。以草地畜牧业为主要产业的牧区 6 省，国土总面积占全国的 39.6%、草原总面积占全国 60%以上，2012 年提供的国民生产总值仅占全国的 5.2%，畜牧业生产总值之和占全国的比例在 5%～8%波动，牛羊肉产量新中国成立初期为 40%左右，1995 年以后下降到 17%～20%。以新疆为例，21 世纪初期，羊肉产量第一的位置已经被山东取代，牛肉产量从全国第三位下降到第九位。2012 年，内蒙古、新疆、宁夏、西藏、青海、甘肃农民人均纯收入在全国分别列第 15、第 22、第 24、第 27、第 30、第 31 名，除内蒙古外，牧区各省农牧民人均纯收入远低于全国水平（7917 元）。

人口数量的膨胀和耕地的扩展使得草地资源进一步破碎分割，草地面积缩小、生产力下降、质量劣化，再加上家畜数量增长，更加加剧了水土流失、沙尘暴等生态危机。这一问题长此以往积累起来，必然会危及我国西部整体生态安全甚至国家安全，必须对草地畜牧业生产进行有效监控，及时发现问题并协调草地畜牧业和生态环境的同步健康发展。数字草业将大大丰富草地畜牧业生产监测、管理、评价与决策的技术选择。数字草业技术通过对草地生产力进行高精度监测、对草畜生产系统进行准确模拟，进行国家、省（区）、旗（县）及牧场（社区）4 个尺度的草地畜牧业优化管理，提高我国草地畜牧业生产各环节的管理水平，探索农牧业信息化、科学化和资源节约型发展模式，有效提高我国草地畜牧业生产能力。

数字草业将有力拉动现代草业生产方式的转变和生产水平的提高。传统游牧式畜牧业生产力徘徊在低水平上，牧民生活难以得到根本改善，而且对草场生态环境带来很大的压力，造成草地的普遍退化。因此，张新时、任继周等学者认为，尽快实现从天然草场放牧向草地农业、栽培草地+舍饲养畜的战略性转移，是减轻草地放牧压力、促进退化草地自然恢复的根本出路。加拿大、英国、新西兰栽培草地面积分别占天然草场总面积的 27%、59%和 75%，我国的这一比例仅为 2%～3%。栽培草地的建立从根本上解决了这些国家的草畜矛盾，从而促进了这些国家畜牧业现代化的实现。因此，必须对种植业结构进行调整，扩大饲料（饲草）种植面积，大力实行草田轮作，在此基础上大力发展肉牛业、奶牛业和养羊业，不仅拉动和改善种植业，还可促进畜产品加工业、饲料工业、服务业及市场的发展，形成优化合理的农业内部及外部结构，形成在国际农产品市场具有强劲竞争力的大产业，创造出今后 20 年我国农业经济与生态的双赢局面。然而，由于我国一直以来对牧草科学的忽视，栽培草地生产中还存在许多问题，在适宜牧草品种的选择、栽培草地系统结构的设计、栽培草地的产量管理、病虫害诊断与防治等各方面从机理到技术研究均积累不足，不但与国际同类技术有很大差距，也落后于我国农田生态系统相应技术的研究。在宏观上，我国草业发展水平存在明显的地区差别，许多草地资源大省产业化进度迟缓，而内蒙古呈现一枝独秀之势，如奶产品的蒙牛、伊利，毛产品的鄂尔多斯，肉产品的草原兴发、小肥羊等，从全国草业健康平衡发展的角度，需要进行科学的宏观布局以明确前进途径。发展数字草业通过引进国外先进技术与再创新、业已成熟的相关数字农业技术的应用与创新，我们可以发挥后发优势，迅速弥补草地农业在研究和管理上的不足，通过栽培草地生产过程模拟与管理、不同营养级之间转化过程的精准设计，提高草地农业的生产效率和经济效益；通过对不同自然和经济属性的草地系统进行合理空间规划，协调草业生产和生态环境的关系，在维持草地生态健康的前提下，根据国内外市场需求，实行区域化布局、专业化生产、一体化经营、社会化服务、企业化管理，把产供销、贸工农、经科教紧密结合起来，形成一条龙的经营体制，促进现代草业生产方式的转变，建立资源节约、环境友好的新型现代草业生产体系，提高草地生产能力，增加农牧民经济收入。

数字草业将促进草地生态安全预警技术升级。近半个世纪以来，我国组织和实施了一系列西部生态与环境大调查，以对地观测数据、地面调查为基础初步掌握了西部自然资源与生态环境状况。然而限于信息源、经费等原因，这些调查从采用的卫星数据、调查的范围和精度上都有局限性。在近年来的快速经济发展、高强度区域开发、全球气候变化等情形下，我国西部总体上生态与环境状况、经济与社会发展格局均发生了巨大变化，科学客观评价草地生态安全现状，评估"退牧还草工程"、"天然草原保护工程"等重大工程效果、准确模拟未来变化等成为首要研究和解决的问题。十六届三中全会提出以人为本，全面、协调和可持续的发展观，为今后经济发展模式指明了方向，同时也对利用现代信息技术监测生态环境变化，及时采取对策提出了要求。近年来，我国的生态建设和可持续发展战略的实施，急需开展我国主要草地资源分布、生态退化、生产能力、蝗虫和鼠害等生物灾害等的监测评估，为区域生态安全提供早期预警信息。数字草业技术中空间信息技术的发展与应用，将显著改善西部生态环境监测预警的精度和效率。

数字草业技术将促进草业生产、经济与产业化过程的科学管理决策。我国草业比较薄弱，生产规模小、科技水平含量相对较低，受自然条件、市场因素和政策影响波动较大。草业发展进入新阶段后，生产过程由过去的资源约束变为资源和市场的双重约束，集约化、产业化经营成为现代草业发展的必由之路。草业产业化是草业最后一个生产层的主要内容，同时也是效益最高的部分。我国农业初始产品产值与后生物生产层产值之比仅约为 100∶22，而日本为 100∶220、美国为 100∶270。随着全球经济一体化的发展，农业生产不能将眼光只局限于国内，全球竞争带来的压力不以任何人的意志改变。我国传统草业分散经营，小生产与大市场之间的矛盾日益突出，信息采集手段存在着时效性差、人为干扰因素大等不足，难以有效应对国外信息化、集约化、现代化生产方式的竞争。目前，我国草业发展除了在专业技术上要与国际接轨之外，产业经营管理方面也需要实现跨越，迫切需要应用现代信息技术的最新成果，对草业生产经济与产业化过程进行监测，快速、准确地收集草业生产的实时信息，开展以草地资源监测、生态退化、草业系统植被与动物生产、草业产业经济等为主要内容的草业遥感监测与管理决策，快速、准确、及时地为草业生产宏观管理提供及时、客观、全面的信息，满足社会各个层面日益增长的信息需求，推动草业信息化的发展。数字草业技术的研究与应用，将有力加强草业管理决策的准确性、科学性和权威性。

参 考 文 献

毕思文. 2001. 数字地球——地球系统数字学. 北京: 地质出版社.

任继周. 1995. 草地农业生态学. 北京: 中国农业出版社.

任继周, 南志标, 郝敦元. 2000. 草业系统中的界面论. 草业学报, 9(1): 1-8.

唐华俊, 辛晓平, 杨桂霞, 等. 2009. 现代数字草业理论与技术研究进展及展望. 中国草地学报, 31(4): 2-7.

许鹏. 1985. 关于发展草业的探讨. 农业现代化研究, (5): 17-21.

赵春江, 薛绪掌. 2005. 数字农业研究进展. 北京: 中国农业科学技术出版社.

第二章　数字草业的基本原理

“数字草业”是在新兴学科背景下科学问题驱动的技术研究。以前农业信息化研究往往是“生产”或“现实”问题驱动的研究，从而忽视了要面对的科学问题，在推广应用时缺乏理论指导。“数字草业”研究的学术思路是：在新兴信息技术及其理论指导下，紧密结合当前主流信息技术、草业管理专业理论的最新进展，将先进的理论和技术应用到我国草业产业化发展和生产实践中，揭示草业生产各环节关键科学问题，探索草业数字化监测和管理关键技术，提炼出我国现代数字草业理论与技术框架。数字草业基本框架可归纳为草业数据与信息、核心理论与技术、应用与示范三个层面的内容，见图 2-1。

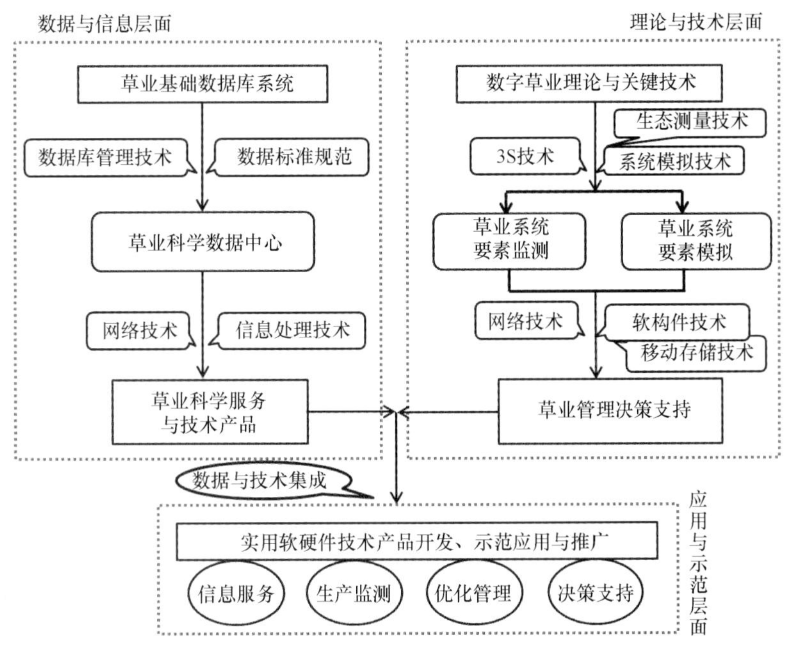

图 2-1　数字草业基本框架

数据与信息层面针对我国草业生产缺乏信息化管理的现状，制定草业信息标准和技术规范，建立大型草业基础信息数据库和数据共享系统，为草业数字化管理奠定数据基础。

理论与技术层面针对草业生产的关键环节，开展天然和栽培草地生产力监测与模拟研究，探索草地-家畜生产系统的格局与过程机理，为草业生产管理提供理论基础和技术手段；结合新型计算机技术，研制数字草业技术平台和软硬件技术产品，为生产管理和科学研究提供快捷实用的工具。

应用与示范层面运用数字草业技术平台，开发实用草业数字化管理系统，为我国退化草地改良、栽培草地建设、退耕还草工作提供及时、准确、有效的信息和科学管理依据，使草业生产达到事半功倍的效果，促进我国草业持续、稳定、健康的发展。

第一节　数字草业的理论基础

数字草业是在草地科学与信息科学的交叉学科领域建立的新学科。数字草业以草食畜牧业、饲料牧草业和生态草业这三个草业子产业为研究对象，以现代信息技术、自动控制技术、微电子技术等为手段，研究和建立草业信息采集、更新、监测和管理决策服务等一套完整的理论和技术集成体系。数字草业最核心的问题，就是将草业专业模型与现代信息技术紧密结合，准确刻画草业环境要素（水、土、大气环境）、生产要素（草地生产力、草食家畜）、经济要素（生产经营、产业链）和社会要素（历史人文、民族文化）的过程和格局，揭示各个要素的内部机制和动态联系，进行草业生态、生产、经济的监测与评估，并制定草业数字化管理与控制计划，最大限度地优化生产投入、产量和效益。所以，归根结底，数字草业的发展取决于我们对草业系统的认识，生态系统理论、草地农业系统耦合理论及可持续发展理论等生态学观点，构建了数字草业发展的理论基础。

一、生态系统理论

生态系统最核心的过程，包括以净第一性生产力（NPP）形成及分解为线索的能量传递，以及以水循环为载体的生物地球化学循环过程。

太阳能是所有生命活动的能量来源，它通过绿色植物的光合作用进入生态系统，然后从绿色植物转移到各种消费者，通过食物链单向流动，逐级递减。生态系统利用能量的效率很低，一般来说从一个营养级到下一营养级的能量转换效率服从 1/10 法则，即在从初级生产量到次级生产量的能量转化过程中，林德曼效率为 10%～20%。就利用效率来看，从第一营养级往后可能会略有提高，但一般说来都处于 20%～25%的范围之内。1975 年，Whittaker 针对不同生态系统中净初级生产量被动物利用的情况提供了一些平均数据，这些数据表明，热带雨林大约有 7%的净初级生产量被动物利用，温带阔叶林为 5%，草原为 10%。研究能量流动规律有利于帮助人们合理地调整生态系统中的能量流动关系，使能量持续高效地流向对人类最有益的部分。根据能量流动规律进行草业数字化管理，就是在不破坏生态系统的前提下，使能量更多地流向对人类有益的部分。草地生态系统是以饲用植物和草食动物为主体的生物群落与其生存环境共同构成的动态系统，是在数百万年到上千万年的进化过程中，植被、家畜与环境相互适应而逐渐形成的一个完整而美妙的生态系统。草地生态系统基本结构包括植物、动物、微生物等生物因子和光能、矿物元素、水分等非生物因子，并有人类生产劳动的不同程度的干预，是不断地进行着物质和能量流动的错综复杂的网络结构。草地生态系统是更新速度最快的可再生资源，草地生态系统中物质与能量的流转跨越两个或两个以上的营养级，是层次多且过程长的开放系统。在各个营养级中所包含的许多能量转化环节，一方面，它们都可接受外界的能量输入，特别是人的生产手段的干预，从而增大或降低其能量转化效率和整个生态系统的生产效益；另一方面，它们也都可输出产品。

在生态系统内，能量流动与碳循环是紧密联系在一起的。在碳的生物循环中，大气

中的 CO_2 被植物吸收后，通过光合作用转变成有机物质，然后通过生物呼吸作用和细菌分解作用又从有机物质转换为 CO_2 而进入大气。碳的生物循环包括了碳在动、植物及环境之间的迁移。草地生态系统作为吸收 CO_2 释放氧气的一个大碳汇，在碳循环中起着非常重要的作用。大气中 CO_2 有相当大的一部分被草地植被和土壤所固定，同时草地植被和草地土壤也向大气中释放 CO_2，因此，草地植被对由于大气中 CO_2 浓度增高所造成的全球温室效应和气候变化具有重大影响。Ajtay 等（1979）统计，全球草地净初级生产力占世界陆地净生产力的 38.3%，总碳储量为 634Gt，约占陆地生态系统总碳储量的 28.2%。IPCC（2001）评估报告根据国际地圈生物圈计划（IGBP）数据库，估算出全球草地净土壤碳储量为 423Gt，约占陆地生物群区土壤碳储量的 26.9%。中国草地生态系统量碳库的估算范围在 17.03～58.38PgC，约占我国陆地生态系统总碳储量的 28.4%，占世界草地生态系统碳储量的 8%左右，单位面积的碳密度高于世界平均水平（Ni，2002）。

草地生态系统作为最年轻的陆地生态系统，已经有三四百万年的历史，有人类利用的历史不过短短的几千年，而草业的发展超不过 200 年。人是生态系统的一个组成部分，居管理者地位。人对于草地生态系统利用的目的经历了食物→食物、交换商品→利润的过程。目前草原牧民的收入主要来源于第一个生态经济链节，这一链节的利润高度依赖于 NPP，即生态系统的直接产出。在利益驱动下，人们往往希望 NPP 无限加大以获取简单而直接的利润，但草地生态退化使这种梦想变得越来越不现实。所以，在近现代高强度、高频度的利用模式下，草地生态系统在结构与功能方面发生了许多退化与改变，当这些改变超出了生态系统的自我修复能力，荒漠化、退化问题便应运而生。面对草原生态和草业生产的双重危机，国务院通过了《草原生态保护补助奖励机制》，促进草地生态恢复、畜牧业发展方式转变，从数千年传统、落后和粗放的生产方式，全面地转向以现代化饲料牧草业、草食畜牧业和生态草业为主的先进生产方式（张新时，2003，2010）。

为了在可持续发展的原则之下最大限度地发挥草地生态系统的生产效益，现代草业生产根据系统中物质、能量、运动和伴随的信息传递规律，利用系统的某些功能，对草地生态系统加以人为的设计与改造，如利用系统的开放功能，使草地生态系统的产品输出与人为输入的物质、能量建立动态平衡，可以使由此形成的农学草地生态系统的生产力远高于自然生态系统。

二、草地农业系统耦合理论

任继周从生产利用的角度将草地农业系统划分为前植物生产层（自然保护区、水土保持、草坪绿地、风景旅游等）、植物生产层（牧草及草产品）、动物生产层（动物及其产品）及后生物生产层（加工、流通等）等 4 个层次（任继周，1995；任继周等，2000）。这 4 个层次之间，形成 3 个界面，论述了草业系统中界面的特性、结构与作用。草业系统存在 3 个主要界面，即草丛-地境界面、草地-动物界面和草畜-经营管理界面，这 3 个界面将草业 4 个生产层连缀成完整的草业系统。这一理论是对传统的草原生产和生态系统概念的更新和延伸，将草地生态系统的自然属性和经济属性结合起来，形成了草业系统的基本结构。

针对河西走廊山地—绿洲—荒漠生态系统存在问题和发展模式，任继周提出了草地农业系统耦合理论及相关模型（任继周等，1995；任继周和侯扶江，2010）。系统耦合本是系统工程学的概念，意指两个以上体系或运动形式之间通过相互作用彼此影响与联结，或者通过内部机制一体化的过程。生态系统耦合是两个或两个以上生态系统或亚生态系统耦合或联合，形成具有特殊结构功能、更高一级的耦合生态系统。生态系统耦合可以是不同亚生态系统的耦合，也可以是同一系统不同层次之间的耦合；可以是空间或格局的耦合，也可以是时间或季节的耦合。耦合生态系统功能和结构发生变化，系统结构与环境条件的相互协调、相互激发引起系统内部潜能的释放。系统耦合效应的关键是系统的科学管理，如果系统耦合不够完善，系统所固有的相悖因素未能有效控制，就会形成含有系列相悖因子群的系统相悖。河西走廊的草地系统是由山地、荒漠和绿洲三个子系统构成的水平耦合系统，由于荒漠系统具有天然的脆弱性，它所固有的系统相悖因素未能有效控制，使系统产生生态危机（草地退化）。系统耦合和系统相悖理论认为，系统相悖是目前我国草地生态系统存在的普遍现象，主要表现为系统的空间相悖、时间相悖和种间相悖，就是在不适宜的地区，在不适宜的时间里，进行不适宜的动植物生产。相对于生态系统学研究，系统耦合更关注各个亚系统的整体属性、亚系统之间的界面及其相互作用，在管理学上具有更实际的意义。

在草地生态系统中，除了天然草地超载放牧之外，生态脆弱区大规模垦草种粮也加重了系统相悖的危害。因此解决系统相悖的关键，就是要建立和完善草地农业系统，辅之以技术、经济（和行政）手段，促使各个子系统之间实现较为完善的系统耦合。草地农业系统是草地-家畜-社会经济复合生态系统物流和能流枢纽，现阶段栽培草地建设以及植物生产层与动物生产层的耦合是我国草地农业系统建设过程中的当务之急。发展草地农业，不仅可减轻草地生态系统难以承受的压力，使退化的草地生态系统得以复苏，而且整个耦合系统的产出大幅度提高，据估算不低于6倍（万里强，2004）。针对我国种植业和畜牧业的协调问题，任继周提出在西北生态建设中应积极倡导和推行“藏粮于草”，就是不仅把错误开垦的草地退出来，还要进一步把部分粮田改为草地，发展畜牧业（任继周，2002；任继周和常生华，2009）。这既可以减少水土流失和沙尘，还能改革农业结构，提高生产水平。“藏粮于草”的观点打破了农田、草地的固有界限，体现了系统耦合理论的实践意义。

三、可持续发展理论

“可持续发展”的思想由来已久，但其概念则是在近20年内形成的。1987年世界环境与发展委员会在其《我们共同的未来》的报告中首次把“持续发展”定义为：在不牺牲未来几代人需要的情况下，寻求满足我们当代人需要的发展途径。可持续发展的核心思想是：人类社会目前的发展不应对保持和改善未来的生存的前景造成危害。“持续发展”的提出，确认了世界经济持续发展的观点，作为自然界的经济学，生态学原则被看作经济持续发展，尤其是可持续农业的理论基础。

农业生态系统有许多区别于自然生态系统的地方。由于农业生态系统以人类活动为主体，以满足人类需求的经济产量为目标，它具有系统结构不完整、系统功能不完善的特点。这就造成农业生态环境保育和农业经济发展之间的矛盾。农业生产的实质是能量转化（刘更另，1998），把太阳能转化为各种可为人类利用的能量，以维持人类社会发展的强大需求。农业生产既是农业经济发展的基础，又以农业经济发展为目标。“经济”是一个社会学范畴的概念，其主体是人和人类利益。经济发展的核心问题是提高能量由自然环境向人类社会的转化量和转化率，提高人类生活质量其实是提高向人类社会的能量输入。然而，无论人类文明如何发展，人类终究只是自然的一部分，对生态系统的控制与支配应该和系统的自然过程协调。而经济发展所要求的人类社会能量超比例输入，以及其他伴随的物质过程（如对大气和土壤物质的掠夺性利用，人工合成物质向系统的入渗），破坏了自然生态系统的物质循环和能量流动过程。

农业可持续发展理论的核心内容，是理解人类作用在从自然生态系统转变为农牧业生态系统的过程中，如何改变生态系统的结构、功能和过程；确定农牧业活动与投入干扰的生态后果，以及促进农牧业生态系统从干扰中恢复的生态过程；决定不同层次、不同形式的生物多样性与农牧业生态系统结构功能保持的关系；探求如何应用类似于自然生态系统的原则来规范农牧业生态系统中的可持续性的最佳途径。农业可持续发展的长远目标将包含高效的生产、安全的环境、发达的社会经济和高度的生态文明，主张在人类社会的发展中寻求农牧业资源保护的最佳途径，既要充分合理地利用自然资源，稳定持续地发展农业生产，在有限的土地上生产出更多更好的产品，同时又要节省投入并且保护自然资源，遏止生态环境的进一步恶化。简而言之，农业可持续理论将环境资源保护纳入人类社会对自然改造的求得自然发展的氛围中，而不是采用杀鸡取卵的方式简单解决人和自然的矛盾。

其实，现在的发达国家在其农业经济发展阶段都在不同程度上面临过经济发展和自然生态环境的冲突，只是由于早期资源相对充足，人类认识还没有达到生态文明水平，或者认识到了这种矛盾而选择了经济利益，于是，对自然生态系统的破坏性改变一直在人类无意识或蒙昧意识状态中积累，直到近十几年来，全球气候变化、资源匮乏及其负效应才引起全世界科学界和政府的普遍关注。目前，在自然资源相对匮乏、农牧业生产水平低下的草原地区，农牧业经济发展和生态环境保护的矛盾尤为突出。如何在地球承载力范围内尽量对自然资源充分利用，既考虑生态安全又进行经济建设，对草业科学和生态学提出了新的挑战。

草地是我国重要的战略资源，是最大的绿色生态屏障和陆地碳汇，也是广大边疆牧区最主要的农业生产资料，历史上牧区人、畜、草和谐相处，创立了悠久的草原文化。但是，草地也是最脆弱、受气候变化和人类活动影响最大的陆地生态系统类型。草原放牧历史已逾千年，人类对草地生态系统的影响之深、范围之广、强度之大，是地球上任何一个自然生态系统都无可比拟的。尤其在我国，过度的人口和资源压力下长期超载过牧、粗放式掠夺经营导致草地生态经济系统严重受损，草地生态功能极度衰退和丧失，碳源汇功能发生逆转；草地生产力降低过半，直接影响牧民的生活质量和经济收入，进而危及边疆社会稳定和国家安全。现阶段，全球对生态系统的研究越来越多地关注自然-经济-社会-人文的综合作用、草地生态系统功能的恢复以及现代草业生产方式建立，也应该在可持续发展理论指导下，平衡牧区社会需求、经济压力以及草业生产经济，建立和谐的人-畜-草-环境关系。可持续发展理论是建立现代草业、实现草业管理现代化最关键的基础理论之一。

第二节　数字草业的技术原理

数字草业的核心技术内容是，紧跟国际草业数字化管理技术发展趋势，针对中国草业发展对数字化信息、监测和管理的需求，在草地科学与信息科学交叉学科开展新方法、新技术创新，集成计算机技术、人工智能技术与草地专业模型，建立从信息采集、动态监测、管理决策到信息传播的数字草业技术平台，开发草地数字化监测管理技术软硬件产品，为草地生产管理优化决策提供技术支撑，促进农牧业信息化、科学化和现代化。

一、草业基础数据采集与动态更新技术

信息采集技术是草业信息化管理不可缺少的重要环节，快速准确地采集草地基础背景信息是开展精准畜牧业的先决条件，草业基础背景动态信息系统的建立是国外数字草业体系发展最早、最完善的内容。20 世纪中叶，随科学统计计算方法的发展应用，澳大利亚、新西兰和欧美发达国家对长期以来积累的草地农业及其集约化管理相关经验、数据进行了集成和整理，建立了最早的草地生产和经济科学统计模型及附属数据库系统。20 世纪 70 年代，国际生物学计划（IBP）、人与生物圈计划（MAB）等国际计划的实施带动了整个世界范围内生态系统科学模拟的进展，作为主要的陆地生态系统，草地生态系统相关科学数据积累进一步完善，海量科学数据的采集、存储、处理、集成技术得到了长足发展，为草地生产数字化管理奠定了数据库技术基础。20 世纪 90 年代以来，伴随着对地观测技术、无线传感器网络等先进信息技术的发展，国外发达国家已将其应用于草地生态系统信息采集、传输、监测和管理中，美国、法国、澳大利亚和新西兰等草地畜牧业强国相继建立了牧场背景信息动态采集系统（Burrell et al.，2004；Baggio，2005；Wark et al.，2007a，2007b；Panchard，2008），在微气候、土壤、空气温湿度和病虫害等信息的动态监测方面进行了深入研究，为农牧业生产提供了有效的信息保障。近年来，在海量科学数据累积的前提下，数据在线处理分析的能力呈几何量级提高，大数据时代的草业数据采集、累积与更新越来越成为草业数字化管理不可或缺的重要组分。

二、草业要素的动态监测技术

草地生态系统要素的动态监测是数字草业的核心内容之一，主要包括草地环境信息动态更新，草地生产、生态、灾害信息动态监测与评估等。20 世纪中叶，苏联和欧美等发达国家就基于航空遥感开展了国家和洲际尺度的土地资源调查。20 世纪 70 年代后，国际自然保护监测中心（CMC）、全球环境监测系统（GEMS）等全球性自然资源监测网络在全球范围内开展了植被资源调查、监测与评价。20 世纪 80 年代以来，空间信息技术开始应用于环境资源调查、评价与规划研究；90 年代以来，开始了包括草业在内的各类资源信息系统的研制与应用，运用现代空间信息技术进行了各类资源监测、预警、分析与评估。随遥感技术和地理信息技术的发展与应用，草地生态系统动态监测技术实现

了从传统地面监测到数字化监测的飞跃，利用不同遥感平台、不同类型的传感器开展了草地资源数量、质量、分类和分布等方面的理论研究与技术探索。

随着3S技术的发展，其在草业资源、环境和生态信息的采集、处理等方面得到了广泛的应用，如美国建立了长期生态监测研究网、英国建立了农业环境监测网等，草地资源的监测与分类技术向着集成和智能化的方向发展。美国、日本、法国等遥感技术强国都积极开展了基于遥感技术的国土资源监测研究，在植被相关遥感监测技术方面取得一系列的成果。在草地资源调查与分类技术方面，已经由单时相、单源遥感分类向多时相、多源信息融合发展；由单一分类方法向复合分类方法发展；由基于像元分类向混合像元分解分类和面向对象分类方向发展；由传统分类向智能分类方向发展。在草地资源生态质量监测方面，监测指标已经由原来的生物量、覆盖度等简单绿度表观指标向草地植被类型识别、健康状况诊断（病虫害、鼠害、灾害等）等“质量”指标发展，应用范围也由原来的国家级等宏观用户向农场、牧户尺度普及发展。

遥感技术在数字草业中将发挥信息采集与动态监测的优势。伴随着传感器制造技术的发展，传感器识别能力迅速提高，厘米级空间分辨率、纳米级带宽的“高分”传感器相继升空，为草地遥感的各个应用领域带来了前所未有的发展机遇，草地监测指标由生物量、覆盖度等简单绿度表观指标转向草地质量、健康状况诊断等“质量”指标，特别是在草地遥感监测技术方面，过去在低分辨率遥感数据影像上影迹模糊、监测困难的细小植株，在新一代“高分”遥感数据的影像上变得清晰可见，大大拓宽了草地资源遥感的指标监测范围。

目前，草地野外信息实时采集装置开发难度较大。尚待突破的问题，主要涉及土壤水分、肥力（N、P、K）、杂草和病虫害、物种识别的传感器开发，这些信息受到自然气象条件影响，时空变异性大、实时采集难度高，进行田间大量的信息采集和处理耗资费时，尚未得到成功解决，近几年已成为本领域攻关研究的重要方向之一。技术发展的方向将集中在采用适用化的TDR土壤水分测量技术、多光谱识别技术、视觉图像处理技术、离子选择场效应晶体管与射流测量土壤含氮量等。

微电子应用技术的迅速发展使得工业化国家的机械化进入一个以迅速融台电子技术向机电一体化方向发展的新时代。野外监控系统迅速趋向智能化，由单元控制发展到分布式控制，由单机作业系统向与管理决策系统集成的方向发展。电子学与信息技术在野外探测装备中应用的这一发展趋势，促进着基于知识和信息的现代化草业机械装备技术系统的形成。而随着全球定位系统（GPS）、地理信息系统（GIS）与自动化农机一体化技术发展，智能型农业机械迄今已经进入商品化阶段。英、美、加等国已经生产了带差分全球定位系统（DGPS）和产量自动计量的联合收割机，配备电脑和GPS的拖拉机、播种机及粉碎机，它们可以自动调节播量、施肥量及农药量。基于机电一体化的家畜溯源系统、家畜体况及能量需求、家畜采食行为监测设备，可以实现畜产品的质量安全保证，并服务于家畜饲养中能量配给、放牧制度的合理制定。

三、草业生产过程模拟技术

模型是决策支持系统研究的核心技术，是数字草业不可缺少的组成部分。世界各国已开发的模型从宏观的草业经济到微观分子水平的光合作用过程，几乎涉及所有草业生产问题，研究范围从全球到全国或地区牧场、生物群体到个体生长等不同层次。

国际生物学计划（IBP）实施以来，生态系统模拟成为生态学的研究热点之一，发展出许多植被净初级生产力模型，包括气候统计模型、系统生长模型和区域仿真模型。气候统计模型主要包括根据草地农业及其集约化管理相关经验建立的草地生产/经济模型及附属数据库系统，如用于植被潜在生产力估计的 Miami 模型、Thornthwaite Memorial 模型、Chikugo 模型，以及用于第二性生产估计的各种草地利用模型。统计模型考虑植物本身生理生态过程和植物对环境的反馈作用，具有明显的局限性。系统生长模型（或生态过程模型、生态生理模型）根据土壤-大气-植物-动物的相互作用的生理生态学原理，研究草地生态系统结构、生产力和经济效益，如应用栽培草地产量模拟的 EPIC 模型、YIELD 模型，以及用于天然草地和永久性栽培草地-家畜系统动态模拟的 SPUR 和 GrassGro 等。随着 IGBP、MAB 等国际计划的实施带动世界范围内生态系统科学模拟的进展，以描述区域植被生理生态功能、物理环境与植物之间的物质循环为主的仿真模型成为研究热点，如陆地生态系统模型（TEM）、卡萨生物圈模型（CACS 模型）、草地生态系统模型（CENTURY 模型）、生物地化循环模型（BIOME-BGC 模型）等，这些模型都把植物生长看成环境因子的函数，可以与大气环流模型（GCM）相耦合，有利于开展区域或全球尺度生态系统结构与功能的动态研究。作为主要的陆地生态系统，区域尺度草地生态系统模拟技术也得到了长足发展，为数字草业奠定了理论基础。

生态系统水平的模拟多以自然生态系统为对象，大部分不适用于草地农业系统。草地农业系统因其特点更接近人工系统，常应用植物生长发育模型作为系统管理和决策的核心支持技术。植物生长发育模型是近 40 年来国际学术界的一个生长点，目前已发展为当今最为活跃的农业前沿性研究领域之一。植物的生长模型是利用数学的方法，借助计算机等手段定量地描述植物的生长过程的模拟系统，目前已经大量应用于农业研究和生产。植物生长的模拟研究在玉米、棉花、大豆等粮食作物和经济作物上研究比较多且深入，对于牧草的研究相对少些，而其中对于苜蓿的生长和生产管理的模拟研究始终是各国牧草相关模型研究的重点。20 世纪 90 年代以来，植物模拟继续朝着应用多元化方向发展，植物生长模型的机理性和预测性不断得到改进和提高，更侧重于对现有模型的发展和完善，主要包括提高模型的过程性、普适性、准确性和操作的简易性等，并逐渐与其他学科模型相联结，如与 GIS 技术相结合扩展应用空间。植物模型已成功地应用于草地农业生产及资源环境的管理中，从而在草业经济发展中将会起着日益重要的作用。

动物生产过程模型与模拟研究需要按动物的品种划分不同的生长、生理阶段，研究在不同的饲养环境条件（温度、湿度、光照、饲养密度）下动物的生长模型、动物对不同养分需求的变量模型，通过跟踪动物的系谱及动物的祖先和后裔的生产性能，提出追求不同育种指标的育种优化模型等。澳大利亚针对牛群周转、繁殖与育种、饲料和营养配方设计与日粮的精确配给、产乳数量与品质管理，以及奶牛场基本信息的综合分析，实现了奶牛场各种生产信息的一体化管理、跨领域知识的综合模拟与决策。德国使用传感器等电子器件监测奶牛生理参数，应用 VB 语言建立数据分析系统，对奶牛哺乳期和发情期的生理参数变化进行数据分析，运用模糊逻辑数学方法建立数学模型，作为奶牛发情计算机监测系统的数学理论依据，将奶牛发情计算机监测系统安装于数据设备相连的过程计算机中，对奶牛发情进行实时监测并做出及时准确的奶牛发情预报。我国动物生产过程模型与模拟比较薄弱，是数字草业未来要加强发展的方向之一。

四、草业系统管理决策技术

20 世纪中期，就已经有最初的畜牧业软件开始出现，这些软件主要集中在牲畜的增重分析、植物生长模拟等方面，较少涉及放牧和牧场规划。直到 20 世纪 90 年代初，随着计算机技术和知识处理技术的发展，美国、加拿大、新西兰、澳大利亚及欧洲发达国家在丰富的知识积累、科学统计方法、系统模拟与仿真技术基础上，针对实用草地生产管理问题开发了多种比较完善的草业管理信息系统（MIS）、专家系统（ES）和决策支持系统（DSS），如 GRAZPLAN、Beefman、DAFOSYM、GRASIM、Forage Information System 等。据统计，美国目前正在使用或准备使用的农牧业专家系统超过 1000 个，美国 48%的农牧民拥有互联网接入技术，专家系统是日常生产中的主要应用技术；澳大利亚、新西兰等畜牧业发达的国家，数字化技术应用已深入草业生产、管理、市场经营的各个环节，澳大利亚 40%以上的家庭牧场应用专家决策支持系统来进行草地放牧系统管理和生产经营。

随着微电子技术的迅速发展和实用化，机械装备的机电一体化、智能化控制技术、信息智能化采集与处理技术的迅猛发展，各种用于科研和生产的草地地面信息的快速获取、数字化管理、决策支持的硬件技术产品也得以迅速发展，形成了草业自动监控技术、智能控制与系统优化决策支持技术。应用于草业植被成分数字化探测的硬件如草地光合、土壤呼吸、群体盖度、草地生产速率等各方面的无损伤测量仪器，连续原位测量系统，以及装载了各种决策支持信息的大型和小型智能模块等，进行数字草业自动监测，适用于草业智能控制与系统优化决策管理。针对动物个体或群体信息采集的软、硬件技术产品包括家畜个体电子自动识别技术、现场服务器芯片技术等，可用于自动监测个体发育和健康状况诊断等，适用于不同规模的牲畜科学饲养管理。计算机技术、微电子技术、网络技术与现代草业技术结合，进行牧场尺度的精准生产管理，提高草业产品产量、品质和改善环境带动了数字草业技术装备的更新换代，随着成熟技术产品的产业化发展，一批决策支持的硬件技术产品应用的条件逐步成熟，并在更广泛的范围内推广应用成为草业管理决策技术一个新的趋势和方向。

第三节　数字草业的研究进展与趋势

我国的草业资源信息化、数字化管理决策技术与国外相比存在很大差距。现代草业主要是欧洲文明和美洲文明的产物，牧草对于欧美农业的影响不亚于农作物。人工牧草在西方农业中被认为是绿色黄金，意大利早在 1550 年就开始豆科牧草的大面积栽培，欧洲西部稍晚一点，英国不迟于 1645 年。但是，西方草业产业化和现代生产方式是近一个世纪以来的事。20 世纪初期，欧美草地也由过度放牧导致严重的植被退化与水土流失，时而洪水泛滥，时而溪河干涸，其生态状况十分恶劣。100 多年过去，欧美国家致力于天然草地保护，大力发展以人工饲草地为基础的现代化养畜业，放牧场和天然植被得到了全面的保护与恢复。西欧发达国家成功实施的以人工饲草地为基础的先进草地畜牧业不仅达到高度发展的生产力，还保证了人与自然的协调相处，现在草业是美国农业的最大产业，食品工业78%的产值来自草。这些国家的草业发展和需求促使草业生产、科研、经济研究迅速发展，知识和经验迅速积累，发达国家都构建了数据丰富的草业基础数据系统与技术先进的生产和管理数字化技术体系。在大部分西方国家如美国、德国、英国，绝大部分草地和牧草的观测数据都可以通过网络下载获得到相关信息。随网络技术、遥感、GIS 等现代信息技术的应用，草业数字技术越来越系统、信息化产品的实用化程度越来越高。

数字草业的发展可以追溯到20世纪50年代，随计算机的诞生，以信息化为标志的第三次产业革命给各行业提供了创新的契机，信息技术的应用不仅改变了传统的草地生态系统管理思想，而且引发了以知识为基础的草业产业技术革命。草畜业数字化管理和优化决策技术基于信息技术、模型技术、3S技术，以草场信息监测为基础，进行草畜业优化管理、资源合理配置、提高生产效率，是资源节约型现代畜牧业生产的重要技术基础。近半个世纪以来，欧美发达国家在其现代化草畜生产体系基础上，建立了完善的数字草业技术体系，大致经历了三个阶段：20世纪50～60年代为以科学统计计算为主的计算机应用阶段；70～80年代开展数据处理、模型模拟和知识处理的研究；90年代以来为以Internet、3S技术、智能控制等应用为主的智能草业管理信息化时期。

20世纪中叶，随科学统计计算方法的发展应用，澳大利亚、新西兰和欧美发达国家对长期以来积累的草地农业及其集约化管理相关经验、数据进行了集成和整理，建立了最早的草地系统科学统计模型及附属数据库系统。

20世纪七八十年代，随计算机技术和知识处理技术的进一步发展，IBP、MAB等国际计划的实施带动了整个世界范围内生态系统科学模拟的进展，作为主要的陆地生态系统，草地生态系统数据处理方法和系统模拟技术得到了长足发展，为草地畜牧业生产数字化管理奠定了理论和技术基础。

在植物生长模型方面，以植物与土壤、大气等环境要素相互作用机理为基础，在模拟和虚拟作物生长、发育过程方面已有深入研究。植物模型的前沿领域是把生理生态功能与形态模型进行结合，向解决机理性和通用性方向发展，在微观水平上与植物育种、基因工程相连接，逐步从机理上量化根-冠信号传递对同化产物分配的影响；以动力学模型为基础的土壤水分、养分运移过程模型与植物生理生态过程及形态发育模型的结合是国际数字草业相关领域研究的前沿和热点。景观和区域尺度生产力的生理生态仿真模型如TEM（McGuire and Melillo，1992；Melillo et al.，1993）和CENTURY模型（Parton et al.，1993，1994）等；牧场尺度的草畜业生产管理和决策软件如GRAZPLAN（Moore et al.，1997）、Beefman（Stuth et al.，1993）、SPUR（Foy et al.，1999）、DAFOSYM（Rotz，2001）、Forage Information System（Hannaway et al.，1997，2001）等。

在牧场家畜养殖方面，随着草业采集信息的现代化与自动化、计算机管理系统的智能化程度的不断提高以及动物养殖业规模化，借助优良配套组合的应用、规范而有效的疾病防治、家畜能量需求管控、饲料的高效利用、良好的生态环境及养殖设施的自动化控制与信息管理，大大提高了劳动生产率，企业生产规模也日趋大型化。在家畜能量需求监测研究方面，美国科学院研究理事会营养学委员会于1962年将“净能量需求”第一次写进美国科学院研究理事会公报，由此带动了家畜能量需求方面的广泛研究。加利福尼亚大学戴维斯分校的以 Lofgreen 和 Rattray 为首的研究小组采用饲养试验、消化代谢试验及比较屠宰法分别对肉牛和绵羊的净能量需求进行了深入研究，并且组建了各自的净能量需求监测系统，对以后的研究工作具有很强的指导作用（Lofgreen and Garrett，1968；Rattray et al.，1973）。动物能量需求的实时监测为放牧制度及饲养计划的制定提供有力支撑。20 世纪 80 年代荷兰兴建了第一座数字化奶牛场，对奶牛的各种生产、活动数据进行自动记录，通过计算机分析给出奶牛的饲料需要量，实现了精细化饲养。新技术应用普及的程度也不断提高。以美国乳牛业为例，2002 年平均产奶水平达到 8448kg/（头·年），与 1991 年比较，提高了 24%，居世界第一位。而对那些饲养完全实现计算机全程管理和精细饲养的奶牛场，平均产奶水平超过 10 000kg 已很普遍。

20 世纪 90 年代，遥感和地理信息技术应用促进了景观到区域尺度草地和畜牧业监测技术的发展。随着全球环境问题日益凸显，人们越来越关注草地、森林植被变化对环境状况的影响，以及日益增长的人类活动对于草地资源的影响。美国、加拿大、欧洲一些国家、澳大利亚、日本和蒙古国都建立了大陆或国家级植被、土壤、气候信息数据库，开展了植被覆盖动态信息提取、草地资源生物质和牧草品质信息监测、生态系统过程模拟，以便更好地认识地区植被资源与未来全球环境变化的相互作用。以卫星遥感数据为信息源的植被净初级生产力模型，利用归一化植被指数（NDVI）确定植被对光合有效辐射吸收比率（FPAR），进而通过光能利用率获得植物干物质量。Heimann 和 Keeling（1989）首先发表了基于吸收的光合有效辐射（APAR）的全球植被生产力模型，带动了一批基于卫星数据的光能利用率模型的研究，如 CASA 模型（Potter et al.，1993；Field et al.，1995）和 GLO-PEM（Prince and Goward，1995；Scott et al.，1999）。草地生产力全遥感监测模型实现了草业数字化管理中的动态信息实时更新，将草地生态系统管理的水平提高到一个新的层次。在草地灾害和荒漠化监测研究方面，澳大利亚将草地环境指标动态监测信息、草地长势监测信息用于干旱区草地畜牧业应急管理，建立了一系列草地-家畜系统监测预警模型，如 Rangepack（Hatch，1995）、Pasture from Space（Hill et al.，1999；Henry et al.，2004）等对草地生产-环境-经济复合体系进行实时监测和预报控制，进行草业系统安全运行决策与风险评估，并结合网络技术实现了草地管理远程决策支持。

微电子技术及自动化技术的深入应用，促进了各种草地地面信息快速获取、数字化管理、决策支持的硬件技术产品迅速发展。草地生产能力监测方面，植物光合、呼吸、生长状况精细监测的 Li-6400、Li-8100、Li-3000、Li-2000 多用于科学研究等精确监测目标，基于涡度相关原理的生态系统碳通量观测设备实现了植被生产地面动态的监测，草地群体盖度无损伤测量仪器 FIRST GROWTH、无损伤测量仪器草地生产速率 Raising Plate，以及装载了各种决策支持信息的掌上电脑等为牧场生产中的信息快速获取、决策判断提供了便捷工具。同时，随着人工智能技术、自动控制技术的发展，世界各国对农业机器人投入了大量资金和人力进行研究开发。英国威尔士加迪夫大学研究制造出一种有多种用途的牧羊机器人，能够清点牧群数量，分发饲料，赶羊回圈，并且还能担当护卫庭院、进行安全检查和寻觅救援等工作（崔新民，2001）；英国贝德福德希尔索研究所、牛津大学、利慈大学及布里斯托大学制造出一种具有放牧能力的机器人，可用于家畜的放牧（Vaughan et al.，1998a，1998b，2000）。美国罗切斯特理工大学、新墨西哥州立大学和麻省理工学院的专家对“虚拟栅栏”技术展开攻关，进行无人牛群的管理实验（Butler et al.，2006；Anderson，2007）；澳大利亚联邦科学与工业研究组织利用无线传感器网络作为“电子栅栏”对牛进行圈养以及自动控制研究（Wark et al.，2007a）；丹麦奥胡斯大学与奥尔堡大学同样使用无线传感器网络对牧场中的牛群的相关特性进行了研究，监测牧场中牛的活动以及进食时间，取得了较好的效果（Nadimi et al.，2008）。放牧畜群的无人监控管理是放牧技术和生产发展的必然趋势，以信息技术和智能装备技术为支撑，综合草地畜牧业的管理方法，解放牧区劳动力，提高畜产品产量和品质为目标的精准畜牧业，已成为国际上现代畜牧业发展的前沿。

21 世纪以来，与农业信息技术同步，国际草畜业数字化管理技术进入以网络化、空间化、智能控制为主的全面信息化阶段，数字化技术趋于硬件化、实用化、产品化。发达国家农业基础信息（气象、土壤、森林、水利、市场等）采集、处理、存储、积累和服务实现了数字化、网络化，形成了多种服务平台以及多种网络（计算机网络、电视网络、电话通信网络）传输相互支持的格局，极大地支撑了数字草业的发展。

我国数字草业起步较晚，但在草地基础数据信息系统建设、草地遥感监测技术、草地生态系统模拟和决策支持方面也取得了一些成果和经验。草地生态系统模拟和决策支持方面，我国学者开发了一批数据信息系统和草业生产模型，包括草地数据信息系统和数据库技术研究（师文贵等，1996，李立恒等，2001）、天然草地-家畜系统仿真和优化管理模型（李自珍和杜国祯，2002；岳东霞等，2004；段庆伟等，2009）、栽培牧草生长过程模型研究（多立安等，1996；吴勤等，1997；罗长寿等，2001；白文明和包雪梅，2002；春亮，2007）等，并基于模型研究和软件技术开发了一批专家系统和决策支持系统，如草地诊断和病虫害监测专家系统（马占鸿和武新，1994；蒋平安和常松，1995）、中国草业专家系统、草业信息化管理系统和平台等，进行天然和栽培草地生长、生产及田间管理系统模拟和决策支持。草地遥感监测技术从“六五”开始起步，也取得了一系列的研究进展，特别是近 10 多年来，在利用 NOAA/AVHRR、TERRA/MODIS、MSS、TM、SPOT、CBERS-1 数据进行草地生产力估算、灾害监测、生态退化监测等方面已经取得了很多成果（陈全功等，1994；李建龙等，1996；张佳华和符淙斌，1999；黄敬峰等，2001；杨秀春等，2007；辛晓平等，2009），包括草地畜牧业监测技术研究（李博等，1996；张洪江，2004）、草地生物量和生产力的估算模型研究（李贵才，2004；李世华等，2005；李刚等，2009）、草地利用模型和载畜量与草畜平衡模型研究（李博等，1995；刘爱军和邢旗，2003；李刚等，2009）等，使得草地资源遥感技术在准确性、实用性方面取得了很大的进展。

我国数字草业技术研究与发达国家相比差距仍然较大，非但落后于国际同行业技术发展水平，也落后于我国林业和农作物数字化管理决策技术研究，集中表现在数字草业技术市场化程度低、不规范，产品级的技术开发薄弱等，这些都直接或间接地影响我国草业科学化、产业化发展和草业生产经营效益的提高。草业数字化管理决策技术研究处于肇始阶段，产品级的技术开发基本空白。国内外草业数字化管理技术和产品的比较见表 2-1。

表 2-1 发达国家与我国数字草业技术/产品的比较

	项目	发达国家	中国
数据采集	基于遥感的背景信息采集	产品应用	研究阶段，技术产品少
	无限传感器网络技术应用	广泛应用	起步阶段
草地监测	草地植被物候特征提取	研究积累阶段	研究积累阶段
	草地生产力监测技术	研发、应用并行	研究积累阶段
	草地生物量无损伤监测设备	产品商品化应用	起步阶段，技术产品少
	草地营养遥感诊断	研究积累阶段	起步阶段，技术产品少
家畜监测	动物标识溯源系统	业务运行阶段	研究积累阶段
	家畜体况与能量需求监测	技术成熟，广泛应用	研究积累阶段
	家畜采食行为监测	无线电遥测应用阶段	以直接观察法为主
数字牧场监测管理	放牧自动控制硬件产品	产品商品化应用	起步阶段，无技术产品
	草畜平衡诊断与决策技术	业务运行阶段	研发阶段，有少量技术产品
	数字牧场监测管理平台	业务运行阶段	研发阶段，有少量技术产品

参 考 文 献

白文明, 包雪梅. 2002. 乌兰布和沙区紫花苜蓿生长发育模拟研究. 应用生态学报, 13(12): 1605-1609.

陈全功, 卫亚星, 梁天刚. 1994. 使用 NOAA/AVHRR 资料进行牧草产量及载畜量监测的方法研究. 草业学报, 3(4): 50-60.

春亮. 2007. 基于 EPIC 模型的紫花苜蓿生长模拟研究. 中国农业科学院博士后出站报告.

崔新民. 2001. 国外农业机器人的开放. 新农村, 1: 24.

段庆伟, 李刚, 陈宝瑞, 等. 2009. 牧场尺度放牧管理决策支持系统研究进展. 北京师范大学学报(自然科学版), 45(2): 205-211.

多立安, 罗新义, 李红, 等. 1996. 一年三次刈割苜蓿高度生长动态模型的研究. 天津师范大学学报(自然科学版), 16(1): 55-60.

黄敬峰, 王秀珍, 王人潮, 等. 2001. 天然草地牧草产量遥感综合监测预测模型研究. 遥感学报, 5(1): 69-74.

蒋平安, 常松. 1995. 盐渍草地诊断改良专家系统的知识表示. 中国草地, (5): 38-42.

李博, 史培军, 林小泉. 1995. 我国温带草地草畜平衡动态监测系统的研究. 草地学报, (2): 96-102.

李刚, 王道龙, 辛晓平, 等. 2009. 锡林浩特市草地载畜量及草畜平衡分析. 草业科学, 26(1): 87-93.

李贵才. 2004. 基于 MODIS 数据和光能利用率模型的中国陆地净初级生产力估算研究. 中国科学院博士学位论文.

李建龙, 黄敬峰, 维纳汗. 1996. 不同类型草地监测与估产遥感指标和光学模型建立的研究. 中国草地, (6): 6-10.

李立恒, 刘竞, 高淑兰. 2001. 草地农业不同类型信息采集研究数据库设计与实现. 草业科学, 18(4): 71-74.

李世华, 牛铮, 李壁成. 2005. 植被净第一性生产力遥感过程模型研究. 水土保持研究, 12(3): 126-128.

李自珍, 杜国祯. 2002. 甘南高寒草地牧场管理的最优控制模型及可持续利用对策研究. 兰州大学学报(自然科学版), 38(4): 85-89.

刘爱军, 邢旗. 2003. 内蒙古 2003 年天然草原生产力监测及载畜能力测算. 内蒙古草业, 15(4): 1-3.

刘更另. 1999. 农业和农业的持续发展. 农业经济问题, 21(2): 15-18

罗长寿, 左强, 李保国, 等. 2001. 盐分胁迫条件下苜蓿根系吸水特性的模拟与分析. 土壤通报, 32(3): 81-84.

马占鸿, 武新. 1994. 宁夏牧草病害动态监控系统管理模式初探. 宁夏农学院学报, 15(3): 23-28.

尼葛·洛庞帝. 1997. 数字化生存. 胡冰, 范海燕译. 海口: 海南出版社.

钱学森. 1984-6-28. 草原、草业和新技术革命. 内蒙古日报, 一版, 四版.

任继周, 常生华. 2009. 以草地农业系统确保粮食安全, 31(5): 3-6.

任继周, 贺达汉, 王宁, 等. 1995. 荒漠—绿洲草地农业系统的耦合与模型. 草业学报, 4(2): 11-19.

任继周, 侯扶江. 2010. 山地-绿洲-荒漠的系统耦合是祁连山水资源保护的关键措施. 草业科学, 27(02): 4-7.

任继周, 南志标, 郝敦元. 2000. 草业系统中的界面论. 草业学报, 9(1): 1-8.

任继周. 1995. 草地农业生态学. 北京: 中国农业出版社.

任继周. 2002. 藏粮于草施行草地农业系统. 草业学报, 11(1): 124.

师文贵, 聂素梅, 马玉宝. 1996. 国家牧草种质资源数据库信息服务系统研究. 中国草地, (2): 20-22.

万里强, 侯向阳, 任继周. 2004. 系统耦合理论在我国草地农业系统应用的研究. 中国生态农业学报, 12(1): 162-164.

吴勤, 宋杰, 牛芳英. 1997. 紫花苜蓿草地地上生物量动态规律的研究. 中国草地, 6: 21-24.

辛晓平, 李刚, 张宏斌, 等. 2009. 1982-2003 年中国草地生物量时空格局变化研究. 自然资源学报, 24(9): 1583-1592.

杨秀春, 徐斌, 朱晓华. 2007. 北方农牧交错带草原产草量遥感监测模型. 地理研究, 26(2): 213-221.

岳东霞, 李文龙, 李自珍. 2004. 甘南高寒湿地草地放牧系统管理的 AHP 决策分析及生态恢复对策. 西北植物学报, 24(2): 248-253.

张洪江. 2004. 草地资源遥感调查方法的初探. 新疆畜牧业, 4: 56-58.

张佳华, 符淙斌. 1999. 生物量估测模型中遥感信息与植被光合参数的关系研究. 测绘学报, 28(2): 128-132.

张晶声, 周河. 2006. 各国建设动物标识溯源系统的做法. 中国牧业通讯, 7: 60-62.

张新时. 2003. 我国草原生产方式必须进行巨大的转变. 中国畜牧报, 第 003 版

张新时. 2010. 关于生态重建和生态恢复的思辨及其科学涵义与发展途径. 植物生态学报, 34(1): 112-118

Ajtay G L, Ketner P, Duvigneaud P. 1979. Terrestrial primary production and phytomass. *In*: Ketner P, Kempe S. The Global Carbon Cycle. Chichester: John Wiley & Sons, 129-182.

Anderson D M. 2007. Virtual fencing-past, present and future. The Rangeland Journal, 29: 65-78.

Baggio A. 2005. Wireless sensor networks in precision agriculture. Stockholm: ACM Workshop on Real-World Wireless Sensor Networks(REAL-WSN 2005).

Burrell J, Brooke T, Beckwith R. 2004. Vineyard computing: sensor networks in agricultural production. IEEE Pervasive Computing, 3(1): 38-45.

Butler Z, Corke P, Peterson R, et al. 2006. From robots to animals: virtual fences for controlling cattle. The International Journal of Robotics Research, 25: 485-508.

Field C B, Randerson J T, Malmstron C M. 1995. Global net primary production: Combining ecology and remote sensing. Remote Sensing of Environment, 51: 74-88.

Foy J K, Teague W R, Hanson J D. 1999. Evaluation of the upgraded SPUR model(SPUR2. 4). Ecological-Modelling. 118: 149-165.

Hannaway D B, Griffith S, Hoagland P, et al. 1997. Forage information systems on the world wide web. Saskatoon: Proceedings of the 18th International Grasslands Congress, 24-56.

Hannaway D B, Hannaway K J, Sohn P, et al. 2001. Developing a national alfalfa information system. Sao Pedro: Proceedings XIX International Grassland Congress, 1069-1070.

Hatch G. 1995. Application of RANGEPACK Herd-Econ to Southern Africa rangelands. Bulletin of the Grassland Society of Southern Africa, 6: 38-39.

Heimann M, Keeling C D. 1989. A three-dimensional model of atmospheric CO_2 transport based on observed winds: 2. Model description and simulated tracer experiments. *In*: Peterson D H. Climate Variability in the Pacific and the Western Americans. Washington DC: American Geophysical Union, 237-275.

Henry D, Edirisinghe A, Donald G, et al. 2004. "Pastures from Space"-Quantitative estimation of pasture biomass and growth rate using satellite remote sensing. Minneapolis: 7th International conference on Precision Agriculture, 25-27.

Hill M J, Donald G E, Vickery P J, et al. 1999. Combining satellite data with a simulation model to describe spatial variability in pasture growth at a farm scale. Australian Journal of Experimental Agriculture, 39: 285-300.

IPCC. 2001. Climate change 2001: The scientific basis. Contribution of Working Group I to the Third Assessment Report of the Intergovernmental Panel on Climate Change. Cambridge and New York: Cambridge University Press.

Lofgreen G P, Garrett W N. 1968. A system for expressing net energy requirements and feed values for growing and finishing beef cattle. Journal Animal Science, 27: 793-806.

McGuire A D, Melillo J M. 1992. Interactions between carbon and nitrogen dynamics in estimating net primary productivity for potential vegetation in North America. Global Biogeochemical Cycles, 6: 101-124.

Melillo M J, McGuire A D, Kichlighter D W, et al. 1993. Global climate change and terrestrial net primary production. Nature, 363: 234-240.

Moore A D, Donnelly J R, Freer M. 1997. GRAZPLAN: Decision support systems for Australian grazing enterprises. III. Pasture growth and soil moisture sub models, and the GrassGro DSS. Agricultural Systems, 55(4): 535-582.

Nadimi E S, Søgaard H T, Bakb T, et al. 2008. ZigBee-based wireless sensor networks for monitoring animal presence and pasture time in a strip of new grass. Computers and Electronics in Agriculture, 61: 79-87.

Ni J. 2002. Carbon storage in grasslands of China. Journal of Arid Environments, 50: 205-218.

Panchard J. 2008. Wireless sensor networks for marginal farming in india. PhD Thesis. Lausanne, EPFL, 18-29.

Parton W J, Ojma D S, Schimel D S, et al. 1994. Environmental change in grasslands: assessment using models. Climatic Change, 28: 111-141.

Parton W J, Scrulock J M O, Ojima D S, et al. 1993. Observations and modeling of biomass and soil organic matter dynamics for the grassland biome worldwide. Global Biogeochemical Cycles, 7(4): 785-809.

Potter C S, Randerson J T, Field C B, et al. 1993. Terrestrial ecosystem production: a process model based on global satellite and surface data. Global Biogeochemical Cycles, 7(4): 811-841.

Prince S D, Goward S N. 1995. Global primary production: a remote sensing approach. Journal of Biogeography, 22: 815-835.

Rattray P V, Garrett W N, Hinman N, et al. 1973. A system for expressing the net energy requirements and net energy content of feeds for young sheep. Journal Animal Science, 36: 115-122.

Rotz C A. 2001. The dairy forage system model(DAFOSYM). *In*: Fox D, Rasmussen C. Developing and Applying Next Generation Tools for Farm and Watershed Nutrient Management to Protect Water Quality. Ithcca: Animal Science Department Mineo 220, Cornell University.

Scott J G, Stephen D P, Samuel N G, et al. 1999. Satellite remote sensing of primary production: an improved production efficiency modeling approach. Ecological Modelling, 122: 239-255.

Stuth J W, Hamilton W T, Conner J C, et al. 1993. Decision support systems in the transfer of grassland technology. *In*: Baker M J. Grasslands for Our World. Wellington: SIR Publishing, 234-242.

Vaughan R T, Sumpter N, Henderson J, et al. 2000. Experiments in automatic flock control. Robotics and Autonomous Systems, 31: 109-117.

Vaughan R, Sumpter N, Frost A, et al. 1998a. Robot sheepdog project achieves automatic flock control. Proceedings Fifth International Conference on the Simulation of Adaptive Behaviour.

Vaughan R, Sumpter N, Frost A, et al. 1998b. Robot control of animal flocks. Proceedings of the International Symposium of Intelligent Control.

Wark T, Corke P, Sikka P, et al. 2007a. Transforming agriculture through pervasive wireless sensor networks. IEEE Pervasive Computing, 6(2): 50-57.

Wark T, Crossman C, Hu W, et al. 2007b. The Design and Evaluation of a Mobile Sensor/ Actuator Network for Autonomous Animal Control. IPSN'07: Proceedings of the 6th International Conference on Information Processing in Sensor Network, 206-215.

Whittaker R H , Likens G E. 1975. The biosphere and man. *In*: Lieth H, Whittaker R H. Primary Productivity of the Biosphere. New York: SpringerVerlag, 305-308.

Wight J R. 1983. SPUR-simulation of production and utilization of rangelands: a rangeland model for management and research. Washington DC: US Dept of Agriculture, Agricultural Research Service.

第二篇

技　术　篇

第三章　数字草业技术标准、规范与信息系统

第一节　数字草业技术标准与规范

我国草业领域经过长期的科研和生产实践，积累了大量的草业信息，建立了不同服务内容、不同表现形式的草业信息系统和数据库，为实现草业信息化提供了丰富的信息资源。随着数字草业信息化建设的不断发展和信息技术的广泛应用，对草业信息的实效性、综合性和质量标准提出了更高的要求，建立专业化、标准化和共享化的草业数据采集、处理、管理、共享服务等体系成为草业信息化建设的发展方向。然而，由于在草业信息的采集、处理、管理和信息应用等方面尚未形成统一的标准，大量的草业信息只能在局部或单一的信息系统内使用，影响了草业信息的互操作和共享。因此，为了使草业信息具有更广泛的使用价值，实现草业信息的共享，提高草业信息资源的利用效率，就必须有健全的、综合的数字草业信息标准体系作为保障。

草业信息标准化是农业信息标准化体系的重要组成部分，它是对草业信息及草业信息技术领域内最基础、最通用、最有规律性、最值得推广和最需共同遵守的重复性事物和概念制定标准，以便在一定范围内达到某种统一或一致。这种统一或一致是推广、普及草业信息技术和实现草业信息资源共享的先决条件，有利于草业信息的开发利用和草业信息产业的形成。数字草业是一个较大的技术系统，与之相关联的草业信息标准化也必然包括极其广泛的内容，是一项复杂的系统工程。本节对数字草业技术标准与规范的框架、数字草业数据库标准、数字草业信息采集规范、数字草业信息元数据标准进行详细阐述。

一、数字草业技术标准与规范框架

草业信息的采集、处理、管理和数据共享的综合性特征决定了草业信息标准化也必定涉及从数据采集到信息服务的整个过程。满足这样标准化需求的应是相互协调的、能在整体上达到最佳效益的一组或系列标准组成，孤立的单个标准是无能为力的。既然是多个标准为实现同一目标共同工作，就应对数字草业标准化的目标、标准化的方法、标准的内容、标准之间的关系提出统一的规定，确定数字草业技术标准体系框架，指导数字草业技术标准与规范的制定，实现草业信息的共享和互操作。

（一）国内外研究进展

参考模型是为了理解某一环境实体间的重要关系而建立的抽象框架，采用支持此环境的统一标准和规范来开发特定的体系架构。标准参考模型的内容一般包括标准化的环境与需求、标准化的目标、确定系列标准内容的方法、系列标准的内容与结构，

以及标准应用的基本原则。草业信息属于地理信息范畴，其技术标准与规范框架的内容构成可以借鉴国内外地理信息领域标准化的构成框架。纵观国内外地理信息标准化工作可以看到，信息标准化工作都由一系列标准和规范构成，并在标准参考模型的框架下开展工作。

1. 国外研究进展

地理信息领域标准化框架的确定是以信息技术领域参考模型内容为依据的。按照国家、地区、协会、国际的 4 个层级，地理信息标准化框架主要包括：美国联邦地理数据委员会（Federal Geographic Data Committee，FGDC）的《FGDC标准参考模型》（1996）、欧洲标准化委员会地理信息技术委员会（CEN/TC287）的《地理信息参考模型》（1996）、开放地理空间信息联盟（Open Geospatial Consortium，OGC）的《OpenGIS参考模型》（2003），以及国际标准化组织地理信息技术委员会（ISO/TC 211）的ISO 19101《地理信息 参考模型》（2002）。

美国 FGDC 采用信息工程结构化分析方法，将标准化框架确定为数据、服务二种基本标准类型（姚艳敏等，2006），支持美国国家空间数据基础设施（National Spatial Data Infrastructure，NSDI）的实施。其中数据类标准包括：数据分类、数据内容、数据表达、数据交换、数据应用；服务类标准包括：基础数据和特殊数据交换程序、现有数据的访问程序、分类方法、数据收集、存储程序、可视化标准、数据分析程序、数据集成、质量控制和质量保证等。

欧洲标准化委员会地理信息技术委员会（CEN/TC 287）采用概念建模的方法，提出了地理信息领域标准的基本框架，将地理信息标准分成两大类：地理信息标准和地理数据服务标准（CEN 12009，1996）。其中地理信息标准类包括地理数据（如语义模式描述方式、空间模式、质量模式、参照系统描述方法、定位模式、地理标识符模式等）和元数据；地理数据服务标准类包括查询与更新服务以及转换服务。

开放地理信息系统协会（OGC）制定的《OpenGIS 参考模型》，分别从企业、信息、计算、工程与技术视角上对地理信息共享与互操作进行了分析，提出了开放地理信息系统标准化框架。其中，企业视角的标准化内容是从商业的前景、目的、范围以及政策方面描述地理空间信息共享涉及的问题；信息视角的标准化内容主要定义地理空间信息概念模式，并提供定义应用模式的方法；计算视角的标准化内容主要定义地理信息服务模式，描述组件、接口与交互规则等；工程视角的标准化内容描述系统如何将函数与信息分配到网络组件上；技术视角的标准化内容主要关注分布式系统使用的硬件与软件组件的技术与标准，保证对象在各种计算机网络、硬件平台、操作系统、程序语言之间实现互操作，同时提供地理信息共享应用开发的技术框架。

国际标准化组织地理信息技术委员会（ISO/TC 211）制定的地理信息标准化框架在 ISO 19101—2002《地理信息 参考模型》中有所体现。ISO/TC 211 侧重于信息视角和计算视角的地理信息及地理信息服务的标准化，将地理信息系列标准分为 5 类，即框架和参考模型类标准（如参考模型、概念模式语言、术语、一致性与测试）、地理信息服务类标准（如定位服务、图示表达、服务、编码）、数据管理类标准（如要素编目、空间参照、基于地理标识符参照、质量原则、质量评价过程、元数据）、数据模型和算子类标准（如空间模式、时间模式、空间算子、应用模式规则)、专用标准和现行实用标准类(ISO19101，2002)。

2. 国内研究进展

随着国外地理信息领域标准参考模型的提出，我国也开始关注和制定相应的参考模型。我国一些重大空间基础设施和数据库建设项目，都采用了ISO 19101《地理信息 参考模型》的标准结构框架理念，进行项目标准的组织、管理和制定。例如，国土资源部"数字国土工程项目"(2000)制定了《国土资源信息标准参考模型》；科技部"科学数据共享工程"(2003)制定了《标准体系及参考模型》，描述了科学数据共享标准体系的组成及相互关系，用于指导科学数据共享标准化工作的全面开展。2007年和2008年，全国地理信息标准化技术委员会相应出台了《国家地理信息标准体系框架》和《国家地理信息标准体系》文件，为促进我国地理信息资源的建设、协调、交流与集成提供了指南。

我国在数字草业信息标准化方面做了一些工作，如农业部2006年发布了NY/T 1171—2006《草业资源信息元数据》农业行业标准，对草业资源信息元数据的描述方法、结构和内容提出了统一规定，为草业资源信息元数据采集建库、信息共享和服务提供了重要依据。中国农业科学院农业资源与农业区划研究所2003年开展的科技部中央级科研院所科技基础性工作专项资金项目"牧草生产-生态基础数据库及共享服务系统"以及科技部、财政部科研院所社会公益研究专项资金项目"北方草地生态系统野外观测基础数据库和共享"中，制定了系列草业信息项目标准，如"牧草生产、生态基础数据库系统元数据标准"、"牧草生产、生态空间数据库建设规范"、"北方草地生态系统野外观测数据共享规范"等，为数字草业信息标准化提供了基础。然而，目前数字草业信息标准化仍停留在项目驱动，缺乏整体考虑。其面临的主要问题包括数字草业信息哪些方面应进行标准化；如何从数字草业信息化共同的流程特点，抽取共性内容制定通用标准，整体安排信息标准的总体构成；如何使各类信息标准在内容上相互配合和协调，因此可以借鉴国内外地理信息领域的标准框架，结合数字草业信息的特点确定数字草业技术标准与规范的框架内容。

(二)数字草业技术标准与规范的框架构成

数字草业技术标准与规范框架主要提出数字草业信息标准化的内容以及标准之间的关系，为数字草业信息标准的制定以及草业信息的建设、共享与服务提供指导。通过对数字草业信息特点以及信息化过程进行分析，数字草业技术标准与规范框架应由三部分组成，即指导标准、草业信息通用标准、草业信息专用标准(图3-1)。

指导标准是一组指导草业信息标准制定的标准，包括草业信息标准参考模型、草业信息标准体系表、草业信息术语等标准。这些标准虽然不是草业信息的采集、处理、管理、表达、交换与服务所要执行的具体标准，但它们是草业信息标准制定与协调的基础。

草业信息通用标准是数字草业技术标准与规范框架的核心。根据草业信息标准化的共性特征，将通用标准分为4类：数据描述类、数据管理类、应用系统类以及信息服务类。通用标准对较低层次的标准具有控制与制约的作用，即上层通用标准应在

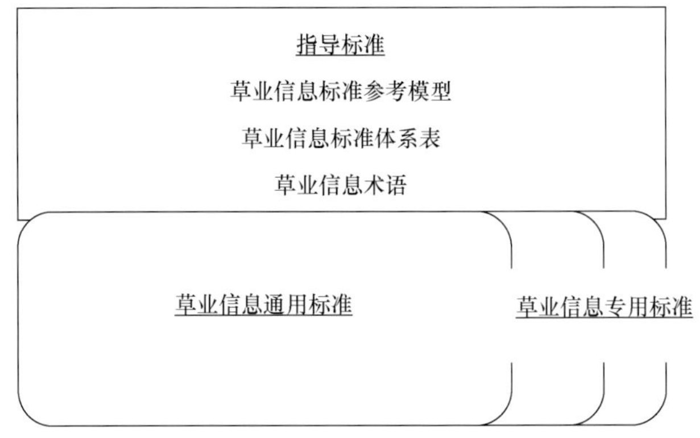

图 3-1　数字草业技术标准与规范的框架构成

下层标准中得到贯彻实施，必要时下层标准可在不违反上层标准的原则下针对具体应用需求进行扩展补充。

草业信息专用标准是指依据指导标准和通用标准，制定适应各种需求的草业信息行业、项目等具体标准。专用标准的概念最早出现在 ISO/IEC TR 10000—1: 1992《信息技术 国际标准化专用标准的框架和分类 第 1 部分：基本概念和文档框架》中，是为满足特定应用所需的一个或多个基础标准或基础标准的子集以及从这些基础标准中所选的章、类、可选项和参数的集合。数字草业信息各个具体标准的制定可以从一个或多个指导标准和通用标准中选择所需的部分，并根据应用的特殊要求，依据扩展规则进行必要的补充而形成。

（三）数字草业技术标准与规范框架的主要内容

1. 指导标准

数字草业信息指导标准中的参考模型阐述数字草业信息标准化的框架，其余指导标准是对框架内容的补充与具体化。

（1）草业信息标准参考模型

草业信息标准参考模型阐述草业信息标准化的总体目标、草业信息的标准类别及相互关系等，它是数字草业信息标准化的总体框架。

（2）草业信息标准体系表

“标准体系表”是一定范围内的标准体系内的标准按一定形式排列起来的图表，是一种由标准组成的系统。草业信息标准体系表是在草业信息标准参考模型的基础上，通过分析草业信息采集、分析处理、管理、共享服务信息化过程，按照共性标准与个性标准的层次结构，列出数字草业信息需要制定的标准名称。通过建立标准体系表，可以找出草业信息标准化的发展方向和工作重点，使数字草业信息标准化走向科学、有序，并获得经济效益。

（3）草业信息术语

目前草业信息术语定义和引用比较混乱，同一术语在不同标准中定义不同。术语的不统一影响了草业信息的表达、存储、传递和交流。因此迫切需要对描述草业信息的术语进行标准化规范，排除歧义，使草业信息术语表达统一。草业信息术语标准主要阐述选择术语的原则与条件，以及草业信息术语语义的表达。

2. 草业信息通用标准

图 3-2 是草业信息通用标准的内容与结构示意图。

数据描述类 草业信息分类和编码 草业信息数据元表示	数据管理类 草业信息元数据 草业信息数据库 数据质量控制标准 草业信息数据共享与发布 数据安全与保密规定 数据产品规范
应用系统类 草业信息系统建设规范 应用软件设计开发规范 草业信息网络建设规范 系统运行与维护规范	信息服务类 草业信息数据交换标准 草业信息图示表达规范

图 3-2　草业信息通用标准的内容和结构

（1）数据描述类标准

数据描述类标准是草业信息标准的主体，数据描述类标准包括：

1）草业信息分类和编码

草业信息分类和编码标准是草业信息标准化的基础，草业信息分类体系应该包括草业的生物、环境、经济等的草业基础要素信息，如水资源、土壤、草地类型、气候资源、生物，以及人口、草业生产经营状况等社会经济信息；草业监测信息，如牧草长势、病虫害、沙化退化信息；数字草业模拟信息等。

2）草业信息数据元表示

数据元是一组可识别和可定义的数据基本单元，是由数据元的名称、属性、表示三部分组成。当前，我国许多草业信息的描述、定义、获取、表示形式缺乏统一、严格的标准，使得这些宝贵的科学数据只能在局部的或单一的信息系统内使用，很难在广域和集成环境下使用。数据元标准所要起的作用就是用一个统一的标准来描述、定义、规范这些系统所要处理的数据，如草原土壤数据元、草业生产管理数据元、牧草生长发育信息数据元等，为系统间的数据共享、数据交换提供一个公用的信息接口。

（2）数据管理类标准

数据管理包括数据的采集、组织、存储、检索、安全、维护等，草业信息数据管理类标准包括：

1）草业信息元数据

在数据共享方面，由于保密或有偿共享等原因，原始草业信息一般是不直接公开的，网上公开发布的一般是数据的元数据。元数据为网络上的潜在用户提供了数据查询检索的途径，元数据所提供的数据标识、数据内容、数据质量、数据发行等信息为用户发现、访问、评价、购买并有效地使用数据提供了捷径。目前我国已发布 NY/T 1171—2006《草业资源信息元数据》农业行业标准，全面、系统、科学地对草业资源信息元数据描述方法和结构、全集元数据内容结构和数据字典、核心元数据内容、元数据扩展机制和标准的一致性等作了明确的规定，为草业资源信息元数据采集建库、信息共享和服务提供了重要依据。

2）草业信息数据库标准

草业信息数据库标准主要确定草业信息数据库分类与编码、草业信息的概要描述、空间数据和属性数据要素结构描述等，其中草业信息的概要描述包括草业信息数据类型（如空间数据、属性数据等）、数据文件格式、数据精度；空间数据要素结构描述包括空间数据要素分层、几何特征、与属性关联的名称命名、要素及要素属性结构等；属性数据要素结构描述包括属性数据库表格名称命名、要素属性结构等。

3）数据质量控制标准

草业数据的质量直接影响草业信息在应用、分析、决策中的正确性和可靠性，因此提出草业数据在采集、分析、处理、管理、共享服务过程中的数据质量控制要求具有十分重要的意义。草业数据质量控制标准包括对数据采集、管理、共享服务等的数据质量量化元素和非量化元素的数据质量控制要求以及对数据质量的评价规定。数据质量量化元素质量控制包括数据的完整性，即检查数据要素、要素属性和要素关系的存在和缺失（GB/T 21337，2008）；数据的逻辑一致性，即检查数据结构、属性及关系的逻辑规则的符合程度；位置准确度，即空间数据要素位置的准确度；时间准确度，即数据时间属性和时间关系的准确度；专题准确度，即量化属性的准确度、非量化属性的正确性、要素分类及其关系的正确性。数据质量的非量化元素包括建立数据库的目的、数据源的信息以及数据采集、处理、转换、维护的说明等。数据质量评价规定包括数据质量评价方法的选择（如直接评价法、间接评价法），对数据建立过程和最终检查的数据质量的检测，以及给出数据质量评价结果报告（GB/T 21336，2008）。

4）草业信息数据共享与发布规定

草业信息包括大量的采集数据、空间数据、统计数据、文字资料图片等，有些数据可以无偿地向有关政府、科研与教学单位以及公司企业等公开，提供共享服务，还有相当一部分数据资料涉及知识产权和版权等问题，需要设定使用权限，提供有偿服务等。草业信息数据共享与发布类标准规定草业数据无偿公开、无偿保密、有偿共享等数据共享类型分类，规定数据共享服务对象类型和权限、数据网络共享途径以及数据发布规定，保证草业信息得到更广泛的使用。

5）数据安全与保密规定

草业信息数据安全主要包括数据的保密性、完整性、可用性、可鉴别和授权安全。草业数据安全与保密规范需要提出数据在系统核心层、内部层和外部服务层的安全与保密机制，以便更有效地使用草业信息。

6）数据产品规范

数据产品是指有效运用数据分析实现产品过程，从海量数据中挖掘出对用户有价值的信息，以直观、有效的表现形式，为用户决策提供支持和服务。草业信息数据产品包括矢量、栅格、影像形式的空间数据产品，如草地分布图、草地退化图等，还包括属性数据产品，如草地生态观测数据以及信息系统软件和硬件产品，如草地管理信息系统等。数据产品还包括原始数据产品以及从原始数据产品中衍生出的数据产品。草业信息数据产品规范主要定义和描述数据产品规范范围、数据产品标识、数据内容和结构、参照系、数据质量、数据获取、数据维护、图示表达、数据产品交付等内容和要求，是数据生产者的工作依据，也方便使用者根据产品规范选择、购置和使用草业信息数据产品。

（3）应用系统类标准

基于草业信息的各种应用系统是草业信息化最活跃的部分，如草地退化预警信息系统、草地面积遥感监测系统、草业管理决策支持系统、饲料配方信息系统等都是应用系统的典型实例。应用系统类标准包括：

1）草业信息系统建设规范

草业信息系统建设规范从系统设计与开发角度，规范系统建设的过程，明确系统的功能。主要内容包括系统建设的组织与项目管理规定、系统建设的步骤要求、系统平台要求、系统功能要求、数据库建设。系统建设的组织与项目管理包括系统建设工作量和投入的估算与管理、系统建设风险的分析与管理、系统开发计划的制定、系统建设质量的管理等内容；系统建设步骤按照软件工程的要求，对系统建设准备与立项、需求分析、系统设计、系统实现、系统集成与测试、系统验收、系统运行与维护等提出具体要求；系统平台要求提出对数据传输与共享、系统运行的软硬件平台选择等内容；系统功能要求主要提出系统的基本功能、辅助功能等的设计规定；数据库建设方面主要对资料准备、数据采集、数据处理与建库、数据库更新等提出规定和要求。

2）应用软件设计开发规范

草业信息应用软件设计开发规范应该基于国内外已有的软件设计规范，根据草业信息软件设计需求进行制定。主要内容应包括软件需求、软件设计、软件构造、软件测试、软件维护、软件配置管理等内容。

3）草业信息网络建设规范

建立数字草业网络化公共技术平台是数字草业的发展趋势。草业信息网络建设可以依据已有的信息技术领域相关网络技术标准制定草业信息网络建设规范，加强和规范数字草业信息网络的建设、管理，实现草业各部门网络互联互通，保障草业数据的实时、有效传输，提供草业生产、管理和决策信息服务。其主要内容包括草业信息网络系统建设基本流程、骨干网网际互连（如网络结构及拓扑、链路和带宽、网络接入设备标准、网络安全设备标准、网络管理平台标准、网络互连协议及典型业务协议等）、局域网网络建设、IP 地址和域名规划、网络机房建设、网络验收测试等要求。

（4）信息服务类标准

数字草业信息网络服务是在网络上提供空间数据和属性数据服务，用户通过网络访问草业信息功能，并将其集成到自己的系统和应用中，而不需要额外开发特定的地理信息系统（GIS）工具或数据，以推动草业信息的数字化、网络化和信息化进程。草业信息服务主要是指信息或数据的服务，其应有的标准包括：

1）草业信息数据交换标准

草业信息数据类型包括空间数据、属性数据、文本数据等，其中属性数据和文本数据的数据交换格式较简单，但对于空间数据的数据交换较复杂。由于草业信息空间数据分布在不同的地域、不同的应用部门，空间数据存储结构和管理方式不同，如有些草业信息空间数据采用 ARCINFO 软件的 Shapefile 格式存储，有些采用 Autodesk 的 DXF 格式等，它们在数据结构、数据模型、数据格式等方面存在着很大的差异，数据的共享和互操作问题变得尤为突出。由于数据格式的多样性，要想提高草业信息空间数据的利用率，需要进行数据交换，需要遵循统一的空间数据交换格式标准，以及统一的空间数据交换技术标准。

我国发布的 GB/T 17798—2007《地理空间数据交换格式》规定了矢量和栅格两种空间数据的交换格式，适用于多种矢量数据、影像数据和格网 GIS 数据以及数字高程模型（digital elevation model，DEM）等的数据交换（GB/T 17798，2007）。草业信息空间数据交换格式可以参照 GB/T 17798—2007，并根据草业信息空间数据的特点来制定。

在地理空间数据交换技术方面，目前由 ISO/TC 211 推出的地理标记语言（geography markup language，GML）已成为构建开放地理数据互操作平台的基础。GML 是一种以可扩展标记语言（extensible markup language，XML）模式书写的 XML 语法，用于描述应用模式以及传输和存储地理信息。GML 提供了各种不同类型的对象来描述地理信息，这些对象包括地理要素、坐标参照系、几何、拓扑、时间、度量单位等 28 个核心模式。我国也已将 ISO 的 GML 转化为国家标准 GB/T 23708—2009《地理信息 地理标记语言（GML）》。草业信息网络技术平台建设中，各级节点间的草业信息空间数据的有机交换与共享，可以通过基于 GML 的多源异构空间数据交换模型，实现网络环境下的异构空间数据交换，就需要制定数字草业的地理空间数据模型及交换格式和技术规范，实现草业信息空间数据的网络交换和共享。

2）草业信息图示表达规范

不同的应用系统具有不同的显示空间要素的图形标准，如草地面积遥感监测图示表达与草地沙化监测的图示表达标准不同。草业信息图示表达不仅是以数字图集形式存储在应用系统中，还要将制图规范体现在标准图库中，作为用户借助该系统编制草业信息图的统一标准。草业信息图示表达规范内容可以包括图示表达模式，即定义图示表达操作的图示表达服务；要素类定义图示表达规则的图示表达目录包；定义图示表达服务所需要的潜在参数的图示表达规范。草业信息图示表达规范还应规定要素符号的分类、尺寸，定位符号的定位点和定位线，符号的方向和配置，图廓的整饰，图形符号颜色、注记等内容。

3. 草业信息专用标准

草业信息通用标准为数字草业各个应用领域提供了基础和指南。但是由于不同应用领域的信息化建设具有不同的需求，故以通用标准作为基础标准，制定基础标准的专用标准，才能满足不同应用领域的需求。专用标准（profile）是为满足特定应用所需的一个或多个基础标准的子集，以及从这些基础标准中所选的章、类、可选项和参数的集合（ISO 19106，2004）。例如，NY/T 1171—2006《草业资源信息元数据》为草业领域提供了 193 个描述草业信息全集数据集的必选、条件必选和可选的元数据元素，以及核心元数据元素，描述的草业资源信息类型不仅包括以空间信息（矢量、影像、栅格等）为主的空间数据库，以属性数据为主且具有空间定位信息的空间数据库，还包括草业系列图谱、草业文献资料等非空间数据库。对于数字草业某个应用领域，如牧草和饲料农作生产领域，其草业信息数据类型多为矢量空间数据、属性数据等。因此，可以从 NY/T 1171 中选择必需的元数据元素，结合自身的数据类型特点，构成牧草和饲料农作生产领域信息元数据标准，减少 NY/T 1171 中大量对牧草和饲料农作生产领域信息描述不适用的元数据元素（图 3-3）。

大量的数字草业技术标准与规范都应是某个专用标准，都需采用专用标准形成机制来制定，但需要保证各个数字草业专用标准与通用标准的协调一致性，才能保证数字草业信息互操作的实现。

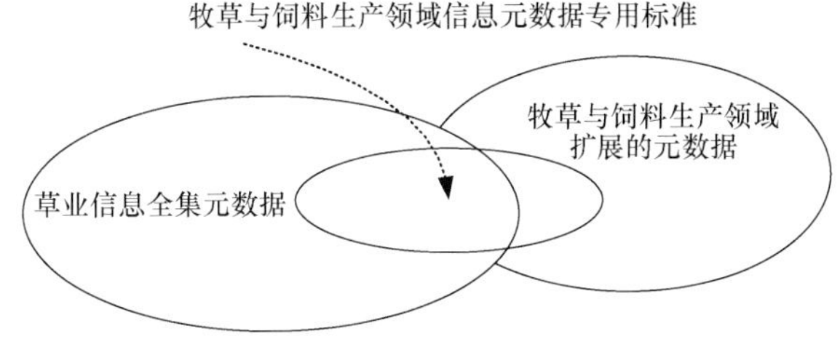

图 3-3　专用标准形成机制示意图

二、数字草业数据库标准

（一）数字草业数据

1. 数据来源

数字草业数据指利用数字、符号、图形和图像等对草业要素信息、过程信息和管理信息中的对象、现象、过程相关的数据进行的记录和结果表述。数据是数字草业各个系统的基础和核心。按照数据类型划分，数字草业数据包括空间数据、表格数据、文本数据等。按照数据来源划分，数字草业数据包括野外调查数据、实验研究数据、遥感监测数据、地图数字化数据、社会统计和普查数据等，数据来源复杂，覆盖面广。

1）野外调查数据。通过野外实地调查和测量获取的数据，如草地植被结构和初级生产力监测数据、动物群落调查数据、土壤微生物群落监测数据等。

2）实验研究数据。通过实验研究和模型算法获得的数据，如牧草生长发育过程模拟数据等。

3）遥感监测数据。遥感影像为数字草业提供了现势的时空数据，在不同尺度下通过遥感信息提取和实地验证相结合等方法，获得草地面积、长势、病虫害、沙化退化等草业数据。

4）地图数字化数据。有些历史数据的主要表达形式或载体是地图，如 20 世纪 80 年代的牧草区划图，因此数字化地图就成为数字草业的数据来源之一。

5）社会统计和普查数据。畜牧业统计数据、草业自然环境数据、草业生产管理数据等也是数字草业的数据源之一。

2. 草业数据特征

草业数据类型包括空间数据、属性数据、文本数据等。其中空间数据不仅具有一般空间数据的基本特征，如抽样性、概括性、多态性，还具有离散非连续、构造约束、零散分布、信息隐含和空间分布等特殊性（陈立平和赵春江，2008）。这种多源、多层次、多用途，导致草业数据存在多语义、多尺度和平面拓扑特征。

（1）多语义特征

多语义是指两个方面：一是人们对关注的共同问题和现象的认知存在多语义性；二是计算机采用不同的方式描述和表达具有相同问题域和过程的事物时存在多语义性（陈立平和赵春江，2008）。

草业数据采集获取、分析决策、共享发布等过程是个系统、复杂、多变的过程，涉及来自农业、水利、气象、环境、草业管理等多个部门的数据和资料信息。各个部门、行业对草业数据分类方法和侧重点不同，解决问题的侧重点也不同，造成了数字草业数据的多语义性。

（2）多尺度特征

尺度是指数据集表达的空间范围的相对大小和时间的相对长短，不同尺度上所表达的信息密度有很大的差异。数字草业数据涉及多个学科，如草业、生态环境、社会经济等。但不同的学科和专业对空间尺度、时间尺度的要求不同，组成数字草业数据的多尺度性。

1）空间多尺度。从空间层次上看，数字草业涉及的数据比例尺变化范围很宽，从 1∶500 到 1∶400 万，如草地沙化遥感监测图比例尺相对较小，草地野外台站样点分布图等比例尺相对较大。

2）时间多尺度。主要指数据表示的时间周期及数据形成的周期长短。根据时间周期的长短，数字草业数据的时间尺度可分为季节、年、时段等尺度数据，如数字草业中的生态环境、土壤、草地面积等数据涉及较大时间尺度，一般以“年”为周期；而草地生产力、草地旱情、病虫害监测等数据，往往以“天、周、月”为时间周期。

（3）平面拓扑特征

数字草业数据不仅关心对象的空间位置和属性，还要描述各实体对象之间的空间关系，包括空间拓扑关系。通过空间实体之间拓扑关系的计算可以分析空间实体之间的相互影响，这对分析评价草业资源环境和草地生产力之间关系有重要作用。例如，栽培草地生产力不仅受灌溉、施肥的影响，还受气候、牧草适应性、地形地貌等因素的影响。二维空间拓扑关系是数字草业空间信息的主要建模模式，以点、线、面 3 类几何要素为主。

（二）数据库标准与规范简述

数据库建设是数字草业信息的基础和关键，数据库建设的规范和统一以及数据质量控制是数字草业信息准确性、决策支持性和共享性的保证。数据库标准与规范一般包括数据采集标准与规范、数据库内容标准与规范、数据库建库标准与规范等内容。数据采集标准与规范在第三章第一节“三、数字草业信息采集规范”中进行阐述；数据库内容标准与规范主要界定数据库主要数据集、数据表，主要数据项分类、编码、定义、内容；数据库建库标准与规范详细定义数据库的空间结构关系、名称、定义、编码，数据项的名称、定义、编码字段类型、长度等，数据库建库质量控制和质量评价要求。目前有关数据库内容标准与规范的类型有几种，包括地理信息要素编目、数据字典、数据元、数据库，虽然它们都是有关数据库内容描述的标准与规范，但在描述内容上有些区别。

1. 地理信息要素编目

地理信息要素编目来自 ISO 19110—2005《地理信息 要素编目方法》（*Geographic Information-Methodology for Feature Cataloguing*），该标准主要是对地理空间数据库描述

的标准。地理要素是与地球上相应位置有关的现实世界的抽象（ISO 19110，2005）。要素目录定义地理数据中表示的要素类型、要素属性、要素操作和相互关系，使地理数据的提供者和用户对数据所表示的各种现实世界现象具有共同的理解。要素编目的内容包括对要素目录、要素类型、要素操作、要素属性、要素属性值、要素关联的编目（蒋景瞳和何建邦，2004）。要素编目一般用自然语言表达要素对象，是用 GIS 空间数据模型语言和计算机语言表达要素类型的前期准备。表 3-1 是要素类型编目的实例。

表 3-1　要素类型“矿井”编目实例

FC_FeatureType 要素类型（ID＝3）	
名称	矿井
定义	在地下开采的矿山
编码	AA010
别名	无
要素操作名称	FC_Binding（ID=6）
要素属性名称	FC_FeatureAttribute（ID=4）
所属父类	FC_FeatureCatalogue（ID=1）

2. 数据字典

数据字典是应用数据库中非应用数据的集合，将它们按一定的模式进行组织，并用计算机进行规范管理，建立关于数据库的数据库。数据字典涉及的数据文件可以包括矢量型、统计型、栅格、影像、文本、音频和视频等。根据描述对象的差异，数据字典可以分为以下三种类型：①数据库数据字典：对数据库整体进行描述，主要内容包括数据的归属、数据源、地图投影、数据的分层、数据质量及检测等；②数据集数据字典：对数据库中的数据集进行描述，主要包括数据集中数据的分层和数据命名等；③要素数据字典：对数据库中所包含的数据要素进行描述，包括要素的概念、几何表示、属性以及要素间的相互关系等。要素目录建立了要素和要素属性的联系，而数据字典不是将属性和要素联系起来，其建立的是某一特定领域的所有要素和属性的全域。

3. 数据元

数据元是用一组属性描述定义、标识、表示和允许值的数据单元（GB/T 18391.1，2002）。数据元的目的是使数据的使用者与拥有者对数据的含义、表示和标识的理解一致，使数据易于交换，并且可以在不同的应用环境内进行共享。数据元由三部分组成（GB/T 18391.1，2002）：①对象类：现实世界中的想法、抽象概念或事物的集合，有清楚的边界和含义，并且特性和行为遵循同样的规则而能够加以标识；②特性：对象类的所有个体所共有的某种性质；③表示：值域、数据类型的组合，必要时也包括度量单位或字符集。数据元出现在数据库、文件和事务集中，是一个组织管理数据的基本单元，因而是组织内部数据库和文件设计，并用于建立与其他组织交流的事务集的组成部分。在组织内部，数据库或文件由记录、段和元组等组成，而记录、段和元组则由数据元组成；在数据库中，数据元可以作为信息组（符号组、域）或字符列来处理。例如，在关系型数据库中，数据元以字段名的形式出现于表格中（表 3-2）。数据元与数据库不完全等同，数据元是数据库实现或逻辑建模的基础和数据单元。

表 3-2　数据库表格中的数据元

雇员号码	姓	出生日期	工资额
1	Rood	47/3/4	483
2	Herden	48/6/3	501
3	Albright	51/7/9	490

数据元可分为通用数据元和应用数据元。通用数据元是独立于任何具体的应用而存在的数据元，其功能是为应用领域的数据元即应用数据元设计提供一部通用数据元字典；应用数据元是在特定领域内使用的数据元集。例如，国家科技基础条件平台重点项目——科学数据共享工程技术标准中的《公用数据元目录》就是一部通用数据元字典。在草业科学数据共享工程中制定的草业信息数据元标准就是一部应用数据元。

4. 数据库

数据库是按照数据结构来组织、存储和管理数据的仓库。目前常用的数据库模型包括层次式数据库、网络式数据库、关系式数据库和面向对象数据库等。数据库的基本结构分三个层次：①物理数据层，是数据库的最内层，是物理存储设备上实际存储的数据集合。这些数据是原始数据，是用户加工的对象，由内部模式描述的指令操作处理的位串、字符和字组成。②概念数据层，是数据库的中间一层，是数据库的整体逻辑表示，指出了每个数据的逻辑定义及数据间的逻辑联系，是存储记录的集合，它所涉及的是数据库所有对象的逻辑关系，而不是它们的物理情况。③逻辑数据层，是用户所看到和使用的数据库，表示了一个或一些特定用户使用的数据集合，即逻辑记录的集合。

数据库的组织一般按照数据库组织模型、数据库、数据集、数据表的方式进行。数据库组织模型是采用关系模型［如统一建模语言（unified modeling language，UML）、实体关系图（entity relationship diagram）］将数据组织成关系型的数据对象，如对象类、要素类、关系类等，用图形直观表达对象、要素之间关系，然后采用表格的方式列出数据库中包含的数据集，并进行分类编码。对于空间数据，还要说明空间数据类型（点、线、面等）。数据表用于建立数据集中要素类型和要素属性（或实体、属性）之间的关系，描述结构包括数据项名称、编码、数据类型、存储长度、约束条件、值域范围、数据项描述、主关键字名称、索引键名称等。

（三）草地科学数据库规范示例

1. 草地科学数据库组织模型

草地科学数据库包括 5 个数据集：草地数据库、牧草数据库、草原区生态背景数据库、草业生产经济数据库、草业动态监测管理数据库（图 3-4），其中草原区生态背景数据库包括行政区边界、地形与地貌、气候、土壤类型、草地类型、草地利用等数据库。

2. 数据库组织和命名

表 3-3 为草地科学数据库的组织和命名。

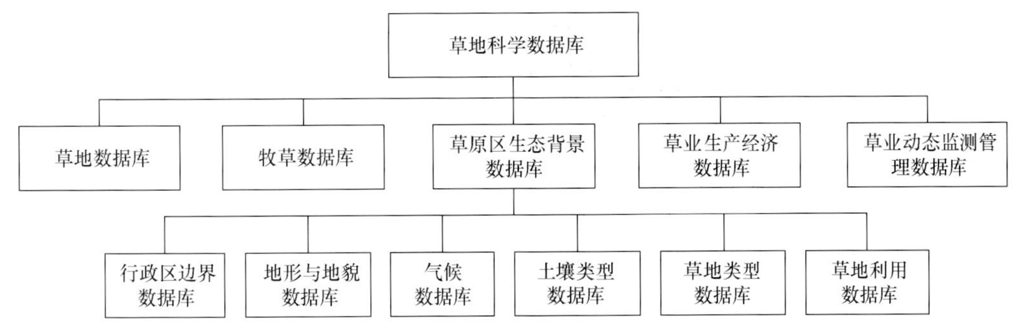

图 3-4　草地科学数据库组织模型

表 3-3　草地科学数据库命名表

数据库	名称	缩写	数据集	名称
草地数据库	CDSJ	CJ	…	…
牧草数据库	MCSJ	MJ	…	…
草原区生态背景数据库	STSJ	SJ	行政区边界数据库 地形与地貌数据库 气候数据库 土壤类型数据库 草地类型数据库 草地利用数据库	SJ_XZBJ SJ_DXDM SJ_QHSJ SJ_TRSJ SJ_CDLX SJ_CDLY
草业生产经济数据库	JJSJ	JJ	…	…
草业动态监测管理数据库	GLSJ	GJ	…	…

3. 数据集的组织和命名

表 3-4 为以草原区生态背景数据库为例，说明数据集的组织和命名。

表 3-4　草原区生态背景数据库命名表（SJ）

数据库	名称	缩写	数据类型	文件格式	精度	投影	名称
行政区边界数据库	SJ_XZBJ	XJ	area	shape	1∶100 万	Albers	XJ_XZBJ
地形与地貌数据库	SJ_DXDM	DM	area、point	coverage	1∶400 万	Albers	DM_DXDM
气候数据库	SJ_QHSJ	QJ	point、line	shape	1∶400 万	Albers	QJ_QHSJ
土壤类型数据库	SJ_TRSJ	TJ	area	shape	1∶100 万	Albers	TJ_TRXZH
草地类型数据库	SJ_CDLX	CX	area	shape	1∶400 万	Albers	CX_CDLX
草地利用数据库	SJ_CDLY	CY	area	shape	1∶400 万	Albers	CY_CDLY

4. 数据库表内容

表 3-5 为数据库描述结构表示例。

三、数字草业信息采集规范

（一）概述

数字草业信息采集方法包括几种类型：①网络方法，通过网络采集草业信息，主要

表 3-5 草地类型数据库（CX_CDLX）

序号	字段名称	字段代码	字段类型	字段长度	小数位	值域	是否必填	单位
1	行政区代码	XZDM	char	12		见 GB/T 2260	是	
2	行政区名称	XZMC	char	20		见 GB/T 2260	是	
3	草地类名	CDLM	char	20			是	
4	草地亚类名	CDYL	char	20			是	
5	平均产草量	JCCL	float		1	＞0	是	kg

主键：XZDM、CDLM

索引键：CDLM

注：GB/T 2260《中华人民共和国行政区划代码》

采集适时信息；②调查方法，通过调查采集草业信息，包括抽样调查、专项调查等；③研究方法，通过草业信息图形数字化、模型模拟研究、监测评价等专项研究、草业信息遥感影像提取等获得草业信息；④采访方法，通过采访获取草业信息；⑤交换方法，通过与有关机构交换获得草业信息；⑥采购方法，通过订购、选购、委托代购等获得草业信息；⑦查询方法，通过查询、检索采集草业信息。由于数字草业信息采集的方法以及采集的数据类型不同，草业信息采集规范内容有所不同。

草业信息常规数据采集规范内容应包括：①采集任务流程概述；②采集数据分类和编码规定；③数据采集方法、记录要求、质量控制等要求。

草业信息空间数据采集规范内容应包括：①空间数据采集任务流程概述以及空间数据源、采集方法、采集内容说明；②空间数据采集的地理参照系和控制基础说明，包括地图投影规定；③空间数据的分类和编码规定，包括空间数据的组织、分层、分类与编码；④空间数据采集过程要求说明，包括输入前准备、几何图形数据的采集、属性数据采集、属性和几何数据的连接、空间数据的编辑和检核要求等；⑤空间数据采集数据质量要求，包括数据采集质量要求、数据质量评价、数字化误差评价和质量控制、数据处理中的质量评价等。

草业信息野外数据采集规范内容应包括：①草业信息野外数据采集任务流程概述以及采集目的、采集内容说明；②采集单元和样点的布设要求；③数据采集的方法、质量、记录的要求；④数据汇总与质量评价规定等。

（二）北方草地生态系统空间背景数据采集规范示例

1. 任务流程概述

（1）数据采集范围和采集内容

本系统的监测范围覆盖北方草地生态区，包括内蒙古、青海、宁夏、新疆、甘肃、吉林等 6 省区，采集的空间背景数据库主要包括监测区 1∶100 万及以上比例尺的空间数据，包括：

地形数据：包括行政区划、水系、道路、铁路、居民点、高程等。

气象数据：气象台站的气象数据，并计算相关参数的空间分布趋势。

生态背景数据：包括土壤类型、草地类型、植被类型、土地利用，景观类型等。

遥感影像数据：包括中分辨率成像光谱仪（MODIS）数据、Landsat TM（ETM）数据等。

（2）数据采集流程

数据采集流程包括：准备工作、空间数据分类和编码、空间数据数字化、数据质量控制、成果验收。

2. 准备工作

（1）空间数据采集地理参照系

所有空间数据的投影统一为：Albers（等面积双标准纬线圆锥投影），中央经线：东经 105°，原点基准：0°（赤道），单位：m，标准纬线：北纬 25°/北纬 47°，椭球体：Krasovsky。

（2）数据库系统操作平台

数据库系统以 Microsoft 的 Windows 2000 以上作为服务器的操作系统，其他计算机的操作系统采用 Windows XP 或 Windows 2000 以上。

（3）空间数据操作平台

空间数据的录入采用扫描与手工屏幕数字化的方式进行，平台选用美国环境系统研究所公司（Environmental Systems Research Institute，Inc.，ESRI 公司）的 Arc/Info（9.0 或以上版本）地理信息系统软件和 ArcView GIS（3.0 或以上版本）。为减少数据转化误差，其空间数据的矢量化全部在 Arc/Info 中进行，属性数据的添加可选择在 Arc/Info 或 ArcView 中完成。气象因子的空间分布计算在 Arc/Info 中实现。

3. 空间数据数字化

空间数据的数字化包含图形转绘、扫描、矢量化，建立拓扑关系，属性添加，精度检查等步骤。在这些过程中必须遵守以下规范。

（1）基本要求

行政边界：1∶25 万及以下比例尺的县级及以上行政区划空间数据从 1∶25 万行政区划空间图层中提取。

空间数据的保存：1∶25 万及以上比例尺数据分幅保存，其他比例尺数据不分幅保存。数据保存格式为 Arc/Info 的 coverage。

空间数据的操作在 Arc/Info 软件中完成，以减少不同数据格式转换造成的数据转换误差。属性数据的添加可在 Arc/Info 或 ArcView 中以输入、数据库连接等方式完成。

（2）数字化方法

将各类纸质图形转绘到 1∶25 万行政区划图上，由相应的专家和工作人员进行审核、更正，保证转绘图形的正确。

1）扫描转绘图形以 tif 格式保存。

2）在 Photoshop 软件中对扫描文件进行去噪处理。

3）在 Arc/Info 中以转绘图形为底图，进行屏幕数字化。

4）编辑图层，建立拓扑关系。

5）检查数字化是否完整。

6）检查坐标采集点的精度是否符合要求。

7）属性数据输入。

8）图层校对，图层入库保存。

（3）数字化参数要求

地图底图扫描分辨率 300dpi，并以 tif（lzw）格式保存（表 3-6）。

表 3-6 地图底图扫描分辨率及保存格式

地图类型	扫描分辨率	保存格式
彩色	300dpi	tif（lzw）
	24bit/pixel	tif（lzw）
灰度	300 dpi	tif（lzw）
	8bit/pixel	tif（lzw）
黑白	300 dpi	tif（lzw）

clean 命令中容限参数 dangle length 和 fuzzy tolerance 的设定小于 0.000 01。

图层控制点保证 14 个点以上，除 4 个角点以外，其余各控制校正点要均匀分布在图内各公里网的交汇点上。为保证图形定位准确，控制点坐标均按照理论值进行输入。

单线河等的数字化要求从水系的上游开始，向下游进行数字化。

面状独立地物以其几何中心为标识点。若其中心配有点状符号，则以符号的定位中心为标识点。

不同图层的公共边只数字化一次，用拷贝等命令实现共享公共边在不同图层的完整建库。

4. 数字化精度要求

（1）定位精度要求

图形定位控制点：均方根误差（RMSE）小于 0.075m。

相对于扫描的工作底图，矢量化后的扫描点位误差不大于 0.1mm，直线线划误差不大于 0.2mm，曲线线划误差不大于 0.3mm，界限不清晰时的线划误差不大于 0.5mm。

（2）属性精度要求

空间数据必须建立与空间要素对应的属性文件，属性项内容及定义按照对应地图进行调整。属性项字段的定义与原图相同，其中县级以县级以上行政区划代码与名称采用我国颁布的中国行政区划代码国家标准。

5. 空间数据的数据转换与数据交换

空间矢量数据标准存储格式为 Arc/Info 的 coverage 格式；

栅格数据的标准存储格式为 Arc/Info 的 grid 格式；

影像数据的标准存储格式为 Erdas 的 image 格式。

本系统数据交换文件格式，除以上 3 类，还可以包括：

ESRI shape 文件；

ESRI ASCII grid 文件；

Arc/Info 的 E00 文件；

GeoTIFF 文件。

6. 成果验收

1）图层套合精度：所有图层的边界必须完全相同，省级及以下地图的行政边界以 1∶25 万行政边界为准，国家级地图的行政边界以 1∶100 万行政边界为准。图层之间的公共边必须完全重合。

2）图层定位精度：精度要求与定位精度要求相同。

3）图层要素完整性：检查是否丢失图元和内容，要确保与原图完全一致。

4）图斑要素与属性一致性检查。

5）属性数据检查：对照原图检查各属性表中的字段类型、长度、名称等是否正确、完整，如发现漏图元或属性紊乱则要进行重新处理（表 3-7）。

表 3-7　空间数据质量检查明细

<table>
<tr><td>序号</td><td></td><td>coverage 名称</td><td></td><td>验收人</td><td></td><td>验收时间</td><td></td></tr>
<tr><td colspan="2">检查项目</td><td colspan="3">检查内容</td><td>严重缺陷</td><td>重缺陷</td><td>轻缺陷</td></tr>
<tr><td rowspan="4">地图原图精度</td><td>图廓点点位</td><td colspan="3">误差≥0.2mm　严重缺陷 [　]</td><td>[　]</td><td>[　]</td><td>[　]</td></tr>
<tr><td>图廓边边长</td><td colspan="3">误差≥0.2mm　严重缺陷 [　]</td><td>[　]</td><td>[　]</td><td>[　]</td></tr>
<tr><td>图廓对角线长度</td><td colspan="3">误差≥0.3mm　严重缺陷 [　]</td><td>[　]</td><td>[　]</td><td>[　]</td></tr>
<tr><td>坐标网线间距</td><td colspan="3">误差≥0.2mm　严重缺陷 [　]</td><td>[　]</td><td>[　]</td><td>[　]</td></tr>
<tr><td rowspan="4">扫描图像精度</td><td>图廓点点位</td><td colspan="3">误差≥0.2mm　重缺陷 [　]</td><td>[　]</td><td>[　]</td><td>[　]</td></tr>
<tr><td>图廓边边长</td><td colspan="3">误差≥0.2mm　重缺陷 [　]</td><td>[　]</td><td>[　]</td><td>[　]</td></tr>
<tr><td>图廓对角线长度</td><td colspan="3">误差≥0.3mm　重缺陷 [　]</td><td>[　]</td><td>[　]</td><td>[　]</td></tr>
<tr><td>坐标网线间距</td><td colspan="3">误差≥0.2mm　重缺陷 [　]</td><td>[　]</td><td>[　]</td><td>[　]</td></tr>
<tr><td colspan="2" rowspan="2">控制点（TIC）精度</td><td colspan="3">控制点≤12 与≥9　轻缺陷 [　]
控制点≤8 与≥4　重缺陷 [　]
控制点<4　严重缺陷 [　]</td><td>[　]</td><td>[　]</td><td>[　]</td></tr>
<tr><td colspan="3">RMSE<0.075 [　]</td><td>[　]</td><td>[　]</td><td>[　]</td></tr>
<tr><td colspan="2">数据采集精度</td><td colspan="3">误差≥0.1mm　错误 [　]
≥5%　严重缺陷 [　]
≤5%与≥3%　重缺陷 [　]
≤3%与≥1%　轻缺陷 [　]</td><td>[　]</td><td>[　]</td><td>[　]</td></tr>
<tr><td colspan="5">缺陷数总数</td><td></td><td></td><td></td></tr>
</table>

四、数字草业信息元数据标准

（一）概述

随着我国草业信息化工作的逐步深入，草业各个部门已经拥有来源于国家、省、地市等各个层次课题积累的大量牧草和饲料农作生产、草地野外观测、草地遥感监测、草地评价规划、草业产业等数字草业信息。作为草业信息数据积累者，急需一条有效的途径，最大限度地使数字草业信息能够得到广泛的应用和共享。作为数据用户希望能够通过网络从海量的资源与环境数据中快速准确地发现、访问、获取和使用所需的数字草业数据，以避免草业数据的重复建设。因此，建立一套合理的数据共享方法，对实现草业信息的有效利用和共享具有极其重要的意义。元数据是解决草业信息共享的有效方法之一。

元数据是关于数据的数据（GB/T 19710，2005），用于描述数据集的内容、覆盖范围、空间参照、数据质量、管理方式、数据的所有者、数据的提供方式等有关的信息。元数据可以用于许多方面，包括数据文档建立、数据发布、数据浏览、数据转换等，促进数据的管理、使用和共享。同时，元数据对于建立空间数据交换网络是十分重要的，网络中心通过元数据库可以实时地连接各个分发数据的分结点元数据库，帮助用户找到其特定应用所需要的数据，实现数据共享。因此，数字草业信息的共享目标可以通过网络，依靠元数据进行导航来实现。

1. 国内外元数据研究进展

保证元数据共享与互操作的唯一途径是元数据内容的标准化。目前元数据标准主要涉及两个方面的内容，一是描述与空间位置有关的地理信息元数据标准，另一个是描述图书文献、档案、多媒体等用于文献目录检索的元数据标准。这些标准都是草业信息元数据确定的依据。

与地理信息相关的元数据标准研制与实施已引起各国广泛重视。美国联邦地理数据委员会（FGDC）在 1994 年发布了《数字地理空间元数据内容标准》（Content Standard for Digital Geospatial Metadata，CSDGM）（FGDC，1994），通过建立国家地理空间数据交换网络，使用户查找所需的信息，达到地理空间数据共享。澳大利亚/新西兰土地信息委员会（ANZLIC）1995 年完成了“土地及地理数据目录元数据框架”，确定了描述地理信息核心元数据元素（ANZLIC，1995）。国际标准化组织地理信息技术委员会（ISO/TC 211）在 2003 年 5 月发布了 ISO 19115—2003《地理信息 元数据》国际标准（ISO 19115，2003）。各国也相继以 ISO 19115 的地理信息元数据标准为参考，修改或制定本国的元数据标准，以便与国际标准保持一致。我国也将采用并修改其为 GB/T 19710—2005《地理信息 元数据》国家标准（GB/T 19710，2005）。国际、国家地理信息元数据标准是基础性标准，定义的是通用的地理信息元数据，元数据实体和元素超过 400 多个，不直接针对某一特定领域。因此，在这些元数据标准的基础上，国内外出现了针对某个应用的元数据标准，如美国国家航空航天局（National Aeronautics and Space Administration，NASA）为遥感数据的描述及不同系统之间的数据交换，制定了目录交换格式（directory interchange format，DIF）元数据标准（NASA，1999），我国也有“中国生物多样性核心元数据标准”项目标准（徐海根和包浩生，2000）、“可持续发展共享元数据标准”项目标准（国家基础地理信息中心，2000）、TD/T 1016—2003《国土资源信息核心元数据标准》土地行业标准（TD/T 1016，2003）、NY/T 1171—2006《草业资源信息元数据》农业行业标准。

描述图书、档案、多媒体等的元数据标准主要包括 ISO 为网络资源的著录与挖掘制定的《都柏林核心元数据集》（ISO 15836，2003）、博物馆描述艺术品的 CDWA（*Categories for the Description of Works of Art*）《艺术作品描述类目》、美国以及我国分别制定的用于图书馆描述、存储、交换、控制和检索的机读书目数据标准 USMARC 和 CNMARC、美国国会图书馆制定的描述档案和手稿资源（包括文本文档、电子文档、可视材料和声音记录）的《编码档案描述》（*Encoded Archival Description，EAD*）等（中文元数据标准研究项目组，2000）。

2. 草业信息元数据制定的原则

数字草业信息属于地理信息范畴，但也有其特殊性。草业的生产和科研构成比较复杂，数字草业信息不仅包括牧草/饲料农作生产系统的信息，还包括城市草坪种植系统、天然草地放牧系统、畜牧业的前期生产阶段信息以及草业市场管理等信息。数字草业信息数据类型不仅包括以空间信息（矢量、影像、栅格等）为主的空间数据库，以属性数据为主且具有空间定位信息的空间数据库，还包括草业统计数据、草业系列图谱、草业文献资料等非空间数据库。因此，数字草业信息元数据如果直接采用地理信息元数据标准，会出现应该描述的草业信息元数据内容在地理信息元数据标准中缺乏，或者地理信息元数据标准中大量的元数据内容对于草业信息根本不适用。因此，草业信息元数据确定的思路是，从 ISO 19115 和 GB/T 19710 地理信息和遥感数据元数据标准、CNMARC 和《都柏林核心元数据集》等图书文献类元数据标准，以及 EAD 文档视频类元数据标准中，抽取相关的元数据要素，同时增加草业信息特有的元数据内容构成草业信息元数据。

草业信息元数据制定的原则立足于一致性和实用性。GB/T 19710 较详尽地包容了描述各种类型地理信息数据所需的元数据实体和元素，是作为各专业、各领域、各部门制定元数据的共同基础。草业信息元数据在描述方式上需要与 GB/T 19710 一致；所直接引用的元数据实体和元素在名称、英文缩写名上要相同；核心元数据的内容应该包含 GB/T 19710 核心元数据的必选元素，这样才能保证与国家标准的基本一致性。但 GB/T 19710 主要针对的是矢量类、栅格类的空间地理信息，对描述影像类、文献类、多媒体类的草业信息略有不足。因此考虑到草业信息内容的复杂性、表现形式的多样性，需要增加对影像类、文献类等草业信息描述的元数据内容，使其成为更适合于草业领域元数据标准，以提高标准的实用性。

（二）数字草业信息元数据内容简介

数字草业信息元数据根据使用目的不同分为两级，即全集元数据和核心元数据。全集元数据是建立完整的数据集文档所需的全部元数据内容，以便标识、评价、摘录、使用和管理草业信息数据集；核心元数据是唯一标识一个数据集所需要的最少元数据内容，以便进行数据集的编目，使用户能够通过网络快速查询到所需要的草业信息（姚艳敏等，2008）。元数据类与类之间存在着复杂的逻辑结构关系，因此采用了统一建模语言（unified modeling language，UML）描述元数据的结构关系，采用数据字典定义元数据实体和元素的语义，既保证了元数据的可读性，又顾及了元数据软件开发的需要。

1. 全集元数据

草业信息全集元数据主要由 8 个子集、193 个元素组成，包括标识信息、数据质量信息、空间表示信息、参照系统信息、内容信息、分发信息、引用和负责方联系信息以及元数据实体集信息（图 3-5）。其中引用和负责方联系信息是公用的，为内容信息、元数据实体集信息、分发信息和数据质量信息所公用，参照系统信息、空间表示信息主要是针对具有空间特征的草业信息描述而设定的。

（1）标识信息

标识信息是唯一标识数据集的信息（图 3-6），主要描述草业信息数据集名称、数据集生产日期、采用的语种、数据集摘要说明、数据集进展状况、数据集的表示类型（矢

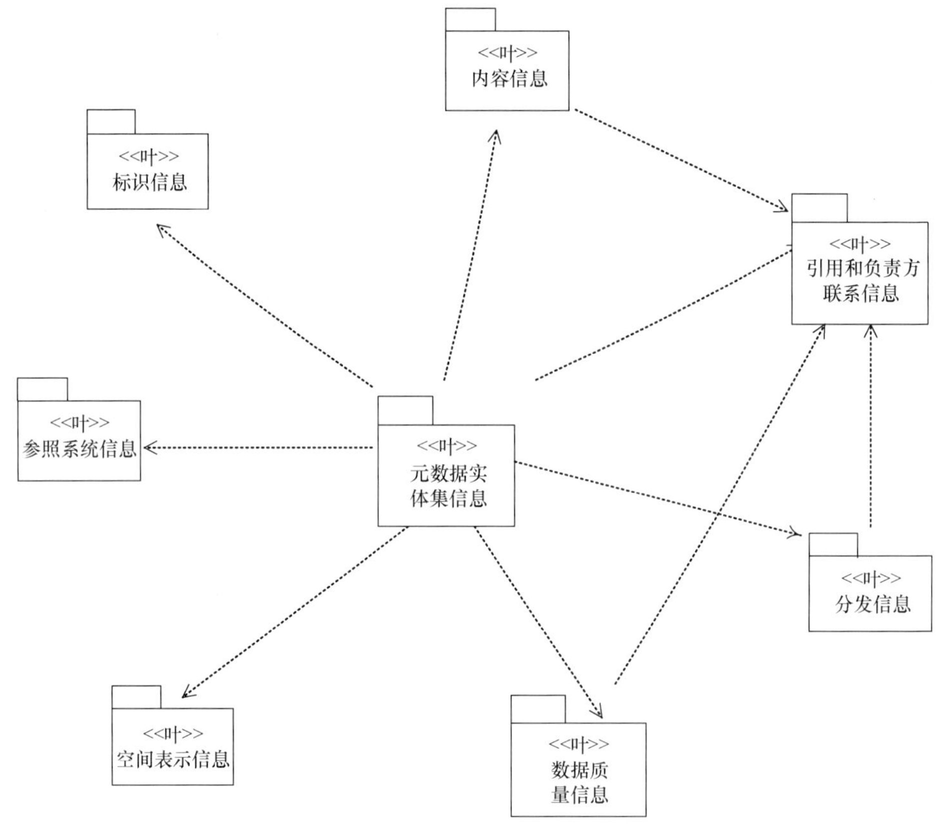

图 3-5　草业信息全集元数据图

量、栅格、图像、文献等)、空间分辨率、关键字、数据集软硬件生成环境、数据集生产单位联系信息、数据集的空间覆盖范围、数据集维护和更新频率。同时标识信息还包括数据集的存储格式和数据集说明，访问和使用数据集的限制说明，以及生产数据集的项目来源说明。

（2）数据质量信息

数据质量信息是对数据集质量的总体评价描述，包括数据志、数据集质量定性描述和数据集质量定量描述（图 3-7)。数据志描述数据集的数据源和生产过程信息，包括数据集生产过程中使用的参数和算法说明，以及数据源的分辨率、空间范围等的说明。数据集数据质量的定性描述，包括对数据集质量的一般说明和矢量数据的接边质量说明。数据集数据质量的定量描述，包括数据集在完整性（内容是否齐全)、逻辑一致性（在概念、值域、格式、拓扑关系等方面的一致程度)、定位精度、时间精度和属性精度的定量质量说明，以及评价报告结果说明等。

（3）空间表示信息

空间表示信息用于描述数据集表示空间信息的方法，对于是非空间信息的草业资源数据集，该类可以不选。对于矢量数据类型的草业信息，需要描述数据集的几何对象类型，以及是否进行了拓扑关系处理（图 3-8)；对于栅格数据类型的草业信息，需要描述数据集的数据类型（零维、一维、二维、三维等)、行数、列数、每个栅格值的含义和单

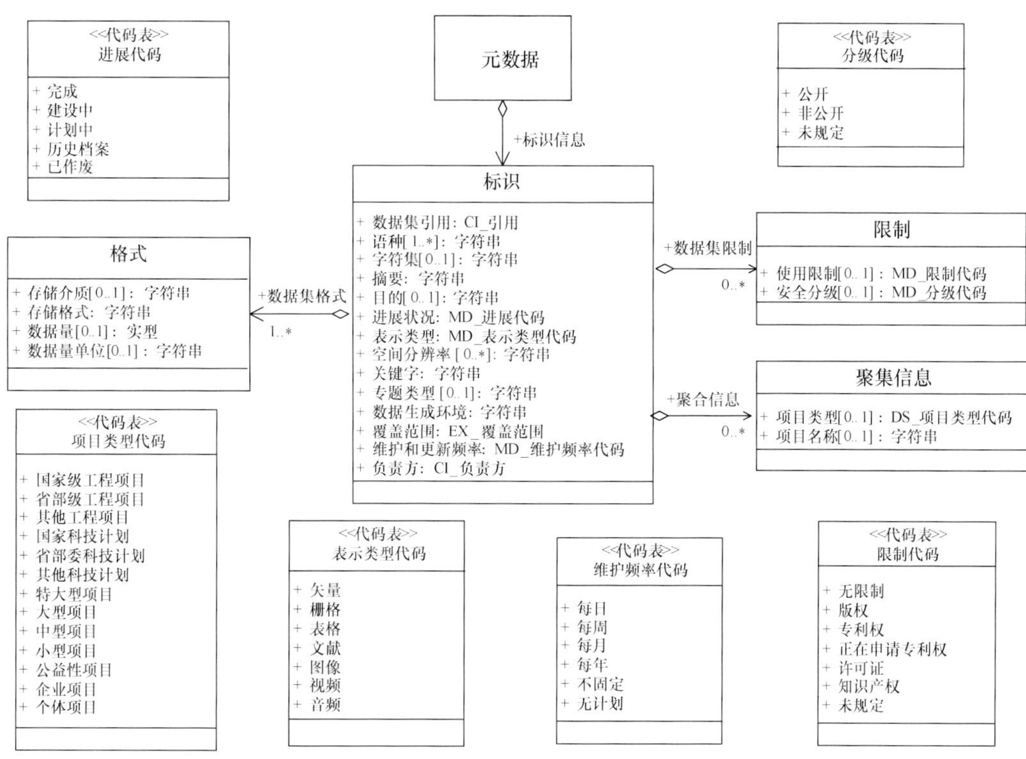

图 3-6　元数据的标识信息图

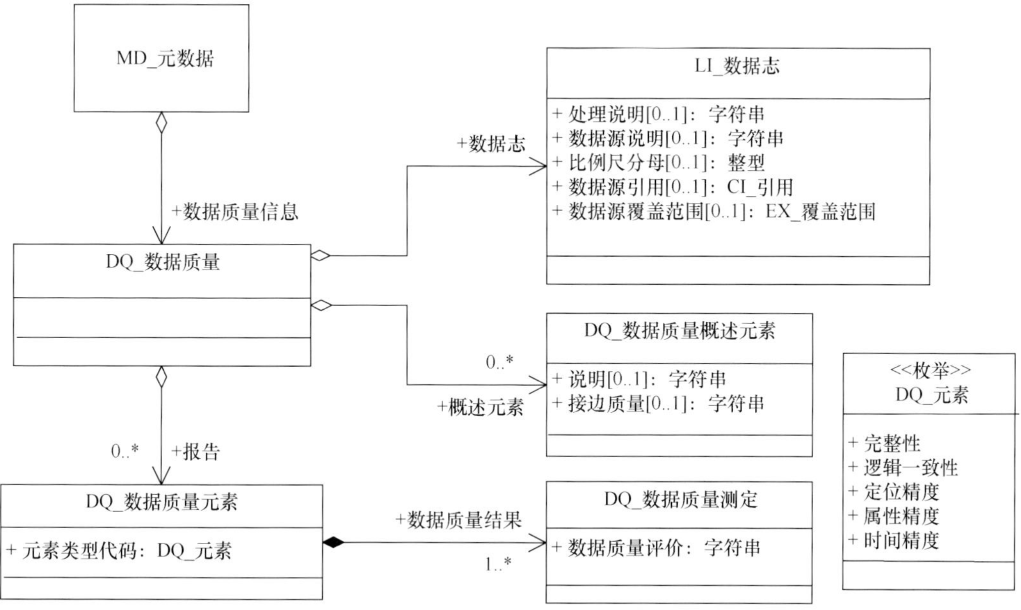

图 3-7　数据质量信息图

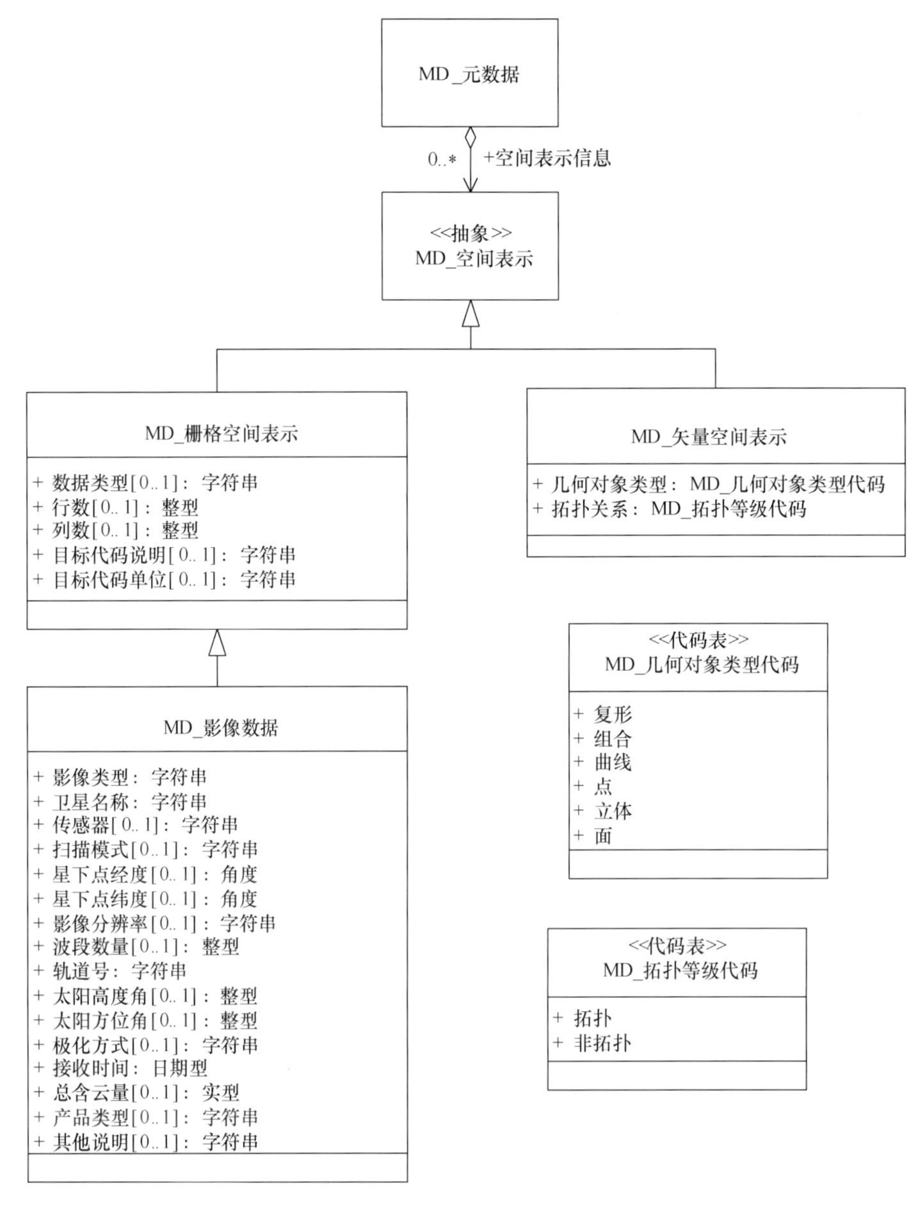

图 3-8　空间表示信息图

位；对于影像数据类型的草业信息，还要描述影像类型（可见光、多光谱、雷达等）、获取影像数据的卫星名称、使用的传感器、扫描模式、星下点经纬度、影像分辨率、波段数量、影像覆盖的行列标识、太阳高度角、太阳方位角、影像的接收时间、影像总含云量、影像产品的处理级别等。由于 GB/T 19710 主要是对矢量、栅格类的地理信息描述，对影像类信息描述较少，并且多为针对可见光—多光谱卫星遥感的描述。而遥感数据是草业信息的重要数据之一，除了可见光—多光谱卫星遥感，在草地遥感监测中也包括雷达遥感和航空遥感数据。描述雷达遥感影像的特殊信息有：波段代码、中心波长、极化方式、侧视俯角范围、几何分辨率、遥感平台、成像时间、影像覆盖范围等。因此，在空间表示信息类中，增加了“极化方式”、“其他”两个属性，用于描述雷达遥感影像中的“极化方式”，而“波段代码、中心波长、侧视俯角范围、几何分辨率、遥感平台、成像时间、影像覆盖范围”在空间表示信息类的相应属性中可以描述。另外，对于航空遥感数据也可以在“其他”属性中进行描述。

（4）参照系统信息

参照系统信息是对数据集使用的空间参照系统的说明，包括坐标参照系统、基于地理标识符的空间参照系和高程参照系统（图 3-9）。坐标参照系统除需要说明数据集采用的投影方式、椭球体、基准外，还包括需要说明投影的带号、标准纬线、中央经线、投影原点纬度、投影中心经纬度、分带方式等。基于地理标识符的空间参照系统是对采用地理标识符表示数据集空间参照系统的描述。高程参照系统是对数据集采用的高程坐标系统的说明，包括采用的高程参照系统名称、高程基准名称。

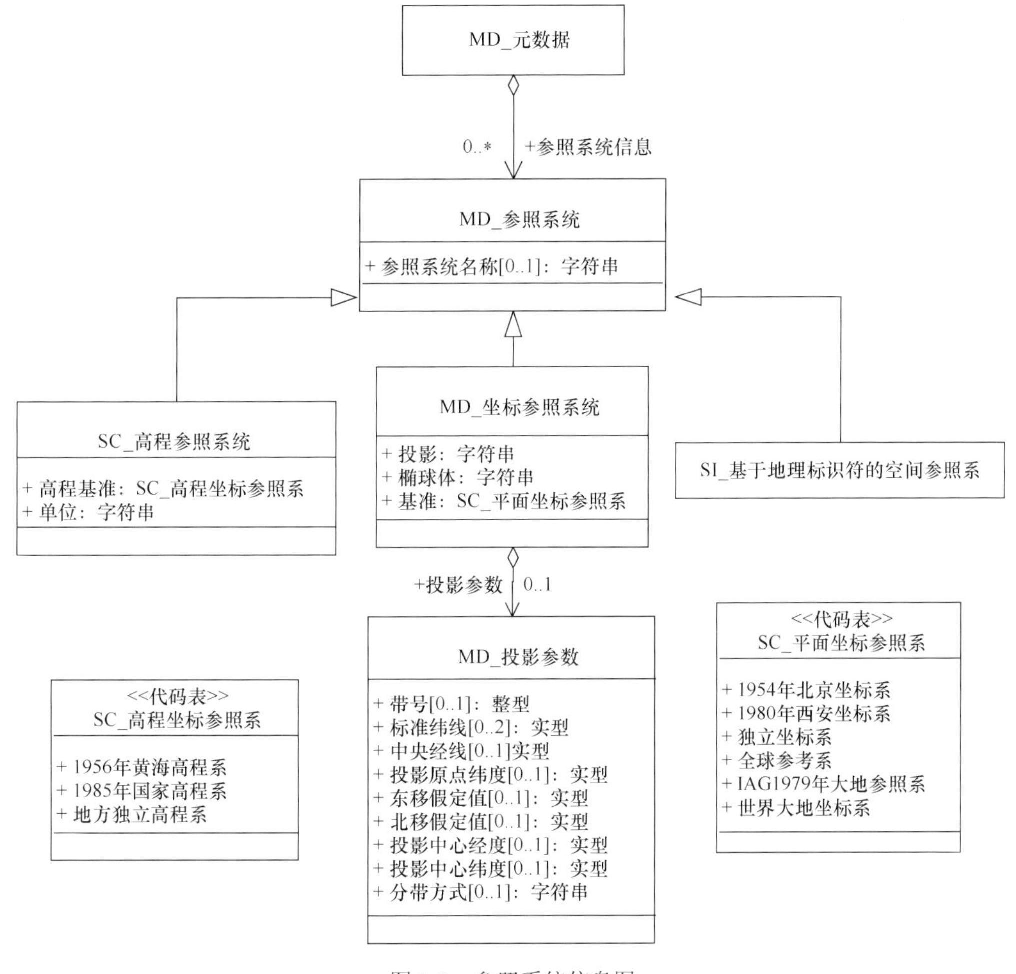

图 3-9　参照系统信息图

（5）内容信息

GB/T 19710 的内容信息要求只描述数据集的要素类型名称。而草业信息有些数据集的要素类型名称相同，但包括的要素属性不同，因此在元数据内容信息中对要素类型和要素属性设定了较详细的元数据元素，包括数据覆盖层总数、层名、要素类型名称、要素属性名称、属性值域、属性定义等（图 3-10）。

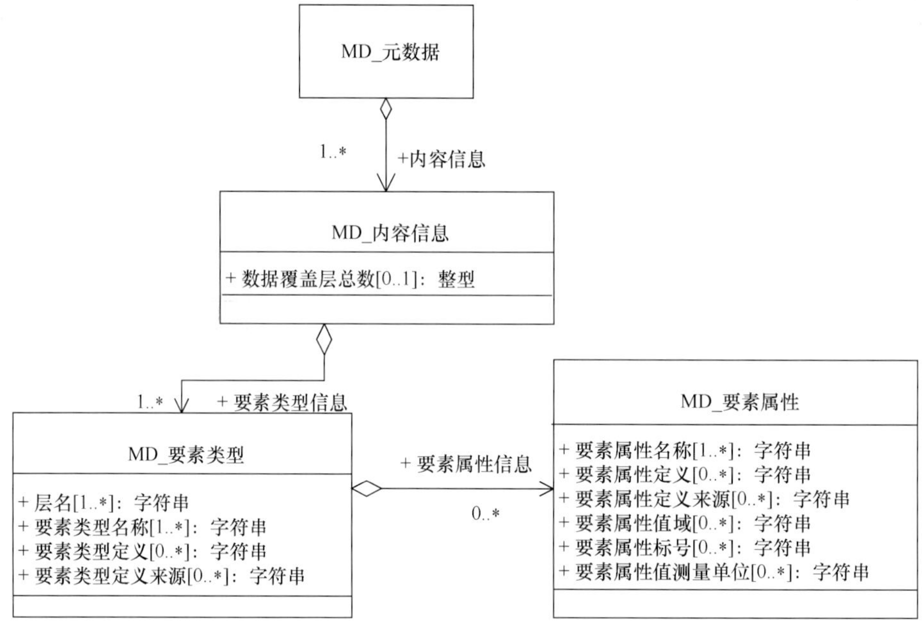

图 3-10　内容信息图

（6）分发信息

分发信息说明草业信息数据集的分发者以及获取数据的方法和途径，包括数据分发格式、版本和分发者联系方式的说明（图 3-11）。

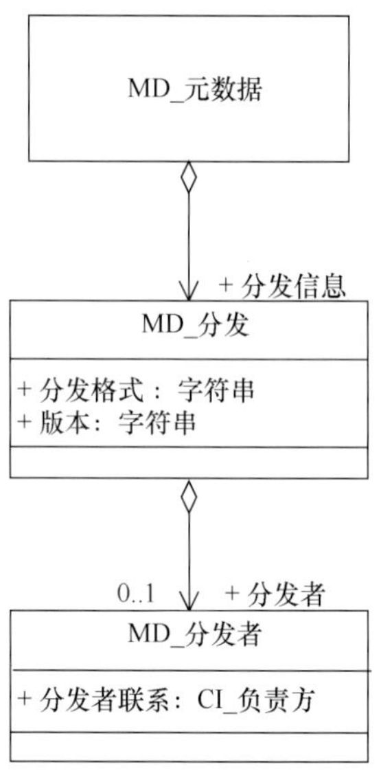

图 3-11　分发信息图

（7）引用和负责方联系信息

该数据类型提供引用资源（数据集、原始资料、出版物等）的引用方法，以及资源的负责方信息，包括电话、地址、在线资源地址等（图 3-12）。由于部分草业信息的数据类型是图书文献，所以参考我国图书馆使用的 CNMARC 和都柏林核心元数据集，在引用信息中，选择了国际标准书号（ISBN）、国际标准刊号（ISSN），以便对图书文献类的草业信息进行描述。

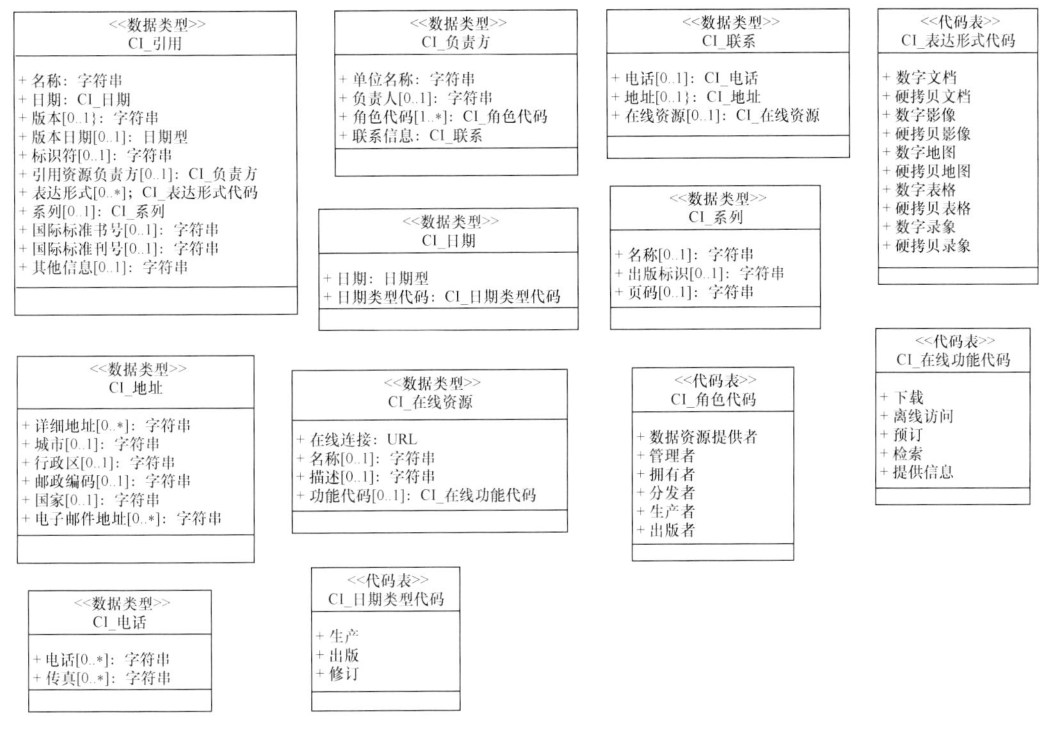

图 3-12　引用和负责方联系信息图

（8）元数据实体集信息

元数据实体集信息主要描述数据集使用的元数据标准名称、标准版本、元数据创建日期，以及建立元数据单位的联系方式（图 3-13）。

2. 核心元数据

核心元数据是描述草业数据集所需要的最少元数据内容，用于草业信息网络的快速查询。核心元数据的内容选自于全集元数据，同时为保持与 GB/T 19710 的基本一致性，草业信息核心元数据包括了 GB/T 19710 中的必选元素，去掉了不需要的元素（如元数据采用的语种、元数据采用的字符集等），增加了一些草业信息所需的元素（如关键字、数据量等）。表 3-8 为草业信息核心元数据元素，其中“M”表示该元素是必选的，“O”表示该元素是可选的，“C”表示特定条件下该元素是必选的。

3. 数据字典

草业信息元数据采用 UML 描述元数据类与属性之间的逻辑结构关系，采用数据字

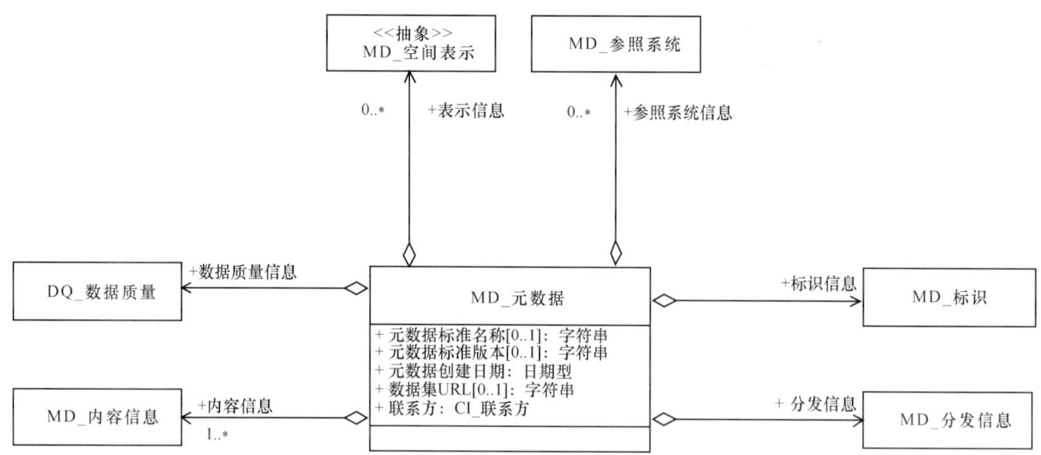

图 3-13　元数据实体集信息图

表 3-8　草业信息核心元数据元素列表

子集	实体	元素
核心元数据实体集信息		元数据创建日期（M）、联系方（M）（见负责方联系信息）
标识信息	数据集引用	数据集名称（M）、版本（M）、版本日期（M）
		语种（M）、摘要（M）、进展状况（M）、表示类型（M）、空间分辨率（C）、关键字（M）、专题类型（O）、数据量（M）
	地理范围（C）	西边经度、东边经度、南边纬度、北边纬度
	地理描述（C）	地理标识符
	时间范围（C）	范围
	数据集限制（M）	使用限制、安全等级
	负责方（M）	（见负责方联系信息）
数据质量信息	数据志	处理说明（M）、数据源说明（M）
参照系统信息		参照系统名称（C）
分发信息		分发格式（M）、版本（M）
	分发者联系（O）	（见负责方联系信息）
负责方联系信息（可重复使用）		单位名称（M）、负责人（M）
	联系信息	电话（M）、传真（O）、详细地址（M）、城市（M）、行政区（M）、邮政编码（M）、电子邮件地址（O）、在线连接（O）

典定义元数据实体和元素的语义（表 3-9）。在数据字典中，对元数据实体和元素使用了如下 7 种特征进行描述：①名称/角色名称，名称是元数据的汉语名称，角色名称用于标识关联，作用与数据库表之间进行连接的关键字类似。②缩写名，元数据的英文缩写名，可以在可扩展标记语言（XML）或其他类似的实现技术中，作为域代码使用。③定义，元数据确切含义的描述。④约束条件，元数据的适用条件，包括必选 M、条件必选 C 和可选 O。⑤最多出现次数，元数据在实际使用时，可能重复出现的最多次数。只出现一次为“1”，多次重复出现的用“N”。⑥数据类型，描述该元数据所使用的数据类型，数据类型除整型、实型、字符串、日期型和布尔型等基本类型外，还包括元数据的实体、

构造型或关联等实现类型和派生类型。⑦域，对于元数据元素，域表示该元素的允许取值范围或与之对应的实体或数据类型的名称。对于元数据实体，域表示在数据字典中描述该实体的行的范围。角色名称的域表示与之关联的实体名称。表 3-9 对草业信息元数据中的元数据实体集信息数据字典进行简单举例。

表 3-9　元数据实体集信息数据字典

序号	中文名称	缩写名	定义	约束条件	最多出现次数	数据类型	域
1	元数据	Metadata	关于元数据的当前信息	M	1	类	第 2～12 行
2	元数据标准名称	mdStanName	使用的元数据标准名称	O	1	字符串	自由文本
3	元数据标准版本	mdStanVer	使用的元数据标准版本	O	1	字符串	自由文本
4	元数据创建日期	mdTimeST	元数据发布或最近更新的日期	M	1	日期型	CCYYMMDD（GB/T 7408）
5	数据集 URL	dataSetURL	元数据描述的数据集的网络位置（URL）	O	1	字符串	自由文本
6	联系方	mdContact	元数据负责单位的联系信息	M	1	类	负责方<<数据类型>>（A.2.9）
7	角色名称：标识信息	idInfo	数据集的基本信息	M	1	关联	标识（A.2.2）
8	…	…	…	…	…	…	…

第二节　数字草业信息系统

基于草业信息的各种应用系统是草业信息化最活跃的部分，也是数字草业发挥作用的具体表现。它将草业科学、地理学、生态学等基础学科与计算机技术、网络通信技术、空间信息技术相结合，对草地生态系统各要素（环境要素、生物要素、经济要素等）及其过程进行监测、模拟、管理与控制。数字草业在宏观上可以进行区域草业生态、生产、经济的监测与评估，为草业可持续发展提供决策支持；在微观上通过专家系统和知识工程建设，进行草地生产过程的数字化管理与控制，最大限度地优化生产投入、产量和效益（唐华俊等，2009）。随着信息技术的发展，数字草业信息系统的功能越来越强大，设计越来越复杂。本节首先介绍数字草业信息系统的类型，然后阐述数字草业信息系统的总体设计和主要功能，最后总结数字草业信息系统的发展趋势。

一、数字草业信息系统的类型

数字草业信息系统按照计算机类型可以分为：①基于单机的信息系统，如草地资源管理信息系统、草原灾害评价与预警决策信息系统等；②基于网络的信息系统，如基于网络的农场畜牧信息管理系统、中国草原资源共享信息系统等。数字草业信息系统也可以根据应用目标或任务要求分为：①管理信息系统；②决策支持系统；③专家系统。

（一）数字草业管理信息系统

管理信息系统（management information system，MIS）是一个以人为主导，利用计

算机硬件、软件、网络通信设备以及其他办公设备，进行信息的收集、传输、加工、储存、更新、拓展和维护的系统（王天新，2007）。其主要功能是：数据处理、预测、计划、控制和辅助决策等。草业信息通过管理信息系统简化了以往复杂的人工管理的工作量，提高了信息管理的效率，使草业信息管理从传统草业进入了现代化的数字草业信息时代，如草地资源管理信息系统、草业信息管理网络共享系统等。

（二）数字草业决策支持系统

决策支持系统（decision support system，DSS）是辅助决策者通过数据、模型和知识，以人机交互方式进行半结构化或非结构化决策的计算机应用系统，它是管理信息系统向更高一级发展而产生的先进信息管理系统，为决策者提供分析问题、建立模型、模拟决策过程和方案的环境，调用各种信息资源和分析工具，帮助决策者提高决策水平和质量。典型的决策支持系统结构如图 3-14 所示。

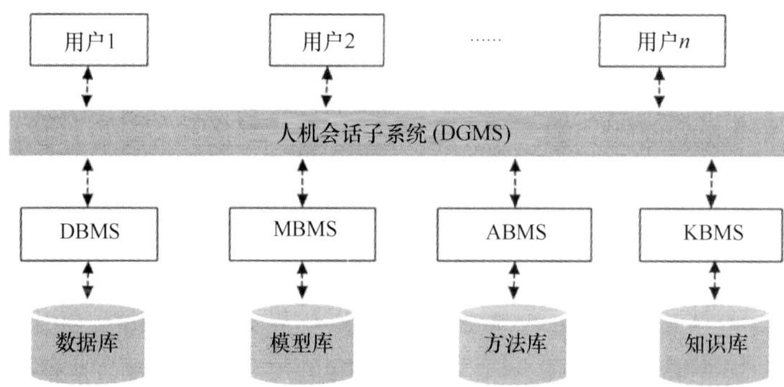

图 3-14　传统的决策支持系统的系统结构

具体而言，由以下 5 部分组成。

1. 数据库子系统

包括数据库和数据库管理系统（data base management system，DBMS）两部分。数据库主要存放各种与决策有关的基础信息。例如，畜群情况、草地资源、草地利用等方面的数据。数据可以文字、图表、图形、图像等多种形式保存。DBMS 负责管理和维护数据库中的各种数据同时实现数据库与其他子系统的交互。

2. 模型库子系统

模型库子系统包括模型库和模型库管理系统（model base management system，MBMS）。模型库用来存放决策所需的各种模型。如需水预测模型、虫害预测模型、干旱损失预测模型等。模型可以以源代码成可执行程序的形式存放在模型库中。模型库管理系统负责对模型库进行维护、修改和连接，并实现模型库与方法库以及人机对话子系统的连接。

3. 方法库子系统

方法库子系统由方法库和方法库管理系统（approach base management system，

ABMS）构成。方法库中存放模型运行时所需要的各种方法。方法可分为五大类，分别是模拟类方法、优化类方法、预测类方法、统计类方法、评价类方法。方法库管理系统完成对方法库维护以及各种方法的添加、修改、删除等功能。模型库与方法库之间的联系是单向的，即只能由模型库调用方法库。

4. 知识库子系统

知识库子系统由知识库和知识库管理系统（knowledge base management system，KBMS）构成。知识库来存放草业决策相关的各种知识，通常这些知识包括相关的政策、法规、重要的文献摘编以及草业领域专家的知识、经验。知识库管理系统负责对知识库内容进行维护。

5. 人机会话子系统

人机会话子系统是决策支持系统与用户之间的接口。它负责接收和检验用户的请求，协调 5 个子系统之间的通信，为用户操作决策支持系统提供良好的人机界面。用户通过良好的人机对话，结合自身的知识和能力，不断利用决策支持系统的各种支持功能，经过反复调试运行，最后选择一个最优的决策方案。

数字草业决策支持系统用来协助管理者对草业生产、布局、草畜平衡等进行宏观规划，如牧场尺度放牧管理决策支持系统、牧区草畜数字化管理决策支持系统、退耕还草决策支持系统等。

（三）数字草业专家系统

专家系统是一种模拟人类专家解决领域问题的计算机程序系统，它应用人工智能技术和计算机技术，根据某领域一个或多个专家提供的知识和经验，进行推理和判断，模拟人类专家的决策过程，以便解决那些需要人类专家处理的复杂问题。专家系统主要包括如下组成部分。

1）知识库：用于存储某领域专家系统的专门知识，包括事实、可行操作与规则。

2）综合数据库：又称全局数据库或总数据库，它用于储存领域或问题的初始数据和推理过程中得到的中间数据（信息），即被处理对象的一些当前事实。

3）推理机：用于记忆所采用的规则和控制策略的程序，使整个专家系统能够以逻辑方式协调地工作。推理机能够根据知识进行推理和导出结论，而不是简单搜索现成的答案。

4）解释器：解释器能够向用户解释专家系统的行为，包括解释推理结论的正确性以及系统输出其他候选解的原因。

5）接口：接口又称界面，它能够使系统与用户进行对话，使用户能够输入必要的数据、提出问题、了解推理过程和推理结果等。系统则通过接口要求用户回答提问，并回答用户提出的问题，进行必要的解释

专家系统与决策支持系统的主要区别在于：决策支持系统不可能将解决问题的过程完全自动化，即在解决问题过程中对某些不能解决的仍需调用人脑解决，人机是紧密配合的；而专家系统除了要求用户回答问题、提供必要的数据外，基本是自动独立工作的。

数字草业专家系统是将专家的知识聚集在计算机中，为用户解决实际问题，提高解

决问题的效率，如牧草病虫害专家系统、草业开发与生态建设专家系统等。

二、数字草业信息系统的总体设计和主要功能

信息技术领域已经制定了许多有关信息技术软件生存周期过程、计算机软件设计、软件工程产品质量、软件构成产品评价、计算机软件文档编制等系列规范（GB/T 1526，1989）。数字草业信息系统可以依据已有的信息技术领域规范进行系统设计、开发和建设。数字草业信息系统总体设计应明确系统设计原则，提出系统的总体结构、软硬件配置、功能、数据、接口、运行、安全可靠性等设计要求。

（一）系统设计原则

数字草业信息系统设计的总原则是基于现有的研究成果，应用计算机、网络、数据库、遥感等技术构建数字草业信息系统平台，实现数字草业信息的应用和共享。具体的系统设计原则应包括：

1）时效性。信息的价值除了其本身内涵外，还表现在它的时效性。例如，我国草原资源分布面积广大，要及时了解其现状，需要充分应用卫星遥感技术，及时获取草原资源信息，并随时更新信息系统，才能为用户提供现势数据。

2）信息的有效组织和管理。数字草业信息类型较多，不仅包括空间图形数据、统计数据，还包括遥感影像数据、图片、多媒体、文献等数据，因此需要充分应用 GIS、数据库等技术科学合理地组织数字草业数据，方便用户使用，提高信息利用价值。

3）数据的互操作性。数字草业信息数据格式多样，系统应具有数据格式读取和转换的功能，保证数据的互操作性。

（二）系统的一般功能设计

数字草业信息系统的一般功能应包括数据的输入、查询、统计、管理、输出等。

1. 数据的输入和输出

数字草业信息包括空间数据、属性数据等数据类型，数据类型不同，系统的数据输入、输出功能也不同。

2. 数据的组织结构管理

数字草业空间数据一般采取分层结构进行管理，采用点、线、面等文件格式进行空间数据的存储，如草地野外台站位置、土壤采样点等可以用一对 X、Y 坐标表示，水系、道路等要素可以用一组连续、有向的 X、Y 坐标表示，草业用地、行政边界等要素可以用一组首、尾相连并闭合的线或弧表示。数字草业属性数据可以采用关系型、面向对象型、层次型等方式进行数据管理，如放牧农户数据库的属性数据可以采用关系型数据库进行管理（图 3-15）。

（三）系统的特殊功能设计

数字草业信息系统除了一般的功能设计外，针对不同的系统类型应有特殊的功能设计。

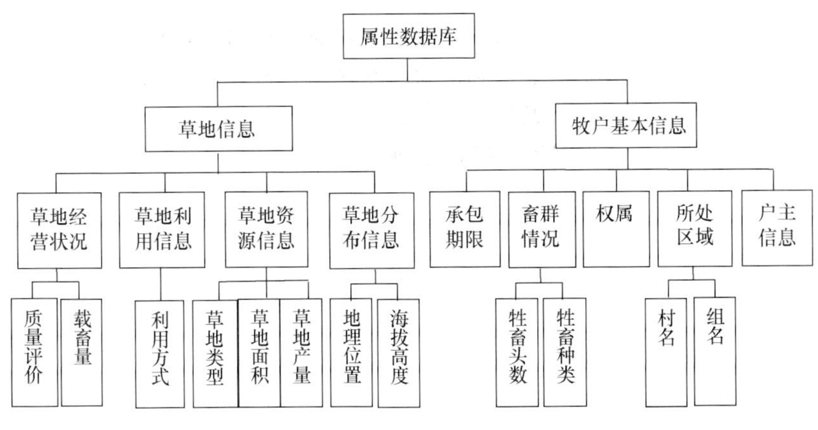

图 3-15　属性数据库结构

1. 数字草业管理信息系统功能设计

数字草业管理信息系统的功能设计主要侧重于对数字草业信息的空间数据和属性数据的查询、统计分析和管理，是在 GIS 下将数字草业信息按照统一的地理坐标，以一定的编码和格式采集、存储、查询、分析和综合应用的技术系统。其主要的功能特点包括：信息系统具有空间数据以及属性数据的双向查询功能；系统具有空间数据、属性数据统计与输出功能；系统具有数据添加、删除的功能。其功能设计如图 3-16 所示。

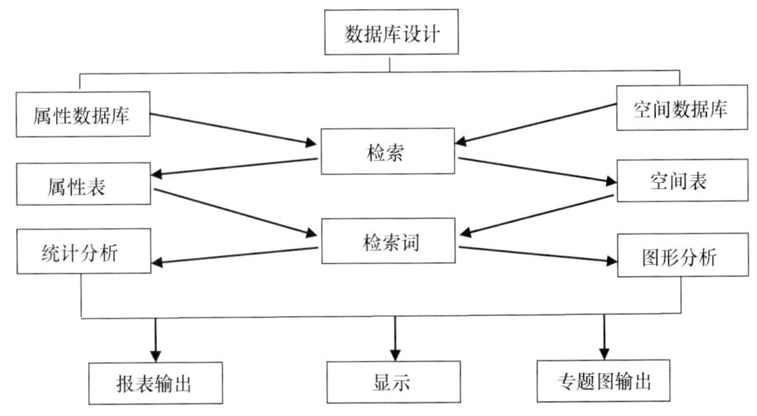

图 3-16　管理信息系统功能设计

2. 数字草业决策支持系统功能设计

决策是一个过程，是人们为实现某个目标而制定的行动方案。决策是以概括为提出问题、分析问题和解决问题的过程。决策过程主要包括：确定目标；通过对环境、存在的问题、现有知识条件的分析，提出解决方案；结合实际情况的知识条件，对各个方案进行评价，并选择其一；方案实施，并反馈到目标及方案设计中去。

例如，退耕还林、还草决策分析过程包括：退耕还林还草的具体区域、退耕的时序；退耕的林种选择，林草如何配置；最终方案的确定（徐刚，2001；赵晓英等，2001）。首先通过遥感调查等方法，了解当地退耕还林还草现状，结合当地的自然条件如坡度、土壤侵蚀、与水系的距离关系等因素，确定要退耕地的具体区域；然后对研究区进行坡向分析，确定退耕还林还是还草，退耕的面积；再根据居民地距离、水体等数据，确定退耕地林种；最终根据上述决策因素，确定退耕时序最佳的退耕还林还草方案。

3. 数字草业专家系统功能设计

数字草业专家系统是提供各种草业问题决策、咨询服务的实用软件系统。草业专家系统不仅可以保存、传播各类草业信息和知识，还能将分散的、局部的单项草业技术集成起来，经过智能化的信息处理，针对不同的自然环境条件，给出系统性和应变性强的各类草业问题的解决方案，为草业生产全过程提供的服务。数字草业专家系统的设计主要侧重于知识库、数据库、模型库、推理机、解释器、知识库管理系统等功能设计（图3-17）。其中，知识库是数字草业专家系统最核心的部分，直接影响系统质量及可信度；推理机是草业专家系统的运行动力；知识库管理系统是对知识库中的知识进行检查和检索，将推理过程中使用的知识实际情况显示出来；解释器面向用户，解释推理的结果，显示推理过程。

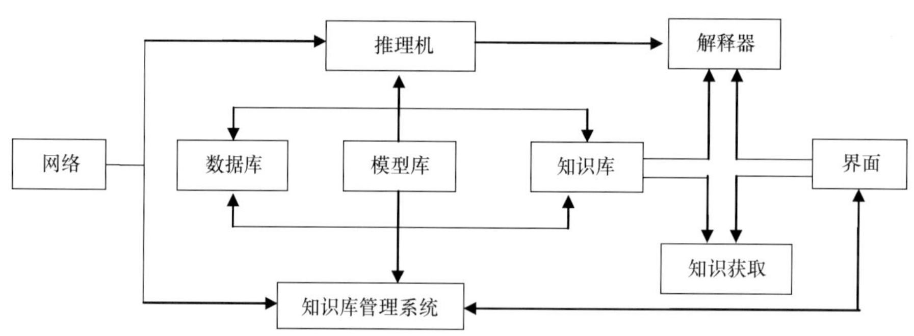

图 3-17　专家系统功能设计

例如，基于网络的草业病虫害预测预报专家系统是利用 WebGIS，结合.net 网络框架而开发的。系统整体分为前台和后台两部分，普通用户（一般病虫害测报人员）只能够进入系统的前台进行病虫害的查询及预测等操作，系统管理者及测报专家可以进入后台进行病虫害知识库的构建与管理操作（图 3-18）。

系统前台主要提供用户与系统的交互界面，主要模块包括：①预测模块：用户可以通过页面向导在地图上选择具体地区，进而选择该地区某种病害或者虫害，然后根据提示，输入预测所需的实际监测数据；②显示模块：推理机将用户输入与知识库及案例库中存储的经验实例进行对比分析，推理出预测数据，并与 GIS 地图服务器连接显示病虫害预测结果的图形、图表及文字；③用户案例模块：用户在每次预测结束后，可以将此次预测过程记录到自己的案例库中，每次登录时可以通过此模块浏览自己预测过的病虫害，经过一定时间后根据实际情况对其预测结果的合理性进行评估与修正；④设置模块：用户可以随时更新自己的个人信息，如登录密码、电子邮箱、单位地址以及电话等。

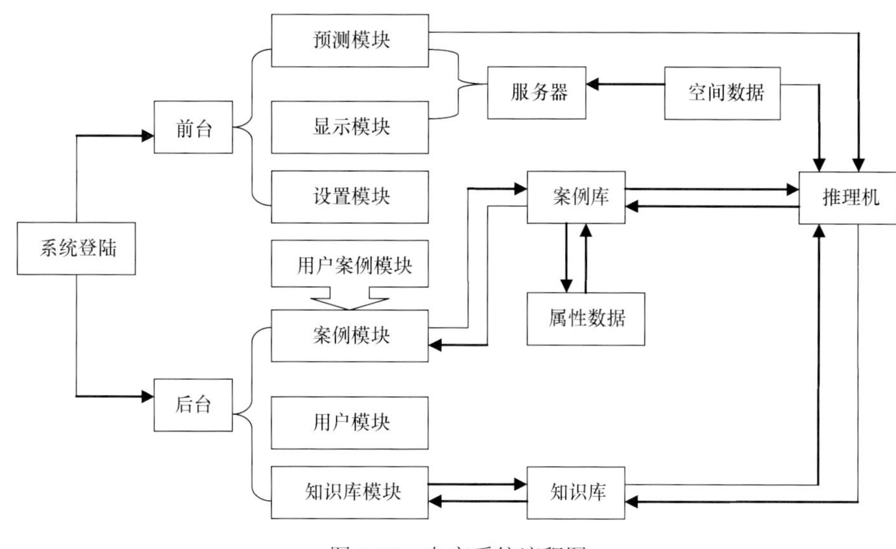

图 3-18 专家系统流程图

系统后台主要是系统管理者通过管理登录页面进入系统，对系统进行各种操作。主要系统模块包括：①知识库模块：管理者将各地区的病虫害以及相关的专家经验添加到知识库中，完成专家知识加工实例的创建；②案例模块：将所有用户的案例进行集中管理，经病虫害测报专家对用户新加预测案例的真实性进行审核与评估；③用户模块：系统管理者可以对用户信息进行审核，确认用户信息的真实性与完整性。

三、数字草业信息系统的发展趋势

目前，信息技术已进入以网络化、空间化、智能控制为主的全面信息化阶段，数字技术趋于硬件化、实用化和产品化。因此，根据我国草业生产发展水平，数字草业信息系统也表现出网络化、空间化、三维可视化、集成化的发展趋势。

（一）基于 WebGIS 的数字草业信息发展

随着 GIS 与 Internet 的结合越来越紧密，WebGIS 在诸多领域得到广泛应用。空间数据日益呈现出规模大、结构复杂、动态变化以及平台自主异构的特征，突出表现为：不同主题、不同领域的地理数据都有自己独特的数据格式，不同格式的地理数据交互困难，分享困难，给集成、共享和互操作带来了挑战。在网络环境下如何对数字草业数据采用规范化的编码，使分布在网络下的所有用户可以快速地获取、访问、浏览草业数据还存在着很多问题。

地理标记语言（geography markup language，GML）是由 Open GIS 联盟制定的对地理信息传输和存储的编码规范，是可扩展标记语言（extensible markup language，XML）的子集。基于 GML 的地理信息表达是解决地理数据互操作的途径（刘长文和王峰，2006）。GML 的主要特点是：自描述的、与编程语言和运行平台无关，是一种容易理解的空间信息和空间关联的编码方式。在 WebGIS 环境下，基于 GML 的数字草业信息表达则是数字草业信息系统的发展趋势之一。同时，在网络环境下增强 WebGIS 的空间分析功能也是数字草业信息系统的发展趋势。

（二）数字草业信息三维可视化

草地景观的计算机建模与可视化研究的目标是构建虚拟草地三维空间，模拟过去、现在、未来的草业景观以及牧草动态生长变化过程，辅助草地经营管理规划及决策等，为分析、理解及重复数据提供了有用工具，对多学科的交流协作起到桥梁作用。国内外各研究机构都根据自身的科研条件及需求进行数字草业信息三维可视化的研究，已成为研究的热点。我国尽管在三维GIS技术方面的研究起步较晚，但在众多学者和研究机构的努力下，在数据模型、三维构建技术、三维建模软件等方面也取得了一些成就（李江，2014），目前主要用于地质建模、石油勘探等领域并取得了良好的效果，未来在数字草业方面的三维可视化技术将成为研究的重点内容之一。

（三）数字草业信息“3S”集成技术

目前，全球定位系统（global positioning system，GPS）、遥感（remote sensing，RS）和地理信息系统（GIS）的“3S”集成已成为数字草业信息系统建设的发展方向。GPS主要用于实时、快速地提供定位目标，包括各类传感器和运载平台的空间位置；RS用于实时地提供目标及其环境的语义或非语义信息，发现地球表面的各种变化，及时更新数据；GIS对多源时空数据进行综合处理、集成管理和动态存储，是集成系统的基础平台。“3S”集成技术将推动数字草业研究向广度和深度的方向发展。RS多波段、多时相、高分辨传感性能，GIS强大的输入、存储、检索、分析、处理和表达地理空间数据的功能，以及GPS的动态高精度定位能力，使“3S”集成技术在研究数字草业时空演变规律中具有强大的优势，未来将应用于数字草业研究的全过程。随着“3S”集成技术应用的继续深入，直接生成植被覆盖度、土壤湿度等影响因子数据，进行多尺度、多时相、大范围、长期、连续、实时、动态的草地监测与评价将成为一个发展趋势。

参考文献

陈怀亮, 祝新建, 申占营. 1995. 豫北麦区小麦赤霉病发生流行的气象模式、预测预报模型及防御系统 YWSPS. 河南气象, (1): 12-14.

陈立平, 赵春江. 2008. 精准农业技术集成标准与规范. 北京: 中国农业科学技术出版社.

丁克坚, 檀根甲, 胡官保, 等. 1998. 水稻主要病害诊断、预测、防治专家系统的研究. 安徽农业大学学报, 25(2): 133-137.

冯利平, 韩学. 1999. 棉花栽培计算机模拟决策系统(COTSYS). 棉花学报, 11(5): 251-254.

高灵旺, 陈继光, 于新文, 等. 2006. 农业病虫害预测预报专家系统平台的开发. 农业工程学报, 22(10): 154-158.

国家基础地理信息中心. 2000. 中国可持续发展信息元数据.

虎久强, 安永平. 2002. 宁夏南部山区退耕还林(草)试点工程治理模式、问题及对策探讨. 甘肃林业科技, 27(1): 57-59.

姬婧, 孟景风. 2006. 浅论 WebGIS 系统. 煤炭技术, (2): 99-101.

蒋景瞳, 何建邦. 2004. 地理信息国际标准手册. 北京: 中国标准出版社.

李江. 2014. 复杂空间数据三维可视化关键技术研究. 科技创业, (9): 197-200.

李丽, 李道亮, 周志坚, 等. 2008. 径向基函数网络与 WebGIS 融合的苹果病虫害预测. 农业机械学报, 39(3): 116-119.

刘长文, 王峰. 2006. 基于 Web 服务和 GML 的空间数据发布. 测绘工程, (15): 8-11.

刘大有, 唐海鹰, 陈建中, 等. 1999. 玉米病虫害防治专家系统. 计算机研究与发展, 36(1): 36-41.

刘莉, 宣洋, 李绍稳, 等. 2003. 农业专家系统在作物病虫害预防中的应用. 计算机与农业, (5): 11-15.

刘书华, 杨晓红, 蒋文科, 等. 2003. 基于 GIS 的农作物病虫害防治决策支持系统. 农业工程学报, 19(4): 147-150.
柳小妮, 蒋文兰. 2004. 甘肃省草地蝗虫预测预报专家系统的研究与开发. 草业科学, (12): 112-116.
马洪森, 曹克强, 杨庆. 1995. 小麦病虫害治理决策支持系统. 河南省科学院学报, (4): 80-85.
马荣华, 黄杏元. 2005. GIS 认知与数据组织研究初步. 武汉大学学报信息科学版, 30: 539-543.
毛莉菊, 张孝羲. 1998. 南通地区棉花害虫综合管理专家系统. 南京农业大学学报, 21(1): 55-59.
师尚礼. 2004. 生态恢复理论与技术研究现状及浅评. 草业科学, 21(5): 12-16.
唐华俊, 辛晓平, 杨桂霞, 等. 2009. 现代数字草业理论与技术研究进展及展望. 中国草地学报, 4(31): 1-5.
王加亭, 袁清, 张冬梅, 等. 2006. WEBGIS 在草地资源信息共享中的应用. 草业科学, 23(3): 5-10.
王霓虹, 缪天宇, 王阿川. 2008. 基于 WebGIS 的森林病虫害预测预报专家系统的设计与应用. 东北林业大学学报, 36(1): 79-82.
王绍棣, 杨瑾. 1996. 地图信息系统中的地图矢量化及面查询. 南京邮电学院学报, 16(2): 86-90.
王天新. 2007. 管理信息系统发展. 现代情报, (6): 224-225.
王炜明, 张黎明, 郑良永, 等. 2005. 土壤信息系统的研究现状与应用. 华南热带农业大学学报, 11(2): 28-31.
魏永胜, 常庆瑞. 2002. 土壤信息系统的形成发展与建立. 西北农林科技大学学报(社会科学版), 2(3): 32-36.
徐刚. 2001. 重庆市退耕还林条件的区域比较研究. 水土保持学报, 15(6): 81-83.
徐海根, 包浩生. 2000. 中国生物多样性核心元数据标准的探讨. 中国环境科学, 20(2): 106-110.
杨立民, 朱智良. 1999. 全球及区域尺度土地覆盖土地利用遥感研究的现状和展望. 自然资源学报, 14(4): 340-344.
姚艳敏, 辛晓平, 刘佳, 等. 2008. 草业资源信息元数据研究. 中国农业资源与区划, 29(5): 32-37.
姚艳敏, 周清波, 陈佑启. 2006. 农业资源信息标准参考模型研究. 地球信息科学, 8(3): 98-103.
袁清, 徐柱, 师文贵, 等. 2004. 中国草原资源共享信息系统的建立. 中国草地, (26): 16-20.
袁清, 徐柱, 王加亭. 2006. 虚拟草地生态系统的建立方法. 生态学报, 26(3): 769-772.
张谷丰, 朱叶芹, 翟保平. 2007. 基于 WebGIS 的农作物病虫害预警系统. 农业工程学报, 23(12): 176-181.
张堰铭, 苏建平. 1998. 草地有害啮齿动物监测专家系统设计介绍. 兽类学报, 18(3): 219-225.
赵士熙, 吴中孚, 余小玲. 1994. 福建省稻飞虱预测与防治专家系统. 福建农业大学学报, 23(1): 40-45.
赵晓英, 陈怀顺, 孙成权. 2001. 恢复生态学——生态恢复的原理与方法. 北京: 中国环境科学出版社.
中文元数据标准研究项目组. 2000. 国外元数据标准比较研究报告. http://www.idl.pku.edu.cn/pdf/metadata1.pdf.
周立阳, 张孝羲. 1996. 江淮稻区稻纵卷叶螟预测专家系统. 南京农业大学学报, 19(3): 44-50.
ANZLIC. 1995. Core Metadata Elements for Land and Geographic Directories in Australia and New Zealand.
CEN 12009—1996. 地理信息 参考模型.
FGDC-STD-001-1994. Content Standard for Digital Geospatial Metadata.
GB/T 11457—2006. 信息处理 软件工程术语.
GB/T 13502—1992. 信息处理 程序构造及其表示的约定.
GB/T 14085—1993. 信息处理 计算机系统配置图符号及约定.
GB/T 14384—1993. 计算机软件可靠性和可维护性管理.
GB/T 15532—1995. 计算机软件单元测试.
GB/T 17544—1998. 信息技术 软件包 质量要求和测试.
GB/T 17798—2007. 地理空间数据交换格式.
GB/T 18391.1—2002. 信息技术 数据元的规范与标准化 第 1 部分 数据元的规范与标准化框架.
GB/T 18492—2001. 信息技术 系统及软件完整性级别.
GB/T 18493—2001. 信息技术 软件生存周期过程指南.
GB/T 19710—2005. 地理信息 元数据.
GB/T 20157—2006. 信息技术 软件维护.
GB/T 21336—2008. 地理信息 质量评价过程.
GB/T 21337—2008. 地理信息 质量原则.
GB/T 23708—2009. 地理信息 地理标记语言(GML).
GB/T 8566—2007. 信息技术软件 生存周期过程.
GB/T 8567—2006. 计算机软件文档编制规范.
GB/T 9385—1988. 计算机软件需求说明编制指南.
GB/T 9386—1988. 计算机软件测试文件编制规范.
ISO 15836—2003. Information and documentation－The Dublin Core metadata element set.
ISO 19101—2002. 地理信息 参考模型.
ISO 19106—2004. 地理信息 专用标准.

ISO 19110—2005. Geographic information－Methodology for feature cataloguing.
ISO 19115—2003. Geographic information－Metadata.
NASA. 1999. Directory Interchange Format Writer's Guide.
NY/T 1171—2006. 草业资源信息元数据.
OGC 2003-040. OpenGIS 参考模型.
TD/T 1016—2003. 国土资源信息核心元数据标准.

第四章　草地生物环境要素监测技术

第一节　草地生物环境监测技术

草地是指全部为草本植物或以草本植物为优势成分组成的土地类型，包括由禾草、类禾草、阔叶杂类草、灌木等组成的天然植被类型，其中食草动物是生态系统重要的组成部分。草地包括天然草地、灌丛地、大部分荒漠、冻原、高山植物群落、滨海沼泽、潮湿草甸和人工建立的草地。全球草地面积约为 67.58 亿 hm^2，约占全球陆地面积的 50%，其中我国草地面积达 4 亿公顷，约占国土面积的 41%。千百年来，草原人民逐水草而居的游牧生活方式使得人与草原能长期和谐共处，随着人口压力和物质需求的增大，人们对草地生态系统自然规律认识的不够，过牧和开垦等违反自然规律的人类活动频繁发生，使草原退化日益严重，生物多样性丧失，生产力剧降。因此，了解人-资源-环境间的关系及其变化趋势成为生态学关注的重要科学问题。

草地生态系统野外监测的主要目的就是探讨和揭示不同草地生态系统的结构与功能在气候变化和人类活动影响下的变化规律，阐明草地生态系统发生、发展和演化规律的动力机制，以便为更合理地利用草地资源，达到资源持续利用和社会经济持续发展的目的提供理论依据。因此，监测是科学和社会经济发展的需要。生物长期观测的目标为：通过对生态系统中反映生物状况的重要参数（如动植物种类组成、生物量、植物元素含量与热值等）和关键生境因子的长期观测，经过各级质量控制系统的审核、筛选，获得质量可靠、规范和具有良好可比性的主要生态系统类型的生物动态信息；揭示各类生态系统中生物群落的变化规律；与环境因子的监测数据相结合，利用遥感、地理信息系统和数学模型等现代生态学研究手段，探讨有关生态过程变化的机制，为深入研究并揭示我国主要生态系统的结构、功能、动态，持续利用的途径和方法及其与环境变化、人类活动的关系提供数据服务。

生物长期观测的信息可以用于以下几个方面：①了解不同时段的生态系统结构与功能状况；②揭示生态系统和生物群落的动态变化与演替规律；③了解和分析生物多样性的动态变化及其趋势；④了解环境变化及其对生态系统的影响；⑤与关键环境因子结合，分析生态系统与生物多样性变化的有关过程及其机制。

一、草地生物要素监测技术

（一）植被监测技术

1. 群落结构

植物群落结构调查内容包括植物种类组成、种类成分的数量特征和群落特征等。植物群落中的种类组成，是指所有组成该植物群落的植物种的总和。群落内植物种类的多少，以及生活型的差异会影响植物群落的结构、功能和外貌。生活型反映当地的环境条件，也是划分地带性植被的指标之一。

常规性植物群落调查一般在最具代表性的草地生态系统类型典型地段上所设立的永久观测样地进行，观测场的占地面积一般不宜少于 $10hm^2$。采样方案需根据样地均质性的具体情况，如果整块样地相对均匀，可采用简单随机抽样法或者规则取样法布设样方，随机取样是理想的方法，可在互相垂直的两个轴上利用成对随机数字的距离来确定样方的位置；规则取样则是在面积上的规则排列，如样线法。如果样地随一定的环境梯度表现出差异，则采用分层随机抽样法布设样方，需要首先将样地随变异原因划分成若干相对均质的小区，然后从各分区进行随机抽样。

在各个观测场按照预先设好的采样方案采样。测定样方的大小，应以草地类型和群落最小面积为准，一般采用的样方面积为 1m×1m，每次取 10～20 个样方。早春从群落中大多数植物萌发后 10～15 天开始进行第一次测定，此后每月测定一次。在我国北方草原，由 5 月初开始至 10 月底结束，每年均测定 6 期，每期重复 10～20 个样方。观测内容包括：种类组成、多度、高度、盖度、密度等相关指标。此外，最好于植物萌发之前的 4 月份和植物全部枯死后的 11 月份，各测定一次枯草量，以了解冬季枯草的损失量。

2. 群落生物量

群落生物量一般包括地上生物量、地下生物量。地上生物量的测定内容包括绿色部分鲜、干重，立枯干重和凋落物干重；地下生物量的测定内容主要是不同层次的根干重。植物群落生物量的测定与植物种类组成的调查随同进行，采用样方收获法测定。

（1）活体生物量与立枯生物量

活体生物量取样可以采用全部收获或者分种收获的方法，全部收获法是把样方内的全部地上绿色生物体进行收割，而分种收获则是按照植物种分类采样收割，并分装处理；同样，立枯生物量的获取也可以根据研究目的不同，采用不同的收获方法。植物样品应装入塑料袋内进行编号标记，送入实验室进行称鲜重，换装纸袋，置于鼓风干燥箱内 65℃烘干至恒重，记录干重数据。当天采集的新鲜植物样品最好当天完成干燥处理，以免样品损失水分，或者腐烂变质造成干物质损失。

（2）凋落物

在采集地上绿色植物体生物量后，采集地表凋落物，并将收集到的凋落物，按样方分别装入塑料袋内，编上样方号，带回实验室内处理，干燥前应捡出混杂其中的石块、土块等异物，然后置于鼓风干燥箱内烘干称重，即得凋落物量，通常凋落物只记其总量即可。

（3）群落地下生物量

地下生物量最常用的取样方法有两种：土坑法和根钻法。土坑法是通过挖掘土壤剖面的方式获取根系样品的方法，该法的可靠性较大，但对植被和土壤的破坏较为严重，工作量也相当大。根钻法是用特制的根钻获取圆形土柱以采集根系样品的方法，根钻直径和大小可以根据研究需要进行加工制成，该法在植被均匀、植物分布较浅的草地上使用较为适宜，其优点是可选取多点样品，取样效率高。

草地群落地下生物量一般是分层取样，按 10cm 深度间隔，从土壤表面向下层依次分层取样，采样深度一般为 0～60cm。将所取样品按层分装在尼龙纱袋（网眼直径不大于 0.5mm）或布口袋中，并编上样方号和土层号带回室内处理。根系清洗最好用流水进行漂洗，为使根上的土粒充分脱离，可将初步冲洗后的根系用含有 1%的 $NaPO_3$（石灰性土壤）或 NaCl（盐土也可以用 $CaCl_2$）的水继续冲洗。这一过程需快速完成，防止根系在水中浸泡时间过长，而导致组织中的养分流失。将冲洗好的根系，在烘箱中进行干燥，烘箱温度保持在 65℃左右，至恒重后称量各层地下生物量干重。

常规性生物量监测一般开始于每年植物尚未萌生前（3～4 月）至植物完全枯萎死亡后（约 11 月），一般采样频率为 1 次/月，或在生长季高峰期 7 月下旬到 8 月初进行一次采样，获取最大地下生物量。

3. 群落冠层分析

（1）叶面积指数

叶片是植物进行光合作用以及与外界进行水气交换的主要器官，叶面积指数（LAI）是衡量群落和种群生长状况和光能利用率的重要指标。叶面积指数是指绿色叶片面积与土地面积之比，即单位土地水平面积上全部植物叶的总面积。叶面积指数为植物冠层表面物质、能量交换的描述提供结构化的定量信息，是估计植被生产力和冠层功能的重要参数，也是生态系统中最重要的结构参数之一。测定叶面积的方法有直接测定法和间接测定法。

直接测定法可以借助叶面积仪直接测定，包括面积法和比叶重法。面积法利用了叶面积和叶面覆盖的像素呈正比的关系检测轮廓，计算出叶片的长、宽和面积。叶面积仪根据测量原理不同分为可视化图像处理仪和扫描型测面积仪，基本原理是传感器和计算机信息处理技术集成，实现对单叶面积的直接测量。比叶重法是利用单位叶面积与叶片干重的比值，其中叶面积经过叶面积仪测量获得。在获得比叶重后，乘以总样品干重，进而得到总叶面积。

间接测定法主要利用植被冠层内光透射的光学模型方法，其原理是应用基于冠层组分随机分布假设的朗伯-比尔定律指数递减模型，以及基于叶角分布函数的光分布模型，考虑了冠层辐射的截取与入射光的成分、光属性和冠层结构的关系，使用光量子传感器、电容传感器和激光传感器等测量到地面的辐射（直射、散射和总辐射）。光学模型方法具有速度快、通用性强、非破坏性的优点。

目前，国际上较为认可的 LAI 观测仪器，一般是基于空隙率和空隙大小分布分析原理。例如，澳大利亚的 CSIRO 公司的 DEMON 直射分析仪、英国 Delta-T 公司的 SunScan、美国 Decagon 公司的 Sunfleck Ceptometer 和 AccuPAR 等冠层分析仪、美国 Licor 公司的 LAI-2000 和 LI-191 等冠层分析仪、英国的 HemiDIG 数字植物冠层分析系统、美国多波段植物冠层摄影仪（MVI）和美国 CID 公司的 CI-100/110 Digital Plant Canopy Imager 等。

（2）光合有效辐射吸收比率（FPAR）

光合有效辐射吸收比率（fraction of absorbed photosynthetically active radiation，FAPAR/FPAR）是指被植被冠层绿色部分吸收的参与光合生物量累积的光合有效辐射（PAR，400～700nm）占总 PAR 的比例，它是直接反映植被冠层对光能的截获、吸收能力的重要参数，并且是全球气候观测系统（GCOS）选定的 13 个基本气候变量（essential climate variable，ECV）之一。FPAR 与植被冠层的光合呼吸、碳吸收以及蒸发散速率等植被冠层功能性过程紧密相关，是影响大气-陆面生物圈之间能量与水分交换过程的一个关键变量。

目前，FPAR 获取主要通过两种方式：地面测量法和遥感反演法。地面测量法通过对植物冠层上方的入射量、冠层反射量及透射量的测量来测定，并根据连续测定的上冠层及下冠层 PAR 来间接估测 FPAR，主要依靠光量子探测器、SUNSCAN、ACCUPAR、TRAC、LAI-2000 等光学测量仪器进行冠层间的 PAR 观测而得到 FPAR，该方法可以准确地、实时地获取冠层信息，却只局限于点上信息。遥感反演法主要是通过遥感数据来建立遥感观测与地面观测值或冠层结构的关系来生成 FPAR。现有常用方法包括回归分析法、神经网络法、物理机理模型（辐射传输模型和几何光学模型）和混合模型等，该方法是获取区域乃至全球尺度 FPAR 的一种可行性手段。

4. 物候期

植物长期适应于一年中温度和水分之节律变化，形成的与此相适应的植物发育节律，称为物候。天然牧草物候期主要包括返青（出苗）、开花、成熟、黄枯等。不同的植物因其生物学特性不同，其物候期也有很大的差别。物候的研究对草地管理具有重要意义，例如，可以根据主要牧草的物候期来确定开始放牧、结束放牧和割草的适宜时期；也可根据调控一年生牧草播种期，使其抽穗（禾本科）或开花（豆科）期恰值除霜来临时，以便获得品质优良的天然冻干草。

植物物候的观察，主要集中在植被特征具有代表性的观测场进行。物候的观测应有 $100m^2$ 的样区，并固定 10～100 株植物进行观察，每 5 天观察一次，但在抽穗和开花时期，由于发育期较短，应缩短为 1～2 天观察一次。记录植物物候期时，主要记录群落的优势种和季相外貌的指示种，也可按植物生活型，如多年生丛生禾草、多年生根茎禾草、灌木、半灌木、多年生杂草类和一年生植物等，分别予以观测、记录。在每次观察记载物候时，还应同时测定样株的生殖枝和营养枝的伸直高度，并计入观察日志表。植株高度用分数记载，分子为生殖枝高，分母为营养枝高。日志表每种植物一张，以便多年记载适用。

5. 植物光合特性

光合作用是植物固定能量、合成有机物质的基本生理生态过程，基本原理是绿色植物叶绿体在可见光的照射下，将二氧化碳和水转化为储存着能量的有机物，并释放出 O_2 的生化过程，同时也有将光能转变为有机物中化学能的能量转化过程。植物之所以被称为食物链的生产者，是因为它们能够通过光合作用利用无机物生产有机物并且贮存能量。对于生物界的几乎所有生物来说，这个过程是它们赖以生存的关键。植物光合特性是反映植物固碳和能量转化能力的重要指标，不同种类的植物，其光合生理特性存在差别，反映植物光合特性的指标包括光合速率、蒸腾速率、气孔导度、光饱和点、光补偿点等。

测量光合作用的基本原理是利用红外线气体分析仪（IRGA）测量系统内同化室 CO_2

浓度的变化而得，测定方式又分密闭法和开路法。密闭法是把 IRGA 与光合作用同化室连接成已知体积的密闭气路系统，将植物材料密封在透明的同化室内，在光照条件下气路中 CO_2 浓度将因植物光合作用而下降，根据同化室内 CO_2 浓度随光合时间下降的曲线和斜率，计算出该时间段内的平均光合速率。开路法则是向测定系统中持续供应 CO_2 浓度稳定的气体，使之通过叶片所在的同化室，并实时检测进入同化室前后的气体 CO_2 浓度，根据浓度差计算光合速率。可采用双 IRGA 检测器分别测定进入和排出同化室的 CO_2 浓度，也可采用气路切换的方法用单检测器交替检测 CO_2 浓度变化。目前，比较常用的测量仪器是基于开路式原理的 Li-6400 植物光合仪（美国 Licor 公司生产）。

（二）动物监测技术

1. 草地昆虫

草地昆虫种类较多，包括蝗虫、草原毛虫、地老虎、蚜虫、粘虫、象甲、蛴螬、蠓、虻和金针虫等，对草原昆虫的种类及其数量进行监测，可以科学地预测虫害在特定生态条件下的发生期、发生量，分析其对牧草的危害程度、经济损失程度及其在空间分布与扩散范围等，以期为草地虫害治理提供科学依据。这里简要介绍蝗虫和毛虫的监测方法。

蝗虫监测技术中，样方法和夜捕法是适合于草地群落蝗虫数量调查的两种较好的取样方法。样方法是在地上设置一定大小的无底样框，调查其中昆虫的个体数。草地群落蝗虫调查的样框大小一般为 1m×1m×0.5m，重复次数一般不低于 30 次。夜捕法是利用蝗虫捕捉器进行夜间捕捉，其主要原理是灯光引诱的方法。夜捕器在夜晚随机放置在野外，一般每个样地放置 12～21 个夜捕器，次日上午计数掉入小杯中的蝗虫数。

毛虫常用的测定方法有直接法和间接法。直接法包括样方统计法、线形或带状样条调查法等，间接法包括有效基数法、气候图法、生命表法。样方统计法较适用于草地生态系统的长期观测，根据毛虫的野外系统调查资料，进行统计分析，计算出单位面积内的毛虫数量。

2. 啮齿动物

草原啮齿类动物是草地生态系统食物链的一个重要环节，它既是草原植物的消费者，又是许多食肉动物的主要食物来源，对维持生态平衡起到了不可替代的作用。目前，在我国草地灾害监测中，主要以鼠类为监测对象。其野外调查方法主要有夹日捕法、去除法（IBP 标准最小值法）和标志重捕法等。

夹日捕法是根据生境类型选择样地，确定样线，放置捕获器，据每日捕获的动物种类数量以及丢失的捕获器来统计动物数量；去除法（IBP标准最小值法）是根据每日捕获数与捕获累积数之间的关系，估算种群数量。这两种方法以每日捕获数为纵坐标，以捕获累积数为横坐标，绘制曲线，用线性回归法估计动物数量。标志重捕法是将捕获的动物标志后原地释放，再重捕。根据捕捉的标志动物数和取样数量估计动物数量。

3. 草地家畜

采用社会调查的方法，对站区调查点周边的牧户进行访问调查，并将调查数据与当地统计部门核对后填报。调查项目包括家畜种类、数量、草场载畜率、饲养方式、不同年龄个体的平均体重、年饲草消耗量等。

（三）微生物监测技术

土壤微生物是草原与荒漠生态系统中的分解者，是草原与荒漠生态系统研究的不可缺少的基础与重要内容。对于生态系统研究来说，研究土壤微生物的目的就是要确定微生物的组成、结构、土壤剖面的分布与变化，季节与年度之间的动态与变化，微生物的生物量。

1. 土壤微生物数量的测定

土壤微生物种类繁多，个体微小，数量巨大，世代周期短、繁殖迅速，使得土壤微生物的研究比较困难。这类测定方法研究对象为土壤中的可培养微生物，主要包括稀释平板（dilute plate counting）法和最大或然数（most probable number，MPN）计数法，其依赖于培养技术，使用各种培养基最大限度地培养各种微生物群体。此类方法简单易行，实验条件要求低；但由于土壤中可培养微生物占微生物总数的 0.1%～10%（Jim，2009），此类方法可所能获取的微生物信息太少，已逐渐被人们舍弃。

2. 土壤微生物量的测定

土壤微生物量（soil microbial biomass，SMB）指土壤中除活的植物体外体积小于 $5\times10^3\mu m^3$ 的生物总量（何亚婷等，2010），通常用微生物量碳和微生物量氮表示。这类测定方法主要包括熏蒸培养（fumigation-incubation，FI）法和熏蒸浸提（fumigation-extraction，FE）法。

FI 法根据被杀死的土壤微生物因矿化作用而释放 CO_2 的增量能够用来估计土壤微生物量碳。该方法操作简单，误差小，适于常规分析；但也存在一些弊端，如对空白对照和土样状态要求较高、所有土壤均共用一个转换系数。

FE 法是目前测定微生物量最常用的方法，其原理为土壤微生物被氯仿熏蒸杀死以后，浸提并定量测定细胞溶解释放的有机碳、氮、磷含量，最后根据一定的比例关系换算成微生物量碳、氮、磷。该方法适用于大批量样品的测定，且能同时测定微生物量碳、氮、磷。

3. 土壤微生物多样性研究

所谓土壤微生物多样性指的是土壤生态系统中所有的微生物种类、它们所拥有的基因以及这些微生物与环境之间相互作用的多样化程度（林先贵和胡君利，2008），研究热点主要为土壤微生物的群落结构、代谢功能、遗传基因。

土壤微生物多样性的研究方法大致分为两类：一类是常规研究方法，应用较为广泛的主要为基于生物标记物的磷脂脂肪酸（PLFA）技术、基于微生物群落代谢的 Biolog GN 技术和基于核算 PCR 扩增的变性梯度凝胶电泳（PCR-DGGE）等；另一类是最新发展起来的高通量和高分辨率的宏基因组学、环境转录组学等技术（贺纪正等，2013）。

这些研究方法都可以克服传统培养方法造成的土壤微生物信息的大量丢失，更精准地揭示土壤微生物种类和遗传多样性，其中第二类方法更是能够直接从基因角度定量分析群落中物种执行的功能、环境胁迫条件下微生物群落多样性和功能的相互作用。

草地生物要素监测指标及方法见表 4-1。

表 4-1　生物要素监测指标

<table>
<tr><th colspan="2">指标</th><th>监测项目</th><th>频度与时间</th><th>方法</th></tr>
<tr><td rowspan="9">植物</td><td rowspan="4">植物群落结构特征</td><td>群落冠层的盖度和高度</td><td rowspan="3">1 次/月（生长季）</td><td rowspan="4">样方调查</td></tr>
<tr><td>群落垂直投影数码影像</td></tr>
<tr><td>不同种的叶层平均高度，生殖枝平均高度，盖度，密度</td></tr>
<tr><td>物候</td><td>及时测</td></tr>
<tr><td rowspan="2">生物量</td><td>地上生物量：绿色部分鲜、干重，立枯干重，凋落物干重</td><td>每 5 年一个季节动态，其余每年一次</td><td>样方调查</td></tr>
<tr><td>地下生物量：根干重（0～5cm，5～10cm，10～20cm，20～30cm，30～50cm，50～60 cm）</td><td>每 5 年一个季节动态，其余每年一次</td><td>样方调查</td></tr>
<tr><td rowspan="2">元素含量与营养成分</td><td>优势种及所有其他种混合样的：全碳，全氮，全磷，全钾，全硫，全钙，热值，粗脂肪，粗蛋白，粗纤维</td><td>1 次/5 年</td><td>常规元素分析法</td></tr>
<tr><td>凋落物：全碳，全氮，全磷，全钾，全硫，全钙，热值</td><td>1 次/5 年</td><td>常规元素分析法</td></tr>
<tr><td colspan="4" style="display:none"></td></tr>
<tr><td rowspan="3">动物</td><td>蝗虫/毛虫</td><td>种类，数量，生物量</td><td rowspan="2">1 次/5 年</td><td>样线调查</td></tr>
<tr><td>啮齿动物</td><td>种类，数量，生物量</td><td>样线调查</td></tr>
<tr><td>放牧家畜</td><td>种类，数量，年龄结构，年放牧时期</td><td>1 次/年</td><td>调查</td></tr>
<tr><td>微生物</td><td>土壤微生物</td><td>种类，数量，生物量</td><td>1 次/5 年</td><td>样方调查</td></tr>
</table>

二、草地环境要素监测技术

（一）大气环境要素

1. 气象观测

（1）自动观测

连续、准确、完整的气象、辐射和土壤环境变化的观测数据，是生态科学研究的基础。自动气象站可以为生态科学、环境学和气候变化以及相关研究提供高精度、高观测频率、连续以及长期的各种观测数据。自动气象站是一种能自动观测和存储气象观测数据的设备，其工作原理是，利用自带计算机系统采集各要素传感器感应元件的电信号，并通过信号处理软件进行转换计算得到，并以某种格式进行储存在硬件介质中，自动气象站是硬件和软件共同组成的自动观测系统。硬件系统包括传感器、采集器、通讯端口、系统电源和计算机等，处理软件包括数据采集软件和数据处理业务软件等。

自动气象站采集的气象指标包括温度、湿度、风向、风速、雨量、日照、太阳辐射、气压等要素，不同要素观测频率可通过软件进行自动设定，可直接生成半小时、日、月、年等尺度统计数据，其数据文件可储存在内存介质、移动介质或者通过远程通讯端口进行长距离数据采集，并可以通过网络实现自动气象观测数据的实时监控和下载功能。

自动气象站一般依据气象观测规范安装在标准气象观测场内，与人工气象观测相辅相成，自动气象观测提供了无人值守的全天候观测数据，而人工气象观测则可以完成自动气象站传感器技术无法实现的观测要素，以及缺乏可靠性和准确性的气象指标，二者相互补充，可以形成相对完整的长时间序列的气象观测资料。

自动气象观测要素及频率见表 4-2。

表 4-2　自动气象观测要素

指标	观测项目	观测频度	方法	时制
气压	气压	6 次/1min， 1 次/1h	存储整点小时数据，记录小时气压极值和出现时间	北京时间
风	风向 风速	6 次/1min， 1 次/1h	存储整点小时数据，记录 2min、10min 平均风速风向，1h 风速极大值	北京时间
气温	定时温度 最高温度 最低温度	6 次/1min， 1 次/1h	存储整点小时数据，小时最高温度、最低温度和出现时间	北京时间
湿度	相对湿度	6 次/1min， 1 次/1h	存储整点小时数据，小时最低湿度和出现时间	北京时间
地温	定时地表温度 最高地表温度 最低地表温度	6 次/1min， 1 次/1h	存储整点小时数据，小时最高、最低地表温度	北京时间
	土壤温度 观测深度（5cm，10cm，15cm，20cm，40cm，60cm，100cm）	6 次/1min， 1 次/1h	存储整点小时数据，小时土壤温度最高、最低值	北京时间
降水	总量，强度	1 次/1h	存储时降水量，累计日降水总量	北京时间
土壤水分	土壤含水量 观测深度（5cm，10cm，15cm，20cm，40cm，60cm，100cm）	6 次/1min， 1 次/1h	存储整点小时数据，土壤湿度最低值	北京时间
辐射	总辐射 反射辐射 净辐射 紫外辐射（UVA） 光合有效辐射 紫外辐射（UVB） 直接辐射 散射辐射	6 次/1min， 1 次/1h	存储整点小时辐照度，小时曝辐量；光合有效辐射记录整点小时光量子通量，小时通量密度；小时辐照度极大值和出现时间	地方平均太阳时
土壤热通量	土壤热通量	6 次/1min， 1 次/1h	存储整点小时瞬时值，小时累积值；极大值和出现时间	地方平均太阳时
日照	日照时数	1 次/1min	存储时日照时数，累计日日照时数	地方平均时累计日日照时数

（2）人工观测

人工气象观测是指通过建立标准气象观测场，通过人工值守的方法，利用人工观测仪器或者观测技术规范，定时、定点进行各项气象观测要素的观测。通常依据气象观测系统的《地面气象观测规范》开展地面观测。人工气象观测对气象观测员技术规范、气象观测场条件和观测仪器布置和观测程序进行了规定，其观测精度对观测人员的技术水平依赖较大。

气象观测场大小一般为 25m×25m，尽可能选择代表本站点较大范围气象要素特点的位置，避免局部和周围小环境的干扰，周边空旷平坦，无高大建筑、树木等遮挡。观测场四周一般设置1.2m高的稀疏围栏，观测场内保持有均匀草层，且不能超过20cm，场地平整；观测场内设观测道路，宽0.3～0.5m，围栏和路面铺设应尽量采用绝缘隔热、不产生反光和吸热的材料。防雷措施必须符合气象行业规定的技术标准要求。

观测场内仪器布设基本要求是，仪器高度从低到高依次从南到北排列，南侧测地温，北侧测风向风速，东西排列成行，相互间隔不小于3～4m，并且距离边缘护栏不小于3m，观测场的门一般开在北侧，观测时应从北面接近仪器；辐射观测仪器一般安置在观测场最南边，仪器感应面不得受任何障碍影响，且辐射下垫面要具有代表性（图4-1）。

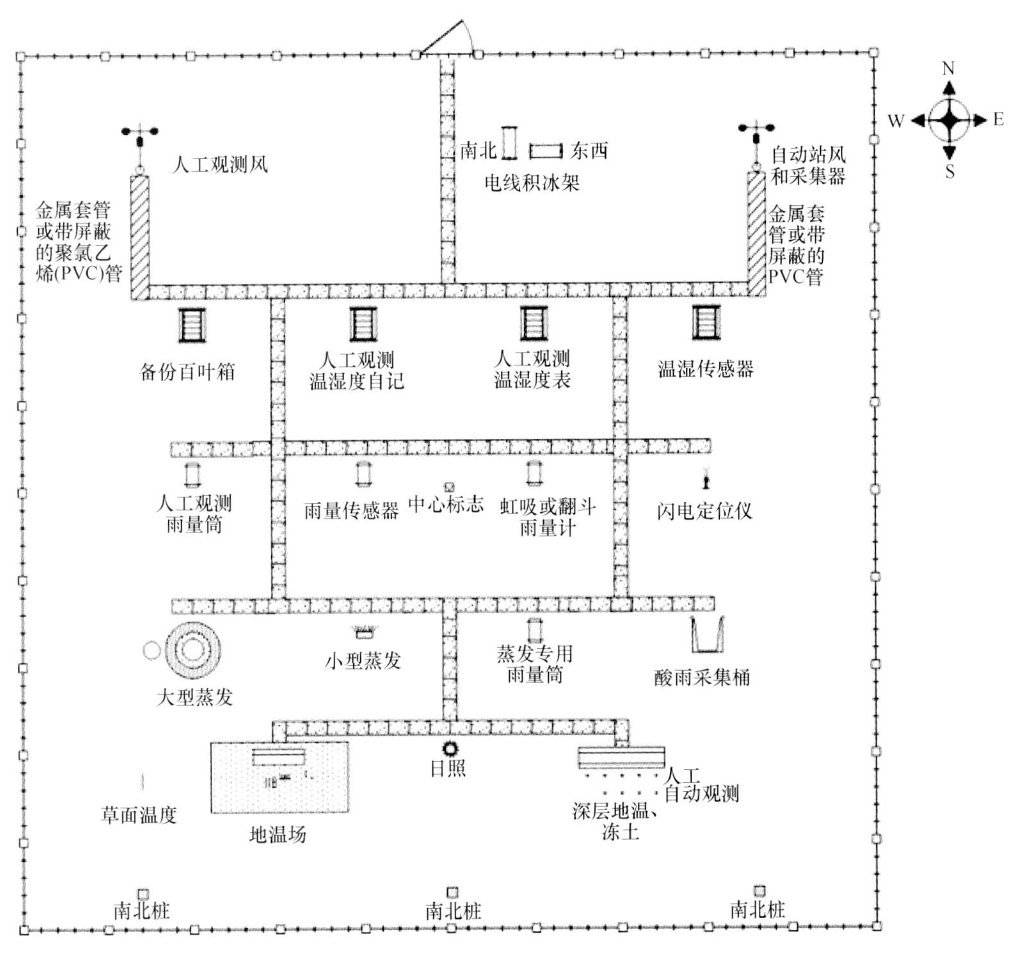

图4-1　地面气象观测场

气象观测员应经过系统业务技术学习、培训，取得气象业务主管部门认定的地面气象观测业务岗位资格，熟练掌握地面气象观测技术，严守值班纪律，本着真实、科学的原则，不得涂改、伪造观测记录。严格按照安全操作规程，保证人身和仪器安全。

通常人工气象观测要素包括气压、空气温度和湿度、风向风速、降水、蒸发、日照、地温、冻土、雪深、天气现象等。具体观测指标和观测仪器见表4-3、表4-4。

表 4-3　人工气象观测仪器及安装位置

仪器	观测指标	安装位置、误差范围
干湿球温度表	温度、相对湿度	高度 1.5m，±5cm
最高温度表	最高气温	高度 1.5m，±5cm
最低温度表	最低气温	高度 1.5m，±5cm
温度计	气温	高度 1.5m，±5cm
毛发湿度表	空气湿度	高度 1.5m，±5cm
雨量筒	降雨量	高度 70cm，±3cm
E-601B 型蒸发器	蒸发量	高度 30cm，±1cm
地面温度表	地表温度	感应部分和表身埋入土中一半
地面最高、最低温度表	地表最高、最低温度	感应部分和表身埋入土中一半
曲管地温表	土壤温度	深度 5cm、10cm、15cm、20cm
冻土器	冻土深	深度 50～350cm，±3cm
日照计	日照时长	高度以便于操作为准；纬度以本站纬度为准；方位正北，±5°
辐射表	辐射	高度 1.5m；纬度以本站纬度为准；方位正北，±5°
风速器	风速	高 10～12m
风向器	风向	高 10～12m；方位正南，±5°
气压计	气压	
采集器箱		

表 4-4　人工气象观测要素

指标	观测项目	观测频度	方法	时制
天气状况	每日典型天气状况（云量、风、雨、雪、雷电、沙尘）	每日记录	目测记录	北京时间
	气压	3 次/天（8 时，14 时，20 时）	气压表	北京时间
风	风向 风速	3 次/天（8 时，14 时，20 时） 3 次/天（8 时，14 时，20 时）	10m 风杆，电接风向风速计	北京时间
气温	定时温度 最高温度 最低温度	3 次/天（8 时，14 时，20 时） 1 次/天（20 时） 1 次/天（20 时）	百叶箱内测量 最高温度表 最低温度表	北京时间
湿度	相对湿度	3 次/天（8 时，14 时，20 时）	百叶箱内测量 干湿球温度表 毛发湿度表（结冰期）	北京时间
降水	降雨总量	降雨时测，2 次/天（8 时，20 时）	雨量筒，统计最长连续降水和最长连续无降水日数	北京时间
雪	初雪 终雪 雪深	1 次/年 1 次/年 有降雪测，1 次/日（8 时）	目测 雪深尺	北京时间 北方站测
霜	初霜 终霜	1 次/年 1 次/年	目测	北京时间 北方站测
蒸发	水面蒸发量	1 次/日（20 时）	蒸发皿（E-601B 型蒸发器）	北京时间
地温	定时地表温度 最高地表温度 最低地表温度	3 次/日（8 时，14 时，20 时） 1 次/日（20 时） 1 次/日（20 时）	水银地温表 最高温度表 最低温度表	北京时间
日照	日日照时数	1 次/天（日落）	日照计，日落后统计	真太阳时
冻土	冻土深度	1 次/天（8 时）	冻土器，冻土区测	北京时间

（3）大气化学成分观测

大气成分观测是综合气象观测的组成部分，是对一定范围内大气化学成分和相关物理特性及变化过程进行长期、稳定、持续的观察和测定，在草地生态环境监测方面，主要进行大气干、湿沉降量及化学成分，以及大气中温室气体成分含量的观测。

大气干沉降是指在重力作用下从空气中自然降落于地面的颗粒物，其直径多在10μm以上，一般以每月每平方千米面积上所沉降颗粒物的吨数来表征；湿沉降则是指以任何湿形式离开大气而到达地表的物质，如雨、雪、雹等以及其他形式的降水。大气干、湿沉降不仅取决于粒径和密度的大小，也受地形、风速、降水等因素的影响。大气干沉降组分包括非水溶性物质、苯溶性物质、水溶性物质、灰分总量、可燃性物质总量、固体污染物总量等，其中水溶性物质的测定比较引起人们的重视，其中硫酸根、硝酸根和铵根离子的测定对研究大气酸雨形成和评价污染状况非常重要。湿沉降中，测定指标包括pH、电导率、F^-、Cl^-、SO_4^{2-}、NO_3^-、K^+、Na^+、Ca^{2+}、Mg^{2+}、NH_4^+等离子含量；温室气体指标则包括 CO_2、CH_4、N_2O 等主要成分。

大气干沉降的标准测定方法是称量法，利用盛水的集尘缸采集大气中的降尘，并经过蒸发、干燥和称重，计算大气干沉降量；干沉降离子成分测定，可以选择用离子色谱法；pH 和电导率则用相应的 pH 计和电导率仪进行测定。

大气湿沉降主要是采集降水，因而采集方法包括人工采集和自动采集两种，自动采集仪器可以方便地感知降水发生，并及时打开采样装置进行采集，因而应用较为广泛。若湿沉降为雪或者雹，应在室内融化再进行储存。湿沉降 pH、电导率和化学成分测量方法与干沉降相同。

温室气体的采样主要采用瓶采样技术，其体积小，便于携带，操作简易。由于瓶采样技术持续时间较短、样品量少，要求所采集气体具有代表性，不能受到污染。采样点应选择在较为开阔平坦，上风方向没有污染的位置，进气口高度应在距离下垫面 5～10m。温室气体的成分分析采用气相色谱法，分析仪器为气相色谱仪。

干湿沉降及温室气体观测频率见表 4-5。

表 4-5　大气环境要素观测指标

指标	观测项目	观测频度	方法
干沉降、湿沉降	总量，电导率，pH 化学成分（NO_3^-、NH_4^+、K^+、Na^+等）	1 次/季（1 月、4 月、7 月、10 月）	化学成分分析 NO_3^-、NH_4^+、K^+、Na^+等可以使用比色法、火焰光度计、离子色谱法；pH 采用 pH 计
温室气体	大气中 CO_2 浓度	1 次/周	气相色谱
	大气中 CH_4 浓度	1 次/周	气相色谱
	大气中 N_2O 浓度	1 次/周	气相色谱

（二）小气候观测

小气候通常是指在一般的大气候背景下，由于下垫面的不均匀性以及人类和生物活动所产生的近地层中的小范围气候特点，而对生态系统中样地小环境的大气监测。小气候要素是分析生态系统植物群落光合作用、生产力，以及耗水特性等的必要数据，对于分析生态系统物质循环和能量过程具有十分重要的作用。草地小气候的范围，其垂直方向在几米范围之内，一般不超过 10m；水平方向上没有明确规定，小到数米，大到数百米。小气候观测，也就是对小气候系统中某些物理特征量的测定。这些物理特征量称之为小气候要素。它包括 5 个方面：①辐射特征量，如辐照度、辐射时间、总辐射量、反射辐射、净辐射、光合有效辐射、光照度、光照时间以及辐射的光谱特征等；②热特征量，如介质（空气、土壤、水等）温度、表面温度和环境平均辐射温度等；③气体成分（主要是二氧化碳、氧气等）特征量，如密度、质量分数、体积分数、物质的量浓度等；④水汽特征量，如水汽压、绝对湿度、相对湿度、露点和饱和差等；⑤空气运动特征量，如风速（指水平流速）、垂直速度、风向（指水平方向）、流线等。小气候观测值，除直接用各物理量的瞬时值表示外，还可以用平均值、极值、积分值等表示。

小气候自动气象站通常由数据采集器、用于梯度观测的多层温湿风测量单元、多层地温传感器、多层土壤水分传感器、总辐射传感器、直接辐射传感器、光合有效传感器、净辐射传感器、冠层温度传感器、二氧化碳传感器、电源等组成。主要用于完成所在站点多层温、湿、风的梯度观测，多层土壤温湿度的测量、辐射（总、净、反、光合有效）测量，降水观测，冠层温度及其计算、存储、数据上传。

基于现代物联网技术的小气候自动观测系统，一般由数据中心站和小气候自动气象站两部分组成，小气候自动气象站安装于观测现场，负责实时采集当前的各气象要素，并将数据实时发送到数据中心站；数据中心站由计算机、中心站软件、通讯设备（如网卡、调制解调器等）组成，该部分主要功能是进行数据收集、数据显示、数据存储、数据传输等。数据中心站和小气候自动气象站通过通用分组无线服务技术或者有线通讯组成观测网络系统，通过中心站软件可以将位于不同地点的小气候自动气象站通过网络进行统一调度和气象数据的汇总，便于资料的分析、处理、发布和研究。小气候观测要素及频率见表 4-6。

（三）温室气体观测

温室气体指的是大气中能吸收地面反射的太阳辐射，并重新发射辐射的一些气体，它们的作用是使地球表面变得更暖，类似于温室截留太阳辐射，并加热温室内空气的作用。这种温室气体使地球变得更温暖的影响称为“温室效应”。地球的大气中重要的温室气体包括下列数种：二氧化碳（CO_2）、臭氧（O_3）、氧化亚氮（N_2O）、甲烷（CH_4）、氢氟氯碳化物类（CFCs、HFCs、HCFCs）、全氟碳化物（PFC）及六氟化硫（SF_6）等。在生态系统碳氮循环过程研究中，一般把 CO_2、N_2O 和 CH_4 的通量作为主要观测对象。目前，比较常用的通量观测技术包括以下几种。

1. 涡度相关技术

涡度相关技术是一种微气象学的测量方法，采用涡度相关原理，利用快速响应的传感器来测量大气下垫面的物质交换和能量交换，它是一种直接测定通量的标准方法。这一技术在流体力学和微气象学的理论研究，以及气象观测仪器、计算机和数据采集技术进步的情况下，近些年才得以广泛应用。早在 1895 年，雷诺就建立了涡度相关技术的理论框架。但直到 20 世纪 70 年代末至 80 年代初，商用超声仪和快速响应的开路红外线气体分析仪的研发，极大地促进了涡度相关技术的发展和应用，随着计

表 4-6　小气候观测

指标	观测项目	观测频度	梯度	时制
大气温度	温度	6 次/1min	植冠层上方 0.5m、1.0m、2.0m、4.0m 高度处	地方平均太阳时
相对湿度	湿度	6 次/1min		地方平均太阳时
风	风速	6 次/1min		地方平均太阳时
	风向	6 次/1min	植冠层上方适当高度	地方平均太阳时
辐射	总辐射	6 次/1min	植冠层上方 1.5m 高度处	地方平均太阳时
	净辐射	6 次/1min		地方平均太阳时
	紫外辐射（UVA）	6 次/1min		地方平均太阳时
	紫外辐射（UVB）	6 次/1min		地方平均太阳时
	反射辐射	6 次/1min		地方平均太阳时
	光合有效辐射	6 次/1min		地方平均太阳时
	植株间光合有效辐射	6 次/1min	植株间近地面	地方平均太阳时
通量	土壤热通量	6 次/1min	地面以下 3cm	地方平均太阳时
	CO_2 通量	20 次/s	植冠层上方 2～3m 处	地方平均太阳时
	水汽通量			地方平均太阳时
	潜热通量			地方平均太阳时
	感热通量			地方平均太阳时
	动量通量			地方平均太阳时
地温	地表温度	6 次/1min	地面 0cm 处	地方平均太阳时
	土壤温度	6 次/1min	地面以下：5cm，10cm，15cm，20cm，40cm，60cm，100cm	地方平均太阳时
土壤水分	土壤含水量	6 次/1min	地面以下：5cm，10cm，15cm，20cm，40cm，60cm，100cm	地方平均太阳时
降水	降雨		植冠层上方	地方平均太阳时

算机信息技术和数据处理技术的快速发展，基于涡度相关技术的碳通量观测方法日趋成熟，为国际通量观测研究网络的建立奠定了基础，已经成为全球通量观测研究网络（FLUXNET）测定植被-大气间 CO_2、水汽通量的主要技术手段。

涡度相关法是通过计算物理量的脉动和风速脉动的协方差求算湍流输送量的方法，涡度相关观测系统一般分为开路式（OPEC）和闭路式（CPEC），主要传感器包括三维超声风速仪、红外线气体分析仪和数据采集器，以及其他通信系统。开路式系统在观测时，仪器造成的气流失真小，在风速感应和标量波动间不会出现滞后现象，由于开路系统的传感器完全暴露于野外，需要及时维护和定期校准分析仪器；而闭路式观测系统是通过抽取气体进入内置的传感器内分析气样，避免了外界不利环境的干扰，同时具有自动、定期引进标准气体对分析仪进行校准的能力，但存在采样时滞和误差，二者各有优劣，可根据研究需求进行选择。

涡度相关系统的大致工作原理为：超声风速仪高频响应三维风速（Ux、Uy、Uz）和虚温（Ts），红外线气体分析仪高频响应 CO_2 和 H_2O 浓度，数据采集器实时采集这些变量数据，并对其做同步处理，之后在线计算得到感热通量、潜热（水汽）通量、CO_2 通量、动量通量及摩擦风速，以及这些数据所需的协方差/均值等，并将计算结果保存在数据采集单元，同时各种高频变量的原始数据也会保存在数据采集单元中，用户可以对这些原始数据进行后期处理（分析和插补），从而获得理想通量数据。

涡度相关法属于微气象学的经典方法之一，其主要优点有：①通过测定垂直风速与 CO_2 密度的脉动，实现了对碳通量的直接观测；②实现对地表碳通量实施长期的、连续的和非破坏性的定点监测；③可在短期内获取大量高时间分辨率的 CO_2 通量与环境变化信息。

2. 箱式法

箱式法观测技术被广泛应用于土壤或植被界面的温室气体通量观测，主要包括动态箱法和静态箱法，其中动态箱法又可分为密闭式和开放式两种。

静态箱法是用容积和地面积都已知的化学性质稳定的箱体，插入地面或罩在底座上，每隔一段时间采集箱内气体，利用红外线气体分析仪或者气相色谱仪测量温室气体浓度，根据浓度随时间的变化率来计算被罩地面待测气体通量。该方法一般需要进行人工采集气体样品，然后送入实验室进行分析、计算。

密闭式动态箱式法是指密闭箱内气体以一定的流速被抽出采样箱，经过气体分析仪测试后，再返回到采样箱中，同样根据气体浓度随时间的变化来计算通量。该方法广泛应用于土壤碳通量的自动观测，随着气体分析技术的进步，该方法已经逐步应用于土壤 CH_4、N_2O 通量的野外自动观测。

开放式动态箱法是利用气泵把空气从箱一侧的进气口进入箱内，从箱的另一侧出口流出，气体通量可通过气流进、出口处的浓度差、流速和箱覆盖面积等参数算出，该方法一般用于草地植被的群落光合、呼吸和土壤通量的测量，其箱体覆盖面积一般较为灵活，可根据研究需要设定箱体体积。

（四）土壤环境

土壤环境与植被生长息息相关，是生态系统过程研究中的重要因素，也是反映生态系统变化的重要组成和载体。草地生态系统土壤环境的监测包括土壤物理性质和化学性质的长期定位监测。

1. 土壤物理性质

土壤物理分析所用样品采集和处理与化学分析不同，如土壤结构、土壤容重等测定需要原状土壤，野外采样时，选择具有代表性的地段，挖长 2m、宽 1m 的土壤剖面，剖面深度视研究目的而定，然后按照垂直面分层采样或者描述。常用的草地土壤物理性质指标及测量方法如下。

土壤容重　土壤在未经扰动的自然状态下单位体积的质量称土壤容重，通常以 g/cm 表示，容重小，表示土壤比较疏松，孔隙多，通透性较好。常用测定方法有环刀法、蜡封法、γ 射线法。土壤在烘干状态下的容重称干容重。

土壤孔隙率　指单位容积土壤中孔隙所占的比例，又称孔隙度，以百分数表示。孔径＜0.1mm 的土壤毛细管形成的孔隙称毛管孔隙，其他孔隙皆为非毛管孔隙。一般总孔隙率由容重及比重两项数值计算而得。

土壤含水量　土壤含水量一般是指土壤绝对含水量，即单位质量土壤中含有的水分量，也称土壤含水率，由土壤三相体（固相骨架、水或水溶液、空气）中水分所占的相对比例表示，通常采用质量含水量和体积含水量两种表示方法。主要测量方法有称重法、张力计法、电阻法、中子法、γ 射线法、驻波比法、时域反射法及光学法等。

田间持水量　当水饱和的土体中的重力水完全排除后，毛管所保持的水量。田间持水量受土壤质地、结构和地下水位的影响，是适于植物生长的水分范围上限。测定田间持水量有田间围框淹灌法和室内压力膜法两种。

土壤机械组成　又称土壤颗粒组成。土壤质地是指土壤的固相部分中砂粒或黏粒含量的百分数。其测定方法有：吸管法、比重计法、手摸目测法和土壤粒级分析仪测定法。利用土壤粒径分析仪测量更为准确、精细和快速。

2. 土壤化学性质

土壤化学性质是指土壤酸碱度以及化学成分组成等，常规分析指标与测定方法如下。

土壤 pH　表示土壤酸、碱性的指标，以土壤浸提液中氢离子浓度负对数来表示。pH 等于 7 为中性、大于 7 为碱性、小于 7 为酸性。其分析方法有：混合指示剂比色法、永久色阶比色法（适合野外使用）、电位滴定法等。

土壤总盐量　从一定比例（一般采用 5∶1）的水和土（风干土）中，在一定时间内浸提出来的可溶性盐分总量。亦可用压榨法直接抽取土壤溶液进行分析。总盐量的单位可用相当土重量的百分数表示，也可用电导度单位表示。供试溶液最好采用饱和浸提液。总盐量的测定方法有：重量法、电导法、比重计法、阴阳离子计算法。

可溶性阳离子和阴离子　土壤盐分中常有 8 种阴阳离子：K^+、Na^+、Ca^{2+}、Mg^{2+}、SO_4^{2-}、CO_3^{2-}、HCO_3^-、Cl^-。钠离子分析方法有火焰光度计法、离子摄谱法、钠电极法、差减法。氯离子分析法有硝酸银滴定法、氯电极离子活度计法等。硫酸根离子分析法有四羟基醌法、联苯胺法等。碳酸根、重碳酸根离子的分析法有双指示剂滴定法和电位滴定法等。

土壤养分　指土壤有机质、全氮、全磷、全钾含量。土壤有机质测量方法多采用重铬酸钾-硫酸氧化法。全氮量分析方法有开氏法、重铬酸钾-硫酸硝化法等。全磷量分析方法有氢氧化钠碱熔-钼锑抗比色法等。全钾量分析方法有火焰光度计法、四苯硼钠重量法等。

离子交换总量（阳离子交换量）　土壤物理化学吸附的阳离子总量。其分析方法有：乙酸铵法，适用于中性或酸性土壤；EDTA（乙二胺四乙酸）-铵盐快速法；氯化铵-乙酸铵法，只适用于石灰性土壤。

交换性酸　即交换性氢离子和交换性铝离子。当交换性铝离子大量存在时，可使植物根系营养条件变坏，损害植物生长和微生物活动。测定交换性酸是施用石灰（或磷灰石）和有机肥料改良土壤的依据。其分析方法有氯化钾交换-中和滴定法。

交换性盐基（交换性阳离子）　交换性钙、镁分析方法有 EDTA 容量法、原子吸收光谱法。交换性钾钠分析方法有容量法和钠电极法。

土壤环境要素监测指标及方法见表 4-7。

表 4-7　土壤要素监测指标

指标	监测项目	测定层次	测定频率	方法
表层土壤速效养分	NO_3-N、NH_4-N	0～20cm	1 次季节动态/5 年	酚二磺酸法/镀铜镉还原-重氮化偶合比色法/流动注射法
	速效磷			碳酸氢钠浸提-钼锑抗比色法
	速效钾			乙酸铵浸提-火焰光度法
表层土壤养分和酸度	有机质	0～20cm	1 次/年	重铬酸钾氧化法
	全氮			半微量凯式法
	pH			电位法
	全磷	0～20cm	1 次/2～3 年轮换监测	硫酸-高氯酸消煮/氢氟酸-高氯酸消煮-钼锑抗比色法
	全钾			酸熔火焰/原子吸收法
表层土壤阳离子交换量和交换性阳离子	阳离子交换量	0～20cm	1 次/5 年	乙酸铵交换法
	交换性钙、镁（酸性、中性土）			乙酸铵交换-原子吸收法，EDTA 容量法
	交换性钾、钠			乙酸铵交换-火焰光度法
表层土壤容重	容重	0～20cm	1 次/5 年	环刀法
表层土壤可溶性盐	全盐量（电导率）	0～20cm	1 次/5 年	质量法（或电导法）
剖面土壤理化性质	有机质	剖面：（0～10cm，10～20cm，20～40cm，40～60cm，60～100cm）	1 次/10 年	见表层土壤测定方法
	全氮			
	全磷			
	全钾			
	pH			
	机械组成			吸管法，GB/T 7845—87
	容重			环刀法

（五）水环境

草地水环境的监测指标主要分为水文要素和水质要素两类。水文指标监测样地内土壤含水量和地下水位监测方法见表 4-8。地下水位变化可通过水文观测井安装自动水位计进行监测。水质监测主要分析反映地下水和地表水水质状况的指标，包括化学需氧量（COD）、pH、矿化度、总氮和总磷。COD 测定方法有重铬酸盐法、高锰酸钾法、分光光度法、快速消解法、快速消解分光光度法。总氮和总磷可以利用化学分析方法进行测定，也可用检测仪器测试。具体水环境监测指标及频率见表 4-8。

三、草地生物环境监测技术的发展趋势

草地生物环境监测是采用生态学的方法和手段，从不同尺度上对草地生态系统结构和功能的时空格局的度量，主要通过监测草地生态系统条件、条件变化、对环境压力的反映及其趋势而获得，监测的结果则用于评价和预测人类活动对草地生态系统的影响，为合理利用草地资源、改善生态环境和自然保护提供决策依据。草地监测按照观测尺度，

表 4-8　水环境监测指标

<table>
<tr><th colspan="2">指标</th><th>监测项目</th><th>测定层次</th><th>测定频率</th><th>方法</th><th>备注</th></tr>
<tr><td rowspan="2">水文</td><td>土壤水分</td><td>生长季土壤水分含量</td><td>0～10cm、10～20cm、20～40cm、40～60cm、60～100cm</td><td>生长季，1 次/15 天</td><td>中子仪/ TDR</td><td>固定样地观测</td></tr>
<tr><td>地下水位</td><td>地下水埋深</td><td></td><td>1 次/15 天</td><td></td><td>固定样地观测</td></tr>
<tr><td rowspan="5">水质</td><td rowspan="5">地表水和地下水</td><td>COD</td><td></td><td rowspan="5">1 次/5 年</td><td></td><td rowspan="5"></td></tr>
<tr><td>pH</td><td></td><td></td></tr>
<tr><td>矿化度</td><td></td><td></td></tr>
<tr><td>总氮</td><td></td><td></td></tr>
<tr><td>总磷</td><td></td><td></td></tr>
</table>

可分为宏观生态监测和微观生态监测两大类：宏观生态监测对象的地域等级至少应在区域生态范围之内，最大可扩展到全球，需要借助大规模草地调查、地理信息和遥感技术等进行监测；微观生态监测对象的地域等级最大可包括由几个生态系统组成的景观生态区，最小也应代表单一的生态类型，通常以站点为基础，利用人工和仪器进行水、土、气、生等生物环境要素监测。总的来说，草地生态监测是一项宏观与微观监测相结合的工作，微观生态监测为宏观生态监测提供地面数据基础，宏观生态监测对微观生态监测发挥主导作用。

草地生物环境监测主要利用生态学的传统观测方法，或者借助不断进步的野外观测仪器，对草地生态系统中的生物和环境要素指标进行直接测量和判断，从而获得草地生态系统的生态特征数据，通过统计，以反映该草地环境现状及变化趋势。常规生物环境监测主要以野外台站为基础，目前建立的草地观测技术规范涉及监测台站选址、监测场地、监测指标体系、监测方法及仪器设备、监测频度及周期描述、数据的整理、数据库信息或数据输出、数据共享与汇交等。在确定草地生态监测技术方法时要遵循一个原则，即尽量采用国家或行业监测标准方法，一些特殊指标按生态站常用的监测方法。

随着自动化和大数据传输技术的进步，物联网技术已经广泛应用于草地生态环境观测，其主要基于仪器自动化、高频数据采集、计算机海量数据处理和存储、无线或宽带数据实时传输等技术建立地面生态观测网络，其观测站点可以覆盖到全国范围，开展不同研究单位的联网观测研究。这一技术的广泛应用，不但大幅度提高了草地生物环境信息数据采集的覆盖尺度、频度和密度，也增强了数据信息的全天候观测能力，为大数据采集和共享奠定重要基础，可以更加准确和及时地对草地生态环境健康状况做出趋势分析和评估，为国家进行草地生态宏观调控提供科学支撑。

另外，草地生态监测是一门涉及多学科的交叉领域，针对大尺度的草地生态环境监测，需要借助 3S 技术，即地理信息系统（GIS）、遥感（RS）和全球定位系统（GPS），利用计算机和自动化技术把遥感、航照、卫星监测、地面监测网有机结合起来，信息管理上强调标准化、规范化，依靠专门的软硬件使草地生态监测智能化，实现草地生态环境的立体化、全方位和全天候监测，并实现数据集成和信息共享，建立全国性草地生态系统监测数据库系统和信息共享平台，是未来我国草地生态环境监测工作的发展趋势和方向。

第二节 草地环境要素遥感监测技术

水热环境的监测是区域草地环境要素监测的重要组成部分，土壤水分则是水热环境评价的重要指标之一。因此，获取区域土壤水分的空间分布信息及其对区域环境变化的影响，对分析区域水热环境、研究自然和生态等环境问题有着重要的作用。传统的方法大多是通过野外试验点进行监测，虽然能得出准确的数据，但是所得数据是离散数据，无法详细反映土壤水分的空间分布情况。若要大范围的监测土壤水分含量，势必需要投入大量的人力、物力。

遥感技术为土壤水分的大范围监测提供了新的方法。相比传统的土壤水分监测方法，遥感监测技术有着巨大的优势。一方面，它解决了传统方法无法解决的土壤水分空间分布制图的问题；另一方面，遥感监测技术还可以实时动态大范围地监测土壤水分。目前，利用遥感监测土壤水分的技术已经比较成熟，其方法原理可以归结为两大类：一是土壤水分的变化会引起土壤光谱发射率的变化；二是通过植被指数的变化来间接反映土壤水分的变化（刘志明等，2003）。不同的波段对应着不同的方法模型，土壤水分的遥感监测目前主要在可见光-近红外、热红外、微波几种波段中选择。下面将主要介绍几种常用的土壤水分遥感监测方法。

一、可见光-近红外与热红外波段的土壤水分监测原理和方法

（一）热惯量法

热惯量是物体阻碍其自身热量变化的物理量，土壤的热惯量是土壤的一种热特性，是引起土壤表层温度变化的重要因素，同时，它还将影响土壤表层温度日较差的大小（仝兆远和张万昌，2007）。土壤水分和土壤热惯量之间有着紧密的联系，因为水分有着更大的热容量和热传导率，水分的这种热特性，使得不同湿度的土壤具有了不同的热惯量。热惯量模型一般适用于裸地或者低植被覆盖区域。热惯量模型可以表示为

$$P = \sqrt{\lambda \rho c} \tag{4-1}$$

式中，P 为热惯量；λ 为土壤热导率；ρ 为土壤密度；c 为土壤比热。

Price（1985）在地表能量平衡方程的基础上，提出了一个热惯量近似解模型，即

$$P = 2SV(1-\alpha)C_1 / \sqrt{\omega}(T_1 - T_2) - 0.9\beta\sqrt{\omega} \tag{4-2}$$

式中，S 为太阳常数；V 为大气透明度；α 为地表反照率；C_1 为太阳赤纬和经纬度的函数；ω为地球自转频率；β 为地表综合参数，是土壤辐射率和比湿等参数的函数；T_1 与 T_2 分别为地表最高、最低温度。

式（4-2）中计算出的 P 通常称为真实热惯量，但是真实热惯量与地表综合参数 β 有关，而 β 的计算复杂。为此，Price 进一步提出表观热惯量的概念，并认为真实热惯量在某些情况下可以由表观热惯量近似代替。在只考虑反射率和温差，不考虑测量地的纬度、太阳偏角、日照时数、日地距离的情况下，表观热惯量的定义为

$$ATI = (1-\alpha)/(T_1 - T_2) \tag{4-3}$$

表观热惯量计算模型与真实热惯量相比，计算简单了许多，只需通过卫星数据得到 α 和 T_1、T_2 即可。通过热惯量模型反演土壤水分的研究主要集中在如何提高热惯量模型的精度和如何确定热惯量与土壤水分的关系两个方面（吴黎等，2014）。随着研究的深入发展，表观热惯量的局限性逐渐显露出来。为此，许多学者提出了其他热惯量模型。张仁华（1990）提出了一个考虑地表显热通量及潜热通量的热惯量模型，该模型利用地面定标以及热像图的空间分布信息较大幅度地提高了土壤水分的反演精度；刘振华和赵英时（2005）在改进热惯量模型时，使用双层模型中的土壤热能量平衡方程，并在热传导方程中引进显热通量和潜热通量，使得热惯量模型的应用范围从裸土扩展到了植被覆盖区；王艳姣和闫峰（2014）研究了高植被覆盖区的热惯量模型，提出了扩展热惯量（extended thermal inertia，ETI），该模型具有操作简单的优点，且能够较好地反映近地表土壤水分信息（10cm 和 20cm），与 ATI 模型相比，能够保持较高的土壤相对含水量（RSM）估算精度；吴黎等（2013）提出了一种改进的表观热惯量计算模型，并通过该模型，找到了热惯量模型用来反演土壤水分的试用条件。在得出相应的热惯量以后，通过经验公式可得出土壤水分数据，目前大多数都是建立两者之间的线性模型（仝兆远和张万昌，2007）。但是也有学者认为，幂函数模型要比线性模型精度更高（肖乾广等，1994）。

（二）结合 NDVI 的植被指数方法

归一化植被指数（NDVI）法

土壤水分会影响植物的生理过程，从而影响植被叶冠的光谱发射率。植被指数能够反映植被的生长状况，从而反映土壤的干旱情况。最常用的植被指数为归一化植被指数（normalized difference vegetation index，NDVI），NDVI 定义为

$$\text{NDVI} = [\rho(\text{nir})-\rho(\text{red})] / [\rho(\text{nir})+\rho(\text{red})] \tag{4-4}$$

式中，ρ(nir)为近红外波段反射率；ρ(red)为红光波段反射率。

距平植被指数（ATNDVI）法

根据多年的遥感数据计算出某地多年的 NDVI 平均值，NDVI 平均值反映了该地的植被情况。据此建立植被指数和土壤水分之间的关系，某时刻的植被指数数据与平均值的差值则反映了该时刻土壤的干湿情况。距平植被指数定义为

$$\text{ATNDVI} = \text{TNDVI} - \overline{\text{TNDVI}} \tag{4-5}$$

式中，$\overline{\text{TNDVI}}$ 为同旬各年的归一化植被指数的平均值；TNDVI 为当年该旬最大值合成的植被指数。

植被状态指数（VCI）法

Kogan（1990）年提出植被状态指数（VCI），VCI 定义为一个比值，反映了植被在不同年间的生长波动情况。VCI 定义为

$$\text{VCI} = 100 \times \frac{\text{NDVI} - \text{NDVI}_{\min}}{\text{NDVI}_{\max} - \text{NDVI}_{\min}} \tag{4-6}$$

式中，NDVI 为某一年份内某时期的 NDVI；$\text{NDVI}_{\max}$ 和 $\text{NDVI}_{\min}$ 分别代表所有研究年份内该时期 NDVI 的最大值和最小值。

国内不少学者利用植被指数的方法进行了土壤水分的监测。陈乾（1994）利用

NOAA/AVHRR 影像数据，对甘肃省的干旱情况进行了分析。陈维英等（1994）基于 NOAA 卫星数据，提出了距平植被指数，并对 1992 年的特大干旱进行了监测。冯强等（2004）利用 NOAA/AVHRR 的 9km 的时间序列数据以及相应的土壤湿度资料，建立了植被状态指数与土壤湿度的统计模型。严翼等（2012）针对 2011 年长江中下游的春夏干旱情况，利用 MODIS 数据，构建了植被状态指数距平（AVCI）。

虽然植被指数法的应用较多，方法也很成熟，但是研究发现植被指数对土壤水分的响应缓慢，具有一定的滞后性（毛学森等，2002）。仅通过植被指数法去反映土壤水分的含量是存在不足的。土壤水分既会影响植物的生理过程，也会影响地表温度（LST），三者相互影响。因此，许多学者提出和建立了结合地表温度和植被指数的方法与模型来反映土壤水分含量。

（三）结合 NDVI 和 LST 的指数方法

温度植被干旱指数（TVDI）法

Price（1990）根据遥感资料得到的 NDVI 数据和地表温度数据，以 NDVI 为纵轴，以地表温度数据为横轴，建立了地表温度-植被指数空间特征模型，发现二者构成的散点图呈三角形。也有学者认为散点图应该呈梯形关系（Moron et al.，1994）。他们均把上边界称为干边，下边界称为湿边。基于该特征模型，Sandholt 等（2002）提出了温度植被干旱指数。温度植被干旱指数的定义如下：

$$\mathrm{TVDI}=\frac{T_{\mathrm{S}}-(a_2+b_2\times \mathrm{NDVI})}{(a_1+b_1\times \mathrm{NDVI})-(a_2+b_2\times \mathrm{NDVI})} \tag{4-7}$$

式中，T_{S} 为某一像元的地表温度；参数 a_1、b_1、a_2、b_2 通过特征空间回归得到，$a_2+b_2\times\mathrm{NDVI}$ 是 LST、NDVI 组成的三角特征空间的最低温度，决定了整个空间的湿边，而 $a_1+b_1\times\mathrm{NDVI}$ 是特征空间的最高温度，决定了整个空间的干边。

温度植被干旱指数法由于既利用了归一化植被指数，又利用了地表温度，所以 TVDI 不仅适用于低植被覆盖区域，同样也适用于高被覆盖区域，刚好与热惯量模型形成互补（汪潇等，2007）。TVDI 是目前利用热红外波段遥感监测土壤水分较实用的一种方法。

植被供水指数法

植被供水指数法是结合地表温度和植被指数的另一种方法，其原理是当土壤水分含量处于正常值时，植被指数在一定生长期内保持在一定的范围。作物冠层温度也会保持在一定范围内。植被供水指数定义为

$$\mathrm{VSWI}=\mathrm{NDVI}/T_{\mathrm{S}} \tag{4-8}$$

式中，T_{S} 为作物冠层温度，T_{S} 与 NDVI 数据均可由遥感图像获得。

齐述华等（2003）利用 NOAA/AVHRR 资料构建了 NDVI-LST 特征空间，依据该特征空间，对中国 2000 年 3 月和 5 月各旬的旱情进行了研究。姚春生等（2004）使用温度植被干旱指数法对新疆的土壤湿度进行了反演，发现 TVDI 指标与实测土壤湿度数据显著相关。韩丽娟等（2005）也对温度植被干旱指数进行了研究。莫伟华等（2006）基于植被供水指数，对农田干旱进行了遥感监测，经验证，该法适用于监测湿润、半湿润的农田。

（四）结合蒸散发的方法

作物水分胁迫指数（CWSI）法

作物水分胁迫指数也称作物缺水指数。Idso 等（1981）认为作物在潜在蒸发条件下，冠层温度和空气温度的差与空气的饱和水汽压呈线性关系，并提出了作物水分胁迫指数。作物水分胁迫指数的定义为

$$\mathrm{CWSI}=\frac{(T_{\mathrm{c}}-T_{\mathrm{a}})-(T_{\mathrm{c}}-T_{\mathrm{a}})_{\mathrm{ll}}}{(T_{\mathrm{c}}-T_{\mathrm{a}})_{\mathrm{ul}}-(T_{\mathrm{c}}-T_{\mathrm{a}})_{\mathrm{ll}}} \tag{4-9}$$

式中，T_{c} 指作物冠层温度；T_{a} 指空气温度；$(T_{\mathrm{c}}-T_{\mathrm{a}})_{\mathrm{ll}}$ 为作物在潜在蒸发条件下的冠层温度与空气温度的差值，是温差的下限；$(T_{\mathrm{c}}-T_{\mathrm{a}})_{\mathrm{ul}}$ 为作物无蒸发条件下冠层温度与空气温度的差值，是温差的上限。

Jackson 等（1981）在 Idso 等（1981）的基础之上，利用冠层热量平衡方程对冠气温差的上下限进行了理论解释，在能量平衡的阻抗模式基础之上提出了计算模型即

$$\mathrm{CWSI}=1-\frac{ET}{ET_0}=\frac{\gamma(1+\frac{\gamma_{\mathrm{c}}}{\gamma_{\mathrm{a}}})-\gamma(1+\frac{\gamma_{\mathrm{cp}}}{\gamma_{\mathrm{a}}})}{\Delta+\gamma(1+\frac{\gamma_{\mathrm{c}}}{\gamma_{\mathrm{a}}})} \tag{4-10}$$

式中，γ 为干湿表常数；γ_{a} 为空气动力学阻力；γ_{c} 为作物冠层对水汽传输的阻力；γ_{cp} 为潜在蒸发条件下的冠层阻力；Δ 为饱和水汽压随温度变化的斜率。

田国良（1991）在反演有植被覆盖区域的土壤水分时使用了作物水分胁迫指数法，利用 AVHRR 和气象数据，计算了河南省中北部的 72 个县，并求出了土壤重量含水量平均值。申广荣和田国良（2000）通过遥感图像获得的数据和地面气象站资料计算作物水分胁迫指数来监测旱灾，并在 GIS 的支持下实现了图像、图形、数据的一体化。刘安麟等（2004）对作物水分胁迫指数模型进行了简化并对陕西省关中地区春季干旱进行监测，从简化后模型的计算量、时效响应和实际对比结果来看，该简化模型可以进行实际应用。在 CWSI 的基础上，Moran 等（1994）建立了一个新指标，即水分亏缺指数（WDI）来监测干旱。WDI 基于以地面温度与空气温度差作为横坐标、以植被指数作为纵坐标构筑的梯形特征空间。

二、微波波段的土壤水分监测

微波波段的波长相对较长，其受天气状况的影响较弱。微波对地物也有一定的穿透能力，并且对水分非常敏感。微波较强的穿透性、对水分的敏感性为微波遥感监测土壤水分提供了可能。许多试验都已证实微波遥感是监测土壤水分最有效的方法之一。根据不同的工作原理，微波遥感监测土壤水分的主要方法包括基于成像雷达的主动微波法和基于微波辐射计的被动微波法。其中主动微波空间分辨率高，但是受地形和植被的影响很大；被动微波时间分辨率高，数据处理简单，但是空间分辨率低。二者各有优劣，因此许多学者正考虑将主被动微波结合起来反演土壤水分。

（一）微波遥感模型

微波遥感模型主要分为两类（毛克彪，2007a，2007b）：一类是针对裸露地表的地表（裸地）模型，典型代表是几何光学模型（GOM）、物理光学模型（POM）、小扰动模型（SPM）、积分方程模型（IEM）、改进的积分方程模型（AIEM）、Q/H 模型以及 Q/P 模型。几何光学模型和物理光学模型都是基尔霍夫散射模型在不同条件下近似得到的解析解（Ulaby et al.，1986）。基尔霍夫散射（KA）模型适用于频率比较高和粗糙面平均曲率半径较大的情形。而小扰动模型适用于低频和粗糙度不大的情形，它要求表面标准离差小于电磁波波长的 5%左右。积分方程模型是由 Fung 等于 1992 年提出的（Fung and Chen，1992），该模型是基于电磁波辐射传输方程的地表散射模型，能在一个很宽的地表粗糙度范围内再现真实地表后向散射情况，已经被广泛应用于微波地表散射、辐射的模拟和分析，并经过了很多试验研究验证（Wu et al.，2001）。随着研究的深入，许多学者对积分方程模型进行了改进和完善，其中改进的积分方程模型通过对原模型中的粗糙度谱和 Fresnel 反射系数计算形式进行改进，提高了积分模型对实际地表粗糙度刻画的准确度，克服了原模型中对不同粗糙地表条件下 Fresnel 反射系数的处理过于简单的问题（Chen et al.，2003）。Q/H 模型是 Choudhury 等提出的一种半经验模型（Choudhury et al.，1979；Wang and Choudhury，1981），其中参数 Q 描述了正交极化波在表面粗糙度影响下的发射情况，H 度量了表面粗糙度对增加面散射的影响效应。在模型适用的范围内，H 参数主要取决于频率。在 AIEM 的基础之上，Shi 等（2005）提出了 Q/P 模型，通过模拟比较，Q/P 模型比 Q/H 模型有更广泛的实用性。

另一类则是针对植被覆盖区域的植被覆盖模型，典型代表有 ω—τ 模型、MIMICS 模型、水云模型、农作物模型。ω—τ 模型是一种半经验模型（Jackson and Schmugge，1991），ω 是植被层的单散射反照率，τ 是植被层的光学厚度。这种模型中植被被看作均匀的介质，忽略了多次散射作用。通常 τ 被认为是跟植被含水量呈线性关系，近似表示为：$\tau = bw_c / \cos\theta$，其中 θ 是不同的观察角度，系数 b 依赖于植被的结构和频率，w 是植被含水量。MIMICS 模型是 Ulaby 等基于辐射传输理论建立的描述连续森林的微波散射特征的模型（Ulaby and Elachi，1990）。水云模型假定植被层为一个各向均质散射体，忽略了植被层及地表之间的相互多次散射，将植被覆盖地区总的后向散射简单描述为两部分，即由植被直接反射回来的体散射项和经作物二次衰减后地面的后向散射项（蒋金豹等，2014）。

（二）主动微波反演土壤水分算法

根据遥感器发射的微波信号和接收的后向散射回波，可以获取后向散射系数。后向散射系数与地表的介电常数相关，而土壤水分是影响介电常数的重要因素。如果建立了土壤水分和后向散射系数的关系，便可实现主动微波监测土壤水分。在裸露地表或者植被覆盖低的地方，主动微波反演土壤水分的算法已经比较成熟，研究人员已经建立了双极化 L 波段主动微波反演土壤的算法。其中 Shi 等（1997）发展了裸土表面后向散射半经验模型，该模型利用 IEM 模拟了不同的表面粗糙度和土壤体积含水量条件下裸土表面的后向散射系数，并建立了 L 波段双极化条件下的后向散射系数与土壤介电常数、地表粗糙度功率谱之间的关系。对于植被覆盖地区，有学者总结了当前的反演方法（施建成等，2012），包括多极化数据反演方法、辅助数据和雷达数据联合反演算法以及利用重复观测估算土壤水分变化的算法。

（三）被动微波反演土壤水分算法

土壤的含水量会影响土壤的介电常数，也会影响辐射计观测到的亮度温度。被动微波遥感监测土壤水分就是利用辐射计观测到的亮度温度反演土壤水分。被动微波遥感监测土壤水分的历史较长，相对来说方法比主动微波更加成熟。目前，被动微波反演土壤水分的方法主要有两种：一种是经验（统计）方法，另一种是基于正向模型的土壤水分反演算法。

经验方法

经验方法就是通过野外实地测量的大量数据，建立起星上亮度温度和土壤水分的关系。这种方法的历史较长，早在 20 世纪 70 年代初，NASA 就在亚历山大农田进行了航空微波辐射计的飞行试验，同步观测了 0～15cm 的土壤湿度，Schmugge 等（1986）对亮度温度与土壤湿度进行了回归分析，结果表明，在一定的范围和地表粗糙度条件下，亮度温度和土壤湿度之间存在简单的线性关系。另一个有关统计方法的典型应用是，在研究中引入降雨指数（API）和微波极化差异指数（MPDI）等作为土壤湿度和植被生物量的指示因子，建立土壤湿度或者生物量和微波指数之间的统计关系（钟若飞等，2005；毛克彪等，2007；Mao et al.，2008，2012）。在植被覆盖的地区，土壤水分的反演精度并不理想。但是同光学遥感一样，土壤水分能够通过植被反映出来。由于被动微波的像元分辨率较低，绝大多数像元都是混合像元，这就使得对植被覆盖地区的土壤水分反演更加困难。

基于正向模型的土壤水分反演算法

在被动微波遥感中，随机粗糙地表的微波辐射在经过植被、大气等介质后被传感器接收的整个过程称为正向遥感过程。正向模型就是指基于这个过程提取的电磁波传播所经媒介的目标参数与传感器所接收信号的关系模型。正向模型的输入是地表及大气的各个参数，输出则为传感器所观测的辐射亮度。反演过程就是通过星上亮度温度来求输入参数，反演通常需要借助迭代方法和最小二乘法求解非线性方程得到地表参数（Shi et al.，2002；赵开广，2004；钟若飞，2005）。此外，还有一种方法是理论模型和神经网络联合反演。利用理论模型或者实际测量一组数据集，反复训练和测试得到最佳的神经网络反演结构。一旦训练完成，就可以用训练好的网络进行参数反演（毛克彪，2007a，2007b）。目前，已经有了许多神经网络反演土壤水分的例子（赵开广，2004；余凡等，2012；毛克彪，2007a，2007b）。

三、草地环境要素遥感监测技术的发展趋势

虽然土壤水分的遥感监测方法研究很多，但大多是在可见光、近红外与热红外波段以能量平衡原理为基础的热惯量模型、结合 NDVI、LST 的各种指数模型以及基于蒸散发原理的作物水分胁迫指数模型，这些模型都已得到了广泛应用。其理论相对成熟，但由于受波长的限制，不能反映地面下的土壤水分精确变化，探测精度还有待进一步提高。

由于大气和光谱发射率的影响，不同区域的土壤水分缺乏可比性。如何提高这些模型的监测精度，这将是今后土壤水分反演研究的趋势。

微波遥感监测土壤水分是当前研究的热点和难点，由于其具备光学遥感不具备的优势，微波是监测土壤水分的最好手段之一。通过微波遥感监测技术，将大幅度提高土壤水分监测的精度，并为气象和灾害监测提供准确的数据，有着十分重要的应用价值。但是目前在微波遥感监测领域，并未有一种模型能够在不同尺度上对土壤水分监测达到实用的要求，其主要原因是不同波长的微波波段穿透能力不一样，在不同含水量的区域也不同，在不同的区域缺乏对比性，特别是在地形复杂或者植被覆盖区域还需要进一步的研究。此外，由于主被动微波各有优劣，主被动微波联合反演土壤水分也将成为重要的研究方向。

参 考 文 献

陈乾. 1994. 用植被指数监测干旱并估计冬麦产量. 遥感技术与应用, 9(3): 12-18.

陈维英, 肖乾广, 盛永伟. 1994. 距平植被指数在1992年特大干旱监测中的应用. 环境遥感, 9(2): 106-112.

陈佐忠, 汪诗平. 2000. 中国典型草地生态系统. 北京: 科学出版社.

陈佐忠, 汪诗平. 2004. 草地生态系统观测方法. 北京: 中国环境科学出版社, 43-50.

董鸣. 1996. 陆地生物群落调查观测与分析. 北京: 中国标准出版社.

冯强, 田国良, 王昂生. 2004. 基于植被状态指数的土壤湿度遥感方法研究. 自然灾害学报, 13(3): 81-88.

韩丽娟, 王鹏新, 王锦地, 等. 2005. 植被指数-地表温度构成的特征空间研究. 中国科学D辑地球科学, 35(4): 371-377.

何亚婷, 董云社, 齐玉春, 等. 2010. 草地生态系统土壤微生物量及其影响因子研究进展. 地理科学进展, 29(11): 1350-1359.

贺纪正, 李晶, 郑袁明. 2013. 土壤生态系统微生物多样性-稳定性关系的思考. 生物多样性, 21(4): 411-420.

姜恕, 等. 1998. 草地生态研究方法. 北京: 中国农业出版社.

蒋金豹, 张玲, 崔希民. 2014. 植被覆盖区土壤水分反演研究. 国土资源遥感, 26(2): 27-31.

李春喜, 王志和, 王文林. 2000. 生物统计学. 北京: 科学出版社, 119-122.

李松林. 2010. 生态监测技术与我国生态监测工作现状综述. 价值工程, 23: 109.

林先贵, 胡君利. 2008. 土壤微生物多样性的科学内涵及其生态服务功能. 土壤学报, 45(5): 892-900.

刘安麟, 李星敏, 何延波, 等. 2004. 作物缺水指数法的简化及在干旱遥感监测中的应用. 应用生态学报, 15(2): 210-214.

刘广仁, 王跃思. 2007. 生态系统大气环境观测规范. 北京: 中国环境科学出版社.

刘振华, 赵英时. 2005. 一种改进的遥感热惯量模型初探. 中国科学院研究生院学报, 22(3): 380-385.

刘志明, 张柏, 晏明, 等. 2003. 土壤水分与干旱遥感研究的进展与趋势. 地球科学进展, 18(4): 576-583.

毛克彪, 唐华俊, 周清波, 等. 2007. 被动微波遥感土壤水分反演研究综述. 遥感技术与应用, 22(3): 466-470.

毛克彪. 2007a. 基于热红外和微波数据的地表温度和土壤水分反演算法研究. 北京. 中国农业科学技术出版社, 12.

毛克彪. 2007b. 针对热红外和微波数据的地表温度和土壤水分反演算法研究. 中国科学院博士学位论文.

毛学森, 张永强, 沈彦俊. 2002. 水分胁迫对冬小麦植被指数NDVI影响及其动态变化特征. 干旱地区农业研究, 20(1): 69-71.

莫伟华, 王振会, 孙涵, 等. 2006. 基于植被供水指数的农田干旱遥感监测研究. 南京气象学院学报, 29(3): 396-401.

南开大学, 等. 1980. 昆虫学(下册). 北京: 人民教育出版社.

彭筱峻, 袁文芳, 朱艳芳. 2009. 生态环境监测的现状及发展趋势. 江西化工, 2: 25-29.

齐述华, 王长耀, 牛铮. 2003. 利用温度植被旱情指数(TVDI)进行全国旱情监测研究. 遥感学报, 7(5): 420-427.

申广荣, 田国良. 2000. 基于GIS的黄淮海平原旱灾遥感监测研究作物缺水指数模型的实现. 生态学报, 20(2): 224-228.

施建成, 杜阳, 杜今阳, 等. 2012. 微波遥感地表参数反演进展. 中国科学: 地球科学, 42(6): 814-842.

索思伍德 T R E. 1984. 生态学研究方法——适用于昆虫种群的研究. 北京: 科学出版社.

田国良. 1991. 土壤水分的遥感监测方法. 环境遥感, 6(2): 89-98.

仝兆远, 张万昌. 2007. 土壤水分遥感监测的研究进展. 水土保持通报, 27(4): 107-113.

汪潇, 张增祥, 赵晓丽. 2007. 遥感监测土壤水分研究综述. 土壤学报, 44(1): 157-163.

王柏林, 朱成欣, 阳艳. 2013. 农田小气候自动气象观测系统. 气象水文海洋仪器, 4: 1-7.

王艳姣, 闫峰. 2014. 旱情监测中高植被覆盖区热惯量模型的应用. 干旱区地理, 37(3): 539-547.

吴冬秀, 等. 2007. 陆地生态系统生物观测规范. 北京: 中国环境科学出版社.

吴黎, 张有智, 解文欢, 等. 2013. 改进的表观热惯量法反演土壤含水量. 国土资源遥感, 25(1): 44-49.

吴黎, 张有智, 解文欢, 等. 2014. 土壤水分的遥感监测方法概述. 国土资源遥感, 26(2): 19-26.

吴伟斌, 洪添胜, 王锡平, 等. 2007. 叶面积指数地面测量方法的研究进展. 华中农业大学学报, 26(2): 270-275.

肖乾广, 陈维英, 盛永伟, 等. 1994. 用气象卫星监测土壤水分的试验研究. 应用气象学报, 5(3): 312-318.

严翼, 肖飞, 杜耘. 2012. 利用植被状态指数距平监测 2011 年长江中下游 5 省春、夏干旱. 长江流域资源与环境, 21(9): 1154-1159.

杨晓荣. 2013. 国内生态环境监测的现状与发展. 北方环境, 28(6): 23-24.

姚春生, 张增祥, 汪潇. 2004. 使用温度植被干旱指数法(TVDI)反演新疆土壤湿度. 遥感技术与应用, 19(6): 473-478.

余凡, 赵英时, 李海涛. 2012. 基于遗传 BP 神经网络的主被动遥感协同反演土壤水分. 红外与毫米波学报, 31(3): 283-288.

张仁华. 1990. 改进的热惯量模式及遥感土壤水分. 地理研究, 9(2): 101-112.

赵开广. 2004. 基于 IEM 的随机粗糙地表的辐射模拟以及裸露地表土壤水分含量反演. 北京师范大学硕士学位论文.

中国科学院南京土壤研究所. 1978. 土壤理化分析. 上海: 上海科学技术出版社.

钟若飞, 郭华东, 王为民. 2005. 被动微波遥感反演土壤水分进展研究. 遥感技术与应用, 20(1): 49-56.

钟若飞. 2005. 神州四号微波辐射计数据处理与地表参数反演研究. 中国科学院遥感与数字地球研究所博士学位论文.

Chapman S B. 1980. 植物生态学的方法. 阳含熙等译. 北京: 科学出版社.

Chen K S, Wu T D, Tsang L, et al. 2003. The emission of rough surfaces calculated by the integral equation method with a comparison to a three-dimensional moment method simulations. IEEE Transactions on Geoscience and Remote Sensing, 41(1): 1-12.

Choudhury B J, Schmugge T J, Chang A, et al. 1979. Effect of surface roughness on the microwave emission from soils. Journal of Geophysical Research, 84: 5699-5706.

Ford E D. 2000. Scientific method for Ecological Research. Cambridge: Cambridge University Press.

Fung A K, Chen K S. 1992. Dependence of the surface backscattering coefficients on roughness, frequency and polarization states, Int. J Remote Sens, 13(9): 1663-1680.

Idso S B, Jackson R D, Pinter P J, et al. 1981. Normalizing the stress degree-day parameter for environmental variability. Agricultural Meteorology, 24: 45-55.

Jackson R D, Idso S B, Reginato R J, et al. 1981. Canopy temperature as a crop water stress indicator. Water Resources Research, 17(4): 1133-1138.

Jackson T J, Schmugge T J. 1991. Vegetation effects on the micro-wave emission from soils. Remote sensing of Environment, 36: 203-210.

Jim H. 2009. Soil microbial communities and restoration ecology: facilitators or followers? Science, 25: 5.

Kogan F N. 1990. Remote sensing of weather impacts on vegetation in nonhomogeneous areas. International Journal of Remote Sensing, 1990, 11(8): 1405-1419.

Mao K B, Ma Y, Xia Y, et al. 2012. The monitoring analysis for the drought in China by using an improved MPI method. Journal of Integrative Agriculture, 11(6): 1048-1058.

Mao K B, Tang H J, Zhang L X, et al. 2008. A method for retrieving soil moisture in Tibet region by utilizing microwave index from TRMM/TMI data. International Journal of Remote Sensing, 29(10): 2905-2925.

Moore P D. 1986. Methods in Plant Ecology, Second edition. Oxford: Blackwell Scientific Publications.

Moron M S, Clarke T R, Inoue Y, et al. 1994. Estimating crop water deficit using the relation between surface air temperature and spectral vegetation index. Remote Sensing of Environment, 49(3): 246 -263.

Price J C. 1985. On the analysis of thermal infrared imagery. The limited utility of apparent thermal inertia. Remote Sense Environ, 18: 59-73.

Price J C. 1990. Using spatial context in satellite data to infer regional scale evapotranspiration. IEEE Transactions on Geoscience and Remote Sensing, 28(5): 940-948.

Robertson G P, Coleman D C, Bledscoe C S, et al. 1999. Standard Soil methods for Long-Term Ecological Research. New York: Oxford University Press.

Russell R S, Ellis F B. 1968. Estimation of the distribution of plant root in soil. Nature, 217: 582-583.

Sala O E, Jackson R B, Mooney H A, et al. 2000. Methods in Ecosystem Science. New York: Springer-Verlag.

Sandholt I, Rasmussen K, Andersen J. 2002. A simple interpretation of the surface temperature-vegetation index space for assessment of surface moisture status. Remote Sensing of Environment, 79(2-3): 213-224.

Schmugge T J, O'Neill P E, wang J R. 1986. Passive microwave soil moisture research. IEEE Transactions on Geoscience and Remote Sensing, GE-24(1): 12-20.

Shi J C, Chen K S, Li Q, et al. 2002. A parameterized surface reflectivity model and estimation of bare surface soil moisture with L—band radiometer. IEEE Transactions on Geoscience and Remote Sensing, 40(12): 1-13.

Shi J C, Jiang L M, Zhang L X, et al. 2005. A parameterized multi-frequency polarization surface emission model. IEEE Transactions on Geoscience and Remote Sensing, 43: 2831-2841.

Shi J, Wang J, Hsu A, et al. 1997. Estimation of bare surface soil moisture and surface roughness parameters using L-band SAR image data. IEEE Transactions on Geoscience and Remote Sensing, 35: 1254-1266.

Smit A L, Bengough A G, Engels C, et al. 2000. Root methods: A Handbook. Berlin: Springer-Verlag.

Spedding C R W. 1983. 草地生态学. 贾慎修译. 北京: 科学出版社.

Ulaby F T, Elachi C. 1990. Radar Polarimetry for Geoscience Applications. Norwood: Artech House.

Ulaby F T, Moore R K, Fung A K. 1986. Microwave Remote Sensing: Active and Passive, vol. II, Artech House.

Wang J R, Choudhury B J. 1981. Remote sensing of soil moisture content over bare field at 1. 4 GHz frequency. Journal of Geophysical Research, 86: 5277-5282.

Wu T D, Chen K S, Shi J C. 2001. A transition model for the reflection coefficient in surface scattering. IEEE Transactions on Geoscience and Remote Sensing, 39(9): 2040-2050.

第五章　草地生产监测技术

第一节　草地生产力模型研究与应用

一、国内外研究进展

从20世纪50年代开始，特别是60年代以来，国际生物学计划（IBP）和国际地圈生物圈计划（IGBP）的实施，加速了全球及区域NPP的研究。NPP研究经历了站点实测、统计回归及模型估算研究等阶段。遥感和计算机技术的快速发展，使以遥感数据为信息源的植被净初级生产力和植被生物量的估算显示出其优越性。

（一）国内外NPP模型研究

目前计算植物NPP的模型有气候生产力模型（如Miami模型、Motreal模型）、半经验半理论模型（如Chikugo模型）、植物生长机理-过程模型（如TEM）和光能利用率模型（如CASA模型、GLO-PEM）。

1. 气候生产力模型

（1）Miami模型

Lieth和Wittaker（1975）根据实测NPP资料结合温度和降水建立的Miami模型是早期自然植被净第一性生产力研究中最受重视的模型。模型主要拟合了净初级生产力（NPP）与年平均温度及降水之间的经验关系：

$$y1=3000/(1+e1.315-0.119t) \tag{5-1}$$

$$y2=3000/(1-e-0.000664P) \tag{5-2}$$

式中，$y1$为根据年均温计算的生物生产量［g/（m^2·年）］；$y2$为根据年降水量计算的生物生产量［g/（m^2·年）］；t为年均温（℃）；P为年降水量（mm）。根据Liebig定律，选取二者中最小值作为计算点的生物生产量。模型的精度在66%～75%。Miami模型的缺点在于该模型仅考虑了水热条件对生物生产量的影响，而未考虑植物所处的土壤地形等条件；同时，模型内缺乏表示植物本身生物生态学特性的参数。

（2）Motreal模型

Thornthwaite（1972）和Rosenzweig（1973）根据蒸腾蒸发量（ET）与气温、降水和植被之间的关系，建立了NPP和ET之间的统计关系。1974年，Lieth基于Thornthwaite发展的可能蒸散量模型及世界五大洲50个地点植被净生产力资料，提出了Thornthwaite Memorial模型（后来也被称做Motreal模型）：

$$NPP = 3000\left[1-e^{-0.000\ 969\ 5(v-20)}\right] \tag{5-3}$$

其中，

$$v = 1.05R/\sqrt{1+(1+1.05R/L)^2}\text{，}L=3000+25t+0.05t^3 \tag{5-4}$$

式中，NPP 单位为 g/（m^2·年）；v 为年实际蒸散量（mm）；L 为该地年平均蒸散量（mm）；t 为年平均气温（℃）；R 为年平均降水量（mm）。

Motreal 模型的优缺点：Motreal 模型比 Miami 模型包含了较全面的环境因子，计算的结果比 Miami 模型好。但该模型只是植被生产力与环境因子的回归，缺乏生物生态学理论基础（张宪洲，1992）。

2. 半经验半理论模型（Chikugo 模型）

Chikugo 模型是基于十分繁茂的植被上 CO_2 通量方程（相当于 NPP）与水汽通量方程（相当于蒸散量）确定的植被水分利用效率（WUE），利用 IBP 研究中取得的 682 组森林植被资料及相应的气候因素通过统计分析而建立的，模型如下：

$$\text{NPP} = 0.29\ \exp\left[-0.216(\text{RDI})^2\right]\cdot R_a \tag{5-5}$$

式中，NPP 单位为 tDM/（hm^2·年）；RDI 为辐射干燥度（RDI=R_n/L_r，L 为蒸发潜热，r 为年降水量）；R_a 为陆地表面所获得的净辐射量［kcal/（cm^2·年）］。

Chikugo 模型的优缺点：该模型结合了植物生理生态学和统计相关方法，综合考虑了诸因子的作用。局限性在于该模型是建立在土壤水分供给充分、植物生长很茂盛的条件下，估计的 NPP 事实上是潜在或最大 NPP，对于世界大多数地区该条件并不满足，计算干旱、半干旱地区的 NPP 的误差较大，该模型也缺少草原与荒漠等植被资料（张佳华，2001；周广胜和张新时，1995）。

为弥补 Chikugo 模型对于草原及荒漠考虑的不足，朱志辉（1993）以 Chikugo 模型为基础，增加了 Efimova 在 IBP 期间获得的 23 组自然植被资料及中国森林和草原 46 组资料建立的 Chikugo 改进模型——北京模型。

周广胜等根据植物的生理生态学特点及联系能量平衡方程和水量平衡方程的趋于蒸散模式建立了联系植物生理生态学特点和水热平衡关系的植物净第一性生产力模型，综合考虑了诸因子的相互作用，模拟结果与 Efimova 实测的净第一性生产力数据符合较好，尤其在干旱、半干旱地区应用时效果明显优于 Chikugo 模型（王宗明和梁银丽，2002；周广胜等，1995）。

3. 植物生长机理-过程模型

（1）TEM

陆地生态系统模型（terrestrial ecosystem model，TEM），主要模拟全球陆地非湿地生态系统中土壤和植被的碳氮动态；利用气候、高程、土壤、植被和可利用水等的地理分布数据对陆地生态系统中碳和氮的通量与主要碳库进行模拟。模型以月为时间步长，空间分辨率为 0.5°×0.5°。

TEM 的优缺点：TEM 适合模拟成熟、未受干扰的植被与生态系统的碳和氮通量及库大小的估计，但没有考虑土地利用和管理对碳氮动力学的影响（Raich et al.，1991；蔡炳贵等，2003）。

（2）CENTURY 模型

CENTURY 模型（草地生态系统模型）始于草地的碳循环和生产力（Parton et al.，

1993）的模拟和预测，后来逐渐发展为可以模拟草原系统、农业生态系统、森林系统、森林草原系统的综合模型。该模型通过模拟碳、氮、磷的生物地球化学循环过程，以及一些主要驱动因子，如温度、降雨等的作用，对生态系统的生产力进行预测。

CENTURY 模型的优缺点：该模型可以模拟多空间尺度不同气候条件下自然植被、耕地、森林生态系统，综合考虑了人类活动的影响，可信度较高。但目前该模型模拟的时间步长只为月，植被生产力模块相对薄弱，没有精细的光合作用模拟，生产力只是生物因子、气候及其他非生物因子的函数（黄忠良，2000；蔡炳贵等，2003）。

（3）BIOME-BGC 模型

BIOME-BGC 模型即生物量与生物地球化学循环模型，最初是通过生命循环模拟森林发育的一个模型。利用逐日的气候数据和一些关键的气候、植被、点位信息来评估生态系统中碳、氮、水的通量（蔡炳贵等，2003）。

BIOME-BGC 模型模拟全球范围内陆地生态系统的生产力，主要设计特点有：

1）以遥感数据作为输入参数的主要来源（即对 LAI 敏感性很高）；

2）气象数据是模型的基本控制变量，与全球大气环流模型（GCM）相结合。

4. 光能利用率模型

光能利用率模型主要通过由卫星遥测的大范围光合有效辐射、光合有效辐射吸收比例、植被指数、光能利用率等数据来估算 NPP。在快速更新的遥感信息的支持下，可以提供生产力的季节动态变化监测，能够反映大范围气候条件下 NPP 的变化情况。

（1）光能利用率模型-Ⅰ

Monteith（1972，1977）首先提出用植被所吸收的光合有效辐射（APAR）和光能利用率（ε）计算作物 NPP，Potter 等（1993）和 Field 等（1995）等进一步发展 Monteith 的理论，提出 CASA 模型，基本原理如下：

$$\text{NPP}(x, t)=\text{PAR}(x, t)\times\text{FPAR}(x,t)\times T_{\varepsilon1}(x, t)\times T_{\varepsilon2}(x, t)\times W_{\varepsilon}(x, t)\times\varepsilon^{*} \tag{5-6}$$

式中，NPP(x, t)为 x 处 t 月植被的净第一性生产力；PAR(x, t)为 x 处 t 月照射到地表的光合有效辐射；FPAR(x, t)为 x 处 t 月植被截取光合有效辐射的比例；$T_{\varepsilon1}(x, t)$和 $T_{\varepsilon2}(x, t)$变量反映温度条件对光能利用率的影响；W_{ε} 反映水分条件对光能利用率的影响；而 ε^{*}是理想条件下的最大光能利用率，取 0.3893gC/MJ。

CASA 模型的基本假设：

1）NPP 是光合有效辐射和光合有效辐射利用率的函数；

2）NPP 受到特定地区的温度和降雨的影响；

3）光合有效辐射与特定植被有关（王军邦等，2004）。

CASA 模型的优缺点：CASA 模型充分考虑了环境条件和植被本身特征，但在最大光能利用率（ε^{*}）参数的确定和求算过程的细节上仍有一些不足（朴世龙等，2001）。

（2）光能利用率模型-Ⅱ

GLO-PEM 即全球生产力效应模型（global production efficiency model），由美国马里兰大学地理系发展。模型表达式如下：

$$\text{NPP}=\sum t(\sigma_{T,\ t}\sigma_{e,\ t}\sigma_{s,\ t}\varepsilon_{t}^{*}f_{\text{PAR},\ t}S_{t})\gamma_{\text{g}}\gamma_{\text{m}} \tag{5-7}$$

式中，ε_t^{*}表示最大光能转化效率；$\sigma_{T,\ t}$、$\sigma_{e,\ t}$和 $\sigma_{s,\ t}$分别表示气温、水汽压差及土壤水

分状况对 ε_t^* 的影响；S_t 表示入射光合有效辐射；$f_{PAR,t}$ 表示植被对光合有效辐射的吸收比率；γ_g、γ_m 表示植物生长呼吸和维持呼吸对 NPP 的影响。光能利用率模型是估算大尺度范围 NPP 的较好模型，目前应用较广泛。光能利用率模型具有以下几个方面的优点：

1）利用遥感数据获得 FPAR，摆脱了地面站点资料数据的束缚；

2）利用遥感数据进行现实植被分类，能及时地反映植被变化；

3）遥感数据覆盖范围大，可实现全球乃至区域尺度上的 NPP 估测；

4）模型简单，所需的输入参数少，易于掌握和计算（李贵才，2004）。

（二）我国自然植被第一性生产力研究

20 世纪 90 年代以来，我国也广泛开展了有关净第一性生产力研究。

侯光良和游松才（1990）用筑后模型估算了我国植被的生产力。朱志辉（1993）用改进 Chikugo 模型得到的北京模型估算了我国的 NPP 分布。肖向明等（1996）应用 CENTURY 模型对气候变化和大气 CO_2 浓度倍增对于典型草原初级生产力进行了预测。肖乾广等（1996）用 NOAA/AVHRR 遥感资料估算中国的净第一性生产力。高琼等（1997）对中国东北样带植被生物量的时空变化进行了计算机模拟。裴浩和敖艳红（1999）利用植被指数与背景植被指数之差作为监测产草量的方法。李建龙（1997）使用投影回归方法构建了草地估产与预报模型。陈全功等（1998）提出了可以消除资料误差的平均植被指数和修正的归一化植被指数。

李银鹏和季劲钧（1994）用大气植被相互作用模式（AVIM）估算了全球陆地植被的净初级生产力（NPP）。朴世龙等（2001）、朴世龙和方精云（2002）先后利用 CASA 模型估算了我国 1997 年的植被净第一性生产力，1982～1999 年青藏高原及全国的植被净第一性生产力及其时空变化，并分析了 NPP 对气候变化的响应。李贵才（2004）利用 CASA 模型模拟了中国草地的 NPP，结果表明，中国草地的 NPP 在 154～595gC/(m^2·年)，大多在 154～271gC/（m^2·年）。王艳艳等（2005）利用改进后的 CASA 模型估算了 1995 年陆地生态系统 NPP，结果表明，1995 年中国陆地生态系统净第一性生产力生产有机物质的总价值为 1.90×10^{12} 元/年。徐丹（2005）利用改进后的 CASA 模型对中国植被净初级生产力进行了研究，结果表明，中国年平均植被净初级生产力为 3050.9Mt/年，中国植被多年平均光能利用率的取值范围在 0.03～1.10gC/MJ，且标准差较大。

这些研究从经验回归、水热平衡和能量平衡以及光能利用率模型等不同角度进行了 NPP 估算，为我们理解碳循环过程以及对模型的改进提供了宝贵的经验。随着计算机、遥感技术的发展和应用，光能利用率模型越来越受到重视，成为 NPP 估算的主要发展方向。

综上所述，光能利用率模型在估算植被 NPP 时具有很大潜力，它结合了遥感数据来估算 NPP，实现了植被 NPP 的大范围快速监测，有助于将环境变量和植被联系起来，利用 NPP 这一信息载体定量描述环境与植被间的相互作用。但是，光能利用率模型在利用遥感数据获取植被指数时易受背景（如土壤）的影响，从而影响 NPP 的估算精度，现阶段的光能利用率模型还需要进一步的改进和完善。

二、CASA 模型的改进与应用

20 世纪 60 年代“国际生物学计划”实施以来，植被 NPP 的研究无论在理论还是在方法上都得到了进一步的发展。现阶段植被 NPP 研究方法多以建立各种模型为主，而对于全球或区域尺度植被 NPP 的研究则以遥感模型为主要的研究方向（冯险峰等，2004）。目前，已有许多区域尺度的模型针对不同生态系统进行植被 NPP 模拟，其中以光能利用率模型和过程模型为主，从不同的角度，利用不同的方法进行模拟，每个模型都有其独到之处（李世华等，2005）。

CASA（Carnegie Ames Stanford approach）模型是一个充分考虑环境条件和植被本身特征的光能利用率模型。但该模型是针对北美地区所有植被而建立，世界各地差异较大，模型参数是否对中国有效，如何修改将比较困难（李世华等，2005）。国内已有许多学者将该模型修改并应用于中国或者某一区域植被 NPP 估算（朴世龙等，2001；朴世龙和方精云，2002；王艳艳等，2005；朱文泉等，2005b）。但将该模型修改为针对草地 NPP 模型的研究还较少（石瑞香等，2005），对于大尺度草地 NPP 估算模型的修改未见报道。内蒙古草原是欧亚大陆草原的重要组成部分，属于温带草原生态类型，在温带草原中具有代表性。该区草地总面积占全区国土面积的 74.4%，已利用草地面积占全区草地总面积的 77.3%（牛建明，2000，2001）。

以内蒙古地区为例，利用改进后的 CASA 模型估算内蒙古草地的 NPP，并对模拟结果进行分析，旨在提高大尺度范围 NPP 估算精度，对维持草地生态系统的平衡、维护人类良好的生存环境、实现对草地资源可持续利用具有重要的意义。

（一）CASA 模型的改进

1. 模型简介

CASA 模型由 Potter 等（1993）提出，该模型通过植被吸收的光合有效辐射（APAR）和光能利用率 ε 来计算植被的 NPP（李世华等，2005）：

$$NPP(x, t) = APAR(x, t) \times \varepsilon(x, t) \tag{5-8}$$

式中，x 为空间位置；t 为时间；植被吸收的光合有效辐射（absorbed photosynthetically active radiation，APAR）由太阳总辐射中的光合有效辐射（photosynthetically active radiation，PAR）和植被对光合有效辐射的吸收比率（FPAR）决定，FPAR 利用归一化植被指数（NDVI）和植被类型表示；ε 是植被把吸收的光合有效辐射转换为有机碳的效率，主要受温度和水分的影响。CASA 模型将环境变量和遥感数据、植被生理参量联系起来，实现了植被 NPP 的时空动态模拟（冯险峰等，2004；李世华等，2005）。

2. 模型改进

（1）PAR 算法的改进

光合有效辐射是植被光合作用的驱动力，对这部分光的截获和有效利用是生物圈起源、进化和持续存在的基础。原 CASA 模型中，利用的太阳辐射数据都是历史数据，为了能够接近实时利用太阳辐射数据，实现草地生产力的动态实时监测，运用照射到地表的潜在光合有效辐射和云的反射率计算光合有效辐射（Eck and Dye，1991）。具体算法如下：

$$I_{ap}=\begin{cases}I_{pp}\times[1-(R^{*}-0.05)/0.90] & R^{*}<0.5\\ I_{pp}\times(1-R^{*}) & R^{*}\geqslant 0.5\end{cases} \tag{5-9}$$

式中，I_{ap} 为实际照射到地表的光合有效辐射，也是 CASA 模型中需输入的 PAR；I_{pp} 为晴朗天气下照射到地表的光合有效辐射，即潜在光合有效辐射；R^{*}为 TOMS（总臭氧量制图光谱仪）在 370nm 处的紫外反射。

（2）APAR 算法的改进

APAR 对植被 NPP 十分重要（朱文泉等，2005a）。APAR 是进一步研究植被光合作用和光能利用率的基础，APAR 由太阳总辐射中的光合有效辐射（PAR）和植被对光合有效辐射的吸收比率（FPAR）决定。原 CASA 模型中，利用的遥感数据源是 NOAA/AVHRR 数据，FPAR 算法是根据 NOAA/AVHRR 数据特点确定。而我们计算 FPAR 利用的数据源是 MODIS_NDVI，MODIS 数据比 NOAA/AVHRR 数据具有更高的空间分辨率和数据质量（刘闯和葛成辉，2000）。显然，原 FPAR 的算法不能准确地反映地面植被 FPAR 的实质情况，故对 FPAR 算法进行修改。我们利用 NASA_MOD1S 算法中设计的 NDVI-FPAR 查找表（Myneni et al.，1999）计算每月截取的光合有效辐射比例（FPAR）。具体到草地，FPAR 直接由下式计算：

$$\mathrm{FPAR}=\begin{cases}0 & \mathrm{NDVI}\leqslant 0.075\\ \min\{1.1613\times \mathrm{NDVI}-0.0439, 0.9\} & \mathrm{NDVI}>0.075\end{cases} \tag{5-10}$$

（二）改进 CASA 模型的应用

1. 数据来源

研究所用遥感数据是由中国农科院区划所遥感室提供的 2003 年 MODIS_NDVI 产品，空间分辨率为 250m×250m，时间分辨率为 10 天，时间序列是草地的生长季 4～10 月。气象数据是由中国气象局提供的 2003 年内蒙古 47 个站点每月的降水、平均温度等数据。其他数据包括内蒙古行政区划图、内蒙古 1∶400 万草地类型图、由中国科学院南京土壤研究所提供的 1∶100 万土壤质地图、由 http://toms.gsfc.nasa.gov/网站下载的 2003 年逐日的全国 TOMS 紫外波段反射率数据以及 2003 年内蒙古地区草地生长季的地面实测数据。

2. 样地选取

内蒙古自治区（37°24″N～53°23″N，97°12″E～126°04″E）平均海拔 1000～1500m，总面积 118.3 万 km^2。图 5-1 为 2003 年草地生长盛期（7 月和 8 月）地面实测样方在内蒙古分布示意图。

样地选取的原则是：①尽量包括各地最主要的、分布面积最大的各种草地类型；②取样地段和面积对于该草地类型的结构、生产力有足够的代表性。

3. 采样方法

采样的主要内容是草地群落盖度、草层高度、不同类群的多盖度和地上生物量。具

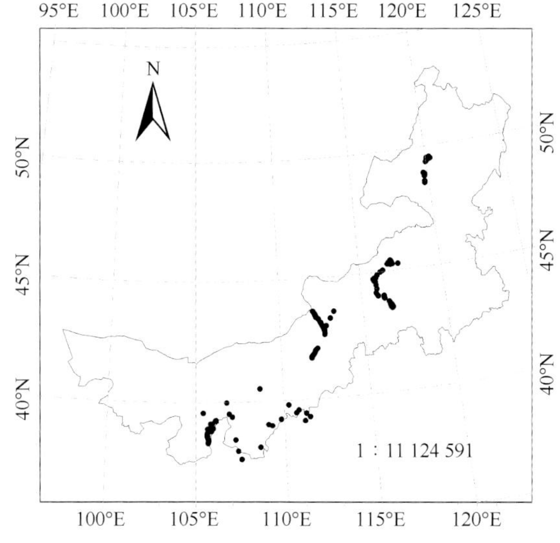

图 5-1　2003 年内蒙古调查样点分布示意图

体采样方法：选取比较均一的草地（至少在周围 2km×2km 内相对均质），布设 250m×250m 的样地，用 GPS 精确定位每个样地中心的地理位置，在样地内取 5 个样方测定分类群生产力、多盖度、高度；根据 5 个样方的测量值加权平均，得到样地的平均地上生物量和平均草地群落盖度。内蒙古地区野外调查的主要草地类型见表 5-1。

表 5-1　2003 年内蒙古草地野外调查主要草地类型

草地类型	取样地点	取样类型
温性草甸草原	呼伦贝尔草原	贝加尔针茅（*Stipa baicalensis*）草原 线叶菊（*Filifolium sibiricum*）草原
温性典型草原	锡林郭勒草原	羊草（*Leymus chinense*）草原 大针茅（*Stipa grandis*）草原 克氏针茅（*Stipa krylovii*）草原 冷蒿（*Artemisia frigida*）退化草原
温性荒漠草原	乌兰察布市北部	小针茅（*Stipa klemenzii*）荒漠草原 短花针茅（*Stipa breviflora*）荒漠草原 沙生针茅（*Stipa glareosa*）荒漠草原
温性草原化荒漠	东阿拉善	琵琶柴（*Reaum uriasoongonica*）荒漠 珍珠柴（*Salsola passerina*）荒漠 藏锦鸡儿（*Caragana tibetica*）荒漠

温性草甸草原、温性典型草原、温性荒漠草原样方大小为 1m×1m，温性草原化荒漠样方大小为 2m×2m。从 4 月份开始，每 15 天调查一次，至 10 月底植物停止生长时结束。

4. 退化程度分级标准

草地的退化程度分级标准根据刘钟龄等（2002）草原退化程度的分级标准得到。分级标准见表 5-2。

表 5-2　内蒙古草原退化演替的生产力衰减分级

退化程度	植物群落生物产量下降率/%	优势植物种群衰减率/%	优质草种群产量下降率/%	可食植物产量下降率/%	退化演替指示植物增长率/%	株丛高度下降（矮化）率/%	植物群落盖度下降率/%	轻质土壤侵蚀程度/%	中、重质土壤容重、硬度增高/%	可恢复年限/年
Ⅰ	20～35	15～30	30～45	10～25	10～20	20～30	20～30	10～20	5～10	2～5
Ⅱ	36～60	31～50	46～70	26～40	21～45	31～50	31～45	21～30	11～15	5～10
Ⅲ	61～80	51～75	71～90	41～60	46～65	51～70	46～60	31～40	16～20	10～15
Ⅳ	>80	>75	>90	>60	>65	>70	>60	>40	>20	>15

资料来源：刘钟龄等（2002）

5. 数据处理

应用 ERDAS8.6、ARCGIS9.0 软件，将 MODIS_NDVI 影像数据、草地类型图、行政区划图、土壤质地图进行投影转换、叠加和裁剪等预处理。利用 GIS 的插值工具，对气象数据进行反距离权重法（inverse distance weighted，IDW）插值，获取像元大小与 NDVI 数据一致、投影相同的气象要素栅格图。

（三）结果分析

1. 内蒙古草地生长季生产力

图 5-2 为利用改进后的 CASA 模型计算的 2003 年内蒙古草地生长季的 NPP 空间分布。NPP 的空间分布显示，内蒙古草地的 NPP 总体上呈由东北向西南逐步递减的

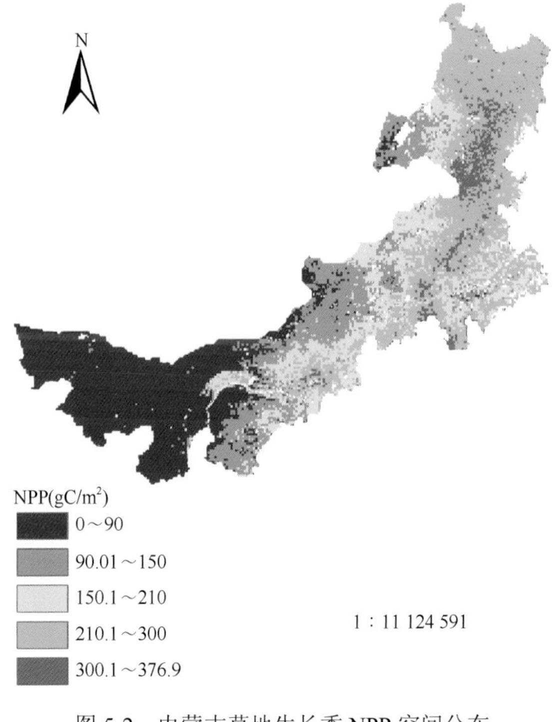

图 5-2　内蒙古草地生长季 NPP 空间分布

特征，与内蒙古地区水热条件的限制基本一致。从区域分布上看，呼伦贝尔市西部以外地区、兴安盟、通辽市西北部、锡林郭勒盟南部、锡林郭勒盟与赤峰市接壤附近地区、赤峰市西南部、乌兰察布市西南部以及呼和浩特市中部草地生长季的 NPP 均在 200gC/m^2 以上；呼伦贝尔市部分地区草地生长季的 NPP 甚至大于 300gC/m^2；阿拉善盟、巴彦淖尔盟大部分地区、乌海市、鄂尔多斯市西北部、包头市北部、锡林郭勒盟西北部地区草地生长季总的 NPP 均小于 90gC/m^2；其他地区草地的 NPP 在 0～200gC/m^2。

2. 结果验证

（1）地面数据

地面数据是 2003 年内蒙古草地生长盛期（7～8 月）不同草地类型的地上生物量（干物质）。地面实测样点从东北部向西南部分布，包括草甸草原类、温性草原类、荒漠类草原、草原化荒漠类草原等草地类型。图 5-3 是不同草地类型不同退化程度在生长盛期的生物量与 NDVI 关系。

由图 5-3 可以看出，不同退化程度的草甸草原、典型草原地上生物量与遥感图像获取的归一化植被指数（NDVI）一致性较好，通过遥感图像获取的 NDVI 能够正确地反映出地面生物量的实际情况。荒漠草原类、温性荒漠类草地退化度小于Ⅱ度，地上生物量与 NDVI 一致性较好，此时能够正确地反映地上生物量情况。退化程度大于Ⅲ度时，温性荒漠类草地的 NDVI 不能够正确地反映对应的生物量。这是因为退化程度大于Ⅲ度时，草地植被类型主要为一年生的植物（如葱属），此时虽然 NDVI 较高，但是实际的生物量（干物质）却较低。

（2）吸收的光合有效辐射（APAR）比较验证

内蒙古草地生长季的 APAR 在 0～1306.02MJ/m^2，平均 APAR 为 574.97MJ/m^2；李贵才（2004）计算了 2001 年中国草地的 APAR 在 620～1700MJ/m^2，而内蒙古中部地区典型草原的 APAR 在 500～1000MJ/m^2，内蒙古西部地区的 APAR 在 500MJ/m^2 以下，其结果与该研究结果基本一致。徐丹（2005）计算了全国不同月份草地的 APAR，各月草地的 APAR 见表 5-3。

由表 5-3 可以看出，本研究的月 APAR 要比徐丹计算的大，特别是生长季的初期，主要原因：①分析时段不同。本研究计算 2003 年草地 APAR，徐丹计算的为多年平均值。②计算的数据源不同，本研究利用的是精度为 250m×250m 的 MODIS 数据源和 TOMS 获取的太阳辐射数据，徐丹利用的是 8km×8km 的 NOAA/AVHRR 数据和太阳总辐射数据，本研究利用的数据精度要高于徐丹利用的数据。

（3）NPP 结果与其他研究者结果比较

利用改进后的 CASA 模型估算的 2003 年内蒙古草地生长季的 NPP 总量为 28.59×10^{12}gC，生长季 NPP 均值为 180.03gC/m^2。结果与朴世龙等（2004）的计算（29.31×10^{12}gC）基本一致；而生长季的 NPP 均值与李贵才（2004）利用 CASA 模型估算的全国的草地年均值（188.68gC/m^2）相当；本研究估算的草原草甸生长季的 NPP 均值为 217.37gC/m^2，与朱文泉等（2005b）估算的草原草甸的 NPP 年均值为 259.9gC/m^2 相当。

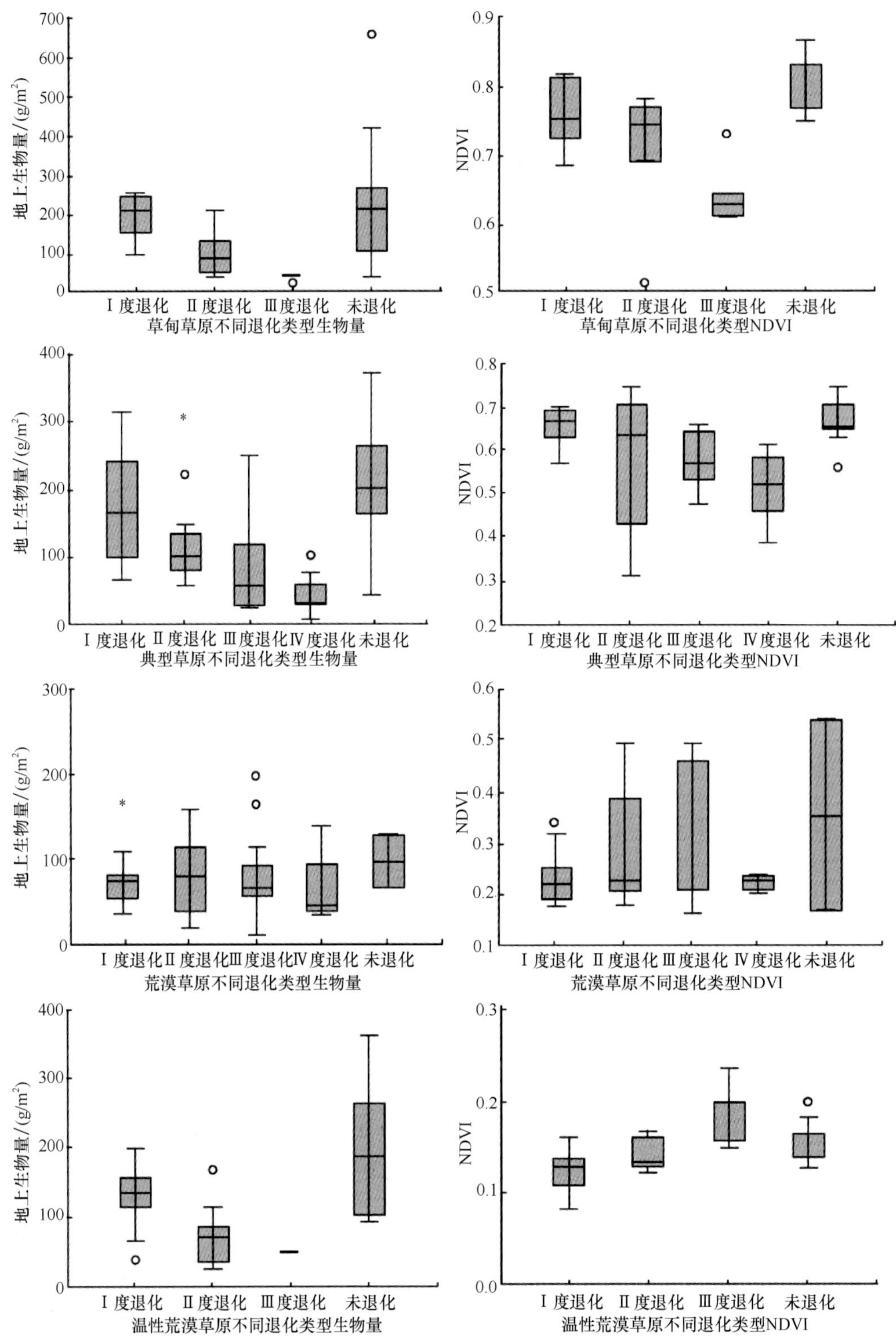

图 5-3　不同草地类型生长盛期生物量、NDVI

○、* 均表示异常值

表 5-3　本研究与相关研究月 APAR 比较（单位：MJ/m^2）

月份	本研究	徐丹（2005）
4	32.43	14.60
5	68.42	31.30
6	115.84	68.52
7	137.61	103.81
8	135.42	97.78
9	87.11	62.29
10	35.93	20.99

（4）模拟 NPP 与实测 NPP 比较

利用改进后的 CASA 模型模拟出整个内蒙古草地生长季盛期的 NPP 后，利用 GIS 软件得到地面样方（GPS 点）对应的 NPP 值。

利用CASA模型计算得到的NPP单位是gC/m^2，地面样方数据植物生物量单位是g/m^2，本研究采用方精云等（1996）植物生物量（单位为g）转换为碳（gC）时采用的转换系数 0.45 进行转换，并求得各种草地类型的估算与实测平均值。本研究建立的不同草地类型实测值与估算值的散点关系如图 5-4 所示。

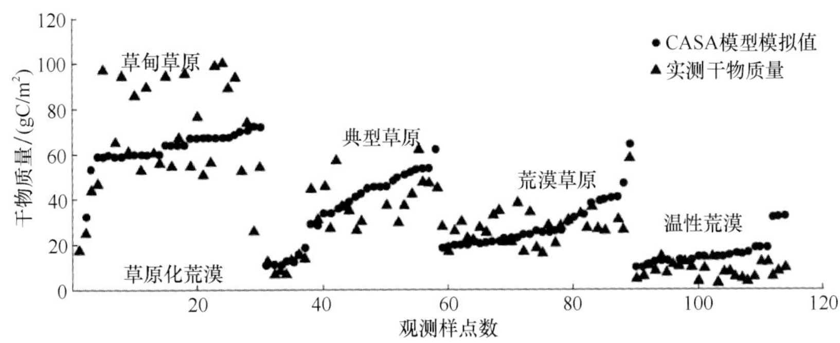

图 5-4　CASA 模型模拟 NPP 与实测 NPP 关系图

由图 5-4 可以看出，模型模拟值与实测值之间有很好的相关性，但是精度如何，需要进一步的对模拟结果进行精度验证。表 5-4 为实测值与模拟值结果比较。

表 5-4　实测值与计算值比较表（单位：gC/m^2）

退化程度	草甸草原		草原化荒漠		温性荒漠		荒漠草原		典型草原	
	估算	实测	估算	实测	估算	实测	估算	实测	估算	实测
未退化	64.14	71.81	12.10	10.59	14.26	11.67	41.72	43.54	51.35	51.44
Ⅰ度退化	63.03	68.27			17.61	13.97	33.30	29.02	44.67	37.61
Ⅱ度退化	52.81	55.94			19.40	6.64	28.53	26.96	41.79	40.26
Ⅲ度退化					14.16	5.48	30.82	27.44	41.00	35.29
Ⅳ度退化							21.99	18.73	32.78	30.06

由表 5-4 可以看出，利用改进后的 CASA 模型模拟 NPP 值与地面实测值基本一致，除了温性荒漠类草地退化程度大于Ⅱ度时误差较大外，其他草地类型模拟的精度大于 80%，未退化的草甸草原和典型草原的模拟精度达到 90%。

（四）结论

本研究修改了 CASA 模型中 PAR 和 FPAR 的计算方法，使该模型能针对草地进行模拟。利用改进后的 CASA 模型计算了 2003 年内蒙古草地生长季的生产力，通过与其他研究者以及与利用实测数据对模拟结果进行了验证。结果表明，改进后的 CASA 模型在模拟草地生产力的精度上有了很大的提高，除了温性荒漠类草地退化程度大于Ⅱ度时误差较差外，其他草地类型模拟的精度大于 80%，未退化的草甸草原和典型草原的模拟精度达到 90%。

需要指出的是，本研究在利用 CASA 模型在模拟温性荒漠类草地特别是退化度大于Ⅱ度的 NPP 时，模拟的草地 NPP 精度较低，说明在模拟该种类型草地 NPP 时，需进一步调整模型参数，以提高模拟精度。

三、CASA 模型精度与问题

由 CASA 模型计算 NPP 的公式 $NPP(x, t)=PAR(x, t)\times FPAR(x, t)\times \varepsilon(x, t)$可知，其估算 NPP 精度主要由 PAR（照射到地表的光合有效辐射）、FPAR（植被截取光合有效辐射的比例）和 ε（植被的光能利用效率，即植被将光能转化为有机质的能力）决定。目前，国内外利用较为广泛的 LAI/FPAR 数据产品是基于甚高分辨率辐射计（AVHRR）、“植被”传感器（VEGETATION，VGT）和中分辨率成像光谱仪（moderate- resolution imaging spectroradiometer，MODIS）数据的全球和区域尺度的 LAI/FPAR 数据产品。但是这些产品在区域生产力估测应用中存在缺陷：①虽然 AVHRR 及 MODIS 数据的 LAI/FPAR 产品根据严格的辐射传输理论反演得到，但其将全球植被分为六类或八类，对于区域尺度来说物种分类过于简单；②针对不同数据源的算法修正问题。数据源不同，LAI 及 FPAR 的反演算法也不同。

CASA 模型目前采用的 FPAR 及 LUE 模型对所有的草地类型利用相同的反演参数。不同的草地类型的冠层结构、叶面积指数以及 FPAR 显然有差别，这些差别可以引起草本植物对光的吸收及利用的差异有多大？是否影响到模型的计算精度？回答上述问题需要进行地面试验，得到不同草地类型的 ε_{max}，分析不同草地类型的 ε 是否明显不同；建立地面实测 FPARg/LAIg 数据与 MODIS 反演的 FPARs/LAIs 关系，校正 CASA 模型的 FPAR 算法，并得到不同草地类型的 LAI/FPAR 的反演算法。验证 MODIS 的 LAI/FPAR 产品，可以消除不确定性因素，对其精度进行评价，并为改进算法提供依据，进而为基于中国草地类型的区域尺度的 LAI/FPAR 反演提供方法，进一步提高 CASA 模型监测草地生产力的精度，为草地资源的科学管理及合理安排畜牧业生产提供科学依据。

第二节　草地 LAI/FPAR 反演方法改进

一、呼伦贝尔草甸草原 LAI/FPAR 分析

（一）研究区域选择

为了方便试验的设置及进行，LAI/FPAR 的时间变化研究区域设在呼伦贝尔草原生态系统国家野外科学观测研究站的贝加尔针茅样地和羊草样地，其他空间点在呼伦贝尔地区进行。现将研究区的概况介绍如下。

1. 呼伦贝尔地区概况

呼伦贝尔市位于内蒙古自治区东北部的大兴安岭西侧，属于蒙古高原的东北一隅，在东经 115°21′～126°04′，北纬 47°05′～53°20′之间，东西 630km，南北 700km，总面积 25.3 万 km^2，草原面积约 8.87 万 km^2。呼伦贝尔草原东半部处于寒温半湿润气候的草甸草原地带，年平均气温为–3～–1℃，全年≥10℃的活动积温 1600～2000℃，无霜期 100～110 天，年降水量 350～450mm，湿润度 0.5～0.7。地带性土壤为黑钙土、淋溶黑钙土及岛状森林下发育的灰色森林土。呼伦贝尔草原的中西部是波状起伏的高平原，该地区大气环流受蒙古高压的强烈影响，形成典型的内陆半干旱气候，全年平均气温–2.0～1.0℃，≥10℃的积温 1800～2200℃，年降雨量 250～350mm，湿润度 0.3～0.4（图 5-5）。

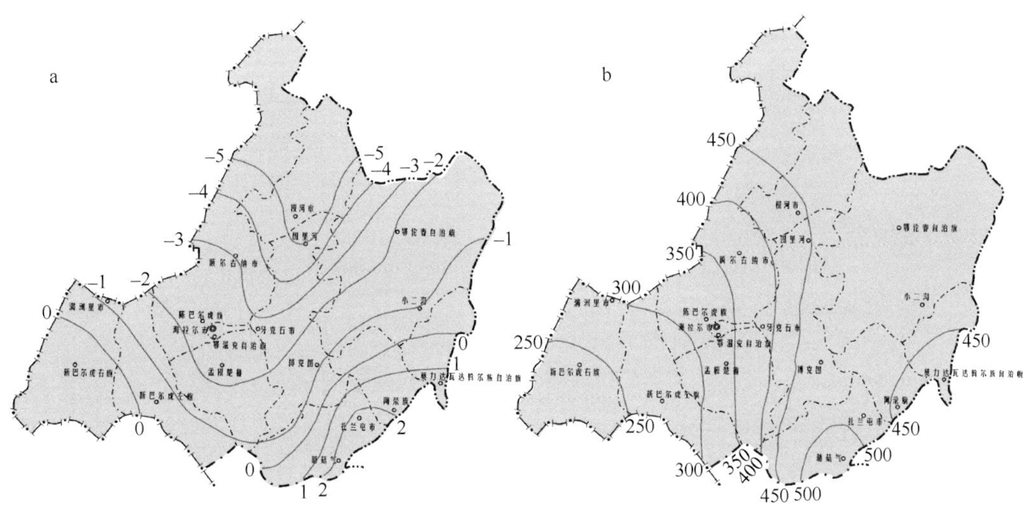

图 5-5　呼伦贝尔地区年均温（a）和降雨量（b）

东半部的草原植物组成中，主导成分是达乌里-蒙古植物种，贝加尔针茅（*Stipa baicalensis*）、羊草（*Leymus chinensis*）、线叶菊（*Filifolium sibiricum*）等为草甸草原建群植物。该地区的草甸草原植被保存较多，贝加尔针茅草原是典型地带性生境的草甸草

原，分布在丘陵坡地的中部，土壤为中壤质黑钙土。羊草草原是分布最广的草原类型，占据丘间宽谷、丘陵坡麓、丘坡下部等生境，土壤为厚层黑钙土。中西部地区的植被组成以典型草原的特征植物为主，最主要的种类是大针茅（*Stipa grandis*）、克氏针茅（*Stipa krylovii*）、糙隐子草（*Cleistogenes squarrosa*）、冰草（*Agropyron cristatum*）等典型草原旱生植物。

2. 呼伦贝尔站样地介绍

呼伦贝尔是我国温性草甸草原分布最集中、最具代表性的地区，发育了多种类型的草甸草原生态系统。从东到西经由草甸草原逐渐进入半干旱气候的典型草原地带，随气候干燥度形成了自东向西递变的生态地理梯度（图 5-6）。

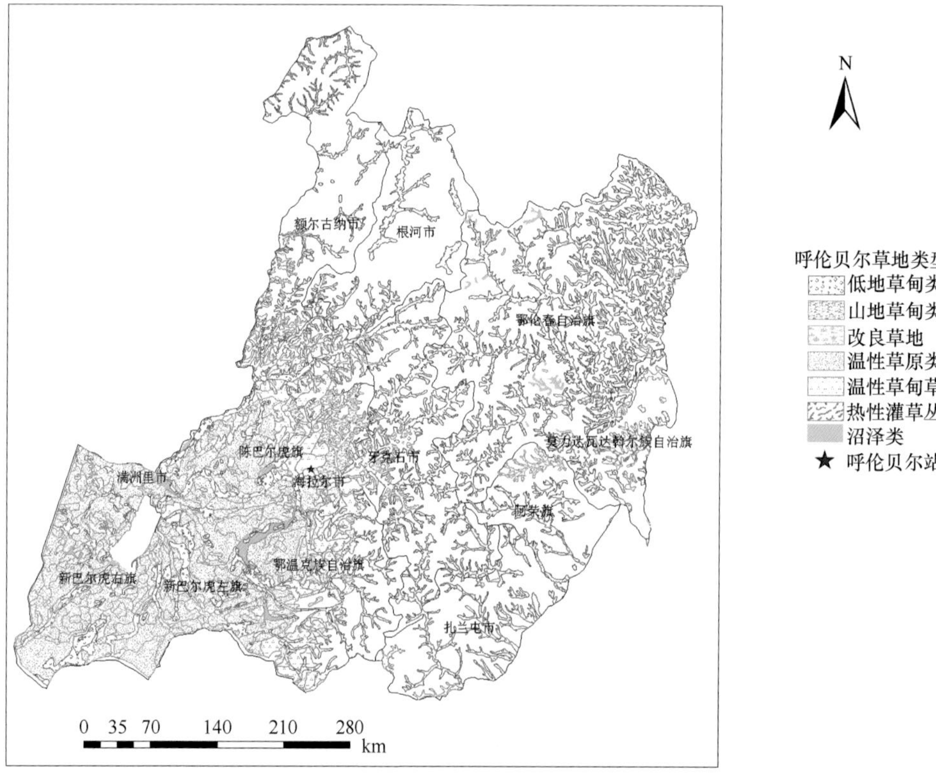

图 5-6　呼伦贝尔地区草原类型图

呼伦贝尔草原生态系统国家野外科学观测研究站（49°21'0.72"N，120° 5'48.77"E）位于呼伦贝尔草甸草原的中心，1998～1999 年试验站根据草甸草原类型代表性和新中国成立以来的研究基础，建立了 7 个观测样地，完整地代表了呼伦贝尔草原的生态系统和景观地理特征。

贝加尔针茅草甸草原样地（Form. *Stipa baicalensis*）（中心坐标：49°21'10.52"N，120°6'8.63"E），围建于 1999 年，面积 32hm^2。贝加尔针茅草甸草原样地内设置了群落观测取样点、土壤观测采样点、宿营法实验观测点、施肥实验观测点。样地内布设碳通量观测塔。草场类型为贝加尔针茅（*Stipa baicalensis*）+日荫菅（*Carex pediformis*）+羊草

（*Leymus chinensis*）。伴生种及常见种有多裂叶荆芥（*Schizonepeta multifida*）、细叶白头翁（*Pulsatilla turczaninovii*）、囊花鸢尾（*Iris ventricosa*）、扁蓿豆（*Melilotoides ruthenica*）、狭叶沙参（*Adenophora gmelinii*）、细叶葱（*Allium tenuissimum*）、沙葱（*Allium mongolicum*）、展枝唐松草（*Thalictrum Squarrosum*）、寸草苔（*Carex duriuscula*）、糙隐子草（*Cleistogenes squarrosa*）、冷蒿（*Artemisia frigida*）等。

羊草+中生性杂类草草甸草原样地（Form. *Leymus chinensis* + mesophilic forbs）（中心坐标：49°19'9.78"N，120°5'52.32"E），建于 1998 年，面积 36hm^2。羊草+中生性杂类草草甸草原样地，主要设置了自动气象观测站、群落观测取样点、土壤观测采样点，以及 3 个水平的刈割实验观测点。

线叶菊草甸草原样地（Form. *Filifolium sibiricum*），设在谢尔塔拉北部山地丘陵顶部，面积 30hm^2。

对贝加尔针茅和羊草草甸类型草地生长季 LAI/FPAR 的观测主要是在以贝加尔针茅草甸草原样地（Form. *Stipa baicalensis*）和羊草+中生性杂类草草甸草原样地（S.Form. *Leymus chinensis + mesophilic forbs*）两个样地为中心的 2km×2km 的范围内进行（图 5-7）。

试验目的如下。

第一，通过实验测定不同草地类型的 LAI/FPAR，建立地面实测 FPARg/LAIg 数据与 MODIS 的反演的 FPARs/LAIs 关系，找到适合草地 NPP 估算的 LAI/FPAR 算法。

第二，测量不同草地类型的叶面积、叶倾角、叶绿素含量、叶片反射率、透过率及地表反射率等数据，将实测的叶绿素等生化参数，输入至 SAIL 模型中，模拟叶片及冠层的反射率及透过率，与利用实测数据，以最小二乘法，对叶肉结构（*N*）等参数进行拟合优化。从而为区域尺度的草地的 LAI/FPAR 反演提供方法。基本思路如图 5-8 所示。

（二）试验内容、方法及安排

1. 试验内容

（1）地面光谱测量

在实验室内测定样地群落的建群种，优势种的茎、叶、全株及混合光谱，以及室外测定主要群落类型冠层光谱。

（2）LAI/FPAR 测定

测定多种草地类型群落生长季的 LAI/FPAR；不同物种（群落）的反射率、透过率及土壤反射率；叶结构（叶的长宽比）、叶绿素含量、叶片含水量、叶倾角等参数；测定 LAI/FPAR 及光谱时力求与专题制图仪（thematic mapper，TM）及 MODIS 等卫星过境时间同步。

（3）生物量测定

测定 LAI/FPAR 后，测定对应样方内的生物量，同时记录样方内植物种类、高度、覆盖度、频度等信息。

（4）其他

记录样地内地貌、地形、经纬度、海拔、土壤质地、利用特征等；气候因子（温度、降雨）、云量、土壤温度及土壤水分、空气湿度及大气水汽压等。

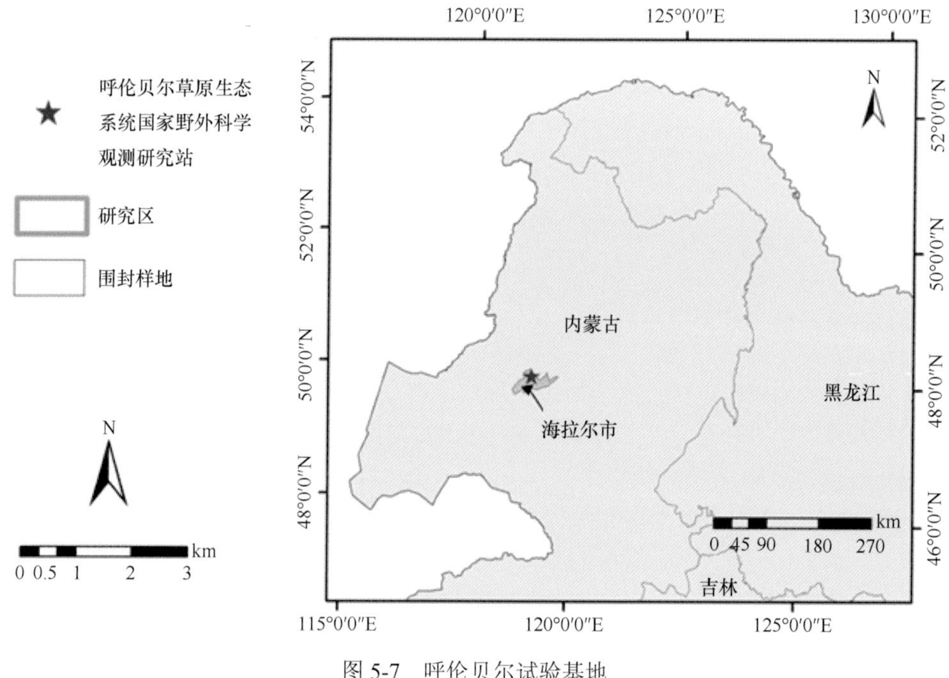

图 5-7　呼伦贝尔试验基地

2. 试验方法

美国国家航空航天局（NASA）的地球观测系统（earth observing system，EOS）的 MODIS 陆地产品小组基于 MODIS 影像生成的时间间隔为 8 天空间分辨率为 1km 的 LAI/FPAR

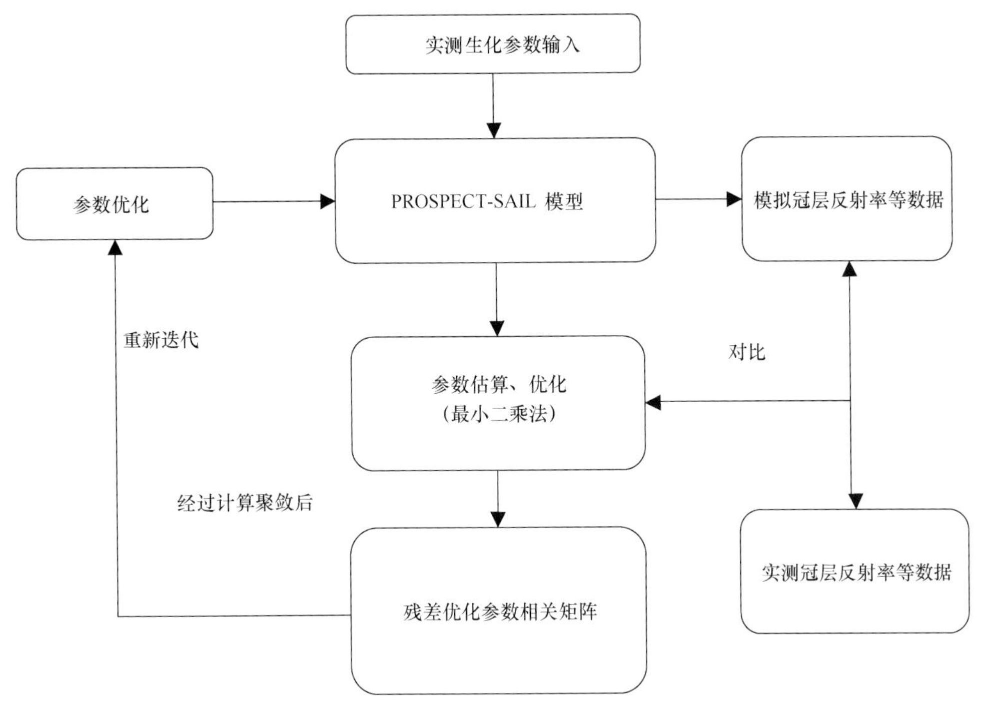

图 5-8　基于 PROSPECT-SAIL 模型的 LAI/FPAR 反演方法

产品（Myneni et al.，2002），为了验证 MODIS 的 LAI/FPAR 产品在中国温性草原的产品精度及能否很好地反映草地生长季 LAI/FPAR 的变化情况，需要布设相应的地面试验。为与 MODIS 的 LAI/FPAR 数据匹配，在呼伦贝尔站的贝加尔针茅草甸草原样地和羊草+中生性杂类草草甸草原样地附近选取相对均质的 2km×2km 的实验区。实验设计如图 5-9 所示。

LAI/FPAR 测定方法：首先在 A-C-G-I-E 5 个格点内进行试验，每个格点内随机选取 3～5 个 1m×1m 的样方进行试验，样方间隔为 20～50m；第二次试验选取 B-D-H-F-E 5 个格点，同样在每个格点内随机选取 3～5 个 1m×1m 的样方进行试验，样方间隔为 20～50m；依次选取 J-L-M-K-E……直至遍历 2km×2km 的试验区。

3. 试验区域及观测时间安排

为了得到草地的 LAI/FPAR 季节动态变化，选择呼伦贝尔站的贝加尔针茅草甸草原样地和羊草+中生性杂类草草甸草原样地周围 2km×2km 观测。2008 年在 2km×2km 的试验地进行的观测（图 5-10），基本遍历了 2km×2km 的所有区域，能够反应试验区的 LAI/FPAR 基本信息。

呼伦贝尔地区草地生长季为 5～10 月，本试验的 LAI/FPAR 季节动态变化监测从 2008 年 6 月初开始，至 2008 年 9 月中下旬结束。这一时期基本反映了呼伦贝尔地区草地生长季的基本规律。观测频率为 6 月上旬至 6 月下旬，每 5 天（或 3 天）测一次，7～9 月，每 7 天（10 天）测一次。每次时间 8: 00～18: 00，频率 1 次/1h。测定 LAI/FPAR 尽量与常规监测结合，其他草地类型的 LAI/FPAR 测定安排结合光谱测定同时进行。

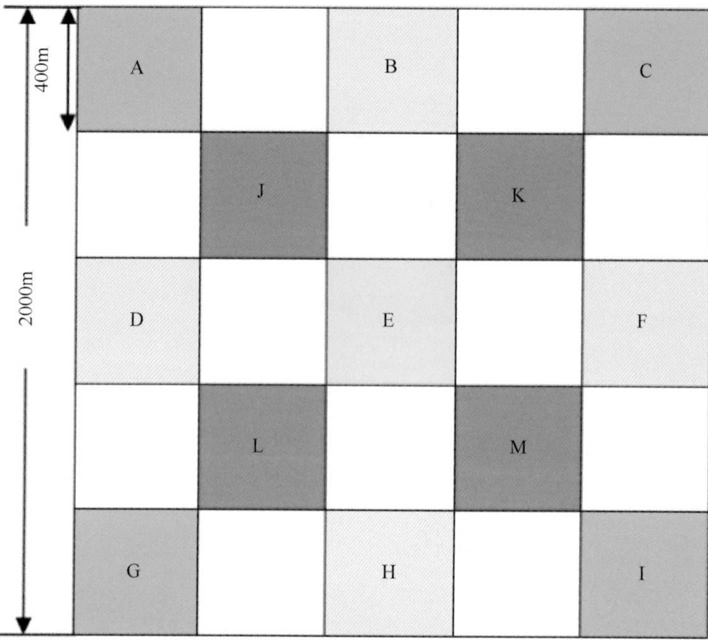

图 5-9　LAI/FPAR 试验设计方案

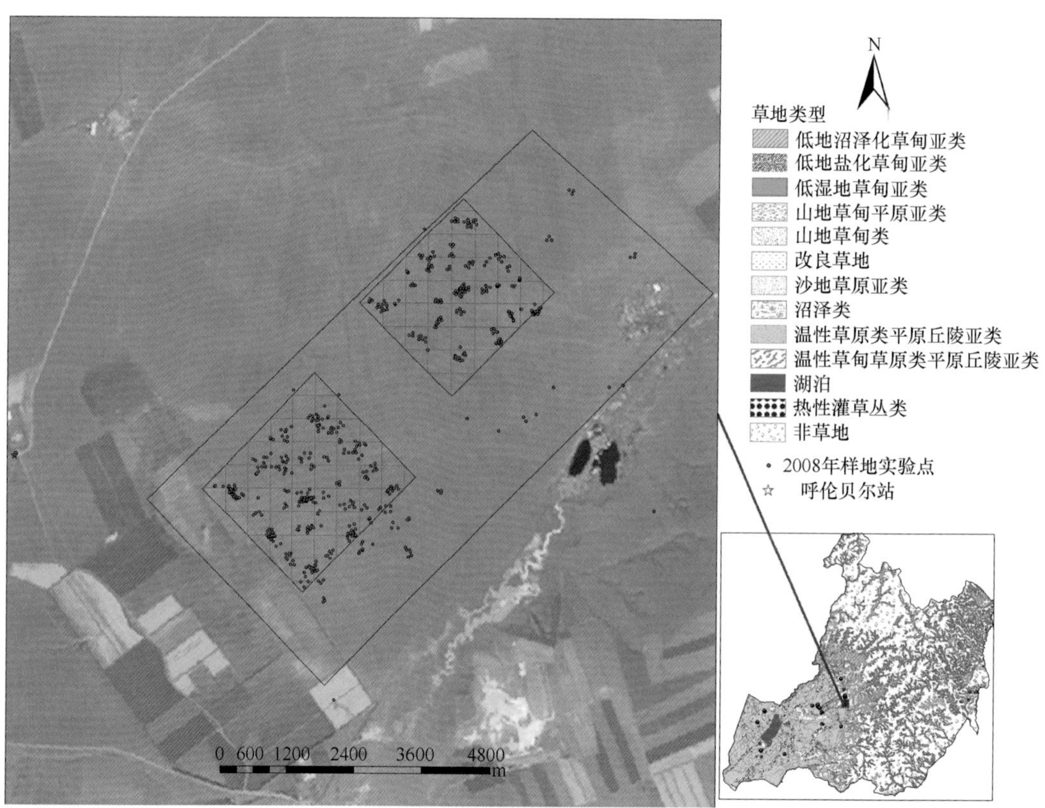

图 5-10　2008 年 LAI/FPAR 测定地点

（三）研究方法

1. 野外调查法

通过野外调查、布设采样点，获取不同草地类型在不同季节的光谱曲线，不同土壤类型、不同湿度的土壤光谱特征曲线，不同草地类型的季节 LAI/FPAR 及生物量、土壤水分及养分等数据，对分析遥感影像估算的不确定性及对改进 MODIS 产品算法提供基础。

（1）实验室测定内容

利用 ASD 便携式地物光谱仪（350～2500nm）测定羊草、贝加尔针茅、冷蒿等物种的光谱；利用 WP4 测定叶片含水量；利用 LAI-3000A 测定样方的 LAI；利用 PixelWrench2 软件计算观测样方的 NDVI。

（2）野外测定内容

植被叶绿素含量测定

叶绿素是植物叶片中的基本组成物质，是光合过程发生的载体，与光合进程、太阳辐射的光能利用、大气 CO_2 的吸收等关系密切。而且，叶绿素作为叶片中的重要含氮物质，对植物氮素营养的吸收和利用具有比较准确的指示作用（Curran，1989）。从生态模型角度上看，叶绿素作为重要的光合作用参与者，其含量常作为输入参数驱动生态模型，此参数的实地获取十分重要。叶绿素含量也是 PROSAIL 模型输入的重要参数之一。

在研究不同生长季主要物种的叶绿素的含量时利用 SPAD502 叶绿素仪测定。SPAD502 叶绿素仪是通过测量叶片在两种波长（一种是红光，峰波长 650nm；一种是红外线，940nm）范围内的透光系数来确定叶片当前叶绿素的相对含量。

群落及主要建群种光谱测定

叶片光谱反射率是 PROSAIL 模型输入的重要参数，而植被冠层的光谱特征是进行 LAI/FPAR 遥感定量统计分析的依据（张晓阳和李劲峰，1995）。因此，利用便携式光谱测定仪（SD FieldSpec Pro FR，350～2500nm）测定样方群落的冠层及主要建群种的光谱反射率，作为参数输入至 PROSAIL 模型中。测定和研究不同草地类型在不同生长阶段的光谱特征曲线；同时，利用光谱反射率计算样方 NDVI 等植被指数。

监测样方的植被指数测定

Tetracam ADC（图 5-11a）可以测量得到高分辨率的红、绿和近红外波段的图像，利用 Tetracam ADC 照相机拍照测定样方，回实验室内利用随机附带的 PixelWrench2（图 5-11b）软件计算样方对应的 NDVI、Green NDVI 等植被指数（图 5-11b）。

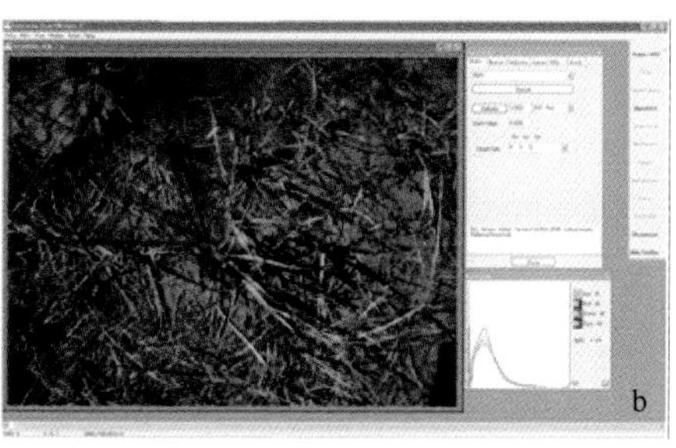

图 5-11　数字式多光谱植被冠层相机（a）和图像处理软件 PW2（b）

不同草地类型 LAI/FPAR 测定

利用植物叶面测定仪（LAI-3000A）测定不同草地类型样方的叶面积指数（LAI）；利用 AccuPAR 植物冠层分析仪（LP-80 型号）测定不同草地类型的 LAI/FPAR 的季节变化。

AccuPAR 植物冠层分析仪（LP-80 型号）是美国 DECAGON 公司生产光合有效辐射测量仪。AccuPAR 植物冠层分析仪通过菜单操作，主要应用于植物冠层中光合有效辐射（PAR，400～700nm）的平均与截取测量，同时计算叶面积指数，单位是 μmol/（m^2·s）。该仪器包括数据采集器和探杆两部分，探杆上有 80 个独立的传感器。测得的 PAR 可以直接从数据采集器上读取，也可以下载至计算机进行分析。

2. 遥感信息获取与处理方法

对不同遥感信息源（MODIS、TM、ETM+、北京 1 号卫星和 CBERS02b 卫星数据）进行大气纠正，利用一次或二次微分的方法消除土壤背景的影响，分别计算地表反射率，提取 NDVI 等植被指数。研究 30m 分辨率的数据与 250～1000m 分辨率 MODIS 数据之间的尺度转换和数据融合的方法，结合地面测定数据，验证和改进生长季不同时期 LAI/FPAR 计算方法。

3. 模型反演和验证方法

对呼伦贝尔地区不同草地类型的 LAI/FPAR 反演，主要利用地面试验实测数据，结合 PROSPECT-SAIL 模型模拟的方法进行。

PROSPECT 模型是一个基于“平板模型”的辐射传输模型，它通过模拟叶片从 400nm 到 2500nm 的上行和下行辐射通量而得到叶片的光学特性，即叶片反射率 r_λ 和透射率 τ_λ。SAIL 模型是一个冠层二向反射率模型。当给定冠层结构参数和环境参数时，可以计算任何太阳高度和观测方向的冠层反射率。它假设植物冠层是由方位随机分布的水平、均一及无限扩展的各向同性叶片组成的混合体，叶片均具有漫散射的发射和透射特性。将通过 PROSPECT 模型获取的植被叶片反射率 r_λ 和透射率 τ_λ 输入 SAIL 模型，最终得到植被冠层反射率，这样就完成了从地表植被理化、几何参数和光谱特性获得植被冠层反射率的过程。而遥感影像通过大气校正，也可以得到地表植被冠层反射率，从而将遥感影像与植被参数 LAI/FPAR 通过物理过程联系起来，从而完成模型模拟过程。数据源主要是 MODIS、TM 和 CBERS02b 或北京 1 号卫星数据。

模型的验证主要利用 AccuPAR（LP-80）及 LAI-3000A 野外调查获取的 FPAR 及 LAI 数据对反演的结果进行验证，进而调整反演参数，提高反演精度。

4. 技术路线

利用获取不同分辨率的遥感数据，进行大气校正、辐射校正、几何精校准等处理，然后根据不同的遥感数据源的传感器信息，计算反射率，然后提取 NDVI/EVI（增强型植被指数）等植被指数。利用地面同步试验测定的叶绿素、LAI/FPAR 及样方对应的 NDVI，建立 LAI/FPAR 与 NDVI 及叶绿素等关系模型，将利用地面实测数据建立的 LAI/FPAR 模型应用至不同的数据源，得到不同数据源的 LAI/FPAR，与 MODIS 的 LAI/FPAR 产品进行比较验证。通过地面试验建立不同草地类型的 LAI/FPAR 算法。具体路线见图 5-12。

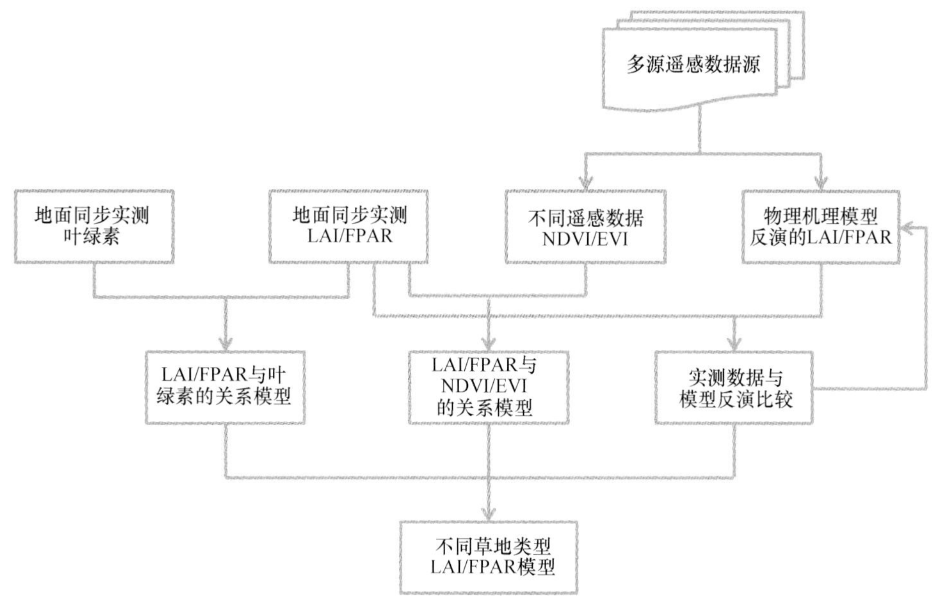

图 5-12　技术路线图

5. LAI/FPAR 模型的建立

FPAR 是植被叶片在光合有效辐射（400～700nm）波段有多少太阳光能被吸收的一个度量，表示了植被冠层能量的吸收能力（高彦华等，2006；Fensholt et al.，2004）。植被冠层上的辐射可以被冠层反射、吸收、透射并被土壤表面吸收或反射。理论上，只有冠层吸收的 PAR 在生产干物质中是有用的，因此 FPAR 应该是植被冠层对入射 PAR 的吸收比率。入射 PAR 在植被冠层中的分布如图 5-13 所示。

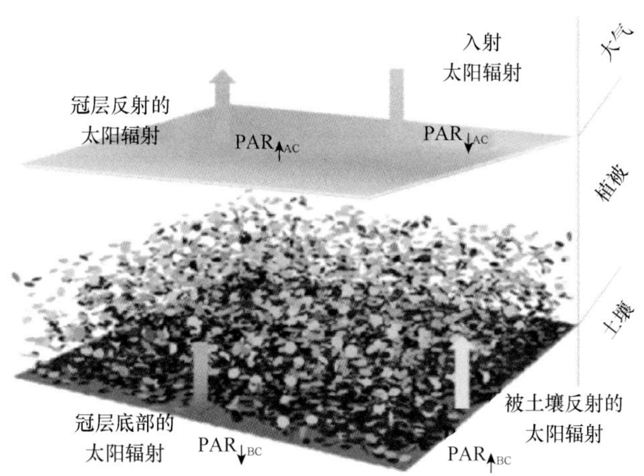

图 5-13　入射 PAR 在植被冠层中的分布

因此，瞬时 FPAR 的计算可以用式（5-11）表示：

$$f_{par}(t)=\frac{[\mathrm{PAR}_{\downarrow \mathrm{AC}}(t)-\mathrm{PAR}_{\uparrow \mathrm{AC}}(t)]-[\mathrm{PAR}_{\downarrow \mathrm{BC}}(t)-\mathrm{PAR}_{\uparrow \mathrm{BC}}(t)]}{\mathrm{PAR}_{\downarrow \mathrm{AC}}(t)} \tag{5-11}$$

式中，$PAR_{\downarrow AC}(t)$是测得的冠层顶部的瞬时光量子通量密度（PPFD）；$PAR_{\uparrow AC}(t)$是冠层之上反射的 PPFD（依靠在冠层之上反转 AccuPAR 来测量得到）；$PAR_{\downarrow BC}(t)$是植物冠层之下的 PPFD；$PAR_{\uparrow BC}(t)$是来自土壤表面的反射 PPFD。

通过每日对太阳有效辐射的吸收，植被才得以生长，瞬时的 FPAR 对植被生长研究意义较小，因此每日的 FPAR 才是研究的重点，日 FPAR 可以用下式计算（Olofsson and Eklundh，2007）：

$$f_{par,D}=\frac{\int_{t0}^{t1}[PAR_{\downarrow AC}(t)-PAR_{\uparrow AC}(t)]-[PAR_{\downarrow BC}(t)-PAR_{\uparrow BC}(t)]}{\int_{t0}^{t1}PAR_{\downarrow AC}(t)\mathrm{d}t} \tag{5-12}$$

式中，$t0$ 和 $t1$ 分别表示日出及日落时间。

基于以上 FPAR 计算公式，得到草地 FPAR 日变化规律。

由 FPAR 的日变化图 5-14 可以看出，一天中，由于较高的太阳天顶角的原因，FPAR 在早晨及下午较晚时值较高，而在低天顶角即接近正午时 FPAR 最低。对一天 FPAR 进行统计分析，可以看出，日 FPAR 的变化较大，最大值为 0.75，最小值为 0.209，变化范围为 0.541。利用在实测 FPAR 的时间段计算得到的日平均 FPAR 为 0.388，与上午 570（9: 30）和下午 870（14: 30）测得的瞬时的 FPAR 基本一致（图 5-14），此时的太阳天顶角分别为 48°和 30°。即可以用 9: 30/太阳天顶角为 48°时瞬时的 FPAR 或 14: 30/太阳天顶角为 30°时瞬时的 FPAR 表示一天的 FPAR。

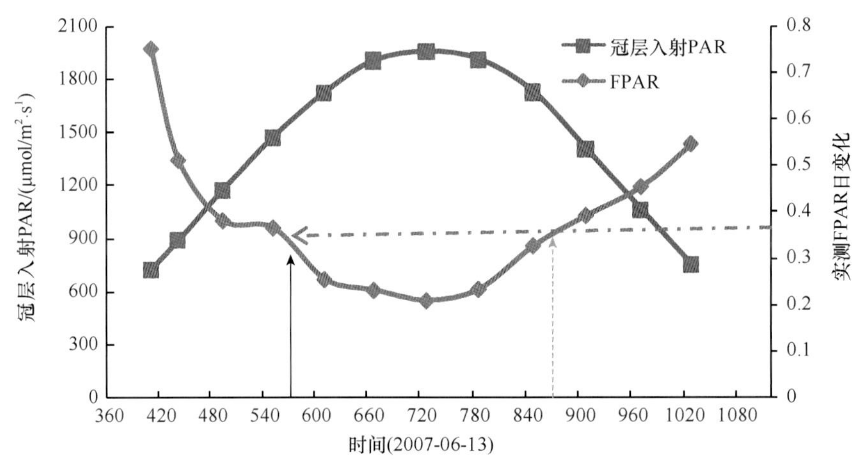

图 5-14 晴朗无云日实测 FPAR 日变化

同时基于地面实测数据，建立了温性草甸草原类和温性草原类草地的 LAI/FPAR 模型。

二、不同草地类型 LAI/FPAR 统计模型构建

以呼伦贝尔地区实测的不同草地类型的 LAI/FPAR、NDVI 等，建立不同草地类型的 LAI/FPAR 经验模型，并对模型精度进行验证。

（一）以贝加尔针茅为建群种的草甸草原类草地 LAI/FPAR 模型

1. FPAR 关系模型及验证

（1）FPAR 与 NDVI 关系模型及验证

将实测的样方 FPAR 与 NDVI 在 SPSS 中进行回归及曲线拟合（表 5-5、图 5-15），得到 FPAR 与 NDVI 的线性、指数等模型（表 5-6），可以看出，线性模型、指数模型、逻辑模型等均通过 F 检验。

表 5-5　FPAR 与 NDVI 模型概况及参数估计（因变量：FPAR）

模型名称	模型摘要					参数估计	
	R^2	F	df1	df2	Sig.	常量	斜率
线性	0.841	300.835	1	57	0.000	0.002	0.860
幂	0.744	165.498	1	57	0.000	0.801	0.944
增长	0.778	199.617	1	57	0.000	–2.176	2.478
指数	0.778	199.617	1	57	0.000	0.113	2.478
逻辑	0.778	199.617	1	57	0.000	8.811	0.084

注：因变量为 FPAR，自变量为 NDVI

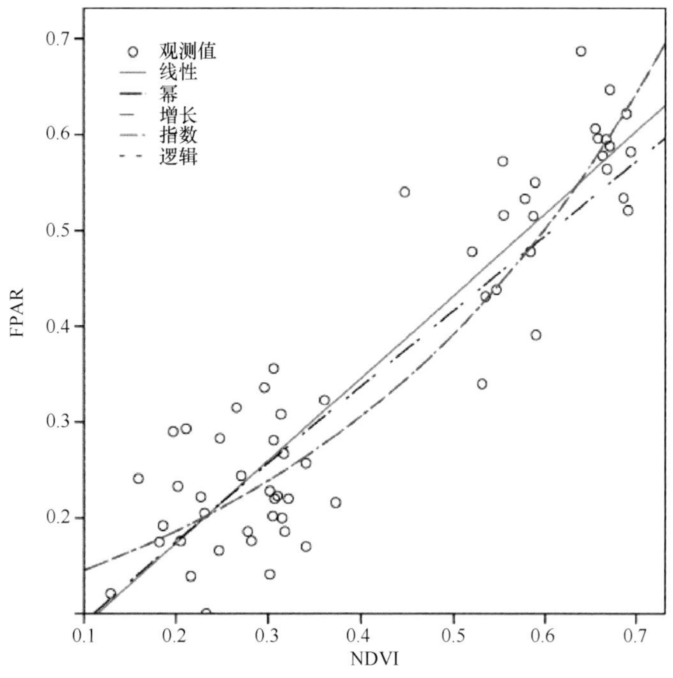

图 5-15　FPAR 与 NDVI 关系曲线拟合

由表 5-6 可以看出，在选取的 5 种模型中，幂函数的 R^2 较其他几个模型要小，线性、增长、逻辑、指数模型对 FPAR 的拟合程度较好，但是否 R^2 高的 FPAR 模型其反演效果就好，还需要进一步的验证。从验证的结果选取最为合适的 FPAR 估算模型。

表 5-6 FPAR 与 NDVI 关系模型

模型名称	回归方程	R^2	R	F	Sig.
线性	FPAR=0.860×NDVI+0.002	0.841	0.917	300.835	0.000
幂	$FPAR=0.801\times NDVI^{0.944}$	0.744	0.863	165.498	0.000
增长	FPAR=exp(−2.176+2.478×NDVI)	0.778	0.882	199.617	0.000
指数	FPAR=0.113×exp(2.478×NDVI)	0.778	0.882	199.617	0.000
逻辑	$FPAR=1/(0+8.811\times 0.084^{NDVI})$	0.778	0.882	199.617	0.000
df	59				

FPAR 模型验证

本研究利用国际上常用的 RMSE、准确度（相对误差）和精密度（相对评价偏差）共同对模型预测值和实测值之间的符合度进行统计检验，结果见表 5-7。

表 5-7 FPAR 模型验证

模型类型	回归方程	相对误差(100%)	相对平均偏差（100%）	RMSE
线性	FPAR=0.860×NDVI+0.002	2.92	10.69	0.081
幂	$FPAR=0.801\times NDVI^{0.944}$	−2.64	11.21	0.087
增长	FPAR=exp(−2.176+2.478×NDVI)	11.60	12.71	0.096
指数	FPAR=0.113×exp(2.478×NDVI)	11.11	12.51	0.094
逻辑	$FPAR=1/(0+8.811\times 0.084^{NDVI})$	11.51	12.67	0.096
验证点个数	24			

由 FPAR 模型验证结果可以看出，在所有类型的 FPAR 模型中，相对误差最小的是幂函数，相对平均偏差和 RMSE 最小的是线性模型。综合统计检验结果的相对误差、相对平均偏差及 RMSE，最终选择 FPAR 的反演模型为线性模型和幂函数。

（2）FPAR 与 LAI 关系模型及验证

将贝加尔针茅群落实测的 FPAR 及对应的 LAI 在 SPSS 中进行回归分析及曲线拟合，得到 FPAR 与 LAI 的经验模型（表 5-8）。

表 5-8 FPAR 与 LAI 经验模型

模型名称	回归方程	R^2	R	F	Sig.
线性	FPAR=0.317×LAI+0.118	0.849	0.921	320.336	0.000
幂	$FPAR=0.449\times LAI^{0.698}$	0.843	0.918	305.747	0.000
增长	FPAR=exp(−1.836+0.907×LAI)	0.774	0.880	195.438	0.000
指数	FPAR=0.159×exp(0.907×LAI)	0.774	0.880	195.438	0.000
逻辑	$FPAR=1/(0+6.270\times 0.404^{LAI})$	0.774	0.880	195.438	0.000
df	59				

选择的几种拟合曲线，均通过 F 检验，在 0.01 水平下极显著，线性模型和幂函数的拟合曲线的 R 值均大于 0.9，其他三种类型的 R 值也接近 0.9，由上面的分析我们知道，R 值高的模型反演的精度不一定高，因此，对 5 种类型的 FPAR 模型进行模型预测值和实测值之间的符合度统计检验（表 5-9）。

表 5-9　FPAR 模型验证

模型类型	回归方程	相对误差（100%）	相对平均偏差（100%）	RMSE
线性	FPAR=0.317×LAI+0.118	1.36	12.65	0.09
幂	$FPAR=0.449\times LAI^{0.698}$	0.80	11.22	0.08
增长	FPAR=exp(−1.836+0.907×LAI)	14.49	26.50	0.21
指数	FPAR=0.159×exp(0.907×LAI)	14.16	26.37	0.21
逻辑	$FPAR=1/(0+6.270\times 0.404^{LAI})$	14.38	26.44	0.21
验证点个数	24			

由预测值和实测值之间的符合度统计检验结果可以看出，相对误差、相对平均偏差和 RMSE 最小的是幂函数拟合曲线，其次是线性模型，故 FPAR 和 LAI 关系模型首选为幂函数曲线拟合，其次为线性模型。

2. LAI 与 NDVI 关系模型及验证

将实测的贝加尔针茅群落的 LAI 与 NDVI 在 SPSS 中进行回归分析及曲线拟合得到不同曲线类型的 FPAR 反演模型（表 5-10）。

表 5-10　LAI 与 NDVI 关系模型

模型名称	回归方程	R^2	R	F	Sig.
线性	LAI=2.486×NDVI−0.275	0.831	0.912	281.111	0.000
幂	$LAI=2.092\times NDVI^{1.260}$	0.766	0.875	186.753	0.000
增长	LAI=exp(−1.883+3.341×NDVI)	0.818	0.904	255.403	0.000
指数	LAI=0.152×exp(3.341×NDVI)	0.818	0.904	255.403	0.000
逻辑	$LAI=1/(0+6.576\times 0.035^{NDVI})$	0.818	0.904	255.403	0.000
df	59				

虽然，LAI 的几种类型的拟合曲线方程均在 0.01 水平下通过 F 检验，但 LAI 模型反演的准确性如何还需要进一步的模型验证。

利用前文 FPAR 反演模型验证的方法对得到的拟合曲线进行验证（表 5-11）。

表 5-11　LAI 模型验证

模型类型	回归方程	相对误差（100%）	相对平均偏差（100%）	RMSE
线性	LAI=2.486×NDVI−0.275	3.90	20.12	0.37
幂	$LAI=2.092\times NDVI^{1.260}$	−5.18	20.21	0.41
增长	LAI=exp(−1.883+3.341×NDVI)	15.12	21.63	0.39
指数	LAI=0.152×exp(3.341×NDVI)	15.02	21.60	0.38
逻辑	$LAI=1/(0+6.576\times 0.035^{NDVI})$	16.02	21.84	0.39
验证点个数	24			

由 LAI 模型验证结果可以看出，在所有类型的 LAI 拟合曲线模型中，LAI 的线性和指数模型拟合 RMSE 最小，而所有的拟合曲线类型的相对平均偏差相差不大，相对误差线性模型和幂函数拟合曲线最小，综合验证结果，选择线性和指数模型拟合曲线作为 LAI

的反演模型。

3. 小结

经过对实测各因子的相关性分析、回归分析及模型验证，得到以贝加尔针茅为主要建群种的温性草甸草原类草地的 LAI/FPAR 与不同因子的经验模型（表 5-12）。

表 5-12　以贝加尔针茅为建群种的温性草甸类草地 LAI/FPAR 反演模型

模型名称	回归方程	R^2
FPAR	FPAR=0.860×NDVI+0.002	0.841
	FPAR=0.449×LAI$^{0.698}$	0.843
	FPAR=0.015×HEIGHT$^{0.905}$	0.637
LAI	LAI=2.486×NDVI–0.275	0.831

注：总样本数为 83 个，利用其中的 59 个建模、24 个进行模型验证。HEIGHT 为冠层高度

（二）以羊草为建群种的草甸草原类草地 LAI/FPAR 模型

在对羊草样地样方实测的 LAI/FPAR 与 NDVI 等进行相关性分析，我们知道，以羊草为建群种的草甸草原类草地 LAI/FPAR 与 NDVI 在 0.01 水平下极显著相关，LAI/FPAR 与群落高度也呈显著相关，将各相关性较强的因子在 SPSS 中进行回归分析及曲线拟合，结果如下。

1. FPAR 的经验模型及验证

将实测的羊草样方的 FPAR 及对应的 NDVI、LAI 在 SPSS 中进行回归分析及曲线拟合（图 5-16），得到 FPAR 与 NDVI、LAI 的几种类型的经验模型（表 5-13）。

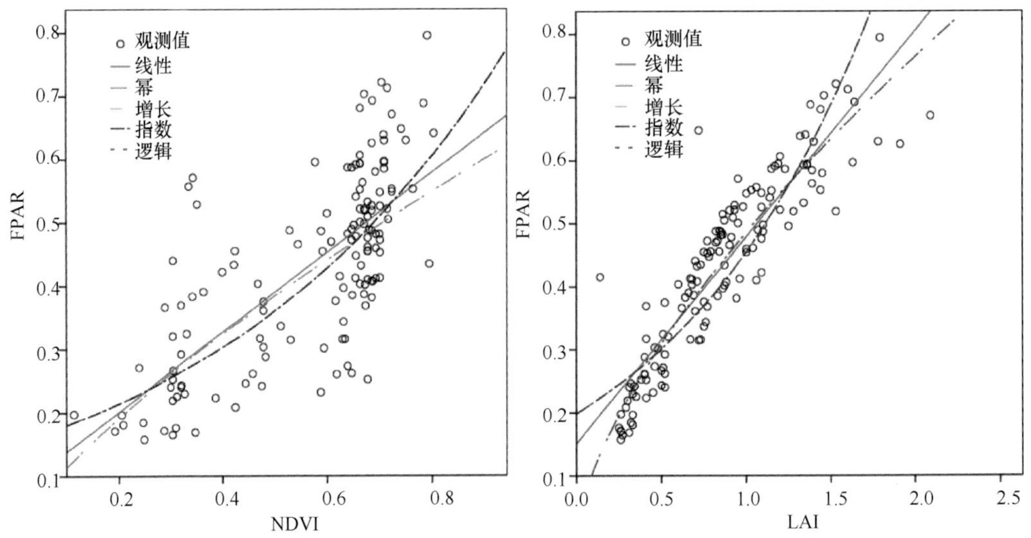

图 5-16　FPAR 与 NDVI、LAI 及冠层高度曲线拟合

表 5-13 以羊草为建群种的温性草甸类草地 FPAR 模型

模型名称	回归方程	R^2	R	F	Sig.
线性	FPAR=0.630×NDVI+0.075	0.509	0.713	141.906	0.000
幂	FPAR=0.650×NDVI$^{0.761}$	0.557	0.746	172.049	0.000
增长	FPAR=exp(−1.887+1.730×NDVI)	0.557	0.746	172.049	0.000
逻辑	FPAR=1/(0+6.599×0.177^{NDVI})	0.557	0.746	172.049	0.000
指数	FPAR=0.152×exp(1.730×NDVI)	0.539	0.734	160.054	0.000
线性	FPAR=0.328×LAI+0.151	0.818	0.904	616.601	0.000
幂	FPAR=0.486×LAI$^{0.655}$	0.823	0.907	639.131	0.000
增长	FPAR=exp(−1.615+0.828×LAI)	0.757	0.870	427.368	0.000
指数	FPAR=0.199×exp(0.828×LAI)	0.757	0.870	427.368	0.000
逻辑	FPAR=1/(0+5.028×0.437^{LAI})	0.757	0.870	427.368	0.000
线性	FPAR=0.014×HEIGHT+0.004	0.491	0.701	132.161	0.000
幂	FPAR=0.01×HEIGHT$^{1.099}$	0.519	0.720	147.898	0.000
指数	FPAR=0.131×exp(0.037×HEIGHT)	0.494	0.703	133.789	0.000
增长	FPAR=exp(−2.033+0.037×HEIGHT)	0.494	0.703	133.789	0.000
逻辑	FPAR=1/(0+7.634×0.964^{HEIGHT})	0.494	0.703	133.789	0.000
df	139				

由拟合曲线及回归方程的 R^2 可以看出，FPAR 与 NDVI 关系模型及 FPAR 与冠层高度的拟合曲线的 R^2 都不是很高，FPAR 与 LAI 的线性模型和幂函数的 R 值均大于 0.9，其他几种类型的 R 值均为 0.87。将得到 FPAR 的几种类型的模型进行符合度统计检验，检验结果见表 5-14。

表 5-14 FPAR 经验模型验证

模型类型	回归方程	相对误差（100%）	相对平均偏差（100%）	RMSE
线性	FPAR=0.630×NDVI+0.075	−3.09	16.92	0.11
幂	FPAR=0.650×NDVI$^{0.761}$	−6.79	17.68	0.11
增长	FPAR=exp(−1.887+1.730×NDVI)	−5.68	17.96	0.12
逻辑	FPAR=1/(0+6.599×0.177^{NDVI})	−5.38	17.89	0.12
指数	FPAR=0.152×exp(1.730×NDVI)	−5.57	17.94	0.12
线性	FPAR=0.328×LAI+0.151	0.88	8.52	0.06
幂	FPAR=0.486×LAI$^{0.655}$	0.99	8.29	0.06
增长	FPAR=exp(−1.615+0.828×LAI)	1.32	11.39	0.10
指数	FPAR=0.199×exp(0.828×LAI)	1.37	11.38	0.10
逻辑	FPAR=1/(0+5.028×0.437^{LAI})	1.29	11.39	0.10
线性	FPAR=0.014×HEIGHT+0.004	−1.21	15.49	0.10
幂	FPAR=0.01×HEIGHT$^{1.099}$	−0.13	16.35	0.11
指数	FPAR=0.131×exp(0.037×HEIGHT)	−1.28	18.37	0.12
增长	FPAR=exp(−2.033+0.037×HEIGHT)	−1.33	18.37	0.12
逻辑	FPAR=1/(0+7.634×0.964^{HEIGT})	−2.51	18.30	0.12
df	65			

由不同类型的 FPAR 与 NDVI 模型的预测值与实测值之间的相对误差、相对平均偏差及 RMSE 可以看出，线性模型拟合曲线在所有的类型中相对误差、相对平均偏差及 RMSE 都最小，也就是说，FPAR 与 NDVI 的线性模型模拟的 FPAR 精度最高，因此，选择 FPAR 与 NDVI 的线性模型作为反演 FPAR 的经验模型。羊草群落的 FPAR 与 LAI 经验模型中，线性模型的相对误差及 RMSE 最低，相对平均偏差也较低，故在 FPAR 与 LAI 几种经验模型中，线性模型反演的 FPAR 精度最高，因此，选择线性模型作为 FPAR 与 LAI 经验关系模型。

2. LAI 与 NDVI 关系模型及验证

经前文的分析我们知道，羊草群落的 LAI 与 NDVI 在 0.01 水平下呈极显著相关。将实测的羊草群落各样方的 LAI 与及对应的 NDVI 在 SPSS 中进行回归分析及曲线拟合，得到 LAI 与 NDVI 经验关系模型（表 5-15）。

表 5-15　LAI 与 NDVI 经验关系模型

模型名称	回归方程	R^2	R	F	Sig.
线性	LAI=1.647×NDVI–0.077	0.456	0.675	114.930	0.000
幂	$LAI=1.414\times NDVI^{1.005}$	0.489	0.699	131.073	0.000
增长	LAI=exp(–1.588+2.305×NDVI)	0.514	0.717	144.999	0.000
指数	LAI=0.204×exp(2.305×NDVI)	0.514	0.717	144.999	0.000
逻辑	$LAI=1/(0+4.896\times 0.1^{NDVI})$	0.514	0.717	144.999	0.000
df	139				

将得到的 LAI 与 NDVI 几种类型的经验模型进行符合度统计检验（表 5-16），可以看出，在所有的几种类型的拟合曲线中，线性模型的相对误差、相对平均偏差及 RMSE 均最低，其次是增长模型。因此，选择 LAI 与 NDVI 的线性模型回归方程为反演 LAI 的经验模型。

表 5-16　LAI 与 NDVI 经验模型验证

模型类型	回归方程	相对误差（100%）	相对平均偏差（100%）	RMSE
线性	LAI=1.647×NDVI–0.077	–0.04	24.64	0.34
幂	$LAI=1.414\times NDVI^{1.005}$	–7.85	26.26	0.36
增长	LAI=exp(–1.588+2.305×NDVI)	–6.06	26.22	0.36
指数	LAI=0.204×exp(2.305×NDVI)	–6.22	26.26	0.36
逻辑	$LAI=1/(0+4.896\times 0.1^{NDVI})$	–6.26	26.27	0.36
验证点个数	65			

3. 小结

经过对实测各因子的相关性分析、回归分析及模型验证，得到以羊草为主要建群种的温性草甸草原类草地的 LAI/FPAR 与不同因子的经验模型（表 5-17）。

表 5-17　以羊草为建群种的温性草甸类草地 LAI/FPAR 反演模型

模型名称	回归方程	R^2
FPAR	FPAR=0.630×NDVI+0.075	0.509
	FPAR=0.328×LAI+0.151	0.818
	FPAR=0.014×HEIGHT+0.004	0.491
LAI	LAI=1.647×NDVI–0.077	0.456

注：总样本数为 204 个，利用其中的 139 个建模、65 个进行模型验证

（三）温性草甸草原类 LAI/FPAR 模型

前文对不同建群种的温性草甸草原类草地 LAI/FPAR 模型进行了单独建模及分析，为了与草地类型图草地分类对应，对所有的温性草甸草原类草地的 LAI/FPAR 进行建模及分析，以便对草地生长进行监测分析。

1. FPAR 经验模型及验证

将所有的在温性草甸类草地实测样方的 FPAR 与 NDVI、LAI 等因子在 SPSS 中进行相关性分析（表 5-18），可以看出温性草甸草原类草地的 FPAR 与 NDVI、冠层高度及 LAI 均在 0.01 水平下呈极显著相关，将 FPAR 与 NDVI、LAI 及冠层高度在 SPSS 中进行回归分析及曲线拟合（图 5-17）。

表 5-18　温性草甸草原类 LAI/FPAR 与 NDVI 等因子相关性分析

		NDVI	FPAR	HEIGHT	LAI
FPAR	皮尔逊相关系数	0.739**	1	0.601**	0.902**
	Sig.（2-tailed）	0.000		0.000	0.000
LAI	皮尔逊相关系数	0.651**	0.902**	0.492**	1
	Sig.（2-tailed）	0.000	0.000	0.000	
	N		399		

注：*N* 为温性草甸类草地实测样方个数

**表示相关性在 0.01 水平显著（2-tailed）

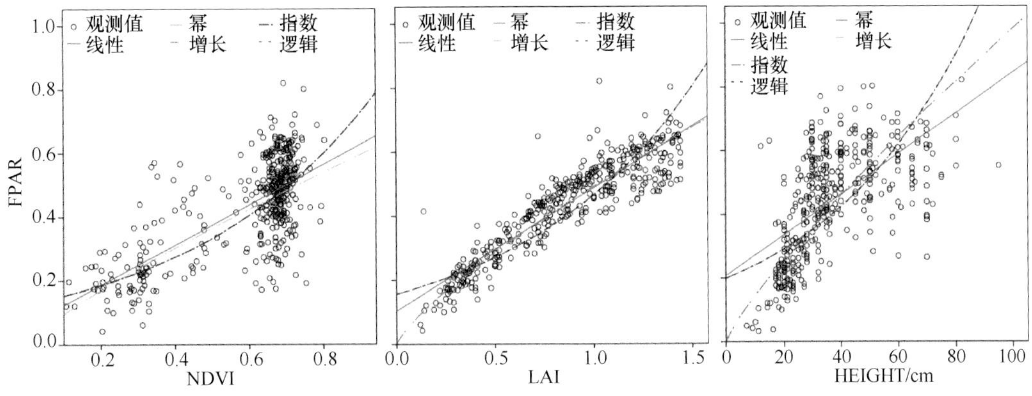

图 5-17　温性草甸草原类 FPAR 与 NDVI、LAI、冠层高度关系拟合

由回归分析及曲线拟合得到 FPAR 与 NDVI 等因子不同类型的经验关系模型（表 5-19）。

表 5-19　温性草甸草原类草地 FPAR 模型

模型名称	回归方程	R^2	R	F	Sig.
线性	FPAR=0.721×NDVI+0.011	0.545	0.738	476.339	0.000
幂	$FPAR=0.694×NDVI^{0.951}$	0.571	0.756	527.693	0.000
增长	FPAR=exp(−2.264+2.256×NDVI)	0.587	0.766	564.985	0.000
指数	FPAR=0.104×exp(2.256×NDVI)	0.587	0.766	564.985	0.000
逻辑	$FPAR=1/(0+9.621×0.105^{NDVI})$	0.587	0.766	564.985	0.000
线性	FPAR=0.296×LAI+0.158	0.814	0.902	$1.740×10^3$	0.000
幂	$FPAR=0.468×LAI^{0.738}$	0.881	0.939	$2.928×10^3$	0.000
增长	FPAR=exp(−1.694+0.81×LAI)	0.671	0.819	809.830	0.000
指数	FPAR=0.184×exp(0.81×LAI)	0.671	0.819	809.830	0.000
逻辑	$FPAR=1/(0+5.441×0.445^{LAI})$	0.671	0.819	809.830	0.000
线性	FPAR=0.006×HEIGHT+0.208	0.361	0.601	223.935	0.000
幂	$FPAR=0.022×HEIGHT^{0.826}$	0.496	0.704	390.620	0.000
增长	FPAR=exp(−1.612+0.019×HEIGHT)	0.348	0.590	212.317	0.000
指数	FPAR=0.200×exp(0.019×HEIGHT)	0.348	0.590	212.317	0.000
逻辑	$FPAR=1/(0+5.012×0.981^{HEIGHT})$	0.348	0.590	212.317	0.000
df	399				

由表 5-19 知，FPAR 与 NDVI、LAI 的几种类型的回归方程，在 0.01 水平下极为显著。将得到的 FPAR 模型利用实测数据进行符合度统计检验（表 5-20），从验证的结果可

表 5-20　温性草甸草原类草地 FPAR 经验模型验证

模型类型	回归方程	相对误差（100%）	相对平均偏差（100%）	RMSE
线性	FPAR=0.721×NDVI+0.011	−13.26	17.24	0.12
幂	$FPAR=0.694×NDVI^{0.951}$	−16.68	19.33	0.13
增长	FPAR=exp(−2.264+2.256×NDVI)	−17.89	20.51	0.14
指数	FPAR=0.104×exp(2.256×NDVI)	−17.84	20.48	0.14
逻辑	$FPAR=1/(0+9.621×0.105^{NDVI})$	−18.01	20.58	0.14
线性	FPAR=0.296×LAI+0.158	−8.64	13.07	0.09
幂	$FPAR=0.468×LAI^{0.738}$	−5.38	11.24	0.08
增长	FPAR=exp(−1.694+0.81×LAI)	−12.76	16.35	0.11
指数	FPAR=0.184×exp(0.81×LAI)	−12.66	16.28	0.11
逻辑	$FPAR=1/(0+5.441×0.445^{LAI})$	−12.79	16.37	0.11
线性	FPAR=0.006×HEIGHT+0.208	−19.75	21.92	0.15
幂	$FPAR=0.022×HEIGHT^{0.826}$	−18.42	21.40	0.15
增长	FPAR=exp(−1.612+0.019×HEIGHT)	−24.05	25.55	0.17
指数	FPAR=0.200×exp(0.019×HEIGHT)	−23.85	25.39	0.17
逻辑	$FPAR=1/(0+5.012×0.981^{HEIGHT})$	−23.50	25.11	0.17
验证点个数	76			

以看出，在所有的几种模型中，FPAR 与 LAI 的关系模型模拟的 FPAR 的精度最高，其次是 FPAR 与 NDVI 关系模型，FPAR 与冠层高度的关系模型反演的 FPAR 精度最低。在 FPAR 与 NDVI 经验关系的几种模型中，线性模型的相对误差、相对平均偏差及 RMSE 最低，FPAR 与 LAI 的经验模型中，幂函数的精度最高，FPAR 与 HEIGHHT 关系模型中，幂函数模拟的精度最高。因此，选择 FPAR 与 NDVI 的线性模型，FPAR 与 LAI 的幂函数，FPAR 与 HEIGHT 的幂函数作为反演 FPAR 的不同类型的经验模型。

2. LAI 经验模型及验证

由前文的分析可知，温性草甸草原类草地的 LAI 与 NDVI 及冠层高度在 0.01 水平下极显著，将所有实测的温性草甸草原类草地的 LAI 及对应的 NDVI、冠层高度在 SPSS 中进行回归分析及曲线拟合（图 5-18），由回归分析及曲线拟合得到 LAI 与 NDVI 及冠层高度 HEIGHT 的不同类型的回归方程（表 5-21）。

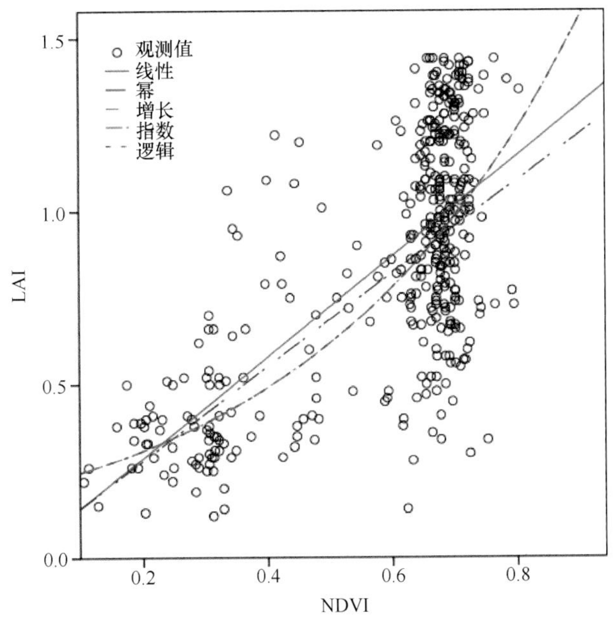

图 5-18　温性草甸草原类 LAI 与 NDVI、冠层高度关系拟合

将得到的 LAI 不同类型的回归方程利用实测数据进行符合度统计检验（表 5-22），可以看出 LAI 与 NDVI 的回归模型中，幂函数回归方程模拟的相对误差、相对平均偏差及 RMSE 最低，而 LAI 与 HEIGHT 的模型中，线性模型回归方程模拟的相对误差及 RMSE 最低，相对平均偏差也较低，因此，LAI 与 NDVI 的经验模型选择幂函数，LAI 与 HEIGH 选择线性模型回归方程。

3. 小结

通过对温性草甸草原类草地实测的样方 LAI/FPAR 与 NDVI 等因子的相关性分析及回归分析，得到 LAI/FPAR 的几种回归模型，经过利用实测数据对几种模型的精度进行符合度统计检验，最后得到温性草甸草原类草地的 LAI/FPAR 反演模型（表 5-23）。

表 5-21　温性草甸草原类草地 LAI 模型

模型名称	回归方程	R^2	R	F	Sig.
线性	LAI=1.194×NDVI–0.198	0.424	0.651	292.770	0.000
幂	$LAI=1.595\times NDVI^{1.173}$	0.536	0.732	459.487	0.000
增长	LAI=exp(–1.896+2.819×NDVI)	0.567	0.753	520.089	0.000
指数	LAI=0.15×exp(2.819×NDVI)	0.567	0.753	520.089	0.000
逻辑	$LAI=1/(0+6.66\times 0.060^{NDVI})$	0.567	0.753	520.089	0.000
线性	LAI=0.016×HEIGHT+0.375	0.242	0.492	126.716	0.000
幂	$LAI=0.024\times HEIGHT^{1.002}$	0.451	0.672	325.654	0.000
增长	LAI=exp(–1.053+0.023×HEIGHT)	0.315	0.561	182.728	0.000
指数	LAI=0.349×exp(0.023×HEIGHT)	0.315	0.561	182.728	0.000
逻辑	$LAI=1/(0+2.867\times 0.977^{HEIGHT})$	0.315	0.561	182.728	0.000
df	399				

表 5-22　温性草甸草原类草地 LAI 经验模型验证

模型类型	回归方程	相对误差（100%）	相对平均偏差（100%）	RMSE
线性	LAI=1.194×NDVI–0.198	–48.04	47.83	0.63
幂	$LAI=1.595\times NDVI^{1.173}$	–13.05	21.05	0.32
增长	LAI=exp(–1.896+2.819×NDVI)	–14.22	22.35	0.33
指数	LAI=0.15×exp(2.819×NDVI)	–14.31	22.40	0.33
逻辑	$LAI=1/(0+6.66\times 0.060^{NDVI})$	–14.54	22.51	0.33
线性	LAI=0.016×HEIGHT+0.375	–9.46	20.41	0.30
幂	$LAI=0.024\times HEIGHT^{1.002}$	–15.41	23.69	0.35
增长	LAI=exp(–1.053+0.023×HEIGHT)	–22.43	26.88	0.40
指数	LAI=0.349×exp(0.023×HEIGHT)	–22.41	26.86	0.40
逻辑	$LAI=1/(0+2.867\times 0.977^{HEIGHT})$	–21.65	26.46	0.39
验证点个数	76			

表 5-23　温性草甸草原类草地 LAI/FPAR 反演模型

模型名称	回归方程	R^2
FPAR	FPAR=0.721×NDVI+0.011	0.545
	$FPAR=0.468\times LAI^{0.738}$	0.881
	$FPAR=0.022\times HEIGHT^{0.826}$	0.496
LAI	$LAI=1.595\times NDVI^{1.173}$	0.536
	LAI=0.016×HEIGHT+0.375	0.242

注：总样本数 475 个，其中 399 个用来建模型、76 个用来验证

利用1∶100万草地类型图对呼伦贝尔主要草原区进行统计表明，呼伦贝尔主要草原区51.3%的面积为温性草原类，其次为低地草甸类和温性草甸草原类，各占16.8%和13.2%。温性草原类草地面积广阔，虽同为一类草地，但是由于主要草地构成物种不同，其 LAI/FPAR 与 NDVI 等因素的相关性也不同，因此本研究对不同建群种的温性草原类草地在 SPSS 中单独进行回归分析和曲线拟合。

（四）以羊草为建群种的温性草原类草地 LAI/FPAR 模型

1. FPAR 关系模型及验证

将在温性草原类草地实测的以羊草为主要建群种样方的 FPAR 及对应的 NDVI、LAI 和冠层高度等在 SPSS 中进行回归分析及曲线拟合，根据回归分析及曲线拟合得到 FPAR 与 NDVI 等因子的几种类型回归方程（表 5-24）。

表 5-24　以羊草为建群种的温性草原类草地 FPAR 模型

模型名称	回归方程	R^2	R	F	Sig.
线性	FPAR=0.434×NDVI+0.094	0.219	0.468	12.921	0.001
幂	FPAR=0.416×NDVI$^{0.522}$	0.163	0.404	8.956	0.004
增长	FPAR=exp(−2.011+1.631×NDVI)	0.192	0.438	10.904	0.002
指数	FPAR=0.134×exp(1.631×NDVI)	0.192	0.438	10.904	0.002
逻辑	FPAR=1/(0+7.468×0.196^{NDVI})	0.192	0.438	10.904	0.002
线性	FPAR=0.188×LAI+0.161	0.199	0.446	11.426	0.001
幂	FPAR=0.312×LAI$^{0.322}$	0.148	0.385	8.009	0.007
增长	FPAR=exp(−1.756+0.695×LAI)	0.169	0.411	9.387	0.004
指数	FPAR=0.173×exp(0.695×LAI)	0.169	0.411	9.387	0.004
逻辑	FPAR=1/(0+5.792×0.499^{LAI})	0.169	0.411	9.387	0.004
线性	FPAR=0.004×HEIGHT+0.151	0.12	0.346	6.257	0.016
幂	FPAR=0.08×HEIGHT$^{0.348}$	0.088	0.297	4.464	0.040
增长	FPAR=exp(−1.786+0.015×HEIGHT)	0.099	0.315	5.037	0.030
指数	FPAR=0.168×exp(0.015×HEIGHT)	0.099	0.315	5.037	0.030
逻辑	FPAR=1/(0+5.967×0.985^{HEIGHT})	0.099	0.315	5.037	0.030
df	48				

由表 5-24 可以看出，FPAR 经验关系模型几种类型的 R^2 没有温性草甸类草地的 FPAR 与 NDVI 等因子经验模型的 R^2 高，但是回归方程也都在 0.01 水平下极显著。将 FPAR 与 NDVI 几种类型的经验模型利用实测值进行符合度统计检验（表 5-25），由相对误差、相对平均偏差及 RMSE 可以看出，在 FPAR 与 NDVI 的几种类型的回归方程中，线性模型相对误差的绝对值及 RMSE 最小，逻辑模型次之，相对平均偏差指数模型最小，综合考虑，选择线性模型回归方程作为 FPAR 与 NDVI 关系经验模型来反演 FPAR。几种类型的 FPAR 与 LAI 回归方程的验证结果表明，以羊草为建群种的温性草原类草地的 FPAR 与 LAI 关系模型精度不是很理想。总体上，相对误差、相对平均偏差均较大，相比较而言，线性模型回归方程的相对误差、相对平均偏差及 RMSE 最小，故选择线性模型回归方程作为以羊草为建群种的温性草原类草地的 FPAR 与 LAI 关系模型。而 FPAR 与冠层高度几种类型的回归方程验证精度都比较低，因此，以羊草为建群种的温性草原类草地，不宜利用冠层高度来反演 FPAR。

表 5-25 FPAR 经验模型验证

模型类型	回归方程	相对误差（100%）	相对平均偏差（100%）	RMSE
线性	$FPAR=0.434\times NDVI+0.094$	3.72	16.95	0.071
幂	$FPAR=0.416\times NDVI^{0.522}$	−7.87	18.58	0.083
增长	$FPAR=\exp(-2.011+1.631\times NDVI)$	5.97	16.88	0.073
指数	$FPAR=0.134\times\exp(1.631\times NDVI)$	6.08	16.87	0.073
逻辑	$FPAR=1/(0+7.468\times0.196^{NDVI})$	5.91	16.88	0.073
线性	$FPAR=0.188\times LAI+0.161$	−19.84	29.15	0.127
幂	$FPAR=0.312\times LAI^{0.322}$	−25.04	30.81	0.133
增长	$FPAR=\exp(-1.756+0.695\times LAI)$	−21.29	30.89	0.134
指数	$FPAR=0.173\times\exp(0.695\times LAI)$	−21.17	30.84	0.134
逻辑	$FPAR=1/(0+5.792\times0.499^{LAI})$	−21.32	30.91	0.134
线性	$FPAR=0.004\times HEIGHT+0.151$	−56.76	58.45	0.228
幂	$FPAR=0.08\times HEIGHT^{0.348}$	−81.00	81.75	0.311
增长	$FPAR=\exp(-1.786+0.015\times HEIGHT)$	−27.92	30.94	0.137
指数	$FPAR=0.168\times\exp(0.015\times HEIGHT)$	−27.76	30.81	0.136
逻辑	$FPAR=1/(0+5.967\times0.985^{HEIGHT})$	−27.71	30.76	0.136
验证点个数	28			

2. LAI 关系模型及验证

将实测的以羊草为建群种的温性草原类草地样方的 LAI 与对应的 NDVI 在 SPSS 中进行回归分析及曲线拟合（图 5-19），根据回归分析及曲线拟合，得到 LAI 与 NDVI 的关系模型（表 5-26）。

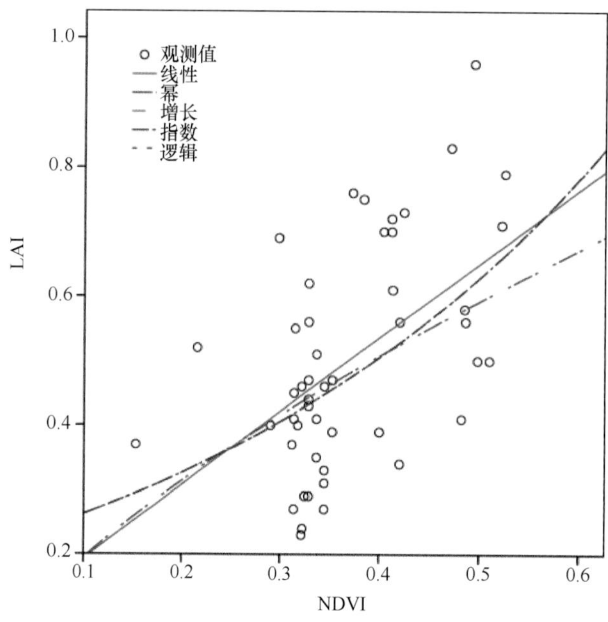

图 5-19 LAI 与 NDVI 曲线拟合

表 5-26　LAI 与 NDVI 经验关系模型

模型名称	回归方程	R^2	R	F	Sig.
线性	LAI=1.143×NDVI+0.079	0.269	0.519	16.906	0.000
幂	LAI=0.958×NDVI$^{0.694}$	0.202	0.449	11.635	0.001
增长	LAI=exp(−1.559+2.19×NDVI)	0.242	0.492	14.705	0.000
指数	LAI=0.21×exp(2.19×NDVI)	0.242	0.492	14.705	0.000
逻辑	LAI=1/(0+4.753×0.112^{NDVI})	0.242	0.492	14.705	0.000
df	48				

由表 5-26 可以看出，LAI 与 NDVI 几种类型的回归方程的决定系数 R^2 都较低，即拟合效果不是很好。将得到的 LAI 与 NDVI 关系模型利用实测值进行符合度统计检验，结果见表 5-27。根据符合度统计检验结果，以羊草为建群种的温性草原类草地利用 NDVI 来反演 LAI 精度较低，从几种类型回归方程验证结果的相对误差、相对平均偏差及 RMSE 来看，幂函数回归方程最低。选择幂函数拟合曲线作为 LAI 与 NDVI 的经验模型。

表 5-27　LAI 与 NDVI 经验模型验证

模型类型	回归方程	相对误差（100%）	相对平均偏差（100%）	RMSE
线性	LAI=1.143×NDVI+0.079	51.14	49.12	0.375
幂	LAI=0.958×NDVI$^{0.694}$	31.31	44.72	0.335
增长	LAI=exp(−1.559+2.19×NDVI)	59.10	53.92	0.414
指数	LAI=0.21×exp(2.19×NDVI)	58.83	53.86	0.413
逻辑	LAI=1/(0+4.753×0.112^{NDVI})	59.06	53.91	0.414
验证点个数	28			

3. 小结

经过对实测各因子的相关性分析、回归分析及模型验证，得到以羊草为主要建群种的温性草原类草地的 LAI/FPAR 与不同因子的经验模型（表 5-28）。

表 5-28　以羊草为建群种的温性草原类草地 LAI/FPAR 反演模型

模型名称	回归方程	R^2
FPAR	FPAR=0.434×NDVI+0.094	0.219
	FPAR=0.188×LAI+0.161	0.199
	—	—
LAI	LAI=0.958×NDVI$^{0.694}$	0.202

注：总样本数为 76 个，利用其中的 48 个建模、28 个进行模型验证

（五）以葱为建群种的温性草原类草地 LAI/FPAR 模型

1. FPAR 关系模型及验证

将实测的以葱为建群种的温性草原类草地样方的 FPAR 与对应的 NDVI、LAI 在 SPSS

中进行回归分析及曲线拟合（图 5-20），根据回归分析及曲线拟合得到 FPAR 的关系模型（表 5-29）。

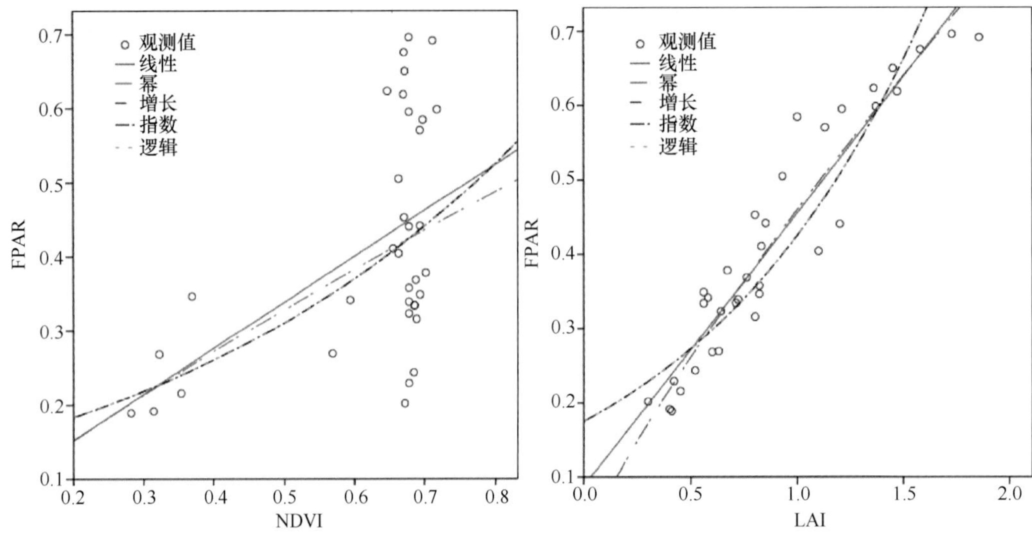

图 5-20　FPAR 与 NDVI、LAI 关系拟合

表 5-29　以葱为建群种的温性草原类草地 FPAR 模型

模型名称	回归方程	R^2	R	F	Sig.
线性	FPAR=0.620×NDVI+0.028	0.248	0.498	10.908	0.002
幂	$\text{FPAR}=0.589\times\text{NDVI}^{0.843}$	0.319	0.565	15.476	0.000
增长	FPAR=exp(−2.047+1.755×NDVI)	0.32	0.566	15.535	0.000
指数	FPAR=0.129×exp(1.755×NDVI)	0.32	0.566	15.535	0.000
逻辑	$\text{FPAR}=1/(0+7.743\times0.173^{\text{NDVI}})$	0.32	0.566	15.535	0.000
线性	FPAR=0.367×LAI+0.088	0.893	0.945	276.697	0.000
幂	$\text{FPAR}=0.460\times\text{LAI}^{0.813}$	0.899	0.948	292.851	0.000
增长	FPAR=exp(−1.740+0.886×LAI)	0.837	0.915	168.865	0.000
指数	FPAR=0.175×exp(0.886×LAI)	0.837	0.915	168.865	0.000
逻辑	$\text{FPAR}=1/(0+5.7\times0.412^{\text{LAI}})$	0.837	0.915	168.865	0.000
df	35				

由图 5-20 可以看出，FPAR 与 NDVI 的拟合效果不是很理想，而 FPAR 与 LAI 的拟合效果较好。由表 5-29 可以看出，FPAR 与 NDVI 关系模型回归方程的决定系数 R 较低，而 FPAR 与 NDVI 回归方程的决定系数 R 较高，均大于 0.9。将得到的 FPAR 模型利用实测数据进行符合度统计检验（表 5-30）。由验证的结果可以看出，FPAR 与 NDVI 关系模型的精度较低，相对误差及相对平均偏差均较大，说明在以葱为主要建群种的温性草原类草地中，利用 NDVI 反演 FPAR 误差较大；FPAR 与 LAI 的模型相对误差、相对平均偏差及 RMSE 均较低，在 FPAR 与 LAI 的关系模型中，指数模型的相对误差及相对平均偏差最小，RMSE 与其他类型的相差不大，故选择指数模型的拟合曲线作为 FPAR 与 LAI 的经验关系模型。

表 5-30　FPAR 经验模型验证

模型类型	回归方程	相对误差（100%）	相对平均偏差（100%）	RMSE
线性	FPAR=0.620×NDVI+0.028	−27.41	29.78	0.494
幂	$FPAR=0.589\times NDVI^{0.843}$	−27.72	30.08	0.495
增长	FPAR=exp(−2.047+1.755×NDVI)	−26.35	28.75	0.493
指数	FPAR=0.129×exp(1.755×NDVI)	−26.41	28.82	0.493
逻辑	$FPAR=1/(0+7.743\times 0.173^{NDVI})$	−26.34	28.75	0.493
线性	FPAR=0.367×LAI+0.088	13.53	9.82	0.363
幂	$FPAR=0.460\times LAI^{0.813}$	12.79	9.11	0.364
增长	FPAR=exp(−1.740+0.886×LAI)	6.97	4.97	0.386
指数	FPAR=0.175×exp(0.886×LAI)	6.65	4.94	0.387
逻辑	$FPAR=1/(0+5.7\times 0.412^{LAI})$	8.51	5.18	0.381
验证点个数	10			

2. LAI 关系模型及验证

将实测的以葱为建群种的温性草原类草地样方的 LAI 及对应的 NDVI 在 SPSS 中进行回归分析及曲线拟合（图 5-21），根据回归分析及曲线拟合得到 LAI 与 NDVI 的关系模型（表 5-31）。

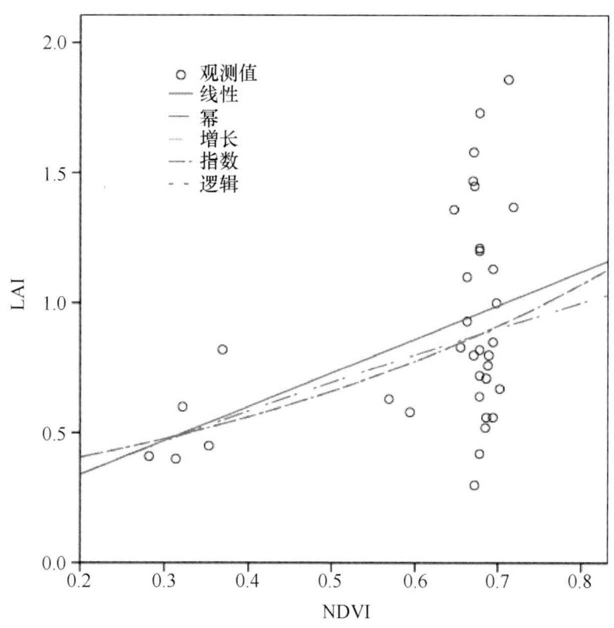

图 5-21　LAI 与 NDVI 曲线拟合

由 LAI 与 NDVI 的拟合曲线及回归方程的决定系数 R 可以看出，以葱为建群种的温性草原类草地的 LAI 与 NDVI 关系模型拟合效果不是很好，为进一步验证模型的精度，利用实测数据对几种类型的回归方程进行符合度统计检验（表 5-32）。由检验结果可以看出，几种类型的 LAI 与 NDVI 模型的精度都较低，相比较而言，指数模型的精度较高，因此选择指数模型回归方程为 LAI 与 NDVI 的经验模型。

表 5-31　LAI 与 NDVI 经验关系模型

模型名称	回归方程	R^2	R	F	Sig.
线性	LAI=1.298×NDVI+0.081	0.164	0.405	6.488	0.016
幂	$LAI=0.777\times NDVI^{1.190}$	0.2	0.447	8.242	0.007
增长	LAI=exp(−1.225+1.618×NDVI)	0.2	0.447	8.264	0.007
指数	LAI=0.294×exp(1.618×NDVI)	0.2	0.447	8.264	0.007
逻辑	$LAI=1/(0+3.403\times 0.1983^{NDVI})$	0.2	0.447	8.264	0.007
df	35				

表 5-32　LAI 与 NDVI 经验模型验证

模型类型	回归方程	相对误差（100%）	相对平均偏差（100%）	RMSE
线性	LAI=1.298×NDVI+0.081	−26.77	30.64	0.250
幂	$LAI=0.777\times NDVI^{1.190}$	−70.81	72.35	0.520
增长	LAI=exp(−1.225+1.618×NDVI)	−26.21	30.12	0.251
指数	LAI=0.294×exp(1.618×NDVI)	−26.15	30.06	0.250
逻辑	$LAI=1/(0+3.403\times 0.1983^{NDVI})$	−26.19	30.09	0.251
验证点个数	10			

3. 小结

经过对实测各因子的相关性分析、回归分析及模型验证，得到以葱为主要建群种的温性草原类草地的 LAI/FPAR 的经验模型（表 5-33）。

表 5-33　以葱为建群种的温性草原类草地 LAI/FPAR 反演模型

模型名称	回归方程	R^2
FPAR	FPAR=0.175×exp(0.886×LAI)	0.837
LAI	LAI=0.294×exp(1.618×NDVI)	0.2

注：总样本数为 45 个，利用其中的 35 个建模、10 个进行模型验证

（六）温性草原类草地 LAI/FPAR 模型

1. FPAR 经验模型及验证

将所有温性草原类草地实测样方的 FPAR 与 NDVI、LAI 等因子在 SPSS 中进行相关性分析（表 5-34），可以看出温性草甸草原类草地的 FPAR 与 NDVI、冠层高度及 LAI 均在 0.01 水平下呈极显著相关，相关系数 R 均大于 0.77，FPAR 与 NDVI 和 LAI 的相关系数 R 均大于 0.9，LAI 与 NDVI 及冠层高度的相关系数也均大于 0.78。

将 FPAR 与 NDVI、LAI 及冠层高度在 SPSS 中进行回归分析及曲线拟合，得到 FPAR 与 NDVI 等因子不同类型的回归方程（表 5-35）。

表 5-34　温性草原类草地 LAI/FPAR 与 NDVI 等因子相关性分析

		NDVI	FPAR	HEIGHT	LAI
FPAR	皮尔逊相关系数	0.811**	1	0.603**	0.886**
	Sig.（2-tailed）	0.000		0.000	0.000
LAI	皮尔逊相关系数	0.757**	0.886**	0.617**	1
	Sig.（2-tailed）	0.000	0.000	0.000	
	N	129	129	129	129

**表示相关性在 0.01 水平显著（2-tailed）

表 5-35　温性草原类草地 FPAR 模型

模型名称	回归方程	R^2	R	F	Sig.
线性	FPAR=0.601×NDVI+0.043	0.49	0.700	121.952	0.000
幂	$FPAR=0.607\times NDVI^{0.858}$	0.545	0.738	152.214	0.000
增长	FPAR=exp(−2.080+1.867×NDVI)	0.562	0.750	162.771	0.000
指数	FPAR=0.125×exp(1.867×NDVI)	0.562	0.750	162.771	0.000
逻辑	$FPAR=1/(0+8.004\times 0.155^{NDVI})$	0.562	0.750	162.771	0.000
线性	FPAR=0.284×LAI+0.157	0.78	0.883	450.922	0.000
幂	$FPAR=0.460\times LAI^{0.681}$	0.826	0.909	602.708	0.000
增长	FPAR=exp(−1.635+0.766×LAI)	0.673	0.820	260.863	0.000
指数	FPAR=0.195×exp(0.766×LAI)	0.673	0.820	260.863	0.000
逻辑	$FPAR=1/(0+5.130\times 0.465^{LAI})$	0.673	0.820	260.863	0.000
线性	FPAR=0.009×HEIGHT+0.09	0.425	0.652	93.785	0.000
幂	$FPAR=0.017\times HEIGHT^{0.887}$	0.472	0.687	113.628	0.000
增长	FPAR=exp(−1.861+0.026×HEIGHT)	0.411	0.641	88.476	0.000
指数	FPAR=0.156×exp(0.026×HEIGHT)	0.411	0.641	88.476	0.000
逻辑	$FPAR=1/(0+6.431\times 0.974^{HEIGHT})$	0.411	0.641	88.476	0.000
df	129				

将 FPAR 不同类型的回归方程，利用实测数据进行符合度统计检验（表 5-36），由检验结果可以看出，FPAR 与 NDVI 的线性模型的相对平均偏差及 RMSE 最小，幂函数相对偏差最小，因此，FPAR 与 NDVI 的关系模型首选线性模型，其次选择幂函数；FPAR 与 LAI 的关系模型中，幂函数的相对平均偏差及 RMSE 最小，线性模型次之，故 FPAR 与 LAI 的模型首选幂函数，线性模型次之；FPAR 与冠层高度的预测精度较差，相比较而言选择 FPAR 与冠层高度的线性模型回归方程来利用冠层高度反演 FPAR 的精度最高。

2. LAI 经验模型及验证

由表 5-37 可知，温性草原类草地的 LAI 与 NDVI 及冠层高度在 0.01 水平下极显著，将所有实测的温性草原类草地的 LAI 及对应的 NDVI、冠层高度在 SPSS 中进行回归分析及曲线拟合（图 5-22），由回归分析及曲线拟合得到 LAI 与 NDVI 及冠层高度 HEIGH 的不同类型的回归方程（表 5-37）。

表 5-36 温性草原类草地 FPAR 经验模型验证

模型类型	回归方程	相对误差（100%）	相对平均偏差（100%）	RMSE
线性	FPAR=0.601×NDVI+0.043	7.73	20.05	0.10
幂	$FPAR=0.607\times NDVI^{0.858}$	4.06	20.81	0.11
增长	FPAR=exp(–2.080+1.867×NDVI)	5.86	20.21	0.10
指数	FPAR=0.125×exp(1.867×NDVI)	5.92	20.20	0.10
逻辑	$FPAR=1/(0+8.004\times 0.155^{NDVI})$	5.69	20.24	0.10
线性	FPAR=0.284×LAI+0.157	9.27	13.18	0.06
幂	$FPAR=0.460\times LAI^{0.681}$	11.40	11.15	0.05
增长	FPAR=exp(–1.635+0.766×LAI)	4.68	13.42	0.07
指数	FPAR=0.195×exp(0.766×LAI)	4.71	13.42	0.07
逻辑	$FPAR=1/(0+5.130\times 0.465^{LAI})$	4.65	13.44	0.07
线性	FPAR=0.009×HEIGHT+0.09	19.68	31.06	0.16
幂	$FPAR=0.017\times HEIGHT^{0.887}$	18.24	32.43	0.16
增长	FPAR=exp(–1.861+0.026×HEIGHT)	18.74	33.31	0.17
指数	FPAR=0.156×exp(0.026×HEIGHT)	19.11	33.35	0.17
逻辑	$FPAR=1/(0+6.431\times 0.974^{HEIGHT})$	20.36	33.67	0.17
验证点个数	52			

表 5-37 温性草原类草地 LAI 模型

模型名称	回归方程	R^2	R	F	Sig.
线性	LAI=1.429×NDVI–0.029	0.436	0.660	98.161	0.000
幂	$LAI=1.295\times NDVI^{1.033}$	0.447	0.669	102.789	0.000
增长	LAI=exp(–1.654+2.267×NDVI)	0.489	0.699	121.321	0.000
指数	LAI=0.191×exp(2.267×NDVI)	0.489	0.699	121.321	0.000
逻辑	$LAI=1/(0+5.228\times 0.104^{NDVI})$	0.489	0.699	121.321	0.000
线性	LAI=0.030×HEIGHT–0.155	0.459	0.677	107.594	0.000
幂	$LAI=0.01\times HEIGHT^{1.239}$	0.517	0.719	135.782	0.000
增长	LAI=exp(–1.569+0.038×HEIGHT)	0.477	0.691	115.959	0.000
指数	LAI=0.208×exp(0.038×HEIGHT)	0.477	0.691	115.959	0.000
逻辑	$LAI=1/(0+4.8\times 0.963^{HEIGHT})$	0.477	0.691	115.959	0.000
df	129				

将 LAI 不同类型的回归方程，利用实测数据进行符合度统计检验（表 5-38），从检验结果看，LAI 与 NDVI 的关系模型中，线性模型回归方程的相对平均偏差及 RMSE 最低，但是相对误差最高；幂函数曲线拟合的相对误差最低，但相对平均偏差却最高；其他类型回归方程的相对误差、相对平均偏差及 RMSE 相近；综合考虑，选择线性模型作为 LAI 与 NDVI 的关系模型。LAI 与冠层高度的几种关系模型，相对误差、相对平均偏差及 RMSE 都较高，相比较而言，幂函数曲线拟合的模拟精度最高，选择幂函数作为 LAI 与冠层高度 HEIGHT 的关系模型。

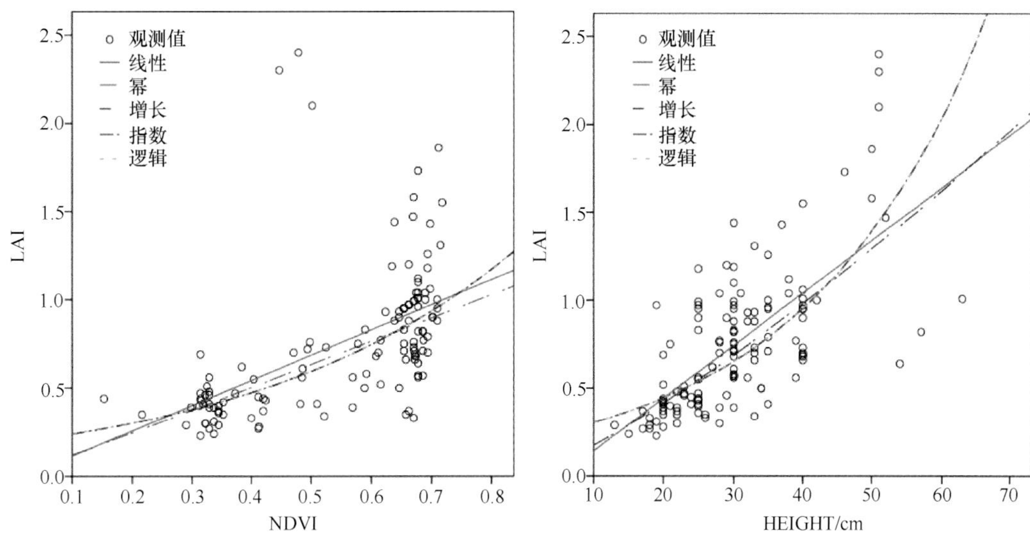

图 5-22　温性草原类草地 LAI 与 NDVI、冠层高度关系拟合

表 5-38　温性草原类草地 LAI 经验模型验证

模型类型	回归方程	相对误差（100%）	相对平均偏差（100%）	RMSE
线性	LAI=1.429×NDVI–0.029	7.77	22.44	0.26
幂	$LAI=1.295\times NDVI^{1.033}$	–0.43	23.56	0.27
增长	LAI=exp(–1.654+2.267×NDVI)	1.96	23.08	0.27
指数	LAI=0.191×exp(2.267×NDVI)	1.81	23.10	0.27
逻辑	$LAI=1/(0+5.228\times 0.104^{NDVI})$	1.73	23.11	0.27
线性	LAI=0.030×HEIGHT–0.155	33.67	36.14	0.42
幂	$LAI=0.01\times HEIGHT^{1.239}$	24.05	36.02	0.40
增长	LAI=exp(–1.569+0.038×HEIGHT)	26.47	38.52	0.43
指数	LAI=0.208×exp(0.038×HEIGHT)	26.31	38.51	0.43
逻辑	$LAI=1/(0+4.8\times 0.963^{HEIGHT})$	24.99	38.20	0.43
验证点个数	76			

3. 小结

通过对实测温性草原类草地的FPAR、NDVI、LAI等因子的相关性分析及回归分析和曲线拟合，得到LAI/FPAR与NDVI等的关系模型，利用实测数据对得到的几种类型的LAI/FPAR模型进行符合度统计检验，最终得到的LAI及FPAR关系模型如表 5-39 所示。

表 5-39　温性草原类草地 LAI/FPAR 反演模型

模型名称	回归方程	R^2
FPAR	FPAR=0.601×NDVI+0.043	0.49
	$FPAR=0.460\times LAI^{0.681}$	0.826
	$FPAR=0.017\times HEIGHT^{0.887}$	0.472
LAI	LAI=1.429×NDVI–0.029	0.436
	$LAI=0.01\times HEIGHT^{1.239}$	0.517

注：总样本数为 204 个，利用其中的 129 个建模、75 个进行模型验证

由 FPAR 的几种关系模型的决定系数可以看出，FPAR 与 LAI 的关系模型最高，因此在反演 FPAR 时应首选 FPAR 与 LAI 关系模型来反演 FPAR，FPAR 与 NDVI 关系模型次之；LAI 关系模型中，虽然 LAI 与冠层高度的回归方程决定系数较高，但是由前文分析可知，LAI 与冠层高度 HEIGHT 的拟合效果较差，因此首选 LAI 与 NDVI 关系模型。

三、草地冠层 LAI/FPAR 遥感估算模型构建

前文利用实测植被指数等与 FPAR 的关系构建了不同草地类型 FPAR 经验统计模型。虽然，经验统计模型形式灵活多样，但易受植被类型、生长阶段、立地环境等多种因子影响，模型的普适性较差（方秀琴和张万昌，2003）。草地属于典型的连续植被，和大气有一个连续的边界。辐射传输模型是目前相对成熟的基于物理光学的光学模型，是针对连续植被建立的光谱模型（徐希孺，2005；方秀琴和张万昌，2003），适用于草地冠层。本研究利用 PROSPECT-SAIL（简称 PROSAIL）模型模拟叶绿素含量、LAI 影响下的连续植被冠层反射率的变化情况，并分析冠层反射率与 FPAR 的关系，建立草地冠层 FPAR 遥感估算模型。

（一）PROSPECT-SAIL 模型简介

1. PROSPECT 模型

叶片光学物理模型（PROSPECT 模型）于 1990 年首先由 Jacquemoud 和 Baret 提出，1996 年经 Jacquemoud 等扩展。PROSPECT 模型是一个在 Allen 归纳的平板模型基础上发展起来的辐射传输模型，它表达了植株从 400nm 到 2500nm 的光学特性。PROSPECT 模型适用于新鲜的绿色植物叶片。PROSPECT 模型中，散射用叶的折射指数（n）和层数（N）来描述；吸收用色素浓度（C_{a+b}）、水含量、蛋白质含量、纤维素含量来模拟。只需输入叶的层数、叶绿素含量、水的等价厚度、蛋白质含量和纤维素含量就可求出叶片的半球反射率 r_λ 和透过率 τ_λ。故该模型被广泛应用于叶片的半球反射率和透射率的反演（Jacquemoud and Baret，1990；薛云等，2005；蔡博峰和绍霞，2007）。

2. SAIL 模型

SAIL（scattering by arbitrarily inclined leaves）模型于 1984 年由 Verhoef 提出，这个模型把植被当作一个混合介质，冠层是一个同类植被冠层，所用的输入参数较少，普遍应用于大多数的农业植被类型，且测试效果很好。该模型以 1931 年 Kubelka 和 Munk 的两个通量理论为基础，用一个向下和一个向上的漫辐射通量描述了混合介质的辐射传输。1970 年 Allen 等加上从太阳到地面直到观测者的一个直接辐射通量模拟了辐射传输。Suits 和 Verhoef 分别于 1972 年和 1984 年把这些通量方程式的系数与描述植被冠层的参数关联起来。其植被参数和反射率 ρ^λ 的函数关系简单描述为：ρ^λ =SAIL（LAI，LAD，$\rho_L{}^\lambda$，$\tau_L{}^\lambda$，$\rho_S{}^\lambda$，SKYL$^\lambda$，α，Z，Z_{SUN}），其中 LAI 为叶面积指数；LAD 为叶倾角分布；$\rho_L{}^\lambda$ 为叶辐射率；$\tau_L{}^\lambda$ 为叶传输率；$\rho_S{}^\lambda$ 为土壤反射率；SKYL$^\lambda$ 为收入的漫辐射；α 为观测者的方位角；Z 为观测者的天顶角；Z_{SUN} 为太阳的天顶角。

叶的方位角被认为是随机分布的，而叶的天顶角服从 LAD。LAD 可用三角几何分布

（Shultis and Myneni，1988）、β 分布（Goel and Strebel，1984）或仅给平均叶角的椭球分布（Nilson and Kuusk，1989）来模拟。

SAIL 模型的扩展也考虑了热点影响（Kuusk，1991）和农田的行结构（Goel and Grier，1988）。

SAIL模型的重点在于如何导出辐射传输方程中各系数与植被几何参数间的函数关系。主要考虑以下几个方面的计算：

★单叶片对辐射的拦截计算

★叶簇对辐射的拦截

★消光系数的计算

★散射系数的计算

各个具体算法详见徐希孺主编的《遥感物理》（91～97 页），在此不做详细介绍。

3. PROSAIL 模型在草地上的适用性分析

PROSAIL 模型是目前相对成熟的以物理光学为基础的光学模型，是针对连续植被建立的光谱模型，草地属于比较典型的连续植被，和大气有一个比较连续的边界，从理论上来说，PROSAIL 模型适用于草地冠层 LAI/FPAR 的反演研究。但实际到底如何？本研究通过修改 PROSAIL 模型中关键的输入参数（如 N、叶绿素含量、叶干物质含量、叶含水量及叶倾角分布），模拟了羊草草甸草原的冠层反射率，并与实测数据进行了比较（图 5-23）。

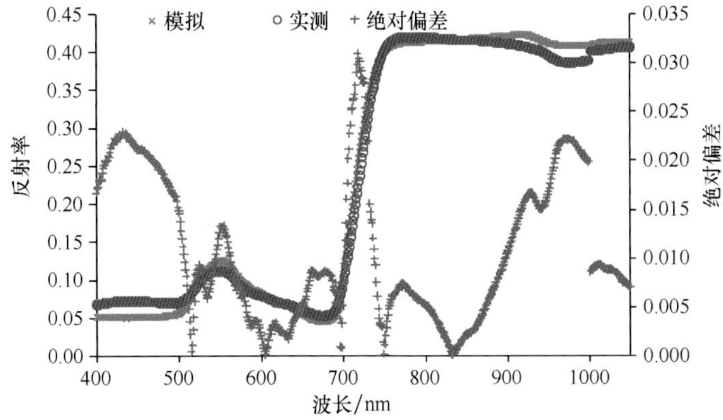

图 5-23 PROSAIL 模型模拟羊草冠层反射率与实测冠层反射率比较

由图 5-23 可以看出，经过修改后的 PROSAIL 模型，模拟的冠层反射率的绝对偏差（绝对偏差=|预测值−实测值|）在 400～500nm 和 986～998nm 较大（平均绝对误差分别为 0.019 98 和 0.016 58），在其他波段的绝对偏差小于 0.015，因此完全适用于草地冠层反射率模拟，进而可对草地的 LAI/FPAR 进行遥感反演。

由前文分析得知，在不同的生长阶段，草地的叶绿素含量、叶面积等对草地的 FPAR 具有较大的影响，因此对不同叶绿素含量、叶面积及不同的太阳天顶角下，草地冠层反射率与 FPAR 的关系进行分析，可为建立草地冠层遥感 LAI/FPAR 提供基础。

（二）草地冠层 LAI/FPAR 模型的建立

LAI/FPAR 与叶绿素含量及冠层反射率有很好的相关性，并且利用 PROSAIL 模型反演的温性草甸草原冠层 LAI/FPAR 的精度比 MODIS 反演精度有所提高。因此，可利用 PROSAIL 模型建立适用于温性草甸草原的 LAI/FPAR 反演模型。为了增加反演的温性草甸草原的 LAI/FPAR 模型实用性，主要针对目前应用比较广泛的卫星数据（MODIS）进行建模。

影响草地 FPAR 的因素较多，综合考虑叶绿素含量、太阳高度角、叶面积及土壤背景（暗栗钙土）等影响下，对温性草甸草原草地冠层的冠层反射率与 LAI/FPAR 进行模拟，建立 LAI/FPAR 的查找表，进行 LAI/FPAR 的反演。在 400～700nm 波段范围内，MODIS 各波段分布特征见表 5-40。

表 5-40　400～700nm 范围内 MODIS 各波段分布特征

用途	通道	带宽*	光谱辐射率**	要求 SNR***
植被叶绿素吸收	1	620～670	21.8	128
云和植被覆盖	2	841～876	24.7	201
土壤植被差异	3	459～479	35.3	243
绿色植被	4	545～565	29.0	228
叶绿素	8	405～420	44.9	880
	9	438～448	41.9	838
	10	483～493	32.1	802
	11	526～536	27.9	754
沉淀物	12	546～556	21.0	750
沉淀物，大气层	13	662～672	9.5	910
叶绿素荧光	14	673～683	8.7	1087

* 通道 1～14 单位为 nm

** 光谱辐射率单位为 W/(m^2·μm·sr)

*** SNR 为信噪比。分辨率：250m（通道 1～2）；500m（通道 3～7）；1000m（通道 8～14）

由叶绿素含量、LAI、FPAR 及太阳天顶角随波长的相关性变化分析得知，在太阳光合有效辐射波段内，450～690nm 波段是反演草地 LAI/FPAR 最有效的波段，对应的为 MODIS 的第 1、第 3、第 4 波段。

利用 MODIS 的通道响应函数，计算出模拟的冠层反射率对应的 MODIS 相应波段的反射率，然后分析 MODIS 的 1、3、4 波段反射率与 LAI/FPAR 的相关关系。MODIS 对应的各波段反射率积分与 LAI/FPAR 的关系如图 5-24 所示。

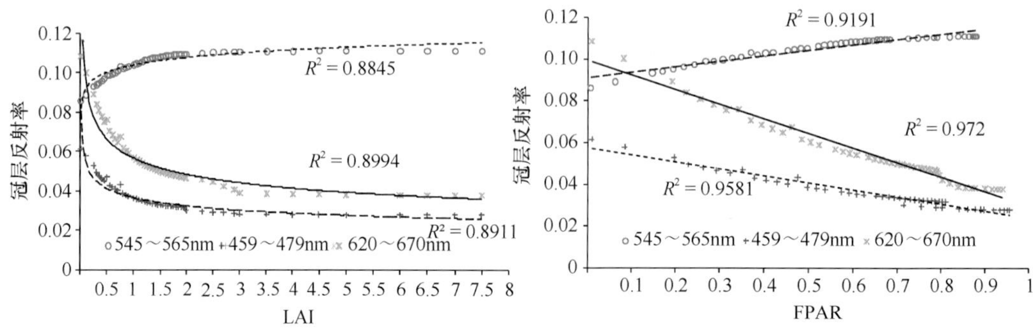

图 5-24　MODIS 对应波段反射率积分与 LAI/FPAR 的关系

由图 5-24 可以看出，MODIS 的 1、3 及 4 波段的冠层反射率积分与 LAI/FPAR 有很好的相关关系（R^2>0.88），可以用于温性草甸草原冠层 FPAR 及 LAI 的估算。

MODIS 的 LAI/FPAR 产品有其自身的查找表算法，与 MODIS 的查找表算法相比，该研究建立的温性草甸草原冠层 LAI/FPAR 算法的优越性表现在：查找表是利用 PROSAIL 模型建立，而 PROSAIL 模型中的参数是根据温性草甸草原的实际情况设定的，有依据和针对性。本研究建立的温性草甸草原类草地冠层 LAI/FPAR 查找表流程如图 5-25 所示。

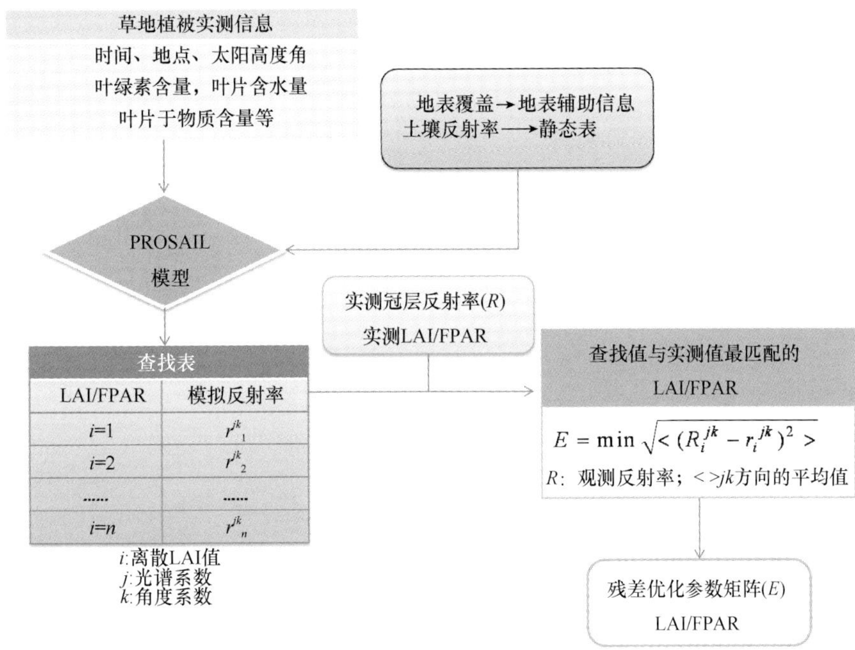

图 5-25　温性草甸草原 LAI/FPAR 算法中查找表算法流程

根据上述查找表流程，利用模拟数据建立用 MODIS 数据反演温性草甸草原类草地 LAI/FPAR 查找表（表 5-41）。

表 5-41　MODIS 数据反演温性草甸草原类草地 LAI/FPAR 查找表

LAI	MODIS					
	545～565nm		459～479nm		620～670nm	
	反射率	FPAR	反射率	FPAR	反射率	FPAR
0.01	0.078 587 23	0.006 685	0.045 480 615	0.008 779	0.085 462	0.008 548
0.1	0.081 326 308	0.064 729	0.042 784 295	0.084 121	0.079 061	0.081 904
0.25	0.085 335 367	0.153 455	0.039 144 11	0.196 404	0.070 346	0.191 021
0.3	0.086 117 572	0.177 65	0.036 607 437	0.230 067	0.066 254	0.224 048
0.35	0.087 148 811	0.203 9	0.035 479 697	0.262 586	0.063 773	0.255 7
0.4	0.088 116 118	0.229 26	0.034 443 115	0.293 648	0.061 486	0.285 91
0.45	0.089 020 621	0.253 785	0.033 491 485	0.323 314	0.059 379	0.314 771
0.5	0.090 715 798	0.281 513	0.034 865 474	0.351 986	0.059 971	0.341 919
0.55	0.090 656 864	0.300 365	0.031 814 136	0.378 733	0.055 647	0.368 686

续表

LAI	MODIS					
	545～565nm		459～479nm		620～670nm	
	反射率	FPAR	反射率	FPAR	反射率	FPAR
0.6	0.091 397 295	0.322 485	0.031 077 353	0.404 59	0.053 998	0.393 848
0.65	0.092 089 583	0.343 86	0.030 399 75	0.429 3	0.052 478	0.417 9
0.7	0.092 737 111	0.364 49	0.029 777 177	0.452 919	0.051 078	0.440 871
0.75	0.094 802 703	0.388 331	0.032 120 912	0.475 481	0.053 208	0.461 614
0.8	0.093 909 872	0.403 67	0.028 681 31	0.497 057	0.048 599	0.483 857
0.85	0.094 437 591	0.422 285	0.028 199 01	0.517 657	0.047 504	0.503 943
0.9	0.094 931 48	0.440 245	0.027 755 979	0.537 348	0.046 495	0.523 143
1	0.095 827 081	0.474 31	0.026 975 961	0.574 176	0.044 708	0.559 048
1.05	0.096 229 861	0.490 485	0.026 633 6	0.591 371	0.043 919	0.575 848
1.1	0.096 608 231	0.506 09	0.026 317 408	0.607 81	0.043 193	0.591 919
1.15	0.096 959 56	0.521 145	0.026 029 502	0.623 529	0.042 525	0.607 276
1.2	0.097 957 268	0.546 49	0.025 646 442	0.651 805	0.041 764	0.634 233
1.25	0.098 269 359	0.560 505	0.025 407 687	0.666 09	0.041 209	0.648 219
1.3	0.098 558 733	0.574 005	0.025 189 918	0.679 729	0.040 7	0.661 59
1.35	0.098 829 347	0.587 015	0.024 989 157	0.692 738	0.040 232	0.674 362
1.4	0.099 083 509	0.599 555	0.024 805 527	0.705 167	0.039 802	0.686 557
1.45	0.099 318 051	0.611 63	0.024 637 513	0.717 029	0.039 406	0.698 21
1.5	0.099 538 189	0.623 28	0.024 482 38	0.728 338	0.039 042	0.709 352
1.55	0.099 743 08	0.634 495	0.024 340 948	0.739 143	0.038 708	0.72
1.6	0.099 933 142	0.645 31	0.024 212 009	0.749 467	0.038 401	0.730 176
1.65	0.100 111 325	0.655 71	0.024 093 497	0.759 319	0.038 118	0.739 886
1.7	0.100 277 494	0.665 745	0.023 984 113	0.768 719	0.037 858	0.749 195
1.75	0.100 432 029	0.675 405	0.023 884 974	0.777 69	0.037 619	0.758 071
1.8	0.100 575 704	0.684 725	0.023 794 05	0.786 252	0.037 4	0.766 557
1.85	0.100 710 935	0.693 665	0.023 708 48	0.794 443	0.037 198	0.774 667
1.9	0.100 835 623	0.702 32	0.023 632 025	0.802 243	0.037 013	0.782 414
1.95	0.100 951 664	0.710 635	0.023 562 495	0.809 705	0.036 842	0.789 843
2	0.100 019 362	0.707 788	0.021 483 932	0.803 491	0.031 646	0.781 836
2.3	0.098 978 651	0.749 812	0.021 171 21	0.840 684	0.030 888	0.818 881
2.5	0.098 131 438	0.773 084	0.021 037 545	0.860 456	0.030 56	0.838 726
2.7	0.097 799 672	0.793 159	0.020 942 938	0.876 985	0.030 326	0.855 418
2.9	0.097 539 556	0.810 481	0.020 876 552	0.890 798	0.030 161	0.869 466
3	0.097 123 884	0.818 224	0.020 850 94	0.896 829	0.030 096	0.875 634
3.5	0.097 095 587	0.849 412	0.020 773 118	0.920 073	0.029 899	0.899 641
4	0.097 032 49	0.870 95	0.020 740 869	0.934 931	0.029 815	0.915 284
4.5	0.097 027 606	0.885 826	0.020 727 124	0.944 434	0.029 779	0.925 489
5	0.097 024 754	0.896 104	0.020 721 867	0.950 512	0.029 764	0.932 155
6	0.097 021 117	0.908 121	0.020 718 421	0.956 888	0.029 755	0.939 363

该查找表针对呼伦贝尔地区草甸草原生长季而建立。经过数值检验，模型在叶面积指数小于 0.25 时，误差较大；叶面积指数大于 0.25 且小于 6 时，精度较好。

（三）基于 BP 的 LAI 遥感估算模型

反向传播（back propagation，BP）神经网络是基于误差反向传播算法的多层前馈神经网络，是由输入层、输出层以及一个或多个隐含层节点连接而成的一种多层网络结构（图 5-26），这种结构使多层前馈网络可在输入单元和输出单元间建立有效的线性或非线性关系。基于神经网络的非参数化方法，该方法计算效率高，在对复杂的、非线性数据的模式识别能力方面具有出色表现，把神经网络引入遥感数据分析中，提高了植被生理参数反演的精度，成为当前反演 LAI 方法中的一种重要手段（叶炜等，2011）。

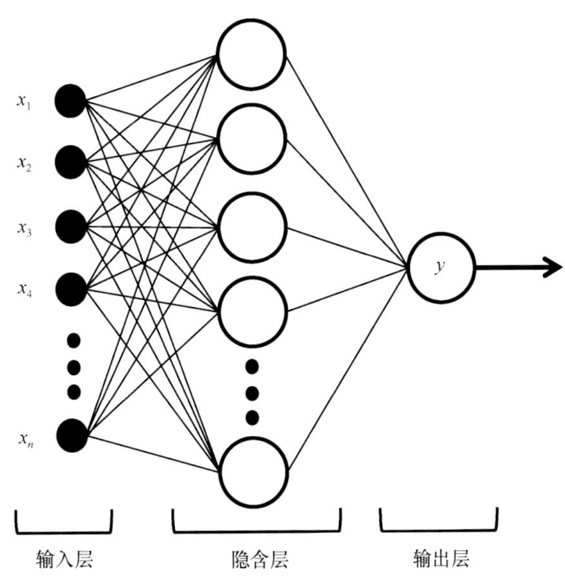

图 5-26　BP 神经网络结构图

BP 神经网络模型在处理复杂的非线性关系方面，具有较强的非线性映射能力，可以使期望 LAI 估算值与 LAI 实际值之间的误差达到最小。因此，将环境卫星（HJ 卫星）4 个波段及其衍生的 3 种植被指数 7 个自变量作为输入神经元，隐含层节点个数往往需要根据经验公式（5-13）或多次试凑法来确定，LAI 作为输出神经元建立 BP 神经网络，网络层次为多输入单输出的三层 BP 神经网络。

$$p=\sqrt{j+k+l} \tag{5-13}$$

式中，p 为隐含层节点个数；j 为输入单元个数；k 为输出单元个数；l 为［1, 10］之间的整数。

1. 数据来源及预处理

研究观测选择在中国农业科学院呼伦贝尔草原生态系统国家野外科学观测研究站（49°19′N，120°03′E，海拔 628m）周边的贝加尔针茅草甸草原样地进行，该研究区属于呼伦贝尔草甸草原的代表性样地，年均温在–3～–1℃，年均降水量为 350～400mm，降水主要集中在6～8月，无霜期100～110天，主要植物种有贝加尔针茅（*Stipa baicalensis*）、羊草（*Leymus chinensis*）等，土壤以栗钙土、暗栗钙土为主。

该研究于2013年6月、7月、8月在试验样地进行了9次地面-遥感同步观测试验。样方数据均匀地分布在3km×3km样地区域中，每个样方大小为30m×30m，选取3个1m^{2}大小的样点进行LAI实测，取这3次的均值作为样方的LAI，同时利用GPS记录每个样点的地理坐标和高程。

实验测量草地LAI采用LAI-2000植被冠层仪，加装90°角镜头盖，背对太阳直射方向进行测量。每次测量采取“1上6下”原则，即首先将该仪器探头水平放置于冠层上方，按下测定按钮，听到两声鸣叫声后获得 *A* 值（冠层顶部天空光），再将探头放入冠层下方贴近地面，在保持水平的情况下，按下测定按钮，听到两声鸣叫声后获得 *B* 值（冠层下方天空光），按照上述步骤重复6次，这些数据存入仪器主机的存储器自动计算出LAI。

选取与地面同步试验相对应的9景HJ-1A/B-CCD影像数据，包括：2013年6月4日成像的HJ1B-CCD1研究区数据、2013年6月11日成像的HJ1B-CCD2研究区数据、2013年6月23日成像的HJ1B-CCD12研究区数据、2013年6月29日成像的HJ1A-CCD1研究区数据、2013年7月6日成像的HJ1A-CCD1研究区数据、2013年7月13日成像的HJ1A-CCD2研究区数据、2013年7月21日成像的HJ1A-CCD2研究区数据、2013年8月11日成像的HJ1B-CCD2研究区数据、2013年8月19日成像的HJ1B-CCD2研究区数据，数据级别为二级（已经过辐射校正和系统几何校正，没有进行几何精纠正）。因此，对以上9景影像进行预处理（辐射定标、大气校正和几何校正）获得真实的地表反射率。

然后选用HJ星CCD数据4个波段：蓝光（中心波长475nm）、绿光（中心波长560nm）、红光（中心波长660nm）和近红外（中心波长830nm），以及通过波段运算得到3种植被指数：归一化植被指数（normalized difference vegetation index，NDVI）、抗大气植被指数（atmospherically resistant vegetation index，ARVI）、修改型二次土壤调节植被指数（modified soil adjusted vegetation index，MSAVI）。

根据地面同步观测的GPS坐标点信息提取了相对应的9景HJ卫星遥感数据4个波段的反射率值及3种植被指数，建立地面观测样方点与遥感数据的空间数据库，对数据进行异常值剔除和筛选，最终得到326个地面样方LAI数据和对应的4个波段的反射率值及其3种植被指数。为了进行模型构建和模型精度验证，其中252个样本数据用于训练神经网络，74个样本数据用于精度验证。最后根据多元决定系数（R^2）优选出BP神经网络模型。

2. 基于BP神经网络反演HJ-CCD/LAI

BP神经网络的设计与优化包括输入层设计、隐含层设计和输出层设计，网络层次选用多输入单输出的3层BP神经网络。该研究设计的输入层神经元节点数为7个（HJ卫星蓝波段、绿波段、红波段、近红外波段、NDVI、ARVI、MSAVI）；隐含层节点个数范围设定为1～10［（参见式（5-13）］；输出层神经元节点数为1个（LAI）；网络训练次数设定为10 000次，训练误差限设为0.001；网络第1、第2层的神经元转换函数设定为“tansig”或“logsig”；输出层神经元转换函数设定为“tansig”或“purelin”；训练函数分别设定为“trainbfg”、“trainlm”、“trainbr”。通过不断的调试神经网络参数（隐含层节点个数，网络第 1、第 2 层的神经元转换函数，输出层神经元转换函数，训练函数）及对比决定系数 R^2，最终确定反演研究区草地 LAI 的 BP 神经网络模型。

经过神经网络模型的不断调试优化，由 252 个样本数据训练拟合关系得出（图 5-27），拟合决定系数 R^2 最高为 0.661，是 BP 神经网络最优模型。此时隐含层节点个数为 5，网络第 1、第 2 层的神经元转换函数为“tansig”，输出层神经元转换函数为“purelin”，训练函数为“trainbr”，见 Matlab BP 神经网络结构图 5-28。

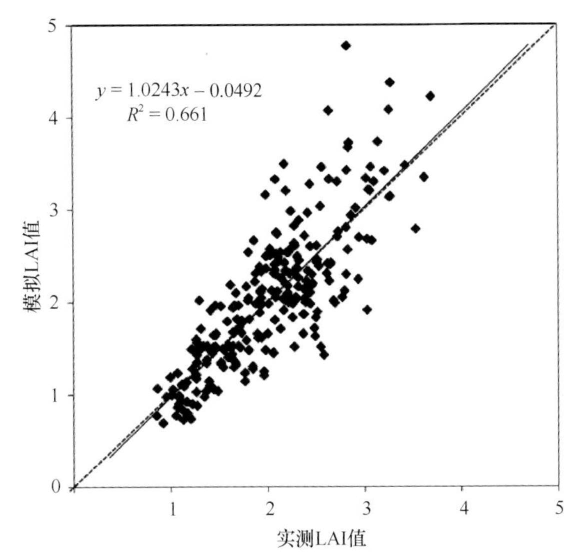

图 5-27　实测 LAI 与 BP 神经网络模拟 LAI 关系

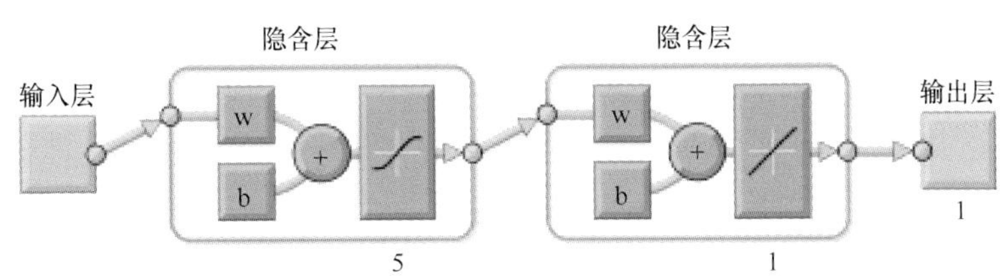

图 5-28　Matlab BP 神经网络结构图

w 为权重；b 为各神经元的阈值；1、5 为隐含层节点个数

3. BP 神经网络模型验证

无论采用何种遥感反演方法，其精度必须根据地面获取的 LAI 进行验证，以增加模型的可靠性和有效性（向洪波等，2009）。

将预留的 74 个样本点输入优选出的 BP 神经网络模型进行网络仿真预测并进行精度验证，RMSE 为 0.331、平均相对误差（MRE）为 0.172，模型精度为 82.8%（图 5-29）。从 1∶1 对角线也可以看出，基于神经网络模型反演的 LAI 与实测 LAI 样点分布更接近于 1∶1 线周围，且 RMSE 和 MRE 较小，基于 BP 神经网络模型可以较好地反演贝加尔针茅草甸草原 LAI，同时也说明了 BP 神经网络模型反演 LAI 达到了理想的估算效果。由于 BP 神经网络有较强的非线性解释性，有效地避免由植被指数饱和引起的草地 LAI 高低估现象。

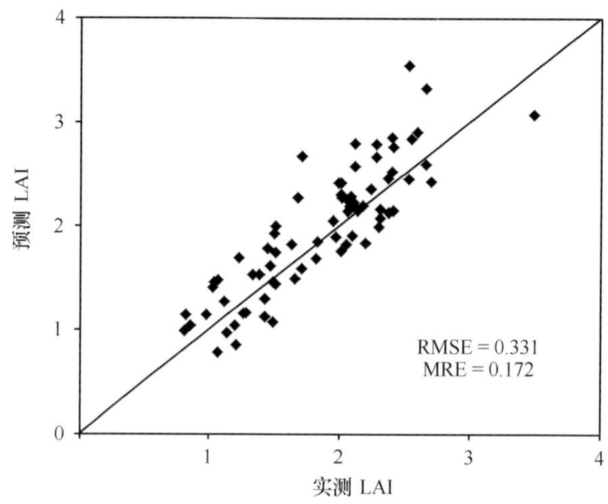

图 5-29　实测 LAI 与基于 BP 神经网络预测 LAI 间的散点图

4. BP 神经网络模型反演 LAI 时空分布图

在综合考虑数据质量的情况下，选取 6 月、7 月、8 月各一期 HJ 卫星地表反射率数据，利用 BP 神经网络模型反演得到 30m 分辨率的 LAI 空间分布图（图 5-30）。可以看出，在 6 月初，LAI 高值出现在东南部的放牧区域，北部和西部打草场 LAI 次之，中部围封样地 LAI 最小；7 月初，不同利用方式下贝加尔针茅群落 LAI 都呈一定的增长趋势，此时不同类型样地的 LAI 大小顺序依次为：打草场＞围封样地＞放牧样地；8 月上旬，随着温度和降水的增加，围封样地和打草场样地植被迅速增长，LAI 较高，而放牧样地受到放牧牲畜的啃食影响，LAI 趋于下降变小。从时间序列上来看，打草场样地、放牧样地的草地 LAI 反演结果与实际情况相符，基本反映了这两种利用方式下贝加尔针茅群落草地 LAI 的生长变化特征。围封样地由于存在较为明显的立枯现象（植物枯黄，从生长季结束时起，经过秋-冬非生长季到次年夏天，累计大量枯枝落叶，同时以释放 CO_2 过程为主），影响了近红外波段反射，使得 HJ-CCD 影像像元在近红外波段反射率偏低，导致围封样地反演的 LAI 被低估。

5. 小结

采用 BP 神经网络模型，在不考虑植被生长机理的前提下，通过输入敏感波段反射率和各种植被指数构建神经网络模型，经过反复的模型调试与优化，构建了输入层为 7 个，隐含层节点数为 5 个，输出层为 1 个，训练函数为“trainbr”的 BP 神经网络模型，模型反演精度达到 82.8%，有效地提高了 LAI 反演精度。

神经网络模型在估算农作物和森林的生物量、LAI 等方面应用较多，表现出较好的估测能力，在草地 LAI 估测方面研究较少，由于神经网络模型反演 LAI 缺乏明确的、定量的物理关系，所以该研究仅在草地生理生化参数先验知识不足的情况下，提供了一种可行的反演草地 LAI 的途径。在今后的研究中，可以通过确定 LAI 与输入参数的机理关系，来提高神经网络模型反演 LAI 的普适性。

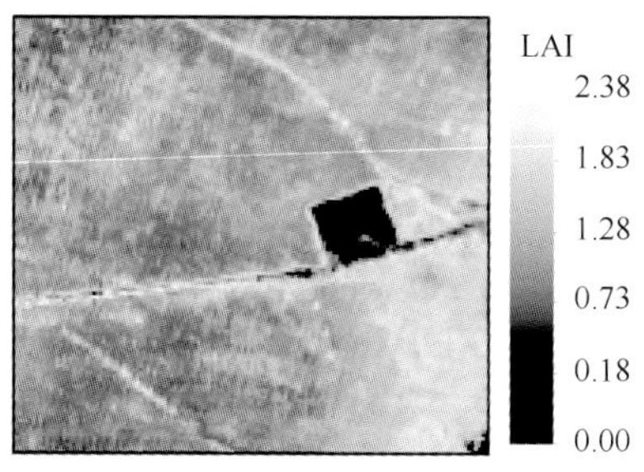

a. 基于BP神经网络反演草地 LAI (2013年6月4日)

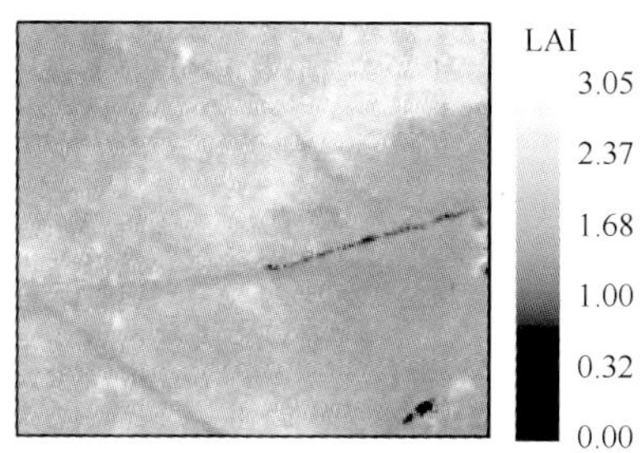

b. 基于BP神经网络反演草地 LAI (2013年7月6日)

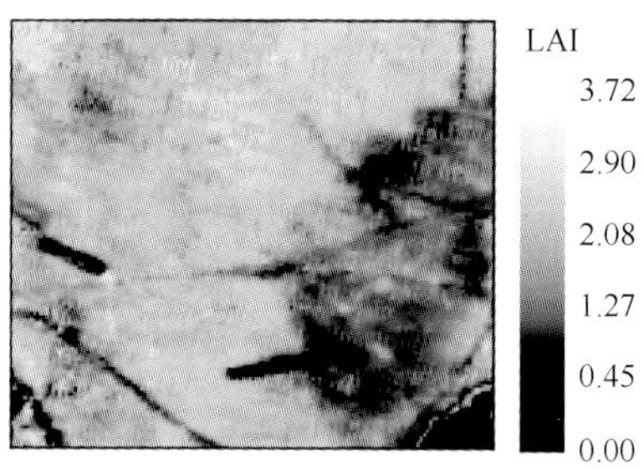

c. 基于BP神经网络反演草地 LAI (2013年8月11日)

图 5-30 基于 BP 神经网络方法反演 HJ 卫星 CCD 数据生成的草地 LAI 空间分布图

第三节 草地 LUE 反演方法改进

光能利用率（LUE）指植物通过光合作用将所截获/吸收的能量转化为有机干物质的效率，是植被将太阳的光能转化为有机质的能力，也是区域尺度以遥感参数模型监测植被生产力的理论基础，常以 ε 表示，单位用 gC/MJ 来表示，光能转化率并不是常数。在全球尺度/区域尺度上，由于植被类型的差异和气候环境的综合影响，光能利用率表现出显著的空间异质性和时间动态性。影响植被光能利用率时空变异性的因子包括植物内在因素（如叶形等）和外在环境因素。准确模拟光能利用率的时空特征及其波动，对精确估算植被 NPP 具有重要的作用和意义。

一、草地光能利用率时空变化分析

国外学者对植被光能利用率的研究较早，Monteith（1972）首次提出根据光能利用率原理利用 APAR 和 ε 估算陆地净初级生产力的概念后，国外其他学者对植被光能利用率进行广泛而深入的研究，如基于光能利用率理论的 NPP 模型的建立及基于 NPP 模型光能利用率的计算（Field et al.，1995；Monteith，1977；Goetz and Prince，1996；Turner et al.，2002；Ito and Oikawa，2004；Running et al.，2004；Hilker et al.，2007）；不同植被类型 ε 的确定（Field et al.，1995；Goetz and Prince，1996；Running et al.，2004；Ruimy et al.，1994；Raymond and Hunt，1994；Landsberg and Waring，1997；McCrady and Jokela，1998；Kinirya et al.，1999；Running et al.，2000）；不同植被类型 ε 的时空异质问题（Turner et al.，2002；Tuner et al.，2003；Ahl et al.，2004；Still et al.，2004）；光能利用率差异产生的生物学机制和环境控制机制原因分析（Monteith，1977；Van Oijen et al.，2004），以及其他光能利用率相关研究（Bartona and Northb，2001；Van Wijk and Bouten，2002；Green et al.，2003；Bradford et al.，2005）。国内许多学者的光能利用率研究工作以农作物及林地为主（吕军等，1990；张彦东等，1993；裴保华等，2000；王德禄，2000；张娜等，2003；邢世和等，2005）。地理信息系统（GIS）和遥感（RS）技术的发展，促进了区域尺度植被光能利用率的模拟研究。我国不少学者基于 GIS 和 RS 技术进行了不同尺度的植被光能利用率研究（彭少麟等，2000；张娜等，2003；邢世和等，2005；郭志华等，2001；朴世龙等，2001；陈利军等，2002；李贵才，2004；朱文泉等，2006；Yuan et al.，2007）。

虽然国内外对光能利用率的研究较多，但是针对中国草地及不同草地类型的光能利用率的研究不是很多，难以发现其地带性规律。为了研究草地的光能利用率规律，以内蒙古地区为例，结合遥感影像、气候等数据，估算不同草地类型的光能利用率，并分析其时空变化规律。

（一）数据与方法

1. 数据来源

研究所用遥感数据是由中国农科院区划所遥感室提供的 2003 年 MODIS_NDVI 产品，空间分辨率为 250m×250m，时间分辨率为 10 天，时间序列是 4～10 月。气象数据是由中国气象局提供的 2003 年内蒙古 47 个站点每月的降水、平均温度等数据。其他数据包括内蒙古行政区划图、1∶100 万及 1∶400 万的草地类型图、由中国科学院南京土壤研究所提供的 1∶100 万土壤质地图、由 http://toms.gsfc.nasa.gov/网站下载的 2003 年逐日的全国 TOMS 紫外波段反射率数据以及 2003 年内蒙古地区草地生长季的地面实测数据。

2. 样地选取

内蒙古自治区（37°24"N～53°23"N，97°12"E～126°04"E）平均海拔 1000～1500m，总面积 118.3 万 km^2，内蒙古地区草地总面积占全区国土面积的 74.4%，已利用草地面积占全区草地总面积的 77.3%。内蒙古草原是欧亚大陆草原的重要组成部分，属于温带草原生态类型，在温带草原中具有代表性，并位于 IGBP 全球变化研究典型陆地样带中国东北陆地样带之内，是全球变化最为敏感的区域（董云社等，2000）。2003 年草地生长盛期（7 月和 8 月）地面实测样方在内蒙古分布见图 5-1。

样地选取的原则是：①尽量包括各地最主要的、分布面积最大的各种草地类型；②取样地段和面积对于该草地类型的结构、生产力有足够的代表性。

在样地内，主要进行草地群落盖度、草层高度、不同类群的多盖度和地上及地下生物量、土壤含水量等监测，同时记录样地气象要素。

3. 采样方法

选取比较均一的草地（至少在周围 2km×2km 内相对均质），布设 1000m×1000m 的样地，用 GPS 精确定位每个样地中心的地理位置，在样地内取 5 个样方测定分类群生产力、多盖度、高度；根据 5 个样方的测量值加权平均，得到样地的平均地上生物量和平均草地群落盖度。内蒙古地区野外调查的主要草地类型见表 5-1。

温性草甸草原、温性典型草原、温性荒漠草原样方大小为 1m×1m，温性草原化荒漠样方大小为 2m×2m。

4. 数据处理

MODIS_NDVI 数据经过配准后（误差小于 0.5 个像元），将每月上、中、下三旬数据，采用最大合成法得到月 NDVI 数据。应用 ERDAS 8.6、ArcGIS 9.0 软件，将 MODIS_NDVI 影像数据、草地类型图、行政区划图、土壤质地图进行投影转换、叠加和裁剪等预处理。利用 GIS 的插值工具，对气象数据进行 IDW 插值，得到投影及像元大小与 NDVI 数据一致的气象要素栅格图。2003 年 4～10 月逐日的 TOMS 反射率数据利用 GIS 软件进行 IDW 插值，由 Eck 和 Dye（1991）的算法，将 TOMS 反射率转换为光合有效辐射，然后叠加得到逐月的光合有效辐射栅格数据，分辨率为 250m×250m。

（二）模型与方法

光能利用率的计算流程如图 5-31 所示。

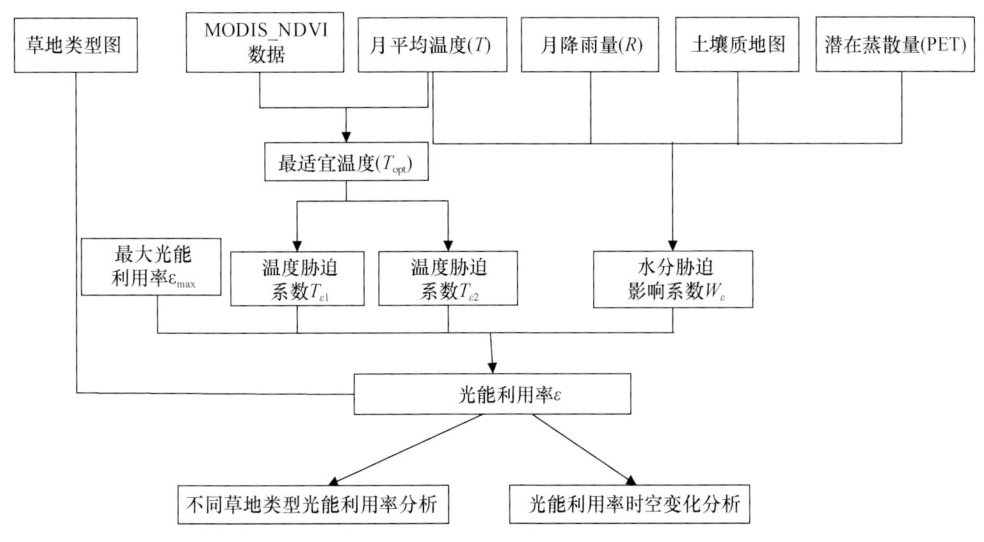

图 5-31　光能利用率的计算流程图

Potter 等（1993）认为植被的光能利用率在理想条件下达到最大，而在自然条件下主要受温度和水分的影响，计算公式为

$$\varepsilon(x,\ t)=T_{\varepsilon 1}(x,\ t)\times T_{\varepsilon 2}(x,\ t)\times W_{\varepsilon}(x,\ t)\times\varepsilon^{*} \quad (5\text{-}14)$$

式中，$\varepsilon(x, t)$表示像元 x 在 t 月份的实际光能利用率；$T_{\varepsilon1}$、$T_{\varepsilon2}$ 是温度对植物光能利用率的影响系数，分别用式（5-15）、式（5-16）计算；W_{ε} 是水分条件对光能利用率的影响系数，用式（5-17）计算；ε^{*}是理想条件下的最大光能利用率，本书仍采用原 CASA 模型中 0.3893gC/MJ。

$$T_{\varepsilon 1}(x)=0.8+0.02T_{\text{opt}}(x)-0.0005(T_{\text{opt}}(x))^{2} \quad (5\text{-}15)$$

$$T_{\varepsilon 2}(x,t)=\frac{1.1814}{\left\{1+e^{[0.2\cdot(T_{\text{opt}}(x)-10-T(xt))]}\right\}\left\{1+e^{[0.3\cdot(T_{\text{opt}}(x)-10+T(xt))]}\right\}} \quad (5\text{-}16)$$

$$W_{\varepsilon}(x,\text{t})=0.5+0.5\frac{\text{EET}(x,\text{t})}{\text{PET}(x,\text{t})} \quad (5\text{-}17)$$

式中，$T_{\text{opt}}(x)$是某一区域一年内植被 NDVI 达到最高时的月份（对不同的区域分别取 7 月或 8 月）的平均温度。EET(x, t)（estimated evapotranspiration，估计蒸散）：是 x 处 t 月实测的蒸散量（mm）；PET$(x,\ t)$（potential evapotranspiration，潜在蒸散）是 x 处 t 月的潜在蒸散量（mm）。

$T_{\varepsilon1}$ 反映了在低温和高温时植物内在的生化作用对光合的限制而降低净第一性生产力；$T_{\varepsilon2}$ 表示环境温度从最适宜温度［$T_{\text{opt}}(x)$］向高温和低温移动时植物的光能利用率逐渐变小的趋势（Potter et al.，1993；彭少麟等，2000）。当某一月平均温度小于或等于–10℃时，因子 $T_{\varepsilon1}$ 取 0；当某一月平均温度［$T(x, t)$］比最适宜温度［$T_{\text{opt}}(x)$］高 10℃或低 13℃时，该月的 $T_{\varepsilon2}$ 值等于月平均温度［$T(x, t)$］为最适宜温度［$T_{\text{opt}}(x)$］时 $T_{\varepsilon2}$ 值的一半。

W_{ε} 是水分胁迫影响系数，反映了植物所能利用的有效水分条件对光能利用率的影响。W_{ε} 的取值范围为 0.5（在极端干旱条件下）到 1（非常湿润条件下）。PET 是温度和纬度的函数，利用 Thornthwaite 于 1948 年提出的植被-气候关系模型来求算；EET 由土壤水分子模型（soil moisture submodel）求算，具体算法详见朴世龙等（2001）。当月平均温度小于或等于 0℃时，该月的 $W_{\varepsilon}(x, t)$等于前一个月的 $W_{\varepsilon}(x, t-1)$。

（三）结果与讨论

1. 光能利用率 ε 结果验证

（1）与其他学者研究结果的比较

图 5-32 是 2003 年内蒙古草地生长季光能利用率 ε 分布直方图。

由图 5-32 可以看出，2003 年内蒙古各种草地的生长季光能利用率 ε 的取值集中在 0.1362～0.278gC/MJ，最大为 0.2929gC/MJ，平均值为（0.2204±3.28）gC/MJ。朴世龙等（2001）、朱文泉等（2004）、徐丹（2005）、李贵才（2005）分别利用 CASA 等模型计算了不同年份中国植被类型中草地的光能利用率 ε，具体见表 5-42。

由表 5-42 可以看出，利用 MODIS 数据计算的 2003 年内蒙古草地生长季的光能利用率与徐丹（2005）计算的整个草原的光能利用率比较接近，朴世龙等（2001）、李贵才（2004）

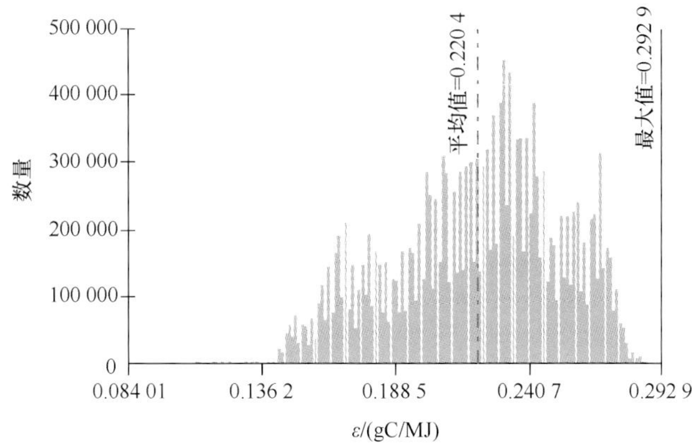

图 5-32　2003 年内蒙古草地生长季光能利用率 ε 分布直方图

表 5-42　不同研究者计算的光能利用率

研究者	计算年份	数据类型	草地类型	ε 均值/（gC/MJ）
朴世龙等（2001）	多年平均	NOAA/AVHRR	草原	0.15
			草甸	0.18
			荒漠	0.11
朱文泉等（2004）	1999	NOAA/AVHRR	温带草原	0.38
			荒漠草原	0.296
			温带草甸	0.316
徐丹（2005）	多年平均	NOAA/AVHRR	荒漠	0.217.
			草原	0.297
李贵才（2004）	2001	MODIS	草地	0.158
			荒漠	0.109

计算的草地光能利用率在本研究计算的范围之内，只是比本研究计算的略低；而比朱文泉等（2004）计算的草地光能利用率要小，这是因为朱文泉等在计算光能利用率时，草地的月最大光能利用率 ε 取值为 0. 608gC/MJ，远大于本研究的 0.3893gC/MJ。

（2）与利用实测生物量计算的 ε 比较

Potter 等（1993）认为植被 NPP 可以由植物吸收的光合有效辐射（APAR）和实际光能利用率 ε 两个因子来表示，即

$$\mathrm{NPP}(x,\ t)=\mathrm{APAR}(x,\ t)\times\varepsilon(x,\ t) \tag{5-18}$$

式中，APAR(x, t)表示像元 x 在 t 月份吸收的光合有效辐射（$\mathrm{MJ/m^2}$），由太阳总辐射中的光合有效辐射（PAR）和植被对光合有效辐射的吸收比率（FPAR）决定，PAR 及 FPAR 的具体算法详见李刚等（2007）；$\varepsilon(x, t)$表示像元 x 在 t 月份的实际光能利用率（gC/MJ）。

式（5-18）中 NPP 单位为 $\mathrm{gC/m^2}$，地面样方地上生物量单位是 $\mathrm{g/m^2}$，首先根据不同草地类型的地下与地上部分生物量比例系数（表 5-43）将地上生物量转化为实际生物量，然后采用方精云等（1996）植物生物量（单位为 g）转换为碳（gC）时采用的转换系数（0.45）进行转换得到实测 NPP，再根据式（5-18）利用实测的 7 月、8 月 NPP 计算得到实测点的 ε 值，与模拟的 7 月、8 月 ε 值比较结果如图 5-33 所示。

由图 5-33 可以看出，模拟的 ε 值总体上要比利用实测 NPP 计算的 ε 值要高，这说明月最大光能利用率 ε 取 0.3893gC/MJ 对于草地来说偏高。虽然本研究模拟的值要比利用实

表 5-43 不同草地类型的地下与地上部分生物量比例系数

草地类型	比例	文献来源
温性草甸草原类	5.26	方精云等（1996）
温性草原类	4.25	方精云等（1996）；李文华和周兴民（1998）
温性荒漠草原类	7.89	李文华和周兴民（1998）

资料来源：朴世龙等，2001

测生物量计算的 ε 偏高，但由图 5-33 可以看出，模拟 ε 与利用实测生物量计算的 ε 值在趋势上是一致的。模拟的 ε 能反映草地的 ε 时空变化趋势。

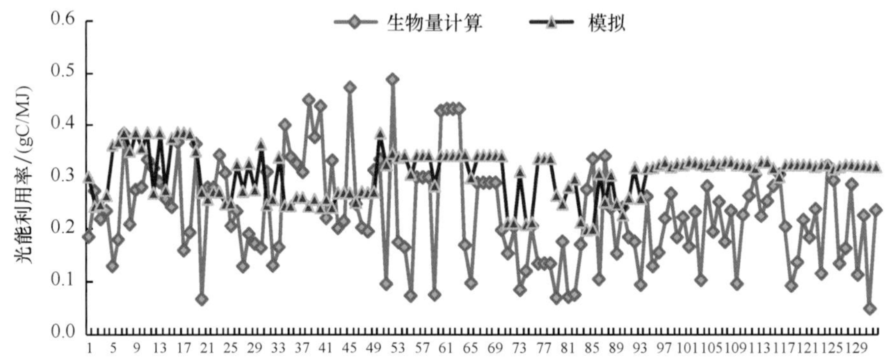

图 5-33 实测 NPP 计算 ε 值与模拟 ε 值比较

2. 内蒙古地区草地光能利用率 ε 时空变化

（1）内蒙古地区草地光能利用率 ε 空间变化

图 5-34 是模拟的内蒙古草地生长季节平均光能利用率 ε 分布图（ε_{max}＝0.3893gC/MJ）。

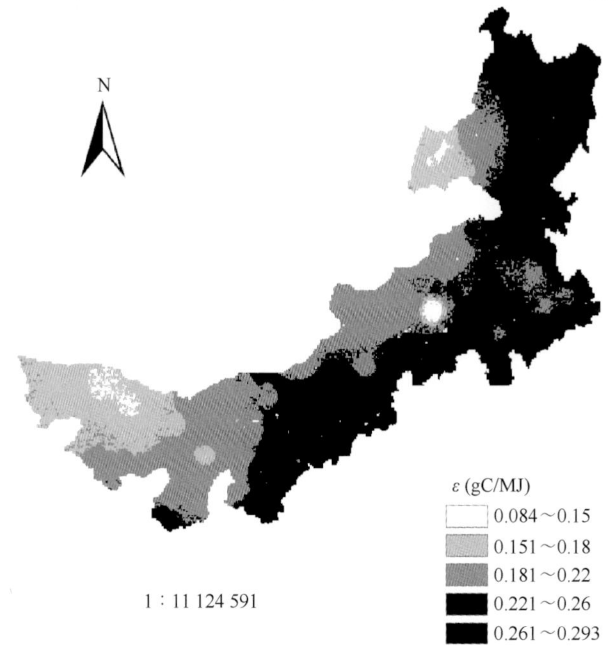

图 5-34 2003 年内蒙古草地生长季光能利用率 ε 分布图

由图 5-34 可以看出，内蒙古草地生长季的光能利用率 ε 总体分布趋势是：从高纬度的东北部地区向低纬度的西南部地区逐渐降低，这与内蒙古地区的降雨空间分布相同。从区域上来看，呼伦贝尔中部、东北部和西北部部分地区，兴安盟西北部，以及鄂尔多斯市东南部地区草地的光能利用率 ε>0.261gC/MJ，局部地区 ε 为 0.293gC/MJ。阿拉善盟西北部、锡林郭勒盟东南一小部分地区以及呼伦贝尔市西南部的 ε<0.18gC/MJ，其他地区的 ε 在 0.18～0.26gC/MJ。

内蒙古地区从东北部向西南地区依次分布着低地草甸类、温性山地草甸类、温性草甸草原类、温性草原类、温性荒漠草原类等草地类型，由于水热等因子的影响，其光能利用率 ε 也有所不同。表 5-44 是内蒙古主要草地类型的平均光能利用率 ε。

表 5-44　不同草地类型的平均光能利用率 ε

草地类型	ε 均值/（gC/MJ）	标准差
温性山地草甸类	0.236	0.013
温性草甸草原类	0.230	0.015
低地草甸类	0.229	0.030
温性草原类	0.224	0.031
温性荒漠草原类	0.221	0.020
温性草原化荒漠类	0.210	0.011
温性荒漠类	0.180	0.018

由表 5-44 可以看出，草甸类草地与荒漠类草地的光能利用率差异明显，最高相差 31.11%。不同草地类型之间光能利用率的变化与该地区水分空间分布相一致，呈由东北向西南地区逐渐减少的趋势。

（2）内蒙古地区草地光能利用率 ε 季节变化

图 5-35 是内蒙古地区草地生长季光能利用率 ε 变化情况。总的来说，随着时间的推移，内蒙古地区生长季草地的光能利用率呈先增加后降低的单峰趋势。

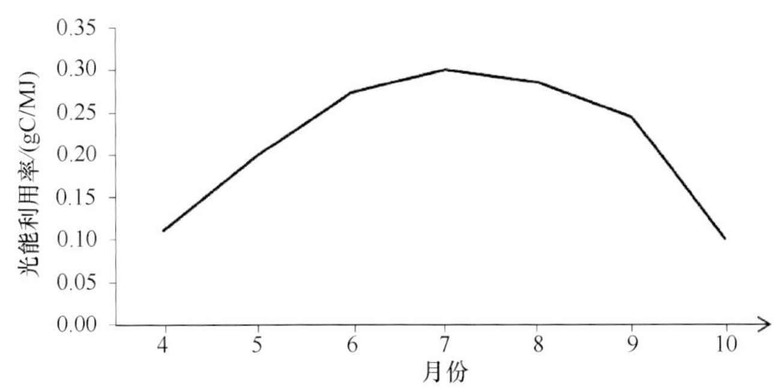

图 5-35　2003 年内蒙古草地生长季光能利用率变化图

图 5-36 是内蒙古地区不同草地类型的光能利用率季节变化情况。由图可以看出，各种草地类型在生长季初期的光能利用率差别不大，随着时间的推移，ε 差异越来越明显，至 7 月份差异最大，温性山地草甸类和温性荒漠类草地的光能利用率差异甚至达到 48.1%。此后随着水分的减少及温度的降低，差异也逐渐减少，至 10 月份各种草地类型的 ε 已无明显差异。

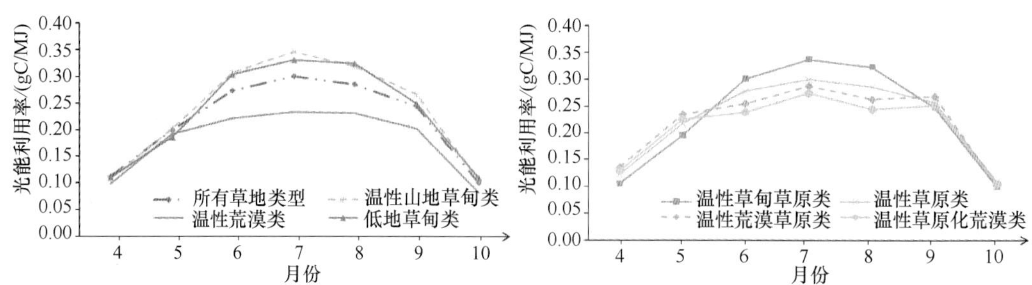

图 5-36　2003 年内蒙古草地生长季不同草地类型光能利用率变化

3. 光能利用率 ε 与其影响因子关系分析

利用 ArcGIS 9.0 生成随机采样点 467 个（样点分布见图 5-37），然后利用随机采样点在生长季各月份对应的光能利用率（ε）、温度（T）、降雨（R）以及土壤水分（W_ε）图层采取对应点的栅格值，在 SPSS 中进行因子相关性分析，结果见表 5-45。

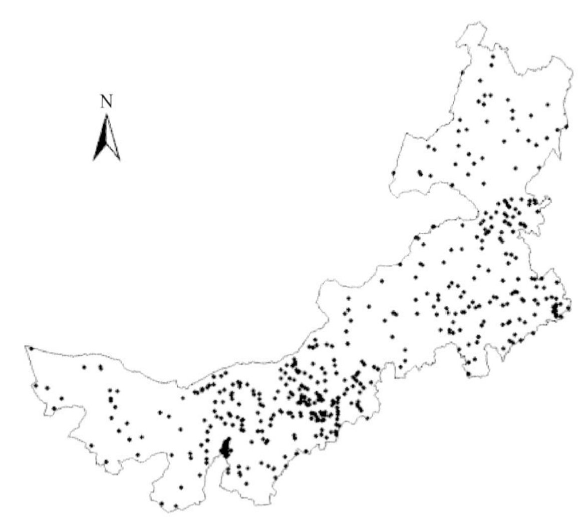

图 5-37　随机采样点分布图

表 5-45　不同月份 ε 与其他因子相关性分析

因子＼月份	4	5	6	7	8	9	10
T	-0.308^{**}	0.154^{**}	0.004	−0.045	-0.092^{**}	-0.237^{**}	0.038
R	0.741^{**}	0.941^{**}	0.929^{**}	0.941^{**}	0.919^{**}	0.890^{**}	0.582^{**}
W_ε	0.761^{**}	0.946^{**}	0.939^{**}	0.948^{**}	0.994^{**}	0.900^{**}	0.527^{**}
N	463	463	463	463	463	463	463

注：N 表示样本点数

**表示相关性在 0.01 水平显著（2-tailed）

*表示相关性在 0.05 水平显著（2-tailed）

由表 5-45 可以看出，季节不同，各种因子与草地光能利用率的相关性也有所不同，但土壤含水量（W_{ε}）及降雨量（R）一直是草地光能利用率的主要影响因子，只不过不同季节相关关系不同。温度（T）对草地光能利用率（ε）影响季节变化较复杂，4 月、8 月、9 月份，温度与草地光能利用率呈弱负相关；5 月份，则呈弱正相关；其他月份无明显的线性关系。

4. 小结

研究以 MODIS 数据及气象数据为数据源，结合地面实测数据，在 GIS 和 RS 的支持下，计算并分析了内蒙古地区生长季不同类型草地的光能利用率 ε 的时空变化规律，结果表明：

1）内蒙古草地生长季光能利用率在 0～0.2929gC/MJ，平均光能利用率为 0.2204gC/MJ。内蒙古草地光能利用率总体上呈由高纬度的东北部地区向低纬度的西南部地区逐渐降低的趋势，与该地区降雨空间分布相同。

2）内蒙古地区生长季所有草地类型的平均光能利用率季节变化成明显的单峰变化，其增长速率从 7 月份开始为单调递减。

3）生长季不同草地类型的光能利用率与该地区的降雨量及土壤含水量呈强正相关关系，而温度对草地光能利用率影响季节变化较复杂，4 月、8 月、9 月份，温度与草地光能利用率呈弱负相关；5 月份，则呈弱正相关；其他月份无明显的线性关系。

二、草地光能利用率的反演

国外最早对光能利用率（LUE）的研究开始于 20 世纪 70 年代，John Monteith 引入 LUE 的概念，将此应用在湿热带森林和农作物（Waring and Running，1998）上，Gallagher 和 Biscoe 第一次提出，关于禾本科作物的 LUE，具有一定程度的保守性。从那以后，LUE 就已经广泛应用于自然植物群落和各种单一的作物等。许多学者研究作物的 LUE 是利用多种光能利用率的模型，如产量效率模型（production efficiency model，PEM）也叫光能利用率模型，然而大多学者估算总第一性生产力（GPP）和净初级生产力（NPP）时利用的光能利用率模型为 CASA、Bio-BGC、 BEPS、GLO-PEM、TURC 及 PSN 等（Adams et al.，1990）。光能利用率作为估算生产力的重要参数环节之一，在研究中应用最为广泛的光能利用率模型要数 CASA（Carnegie Ames Stanford approach）模型，利用此模型模拟估算光能利用率，进而估算植被 GPP 和 NPP。基于光能利用率模型估算模拟 GPP 和 NPP 的生理生态参数较简单，易获取和方便计算，更重要的是可以和遥感数据相结合的优点（Cramer et al.，1999），使这种方法成为大面积、大尺度地获取植被 GPP 和 NPP 的主流手段，如 NASA 网站上可以直接免费下载的 MODIS 数据的净初级生产力产品数据 MOD17（Ruimy et al.，1999），就是经过处理校正以及去云处理后的利用光能利用率模型模拟净初级生产力的高质量产品数据。

自从 20 世纪 90 年代在研究向日葵生化特性时，发现向日葵叶片的 531nm 和 570nm 处的反射率变化能够很好地反映叶片的 LUE（Gamon et al.，1992），一些学者也开始了对光化学植被指数（PRI）与 LUE 的生理作用机制的探索研究，如通过对葡萄藤的实验揭示了 PRI 随 LUE 变化的生理作用机制（Evain et al.，2003）。在植被的叶片、冠层和群落等多角度更深层地研究 PRI 和 LUE 的相关关系及影响 LUE 的其他因素的研究，而无论哪种尺度角度，更多的是研究 PRI-LUE 的生理作用机制与二者的相关关系。

在发现 PRI 在估算 LUE 方面非常有潜质后，很多学者建立了大量的关于 PRI 的 LUE 模型，线性关系模型和指数模型居多，如利用航空遥感手段在加拿大北部观察测量了森林的 PRI，同样得出 PRI-LUE 之间也存在相当好的线性相关，模拟得到光能利用率线性模型（Nichol et al.，2000），利用地面遥感手段，在西伯利亚北部对地面控制点欧洲赤松林（Scots Pine stand）植被冠层的 PRI 进行了测量，就发现了 LUE 与 PRI 有非常好的线性关系（R^2=0.97，p＜0.001）（Nichol et al.，2002），对玉米的相关研究（Strachan et al.，2002）和基于 MODIS 遥感影像计算 PRI，都同样得到了 PRI-LUE 存在线性模型关系等（Drolet et al.，2005）；在生态生理角度上研究 LUE，除 PRI 因子之外，同时引入了色素（包括叶绿素、类胡萝卜素等）含量、归一化植被指数（NDVI）以及光强（光强对光合作用的饱和影响，进而影响 LUE 的变化）等因子，得到了相关因子的非线性光能利用率模型，如在 PRI-LUE 的关系中引入了归一化植被指数，得到了非线性的 LUE 模型（Nakaji et al.，2006）。

尽管国内对 LUE 的研究要晚于国外很长时间，但目前国内科学家对 LUE 的研究除了学习国外对 LUE 的科学技术方法外，也在不断探索、创新，发现 LUE 的更多生态、生理等方面的实质理论，并取得了显著的成就。一些国内学者首先引入光能利用率（LUE）概念，直接应用在植被森林以及物种比较单一的农作物种。例如，在研究西藏玉米生物生产力的同时对其 LUE 的特征进行分析（成升魁等，2001）；植被 LUE 的探索发现中分析植被 LUE，在作物群体上分析 LUE 的特征（谈红宝，1985）；对同一作物 LUE 的各种制约因素进行研究，即在作物之上覆盖秸秆对其有何影响以及灌溉对其作物的 LUE 是否有制约（李全起等，2006）；对冬小麦 LUE 的研究，主要是对天水地区的作物的光能利用率方面进行研究，探索特定的气候对作物的光能利用率的不同影响以及 LUE 的空间动态变化（胡利平等，2010）等；对安徽马尾松的不同生育期的 LUE 进行研究，并分析比较了不同发育时期 LUE 的特征（宛志沪和刘先银，1994）。

除了直接研究 LUE 的特征、不同生态方面的制约因子对 LUE 的影响以及利用航空遥感手段研究植被 LUE 的时空格局及其变化以外，还研究了国外首先发现的重要影响制约因子 PRI 的生理机制以及影响 LUE 敏感波段的归一化定义，并进一步对 PRI 与 LUE 的作用机制进行研究，发现二者的生态生理变化有着密切的制约关系，且 PRI 与 LUE 的相关关系显著，尤其是物种单一的作物、林地以及草地，相关性显著并且在叶面积指数大于 3 时，二者的相关性尤其稳定。近些年来，还有一些学者对 PRI-LUE 关系利用不同类型的传感器，如地面传感器、航空以及利用航天传感器，来研究更大范围的 LUE，建立林业不同树种 PRI 与 LUE 的相关性，同时对其他影响 LUE 的因素也进行了研究，都获取显著成果。如利用遥感数据 NOAA/AVHRR 的归一化植被指数在地理信息系统的支持下对广东植被的 LUE 进行大面积反演，并对 LUE 的时空变化以及变化的原因进行分析（郭志华等，2001）；利用 NOAA 卫星的遥感影像数据对北京的植被 LUE 进行大面积遥感反演，并对 LUE 的时空变化特征以及 LUE 变化的原因进行分析（刘勇洪等，

2009）。

对草地的 LUE 研究却较少，一些学者在研究草地 LUE 时，利用了地面遥感手段和航天传感器遥感手段相结合的方式，获取大尺度的草地 LUE 空间分布，但是研究过程中利用最多的就是国外应用最为广泛的参数模型方法，即利用 CASA 模型模拟植被的 LUE，大面积、大尺度地获取草地的 LUE，如对内蒙古草地 LUE 时空变化分析的研究，利用参数模型方法中的水分胁迫系数和温度胁迫系数来估算 LUE（李刚等，2010）。同时各个系数同样利用模型机模拟，存在很多不确定性，并不是 LUE 本身的真实值，这就需要进一步研究实际 LUE 获取方法，而获取实际 LUE 的研究成果比较少见，所以对如何获取植被的实际 LUE 进行思考，在众多研究成果的基础上，思考到可根据生态学意义、利用实际地面控制点实验数据来获取草地 LUE，LUE 就是将所截获或者吸收的光合有效辐射转化为植被干物质的效率，即植被的总初级生产力占植被吸收的光合有效辐射的比例，利用箱法（暗箱和群落光合箱）获取群落呼吸速率与群落光合速率，进而获取总初级生产力，利用 Accupar LP-80 可以获得光合有效辐射的 4 个分量进而获取植被吸收的光合有效辐射，通过这样一种生态学方法就获取了地面控制点实际的 LUE，这完全是一种全新的他人没有使用过的获取 LUE 的方法。

此外，确定呼伦贝尔草原 PROSPECT-SAIL 辐射传输物理模型的参数，利用模型模拟冠层反射率，对野外实测冠层反射率的精度进行对比分析，并利用 PROSPECT 模型对植被的 PRI 进行矫正，使其更能灵敏地反映 LUE 的变化，在此基础上还可进一步利用中分辨率 MODIS 遥感影像对 LUE 进行大面积的遥感反演研究，以此种方法获取 LUE 的研究会是一个发展趋势，尤其是与航空遥感手段结合的方法获取大尺度的植被 LUE。所以本研究将就如何获取真实的实际 LUE 进行探索，以呼伦贝尔市谢尔塔拉镇的草甸草原为例，探索实际 LUE 的新方法，并且利用 MODIS 遥感影像数据对草甸草原的 LUE 进行大面积的遥感反演，为进一步研究 LUE 的探索领域上提供新的思路，为 LUE 的下一步科学探索研究做参考。

（一）数据来源与研究方法

1. 数据获取与预处理

（1）样点设置及地面实测数据提取

试验于 2012 年 8 月 22 日进行，样区设置在谢尔塔拉镇内地势相对平坦、优势种比较单一的贝加尔针茅草甸草原、羊草草甸草原、放牧样地草甸草原，且地面控制点分别选取 200m×200m 固定样地，划分 2×2 矩阵，具体位置分别为贝加尔针茅草甸草原 N49°21′4″、E120°7′9.52″，海拔 666m；羊草草甸草原 N49°19′46.24″、E120°3′7.09″，海拔 628m；放牧样地草甸草原 N49°19′31.8″、E119°57′10.94″，海拔 672m。野外实验控制点设置在顶点以及中心，每个样地共有 5 个重复。

光合有效辐射（PAR）：利用植物冠层分析仪 AccuPAR 获得冠层 PAR 各分量数据（冠层入射 PAR_{ci}、冠层反射 PAR_{cr}、冠层透射 PAR_{gi}、土壤反射 PAR_{gr}），测量 PAR 的 4 组分量，各 8 次即 8 个不同方向，以减少由测量过程中太阳高度角不同变化产生的影响，取其平均值。

光谱测定：采用美国 ASD 公司生产的植物光谱分析仪 Fieldspec 测定光谱反射值，视场角 25°，波段范围为 350～1000nm，光谱分辨率为 3nm，探头距离植冠顶部 0.6m 处垂直向下测定样点光谱，每个实验样点重复测定 10 次，取其平均值作为样点光谱反射值，并且每一个样点的光谱测定前、后都立即进行参考板校正。

箱法试验：试验采用静态暗箱-气相色谱法（DC-GC）获取群落呼吸（自养呼吸 R_a 和异养呼吸 R_h）速率，利用群落光合箱获取净生态系统生产力（NEP）。

（2）遥感影像资料与获取

MODIS 遥感影像是美国国家航空航天局（NASA）网站（http://ladsweb.nascom.nasa.gov/data）上 TERRA 卫星平台提供的数据。采用 TERRA-MODIS（MOD）数据产品 MOD021KM，对其反射率产品 MODIS 1B 进行几何精校正和云掩膜等加工处理，得到高质量的反射率产品数据。

2. 光化学植被指数的研究方法

利用对光化学植被指数提出的更具物理意义的修正形式对研究区草甸草原的光化学植被指数进行修正，获取草甸草原修正后的简单比值光化学植被指数（simple ratio PRI，SR-PRI）（吴朝阳等，2008）。

3. PROSPECT-SAIL 模型输入参数的研究方法

（1）PROSPECT 模型输入参数的研究方法

PROSPECT 模型是一个基于“平板模型”的辐射传输模型，它通过模拟叶片从 400～2500nm 的上行和下行辐射通量而得到叶片的光学特性，即叶片反射率 r 和透射率 τ（蔡博峰和绍霞，2007）。

（2）SAIL 模型输入参数的研究方法

SAIL（scattering by arbitrarily inclined leaves）模型是一个冠层二向反射率模型。当给定冠层结构参数和环境参数时，可以计算任何太阳高度和观测方向的冠层反射率（蔡博峰和绍霞，2007）。

4. 光能利用率的研究方法

（1）总第一性生产力（GPP）的获取

植被总第一性生产力（gross primary productivity，GPP）可以分为净生态系统生产力和群落呼吸（自养呼吸 R_a 和异养呼吸 R_h）两部分，即

$$GPP = NEP + (R_a+R_h) \tag{5-19}$$

（2）净生态系统生产力和群落呼吸的获取

净生态系统生产力和群落呼吸的测定是利用土壤呼吸研究中对群落呼吸速率的计算方法。群落呼吸速率是通过一次时间间隔前后密封暗箱中的 CO_2 浓度的变化来计算的单位面积的气体通量（雷川和魏世强，2007）。计算净生态系统生产力（NEP）和群落呼吸速率，并取其平均值，作为最后结果来计算总第一性生产力（GPP）。

（3）植被吸收的光合有效辐射（APAR）的获取

植被吸收的光合有效辐射（APAR）等于植被冠层入射的光合有效辐射（PAR）减去两次被反射回大气的 PAR 再减去土壤吸收的 PAR。

（4）光能利用率的获取

光能利用率（light utility efficiency，LUE）被用来表示植物通过光合作用将所截获或吸收的能量转化为有机干物质的效率（Wu et al.，2012），即

$$LUE=\frac{GPP}{APAR} \tag{5-20}$$

（二）实测冠层反射率的精度分析

1. PROSPECT-SAIL 模型参数确定

PROSPECT 模型和 SAIL 模型是目前相对成熟的基于物理光学基础的光学模型，是针对连续植被建立的光谱模型，草地属于比较典型的连续植被，和大气有一个比较连续的边界，从理论上来说，该模型适用于草地冠层反射率的反演研究。

模型参数数据利用的是中国农业科学院呼伦贝尔草原生态系统国家野外科学观测研究站的 2009 年 4～8 月野外数据。在呼伦贝尔国家野外研究站的草甸草原样地进行 PROSPECT 模型和 SAIL 模型的植被生化、结构参数和光学传输参数测量；利用手持式高光谱仪实地测量土壤反射率、植被冠层反射率、LAI 等参数。

（1）PROSPECT-SAIL 模型输入参数的确定

对野外 PROSPECT-SAIL 模型参数数据进行处理分析，确定了适合呼伦贝尔草原植被的输入参数值，以下分别为数据处理后得到的 PROSPECT-SAIL 模型模拟呼伦贝尔草原冠层反射率的输入参数，结果与呼伦贝尔温带草地 FPAR_LAI 遥感估算方法研究中的 PROSPECT-SAIL 模型参数相同（李刚，2009）。

（2）模型模拟及结果验证

为了对该模型在草甸草原区的应用效果进行检验，模拟了草甸草原区羊草样地的冠层反射率，并与实测数据进行了比较（图 5-38）。

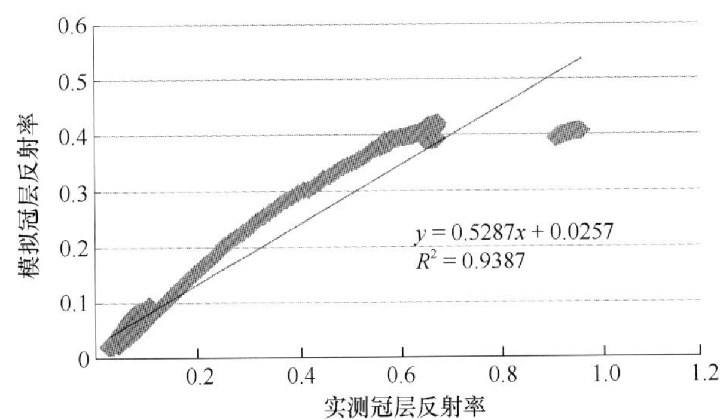

图 5-38　SAIL 模型模拟羊草冠层反射率与实测冠层反射率比较

由图 5-38 的模拟羊草冠层反射率与实测冠层反射率的相关关系分析中，相关性达到了 R^2=0.9387，可知 PROSPECT-SAIL 模型适用于对呼伦贝尔草原冠层反射率的模拟，进而模拟谢尔塔拉草甸草原的植被冠层反射率。

2. 模拟与实测冠层反射率的对比分析

利用 PROSPECT-SAIL 模型模拟谢尔塔拉草甸草原的冠层反射率，模拟的冠层反射

率与本研究中实测的冠层反射率的比较分析如图 5-39 所示。

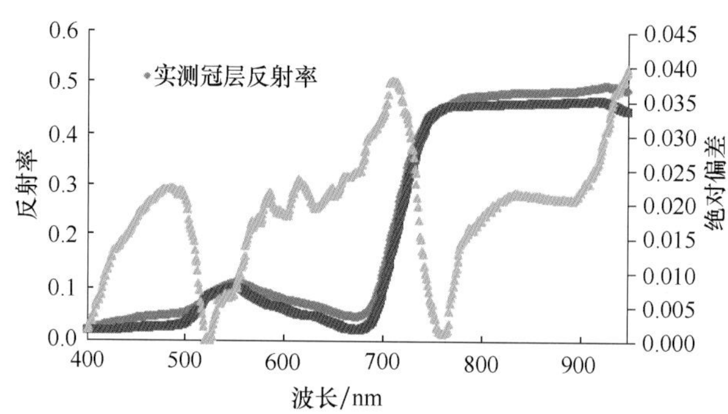

图 5-39　PROSPECT-SAIL 模型模拟的冠层反射率与实测冠层反射率比较

模拟的冠层反射率的绝对偏差=|预测值–实测值|。由图 5-40 可以看出，冠层反射率的模拟值和实测值的绝对偏差在 661～734nm 和 912～950nm 处比较大，平均的绝对误差分别为 0.030 304 和 0.032 063，在其他波段的平均绝对偏差为 0.016 027。偏差大处实测冠层反射率较高，其原因可能是野外实测冠层光谱反射率选取的样地有放牧样地，因为放牧样地的草地覆盖度低，为 40%～50%，所以冠层反射率较高。通过误差分析可知，可以保证野外实测的冠层反射率数据的可靠性，继而保证获得的光化学植被指数的精确度。

3. 光化学植被指数的矫正以及敏感性分析

根据吴朝阳等（2008）提出的更具有物理意义的光化学植被指数的矫正形式 SR-PRI，即

$$\text{SR-PRI} = \frac{R_{531}}{R_{570}} \tag{5-21}$$

其光化学植被指数的矫正形式主要是采用 Barton 和 North 提出的光能利用率定义公式（陈晋等，2008）、关于研究光化学植被指数的光能利用率经验模型（Penuelas et al.，1995），以及光化学植被指数定义，而得到 PRI 矫正形式的简单比值光化学植被指数 SR-PRI（Gamon et al.，1992）。

同样，PROSPECT 模型适合模拟草甸草原冠层反射率的输入参数，对 SR-PRI 的敏感性进行分析，选取叶肉结构（N）、水分含量（C_w）、叶绿素浓度（C_{ab}）和干物质浓度（C_m），这 4 个影响因子的基值利用实验确定的输入参数值，分别为 1.45、0.014 786 45g/cm^2、36.9098μg/cm^2、0.009 489 45g/cm^2。

（1）叶肉结构的影响

为分析叶肉结构（N）对 SR-PRI 的影响程度，在其他三个影响因子不变的情况下，使叶肉结构的取值从 1.05～2.85 变化，步长为 0.2。随 N 在 1.05～2.85 取值变化，SP-PRI 的值也发生变化。如图 5-40 所示，随着叶肉结构层数的增加（李刚等，2010），散射作用增强，这样叶片反射率也增大，但是 570nm 处的反射率增大的比 531nm 处的反射率快，导致 SR-PRI 整体随着叶肉结构层数的增加而减小，图中曲线的间距明显越来越小就说明

了这个问题，而且所有曲线整体上随着叶肉结构层数的增加下降的越来越慢，这些变化之处就证明了 SR-PRI 对叶肉结构参数的变化敏感程度很高（吴朝阳等，2008）。

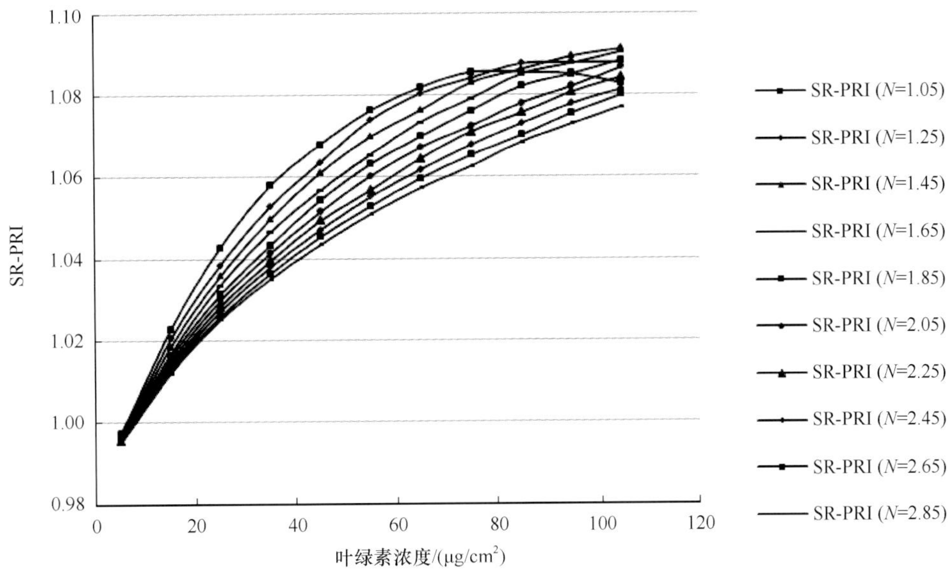

图 5-40　N 在 1.05～2.85 变化对 SR-PRI 影响的敏感曲线

（2）水分含量的影响

水分是植被生化组分中比较重要的参数，其重量占植被鲜重的 45%～85%，而水分含量的变化主要反映在 970nm、1400nm、1900nm 处的反射率，而对 SR-PRI 的 531nm 和 570nm 处的反射率几乎没有影响。使水分含量从 0.003～0.03g/cm^2 变动，步长为 0.003g/cm^2，其他三个影响因子保持不变，随 C_w 在 0.003～0.03g/cm^2 取值变化，SP-PRI 的值不发生变化。如图 5-41 所示，随着水分含量的变化，SR-PRI 都是相同的值，没有变化，所有的曲线重合，很显然，SR-PRI 对水分含量因子的变化影响不敏感（吴朝阳等，2008）。

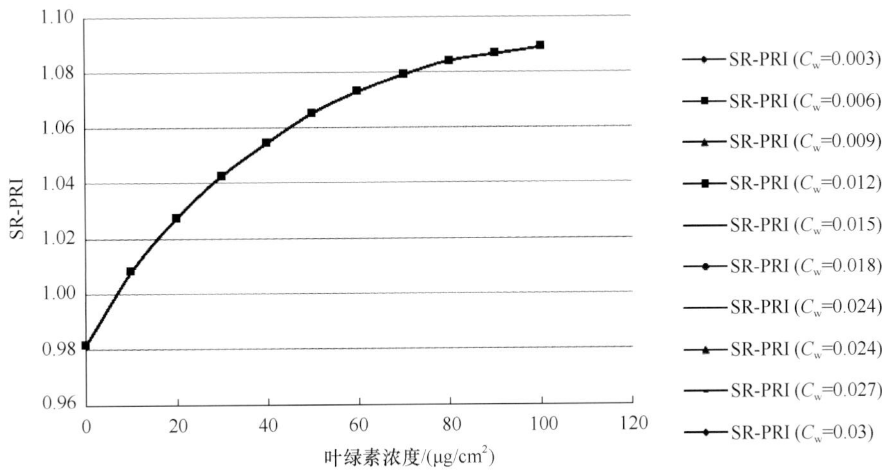

图 5-41　C_w 在 0.003～0.03g/cm^2 变化对 SR-PRI 影响的敏感曲线

（3）叶绿素浓度的影响

当光合有效辐射热量大于光合作用所需的热量时，叶黄素就会从环氧化状态转化成脱环氧化状态，所以叶黄素的变化对光化学植被指数非常关键。而叶绿素浓度和叶黄素浓度有着非常稳健的线性关系，相关系数达到 0.9327，所以叶绿素浓度的变化可以很好地反映叶黄素浓度的变化（Penuelas et al.，1995）。同样，为了分析 C_{ab} 对 SR-PRI 的影响程度，使其他三个影响因子不变，而叶绿素浓度从 0～90μg/cm^2 变化，步长为 10μg/cm^2。随 C_{ab} 在 0～90μg/cm^2 取值变化，SP-PRI 的值也发生变化。分析结果如图 5-42 所示，当叶绿素浓度增大后，反射率减小，并且 570nm 处的反射率比 531nm 处的反射率下降得更快，所以 SR-PRI 整体呈增大的趋势（吴朝阳等，2008）。由于水分含量对 SR-PRI 没有影响，所以所有的曲线呈相互平行的直线，但随着叶绿素浓度等间距的增大后，SR-PRI 增大的幅度越来越小，说明这个影响因子能够监测到 531nm 和 570nm 处的反射率，SR-PRI 对叶绿素浓度的变化敏感程度高。

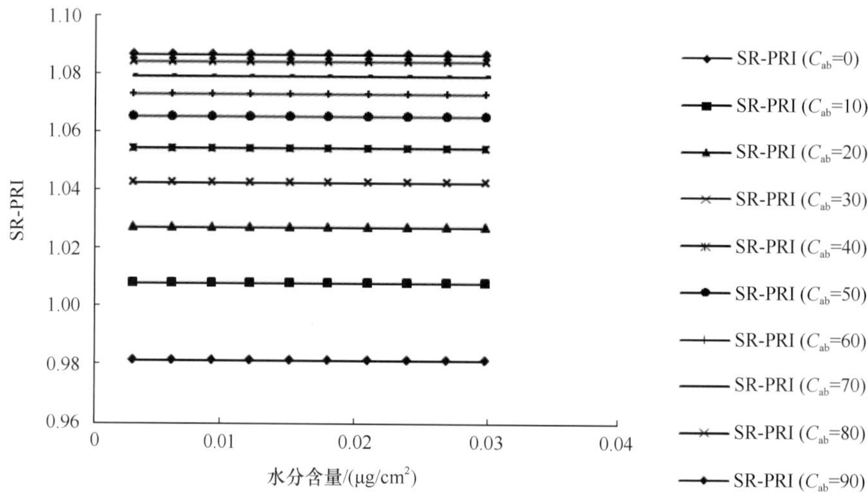

图 5-42　C_{ab} 在 0～90μg/cm^2 变化对 SR-PRI 影响的敏感曲线

（4）干物质浓度的影响

同样令其他三个影响因子不变，使干物质浓度在 0.002～0.02g/cm^2 变化，步长为 0.002g/cm^2，随 C_m 在 0.002～0.02 取值变化，SP-PRI 的值也发生变化。如图 5-43 所示，随着干物质浓度从取值范围内逐渐增大，531nm 和 570nm 处的反射率降低，但是前者的降低速度较后者快，所以简单比值光化学植被指数整体上是下降的（吴朝阳等，2008）。由于这两个波段的反射率在减小相同步长时，降低的值是比较均匀的，所以 SR-PRI 变化曲线的斜率几乎没有变化，多条 SR-PRI 曲线形状几乎相同，因此 SR-PRI 对干物质浓度因子的变化敏感度并不高。

SR-PRI 是更具物理意义的定义形式，植被叶黄素浓度变化时，使 531nm 处的反射率变化显著，而对 570nm 处的反射率几乎没有影响，所以矫正后的 SR-PRI 的变化能够导致 531nm 处的反射率的变化，即能够更好地反映光能利用率的变化。综上所述，可以看出 N 和 C_{ab} 的变化比 C_w 和 C_m 的变化对简单比值光化学植被指数的敏感性

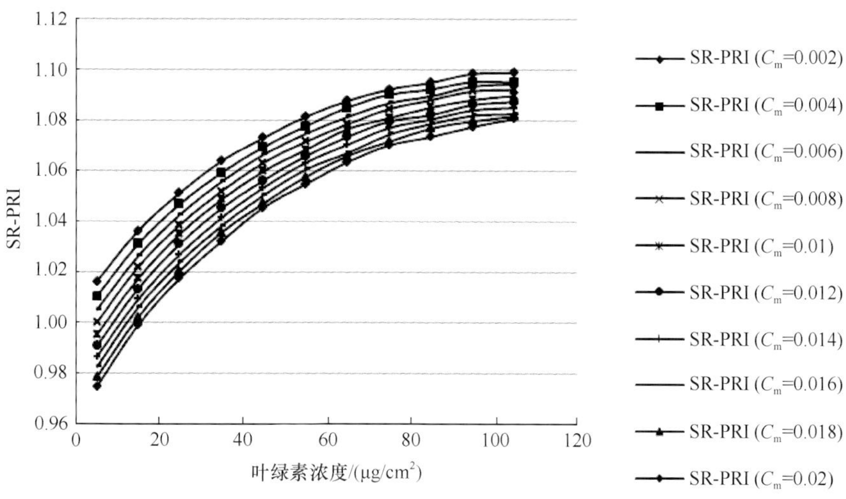

图 5-43　C_m 在 0.002～0.02g/cm² 变化对 SR-PRI 影响的敏感曲线

更强。如果 SR-PRI 对这两个参数高度敏感，那么就能更好地、更灵敏地反映光能利用率的变化。

（三）光能利用率（LUE）关系模型

1. LUE 的关系模型

由野外实验实际获取的数据，通过上述计算方法得到地面控制点 PRI 和 SR-PRI（表 5-46），并且分别建立二者与 LUE 的关系模型，如图 5-44 所示。此处的 PRI+1 是将实验结果加上常数 1（吴朝阳等，2008），使二者与 LUE 建立的关系曲线，能够在同一个

表 5-46　实测 PRI+1、SR-PRI 以及 LUE

LUE/%	PRI+1	SR-PRI
0.487 28	0.969 432	0.940 678
0.463 105	0.920 863	0.853 333
0.665 874	0.944 444	0.894 737
1.015 146	0.989 051	0.978 339
0.317 96	0.934 783	0.877 551
0.547 829	0.923 077	0.857 143
0.418 25	0.927 835	0.865 385
0.467 235	0.935 897	0.879 518
0.126 441	0.914 444	0.840 015
0.329 505	0.924 731	0.862 832
0.484 799	0.944 206	0.895 334
0.702 153	0.956 648	0.918 063
0.577 2	0.946 738	0.899 959
0.234 684	0.926 761	0.863 465
0.452 299	0.913 972	0.840 103

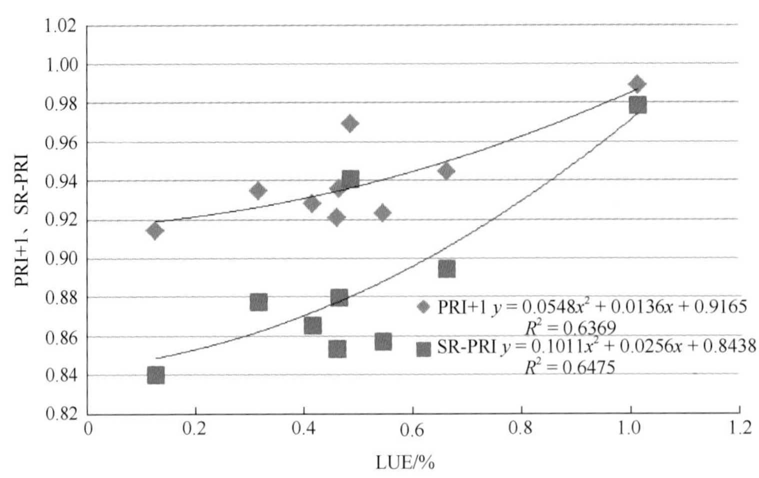

图 5-44　LUE 与 PRI、SR-PRI 分别建模的对比分析曲线

坐标象限内进行直接比较，LUE 与 PRI、SR-PRI 的关系模型的对比曲线如图，关于 PRI+1 的 LUE 的二项式关系模型为：y=0.0548x^2+0.0136x+0.9165，关于 SR-PRI 的 LUE 的二项式关系模型为：y=0.1011x^2+0.0256x+0.8438，其决定系数分别为 R^2=0.6369、R^2=0.6475，可知 PRI 和 SR-PRI 与 LUE 有显著的正相关关系。

2. 对比分析

对于同样的 LUE 数据，SR-PRI 比 PRI 的速度上升得更快。这样的曲线趋势有可能导致过高和过低的估计 531nm 处的敏感性影响（吴朝阳等，2008）。当 LUE 值比较小时，SR-PRI 就过高地估计 531nm 处反射率的影响，相反，当 LUE 处于较高值时，PRI 则过低地估计了 531nm 处反射率的影响，但实验结果的大多数 LUE 范围都在 0.126%～1.015%，所以对于 LUE 的模拟，SR-PRI 更加灵活敏感的反应，是比 PRI 更可行的光化学植被指数，即 SR-PRI 是估算 LUE 的较敏感参数。

3. 光能利用率（LUE）模型验证

由以上分析可知，SR-PRI 能够用来估算 LUE，并且精度比 PRI 略高，所以最优模型选择关于 SR-PRI 的 LUE 关系模型，利用大部分野外数据建立关于 SR-PRI 的 LUE 模型，即 y=11.26x^2–16.223x+6.01，决定系数 R^2=0.6203，关系模型如图 5-45 所示。模型的精度验证必不可少，将 SR-PRI 建立的 LUE 模型模拟的 LUE 数据值与实际野外实验测得的地面控制点的 LUE 值进行相关性比较，如图 5-46 所示，二者的线性决定系数 R^2=0.6121，通过验证可知，建立的关于 SR-PRI 的 LUE 模型具有较高的精度和可靠性。

（四）光能利用率（LUE）的遥感反演

1. 简单比值光化学植被指数（SR-PRI）

利用 ENVI 遥感图像处理软件，将 MOD021KM 遥感数据进行几何精校正和云掩膜处理，根据简单比值光化学植被指数的获取方法，得到关于简单比值光化学植被指数 SR-PRI 的 MODIS 遥感影像，如图 5-47 所示。

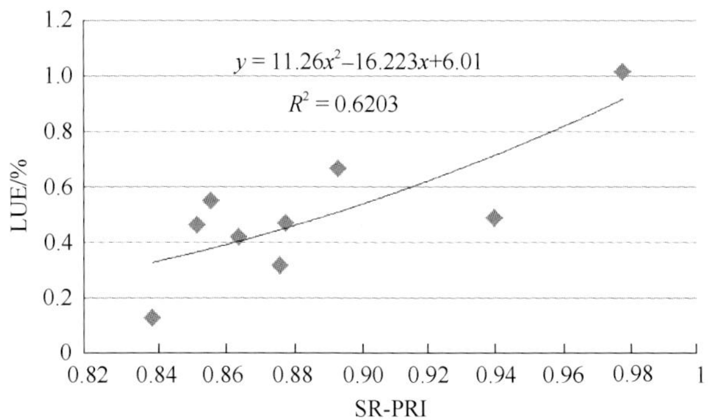

图 5-45　关于 SR-PRI 的 LUE 关系模型

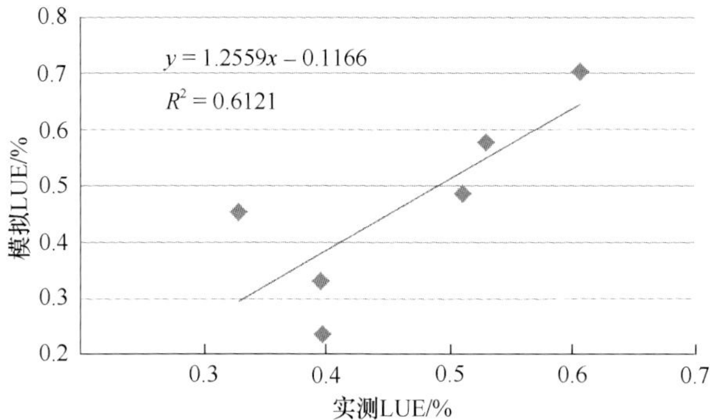

图 5-46　模拟 LUE 值与实测 LUE 值的相关性分析

图 5-47　基于 MOD021KM 遥感影像的 SR-PRI 遥感影像

2. 光能利用率（LUE）的空间分布图

同样利用 ENVI 遥感图像处理软件，根据建立地面控制点关于 SR-PRI 的 LUE 模型，可得到基于 MOD021KM 的 LUE 遥感影像，如图 5-48 所示。

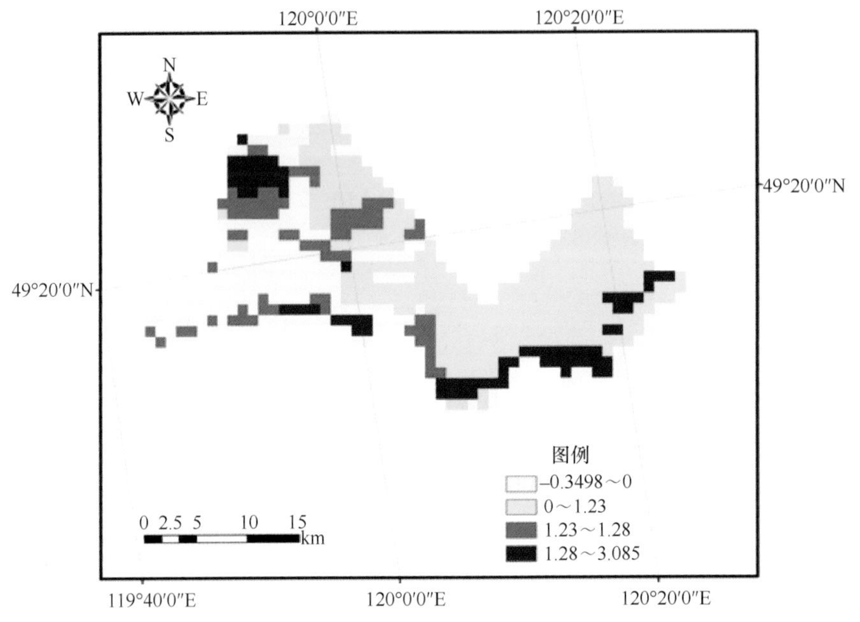

图 5-48　基于 MOD021KM 遥感影像谢尔塔拉镇 LUE 空间分布图

由 LUE 的空间分布图可知，谢尔塔拉镇草甸草原 LUE 范围为–0.3498%～3.085%，沿着海拉尔河方向，由于水分充沛，植被光合作用积累的有机物较多，LUE 也随着比较高；西北部有谢尔塔拉草原站，其周围围栏保护的天然植被的 LUE 值也较高；而谢尔塔拉镇的北部偏东大面积地区都是天然牧草地，用于放牧或者割草，LUE 值在 0～1.23%；西南部是谢尔塔拉镇的镇中心以及靠近海拉尔市区，建筑和工业用地较多，植被较少的导致 LUE 呈现零以下的现象。谢尔塔拉镇的 LUE 空间分布特征整体上呈高纬度的东北部地区向低纬度的西南部地区逐渐降低的趋势。结果与内蒙古草地 LUE 时空变化分析中的空间分布特征研究结果一致（李刚等，2010）。

（五）总结和展望

PRI 能够直接估算光能利用率，文中根据修正光化学植被指数的方法（吴朝阳等，2008），利用辐射传输模型 PROSPECT 模型对草甸草原的光化学植被指数进行矫正，即 SR-PRI，使其与 LUE 建立非线性关系模型，并结合中分辨率 MODIS 遥感数据，对草甸草原的 LUE 进行大面积反演。

1. 总结

通过地面遥感手段、箱法-气相色谱法等多种方法获取 LUE，避免以往利用光能利用率模型（主要是广泛使用的 CASA 模型）获取光能利用率的不确定性，能够准确地获取不同植被类型的光能利用率，进而为估算 GPP 和 NPP 提供了更好、更精确的手段。根据光化学植被指数与光能利用率（LUE）的生理机制可知，其在直接估算 LUE 方面具有很大的潜力，但是这一过程也受到其他很多因素的影响，PRI 除了与叶黄素的脱环氧化有关系，还与植物的叶绿素浓度高低和含量多少、叶肉结构层数，以及水分和干物质的含量多少有关系，所以对光化学植被指数进行了矫正，使其能够更敏感地反映光能利用率。利用地面控制点的实测数据，建立了关于 SR-PRI（矫正后的简单比值光化学植被指数）的 LUE 模型，并结合中分辨率 MODIS 遥感影像，在 GIS 和 RS 的支持下，计算了谢尔塔拉镇草甸草原的光能利用率，并分析了光能利用率的空间分布特征。主要的研究结果为：

1）通过 2008 年的野外实验数据，主要获取了 PROSPECT-SAIL 模型的参数，并确定了适用于草甸草原 PROSPECT-SAIL 模型的参数。其叶肉结构 N、叶绿素浓度 C_{ab}、水分含量 C_w 和干物质浓度 C_m 4 个模型输入参数值分别为 1.45、36.9098μg/cm^2、0.014 786 45g/cm^2、0.009 489 45g/cm^2。

2）通过 PRI 与 SR-PRI 分别与 LUE 建立关系模型的对比分析中可知，在 LUE 较低时 SR-PRI 过高地估计了 531nm 处反射率对 LUE 的影响，而 LUE 较高时 PRI 又过低地估计了 531nm 处反射率对 LUE 的影响，但是实验中的光能利用率值大部分都在 0.126%～1.015%，所以 SR-PRI 能准确地反映 531nm 处反射率的变化，进而灵敏而准确地反映 LUE 的变化。

3）利用中分辨率 MODIS 遥感影像，经过几何校正和云掩膜处理，结合矫正后的简单比值光化学植被指数（SR-PRI）与 LUE 建立的模型，对光能利用率进行反演，获得了谢尔塔拉镇光能利用率的空间分布。LUE 值范围为–0.3498%～3.085%，负值部分可能由于靠近海拉尔市区所导致，谢尔塔拉镇的光能利用率空间分布特征整体呈高纬度的东北部地区向低纬度的西南部地区逐渐降低的趋势。

2. 展望

利用地面遥感野外试验方法获取地面控制点光能利用率，能够获取不同植被类型的光能利用率，为更精确地估算不同植被类型的 GPP 和 NPP 提供可靠的方法和手段。但在大面积反演光能利用率的方法手段上还有以下不足之处。

1）虽然光化学植被指数在直接估算光能利用率方面具有很大的优势，但从地面控制点野外测量到利用航天遥感手段，获取光化学植被指数的影响因素越来越多，利用 MODIS 数据提取植被的光化学植被指数时，对遥感影像大气校正后 PRI 与 LUE 的关系没有大气校正前相关系数高，目前原因还不被人知，可能是大气的干扰或者是 MODIS 大尺度获取 PRI 的影响，还待进一步研究（Drolet et al.，2005）。

2）在冠层尺度上研究光化学植被指数与光能利用率之间的关系时，有非生理因素的影响，Barton 和 North 通过研究非生理因素对 PRI 的影响，得出影响光化学植被指数的非生理因素主要有叶面积指数、观测高度角和太阳高度角，这些影响因子进而影响 PRI 与 LUE 之间的关系。不同的影响因子水平下，光化学植被指数发生变化，因此以后的研究中应该在 PRI 与 LUE 的关系中加入上述三种因子，这样能够更准确地得到光能利用率的关系模型。

3）由于MODIS遥感数据的波段较多，分辨率有250m、500m和1000m，并且可以免费申请使用，所以被学者广泛使用于各个研究领域，但是光化学植被指数的获取需要提取531nm和570nm处的反射率值，531nm处于MODIS的第11波段，而570nm不在任何波段中，在12和13波段之间，所以需要波段数更多、波幅更窄的航空遥感数据，即高光谱遥感数据在以后的研究中具更好的发展趋势，因为能够获取更加精确的光化学植被指数，为大面积反演光能利用率提供更精确的数据，将有助于获得更高精度的LUE。

第四节 草地生产力模型研究展望

将改进后的光合有效辐射（PAR）、光合有效辐射吸收比例（FPAR）、叶面积指数（LAI）等关键参数，重新整合更新至CASA模型中，从而建立了针对呼伦贝尔草地植被NPP监测模型。这使得修改后的模型模拟呼伦贝尔地区草地生产力的精度得到大幅提高。未来草地生产力模型研究需将现在的区域尺度推广至全国尺度，这需要在全国范围内进行不同草地类型的LAI/FPAR的反演算法研究、不同草地类型的最大光能利用率的时空变化规律研究，进而为建立全国范围内的草地生产力模型提供技术、数据支持。当然，我们也不能仅仅局限于CASA模型，也可以进行多种光能利用率模型的比较研究，形成针对中国草地植被的输入参数简单、估算精度高的光能利用率模型。

参考文献

蔡炳贵，秦小光，吴金水，等. 2003. 陆地生态系统模型比较研究进展. 矿物岩石地球化学通报, 22(3): 232-238.

蔡博峰，绍霞. 2007. 基于PROSPECT+SAIL模型的遥感叶面积指数反演. 国土资源遥感, 2: 39-43.

陈晋，唐艳鸿，陈学泓，等. 2008. 利用光化学反射植被指数估算光能利用率研究的进展. 遥感学报, 12(2): 331-337.

陈利军，刘高焕，励惠国. 2002. 中国植被净第一性生产力遥感动态监测. 遥感学报, 6(2): 129-135.

陈全功，卫亚星，梁天刚. 1998. NOAA/AVHRR资料用于草原监测的研究. 中国农业资源与区划, 29(5): 29-33.

成升魁，张宪洲，许毓英，等. 2001. 西藏玉米生物生产力及其光能利用率特征. 资源科学, 23(5): 58-61.

董云社，章申，齐玉春，等. 2000. 内蒙古典型草地CO_2, N_2O, CH_4通量的同时观测及其日变化. 科学通报, 45(3): 318-322.

方精云，刘国华，徐嵩龄. 1996. 我国森林植被的生物量和净生产量. 生态学报, 10(5): 497-508.

方秀琴，张万昌. 2003. 叶面积指数(LAI)的遥感定量方法综述.国土资源遥感, 3: 58-62.

冯险峰，刘高焕，陈述彭. 2004. 陆地生态系统净第一性生产力过程模型研究综述. 自然资源学报, 19(3): 369-378.

高琼，喻梅，张新时，等. 1997. 中国东北样带对全球变化响应的动态模拟——一个遥感信息驱动的区域植被模型. 植物学报, 39(9): 800-810.

高彦华，陈良富，柳钦火，等. 2006. 叶绿素吸收的光合有效辐射比率的遥感估算模型研究. 遥感学报, 10(5): 798-803.

郭志华，彭少麟，王伯荪. 2001. 基于NOAA-AVHRR NDVI和GIS的广东植被光能利用率及其时空格局. 植物学报, 43(8): 857-862.

侯光良，游松才. 1990. 用筑后模型估算我国植物气候生产力. 自然资源学报, 5(1): 60-65.

胡利平，张华兰，乔艳君，等. 2010. 天水冬小麦光能利用率的气候影响及动态变化. 干旱地区农业研究, 28(6): 258-262.

黄忠良.2000. 运用Century模型模拟管理对鼎湖山森林生产力的影响. 植物生态学报, 24(2): 175-179.

雷川，魏世强. 2007. 重庆丘陵山区石灰性黄壤呼吸特征及影响因素. 安全与环境学报, 2007, 7(1): 16-19.

李刚，王道龙，张华，等. 2010. 基于MODIS数据的内蒙古草地光能利用率时空变化分析. 自然资源学报, 25(6): 1001-1012.

李刚，辛晓平，王道龙，等. 2007. 改进CASA模型在内蒙古草地生产力估算中的应用. 生态学杂志, 26(12): 2100-2106.

李刚. 2009. 呼伦贝尔温带草地FPAR_LAI遥感估算方法研究. 中国农业科学院博士学位论文.

李高飞，任海，李岩. 2003. 植被净第一性生产力研究回顾与发展趋势. 生态科学, 22(4): 360-365.

李贵才. 2004. 基于MODIS数据和光能利用率模型的中国陆地净初级生产力估算研究. 中国科学院博士学位论文.

李建龙，黄敬峰，王秀珍. 1997. 草地遥感. 北京：气象出版社, 124.

李全起，陈雨海，吴巍，等. 2006. 秸秆覆盖和灌溉对冬小麦农田光能利用率的影响. 应用生态学报, 17(2): 243-246.

李世华, 牛铮, 李壁成. 2005. 植被净第一性生产力遥感过程模型研究. 水土保持研究, 12(3): 126-128.
李文华, 周兴民. 1998. 青藏高原生态系统及优化利用模式. 广州: 广东科技出版社, 183-270.
李银鹏, 季劲钧. 2004. 内蒙古草地生产力资源和载畜量的区域尺度模式评估. 自然资源学报, 19(5): 610-616.
刘闯, 葛成辉. 2000. 美国对地观测系统(EOS)中分辨率成像光谱仪(MODIS)遥感数据的特点与应用. 遥感信息, (3): 45-48.
刘勇洪, 高燕虎, 权维俊. 2009. 基于NOAA卫星数据的北京植被光能利用率及其时空格局. 中国农业气象, 30(4): 591-595.
刘钟龄, 王炜, 郝敦元, 等. 2002. 内蒙古草原退化与恢复演替机理的探讨. 干旱区资源与环境, 16(1): 84-91.
吕军, 俞劲炎, 张连佳. 1990. 低山红壤地区粮食作物光能利用率和农田能流分析. 生态学杂志, 9(6): 11-15.
牛建明. 2000. 内蒙古主要植被类型与气候因子关系的研究. 应用生态学报, 11(1): 47-52.
牛建明. 2001. 气候变化对内蒙古草原分布和生产力影响的预测研究. 草地学报, 9(4): 277-282.
裴保华, 袁玉欣, 贾玉彬, 等. 2000. 杨农间作光能利用的研究. 林业科学, 36(3): 13-18.
裴浩, 敖艳红. 1999. 利用极轨气象卫星遥感监测草地生产力的研究——以内蒙古乌拉盖地区为例. 干旱区资源与环境, 13(4): 56-64.
彭少麟, 郭志华, 王伯荪. 1999. RS和GIS在植被生态学中的应用及其前景. 生态学杂志, 18(5): 52-64.
彭少麟, 郭志华, 王伯荪. 2000. 利用GIS和RS估算广东植被光利用率. 生态学报, 20(6): 903-909.
朴世龙, 方精云. 2002. 1982～1999年青藏高原植被净第一性生产力及其时空变化. 自然资源学报, (5): 373-380.
朴世龙, 方精云, 郭庆华. 2001. 利用CASA模型估算我国植被净第一性生产力. 植物生态学报, 25(5): 603-608.
朴世龙, 方精云, 贺金生, 等. 2004. 中国草地植被生物量及其空间分布格局. 植物生态学报, 28(4): 491-498.
石瑞香, 唐华俊, 辛晓平. 2005. 利用CASA模型估算我国温带草原净第一性生产力. 见: 唐华俊, 周清波. 资源遥感与数字农业——3S技术与农业应用. 北京: 中国农业科技出版社.
谈红宝. 1985. 冬小麦群体的光能利用率. 南京气象学院学报, 1: 76-84.
宛志沪, 刘先银. 1994. 大蜀山马尾松人工林晴天太阳辐射光谱及光能利用率的研究. 中国农业气象, 15(1): 25-29.
王德禄. 2000. 对松嫩平原黑土区各主要作物的最大可能光能利用率的探讨. 农业系统科学与综合研究. 16(4): 303-304, 311.
王军邦, 牛铮, 胡秉民, 等. 2004. 定量遥感在生态学研究中的基础应用. 生态学杂志, 3(2): 152-157.
王艳艳, 杨明川, 潘耀忠, 等. 2005. 中国陆地植被生态系统生产有机物质价值遥感估算. 生态环境, 14(4): 455-459.
王宗明, 梁银丽. 2002. 植被净第一性生产力模型研究进展. 西北林学院学报, 17(2): 22-25.
吴朝阳, 牛铮, 汤泉. 2008. 叶片光化学植被指数(PRI)的修正及其敏感性分析. 光谱学与光谱分析, 28(9): 2014-2018.
向洪波, 郭志华, 赵占轻, 等. 2009. 不同空间尺度森林叶面积指数的估算方法. 林业科学, 6(45): 139-144.
肖乾广, 陈维英, 盛永伟, 等. 1996. 用NOAA气象卫星的AVHRR遥感数据估算中国的第一性生产力. 植物学报, 38(1): 35-39.
肖向明, 王义凤, 陈佐忠. 1996. 内蒙古锡林河流域典型草原初级生产力和土壤有机质的动态及其对气候变化的反应. 植物学报, (01): 45-52.
邢世和, 林德喜, 沈金泉, 等. 2005. 地理信息系统与模型集成技术在林地林木产量和光能利用率估测中的应用. 应用生态学报, 16(10): 1805-1811.
徐丹. 2005. 基于CASA修正模型的中国植被净初级生产力研究. 北京师范大学硕士学位论文.
徐希孺. 2005. 遥感物理. 北京: 北京大学出版社.
薛云, 陈水森, 夏丽华, 等. 2005. 几个典型的叶片/冠层模型. 西部林业科学, 34(1): 70-73.
叶炜, 汪小钦, 江洪, 等. 2011. 基于光谱归一化的马尾松LAI遥感估算研究. 遥感应用, (5): 52-58.
张佳华. 2001. 自然植被第一性生产力和作物产量估测模型研究. 上海农业学报, 17(3): 83-89.
张娜, 于贵瑞, 于振良, 等. 2003. 基于3S的自然植被光能利用率的时空分布特征的模拟. 植物生态学报, 27(3)325-336.
张宪洲. 1992. 我国自然植被净第一性生产力的估算与分布. 自然资源, (1): 15-21.
张晓阳, 李劲峰. 1995. 利用垂直植被指数推算作物叶面积系数的理论模式. 遥感技术与应用, 10(3): 13-18.
张彦东, 卢伯松, 丁冰. 1993. 红松人工林能量环境与光能利用率的研究. 东北林业大学学报, 21(1): 35-42.
赵育民, 牛树奎, 王军邦, 等. 2007. 植被光能利用率研究进展. 生态学杂志, 26(9): 1471-1477.
周广胜, 张新时. 1995. 自然植被净第一性生产力模型初探. 植物生态学报, 19(3): 193-200.
朱文泉, 陈云浩, 潘耀忠, 等. 2004. 基于GIS和RS的中国植被光利用率估算. 武汉大学学报(信息科学版), 29(8): 694-698.
朱文泉, 陈云浩, 徐丹, 等. 2005a. 陆地植被净初级生产力计算模型研究进展. 生态学杂志, 24(3): 296-300.
朱文泉, 潘耀忠, 龙中华, 等. 2005b. 基于GIS和RS的区域陆地植被NPP估算——以中国内蒙古为例. 遥感学报, 9(3): 300-307.
朱文泉, 潘耀忠, 何浩, 等. 2006. 中国典型植被最大光利用率模拟. 科学通报, 51(6): 700-706.
朱志辉. 1993. 自然植被净第一性生产力估计模型. 科学通报, 38(15): 1422-1426.
Adams J M, Faure H, Faure-Denard L. 1990. Increases in Terrestrial Carbon Storage from the Last Glacial Maximum to the Present. Nature, 348: 711-714.

Ahl D E, Gower S T, Mackay D S, et al. 2004. Heterogeneity of light use efficiency in a northern Wisconsin forest: implications for modeling net primary production with remote sensing. Remote Sensing of Environment, 93: 168-178.

Bartona C V M, Northb P R J. 2001. Remote sensing of canopy light use efficiency using the photochemical reflectance index model and sensitivity analysis. Remote Sensing of Environment, 78: 264-273.

Bradford J B, Hicke J A, Lauenroth W K. 2005. The relative importance of light-use efficiency modifications from environmental conditions and cultivation for estimation of large-scale net primary productivity. Remote Sensing of Environment, 96: 246-255.

Cramer W, Kicklighter D W, Bondeau A. 1999. Comparing global models of terrestrial net primary productivity(NPP): Over view and key results. Global Change Biology, 5: 1-15.

Curran P J. 1989. Remote sensing of foliar chemistry. Remote Sensing of Environment, 30(3): 271-278.

Drolet G G, Huemmrich K F, Hall F G. 2005. A MODIS derived photochemical reflectance index to detect inter annual variations in the photosynthetic light use efficiency of a boreal deciduous forest. Remote Sensing of Environment, 98: 212-224.

Eck T F, Dye D G. 1991. Satellite estimation of incident photosynthetically active radiation using ultraviolet reflectance. Remote Sensing of Environment, 38: 135-146.

Evain S, Flexas J, Moya I. 2003. A new instrument for passive remote sensing: 2. Measurement of leaf and canopy reflectance changes at 531nm and their relationship with photosynthesis and chlorophyll fluorescence. Remote Sensing of Environment, 91: 175-185.

Fensholt R, Sandholt I, Rasmussen M S. 2004. Evaluation of MODIS LAI, FPAR and the relation between FPAR and NDVI in a semi-arid environment using in situ measurements. Remote Sensing of Environment, 91: 490-507.

Field C B, Randerson J T, Malmstrom C M. 1995. Global net primary production: Combining ecology and remote sensing. Remote Sensing of Environment, 51: 74-88.

Gamon J A, Penuelas J, Field C B. 1992. A narrow-waveband spectral index that tracks diurnal changes in photosynthetic efficiency. Remote Sensing of Environment, 41: 35-44.

Goel N, Grier T. 1988. Estimation of canopy parameters for inhomogeneous vegetation canopies from reflectance data. Ⅲ. TRIM: a model for radiative transfer in heterogeneous three-dimensional canopies. International Journal of Remote Sensing, 25: 255-293.

Goel N, Strebel D. 1984. Simple beta distribution representation of leaf orientation in vegetation canopies. Agron J, 76: 800-802.

Goetz S J, Prince S D. 1996. Remote sensing of net primary production boreal forest stands. Agricultural and Forest Meteorology, 78: 149-179.

Green D S, Erickson J E, Kruger E L. 2003. Foliar morphology and canopy nitrogen as predictors of light-use efficiency in terrestrial vegetation. Agricultural and Forest Meteorology, 115: 163-171.

Hilker T, Coops N C, Wulder M A, et al. 2007. The use of remote sensing in light use efficiency based models of gross primary production: A review of current status and future requirements. Science of the Total Environment, 404(2-3): 411-423.

Ito A, Oikawa T. 2004. Global mapping of terrestrial primary productivity and light-use efficiency with a process-based model. *In*: Shiyomi M, et al. Global Environmental Change in the Ocean and on Land. Tokyo: Terrapub, 343-358.

Jacquemoud S, Baret F. 1990. PROSPECT: A model of leaf optical properties. Remote Sensing of Environment, 34: 75-91.

Kinirya J R, Tischlera C R, Van Esbroeckb G A. 1999. Radiation use efficiency and leaf CO_2 exchange for diverse C4 grasses. Biomass and Bioenergy, 17: 95-112.

Kuusk A. 1991. Determination of vegetation canopy parameters from optical measurements. Remote Sensing of Environment, 37(3): 207-218.

Landsberg J J, Waring R H. 1997. A generalized model of forest productivity using simplified concepts of radiation-use efficiency, carbon balance and partitioning. Forest Ecology and Management, 95: 209-228.

Leith H, Wittaker R H. 1975. Primary Productivity of the Biosphere. New York: Springer-Verlag.

McCrady R L, Jokela E J, 1998. Canopy Dynamics, Light Interception and Radiation Use Efficiency of Selected Loblolly Pine Families. Forest Science, 44(1): 64-72.

Monteith J L. 1972. Solar radiation and productivity in tropical ecosystems. Journal of Applied Ecology, (7): 747-766.

Monteith J L. 1977. Climate and efficiency of crop productivity in Britain. Philosophical Transaction of the Royal Society of London, Ser. B, 277-294.

Myneni R B, Hoffman S, Knyazikhin Y, et al. 2002. Global products of vegetation leaf area and fraction absorbed PAR from year one of MOD IS data. Remote Sensing of Environment, 83: 214-231.

Myneni R B, Knyazikhin Y, Zhang Y, et al. 1999. MODIS leaf area index(LAI)and fraction of photosynthetically active radiation absorbed by vegetation(FPAR)product(MOD15)algorithm theoretical basis document［EB/OL］.［2007207220］. http://eospso.gsfc.nasa.gov/atbd/modistables.html.

Nakaji T, Oguma H, Fujinuma Y. 2006. Seasonal changes in the relationship between photochemical reflectance index and photosynthetic light use efficiency of Japanese larch needles. International Journal of Remote Sensing, 27: 493-509.

Nichol C J, Huemmrich K F, Black T A. 2000. Remote Sensing of Photosynthetic-Light-Use Efficiency of Boreal Forest. Agricultural and Forest Meteorology, 101: 131-142.

Nichol C J, Lloyd J, Shibistova O. 2002. Remote sensing of photosynthetic-light-use efficiency of a Siberian boreal forest. Tellus, 54B: 677-687.

Nilson T, Kuusk A. 1989. A reflectance model for the homogeneous plant canopy and its inversion. Remote Sensing of Environment, 27(2): 157-167.

Olofsson P, Eklundh L. 2007. Estimation of absorbed PAR across Scandinavia from satellite measurements.Part Ⅱ: Modeling and evaluating the fractional absorption. Remote Sensing of Environment, 110: 240-251.

Parton W J, Scrulock J M O, Ojima D S, et al. 1993. Observations and modeling of biomass and soil organic matter dynamics for the grassland biome worldwide. Glob Biogeochem Cycles, 7(4): 785-809.

Penuelas J, Filella I, Gamon J A. 1995. Assessment of photosynthetic radiation use efficiency with spectral reflectance. New Phytol, 131: 291-296.

Potter C S, Randerson J T, Field C B, et al. 1993. Terrestrial ecosystem production: A process model based on global satellite and surface data. Global Biogeochemical Cycles, 7: 811-841.

Potter C S, Randerson J T. 1993. Terrestrial ecosystem production: A process model based on global satellite and surface data. Global Biogeochemical Cycles, (7): 811-841.

Raich J W, Rastetter E B, Melillo J M, et al. 1991. Potential net primary productivity in south America: application of a global model. Ecological Applications, 1: 399-429.

Raymond E, Hunt J R. 1994. Relationship between woody biomass and PAR conversion efficiency for estimating net primary production from NDVI. International Journal of Remote Sensing, 15: 1725-1730.

Ruimy A, Kergoat L, Bondeau A. 1999. Comparing global models of terrestrial net primary productivity(NPP): Analysis of differences in light absorption and light use efficiency. Global Change Biology, 5: 56-64.

Ruimy A, Saugier B, Dedieu G. 1994. Methodology for the estimation of terrestrial net primary production from remotely sensed data. Journal of Geophysical Research, 99: 5263-5283.

Running S W, Nemani R R, Heinsch F A, et al. 2004. A continuous satellite-derived measure of global terrestrial primary production. Bioscience, 54: 547-560.

Running S W, Thornton P E, Nemani R, et al. 2000. Global terrestrial gross and net primary productivity for the Earth Observing System. New York: Springer-Verlag, 44-57.

Shultis J K, Myneni R B. 1988. Radiative transfer in vegetation canopies with anisotropic scattering. J Quant Spectroscp Radiat Transfer, 39: 115-129.

Still C J, Randerson J T, Fung I Y. 2004. Large-scale plant light-use efficiency inferred from the seasonal cycle of atmospheric CO_2. Global Change Biology, 10: 1240-1252.

Strachan I B, Pattey E, Boisvert J B. 2002. Impact of nitrogen and environmental conditions on corn as detected by hyperspectral reflectance. Remote Sensing of Environment, 80: 213-224.

Tuner D P, Urbanski S, Bremer D, et al. 2003. A cross-biome comparison of daily light use efficiency for gross primary production. Global change Biology, 9: 383-395.

Turner D P, Gower S T, Cohen W B, et al. 2002. Effects of spatial variability in light use efficiency on satellite-based NPP monitoring . Remote Sensing of Environment, 80: 397-405.

Van Oijen M, Dreccer M F, Firsching K H, et al. 2004. Simple equations for dynamic models of the effects of CO_2 and O_3 on light-use efficiency and growth of crops. Ecological Modeling, 179: 39-60.

Van Wijk M T, Bouten W M T. 2002. Simulating daily and half hourly fluxes of forest carbon dioxide and water vapor exchange with a simple model of light and water use. Ecosystems, 5: 597-610.

Waring R, Running S W. 1998. Forest Ecosystems: Analysis at Multiple Scales. San Diego: Academic Press.

Wu C, Chen J M, Desai A R. et al. 2012. Remote sensing of canopy light use efficiency in temperate and boreal forests of North America using MODIS imagery. Remote Sensing of Environment, 118: 60-72.

Yuan W, Liu S, Zhou G, et al. 2007. Deriving a light use efficiency model from eddy covariance flux data for predicting daily gross primary production across biomes. Agricultural and Forest Meteorology, 143: 189-207.

第六章　草地生态退化监测技术

草地生态系统退化所带来的严重后果早已引起人们的广泛重视，国内外学者早在 20 世纪初就开始了对草原的研究。草原退化主要体现在植被覆盖度下降、群落结构发生逆向演替和土壤沙化三个方面（李建龙等，1993；李建龙和王建华，1998；查勇等，2003），受技术手段的限制，在 20 世纪初到 20 世纪中叶，对草原退化的研究都是侧重于退化的单一方面展开的，如长期草原群落结构演替观测、植被覆盖度变化监测、草原沙化监测等。所采用的研究资料，也主要以人工野外调查数据为主，随着研究的深入和新技术手段的诞生，研究方法逐步由定性描述转变为定量分析。20 世纪 60 年代遥感技术出现以后，草地生态系统退化监测技术取得了突飞猛进的发展，短时间内监测大区域（国家尺度、全球尺度）草原退化状况成为可能，人们开始利用遥感影像监测全球草原植被状况的变化。我国的草地生态系统的研究工作在遥感技术出现以前，也是以地面调查为主要方式开展对草原植被生态演替方面的监测，80 年代初遥感技术进入我国，从"六五"起步到"七五"和"八五"广泛开展应用，已经取得了一系列的研究成果和进展（李建龙等，1993）。21 世纪以来，对草地生态系统的研究工作开始更多地借助遥感技术的手段，特别是近年来，航空航天和传感器制造技术发展日新月异，各类新型卫星传感器（高空间、光谱分辨率）不断发射升空，新型数据源的出现打破了国外同类产品的数据封锁，大幅降低了草原监测成本，并为原有基于低分遥感数据的草原监测技术带来了新的挑战（浦瑞良和宫鹏，2000）。

第一节　草原生态系统退化遥感监测进展及趋势

一、草原生态群落结构退化监测

草原群落结构因子是表征草原退化的重要标志，但由于草原植被自身的特点（分布破碎、植株矮小、生长交错复杂），针对植被群落结构的遥感监测十分困难，因此该领域的研究是当前草原遥感领域的难点和热点。大尺度草原群落结构监测，其核心难点是遥感数据信息中的草原植被群落特征提取，当前国内外针对大尺度的植被群落结构监测研究，大多基于高光谱遥感数据进行，它涉及了混合光谱解混（有效消除野外测定植被光谱中背景噪声干扰）、植被冠层光谱时空特征提取、植被冠层光谱特征的时空尺度转换等关键技术。

由于地表异质性的存在，混合光谱普遍存在于遥感数据中（Gillespie et al.，1990），为我们获取准确的植被冠层光谱信息带来了很大难度，是植被遥感进行高精监测的主要限制因素，因此受到许多学者的高度重视（Johnson et al.，1983；Verhoef，1984；Smith et al.，1985；Liang and Towshend，1991；Boardman，1993；Borel and Gerstl，1994），目前已经建立了比较完善的解混理论和模型（Hapke 混合光谱理论、几何模型、SAIL 模型、混合介质模型、计算模拟模型等），但由于受到草原自身分布破碎、生长交错复杂的影响，无法提取与遥感影像像元空间尺度相匹配的冠层反射率（或叶面积指数）纯净植被端元，因此模型大多应用于分布规则或面积较大的农作物、森林监测中，较为常用的模型有SAIL、Li-Stralhler、GORT、Monte Carlo等（童庆禧等，2006）。理论上，植被的光谱特征由其物质成分和物质结构决定，不同类型的植被具有不同的光谱特征。但是同一类型植被不同个体之间的光谱具有一定变幅，造成同一植被类型不同个体之间形成的光谱集不是一条线，而是具有一定宽度的带（承继成等，2004），加之同类植被所处环境的不同（土壤、气候、海拔、生长阶段等），其光谱特征也可能发生变化，这为植被特征光谱的提取带来了很大的难度。目前，植被特征光谱的提取研究主要在植被特定的物候期（返青期、开花期、结实期等），将光谱上某个吸收谷或反射峰特征参量化，或在多个特征参量的基础上建立特征光谱（Hunt et al.，2003；Pengra et al.，2006），以此作为该类植被的识别标志，实现到植被物种（类型）的遥感识别，该方法针对特定的植被和区域取得了较好的效果（Feng and Miller，1991；方红亮，1998；杜华强，2002；Yamano et al.，2003；Thenkabail et al.，2004；王焕炯等，2010）。但以上研究大多针对植被单一特征光谱展开，静态点上研究多，动态过程研究少，很少针对植被物种在整个生长季内的光谱特征时间维变化过程开展研究，使得静态点上获取的特征光谱很容易在尺度外推时湮灭在背景噪声中，且监测所需的高光谱遥感数据很难获取，因此监测精度和应用限制因素较多，普适性差。

尺度问题是所有生态学研究的基础（Wiens，1989），尺度推绎就是将一个尺度上的信息推绎到另一个尺度上的过程（赵文武等，2002）。尽管在高分辨率传感器下测定的植被特征光谱能够更好地表征植被信息，但由于数据获取来源、应用成本的限制和尺度效应的影响，我们在基于植被特征光谱进行大尺度草原植被群落结构监测时，必须对点上（或小尺度范围内）试验获取的植被特征光谱参数进行尺度上推，才能保障大尺度草原植被群落结构监测技术的可行性和科学性（张宏斌，2007；Zhang et al.，2010）。目前，尽管存在许多重采样或尺度转换技术（混合像元分解法、回归分析、变异函数、自相关分析、谱分析、分形和小波变换等），但由于尺度问题的复杂性，真正适宜于植被遥感数据方面的方法并不多，特别是在草原遥感监测中尺度效应的影响考虑得更少。

总的来说，当前国内外对草原植被群落结构遥感监测技术的研究还处于起步阶段（Wang et al.，2001；Schmidt and Skidmore，2001；颜春燕，2003），研究大多采用高光谱遥感数据，在植被特殊物候期进行特征光谱提取，实现植被群落物种的遥感监测。随着信息技术、自动化技术、传感器制造技术等学科领域的发展，草原植被群落结构遥感监测的数据获取途径不断扩大，监测结果更加清晰、立体，空间定位能力进一步增强，技术方法日趋成熟。

二、草原植被覆盖度监测

草原植被覆盖度是指示草地生态系统变化的重要指标，是植被生长状况的最直接反映。遥感技术出现以前，草原植被覆盖度测量主要依靠地面测量，最常用的方法就是目估法，但该方法主观性太强；样方法、样带法、样点法和仪器测量法等方法尽管测算精度高，应用简便，但很难在大区域范围内使用。20 世纪 80 年代，遥感技术开始应用于草原监测领域，使得监测大面积范围，甚至全球的草原植被覆盖度成为了可能，草原植被覆盖度遥感监测技术也得到了快速的发展。目前，草原植被覆盖度遥感监测技术已日趋完善，主要有植被指数法、混合像元分解法、光谱梯度差法和光学模型法等。

1）植被指数法。该法主要通过绿色植物叶片光谱特征的差异及动态变化反映出来，由多光谱数据经线性和非线性组合构成对植被有一定意义的各种数值。但该方法易受地表土壤背景的影响（李建龙等，1993）。20 世纪 80 年代已经开始植被指数方面的研究。目前，遥感植被指数的发展已经从基于波段的线性组合（差或和）或原始波段比值的初级经验阶段，发展到了基于物理知识，将电磁波辐射、大气、植被覆盖和土壤背景的相互作用结合在一起考虑，并通过数学和物理及逻辑经验以及通过模拟将原植被指数不断改进的高级理论分析阶段，研制植被指数数十种，其中对植被覆盖度监测常用的植被指数有：NDVI、比值植被指数（RVI）、垂直植被指数（PVI）、土壤调节植被指数（SAVI）等。

2）混合像元分解法。该法主要运用色彩混合原理，即像元所记录的信号来自一个以上的地类，它是扫描图像存在的一种普遍现象。它假定地表物质组分足够大或不透光，以保证光子仅仅与一个地表物质组分发生作用，同时辐射传递过程是可加的。地物光谱组合可以利用最小二乘法并保证各组分（端元）总和为 1，通过线性混合方程进行分解。该方法有效地去除了地表土壤背景的干扰（王广军等，2004）。

3）光谱梯度差法。植被在绿光波段有一个低反射峰，在近红外波段有一个高反射峰，在红光波段有一个吸收峰，而土壤光谱则在绿光到近红外波段呈现近似线性变化。由于一般传感器均包含绿光、红光和近红外波段，所以科学家基于植被和土壤在这 3 个波段的特性提出了一种光谱梯度差法用于计算植被覆盖度（唐世浩等，2003）。该方法假设在绿光、红光和近红外波段图像上，植被土壤面积不随波段变化而变化，并假定在所选定波段，土壤光谱随波长呈线性变化，在应用时只需知道全植被覆盖时的光谱即可知道植被覆盖度。

4）光学模型法。光学模型是基于光量子在植被冠层中的辐射传输过程建立的一种模型，具有相当强的物理基础，不依赖于植被的具体类型或背景环境的变化，因而具有较强的普适性（徐希孺，2005；方秀琴和张万昌，2003）。所谓辐射传输过程即模拟光辐射在一定介质（如大气和植被）中的传输过程，最初用于研究光辐射在大气中传输的规律，后来被移植到植被对太阳光辐射的吸收和散射规律研究中。例如，利用 PROSAIL 模型等光学模型计算植被叶面积指数后反演覆盖度等。

总的来说，由于植被覆盖度本身具有方向性的特点，其监测结果会随观测角变化而变化，目前的各类植被覆盖度监测方法中均没有考虑到这一问题。随着多角度遥感技术的进步，下一步植被覆盖度监测中必将会集中在植被覆盖度垂直方向的异质性和复杂性问题上，以获取更为准确的植被垂直分层覆盖信息为主要目标，植被覆盖度的角度特征与地物反射性特征提取技术将成为重要的发展方向。

三、草原沙化监测

当前，我国草原牧区草畜矛盾突出，2013 年，全国重点天然草原（指我国北方和西部分布相对集中的天然草原，也是我国传统的放牧型草原集中分布区，涉及草原面积 3.98 亿 hm^2）的平均牲畜超载率为 16.8%，全国 268 个牧区半牧区县（旗、市）天然草原的平均牲畜超载率为 21.3%（其中牧区县平均牲畜超载率为 22.5%，半牧区县平均牲畜超载率为 17.5%），特别是超载严重区域导致了严重的草原沙化问题。草原沙化也称草原沙质荒漠化，即不同气候带中具有沙质地表环境的草原，受风蚀、水蚀、干旱、鼠虫害和人为不当经济活动等因素影响，使天然草原遭受到不同程度的破坏，土壤受到侵蚀，土质变粗沙化，土壤有机质含量下降，营养物质流失，草原生产力减退，致使原非沙漠地区的草原出现以风沙活动为主要特征的类似沙漠景观的草原退化过程（中华人民共和国国家标准 GB 19377—2003《天然草地退化、沙化、盐渍化的分级指标》），草原沙化是草原重度退化的重要表现形式。传统的草原沙化监测主要以实地考察和测量为主，一般监测区域不会太大，监测周期也较长。随着航空航天技术的发展，遥感技术越来越多地应用到草原沙化监测中，使得短时期内进行大范围的草原沙化监测成为可能。草原沙化遥感监测的核心关键问题即如何从遥感影像中快速、准确地提取荒漠化信息，从人工参与角度可以将通过遥感技术提取荒漠化信息的方法分为目视解译和自动提取两类。

（一）目视解译

人工目视解译指在对研究区情况及遥感影像特征有综合理解的基础上，通过实地考察建立不同地类与遥感影像相对应的解译标志，然后根据解译标志，进行人机交互的目视判别方法（王瑶等，2008）。该方法把解译者的专业知识、区域知识、遥感知识及经验共同融入遥感影像的分析、判别中，根据遥感影像上地物的色调、形状、大小、纹理、图案、位置、阴影、组合等直接或间接特征，再辅以其他非遥感数据信息，综合分析、推断，使得解译结果精度大为提高（吴见和彭道黎，2009；赵英时，2003）。但人工解译速度慢、费时费力、人为判断的主观性较大，定量精度受到限制，对判读者的要求过高，不适合与大范围的荒漠化监测，不利于荒漠化信息的快速、定量化提取。

（二）自动提取

草原沙化遥感数据的自动提取方法主要有非监督分类法、监督分类法两种。

非监督分类（unsupervised），又称为聚类分析或点群分析，是指在对研究区和遥感影像均无先验知识、无训练样本的情况下，在多光谱影像中搜寻、定义其自然相似光谱集群组的过程（赵英时，2003）。此方法无需人工选择训练样本，仅需输入几个参数，计算机便按照像元光谱或空间特征等自动地将影像分为几个集群组。常见的非监督分类算法有 ISODATA 算法和模糊聚类算法等。该方法快速、简便，不要求对研究区有先验知识，人为因素的影响减少。但其所产生的集群组不一定是解译者所需要的类别；“同物异谱”或“同谱异物”等现象的存在将降低分类精度；定量化评价能力不足。

监督分类（supervised），又称训练分类法，是指在对研究区及遥感影像均有所了解的情况下，在影像上对各类分别进行训练样区的选择，用这些样区去训练所选择的判别函数，然后用训练好的函数对未知像元进行判别，将其划分到与训练样本最相似的类别中。常见的监督分类方法有：最大似然法、最小距离法等。该方法可以根据研究目的有选择地决定所需类别，避免出现一些不必要的类别；可以控制训练样本的选择；速度快、操作简捷。但该方法训练样本的选择主观性大；所选的样本代表性不强，样本间交叉性大；容易忽略一些类别；定量化评价能力不足。

近年来，除了上述传统的目视解译及监督、非监督分类法以外，为了充分体现出遥感数据的时效性及信息提取的定量化，国内外学者提出了很多新的方法。如植被指数法、回归模型法、混合波谱分析法等。总的来说，草原沙化监测研究对碳循环、气候变化、区域经济和生活产生了巨大的影响作用。研究发现我国草原沙化形势较为严峻，90%的草原区正面临不同程度的草原退化和沙化，34%的草原遭受过度放牧、城市化、土地破碎等的中度到重度退化沙化。因此依据适宜的草原沙化指标体系，建立遥感与 GIS 相结合的综合评价系统是下一步草原沙化监测技术发展的重要方向。

第二节 草地物种及牧草质量监测技术

由于缺少高光谱分辨率和大量的光谱波段，引起不同的植被经常有极为相似的光谱特征（通常称为“异物同谱”现象），植被间细微的光谱差别用宽波段遥感数据无法探测；另外，光学遥感所依赖的光照条件不稳定，可能引起相同的植被具有显著不同的光谱特征（即所谓的“同物异谱”现象）。高光谱遥感能够探测到具有显著细微光谱差异的各种物体，能大大改善对植被的识别和分类精度（宫鹏等，1998；浦瑞良和宫鹏，2000）。

作为国际遥感科学的研究前沿和热点，高光谱遥感已广泛地应用到许多学科领域。高光谱成像光谱技术将成像技术与光谱技术结合在一起，对目标对象的空间特征成像的同时，对每个空间像元经过色散形成几十个乃至几百个窄波段以进行连续的光谱覆盖。这样形成的遥感数据可以用“图像立方体”来形象描述，其中二维表征空间，另外一维表征光谱波长（郑兰芬等，1995；童庆禧等，1997）。高光谱遥感已成为地表植被地学过程对地观测的强有力的工具（童庆禧等，1997），尤其是在植被光谱测量与光谱特征分析方面成为高光谱应用的重要方面，也是未来植被遥感的重要内容之一，其在多个方面得到广泛的应用（曹巍等，2013），主要包括植被分类（张风丽等，2006）、估产（李建龙等，1996）、植被覆盖度提取（温兴平等，2008），以及植被生理参数反演，如叶面积指数（Michio and Tsuyosho，1989）、含水量（田庆久等，2000）、植被叶绿素含量（Curran et al.，1995）和光能利用率（Barton and North，2001）等。

呼伦贝尔草原植被类型丰富，以典型草原为主体，约占草场总面积的 75.13%，是最适合发展放牧畜牧业的地区（李博，1992）。开展该地区的野外观测实验，研究该地区草地植被的高光谱特征是未来监测该地区草地生态环境、退化杂类草入侵研究的前提与依据。

本节通过实测呼伦贝尔地区典型物种的高光谱数据，利用光谱处理软件，结合多种统计方法，研究呼伦贝尔草原主要优势种羊草、针茅、退化指示种冷蒿、多根葱的光谱特征，为利用高光谱图像进行草原群落类型识别、草地退化定量评价提供依据。

一、草原植物光谱数据测定方法研究

绿色植物具有明显的光谱反射特征，不同于土壤、水体和其他典型地物（图 6-1）。植被对电磁波的响应，即植被的光谱反射率或发射特征是由其他化学和形态学特征决定的，这种特征与植被的不同发育期、健康状况以及生长条件密切相关。

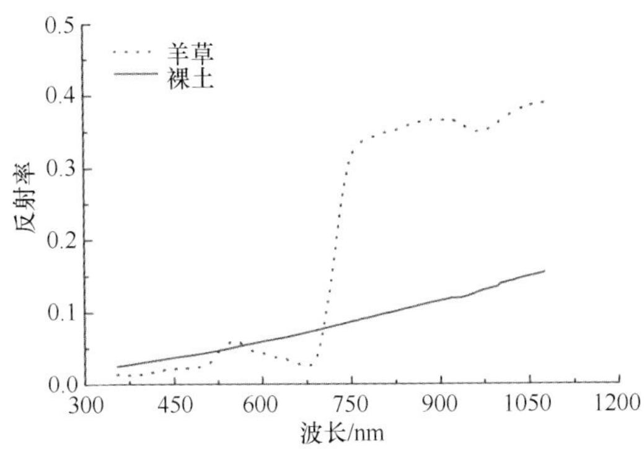

图 6-1　典型植物与土壤的光谱曲线

植物光谱的影响因素：植物的生化组分、叶片的含水量、植被覆盖度和植物所处的生长阶段。

在可见光波段内，各种色素是支配植物光谱的主要因素，分别为 450nm 的蓝光和 650nm 的红光两个波段内，叶绿素吸收了大部分的入射能量（Gates et al.，1965）形成吸收谷，在这两个波段之间，由于吸收作用比较弱，形成了以 540nm（绿色波段）为中心的反射峰，因此很多植被呈现绿色。当植物患病、枯萎时，叶绿素吸收带的吸收强度会减弱，反射率增大，特别是红光波段的吸收减弱，所以植物不再呈现原来的绿色。

在近红外波段，植物的光谱特征主要受植物叶片内部结构的控制（Knipling，1967）。健康绿色植物在近红外波段的光谱特征是高反射率、高透过率、低吸收率。在可见光波段近红外波段之间，反射率急剧上升，形成所谓的"红边"，这是植物曲线最明显的特征，也是地球植被遥感关注的一个焦点（Miller et al.，1991；童庆禧等，2006）。

由于水分对中红外波段的吸收比较明显，植物中水分含量对光谱也有重要的影响，研究表明，植物对入射光中的中红外波段能量的吸收程度是叶片中总水分含量的函数，即叶片水分百分含量和叶片厚度的函数。随着叶片水分的减少，植物中红外波段的反射率明显增大（Philips et al.，1978）。

混合地物的光谱响应除了与上述因素有光，还与覆盖度、土壤组分、植被的冠层结构、生长阶段等因素有关。

植被覆盖度变化的实质是植被与背景不同组成比例的变化，即单位面积上叶绿素含量的变化，由于背景和植被对光谱能量的响应不同，所以不同的组成比例就会有不同的光谱曲线。覆盖度降低时，叶绿素含量相对降低，背景地物的影响会相应增强，也就是植被光谱与背景光谱对总体光谱的贡献是互为消长的关系。

土壤本身是一种复杂的混合物，它是由物理和化学性质各不相同的物种所组成，这些物理和化学性质不同的物质可能会影响土壤的反射和吸收光谱特征。归纳起来，土壤的光谱特征主要受成土矿物（特别是氧化物）、含水量、有机物和质地等因素的影响（童庆禧等，2006）。

植物的冠层结构对光谱的影响，主要指植被冠层的形状、大小及空间分布结构（成层现象、覆盖度等）。植被结构随着植物的种类、生长阶段、分布方式变化而变化，大致可分为水平均匀性（连续植被）和离散型（不连续植被）两种。草地、生长茂盛的农作物多属于前者，稀疏林地、果园、灌丛等多属于后者。

植物结构可通过一组特征参数来描述和表达，包括叶面积、间隙率、叶倾角、叶面积密度。

自然状态下的植被冠层由多重叶片组成，上层叶片会遮挡下层叶片，整个冠层的反射是由叶的多次反射和阴影的共同作用而形成的，因此，植被冠层的光谱反射受到这些叶片的大小、形状、方位、覆盖范围的影响，冠部近红外反射能量随叶片层数的增加而增加，当植被覆盖度从 0（裸地）到接近 100%（全部覆盖）变化时，占主导地位的光谱特征也从裸地光谱到植物光谱转化，响应的植物量也是逐渐增加的（李小文和刘素红，2008）。

同一植物在不同的生长阶段各组分含量不同，所以这些组分变化对植物反射光谱都有影响。不同生长期的植物光谱曲线是不同的。所以，不能用一种光谱曲线代表植物整个生长期的光谱曲线。

此外还与天气状况、入射光的方向等有关。鉴于以上对植物光谱的影响因素比较多，所以对光谱的采集必须有严格的操作过程和详细的记录。一套科学、严格、有效的光谱测量规范，是所获光谱数据质量的根本保证。

（一）光谱测量规范

1. 光谱的测量

鉴于影响光谱数据质量的因素比较多，我们针对几个影响因素采用以下测量步骤，利用 ASD（ASD FieldSpec 3，Analytical Spectral Devices，Inc. Boulder，CO，USA）地物光谱仪，波段范围为 350～2500nm，对草地冠层光谱及单叶片的光谱进行测量。

（1）草地冠层的光谱测量

1）首先对仪器进行检验与标定

在使用之前按地物光谱仪的标称精度，对光谱仪的光谱分辨率、中心波长位置、信噪比等主要参数进行检验（交国家授权的检测机构进行）。

观测过程中，每半小时左右进行一次光谱仪暗电流测定，及时校正仪器噪声对观测结果的影响。

2）观测时间与气象条件

选择合适的观测时段，主要集中在 10: 00～14: 30，以确保足够的太阳高度角。

观测时段内的气象要求一般选择天气晴朗，地面能见度不小于 10km；太阳周围 90°立体角范围内淡积云量小于 2%，无卷云和浓积云等；风力小于 3 级或无风。

3）操作程序

观测过程中，保证观测员面向太阳站立于目标区的后方，记录员等其他成员均站立在观测员身后，尽量避免在目标区两侧走动。

观测时探测头保持垂直向下，探头距地面的距离为 0.5m，探头的视场角为 25°。

在地物光谱仪的输出光谱数据设置项中，每条光谱的平均采样次数为 10 次；测定暗电流（ASD-VNIR 型）的平均采样次数为 20。

对同一目标的观测次数（记录的光谱曲线条数）为 5 次，每组观测均以测定参考板开始，最后以测定参考板结束。特殊情况下，当太阳周围90°立体角范围内有微量漂移的淡积云，当光照亮度不够稳定时，适当增加参考板测定密度。

4）观测对象、目标选定、影像记录、标记和定位

依据高光谱遥感草地物种特征识别这一主目标，草地光谱测量的主要观测对象为包含土壤背景在内的植被冠层。除此以外，为研究土壤背景对冠层综合视场的光谱贡献和纯植被对不同生化组分含量的光谱响应，裸露土壤和无背景干扰的植被也被列为专题观测对象。

观测目标的选定：选择能准确反映观测对象所处状态的自然特性植被冠层，且能够代表一区域的总体水平，避免反常的目标作为观测对象。

对所有观测目标拍摄照片，以真实记录目标状态。拍摄要求为：投影姿态与光谱仪探头一致，照片边框短边长度略大于光谱仪观测视场直径，并在照片的短边视场边缘放置刻度清晰的长度标尺，以便准确估计光谱测量视场范围。并记录相对应的照片号。

进行地面光谱测量时，用GPS记录观测样点中心点的位置。

（2）利用叶片夹测量单层叶片

1）同样需要对仪器进行检验与标定，方法与上文提到的一致。

2）观测对象、目标的选定、记录等。

主要的测量对象是单层叶片光谱，同时测量叶片生化组分含量。

目标的选定应选择区域内健康的植物个体，最好能代表植物的总体水平，取下叶片，排放整齐。

用叶片夹进行测量时，需要用叶片尽量完全覆盖叶片夹的探头，一般草地植被的叶片比较窄，一个叶片无法覆盖整个面积，我们采用的方法是将几片叶片并列单层放在叶片夹中，进行光谱记录，同时记录光谱序号，对样品进行拍照并记录照片号。

2. 样方的描述

目的：通过对样方的组成描述，更好地了解混合植物的光谱特征。

仪器：样方框（50cm×50cm）、米尺、记录本。

步骤：1）选择有代表性的地块，将样方扣下。

2）采用合理的高度，用光谱仪对样方的光谱进行测量，记录光谱编号。

3）采用相同的高度对样方进行拍照，记录照片号。

4）用米尺测量样方内物种的高度，分别记录植被的多度和高度。

5）对每个物种的相对盖度及总盖度进行量测。

3. 植被覆盖度的测定

为了了解植物群落对地面的覆盖率、不同物种之间的混合比例需要对样方内的各个物种及总体盖度进行估测，比较常用的方法有以下几种。

1）目测法：直接用目视的方法估算样方内植物所占的比例，需要一定的经验和生态学知识。

2）仪器法：利用ADC相机垂直对准待估样方，距离应与光谱仪的探头高度一致或稍高一点。然后记录好照片号，带回实验室用软件计算群落的总体盖度。

（二）本研究光谱的测量方法

高光谱数据具有分辨率高、波段连续性好等传统宽波段不具备的优点，植物的光谱数据受诸多环境因素（光照强度、背景物）影响，不同的数据采集方法会得到不同的数据，甚至导致截然不同的实验结果。研究植被的高光谱数据前提之一是确定高光谱数据的获取方式。以下对两种测量方法进行比较。

1. 植被光谱数据的采集

利用 ASD（ASD FieldSpec 3，Analytical Spectral Devices，Inc. Boulder，CO，USA）地物光谱仪，波段范围为 350～2500nm，对草地冠层光谱及单叶片的光谱进行测量。在实验之前需要对光谱仪的光谱分辨率、中心波长位置、信噪比等主要参数进行检验进行相关检验。

草地冠层光谱的测量方法：实验之前，需要对实验仪器进行预热。实验过程中，选定具有代表性的区域，在适合的天气条件下对数据进行采集，之后运用数理统计方法和遥感植被参数分析光谱特征。光谱采集过程中探头与地面的距离为 0.5m，探头的视场角为 25°；每条光谱的平均采样次数为 10 次；测定暗电流（ASD-VNIR 型）的平均采样次数为 20 次；对同一目标的观测次数（记录的光谱曲线条数）为 5 次，每组观测均以测定参考板开始，最后以测定参考板结束，每个样本重复测定两次。同时记录照片号、GPS 等相关信息。

单叶片光谱的测定：选择区域内健康的植物个体，最好能代表植物的总体水平，取下叶片，排放整齐；然后用叶片夹进行光谱的测量。同时记录光谱序号，对样品进行拍照并记录照片号。

2. 样方描述

记录 0.5m×0.5m 样方内物种类别、多度、高度、覆盖度，并进行拍照记录照片号。

3. 植被覆盖度的估测

采用目测法对样方内总盖度和每个物种的盖度进行估测。

二、实验室条件下物种叶片光谱特征及特征提取

最佳传感仪器和最佳光谱波段的选择是电磁波辐射特性研究的最基本任务之一。遥感技术成功与否的第一个关键就在于能否用最佳的遥感仪器和最佳的光谱波段进行探测。各种地物的波谱特性是遥感技术的重要基础，迄今为止各种航空和航天遥感仪工作波段的选择都与对波谱特性的分析密切相关。例如，陆地卫星 4 号的主题绘图仪的第四波段（波段范围 760～900nm）就是根据 Tucker C.J. 对大量光谱辐射资料的分析和对草地进行的窄带光谱辐射研究而设定的。

在多光谱遥感过程中，如何以有限的或最少的波段表达最丰富的遥感信息，进而进行物种的识别是进行遥感波段选择的一个重要的目的。因此选择的波段应保证波段之间最小的相关性和最大的独立性。

（一）研究地区主要物种的光谱曲线及特征分析

1. 研究区地物光谱概述

太阳光谱通过大气层，经过吸收、散射后剩余的部分通过大气窗口透射到达地球表面，投射到不同物体上，不同类型的物体对光谱不同波段的响应特性是不一样的。不处于绝对零度以下的任何物体都能反射和吸收电磁波，由于物体的物理化学特性不同，对电磁波的吸收、反射和发射的规律也不尽相同，这是识别地面地物的光学基础，也是解译遥感影像的基础。

以下对呼伦贝尔地区草地植被叶片室内光谱及其特征进行分析。

从图 6-2 可知，从冷蒿的连续光谱可以发现，虽然采集的地点不同，但总的趋势比较明显，在 400～700nm 可见光波段反射率较明显，尤其是在 555nm 附近的反射峰相对宽度和高度较大，可能是由于冷蒿表面附有茸毛，降低了表面叶绿素的反射特征。在近红外波段的波形特征与植物的典型光谱曲线不同，反射率呈现逐渐增大的趋势，且在 995nm 左右没有明显的吸收谷，可能与叶绿素、水分等含量相对较少有关。

如图 6-3 所示，不同羊草样本光谱曲线的变化幅度均比较大，且波峰各有特点，可能是与样本本身的水分、色素含量变化比较大有关，但在 400～700nm 可见光波段的反

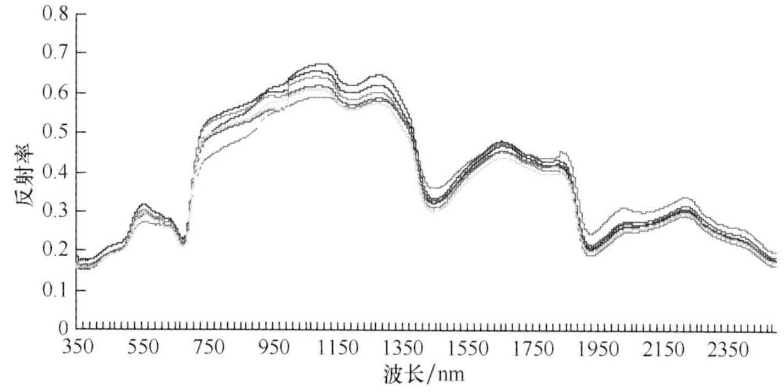

图 6-2　冷蒿的光谱曲线

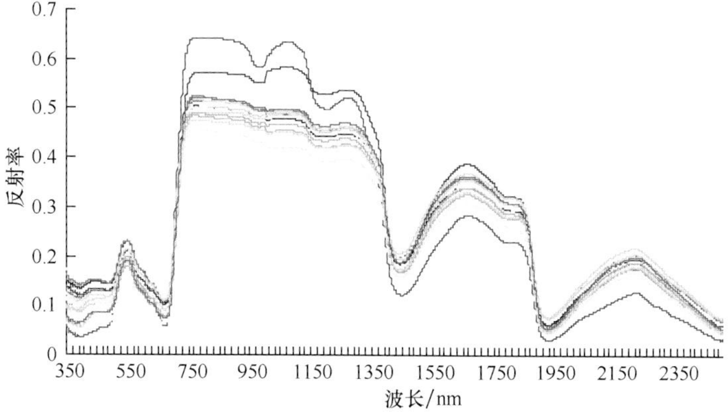

图 6-3　羊草的光谱曲线

射峰和吸收谷相对比较集中，反射峰在 550nm 左右，吸收谷在 665nm 左右，且峰值宽度比较窄。

从图 6-4 中可以容易地发现针茅穗、针茅茎和针茅叶光谱在 400～700nm 可见光部分的差异，针茅穗的光谱明显高于针茅叶、茎的光谱。针茅具有在可见光波段的低反射率值（0.2）和近红外波段的高反射率值（0.7），形成比较明显的对比。

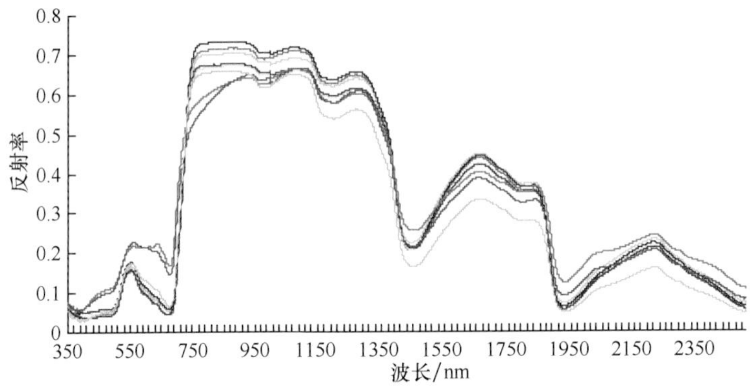

图 6-4　针茅的光谱曲线

图 6-5 中两条粉红色的曲线是多根葱葱花的光谱，在可见光波段的特征不明显；其余光谱为多根葱葱叶的光谱，在 400～700nm 可见光部分的反射率比较低，且变化比较小，最高反射率值 0.15，吸收谷处的反射率值为 0.1 左右，在 975nm 和 1185nm 左右出现了典型的吸收谷，这可能是由多根葱内叶片中的水分引起的。在 1300nm 之后，反射率值迅速下降，在 1400nm 和 1900nm 附近处出现了明显的吸收谷，一般认为是由大气中的含水量所致，但图 6-5 中的光谱是用叶片夹测得。可以认为也是由于叶片中的水分所致。

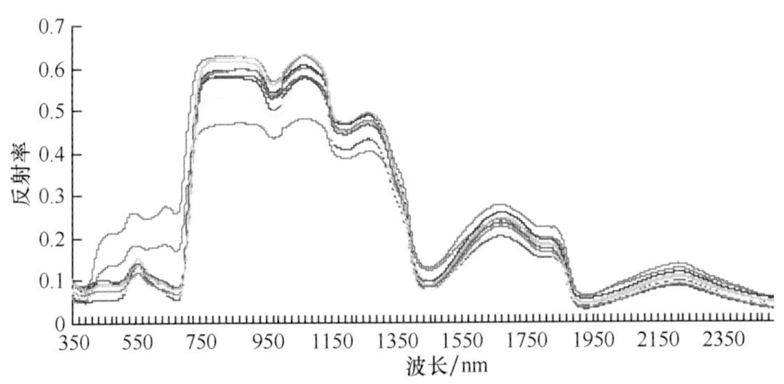

图 6-5　多根葱的光谱曲线

由上文可以发现，原始叶片光谱间的差异性不够明显，物种之间的可分性不足。为了更好地研究不同物种之间光谱的差别，需要对光谱数据进行一定的处理。以下分别介绍几种常用的光谱处理方法，可有针对性地提高不同植被之间的分类特征，提高分类精度。

2. 研究区植物光谱的包络线分析

包络线法作为光谱分析方法，最早由 Clark 和 Roush（1984）提出，定义为逐点直线连接随波长变化的吸收或反射凸出的“峰”值点，并使折线在“峰”值点上的外角大于 180°。它可以有效地突出光谱曲线吸收和反射特征，并且将其归一到一个一致的光谱背景上，有利于和其他光谱曲线进行特征数值比较，从而提取出特征波段进行分类识别。以包络线作为背景，去掉包络线后即光谱的特征吸收带。白继伟等（2003）用基于包络线消除的高光谱图像进行分类，提高了图像的分类运算效率和精度。

求光谱包络线的算法如下。

设光谱曲线数组为 $R(i)$，i=0, 1, 2, …, k–1。波长数组为 $W(i)$，i=0, 1, 2, …, k-1。

1）i=0，将 $R(i)$、$W(i)$加入包络线节点表中。

2）求新的包络线节点。如果 $i=k-1$，结束；否则：$j=i+1$，继续循环。

3）检查直线(i, j)与光谱曲线 $W(i)$的交点，如果 $j=k-1$，结束，将 $R(i)$、$W(i)$

加入包络线节点表中，否则：

a. $m=j+1$；

b. 如果 $m=k-1$，完成检查，j 是包络线上的节点，将 $R(i)$、$W(i)$加入包络线节点表中，$i=j$，转到步骤 2）；

c. 求直线(i, j)与光谱曲线 $W(i)$的交点 $rl(m)$；

d. 如果 $R(m)<rl(m)$，则 j 不是包络线上的点，$j=j+1$，转到步骤 3）；如果 $R(m)\geqslant rl(m)$，则直线(i, j)与光谱曲线 $W(i)$最多有一交点，$m=m+1$，转到 2）。

4）得到包络线节点表后，将相邻的节点有直线段依次相连接，求出 $W(i)$所对应的折线段上的点的函数值，从而得到该光谱曲线的包络线 $R_c(i)$。

以获取的包络线为背景，在去掉包络线后即光谱曲线中的特征吸收带。具体计算公式是

$$R'(\lambda)=R(\lambda)/R_c(\lambda) \tag{6-1}$$

式中，R'、R、R_c 分别是去包络光谱（特征吸收）、原始光谱和光谱包络线；λ 为波长。

谢伯承等以包络线作为背景，去掉包络线后即光谱的特征吸收带。具体算法为

$$R_c(\lambda)= R_{cr}(\lambda)-R(\lambda) \tag{6-2}$$

式中，R_c、R_{cr} 和 R 分别是去包络（特征吸收）、包络线和光谱反射率值；λ 是波长。

本书利用 Matlab 软件实现对包络线的求算。图 6-6 是去包络线后的 4 种典型植被叶片光谱曲线。

经过包络线去除后，不同植物光谱曲线的吸收特征变得明显，在可见光波段的反射峰被放大，而且光谱曲线都归一化到了 0～1。从图 6-6 中可以发现，针茅穗的去包络线曲线的分布相对其他几个物种变化比较大，规律性不明显，这与针茅穗的排列结构有关。以 550nm 为例，克氏针茅、多根葱、冷蒿原始反射率的差别比较小（图 6-2、图 6-4、图 6-5），经过包络线去除处理后，特征更加明显，不同植被之间的可比性增强。葱叶和羊草的总体波形比较相近，在 550nm 处都有一个小峰，但羊草的峰值更加明显，数值相对较大，可利用层次分割法对羊草和葱叶进行分类。葱叶在 550nm 处的值比较小，可作为一个分类依据。利用 SPSS 统计软件，分别以 450nm 和 550nm 处的去包络线反射率值作

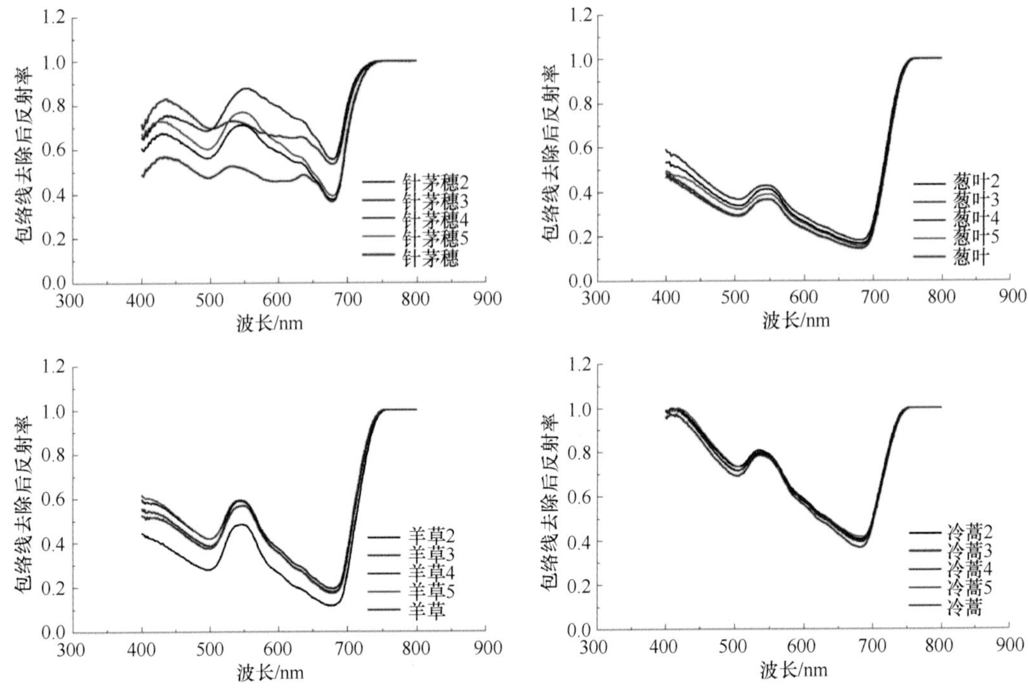

图 6-6　包络线去除后波长与反射率的关系

为分类指标，利用分层聚类法，类内间隔采用 Pearson 相关系数，得到的分类结果非常好。葱和羊草完全分开，分类精度达到 100%。

3. 研究区植物光谱的微分分析

光谱微分包括对反射光谱进行数学模拟和计算不同阶数的微分值两个部分，以迅速确定光谱弯曲点及最大最小反射率的波长位置。光谱微分处理强调曲线的变化和压缩均值影响。一阶、二阶微分光谱的近似计算方法如下（浦瑞良和宫鹏，2000）：

$$\rho' = [\rho(\lambda_{i+1}) - \rho(\lambda_{i-1})]/2\Delta\lambda \qquad \rho'' = [\rho'(\lambda_{i+1}) - \rho'(\lambda_{i-1})]/2\Delta\lambda \tag{6-3}$$

式中，ρ表示波段反射率值；λ_{i+1}表示第 i+1 波段；λ_{i-1}表示第 i–1 波段；ρ'、ρ''分别为波长的一阶、二阶微分光谱；$\Delta\lambda$是波段间隔，波段间隔的不同对利用微分值进行分类起着至关重要的作用。

光谱微分可以增强光谱曲线在坡度上的细微变化，对植物来讲，这种变化与植被的生物化学吸收特性有关（Johnson，1996）。光谱导数波形分析能消除部分大气效应，还可以消除植被光谱中土壤组分的影响，能反映植被的本质特征。二阶或更高阶导数对太阳角、地形、天空云量的变化比较敏感。下面主要研究不同的波段间隔对分类结果的影响，以选择适合草地物种分类的波段间隔。微分计算用 Matlab 完成。

随着波段间隔 $\Delta\lambda$ 的增大，冷蒿波谱曲线的波动性逐渐变小，波形逐渐平滑，数值也逐渐变小（图 6-7）。对其他植被光谱进行相同处理，也有相似的规律。即随着波段间隔 $\Delta\lambda$ 的增大，波形变缓，数值变小。

通过对不同波段间隔 $\Delta\lambda$ 的微分计算，得到了波段间隔为 2nm、4nm、6nm、8nm、10nm、12nm、14nm、16nm、18nm、20nm 的一阶、二阶、三阶、四阶微分值。通过波

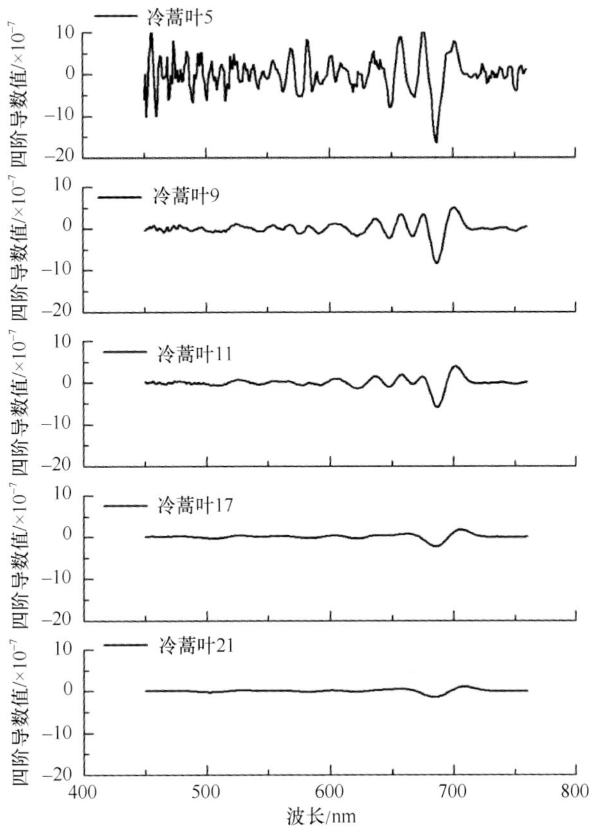

图 6-7　不同波段间隔 Δλ 得到的冷蒿的光谱曲线

形之间的比较，发现当 Δλ=18nm 时 4 个物种之间的差别比较明显，由图 6-8 中 4 个物种四阶导数的平均值可发现，在 636～673nm，冷蒿与其他三个物种的差别非常明显，冷蒿的光谱曲线没有波谷。利用判别分析进行验证，冷蒿为一类，其他三个物种作为一类，分类精度为 100%。

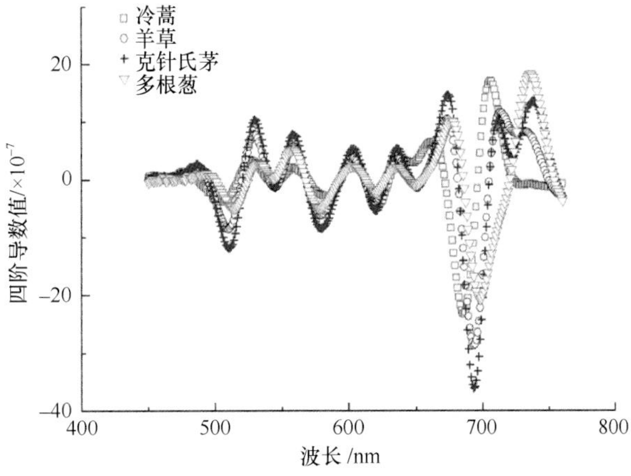

图 6-8　Δλ=18nm 时 4 个物种的四阶导数平均值

4. 研究区植物光谱的“红边”分析

红边参数相对于各种植被指数来讲，不易受到光学特性、冠层结构、叶片的光学特性、大气、天顶角等各种生物物理因素的影响。

“红边”的定义是在 680～720nm 由于叶绿素的吸收和叶片内部散射的综合影响而引起的光谱的突然变化。经验和理论表明“红边”位置（red edge position，REP）随着叶绿素含量、LAI、生物量、水分含量、植物的健康水平的不同而发生改变。当植物健康时，红边向长波方向移动；当植物遭受疾病和变色病时，红边将向短波方向移动。

研究“红边”作为物种分类的一种方法，其中常用的方法有线性内插法。

用到 670nm、700nm、740nm、780nm 4 个波段，反射率的确定有 670nm、780nm，波长位置的计算采用的 700nm、740nm。

用到的公式为

$$R_{\text{rep}} = \frac{R_{670} + R_{780}}{2} \tag{6-4}$$

$$\lambda_{\text{rep}} = \lambda_{700} + (\lambda_{740} - \lambda_{700}) \times [\frac{\lambda_{\text{rep}} - R_{700}}{R_{740} - R_{700}}] \tag{6-5}$$

从散点图（图 6-9）中可发现，针茅穗的“红边”全部集中在 710nm 之前，葱在未开花时的“红边”位置大都集中在 720nm 之后，其余物种比较难以辨别。利用“红边”位置和反射率值两个参数对样本进行分层聚类法，得到了相同的分类结果。当植物中含有较高的叶绿素时，“红边”位置向长波方向移动；当叶绿素的含量比较少时，“红边”位置向短波方向移动，葱的叶绿素含量比针茅穗中的叶绿素含量高，由图 6-9 得知葱的“红边”集中在长边位置，针茅穗的“红边”集中在短波位置，正好符合这一规律。“红边”分析为针茅穗的识别提供了方法，由于针茅的形态结构特征，针茅穗处于针茅的顶端，且形状较突出，特征明显，非常易于识别，所以此方法可识别处于生育期的针茅，为遥感分类提供依据，但是否可用于遥感分类，还需进一步验证。

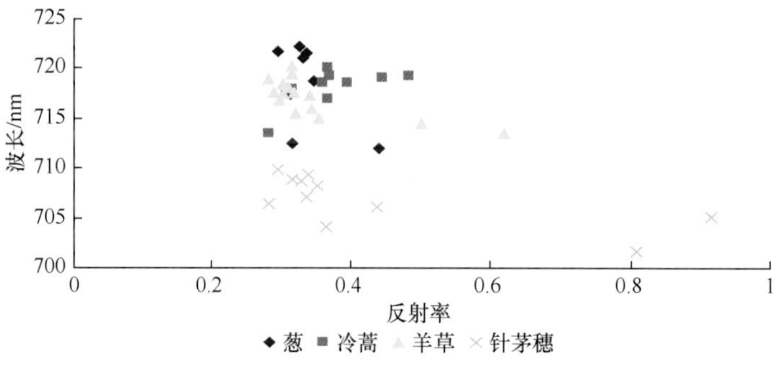

图 6-9　不同物种之间的红边分析

在 712nm 附近，有两个葱花“红边”分布，葱花偏白色，叶绿素含量低，因此红边位置向短波方向移动，有关葱的特征光谱的研究后面做专门介绍。

通过对物种原始波段的描述，发现物种光谱之间的差异不明显；通过导数分析，得到了区分冷蒿的特征波段区间 636～673nm；通过对原始波段的去包络线分析，突出了原始波段的某些特征；对叶片的“红边”分析，可以发现物种之间的明显不同，利于物种之间进行识别。

（二）实验室条件下特征波段的提取

1. 通过波形比较得到特征波段

物种之间最直观的区别，可反映在光谱曲线波形特征的不同，通过光谱曲线的比较，发现波形（峰值、平缓）的不同，利用层次分析法比较分析，得到区分物种的特征波段。

图 6-10 为冷蒿、羊草、针茅和多根葱的反射率与波长的关系，有几个比较明显的特征。第一，冷蒿与其他三个物种之间在近红外（760～1300nm）上的反射率的变化趋势明显不同，冷蒿是逐渐上升的过程，其他的三个物种是逐渐下降的趋势。第二，在可见光（380～760nm）部分，冷蒿光谱的反射率明显高于其他三个物种，特别是反射峰值，冷蒿为 0.3 左右，明显高于其他三个物种的反射率（≤0.2）。可以利用在可见光波段的反射峰值，对物种进行层次分析。

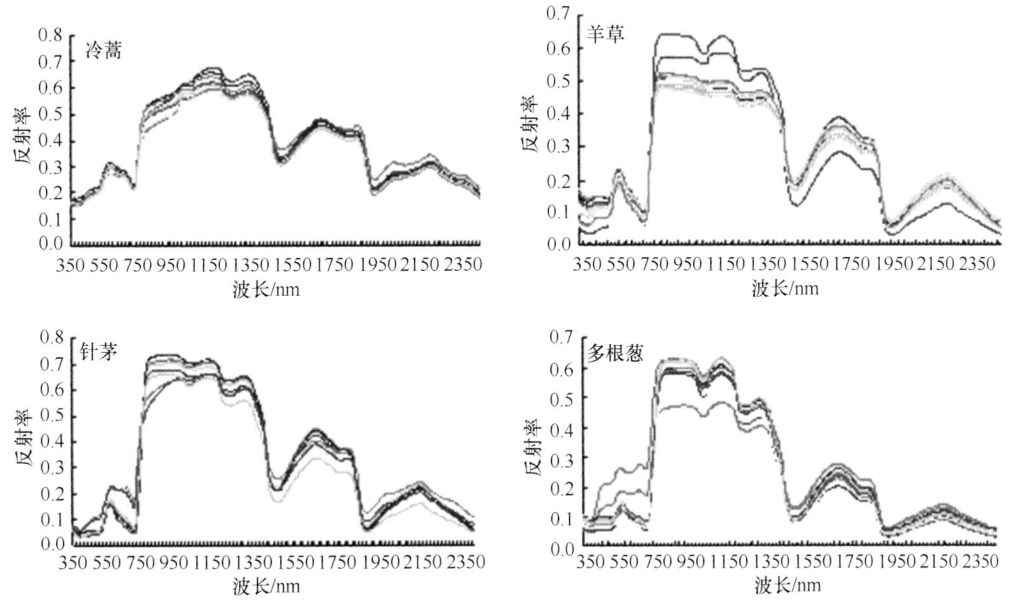

图 6-10　反射率与波长的关系

也有一些特征不是很明显，但也反映了各自的特点。羊草、针茅、多根葱的波形在近红外波段也有所不同，16 条羊草的光谱曲线中，只有两条曲线的反射率高于 0.55，且仅有两条的波峰、波谷比较明显。针茅在近红外上的反射率均高于 0.55。多根葱在近红外波段的双峰比较明显，特别是两个吸收谷，其中有两条葱花的光谱曲线与其他几条明显不同。

2. 曼-惠特尼 *U* 检验得到的特征波段

两独立样本曼-惠特尼 *U*（Mann-Whitney *U*）检验可用于检验两独立样本是否来自同一总体，它是最常用的两独立样本的非参数检验方法。该检验法的零假设是 *H*0；

两独立样本来自无显著差异的总体。曼-惠特尼 U 检验是利用两独立样本的秩的比较得到的。

首先，将两样本数据按照升序合并在一起，计算第一组样本的观察值大于第二组样本观察值的次数；然后，再计算第二组样本的观察值大于第一组样本观察值的次数，分别利用 U1 和 U2 表示。如果两个值 U1、U2 比较接近，则说明两个独立样本有可能来自同一个总体，当然，两样本的差异不仅与 U1、U2 有关系，还和两个样本的容量有关系。

利用 U1、U2 构造检验曼-惠特尼 U 统计量，样本较小时，U 统计量服从曼-惠特尼分布；当样本容量较大时，则近似服从正态分布，利用分布函数表，SPSS 将自动计算出 U 统计量的值和概率 P 值。

由于曼-惠特尼 U 检验实际上是一种秩和检验，检验过程的统计量和样本值的大小没有关系，只和排序有关，所以曼-惠特尼 U 检验不仅可以用于样本值为连续型的数据，还可以用于定序性数据（张红兵等，2007）。

曼-惠特尼 U 检验用于光谱的百分比反射率光谱曲线，对于原始光谱曲线的 U 检验，采用的方法是羊草（16 个）、针茅（8 个）、冷蒿（8 个）、多根葱（9 个）每两个一组进行逐一波段比较。分别得到 6 对数据，然后统计在每个波段上显著性差异明显的次数。曼-惠特尼 U 检验的前提条件是假设两个样本来自分布相同的总体。图 6-11 X 轴表示波长，Y 轴为冷蒿和多根葱的光谱反射率的平均值，也表示冷蒿和多根葱在每个波段上的显著性，显著性的得出是通过比较检验 U 统计量中的精确概率 P 值是否小于 0.05，若小于 0.05，则拒绝零假设，即在此波段上存在明显差异，然后进行二值变换，存在显著差异的为 1，不存在显著差异的为 0。

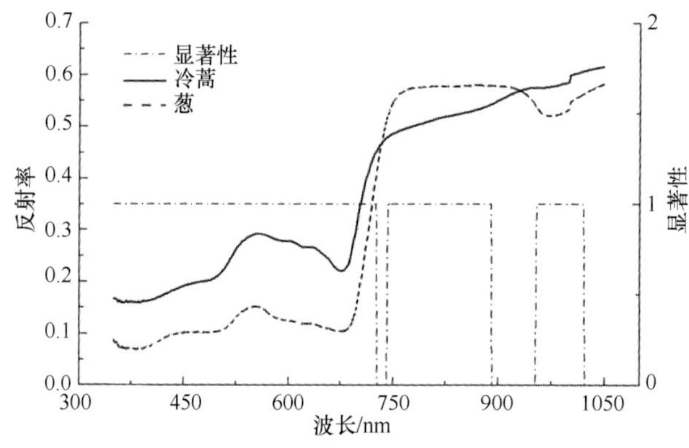

图 6-11 利用 U 检验得到的冷蒿和多根葱的显著性波段

图 6-11 反映了冷蒿和多根葱的平均值，进行 U 检验时，反射率值比较大时，两个物种之间存在明显差异，其中在波段相交处可见光波段（727～741nm）、近红外波段（891～953nm），进行 U 检验的结果不明显，其结果与实际的波段反射率值一致，说明 U 检验能够发现波段之间的不同差异。

从图 6-12 中发现，4 个物种在可见光波段物种之间的可分性高于近红外波段，这与 Tucker（1978）所描述的不同，根据对大量光谱辐射资料的分析和对草地进行的窄带光谱辐射研究，认为用一个 760～900nm 的近红外区域就够了。大部分可见光波段具有区分物种的能力，但只有极少的波段（361nm、364nm、376nm、527nm、528nm）的显著性频度等于 6 次，意味着只有极少数的波段可以作为区分这 4 种草的公共波段。但是否能达到良好的分类效果，还需要进一步的检验。我们选择 5 个波段的反射率利用 SPSS 进行分层聚类，其中个案距离采用平方欧氏距离，聚类方法采用平均组间链锁方法。分层聚类的一个特点是不用预先知道分类的种类数，结果表明，冷蒿的分类精度最高，达到 100%。其中葱的分类中有两个错分（精度为 7/9），羊草和克氏针茅的无法区分，分类精度比较低。通过 U 检验得到这 5 个波段，但是利用这几个波段去分类，却没有得到好的分类效果。

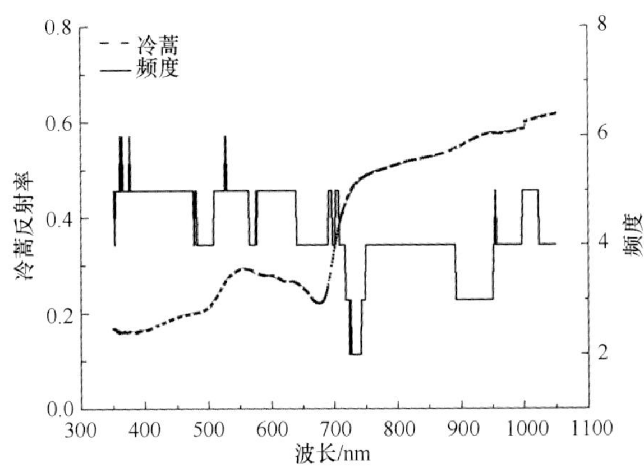

图 6-12　4 个物种波段上显著性不同

频度表示了 4 种草之间在每一个波段上存在显著性差异的次数，右侧为冷蒿原始波谱的平均值反射率

研究表明：第一，361nm、364nm、376nm 这三个波段相对距离比较近，波段之间的相关性比较大，波段 527nm、528nm 之间的相关性同样比较大。我们将特征波段分成两部分，前三个为一部分，后两个为一部分。从两部分中任选一个，利用两个波段进行分类，分类结果没有任何改善。可能是选择的特征波段太少了。第二，我们利用 5 个波段和两个波段对任意两个物种进行分类，结果见表 6-1。

表 6-1　利用 5 个特征波段得到的分类精度（单位：%）

	冷蒿	羊草	克氏针茅	多根葱
冷蒿		100	100	100
羊草	81.25		62.50	62.50
克氏针茅	100	100		75
多根葱	89	78	78	

注：表 6-1 中数字表示物种与其他物种混合时的分类精度，如第一个数字 100%，表示冷蒿与羊草混合时冷蒿的分类精度为 100%

由表 6-1 和表 6-2 可以看出，利用 5 个特征波段得到的分类精度低于利用 2 个特征波段得到的分类精度。克氏针茅和多根葱混合时，克氏针茅的分类精度由 75%提高到了

100%，羊草和多根葱混合时，羊草的分类精度由原来的62.5%提高到了75%，说明减少特征波段之间的相关性能够提高分类精度。

表6-2 利用2个特征波段得到的分类精度（单位：%）

	冷蒿	羊草	克氏针茅	多根葱
冷蒿		100	100	100
羊草	81.25		62.50	75.00
克氏针茅	100	100		100
多根葱	89	78	78	

3. 利用主成分分析进行分类

通过对原始波形的分析，发现在可见光部分和近红外波段的差别相对比较明显，为了更好地表示物种之间的可分性，用主成分分析减少波段之间的相关性，然后利用分层聚类进行分类。分层聚类无需知道物种的种类有几种，近似于非监督分类。

利用主成分分析，对4个物种的可见光波段（450～700nm）进行分析，得到各个变量的主成分得分，种类代码和主成分得分见表6-3，根据每个变量的得分，进行层次分析。得到总体结果如图6-13所示，图中只有冷蒿的分类效果比较好，克氏针茅叶（25～29）

表6-3 可见光波段主成分得分及物种代码

物种名称	代码	主成分1得分	主成分2得分	物种名称	代码	主成分1得分	主成分2得分
冷蒿叶片	1	1.53	0.30	羊草中部叶	22	−0.43	−0.60
冷蒿叶片	2	1.33	0.05	羊草上部叶	23	−0.55	−0.21
冷蒿叶片	3	1.77	−0.23	羊草上部叶	24	−0.53	−0.35
冷蒿叶片	4	1.71	−0.38	克氏针茅叶	25	−1.13	−0.86
冷蒿上部秆	5	1.95	−0.18	克氏针茅叶	26	−0.93	−1.16
冷蒿上部秆	6	1.76	−0.42	克氏针茅叶	27	−0.94	−0.74
冷蒿上部秆	7	1.66	−0.14	克氏针茅叶	28	−1.11	−1.08
冷蒿上部秆	8	1.60	−0.27	克氏针茅叶	29	−0.82	−1.03
羊草下部叶	9	−0.06	0.82	克氏针茅穗	30	−0.51	−1.70
羊草下部叶	10	0.39	1.21	克氏针茅穗	31	−0.38	−2.09
羊草中部叶	11	−0.23	0.79	克氏针茅茎	32	−0.74	−1.60
羊草中部叶	12	−0.06	0.94	多根葱葱花	33	1.63	1.25
羊草上部叶	13	0.22	0.66	多根葱葱花	34	0.30	0.77
羊草上部叶	14	0.24	0.81	多根葱葱茎	35	−0.74	0.76
羊草茎	15	−0.53	−2.38	多根葱葱茎	36	−1.12	0.00
羊草下部叶	16	−0.39	0.57	多根葱葱叶	37	−0.80	1.40
羊草中部叶	17	−0.27	0.02	多根葱葱叶	38	−1.05	1.31
羊草上部叶	18	−0.46	0.64	多根葱葱叶	39	−0.70	1.46
羊草下部叶	19	−0.78	−0.82	多根葱葱叶	40	−0.81	1.35
羊草下部叶	20	0.01	−0.19	多根葱葱叶	41	−1.19	1.33
羊草中部叶	21	−0.59	0.00				

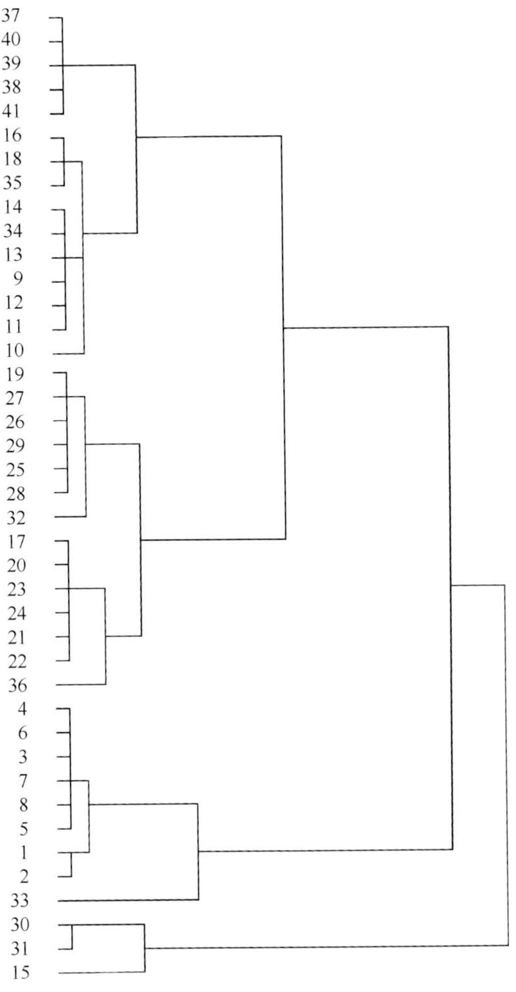

图 6-13　4 个物种可见光波段分层聚类树状图

的分类精度相对较好。对于克氏针茅穗（30、31）和多根葱（37～41）叶片的分类效果也较好。对羊草的分类结果比较差，被分成了两类。利用主成分得分，对 4 个物种进行分层聚类，虽然总体的分类结果不够理想，但对个别物种的分类却得到了比较好的结果。对可见光波段进行主成分分析，再利用层次分析法对 4 个物种进行分类，分类结果不理想。

为进一步验证可见光波段的可分性，利用主成分得分对两个物种进行分层聚类，图 6-13 展示了冷蒿和羊草聚类后的树状图，分层聚类利用的变量还是表 6-3 中的主成分得分，从图 6-13 中不难发现，羊草和冷蒿完全分开，分类结果比较好，只有羊草茎（代码 15）被单独分为一类，总的分类精度为冷蒿 100%、羊草 93.75%（15/16）。

由于分层聚类的前提是在未知类别数目的情况下，对样本数据进行分类，而判别分析则是在已知分类数目的情况下，根据一定的指标对不知类别的数据进行归类，类似于监督分类。在进行图像的分类时如果已知类别种类，用判别分析进行分类精度可能会提高。

表 6-4 给出了 4 个物种可见光波段判别分类结果的统计评价。物种 1、2、3、4 分别

代表冷蒿、羊草、克氏针茅、多根葱，从表中可以看出，它给出了全部样品建立判别方程的正确分类的样品数、错分样品数和错判率。羊草的错判率是 50%，多根葱的错判率是 33.3%。冷蒿和克氏针茅的错判率是 0。略优于分层聚类的结果。

表 6-4　4 个物种可见光波段判别分析分类结果

物种	预测组内数量				总数
	冷蒿	羊草	克氏针茅	多根葱	
冷蒿	8	0	0	0	8
羊草	0	8	8	8	16
克氏针茅	0	0	8	0	8
多根葱	1	2	0	6	9

在可见光波段，通过以上对两种方法（层次分析法、判别分析法）的比较，总体结果是判别分析法略优于层次分析法。在已知植物种类的前提下，用判别分析法进行分类效果较好，在未知植物种类的前提下，用层次分析法较好。

为进一步比较不同波段之间的可分性，我们利用近红外波段（760～900nm）的原始光谱作为研究对象，通过主成分分析得分进一步比较层次分析和判别分析的分类精度。表 6-5 列出了各个样本的主成分得分及代码。

表 6-5　近红外波段主成分得分及物种代码

物种名称	代码	主成分 1 得分	主成分 2 得分	物种名称	代码	主成分 1 得分	主成分 2 得分
冷蒿叶片	1	–0.75	2.27	羊草中部叶	22	–1.06	–0.40
冷蒿叶片	2	–0.71	1.91	羊草上部叶	23	–1.27	–0.42
冷蒿叶片	3	–0.22	1.78	羊草上部叶	24	–0.61	–0.36
冷蒿叶片	4	0.12	2.42	克氏针茅叶	25	2.08	–0.06
冷蒿上部秆	5	0.27	1.39	克氏针茅叶	26	1.48	–0.04
冷蒿上部秆	6	0.12	1.34	克氏针茅叶	27	1.92	–0.05
冷蒿上部秆	7	–0.36	1.36	克氏针茅叶	28	1.55	–0.08
冷蒿上部秆	8	–0.28	1.20	克氏针茅叶	29	2.30	–0.14
羊草下部叶	9	–0.70	–0.31	克氏针茅穗	30	0.88	0.85
羊草下部叶	10	0.12	–0.48	克氏针茅穗	31	0.81	1.61
羊草中部叶	11	–0.70	–0.41	克氏针茅茎	32	1.24	–0.48
羊草中部叶	12	0.11	–0.24	多根葱葱花	33	0.76	–0.90
羊草上部叶	13	–0.89	–0.45	多根葱葱花	34	–1.37	–0.56
羊草上部叶	14	–0.62	–0.52	多根葱葱茎	35	0.54	–1.32
羊草茎	15	0.95	–0.95	多根葱葱茎	36	0.00	–1.34
羊草下部叶	16	–0.85	–0.35	多根葱葱叶	37	0.34	–0.77
羊草中部叶	17	–0.90	–0.42	多根葱葱叶	38	0.30	–0.88
羊草上部叶	18	–1.55	–0.55	多根葱葱叶	39	0.14	–0.82
羊草下部叶	19	–1.24	–0.47	多根葱葱叶	40	0.71	–0.92
羊草下部叶	20	–0.99	–0.21	多根葱葱叶	41	–0.51	–0.78
羊草中部叶	21	–1.16	–0.46				

利用主成分得分，通过层次分析法，得到分类树状图，由图 6-14 可以看出，准确的判断距离，分类精度最高的是冷蒿（100%），羊草 81.25%（13/16），多根葱 77.8%（7/9），克氏针茅 75%（6/8）。

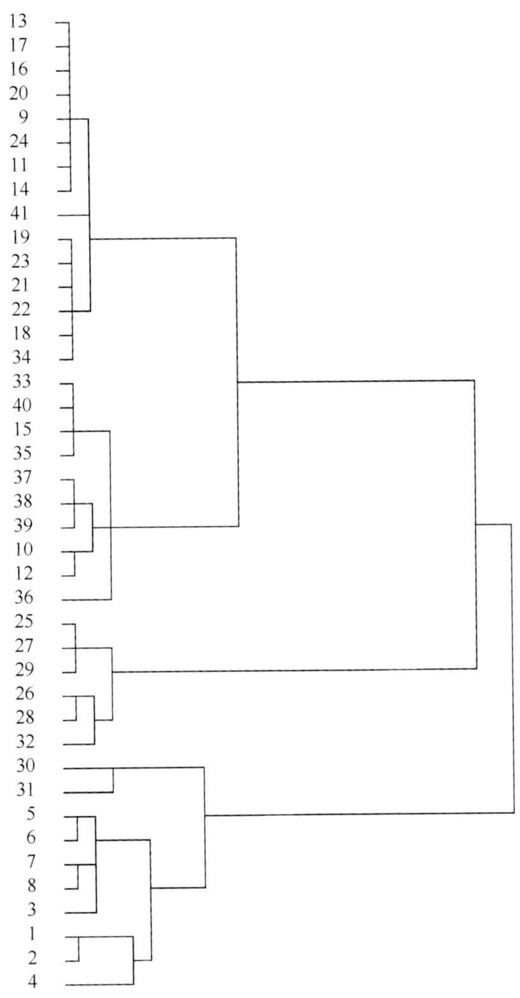

图 6-14　4 个物种近红外波段分层聚类树状图

表 6-6 列出了利用层次分析法得到的分类精度和错判率，与图 6-14 相比，克氏针茅和羊草的分类精度都有所提高，分类精度都是 87.5%。分类精度有所提高。

表 6-6　4 个物种近红外判别分析分类结果

物种	预测组内数量				总数
	冷蒿	羊草	克氏针茅	多根葱	
冷蒿	8	0	0	0	8
羊草	0	14	0	2	16
克氏针茅	1	0	7	0	8
多根葱	0	2	0	7	9

由以上分析可知，利用近红外波段对物种进行分类比利用可见光波段对物种进行分类的精度高，利用判别分析比层次分析得到的精度高。

4. 利用逐步判别分析法寻找特征波段

利用主成分对原始光谱进行分析，无论是采用分层聚类还是判别分析，对一些物种能起到较好的分类效果，对一些物种（羊草）的分类精度不高，为了更好地利用高光谱图像进行分类，有必要寻找物种的特征波段。但需保证所选择的波段具有最大的相互独立性。对各个选择波段的相关性分析表明，近红外与可见光波段的相互独立性最好，而可见光各波段之间则具有较好的相关性（童庆禧，1990）。

采用分波段区间寻找特征波段，试图利用最少的波段数量，达到最佳的分类效果，同时为了避免波段之间的相关性，最后对得到的特征波段再一次进行逐步判别分析。找到区分物种的特征波段，采用的具体波段区间、特征波段以及通过特征波段得到的分类精度见表 6-7。

表 6-7　不同的波段区间、分类精度、特征波段

波段范围/nm	分类精度/%				特征波段/nm
	冷蒿	羊草	克氏针茅	多根葱	
400～600	100	87.50	100	100	508、550、561、599
601～759	100	100	100	100	601、628、702、749、759
760～859	100	87.50	100	88.90	771、859
860～1061	100	81.30	87.50	88.90	860、876
1062～1262	62.50	93.80	50	100	1192、1228

逐步判别分析法就是筛选指标或变量的一种判别方法，它是根据各指标重要性的大小，每一步引进或剔除一个指标，引进或剔除是通过所谓的附加信息检验来决定的。

利用逐步判别分析法能选择出各类草之间具有最大差别的光谱波段。根据波段的识别能力选择出独立变量。逐步判别分析法是通过每一步选择一个判别能力最显著的变量进入判别函数来进行的，而且每次在变量进入之前对已进入判别函数的变量逐个进行检验，如果某个变量因新变量的引入使结果不显著时，就将这个变量移出，直到判别函数中仅保留有显著判别能力的变量。通过调整进入判别函数的波段 F 值、波段数能够极大地减少，仅包括那些有最大判别能力的波段。

使用两种决定判别终止的 F 比率，来进行两个单独的实验：①如果波段 F 值的显著性水平小于 0.05 就进入，而波段 F 值的显著性水平大于 0.10 就被移出；②如果波段的 F 值小于 2.71 就进入，而波段的 F 值大于 3.84 就移出。这两种比率分别称为第一种标准和第二种标准。

如表 6-8 所示 4 个物种的 15 个特征波段，其中 601～759nm 得到的 5 个特征波段可以很好地完成分类，15 个特征波段中有些波段之间（599nm 和 601nm，859nm 和 860nm）的相关性较大，为减少波段之间的相关性，利用得到的 15 个特征波段进行逐步分析，并对 4 个物种进行分类，获取 450～1262nm 的特征波段是 550nm、771 nm、1192 nm、1228 nm 及利用特征波段获取的分类精度（表 6-7）。总体的分类精度比较高，即便针茅的分类精度稍微低一点，也达到了比较高的精度，即 87.5%（7/8）。

表 6-8　利用 15 个特征波段进行逐步判别分析得到的分类结果

物种	预测组内数量				总数
	冷蒿	羊草	克氏针茅	多根葱	
冷蒿	8	0	0	0	8
羊草	0	16	0	0	16
克氏针茅	1	0	7	0	8
多根葱	0	0	0	9	9

表 6-7 中波段 1061～1262nm 得到的特征波段 1192nm、1228nm，利用得到两个特征波段对四个物种的分类精度比较低，因此考虑去除表 6-7 中的 1192nm、1228nm。然后再利用其余 13 个特征波段进行逐步判别分析，得到的分类结果和判别精度（表 6-9），并进一步得到了标准化典型判别方程。

表 6-9　利用 13 个特征波段进行逐步判别分析得到的分类结果

物种	预测组内数量				总数
	冷蒿	羊草	克氏针茅	多根葱	
冷蒿	8	0	0	0	8
羊草	0	16	0	0	16
克氏针茅	0	0	8	0	8
多根葱	0	0	0	9	9

利用波段 450～1061nm 得到的 4 个物种的分类精度都是 100%，特征波段是 508nm、561nm、599nm、628nm、876nm，且得到了 3 个标准化典型判别方程 y_1、y_2、y_3：

$$y_1 = -0.554\times\lambda_{508} - 1.367\times\lambda_{561} - 5.676\times\lambda_{599} + 7.303\times\lambda_{628} + 0.967\times\lambda_{876}$$

$$y_2 = -0.232\times\lambda_{508} - 4.507\times\lambda_{561} + 13.144\times\lambda_{599} - 8.035\times\lambda_{628} + 0.683\times\lambda_{876}$$

$$y_3 = -2.368\times\lambda_{508} + 3.206\times\lambda_{561} - 3.021\times\lambda_{599} + 2.045\times\lambda_{628} + 0.160\times\lambda_{876}$$

三、自然条件下群落光谱特征研究

遥感技术的根本目的是要通过图像的分析，深入研究各种自然环境要素，达到定量、定性分析和识别研究对象的目的，从而在国民经济和军事上发挥作用。植被群落光谱易受各种因素的影响，即使在实验室条件下也受到植被茎叶比、排列组合、不同测量角度的影响。在自然条件下，植被群落的光谱更是受到多种因素的限制，如土壤光谱、土壤与植被覆盖度、太阳天顶角等。研究自然条件下植被光谱之间的差别，找出不同优势种群落光谱之间的差异，并建立可靠的辐射判读标志，是实现利用高光谱遥感图像进行判读分析的基础。

（一）单一物种群落的光谱特征

1. 裸露地面及沙地的光谱特征

要进行遥感影像的判读，消除土壤背景的影响是必须要考虑的，首先需要了解土壤背景的光谱特征，我们对采集到的土壤光谱进行了平滑处理，为了表达方便，将平滑后的光谱称为原始光谱。土壤光谱的影响因素主要表现在土壤的有机组成、颗粒大小和土壤含水量的多少。

图 6-15 中展示了不同土壤颗粒对光谱的影响，图中光谱可明显分成三个部分，上面的红色表示颗粒最细，下面的蓝色表示土壤的颗粒较大，中间的光谱为中等粗细的颗粒，随着颗粒逐渐变细，反射率逐渐增加。虽然对土壤光谱进行了平滑处理，但是在 1350～1450nm、1800～1950nm 的噪声比较大。

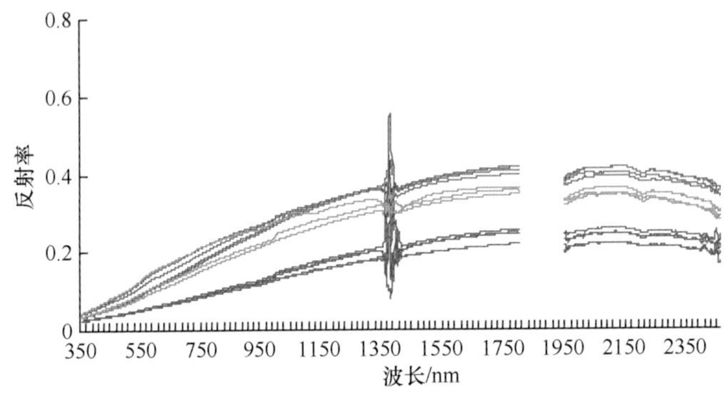

图 6-15 不同粗糙程度的土壤光谱曲线

图 6-16 中显示，不同含水量对土壤光谱的影响比较明显，干土反射率较大，湿土反射率较低。总体的规律是随着土壤含水量的增加反射率逐渐下降。

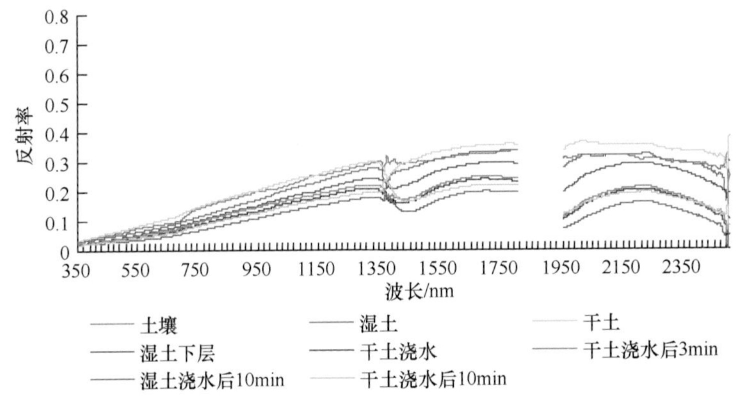

图 6-16 不同水分含量的土壤光谱曲线

2. 群落的光谱特征

植被群落的光谱受到多种因素的影响，鉴于影响因素比较多，即便是在实验室条件下进行采集植被光谱，可变因素也不可忽视。本节的研究目的不是为了探讨各种因素对每个物种光谱的影响，而是通过对光谱的变换，找到在自然条件下不同物种之间的光谱区别，从而研究物种之间利用光谱的可分性。

由于光谱曲线在 1800～1950nm 噪声太大，不利于分析。将此范围内的反射率进行了归零。图 6-17 中显示的是羊草群落的光谱，羊草的盖度接近 100%，但从图中发现，虽然是同一时间段内测量的，可忽略太阳天顶角的变化及辐射强度的变化，但光谱的差异仍然比较大，除了群落之间有机组分含量的不同，最关键的应该是冠层结构，有的羊草是倾斜的，在一定上增大了群落的盖度，同时，羊草背部的茸毛改变了测量单元内的组分组合（由土壤加植被向上叶片变成土壤、向上叶片加向下叶片），引起光谱之间较大的差异。

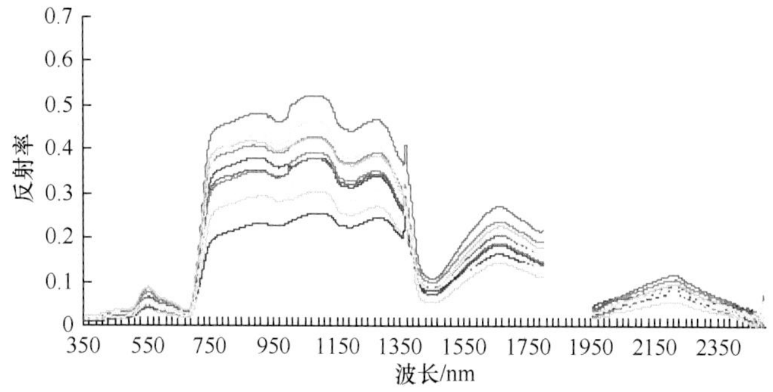

图 6-17　羊草群落的光谱曲线

图 6-18、图 6-19 分别显示了冷蒿群落、克氏针茅群落的光谱特征，冷蒿、克氏针茅分别作为群落的优势种，盖度接近 100%。从图中可以明显发现，尽管光谱的采样地点和采样时间相对集中，反射率还是波动比较大。

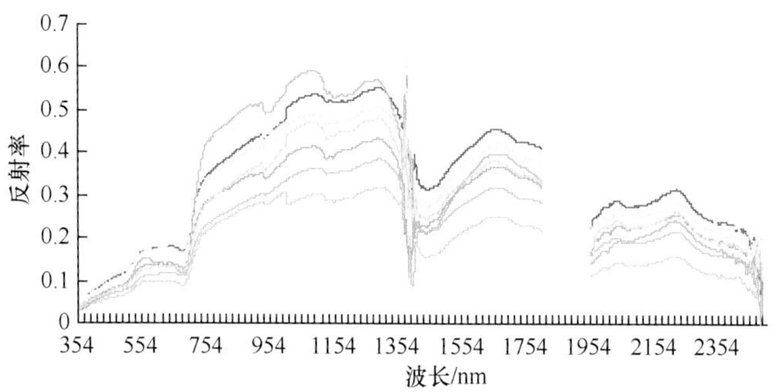

图 6-18　冷蒿群落的光谱曲线

由图 6-17、图 6-18、图 6-19 可以发现，由于光谱的变动范围比较大，单纯利用群落的反射率来进行群落的区分，是无法取得好的分类效果的。因此必须对光谱进行各种处理。

归一化处理能够消除不同部位、不同光照条件所引起的光谱差异，使其呈现相似的光谱特征。无疑对提高物种的识别精度，特别是 700～1300nm 范围内的光谱有很好的改善。

从图 6-20、图 6-21、图 6-22 中可以明显发现，经过归一化变换后，数据之间的波动性减小了，数据相对集中，有利于进行进一步分析。

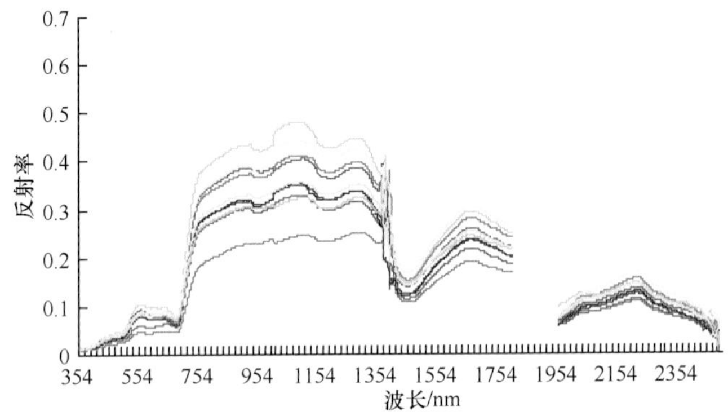

图 6-19　克氏针茅群落的光谱曲线

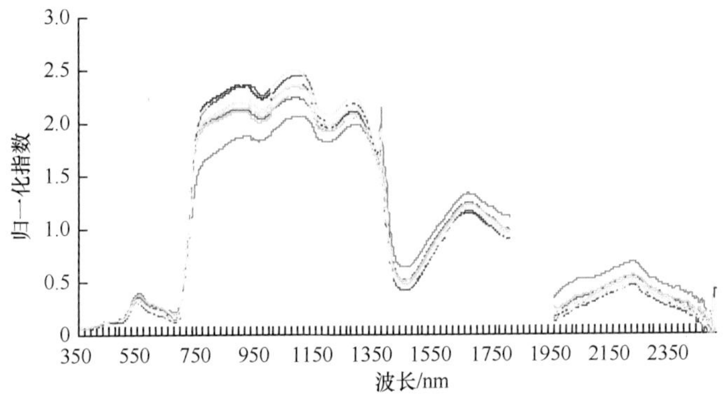

图 6-20　羊草的归一化光谱曲线

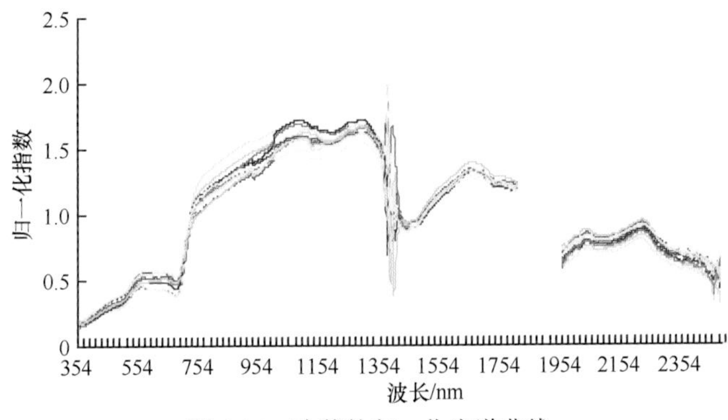

图 6-21　冷蒿的归一化光谱曲线

3. 群落光谱特征波段的提取

（1）*群落光谱的植被指数分析*

为了保证 NDVI 的值最大，便于比较，我们找到 λ_{rep} 的最大值对应的波段，λ_r 最小值对应的波段。图 6-23 分别显示的了红光波段、近红外波段的最小指、最大值对应的波段

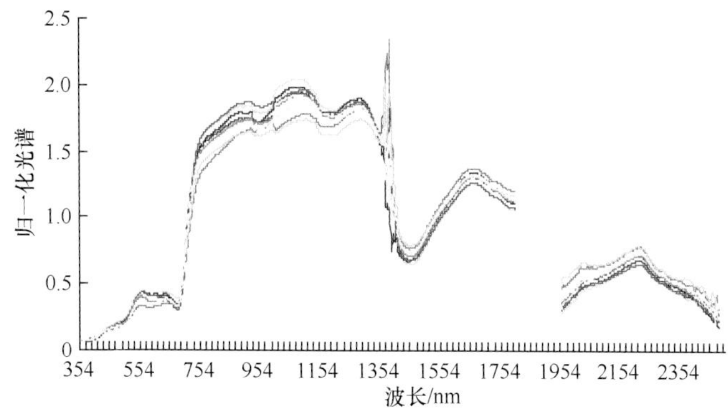

图 6-22　针茅的归一化光谱曲线

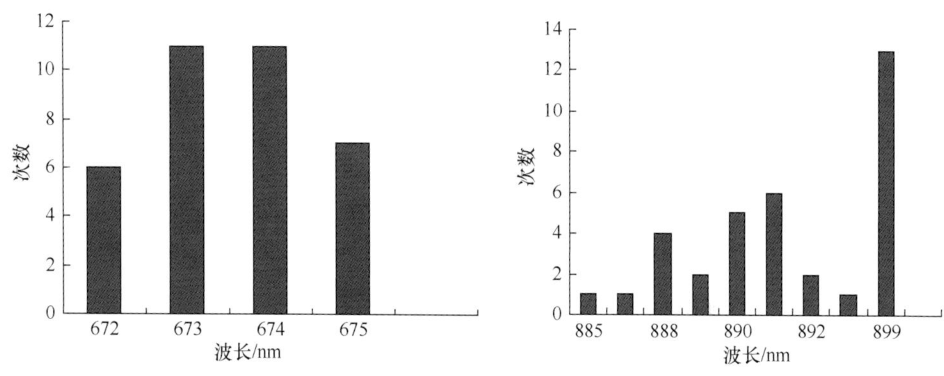

图 6-23　最值出现的波段及次数

及出现的次数。从图中我们发现，在红光波段 673nm、674nm 出现最小值的次数都是 11 次，在近红外波段 899nm 出现最大值得次数是 13 次。因此，我们采用 899nm、673nm 两个波段。

$$NDVI = \frac{\lambda_{899} - \lambda_{673}}{\lambda_{899} + \lambda_{673}} \tag{6-6}$$

表 6-10 中羊草冠层的 NDVI 最高，冷蒿冠层的 NDVI 最小，克氏针茅冠层的 NDVI 居中。虽然原始光谱之间的差别不明显，但通过指数变换后，可以找到冠层光谱之间的差别。

表 6-10　冠层 NDVI 的统计结果

物种	平均	标准误差	标准差	方差
羊草冠层	0.864 194 421	0.010 443 863	0.033 026 396	0.001 090 743
冷蒿冠层	0.491 904 023	0.016 304 862	0.063 148 461	0.003 987 728
克氏针茅冠层	0.670 082 015	0.010 589 119	0.033 485 736	0.001 121 294

以上分析是在植被覆盖度接近 100%，且群落组成为单一物种的前提下进行的，在实际应用中单一物种组成的群落比较少见，不利于应用。鉴于此，我们针对由两个物种组成的、盖度不是 100%的群落的 NDVI 进行了分析。

图 6-24 中显示了不同盖度植被群落的 NDVI，样方均主要由羊草和克氏针茅组成，

也包括极少数量的其他物种（盖度在 5%以下）。图中同时列出了羊草和克氏针茅群落的 NDVI，如果样方中只有羊草和针茅，且总盖度接近 100%，则样方的 NDVI 应介于羊草冠层的 NDVI（0.86）和克氏针茅的 NDVI（0.67）中间，但实际计算得到 NDVI 却低于 0.67008，可能与土壤背景有关，即与植被占样方的总盖度有关，Choudhury 等（1994）与 Gillies 等（1997）研究美国太平洋西北部的针叶林覆盖度结果显示，常用的 NDVI 并非与乔木层覆盖度相关性最好，利用 NDVI 估算了针叶林覆盖度，结果发现在 99%的置信度下相关性达 0.55。表明土壤背景值有一定影响。

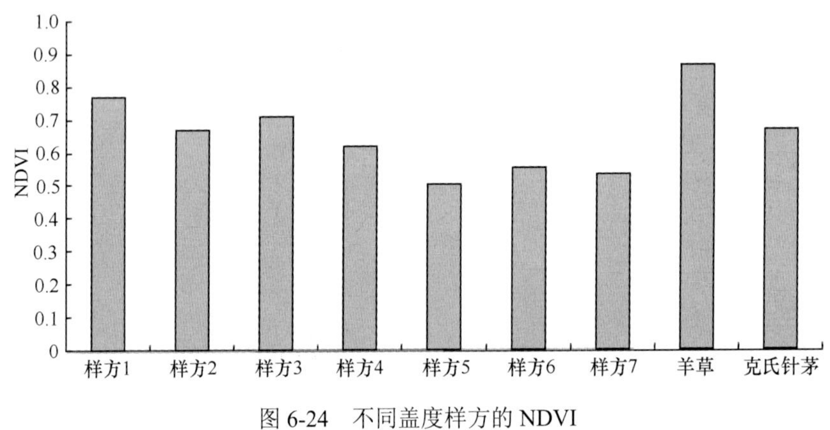

图 6-24　不同盖度样方的 NDVI

（2）利用曼-惠特尼 *U* 检验得到的特征波段区间

对 10 个羊草群落和 15 个冷蒿群落原始波段（350～1749nm）进行了 *U* 检验，得到的具有明显特征的波段是 350～731nm、1144～1380nm、1386～1749nm，如图 6-25 所示。

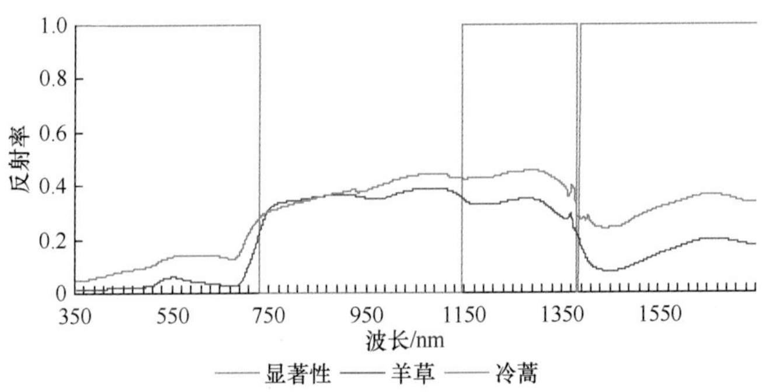

图 6-25　利用 *U* 检验得到的冷蒿群落和羊草群落的显著性波段

图 6-25 中粉红色的线是对 *U* 检验后的结果进行二值化得到的，数值为 1 说明两个物种在此波段上存在显著差异，数值为 0 则说明两个物种在此波段上没有显著差异。

（3）利用逐步判别分析得到特征波段

利用图 6-25 中得到的结论波段区间，进一步寻找物种之间的特征波段，对波段进行分段，得到的分类精度和特征波段见表 6-11。

由表 6-11 发现，对每个波段范围的分类精度都是 100%，每个波段范围得到了相应范

表 6-11　得到的分类精度和特征波段

波段范围/nm	分类精度/%		特征波段/nm
	羊草群落	冷蒿群落	
350～549	100	100	363、394、542
550～731	100	100	655、689、712、731
1144～1380	100	100	1144、1346
1386～1549	100	100	1462、1479
1550～1749	100	100	1550、1661

围内的特征波段，13 个特征波段之间可能存在一定的相关性，进而以 13 个特征波段为研究对象进行逐步判别分析，得到了特征波段及典型判别方程。得到的特征波段为 655nm、689nm、1144nm，得到的分类精度仍然为 100%，并得到了一个非标准化典型判别方程：

$$y = -804.473 \times \lambda_{655} + 847.324 \times \lambda_{689} - 9.205 \times \lambda_{1144} - 3.776 \tag{6-7}$$

利用上述方程得到的羊草群落的得分为［–5.09，–2.84］，得到的冷蒿群落的得分为［0.97，4.39］。

（二）多个物种组成的群落光谱特征

1. 不同植被覆盖度的光谱曲线

多根葱对草地退化具有指示意义，主要反映在荒漠草原上，但是，在呼伦贝尔市西旗地区，由于土地的严重退化，出现了大片的多根葱。退化的原因是过度放牧导致地表覆盖减少，地表土层被风吹走，土层逐渐减少，地表呈现出一些小石块和部分沙质土层。除了多根葱，此处的物种比较单一。采用便携式地物光谱仪测定多根葱的光谱特征，主要的目的是：①识别多根葱的光谱特征；②建立植被覆盖度与光谱特征之间的定量关系，以期为高光谱遥感影像的影像判读和解译分类以及分布时空变化与生长状况监测提供技术支撑，为大尺度遥感监测多根葱的分布和动态变化提供科学依据。

室外光谱测定时，将探头垂直置于地面 0.5m 之上，对每个样方测定 20 个光谱数据作平均。每次进行光谱测定前，同样利用参考板进行优化。光谱采集采用的波段是 350～2500nm。

当多根葱盖度变化时，其光谱反射率也相应地发生改变，反射率随多根葱盖度的增大而增大（图 6-26）。原因是随着多根葱盖度的降低，探头视场范围内地表面积所占比例逐渐增多，在 400～1150nm 波段范围内的反射率均有所下降。在可见光到近红外波段，反射率的大小从低到高依次为：零盖度＜10%盖度＜20%盖度＜25%盖度＜40%盖度＜50%盖度。

不同盖度多根葱与其光谱反射率之间相关性分析的结果显示，多根葱盖度与其光谱反射率之间的相关性在 430～606nm 和 696～1299nm 这两个波段范围较显著，均呈显著相关（$p < 0.05$），其中，在可见光波段 523～564nm 的相关性达到了极显著的水平（$p < 0.01$）（图 6-27）。在可见光波段和近红外波段中，542nm 和 762nm 处的相关性最高，分别为 $r = 0.9368$ 和 $r = 0.9833$。分别用两个波段的反射率和盖度进行回归分析，由图 6-28 可知，沙地植被覆盖度与光谱反射率之间存在着显著的相关性。因此，用回归分析得出线性方程，根据所测得的光谱反射率来定量反演多根葱的盖度。

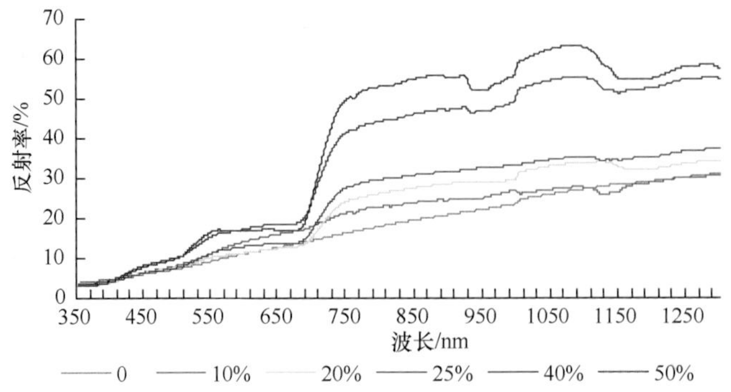

图 6-26　不同盖度的多根葱的光谱曲线

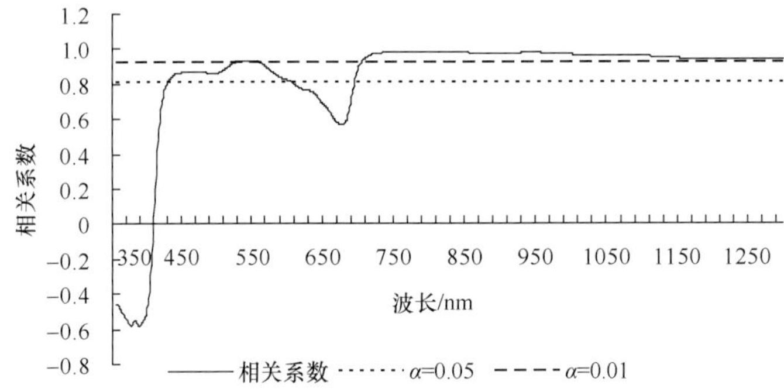

图 6-27　不同盖度的多根葱与光谱之间的相关性

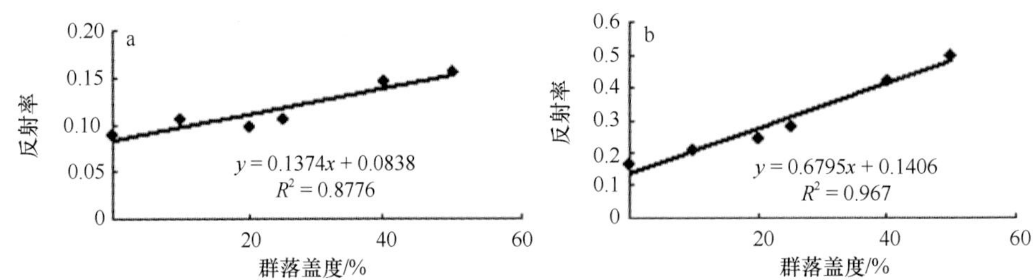

图 6-28　群落盖度与反射率的回归分析

a. 为 542nm 波段；b. 为 762nm 波段

地物光谱仪传感器接收的反射光谱不仅是植物本身的光谱信息，同时也包括了部分水体和基质的反射光谱。随着多根葱群落盖度的降低，沙质土壤的面积逐渐增多，因而绿光波段和近红外波段的光谱反射率也随之下降。当多根葱盖度为零时，所测得的反射光谱主要来自土壤，其反射光谱在可见光和近红外波段不具有典型的植物光谱吸收特征。

Jakubauskas 等（2000）利用 ASD 地物光谱仪对不同盖度睡莲（*Nuphar polysepalum* Engelm）的光谱特征进行了测定，在可见光的 518～607nm 波段和近红外区域（697～900nm）的光谱反射率随睡莲盖度增大而增大。与浮叶植物睡莲相比，沙地植物的光谱反射率受到沙砾和土壤因素的影响，情况较为复杂。然而，沙地植物光谱反射率的基本特征与上述研究结果是基本相符的。

本研究中，不同盖度多根葱的光谱反射率之间的差异主要表现在 500～650nm 和 700～900nm 波段范围，因而可以通过这些波段的光谱反射率来较好地估测多根葱盖度或生物量。利用地物光谱仪测定沉水植被覆盖度或生物量与其光谱特征的关系，为利用遥感影像进行解译、分析和反演奠定了基础，从而进行大尺度遥感监测沙地植物的分布和动态变化。

2. 不同盖度光谱曲线的特征分析

由线性光谱混合分解模型成立的前提条件可知，线性光谱混合分解模型对研究区域有着明显的界定。这类方法适用于景观结构比较简单、地表起伏不大的平原区草原区、荒漠区，对景观结构比较复杂的山地、林区就不一定适合，因为这类地区的光谱混合不是线性的，使用时应注意其有效性（史培军，2000）。

实际中所测光谱是由植被与地面背景所组合的（因观测高度一般为 0.50m 左右，可以忽略大气吸收与散射），利用加权平均法，光谱仪所测得光谱的反射率 $\rho(\lambda)$ 可表示为（唐延林等，2003）

$$\rho(\lambda)=\alpha\rho_c(\lambda)+(1-\alpha)\rho_s(\lambda) \tag{6-8}$$

式中，$\rho_c(\lambda)$表示植被冠层的反射率；$\rho_s(\lambda)$ 表示土壤背景的反射率；α 为光谱仪视场角内植被的盖度。如果组成植物冠层有两种以上的植被组成，则公式变为

$$\rho(\lambda)=\alpha\rho_{c1}(\lambda)+\beta\rho_{c2}(\lambda)+\cdots+ c\rho_{c3}(\lambda)+(1-\alpha-\beta-\cdots-c)\rho_s(\lambda) \tag{6-9}$$

如果群落中只有两个物种，根据式（6-8）我们对样方内只有羊草和冷蒿，且总盖度在 100%的 9 种情况进行了模拟，得到的光谱曲线如图 6-29 所示。

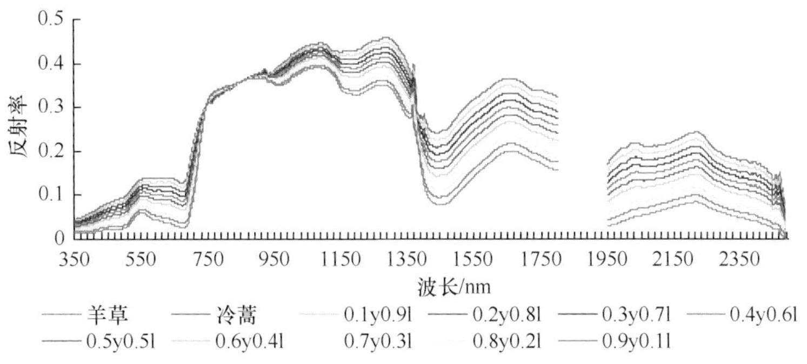

图 6-29　不同组成比例的光谱曲线

图 6-29 中 y 表示羊草、l 表示冷蒿，如 0.9y0.1l 表示群落中羊草的盖度是 90%、冷蒿的盖度是 10%，图中在 759nm、862nm 处，光谱有重叠，在近红外波段光谱的波动性比较小，说明利用近红外进行分类的准确性不会很高，之后光谱之间的差异又逐渐变大。符合利用 U 检验得到的结论，即在 350～731nm、1144～1380nm、1386～1749nm 光谱存在明显的差别。

利用逐步判别分析得到特征波段（655nm、689nm、1144nm），利用式（6-8）对模拟的 9 种情况进行了计算，分别得到判别得分。由表 6-12 发现，光谱组合 0.8y0.2l 的得分

为–2.7052 大于羊草群落的得分［–5.08500，–2.83510］，说明当羊草群落中的冷蒿比例占到 20%时，可以利用高光谱识别冷蒿的分布区。即当羊草草原出现退化，冷蒿的比例占到 20%时即可以利用高光谱进行识别。光谱组合 0.3y0.7l 的得分为 0.676 77 小于［0.97，4.39］，说明了在以冷蒿为主的群落中，当草地逐步恢复，羊草的比里占到 30%时，才能够利用高光谱进行识别。

表 6-12　不同组成比例的判定得分

组成比例	得分	组成比例	得分
0.1y0.9l	2.029 57	0.6y0.4l	–1.352 4
0.2y0.8l	1.353 17	0.7y0.3l	–2.028 8
0.3y0.7l	0.676 77	0.8y0.2l	–2.705 2
0.4y0.6l	0.000 37	0.9y0.1l	–3.381 6
0.5y0.5l	–0.676		

四、高光谱在草地牧草品质监测方面的应用

牧草品质的优劣不仅影响家畜的生长发育和生产效率，也决定着最终畜产品的产量与品质。研究表明，草地营养丰欠对家畜具有重要影响（Mbatha and Ward，2010）。近年来，随着无损测试技术的提高及航空航天技术的发展，传感器的光谱分辨率和空间解析能力迅速提高，植物体内叶绿素、C/N、水分等组分的特征光谱也日趋明晰，使得利用高光谱进行草地营养成分的遥感估测成为可能（Guo et al.，2010）。

近红外光谱技术（near infrared reflectance spectroscopy technique，NIRS，典型分析波谱范围是 1100～2500nm）作为研究牧草品质的一种常用手段，已在牧草营养价值评价领域得到广泛应用，但在天然草地牧草方面应用较少（杜雪燕等，2014）。已有研究多集中在以下几个方面：①在牧草营养成分分析中的应用，监测内容集中在常规营养成[包括粗蛋白（CP）、纤维成分（粗纤维，CF；酸性洗涤纤维，ADF；中性洗涤纤维，NDF）和其他成分（粗灰分，ASH；干物质，DM；粗脂肪，EE）]及矿物成分分析领域（Norris et al.，1976；Ruano-Romos et al.，1999；Bruno et al.，1998；Cozzolino et al.，2001；Cozzolin and Moron，2004；Gislum et al.，2004；Halgerson et al.，2004）。②在牧草抗营养成分（如生物碱、单宁、氰化物、皂素等）分析中的应用，其中，Clark 等（1987）建立了飞燕草和羽扇豆两种草原有毒植物的生物碱含量模型，并取得较高的验证精度。Andres 等（2005）测定了银合欢中单宁的含量。赵玉清等（2009）建立了黄芪中皂素的校正模型，相关系数达 0.9943。③在牧草营养物质消化率方面的应用。基于 NIRS 估算牧草营养物质消化率，省时、准确，此方面研究较多（Coleman and Murray，1993；Cosgrove et al.，1994；Givens et al.，1997；Liu et al.，2008）。Gordona 等（1998）通过 NIRS 技术估算了未干燥的青贮饲草有机物质消化能和采食量，结果显示预测方程的准确性随着样品粉碎度的增加而提高。Hoffman 等（1999）用近红外光谱技术成功测定了不同水分条件下青贮紫花苜蓿的 CP 消化率。

尽管利用近红外光谱技术在牧草品质监测领域内进行了一系列研究，但多数研究仅处在尝试阶段，尚未达到投入实际应用。今后，在利用 NIRS 监测牧草品质发面，应侧

重于整合各项影响牧草品质因素的指标，而不是对某些指标进行单独监测。

第三节　草原植被退化监测技术

面对当前我国草地生态系统退化问题，本节从草原退化过程中的遥感植被状况变化研究入手。通过对草原植被状况变化的研究，实现以下研究目的：①对当前在草原退化研究中广泛应用的 TM/ETM+数据、MODIS 数据以及覆盖时间最久的 NOAA 数据进行数据同化方面的研究，分析三种数据之间是否存在某种长期、稳定的相关关系，并确定这种相关模型，从而实现多种遥感数据之间的“无缝”衔接，使得基于多源遥感数据之间的研究比较具有科学性、有效性，打破单一数据源生命周期问题对草原退化研究的时间限制，拓展当前高精度遥感数据的历史时间视野。②基于气候因素和遥感植被指数之间的关系模型，分析草原植被状况变化驱动力因素中人为因素对草原植被状况变化的影响程度和影响趋势，拓展遥感技术在草原退化研究中的应用范围，使其不仅能够监测草原退化的“果”，还能够监测到草原退化的“因”，扩大基于遥感技术的草原植被状况监测研究的范围。

基于以上研究目的，本节选择我国北方天然草原的主体——内蒙古草原来作为具体的研究区域。改革开放以来，内蒙古草原的生态环境遭到严重破坏，随之产生的诸多环境问题（沙尘暴等）已经严重影响了国民经济的健康发展，直接加重了京津地区所面临环境恶化的压力，因此选择内蒙古草原作为研究区域进行草原植被状况变化的研究，在改善我国生态环境，促进国民经济可持续发展等方面具有重要的现实意义。

一、基于 MODIS NDVI 和 NOAA NDVI 数据的草地生态系统数据同化方法研究

目前，遥感技术已经成为草原生态学科基础研究数据的主要获取方式和重要研究手段。但是卫星传感器成像本身具有瞬时性和周期性（卫星轨道周期和卫星生命周期）的特点，再加上地面气候因素（云、雨、雪等）对传感器成像的影响，使得单个传感器对草原的监测都具有很大程度上的“时空数据缺失”，即缺少同一区域范围内时间尺度上的连续监测数据或缺少同一时间上的空间连续监测数据，造成草地生态系统研究中基础观测数据的缺失，特别是在长时间序列上和大空间尺度范围上的草地生态系统研究中，这一问题尤为严重，因此如何对多源遥感数据进行数据同化，拓展不同分辨率（空间分辨率、时间分辨率）遥感数据的时空视野，方便不同遥感数据源之间直接进行分析比较，已经成为当前草原生态监测研究中的难点问题。特别是近年来，国内外许多专家和学者对其都开展了研究。王开存等（2004）针对 MODIS 数据和 AVHRR 数据的短波反照率进行了分析，详细比较了二者的差异。鲍平勇等（2007）对同时相的 ETM+和 MODIS 数据中的地表反照率产品进行了的分析，详细对比了林地、耕地、草地、水体、城镇、河滩、裸土、裸岩的地表反照率差异。Dwyer 等（2005）对 NOAA NDVI 和 MODIS NDVI 数据的差异进行了详细的分析，并建立了农田、草地、常绿阔叶林、灌木、城镇等类型 NOAA NDVI 和 MODIS NDVI 数据的关系模型。

当前，基于草地生态系统遥感数据的数据同化研究主要集中在以下两个方面：①针对不同传感器本身成像差异的研究。②针对不同遥感数据间数据关系的研究。本书针对MODIS 和 NOAA 数据具有较低空间分辨率的特点（较低的空间分辨率会带来较大的空间配准误差和更为复杂的地物混合光谱成像过程，因此不宜在小尺度范围内进行传感器之间的成像差异研究），在宏观尺度上直接对 MODIS NDVI 和 NOAA NDVI 数据的关系进行了初步分析，对二者所建立的数据同化模型精度进行了验证，探讨了该模型在时间尺度上外推的可行性。

（一）研究区域概况

内蒙古草原地处欧亚大陆的腹地，地域辽阔，草原类型丰富多样，占全国草原总面积的 22%，是我国重要的畜牧业生产基地。同时内蒙古草原横跨我国三北地区，是屹立于我国北方的一道天然绿色屏障，对我国的生态环境的保护和改善发挥着不可替代的作用。内蒙古自治区 1∶100 万草原类型图显示，内蒙古自治区草原总面积 794 239.00km^2，主要由温性草原、温性荒漠、低地草甸、温性荒漠草原、温性草甸草原、温性草原化荒漠、山地草甸等 7 类草原构成，面积达 781 587.10km^2，占内蒙古草原总面的 98.40%，是构成内蒙古自治区草原的主体。因此本节将这 7 类草原作为研究区域（图 6-30）。

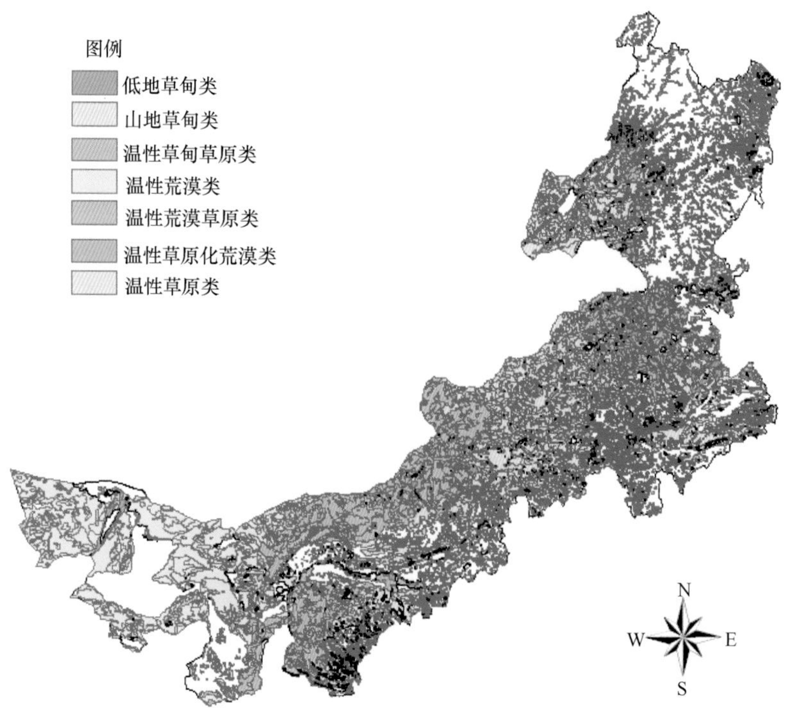

图 6-30　内蒙古自治区草地类型图

（二）研究方法

1. 数据源

本节所用到的数据为美国国家航空航天局（NASA）免费提供的覆盖内蒙古自治区

第 1、第 2 波段 MOD09Q1 产品，由于 MOD09Q1 是在每天 L2G 产品地表反射率产品的基础上合成得到的 8 天反射率产品，且极易受到天气的影响，很难得到研究区域内较短时间内无云层遮挡的遥感数据，因此本节用月最大值合成法得到的月 NDVI 数据来进行分析。

本节用到的 NOAA 数据为由马里兰大学全球陆地覆盖数据分发中心 GIMMS（Global Inventory Monitoring and Modeling Studies）研究组免费提供的覆盖内蒙古自治区 2000～2003 年 8km 分辨率 NOAA/AVHRR 月最大值合成 NDVI 产品。

2. MODIS NDVI 和 NOAA NDVI 数据关系稳定性分析

由于研究涉及的时间尺度较大，所以有必要对 MODIS NDVI 与 NOAA NDVI 数据相关关系在长时间尺度上的稳定性进行分析，这也是确保所得数据同化模型稳定、有效的基本前提。本节选择了研究区域内 2000～2003 年 4～10 月的月最大值合成 NOAA 和 MODIS 的 NDVI 数据，利用 ArcGis 9.0 软件计算研究区域内两种数据在不同月份 $NDVI_{max}$ 的相关性，比较相同时期 $NDVI_{max}$ 相关性的波动情况，研究二者之间在研究区域内是否存在稳定的相关关系。结果如图 6-31 所示。

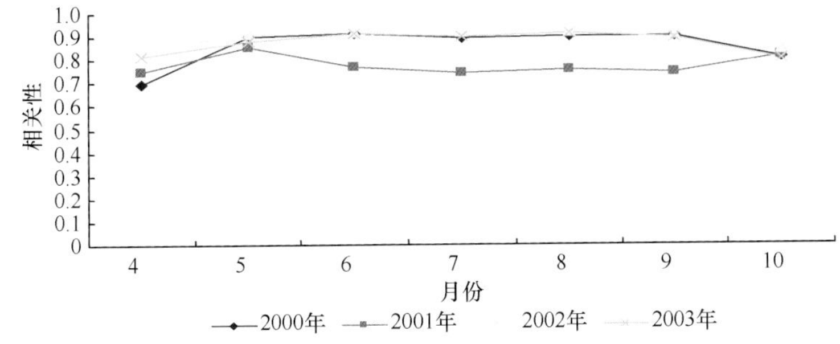

图 6-31　研究区域内 NOAA NDVI 与 MODIS NDVI 数据相关性

由图 6-31 可知，研究区域内 NOAA NDVI 和 MODIS NDVI 数据在 2000～2003 年的生长季（4～10 月）内除 2001 年外，其相关关系基本都呈规律性变化，这主要是由于 2001 年气候条件差，造成草原植被状况差，其土壤背景噪声等因素对 AVHRR 和 MODIS 传感器监测时的相对影响程度也随之变大，由此造成了误差增加，干扰了二者对反映真实草原植被状况 NDVI 数据的获取，因此 NOAA NDVI 和 MODIS NDVI 数据的相关关系在 2001 年有所降低。

3. MODIS NDVI 和 NOAA NDVI 数据同化模型的建立

由于传感器自身的原因，MODIS 传感器在定标方式、空间和光谱分辨率精度上都要优于 AVHRR 传感器，因此 MODIS NDVI 也能够更为真实地反映草原植被状况，所以本节选择将 NOAA NDVI 向 MODIS NDVI 水平上进行同化的数据同化方式，建立回归模型，具体方法如下。

应用系统抽样（systematic sampling）法在 MODIS NDVI 和 NOAA NDVI 遥感影像上抽取研究样本，抽样间距为 40km，其中 MODIS 影像中的样本范围为一个半径是 4km 的圆形区域，将该区域内的 NDVI 平均值作为 MODIS 数据在该点的抽样值（降低由于配准造成的像元不匹配误差），NOAA 数据中的样本范围是一个像元（8km×8km），该像元值即 NOAA 数据在该点的抽样值，用该方法在 MODIS 和 NOAA 月最大值合成 NDVI 影像上抽样，每月可获取 533 对样本，并利用 2000～2003 年 4～10 月的抽样数据进行月线性回归模拟分析，结果如图 6-32 至图 6-38 所示。

由图 6-32 至图 6-38 得出，研究区域内草原植被 4～10 月的 MODIS NDVI 与 NOAA NDVI 数据具有良好的线性相关关系，其相关性从 4 月开始逐渐增强，至 8 月达到最高，9 月后逐渐下降。其中 4 月相关性最低，5 月和 10 月的相关性相差不大，10 月略高于 5 月；6 月和 9 月的相关性相差不大，9 月略高于 6 月；7 月和 8 月的相关性相差不大，8 月略高于 7 月；5 月和 10 月的相关性显著高于 4 月，6 月、9 月的相关性显著高于 4 月、5 月和 10 月，7 月、8 月的相关性明显高于 6 月、9 月。

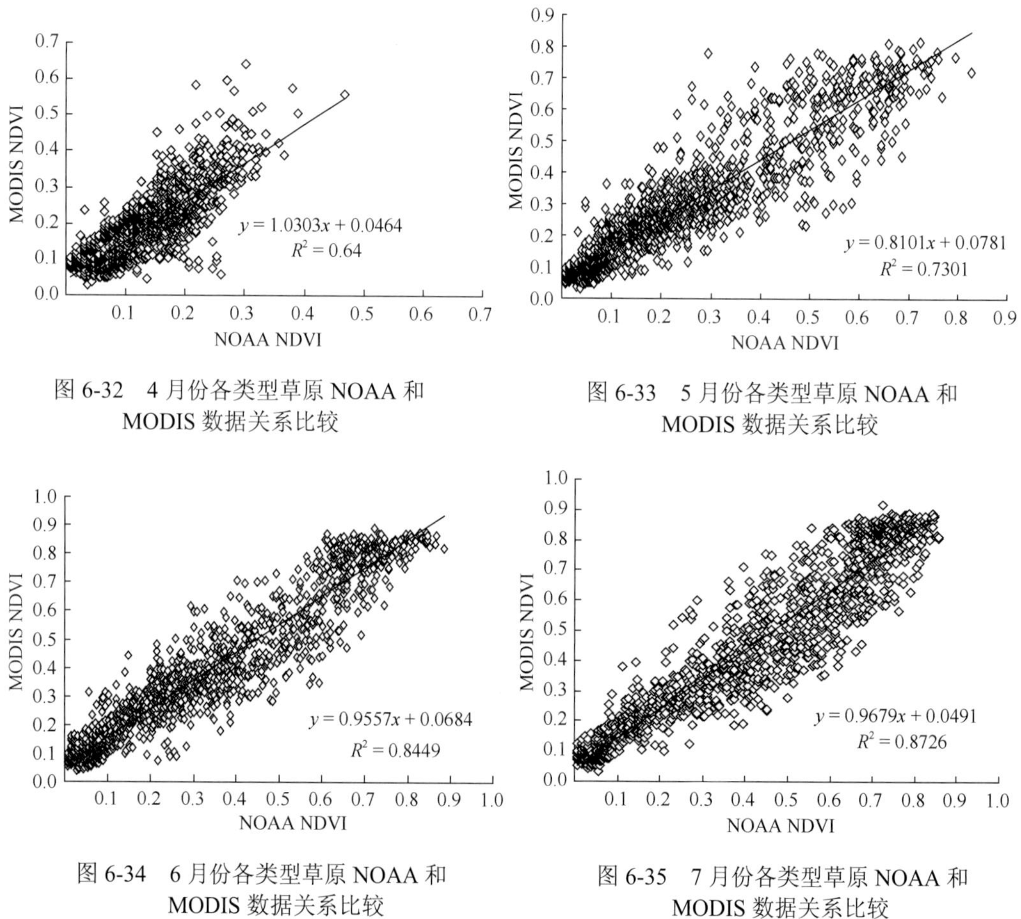

图 6-32　4 月份各类型草原 NOAA 和 MODIS 数据关系比较

图 6-33　5 月份各类型草原 NOAA 和 MODIS 数据关系比较

图 6-34　6 月份各类型草原 NOAA 和 MODIS 数据关系比较

图 6-35　7 月份各类型草原 NOAA 和 MODIS 数据关系比较

MODIS NDVI 与 NOAA NDVI 数据线性相关性的这种变化趋势，是对研究区域内的草原植被生长状况的真实响应。4 月份研究区域内的草原刚刚开始返青，此时草原植被的覆盖度和生物量是一年中最低，由于其本身的 NDVI 值很小，此时土壤背景噪声等因素对 AVHRR 和 MODIS 传感器监测时的相对影响程度最大，由此造成的误差也加大，特别是 NOAA NDVI 数据，其定标参数的不确定性导致中、低值范围的变化超过 20%，这

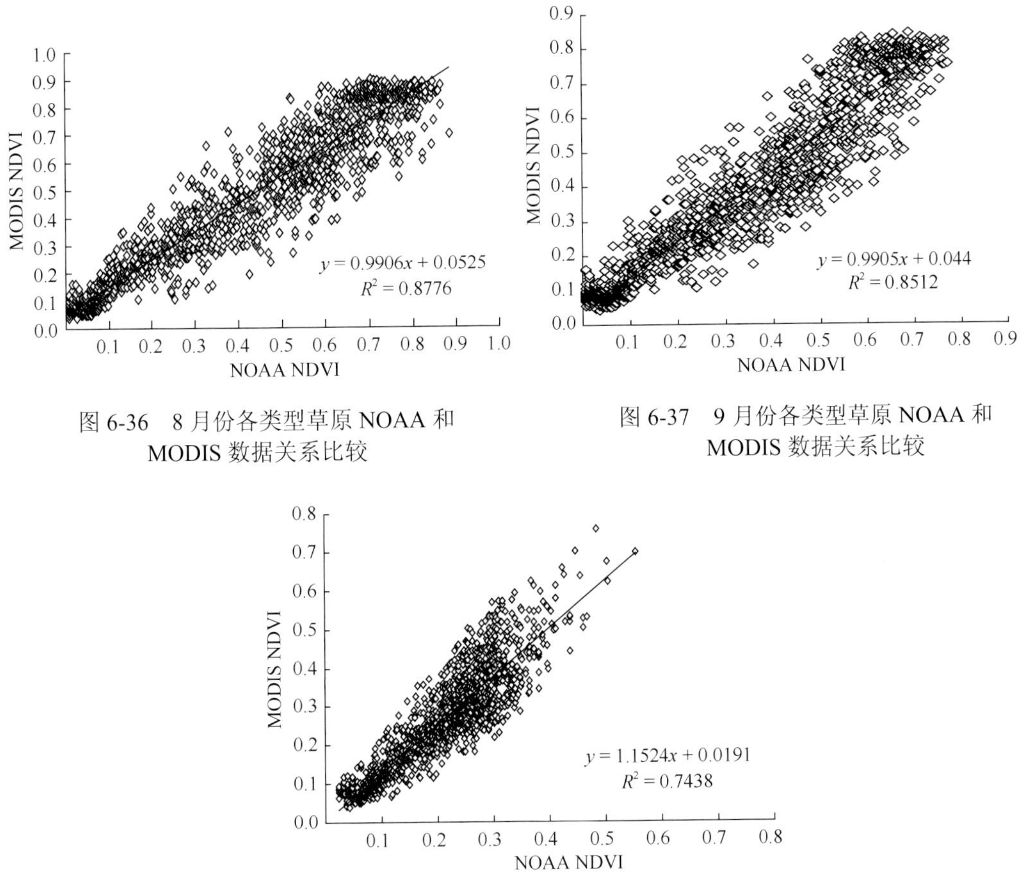

图 6-36　8 月份各类型草原 NOAA 和 MODIS 数据关系比较

图 6-37　9 月份各类型草原 NOAA 和 MODIS 数据关系比较

图 6-38　10 月份各类型草原 NOAA 和 MODIS 数据关系比较

些都大大干扰了二者对反映真实草原植被状况 NDVI 数据的获取，使得 4 月份的 NDVI 数据中夹杂了过多的噪声，所以 4 月份的 MODIS NDVI 与 NOAA NDVI 数据相关性也最差。5 月份研究区域内的草原植被覆盖度和生物量较 4 月份有了较大的增长，相应的土壤背景噪声等因素对 AVHRR 和 MODIS 传感器监测时的相对影响程度开始减弱，因此 5 月份的 MODIS NDVI 与 NOAA NDVI 数据相关性较 4 月份有了显著的提高。6 月份研究区域内的草原植被覆盖度和生物量有了进一步的显著增加，MODIS NDVI 与 NOAA NDVI 数据的相关性继续增强。7 月和 8 月是研究区域内的草原植被状况一年中最好的两个月，因此 7 月、8 月份的 MODIS NDVI 与 NOAA NDVI 数据的相关性显著高于其他月份，与 7 月份的草原植被状况相比，8 月份的草原植被状况要更好，但由于 AVHRR 和 MODIS 传感器的饱和效应影响，干扰了其对反映真实草原植被状况 NDVI 数据的获取，因此 8 月份的 MODIS NDVI 与 NOAA NDVI 数据的相关性只是略高于 7 月。进入 9 月研究区域内的草原植被覆盖度和生物量开始降低，但由于研究区域内存在了大量枯草的影响，降低了土壤背景等噪声因素对 AVHRR 和 MODIS 传感器监测时的影响，因而 9 月份的 MODIS NDVI 与 NOAA NDVI 数据的相关性要略高于 6 月，同理 10 月份的 MODIS NDVI 与 NOAA NDVI 数据的相关性也略高于 5 月。

总之，由图 6-32 至图 6-38 的分析可知，按生长月份划分研究区域内草原的 NOAA NDVI

和 MODIS NDVI 数据之间存在很强的相关性，相关性强弱按 8 月、7 月、9 月、6 月、10 月、5 月、4 月的时间变化依次递减，月份之间相关性强弱变化的波动明显，该相关性的强弱与地面植被状况的优劣呈正相关。

（三）模型的建立和验证

研究区域内 7 月、8 月的 NDVI 代表了该区域内全年 NDVI 最大值，因此 7 月、8 月的 NDVI 数据在草原生物量估产中应用最广，且由于缺乏其他月份地面样方调查数据，本节主要对 7 月、8 月 MODIS NDVI 和 NOAA NDVI 数据同化模型进行了精度验证，采用 2002 年 7 月、8 月 MODIS 和 NOAA NDVI 数据建立数据同化模型，将其外推应用于 2003 年 7 月、8 月的 NOAA NDVI 数据中，利用 2003 年 7 月、8 月的 MODIS NDVI、NOAA NDVI 数据和地面样方数据对进行验证，检验其在用于时间尺度外推时的数据同化精度和该方法的可行性，具体过程如下。

采用系统抽样的方法，分别在 2002 年 7 月、8 月的 NOAA NDVI 数据和相同时期的 2002 年 7 月、8 月的 MODIS NDVI 数据上抽取 533 个样本，建立 NOAA NDVI 和 MODIS NDVI 数据 7 月、8 月的数据同化模型（表 6-13），利用 2002 年数据得到的数据同化模型，对 2003 年的 7 月、8 月 NOAA NDVI 数据进行同化处理，得到同化后的 2003 年 7 月、8 月份 NOAA NDVI 数据。

表 6-13　2003 年 7 月、8 月 MODIS NDVI 和 NOAA NDVI 数据同化模型

	同化模型	决定系数	残差平方和
2002 年 7 月	Y=0.028 442+0.975 085X	0.93	2.22
2002 年 8 月	Y=0.027 654+0.983 479X	0.93	2.29

注：Y 为 MODIS NDVI；X 为 NOAA NDVI

利用 2002 年 7 月、8 月的地面实测样方数据与 2002 年 7 月、8 月 MODIS NDVI 数据建立的回归模型，得到 2002 年 MODIS 数据与地面实测生物量数据的回归方程为

$$Y=11.261\ 993+179.6915X \tag{6-10}$$

式中，Y 为干重；X 为 MODIS NDVI 植被指数。将以上得到的经过数据同化的 2003 年 7 月、8 月的 NOAA NDVI 数据代入该模型，分别生成 2003 年 7 月、8 月的草原植被生物量分布图。

利用 2002 年 7 月、8 月的地面实测样方数据与 2002 年 7 月、8 月的未校正 NOAA NDVI 数据建立回归模型，得到 NOAA NDVI 数据与地面实测生物量的回归方程为

$$Y=25.904\ 956+129.6058X \tag{6-11}$$

式中，Y 为干重；X 为 MODIS NDVI 植被指数。将 2003 年未校正的 NOAA NDVI 数据代入该模型，得到 2003 年 7 月、8 月研究区域内地面生物量分布图。

最后，利用 2003 年 7 月、8 月的地面实测样方数据（7 月 29 个地面实测样方；8 月 52 个地面实测样方），分别对以上通过两种 NOAA NDVI 数据（同化和未同化）得到的 2003 年 7 月、8 月研究区域内地面生物量分布图进行验证，分析其检验其精度差异，结果见表 6-14。

表 6-14　2003 年 7 月、8 月研究区域内地面生物量分布图验证结果

	相对平均偏差	平均绝对误差
未同化 2003 年 7 月 NOAA NDVI 数据	0.36	38.87
已同化 2003 年 7 月 NOAA NDVI 数据	0.35	40.44
未同化 2003 年 8 月 NOAA NDVI 数据	0.28	47.34
已同化 2003 年 8 月 NOAA NDVI 数据	0.27	42.08
未同化 2003 年 7 月、8 月 NOAA NDVI 数据	0.31	44.49
已同化 2003 年 7 月、8 月 NOAA NDVI 数据	0.29	41.75

注：相对平均偏差：$(\sum_{i=1}^{n}|d|/X_i)/n$；平均绝对误差：$\sqrt{(\sum_{i=1}^{n}|d|^2)/n}$，其中 d 为预测值与实测值之差，X 为实测值，n 为样本数量

表 6-14 检验结果显示，经过 2002 年数据同化模型同化后的 2003 年同期 NOAA NDVI 数据依然对草原植被生物量具有较高的监测精度，且与未经同化的数据相比监测精度还有所提高，因此基于二者所建立的数据同化模型能够被应用于时间尺度上的外推。

（四）结论分析

1）总体上，研究区域内的 MODIS NDVI 在数值上具有大于 NOAA NDVI 的特点，且二者在生长季（4～10 月）内具有较高的相关性。该相关性的强弱主要受植被生长气候条件的影响，这是由于气候条件较好的情况下，草原植被生长茂盛有效降低了土壤背景在 AVHRR 和 MODIS 传感器成像时造成的噪声。反之，植被生长气候条件差时会加大土壤背景在 AVHRR 和 MODIS 传感器成像时的噪声，导致 MODIS NDVI 和 NOAA NDVI 数据的相关程度下降，因此在研究区域内 7 月、8 月的 MODIS NDVI 和 NOAA NDVI 的相关程度最强，4 月最弱。

2）基于 MODIS NDVI 和 NOAA NDVI 所建立的数据同化模型在时间维上具有一定程度的稳定性。数据同化模型经过时间尺度外推应用后，其同化后的 NOAA NDVI 数据依然保持了对草原生物量较高的监测精度，表明该模型能够被应用于时间尺度上的外推。特别是基于 7 月、8 月 MODIS NDVI 和 NOAA NDVI 所建立的数据同化模型，由于 7 月、8 月的植被状况最好，MODIS NDVI 和 NOAA NDVI 数据的相关性最强，所以基于该时间段内建立的数据同化模型在进行时间尺度外推时，其稳定性也最优。

二、内蒙古草原植被状况变化研究

内蒙古草原地处欧亚大陆的腹地，地域辽阔，草原类型丰富多样，占全国草原总面积的 22%，是我国重要的畜牧业生产基地。同时内蒙古草原横跨我国三北地区，是屹立于我国北方的一道天然绿色屏障，对我国的生态环境的保护和改善发挥着不可替代的作用。但改革开放以来，内蒙古草原的生态环境遭到严重破坏，随之产生的诸多环境问题（沙尘暴等）已经严重影响了国民经济的健康发展，直接加重了京津地区所面临环境恶化的压力，因此本书将第四、第五章中针对草原植被状况遥感监测研究上取得的一些改进

之处应用到内蒙古草原的植被状况变化研究当中，从而能够为内蒙古草原管理部门的草原治理、保护工作提供更为准确、完整、丰富的科学依据，促进内蒙古草原的生态环境改善与恢复。

内蒙古自治区 1∶100 万草原类型图显示，内蒙古自治区草原总面积 794 239.00km²，是构成内蒙古自治区草原的主体，占内蒙古自治区草原总面积的 98.40%。因此，研究主要针对内蒙古自治区范围内的 7 类草原进行，如表 6-15 所示。

表 6-15　内蒙古草原类型

草原类型	面积/km^2	所占比例/%
温性草原	259 813.35	32.712 24
温性荒漠	165 122.97	20.790 09
低地草甸	114 725.65	14.444 73
温性荒漠草原	93 374.21	11.756 44
温性草甸草原	88 417.73	11.132 38
温性草原化荒漠	51 215.29	6.448 347
山地草甸	8 917.86	1.122 818
面积合计	781 587.10	98.40

由于本研究的时间尺度大（1982～2006 年），在研究期间内，缺少同一传感器的连续时间序列的遥感数据源，因此有必要对现有的 1982～2003 年的 NOAA NDVI 数据和 2000～2006 年的 MODIS NDVI 数据进行归一化处理，使之能够处于同一水平上。通过第五章的分析结果可知，经过 MODIS NDVI 数据校正处理的 NOAA NDVI 数据不仅与草原植被的生物量具有更好的相关关系，而且可以将 NOAA NDVI 植被指数归一化到 MODIS NDVI 植被指数的水平上，这实际上是利用了 MODIS NDVI 数据对 NOAA NDVI 数据进行了二次“定标”，使得归一化后的 NOAA NDVI 植被指数与 MODIS NDVI 植被指数具有可比性，且二者的比较具有有效性和科学性，从而实现本研究长时间序列的草原退化监测目标。

另外，对于同一种数据源之间由年份不同导致的定标参数误差问题，由于 MODIS 和 NOAA 数据的分辨率过低，其单个像素点面积分别为：0.0625km²、64km²，与 TM 数据单个像素点 0.0009km² 的面积相比，其单个像素点内包含了大量的混合地物信息，很难找到纯净的不变地物像元（较低的地面不变地物纯净像元校正时会带来更大的误差），因此对于同种低分辨率传感器的长时间序列（如 MODIS 和 NOAA）遥感影像分析计算时，由于其过低的分辨率，只能容忍其由年份变化而导致的定标参数误差。

在具体的计算过程中，本研究采用了本节得到的按月份建立的数据同化模型（表 6-16），由于 4 月的 NOAA $NDVI_{max}$ 和 MODIS $NDVI_{max}$ 的相关性较差，且内蒙古草原年度最大 $NDVI_{max}$ 在 4 月基本不可能出现，为了降低误差数据的干扰，提高监测结果的精度，本章的研究没有使用 4 月的数据。采用了 5～10 月的数据同化模型来对 1982～1999 年 5～10 月的 NOAA $NDVI_{max}$ 植被指数数据进行数据同化处理，将 NOAA $NDVI_{max}$ 数据归一化至

MODIS $NDVI_{max}$ 数据的水平上，根据最大值合成法生成年度 $NDVI_{max}$ 数据，使得采用 NOAA $NDVI_{max}$ 和 MODIS $NDVI_{max}$ 的比较分析具有科学性和有效性，最终取得具有可比性的 1982～2006 年度 $NDVI_{max}$ 数据。

表 6-16　4～10 月 MODIS NDVI 和 NOAA NDVI 植被指数的关系模型

月份	回归模型	决定系数
4	Y=0.0464+1.0303X	0.6400**
5	Y=0.0781+0.8101X	0.7301**
6	Y=0.0584+0.9557X	0.8449**
7	Y=0.0491+0.9679X	0.8726**
8	Y=0.0525+0.9906X	0.8776**
9	Y=0.0440+0.9905X	0.8512**
10	Y=0.0191+1.1524X	0.7438**

注：Y=MODIS NDVI；X=NOAA NDVI

** 表示模型 F 检验达极显著

为了减少由 NDVI 到植被生物量转换时所产生的误差，本研究直接用 NDVI 来代表内蒙古草原植被的优劣状况，同时为了便于对内蒙古草原植被指数的变化情况进行分析，在这里将 NDVI 划分为：（0，0.25]、（0.25，0.5]、（0.5，0.75]、（0.75，1] 4 个等级。从内蒙古草原各草原类型的不同 NDVI 等级的面积变化、平均 $NDVI_{max}$ 变化和年平均 NDVI 空间变化 3 个方面，反映内蒙古草原植被优劣状况的面积变化、生产力水平以及空间变化趋势，从而来完成 1982～2006 年 25 年来内蒙古草原的植被状况变化过程和趋势的监测，并进行植被状况变化规律和变化趋势的总结，为内蒙古草原管理部门的草原治理、保护工作提供更为准确、完整、丰富的科学依据。

（一）1982～2006 年内蒙古草原各植被指数等级面积变化

基于年度 $NDVI_{max}$ 数据，按年度统计内蒙古草原各草原类型的不同等级 $NDVI_{max}$ 值面积，比较不同年份的各草原类型中各等级 NDVI 的面积波动情况。通过该波动变化，来反映内蒙古草原 1982～2006 年 25 年来的不同植被状况草原在面积上的变化过程和变化趋势（表 6-17、图 6-39）。

总的来说，内蒙古草原不同等级 $NDVI_{max}$ 值的面积变异系数相近，总体面积变化波动较强。NDVI 为 0～0.25、0.25～0.5、0.5～0.75 和 0.75～1 的平均草原面积（1982～2006 年间 25 年平均值）分别占草原总面积的 29%、30%、27%和 14%，由此可以看出，NDVI 为 0～0.75 的草原面积构成了内蒙古草原的主体部分。其中 NDVI 为 0～0.25 的草原面积线形趋势线斜率大于零，NDVI 为 0.25～0.5 和 0.5～0.75 的草原面积线形趋势线斜率小于零，由于 NDVI 为 0.75～1 的草原所占比例不大，所以总体来说内蒙古草原植被状况趋于退化。

以 1982 年的各 NDVI 等级面积为基准，在 1983～2006 年的 24 年间，NDVI 为 0～0.25 的草原面积合计增加 1 115 645.76km^2，年均增加 46 485.24km^2，其中 2005 年增加面积最大，达 154 407.35km^2；NDVI 为 0.25～0.5 的草原面积合计减少 443 492.86km^2，

表 6-17 1982～2006 年内蒙古草原各植被指数等级面积变化（单位：km^2）

年份 \ NDVI 区间	(0，0.25]	(0.25，0.5]	(0.5，0.75]	(0.75，1]	面积合计
1982	179 677.71	251 475.16	214 744.41	135 689.79	781 587.06
1983	159 418.41	260 037.78	187 838.50	174 292.37	781 587.06
1984	209 704.29	225 197.34	241 475.12	105 210.28	781 587.06
1985	282 659.64	209 357.18	220 989.79	68 580.45	781 587.06
1986	291 076.84	202 369.65	232 227.87	55 912.70	781 587.06
1987	293 780.29	189 613.77	215 175.48	83 017.52	781 587.06
1988	212 921.62	229 049.17	238 208.96	101 407.34	781 587.06
1989	99 930.23	409 118.58	182 771.27	89 766.99	781 587.06
1990	210 882.52	219 860.60	250 237.71	100 606.23	781 587.06
1991	152 191.48	239 273.17	193 636.12	196 486.30	781 587.06
1992	670.55	452 554.94	239 104.78	89 256.79	781 587.06
1993	228 176.21	194 812.95	274 759.02	83 838.90	781 587.06
1994	171 188.86	210 403.82	258 853.23	141 141.14	781 587.06
1995	231 508.10	237 300.44	209 539.64	103 238.91	781 587.06
1996	231 169.43	198 898.69	267 834.00	83 684.93	781 587.06
1997	202 957.14	251 152.78	220 343.56	107 133.57	781 587.06
1998	157 473.64	204 026.20	200 717.90	219 369.33	781 587.06
1999	266 708.98	169 704.79	232 897.78	112 275.52	781 587.06
2000	288 088.35	247 439.19	154 461.67	91 597.84	781 587.06
2001	328 114.41	207 518.92	154 894.08	91 059.65	781 587.06
2002	263 697.44	221 931.74	183 603.67	112 354.22	781 587.06
2003	248 386.08	203 001.38	197 598.17	132 601.42	781 587.06
2004	281 949.40	230 047.16	171 716.02	97 874.48	781 587.05
2005	334 085.06	158 915.27	151 720.51	136 866.23	781 587.06
2006	281 171.83	220 325.47	167 953.35	112 136.40	781 587.07
变异系数（1982～2006）	0.39	0.34	0.27	0.39	
线形趋势线斜率（1982～2006）	4 048	–2147.9	–2350.3	450.2	

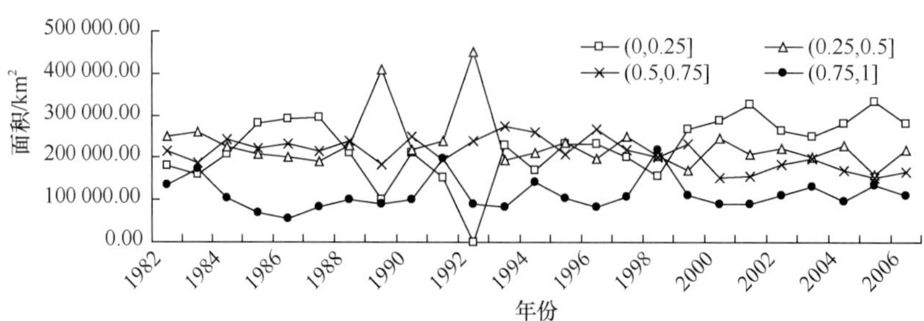

图 6-39 1982～2006 年内蒙古草原各等级 $NDVI_{max}$ 面积变化

年均减少 18 478.87km^2，其中 2005 年减少面积最大，达 92 559.89km^2；NDVI 为 0.5～0.75 的草原面积合计减少 105 307.64km^2，年均减少 4387.82km^2，其中 2005 年减少面积最多，

达 63 023.90km²；NDVI 为 0.75～1 的草原面积合计减少 566 845.45km²，年均减少 23 618.56km²，其中 1986 年减少面积最多，达 79 777.09km²，总的来说，内蒙古草原 1983～2006 年的 24 年间植被状况较好的草原面积不断下降，植被状况较差的草原面积明显增加，植被状况变化整体处于恶化过程。

与 1982 年相比，2006 年 NDVI 为 0～0.25 的草原面积增加 101 494.12km²，上升 56.49%；NDVI 为 0.25～0.5、0.5～0.75 和 0.75～1 的草原面积分别减少 31 149.69km²、46 791.06km² 和 23 553.39km²，降低 12.39%、21.79%和 17.36%，因此 2006 年内蒙古草原植被处于退化状态。

（二）1982～2006 年内蒙古草原平均 $NDVI_{max}$ 值变化

草原 $NDVI_{max}$ 值与草原生物量和覆盖度具有很好的相关关系，$NDVI_{max}$ 值的大小在很大程度上可以代表草原植被状况的优劣，各年度的平均 $NDVI_{max}$ 值的变化可以被作为草原植被状况的年度相对变化速度。因此，通过分析 1982～2006 年草原平均 $NDVI_{max}$ 值相邻年度之间的变化（用 2006 年的平均 $NDVI_{max}$ 减 2005 年的平均 $NDVI_{max}$ 得出后一年比前一年的增加值，以此类推至 1983 年的平均 $NDVI_{max}$ 减 1982 年的平均 $NDVI_{max}$），可以得出研究区域内草原植被的年度相对变化速度。通过分析与 1982 年相比的各年度草原平均 NDVI 变化（1983～2006 年各年的平均 $NDVI_{max}$ 值分别减 1982 年的平均 $NDVI_{max}$ 值），可以得出研究区域内草原植被状况在该年度（与 1982 年相比）绝对变化程度，判断其是否出于退化状态（与 1982 年相比），以及研究期间内的各年度的相对变化速度和绝对变化程度的发展趋势（表 6-18、图 6-40）。

表 6-18 1982～2006 年草原平均 $NDVI_{max}$ 波动情况

年份	相对变化速度	绝对变化程度
1983	0.031 150	0.031 150
1984	–0.060 463	–0.029 313
1985	–0.046 514	–0.075 827
1986	–0.012 039	–0.087 866
1987	0.012 942	–0.074 924
1988	0.043 488	–0.031 435
1989	–0.003 931	–0.035 367
1990	0.005 299	–0.030 068
1991	0.076 659	0.046 592
1992	–0.041 222	0.005 370
1993	–0.037 901	–0.032 531
1994	0.053 028	0.020 498
1995	–0.072 702	–0.052 204
1996	0.008 037	–0.044 168
1997	0.011 881	–0.032 287
1998	0.095 451	0.063 164
1999	–0.104 031	–0.040 867
2000	–0.051 068	–0.091 934

续表

年份	相对变化速度	绝对变化程度
2001	−0.012 565	−0.104 500
2002	0.041 930	−0.062 570
2003	0.023 539	−0.039 031
2004	−0.042 661	−0.081 692
2005	0.003 722	−0.077 970
2006	0.003 539	−0.074 431

注：其中相对变化速度为该年度的平均 $NDVI_{max}$ 与前一年平均 $NDVI_{max}$ 的差，绝对变化程度为该年度的平均 $NDVI_{max}$ 与 1982 年平均 $NDVI_{max}$ 的差

总体来看，1983～2006 年 24 年间平均 $NDVI_{max}$ 相对变化速度波动较强，1997 年至 1999 年间波动幅度最大，其中 1998 年是草原恢复最快的一年，1999 年是退化速度最快的一年；1988～1989 年和 2005～2006 年是波动幅度最小的时期，其中 1989 年是退化速度最小的一年，2006 年是草原恢复最慢的一年，其中有 11 年时间与上年相比处于恶化状态，13 年时间与上年相比处于恢复状态。

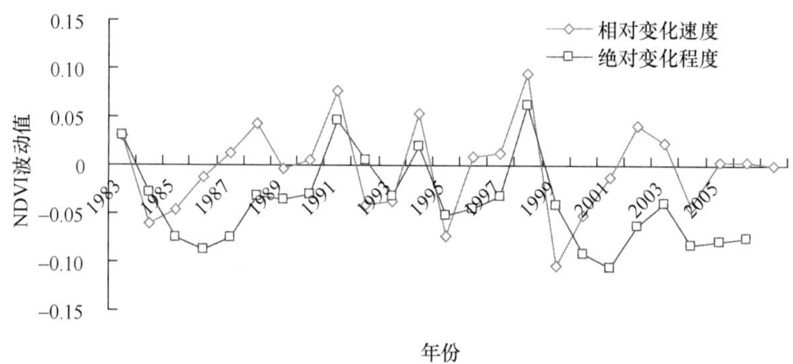

图 6-40　1982～2006 年草原平均 $NDVI_{max}$ 波动情况

1983～2006 年 24 年间的各年度植被指数绝对变化程度相比显示，24 年间内蒙古草原植被状况优于 1982 年的年份只有 1983 年、1991 年、1992 年、1994 年和 1998 年 5 年。其中 1998 年的植被状况最好，其年 NDVI 平均值是 1983～2006 年 24 年间最高的一年，2001 年是草原退化程度最严重的一年，1983～2006 年 24 年间的草原年均 NDVI 比 1982 年低 0.038 842，植被指数值累计下降 0.932 211。2006 年草原平均 NDVI 值比 1982 年低 0.074 431，目前内蒙古自治区草原仍处于退化状态。

（三）1982～2006 年内蒙古草原植被状况空间变化趋势

草原植被的生长极易受到降雨和气温的影响，造成 NDVI 的短期增大或减少，特别是那些以一年生草本植物为主的重度退化草原，在这些区域里 NDVI 最大值不利于用来观测长时间序列的植被演变趋势，因此，我们将每年生长季（4～10 月）内的 NDVI 取平均来表示该年的植被生长状况，分别生成 1982～2006 年 25 年的平均 NDVI 数据，对于该图像数据当中的每个像元（区域），都将对应有 25 年的时间序列数值，这些数

值拟合的线形直线斜率揭示了该像元（区域）在 25 年的时空序列中的演变趋势，如果斜率大于零说明植被状况趋于正向趋势发展，反之，斜率小于零则说明植被状况趋于恶化。

线形斜率的计算公式为

$$b = \frac{\sum_{i=1}^{n}(x_i - \bar{x})(y_i - \bar{y})}{\sum_{i=1}^{n}(x_i - \bar{x})^2} \tag{6-12}$$

式中，x 为 NDVI 平均值（4～10 月的平均值）；y 为年份。

根据 1982～2006 年的平均 NDVI 数据，针对每个像元（区域）计算内蒙古草原 25 年间的线性直线拟合图，可以看出内蒙古自治区草原的南部大面积区域草原植被状况趋于恢复，其余绝大部分地区草原植被状况趋于退化，其中温性草原的退化趋势最强，主要分布于锡林郭勒盟、通辽市以及呼伦贝尔市的东西两侧（图 6-41）。

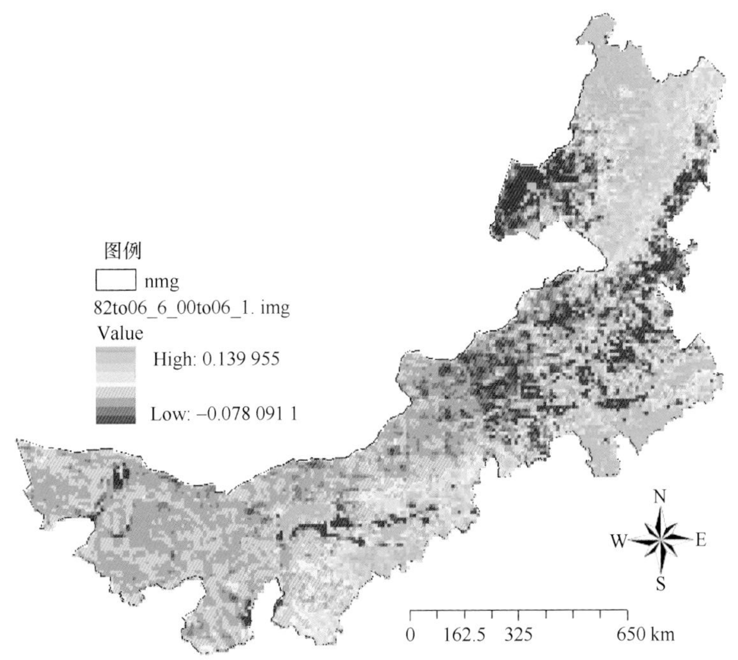

图 6-41　1982～2006 年内蒙古草原植被空间变化趋势图

按照退化趋势强弱分析，各类草原中平均线形拟合斜率由小到大依次是温性草原化荒漠、温性荒漠、温性荒漠草原、温性草原、温性草甸草原、低地草甸、山地草甸，其平均线性拟合斜率分别为：–0.001 949、–0.001 801、–0.001 699、–0.001 655、–0.001 516、–0.001 024、0.000 408，其中山地草甸的平均线性拟合趋势为正，说明该类草原总体趋于恢复趋势。

按照面积分析，1982～2006 年 20.09%的草原植被面积趋于恢复，79.91%的面积趋于退化。其中温性草原中 24.72%的植被面积趋于恢复，75.28%的植被面积趋于退化；温性荒漠中 2.51%的植被面积趋于恢复，97.49%的植被面积趋于退化，是七类草原中呈退化趋势的面积比例最大的一类；低地草甸草原中 38.19%的植被面积趋于恢复，61.81%的植被面积趋于退化；温性荒漠草原中 10.53%的植被面积趋于恢复，89.47%的植被面积趋于退化；温性草甸草原中 28.86%的植被面积趋于恢复，71.14%的植被面积趋于退化；温性草原化荒漠中 5.07%的植被面积趋于恢复，94.93%的植被面积趋于退化；山地草甸草原中 56.64%的植被面积趋于恢复，43.36%的植被面积趋于退化，是七类草原中呈退化趋势的面积比例最小，总体趋于恢复的一类草原。

三、草原植被状况变化驱动力研究

草原植被状况的变化主要是由人为因素（土地利用变化、放牧、割草、樵采、车辆碾压等）和自然因素（气温、降雨、自然灾害等）造成的。其中对于人为因素的影响，我们可以在一定的条件下通过以草定畜、轮牧、休牧等方式加以改变，对于自然因素的影响，则可以通过调整产业结构的方式去积极适应。因此，区分人为和气候因素导致的草原植被状况变化对内蒙古草原退化的治理和保护具有十分重要的现实意义（Huebner et al.，1999；Briggs et al.，2007）。

内蒙古草原的年度最大生产（这里用 $NDVI_{max}$ 年最大值来表示），主要由当年的气候条件和人类活动强度造成，如果能够确定 $NDVI_{max}$ 和气候条件之间的关系，则可以计算出由人类活动所造成的 $NDVI_{max}$ 波动强度，基于该假设，从理论上可以根据利用只有气候条件影响的草原 $NDVI_{max}$ 和相关气象数据来建立回归模型，再根据现存的气象数据资料计算出气候条件所能决定的 $NDVI_{max}$ 值，该值与实际 $NDVI_{max}$ 的差值，即人类活动造成的 $NDVI_{max}$ 波动。

但是在客观现实中，我们很难从现存的资料中找到完全没有人类活动干预的草原 $NDVI_{max}$ 数据和气象数据，来建立一个气象数据和 $NDVI_{max}$ 关系的理想模型，因此结合客观实际，我们来对该假设进行变通，在一个人类活动强度相对平稳的时期来建立模型，得出在此基础上的气象数据和 $NDVI_{max}$ 关系，根据目标时间段内的气象数据模拟 $NDVI_{max}$，从而得出目标时间段内相对于建模时期人类活动强度的 $NDVI_{max}$，实现对人类活动强度造成的 $NDVI_{max}$ 波动计算（Nemani et al.，2003；Evans and Geerken，2004；Geerken and Iaiwi，2004；曹鑫等，2006）。

由于气温、降雨等气候因素受地形、地域的影响很大，不宜选择过大尺度的研究区域，因此该部分的研究主要选择了我国北方草原中极具代表性的锡林郭勒草原中的东乌珠穆沁旗、西乌珠穆沁旗、阿巴嘎旗、锡林浩特市、苏尼特左旗和苏尼特右旗 6 个地区来作为研究区域，以此来说明人为活动对草原的影响程度。研究区域如图 6-42 所示。

其中东乌珠穆沁旗、西乌珠穆沁旗、阿巴嘎旗、锡林浩特市、苏尼特左旗和苏尼特右旗的面积依次为：47 554km^2、22 960km^2、27 495km^2、18 750km^2、33 469km^2、26 700km^2。

（一）数据源

本研究选用的内蒙古自治区社会、经济、人口、牲畜存栏数据均引自内蒙古自治区统计年鉴，遥感数据选用以上经过处理得到的 1982～1999 年和 2000～2006 年的 NDVI

年最大值合成数据（其中 NOAA 数据为用 MODIS 校正后数据，处理过程详见第六章），气象数据选自从中国气象局购买的 1981～2004 年的内蒙古 47 个站点的逐月气象数据（降雨和气温），气象站点如图 6-43 所示。

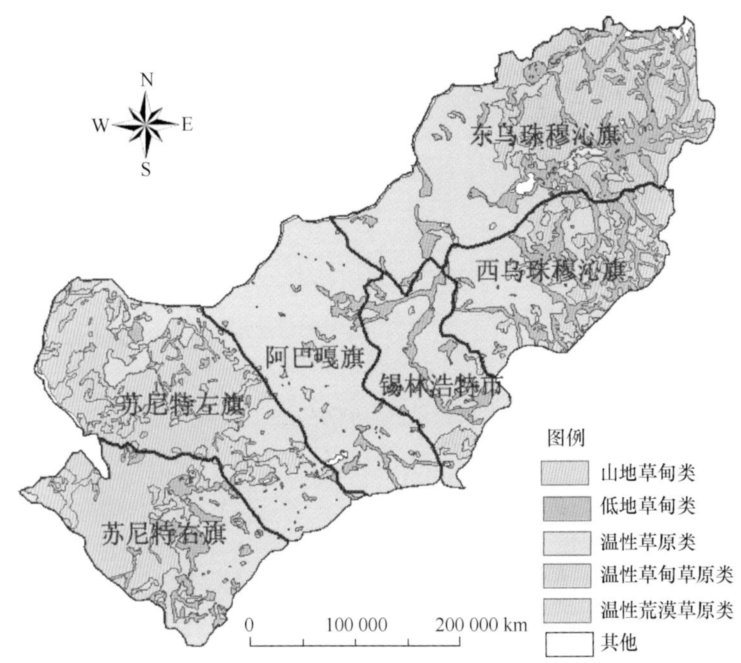

图 6-42　锡林郭勒草原植被变化驱动力研究区域

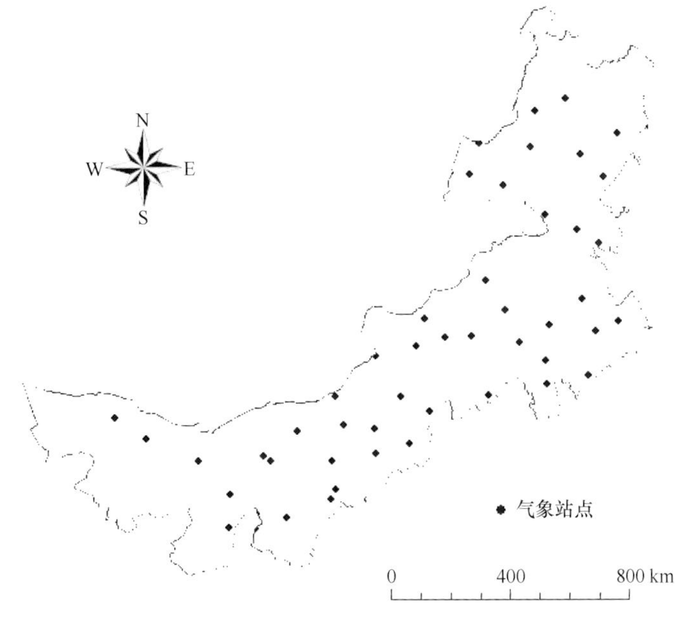

图 6-43　内蒙古气象站点位置示意图

（二）数据预处理

将购得的气象数据首先利用统计软件（SAS 8.0）剔除异常值，然后再利用地理信息系统软件 ArcGis 9.0 将各站点的经纬度坐标等空间信息与气象数据连接，最后整理格式见表 6-19。

表 6-19　各站点经纬度坐标等空间信息

字段名称	字段含义	数据类型	字段单位
Station_Num	站点编号	数值型	
Station_Name	站点名称	字符型	
LONG	经度	数值型	(°)
LAT	纬度	数值型	(°)
YEAR	年	日期	年
T_i	第 i 月的温度（i=1～12）	数值型	℃
R_i	第 i 月的降雨量（i=1～12）	数值型	mm

将整理好的气象数据利用 ArcGis 9.0 软件进行 IDW 空间插值，其空间分辨率为 1000m，投影选择 Albers 等积投影，最后得到 1981～2004 年逐月的气温、降雨栅格数据。

（三）建立年度 $NDVI_{max}$ 和气温、降雨数据的回归模型

由于人类活动对草原植被的影响强度主要跟当年人口数量、国内生产总值（gross domestic product，GDP）指数、牲畜头数有关，所以根据内蒙古自治区统计年鉴的人口数量、GDP 指数、牲畜头数等有关数据，发现研究区域内 1982～1988 年的人口数量、GDP 指数、牲畜头数等数据相对较为稳定，变化不大，因此选择 1982～1988 年作为建立回归模型的基准时间段。

在建模抽样方式上，Evans 和 Geerken（2004）认为针对每个像元建立的回归模型其相关系数普遍高于针对研究区域所有像元得到的回归模型，国内一些学者也持这种观点，但如果采用针对每个像元的建模方法，1982～1988 年内针对每个像元建立的回归模型中，每个像元上用于建立模型的样本数量只有 7 个，不符合统计学中的大样本抽样原理，可能导致模型本身存在较大的偏差。因此在这里采用针对研究区内部分像元建立回归模型的方法建立回归模型。具体方法如下。

应用系统抽样（systematic sampling）法在 1982～1988 年 NOAA NDVI（经过 MODIS 数据归一化处理的数据，具体方法见第六章）遥感影像和年积温、年度累计降雨量差值栅格图上抽取研究样本，抽样间距为 50km，样本范围为一个半径是 10km 的圆形区域，将该区域内的年积温、年累计降雨量和 NOAA 数据的平均值作为该点的抽样值，每年可获得 69 组 NOAA $NDVI_{max}$ 年积温、年累计降雨量数据，样本总量为 483，根据抽取的样本数据，建立 NOAA $NDVI_{max}$ 年积温和年累计降雨量数据多元线性回归模型，其中年积温数据为当年 1～10 月大于 0℃的积温，年累积降雨量为前一年 11 月至当年 9 月的累积降雨量。模型如下：

$$\text{NDVI}=0.5851+0.0016\text{Rain}-0.0058\text{Temp}\ (R^2=0.7647^{**}) \quad (6\text{-}13)$$

式中，Rain 为前一年 11 月至当年 9 月的累计降雨量；Temp 为当年 1～10 月大于 0℃的积温。

该方法与其他方法相比有如下改进：

1）采用经过 MODIS NDVI 植被指数校正过的 NOAA NDVI 数据，使得 NOAA NDVI 数据能够更好地表征其与植被覆盖度和生物量的关系，改善了模型精度。

2）对采样范围进行了适当的扩大，采用半径为 10km 圆形区域内的平均值来作为 NOAA NDVI 数据、气温、降雨量数据的样本值，减小了抽样时由配准的误差造成的像元不匹配问题，同时也降低了模型中 NOAA $NDVI_{max}$ 的异常值影响。

3）年累计降雨量采用前一年 11 月至当年 9 月的累积降雨量数据，充分考虑了降雨对草原植被生长过程中的积累效应。

（四）模型精度检验

将 1982～1988 年的年积温、年累计降雨量数据代入该模型，得到 1982～1988 年研究区域内的 NOAA $NDVI_{max}$ 预测数据，由于建模时在研究区域内每年抽取了 69 个样本，覆盖了 21 666km^2 的范围，等同于利用了研究范围内该部分区域的数据建立了气温、降雨因素与 NDVI 关系的模型，为了验证该模型的精度，本研究利用研究区域内建模时抽取的样本范围以外的区域进行验证，利用 ArcGis 软件将研究区域内该样本所占区域部分（21 666km^2）去除，利用所剩下部分的区域对该模型进行验证，结果如表 6-20 所示。

表 6-20　模型精度检验结果

年份	东乌珠穆沁旗		西乌珠穆沁旗		阿巴嘎旗		锡林浩特市		苏尼特左旗		苏尼特右旗	
	相对平均偏差	平均绝对误差	相对平均偏差	平均绝对误差	相对平均偏差	平均绝对误差	相对平均偏差	平均绝对误差	相对平均偏差	平均绝对误差	相对平均偏差	平均绝对误差
1982	0.1346	0.0114	0.1712	0.0261	0.1863	0.0058	0.1231	0.0116	0.2400	0.0074	0.2882	0.0071
1983	0.1905	0.0157	0.1937	0.0340	0.1302	0.0073	0.2174	0.0332	0.1516	0.0038	0.1286	0.0023
1984	0.1615	0.0082	0.1933	0.0229	0.1697	0.0086	0.2463	0.0332	0.2072	0.0057	0.1914	0.0106
1985	0.1502	0.0046	0.1154	0.0092	0.1906	0.0049	0.1444	0.0070	0.2233	0.0181	0.2349	0.0177
1986	0.1618	0.0051	0.0659	0.0027	0.1641	0.0054	0.1360	0.0068	0.2027	0.0109	0.2270	0.0158
1987	0.1585	0.0056	0.0772	0.0039	0.2353	0.0092	0.1478	0.0074	0.2212	0.0138	0.2578	0.0106
1988	0.2165	0.0230	0.2671	0.0200	0.2165	0.0076	0.2171	0.0254	0.2165	0.0039	0.2671	0.0073
平均值	0.1677	0.0105	0.1548	0.0170	0.1847	0.0070	0.1760	0.0178	0.2089	0.0091	0.2279	0.0102

注：相对平均偏差：$(\sum_{i=1}^{n}|d|/X_i)/n$；平均绝对误差：$\sqrt{(\sum_{i=1}^{n}|d|^2)/n}$，其中 d 为预测值与实测值之差，x 为实测值，n 为样本数量

表 6-20 数据显示，研究区域内模型检验精度按照平均绝对误差排列从大到小依次为：锡林浩特市、西乌珠穆沁旗、东乌珠穆沁旗、苏尼特右旗、苏尼特左旗、阿巴嘎旗；按照相对平均偏差排列从大到小依次为：苏尼特右旗、苏尼特左旗、阿巴嘎旗、锡林浩特市、东乌珠穆沁旗、西乌珠穆沁旗。研究区域内东乌珠穆沁旗、西乌珠穆沁旗、阿巴嘎旗、锡林浩特市、苏尼特左旗、苏尼特右旗 6 个地区的模型模拟精度依次为：83.23%、84.52%、81.53%、82.40%、79.11%、77.21%，可以满足宏观尺度上模拟

精度的要求。

（五）模型模拟

该部分将研究的重点放在了人为因素对草原植被状况变化影响的趋势分析上，即通过分析 1989～2004 年 16 年间 $NDVI_{max}$ 的模型模拟值和实测值差值的变化趋势来研究人为因素对草原的影响程度和趋势变化，将 1989～2004 年的年积温、年累计降雨量数据代入该模型，对 1989～2004 年的 $NDVI_{max}$ 数据进行模拟，得出 1989～2004 年的 $NDVI_{max}$ 数据的模拟值，将该值与 $NDVI_{max}$ 实测值作差，如果差值为正（模拟值减实测值）则说明人为因素对草原植被状况的改善起了负向作用，如果差值为负，则说明人为因素对草原植被状况的改善起了正向作用。在年度 $NDVI_{max}$ 数据模拟值和实测值比较的基础上，对 1989～2004 年 16 年的比较结果差值进行趋势分析，如果点像元上该趋势的斜率为正，则说明人为因素的作用正在逐步加重草原退化，反之，则说明人为因素的副作用在减小或提高了草原植被生产力。分析结果如图 6-44 和表 6-21 所示。

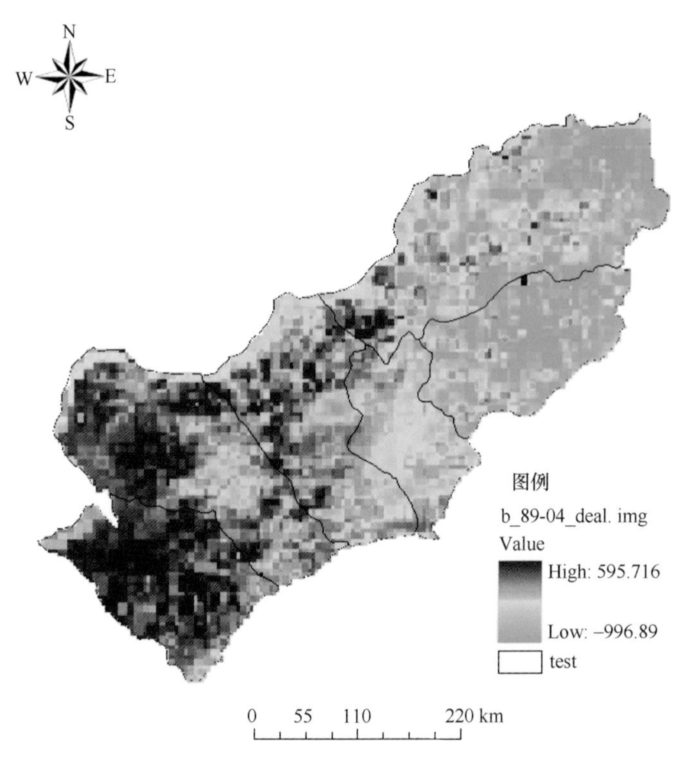

图 6-44　人为因素对草原植被状况变化的影响

1. 人为因素影响下的草原植被状况变化程度

表 6-21 数据显示，1989～2004 年的 16 年间，总体上人为因素对草原植被状况的改善起了负向作用，加重了草原的退化程度。其中人为因素造成西部地区的草原退化程度最重，中部次之，东部地区最轻。

表 6-21　研究区域内 1989～2004 年人为因素导致的 NDVI 变化值

年份 \ 预测值减实测值	东乌珠穆沁旗	西乌珠穆沁旗	阿巴嘎旗	锡林浩特市	苏尼特左旗	苏尼特右旗
1989	0.0393	0.0765	0.0538	0.0657	0.0740	0.0559
1990	0.1172	0.1427	0.0574	0.0827	0.1765	0.2103
1991	−0.0828	−0.0992	−0.0594	−0.1276	0.0721	0.0567
1992	0.0170	0.0984	0.0243	−0.0680	−0.0437	0.0693
1993	0.1300	0.1618	0.1574	0.1576	0.1833	0.1815
1994	0.0126	0.0554	0.0180	−0.0533	0.1061	−0.0828
1995	0.1015	0.1934	0.1840	0.1689	0.2352	0.2365
1996	−0.0529	0.1422	0.1302	0.1028	0.1775	0.2113
1997	−0.0369	−0.0875	0.0405	0.0881	0.1061	0.1051
1998	0.0581	0.0911	0.0183	−0.0501	0.0272	0.0385
1999	0.2784	0.2148	−0.0368	−0.1007	0.0698	0.2182
2000	−0.0429	−0.0917	0.0689	0.0713	0.1081	0.1725
2001	0.0279	0.0154	0.1931	0.4413	0.2028	0.3009
2002	0.0427	−0.0134	0.0894	−0.0524	0.1645	0.2084
2003	−0.0253	−0.0986	−0.0009	−0.1295	0.1940	0.2310
2004	0.0116	−0.0400	0.1385	−0.0251	0.2339	0.2321
平均值	0.0372	0.0476	0.0673	0.0357	0.1305	0.1528

注：正值表示人为因素导致了草原的退化，负值表示认为因素提高了草原的生产力

按照草原类型划分，人为因素造成的荒漠化草原退化程度最重，温性草原次之，温性草甸草原最轻。按照地区划分，人为因素加重草原退化的程度从大到小依次为：苏尼特右旗、苏尼特左旗、阿巴嘎旗、西乌珠穆沁旗、锡林浩特市、东乌珠穆沁旗。其中人为因素造成的苏尼特左旗和苏尼特右旗的草原退化程度显著高于其他地区。

2. 人为因素影响下的草原退化程度趋势变化

表 6-22 数据显示，研究区域中除西乌珠穆沁旗以外的 5 个地区都出现了严重的人为因素导致草原退化程度加重的趋势，人为因素影响退化的程度东部加重的趋势最轻，中部稍重，西部最严重。

表 6-22　研究区域内各地区人为因素导致草原退化趋势加重的面积比例（单位：%）

斜率范围	东乌珠穆沁旗	西乌珠穆沁旗	阿巴嘎旗	锡林浩特市	苏尼特左旗	苏尼特右旗
（0，1]	2.38	1.03	3.21	8.82	2.03	0.18
（1，2]	3.66	1.37	4.17	4.74	1.97	0.49
（3，+∞）	19.68	7.96	67.23	37.87	82.57	95.79
退化总比例	25.72	10.36	74.61	51.42	86.57	96.46

注：斜率范围表示退化趋势的严重程度

按照草原类型划分，温性草甸草原人为因素导致的退化加重的趋势最轻，温性草原较重，温性荒漠草原最重；按照地区划分，人为因素导致的各地区内草原退化趋势加重的面积比例由高到低依次为：苏尼特右旗、苏尼特左旗、阿巴嘎旗、锡林浩特市、

东乌珠穆沁旗、西乌珠穆沁旗。其中苏尼特右旗和苏尼特左旗的草原退化趋势加重的面积比例显著高于其他地区，西乌珠穆沁旗的草原退化趋势加重的面积比例显著低于其他地区。

总的来说，结合表 6-21 和表 6-22 的结果可以得出，人为因素总体上在研究区域内的 6 个地区中对草原退化起了负面作用，是草原导致草原退化的重要原因，从 1989～2004 年 16 年间人为因素影响程度强弱的变化趋势看来，东部地区说明人为因素对草原的负向作用在减小，西部地区人为因素对草原的负向作用在加重。

（六）模拟结果分析及验证

由于缺乏 1989～2004 年人口、载畜量、草原植被状况变化的空间统计数据，所以，本书依据现有的 1989 年、1995 年、1999 年和 2004 年 4 年的各旗县统计资料对模拟结果加以验证（表 6-23）。

表 6-23　研究区域内统计资料

年份		东乌珠穆沁旗	西乌珠穆沁旗	阿巴嘎旗	锡林浩特市	苏尼特左旗	苏尼特右旗
1989	人口/人	55 318	66 357	39 124	116 675	30 473	68 138
	大牲畜数量/头	257 904	245 572	160 014	85 995	103 349	103 831
	GDP/万元	4 517	3 781	2 449	1 053	2 648	2 697
1995	人口/人	57 859	71 617	40 529	132 622	30 469	66 681
	大牲畜数量/头	275 443	259 621	148 825	78 241	100 815	94 787
	GDP/万元	18 283	16 115	9 796	4 810	8 836	8 452
1999	人口/人	63 672	73 309	41 589	136 870	32 143	68 169
	大牲畜数量/头	433 539	443 615	451 777	232 865	399 235	376 779
	GDP/万元	21 042	25 809	15 163	7 579	16 014	13 942
2004	人口/人	70 459	72 588	43 977	153 032	33 210	68 438
	大牲畜数量/头	91 434	97 836	80 517	32 643	59 468	16 931
	GDP/万元	37 409	27 877	33 324	7 368	17 573	14 703

注：其中 1989 年数据中的苏尼特左旗和苏尼特右旗为 1991 年数据

从总体情况来看，1989～1999 年间研究区域内各旗县的人口、大牲畜数量和 GDP 基本上保持了较高的增长率，1999 年以后，除人口和 GDP 以外，大牲畜数量出现大幅下滑，耕地面积在东乌珠穆沁旗、阿巴嘎旗和苏尼特左旗仍然保持增长势头，其中苏尼特左旗增长比例显著，达 361.54%，其余旗县耕地面积下降明显。这与当地 1999 年以后开始下大力度治理草原退化保护生态环境的实际情况相吻合（表 6-24）。

从各地区草原的草原类型来看，苏尼特左旗和苏尼特右旗的草原类型相似，以温性荒漠化草原和温性草原为主体，其中温性荒漠化草原面积略大，相对其他地区来说草原承载力弱，且草原的生态保持和恢复力差。东乌珠穆沁旗和西乌珠穆沁旗的草原类型相似，以温性草原和温性草甸草原为主，其中温性草原面积略大，相对其他地区来说草原承载力强，且草原的生态保持和恢复力强。锡林浩特市和阿巴嘎旗的草原类型相似都以温性草原为主体，相对其他地区来说草原承载力处于中间水平。

表 6-24　各地区每平方千米内的人口、大牲畜数量和 GDP 产值

年份		东乌珠穆沁旗	西乌珠穆沁旗	阿巴嘎旗	锡林浩特市	苏尼特左旗	苏尼特右旗
1989	人口/人	1.16	2.89	1.42	6.22	0.91	1.14
	大牲畜数量/头	5.42	10.70	5.82	4.59	3.09	3.89
	GDP/万元	0.09	0.16	0.09	0.06	0.08	0.10
1995	人口/人	1.22	3.12	1.47	7.07	0.91	2.50
	大牲畜数量/头	5.79	11.31	5.41	4.17	3.01	3.55
	GDP/万元	0.38	0.70	0.36	0.26	0.26	0.32
1999	人口/人	1.34	3.19	1.51	7.30	0.96	2.55
	大牲畜数量/头	9.12	19.32	16.43	12.42	11.93	14.11
	GDP/万元	0.44	1.12	0.55	0.40	0.48	0.52
2004	人口/人	1.48	3.16	1.60	8.16	0.99	2.56
	大牲畜数量/头	1.92	4.26	2.93	1.74	1.78	0.63
	GDP/万元	0.79	1.21	1.21	0.39	0.53	0.55

1. 人为因素影响下的草原退化程度结果分析

根据 1989 年、1995 年、1999 年和 2004 年 4 年的各旗县每平方千米内大牲畜数量平均值来看，西乌珠穆沁旗 4 年来的平均单位面积承载量最大，阿巴嘎旗、锡林浩特、东乌珠穆沁旗、苏尼特右旗、苏尼特左旗依次递减。尽管苏尼特右旗和苏尼特左旗的平均单位面积承载量是 6 个地区中最低的两个，但其草原类型是以温性荒漠化草原和温性草原为主体的，草原承载力要大大低于以温性草甸草原和温性草原为主体的东乌珠穆沁旗和西乌珠穆沁旗，因此载畜量给草原带来的压力要远大于东乌珠穆沁旗和西乌珠穆沁旗两旗。这与以上模拟人为因素的影响对东乌珠穆沁旗和西乌珠穆沁旗的草原退化程度较低，对苏尼特左旗和苏尼特右旗较高的模拟结果基本相符。

根据各地区 4 年的每平方千米的人口平均值来看，锡林浩特最高，西乌珠穆沁旗、苏尼特右旗、阿巴嘎旗、东乌珠穆沁旗、苏尼特左旗依次递减。其中锡林浩特市每平方千米的人口平均值要远远大于其他各地区，但由于该市是锡林郭勒盟的首府所在，市内相当部分的人口并不依赖畜牧业的收入，因此与其他地区相比，其人口数量给草原带来的相对压力不是很大；而草原植被状况较差苏尼特右旗每平方千米的人口平均值要大于草原植被状况较好的东乌珠穆沁旗，因此人口对草原带来的压力更为显著。这与以上模拟的苏尼特右旗人为影响程下的草原退化程度度较大的模拟结果基本相符合。

根据个地区 4 年的每平方千米的 GDP 平均值来看，西乌珠穆沁旗最高，阿巴嘎旗次之，东乌珠穆沁旗、苏尼特左旗和苏尼特右旗依次递减，但相差不大，因此草原植被状况较差的苏尼特左旗和苏尼特右旗单位面积经济收入的压力要远大于植被状况较好的东乌珠穆沁旗，这与以上模拟的苏尼特左旗和苏尼特右旗人为影响程下的草原退化程度度较大的结果基本相符。

总的来说，尽管西乌珠穆沁旗和东乌珠穆沁旗的所承载的人口、大牲畜数量和 GDP 产出的压力要大于苏尼特左旗和苏尼特右旗，但由于西乌珠穆沁旗和东乌珠穆沁旗的草原所处生境好，承载力高，自我保持和恢复力强，在很大程度上抵消了人为影响对其施

加的负向干扰作用，因此在人为因素对草原的退化影响程度上，苏尼特右旗和苏尼特左旗退化程度较高，东乌珠穆沁旗和西乌珠穆沁旗较低，锡林浩特市和阿巴嘎旗由于其草原植被状况处于中间水平，因此草原对人为因素影响的响应也处于中间水平。

2. 人为因素影响下的退化程度趋势变化分析

根据表 6-25 数据显示，从 1989 年、1995 年、1999 年和 2004 年各地区每平方千米内大牲畜数量变化的线性拟合趋势来看，西乌珠穆沁旗、东乌珠穆沁旗和锡林浩特市的线性拟合斜率为负，且依次递增，说明这三个地区内草原面临载畜量的压力趋于下降，其中西乌珠穆沁旗的线性拟合斜率最小，因此其每平方千米内的大牲畜数量下降趋势最为显著，这与以上模拟的 1989～2004 年，西乌珠穆沁旗在 6 个地区中人为影响草原退化程度呈加重趋势的草原面积比例最少的模拟结果完全相符，同理，根据线性拟合斜率，东乌珠穆沁旗在 6 个地区中人为影响草原退化程度呈加重趋势的草原面积比例低于西乌珠穆沁旗，但明显高于其他地区，这也与模拟结果相符。

表 6-25　1989 年、1995 年、1999 年和 2004 年 4 年间的人口、大牲畜数量、GDP 产值的线性拟合斜率

	东乌珠穆沁旗	西乌珠穆沁旗	阿巴嘎旗	锡林浩特市	苏尼特左旗	苏尼特右旗
人口	0.1077	0.0888	0.0568	0.6044	0.0295	0.4329
大牲畜数量	−0.7177	−1.1290	0.2344	−0.0290	0.4983	0.0797
GDP	0.2133	0.3571	0.3564	0.1158	0.1552	0.1555

而苏尼特左旗、阿巴嘎旗和苏尼特右旗的每平方千米内大牲畜数量变化的线性拟合斜率为正，且依次递减，说明这三个旗县内草原面临载畜量的压力趋于增加，其中苏尼特左旗的线性拟合斜率最大，因此其每平方千米的大牲畜数量增加趋势最为显著，这与苏尼特左旗中人为影响草原退化程度呈加重趋势的草原面积比例较大的结果基本相符，同理，根据线性拟合斜率，阿巴嘎旗在 6 个地区中人为影响草原退化程度呈加重趋势的草原面积比例低于苏尼特左旗，但明显高于除苏尼特左旗外的其他 4 个地区，这也与模拟结果基本相符。

根据从 1989 年、1995 年、1999 年和 2004 年各地区每平方千米内的人口数量变化的线性拟合趋势来看，1989～2004 年各地区的人口数量都呈增加趋势，说明各个地区所面临的人口数量对草原的压力逐渐增大。其中锡林浩特市的线性拟合斜率最大，但由于该市是锡林郭勒盟的首府所在，市内相当部分的人口并不依赖畜牧业的收入，因此与其他旗县相比，其人口数量的变化给草原带来的相对压力增加的趋势不是很大。而苏尼特右旗的线性拟合斜率仅次于锡林浩特市，显著高于其他旗县，由于苏尼特右旗是牧业旗，对牧业的收入依赖较重，因此如此严重上涨的人口增长率所给草原带来的压力，严重加重了草原的退化趋势，这与模拟结果中苏尼特右旗中人为影响草原退化程度呈加重趋势的草原面积比例最大的结果大致相符。

1989 年、1995 年、1999 年和 2004 年各地区每平方千米内的 GDP 产出变化的线性拟合趋势与人为影响草原退化程度的趋势变化关系不明显。

总的来说，通过该模型对年度 $NDVI_{max}$ 的模拟计算所得到的人为因素对草原退化的影响程度及其空间变化趋势的结果，基本上能够与实际的统计资料相符合，能够较为真实地反映出所选研究区域中由于人类活动造成的草原退化程度和退化趋势。

参考文献

白继伟, 赵永超, 张兵, 等. 2003. 基于包络线消除的高光谱图像分类方法研究. 计算机工程与应用, (13): 88-91.

鲍平勇, 张友静, 贡璐, 等. 2007. 由遥感数据获取的地表反照率归一化问题探讨. 河海大学学报, 35(1): 67-71.

曹巍, 邵全琴, 喻小勇, 等. 2013. 内蒙古不同利用方式温性草原植被光谱特征分析. 草地学报, 21(2): 243-252.

曹鑫, 辜智慧, 陈晋, 等. 2006. 基于遥感的草原退化人为因素影响趋势分析. 植物生态学报, 30(2): 268-277.

陈君颖, 田庆久. 2007. 高分辨率遥感植被分类研究. 遥感学报, 11(2): 221-227.

承继成, 郭华东, 史文中. 2004. 遥感数据的不确定性问题. 北京: 科学出版社.

杜华强. 2002. 荒漠化地区高光谱遥感数据预处理及地物光谱重建的研究. 东北林业大学硕士学位论文.

杜培军, 陈云浩, 方涛, 等. 2005. 高光谱遥感数据光谱特征的提取与应用. 中国矿业大学学报, 32(5): 501-504.

杜雪燕, 王迅, 柴沙驼. 2014. 近红外光谱技术在天然草地牧草营养价值评价中的应用及展望. 中国农学通报, 30: 1-5.

方红亮. 1998. 高光谱遥感在植被监测中的研究综述. 遥感技术与应用, 13(1): 63-69.

方秀琴, 张万昌. 2003. 叶面积指数(LAI)的遥感定量方法综述.国土资源遥感, 3: 58-62.

冯钟葵. 2002. 关于地物辐射值的计算问题. 中国遥感卫星地面站用户简讯, 49: 8-9.

宫鹏, 浦瑞良, 郁彬. 1998. 不同季相针叶树种高光谱数据识别分析 遥感学报, 2(3): 211-217.

姜立鹏, 覃志豪, 谢雯. 2007. 基于单时相 MODIS 数据的草地退化遥感监测研究. 中国草地学报, 29(7): 39-43.

李博. 1992. 我国草地生态研究的成就和展望. 生态学杂志, 11(3): 1-7.

李高飞, 任海, 李岩, 等. 2003. 植被净第一性生产力研究回顾与发展趋势. 生态学报, 22(4): 360-365.

李建龙, 黄敬峰, 王秀珍. 1993. 草地遥感. 北京: 气象出版社.

李建龙, 黄敬峰, 维纳汗. 1996. 不同类型草地监测与估产遥感指标和光学模型建立的研究. 中国草地学报, 16(6): 6-10.

李建龙, 王建华. 1998. 我国草原遥感技术应用研究进展与前景展望. 遥感技术与应用, 13(2): 64-67.

李金桐. 2002. 基于 GIS 的 MODIS 环境荒漠化监测中的应用方法研究. 新疆气象, 2: 21-23.

李静, 赵庚星, 田素锋, 等. 2004. 论土地利用/土地覆盖变化驱动力研究. 国土资源科技管理, 01(4): 22-25.

李苗苗, 吴炳方, 颜长珍, 等. 2004. 密云水库上游植被覆盖度的遥感估算. 资源科学, 26(4): 153-159.

李苗苗. 2000. 植被覆盖度的遥感估算方法研究. 中国科学院遥感应用研究所硕士学位论文.

李寿. 2010. 青藏高原草地退化与草地有毒有害植物. 草业与畜牧, (8): 30-34.

李双才, 孔亚平, 符素华. 2002. 北京山区植被盖度季节变化规律模拟研究. 北京师范大学学报(自然科学版), 38(2): 273-278.

李小文, 刘素红. 2008. 遥感原理与应用. 北京: 科学出版社, 150.

李昭阳. 2006. 多源遥感数据支持下的松嫩平原生态环境变化研究. 吉林大学博士学位论文.

李志丹, 干友民, 泽柏, 等. 2004. 退化草地群落演替趋向研究进展. 四川草原, 05: 5-7.

刘申, 王亚珍, 耿叙武, 等. 2004. 崂山风景区景观要素空间格局及其动态分析. 东北林业大学学报, 32(2): 55-58.

刘志丽, 陈曦. 2001. 基于 ERDAS IMAGING 软件的 TM 影像几何精校正方法初探——以塔里木河流域为例. 干旱区地理, 24(4): 353-358.

刘钟龄. 2002. 锡林郭勒草原退化状况和生态环境评价. 科技部科研院所社会公益研究专项资金项目"北方草原生态系统野外观测基础数据库和共享".

吕一河, 傅伯杰. 2001. 生态学中尺度及尺度转换方法. 生态学报, 21(12): 2096-2105.

马春梅, 贾鲜艳, 杨静, 等. 2000. 内蒙古草地生态环境退化现状及成因分析. 内蒙古农业大学学报(自然科学版), 21(1): 117-120.

马克平, 刘玉彦. 1991. 草地生态系统初级生产力研究综述. 齐齐哈尔师范学院学报(自然科学版), 3: 11(1): 49-55.

宁宝英, 樊胜岳, 赵成章. 2004. 肃南县草地退化原因分析与分区治理对策. 中国草地, 26(3): 65-67.

牛建明. 2001. 气候变化对内蒙古草原分布和生产力影响的预测研究. 草地学报, 2001, 9(4): 277-282.

裴浩, 潘耀忠. 1993. 内蒙古锡林郭勒盟草原退化的气象卫星监测研究. 中国农业科技出版社, 105-115.

彭望琭. 2002. 遥感概论. 北京: 高等教育出版社.

朴世龙, 方精云, 郭庆华. 2001. 利用 CASA 模型估算我国植被净第一性生产力. 植物生态学报, 25(5): 603-608.

朴世龙, 方精云. 2003. 1982-1999 年我国陆地植被活动对气候变化响应的季节差异. 地理学报, 28(1): 119-125.

浦瑞良, 宫鹏. 2000. 高光谱遥感及其应用. 北京: 高等教育出版社, 83.

曲辉, 陈圣波. 2002. 中分辨率成像光谱仪(MODIS)数据在地学中的应用前景. 世界地质, 21(2): 176-180.

屈冉, 李双, 徐新良, 等. 2013. 草地退化杂类草入侵遥感监测方法研究进展. 地理信息科学学报, 15(5): 761-767.
申广荣, 王人潮. 2001. 植被光谱遥感数据的研究现状及其展望. 浙江大学学报(农业与生命科学版), 27(6): 682-690.
史培军. 2000. 土地利用/覆盖变化研究的方法与实践. 北京: 科学出版社.
唐世浩, 朱启疆, 周宇宇. 2003. 一种简单的估算植被覆盖度和恢复背景信息的方法. 中国图像图形学报, 8(11): 1304-1308.
唐延林, 王秀珍, 黄敬峰, 等. 2003. 水稻微分光谱和植被指数的作用探讨. 农业工程学报, 19(1): 145-149.
田庆久, 宫鹏, 赵春江. 2000. 用光谱反射率诊断小麦水分状况的可行性分析. 科学通报, 2000, 45(24): 2645-2650.
童庆禧, 丁志, 郑兰芬, 等. 1986. 应用 NOAA 气象卫星图像资料估算草场生物量方法的初步研究. 自然资源学报, 1(2): 87-95.
童庆禧, 张兵, 郑兰芬. 2006. 高光谱遥感. 北京: 高等教育出版社.
童庆禧, 郑兰芬, 王晋年, 等. 1997. 湿地植被成像光谱遥感研究. 遥感学报, 1(1): 50- 57.
童庆禧. 1990. 中国典型地物波谱及其特征分析. 北京: 科学出版社.
王广军, 武文波, 肖巍峰. 2004. 光谱混合分解模型在草原退化研究中的应用. 辽宁工程技术大学学报, 23(5): 597-599.
王焕炯, 范闻捷, 崔要奎, 等. 2010. 草地退化的高光谱遥感监测方法. 光谱学与光谱分析, 30(10): 2734-2738.
王开存, 刘晶淼, 周秀骥, 等. 2004. 利用 MODIS 卫星资料反演中国地区晴空地表短波反照率及其特征分析. 大气科学, 28(6): 941-949.
王瑶, 宫辉力, 李小娟. 2008. 基于 GIS 的北京市生态环境质量监测与分析. 国土资源遥感, 1(1): 91-96.
王正兴, 刘闯, 赵冰茹. 2003. AVHRR 草地分类的潜力和局限: 以锡林郭勒草原为例. 自然资源学报, 18(6): 704-711.
卫智军, 双全. 2001. 内蒙古草地生态环境退化现状及治理对策浅议. 内蒙古草业, 1: 24-27.
温兴平, 胡光道, 杨晓峰. 2008. 基于光谱特征拟合的高光谱遥感影像植被覆盖度提取. 地理与地理信息科学, 24(1): 27-30.
吴炳方, 曾源, 黄进良. 2004. 遥感提取植物生理参数 LAI/ FPAR 的研究进展与应用. 地球科学进展, 19(4): 585-590.
吴见, 彭道黎. 2009. 基于遥感的荒漠化评价技术研究进展. 世界林业研究, (5): 34-39.
谢伯承, 薛绪掌, 刘伟东, 等. 2005. 基于包络线法对土壤光谱特征的提取及其分析. 土壤学报, 42(1): 171-175.
徐希孺, 牛铮, 曹洪凯, 等. 1994. 对建立遥感估产模式的几点初步认识. 遥感学报, 1994, 9(2): 100-105.
徐希孺. 2005. 遥感物理. 北京: 北京大学出版社.
闫玉春, 唐海萍. 2008. 草地退化相关概念辨析. 草业学报, 17(1): 93-99.
颜春燕. 2003. 遥感提取植被生化组分信息方法与模型研究. 中国科学院博士学位论文.
姚洪林, 闫德仁, 杨文斌, 等. 2001. 内蒙古沙漠化土地与植被演替规律的研究. 内蒙古林业科技, 04: 7-12.
姚嘉. 2003. 基于景观生态学的中国土地利用空间格局及其变化分析. 中国科学院遥感应用研究所硕士学位论文.
查勇, Jay Gao, 倪绍祥. 2003. 国际草地资源遥感研究新进展. 地理科学进展, 22(6): 607-617.
张风丽, 尹球, 匡定波, 等. 2006. 草地光谱分类最佳时相选择分析. 遥感学报, 10(4): 482-488.
张红兵, 贾来喜, 李潞, 等. 2007. 宝典丛书 100 万: SPSS 宝典. 北京: 电子工业出版社.
张宏斌. 2007. 基于多源遥感数据的草原植被状况变化及其驱动力研究. 中国农业科学院博士学位论文.
张继义, 赵哈林. 2004. 科尔沁沙地草地植被恢复演替进程中群落优势种群空间分布格局研究. 生态学杂志, 23(2): 1-6.
张建国, 刘淑珍, 李辉霞, 等. 2004. 西藏那曲地区草地退化驱动力分析. 资源调查与环境, 25(2): 116-122.
张云霞, 李晓兵, 陈云浩. 2003. 草地植被盖度的多尺度遥感与实地测量方法综述. 地球科学进展, 18(1): 85-93.
章祖同. 1990. 内蒙古草原资源. 呼和浩特: 内蒙古人民出版社.
赵文武, 傅伯杰, 陈利顶. 2002. 尺度推绎研究中的几点基本问题. 地球科学进展, 17(6): 905-911.
赵英时. 2003. 遥感应用分析原理与方法. 北京: 科学出版社.
赵玉清, 杨天鸣, 罗源, 等. 2009. 近红外透射光谱法测定黄芪提取液中总皂苷含量. 化学与生物工程, 26(2): 73-75.
郑兰芬, 童庆禧, 王晋年. 1995. 高光谱分辨率遥感研究进展. 见: 中国科学院遥感应用研究所. 遥感科学新进展. 北京: 科学出版社, 42-50.
Andres S, Calleja A, Lopez S, et a1. 2005. Prediction of gas production kinetic parameters off orages by chemical composition and near infrared reflectance spectroscope. Animal Feed Science and Technology, 123-124(Part1): 487-499.
Barton C V M, North P R J. 2001. Remote sensing of canopy light use efficiency using the photo chemical reflectance index: Model and sensitivity analysis. Remote Sensing of Environment, 78(3): 264-273.
Boardman J W. 1993. Automated spectral unmixing of AVIRIS data using convex geometry concepts: in Summaries. Fourth JPL Airborne Geoscience Workshop. JPL Publication, 1: 11-14.
Borel C C, Gerstl S A W. 1994. Nonlinear spectral mixing models for vegetative and soil surface. Remote Sensing of Environment, 47: 403-416.
Briggs J M, Schaafsma H, Trenkov D. 2007. Woody vegetation expansion in a desert grassland: Prehistoric human impact? Journal of Arid Environments, 69: 458-472.
Bruno-Soares A M, Murray I, Paterson R M, et al. 1998. Use of near infrared reflectance spectroscopy(NIRS)for the prediction of the chemical composition and nutritional attributes of green crop cereals. Animal Feed Science and Technology, 75(1): 15-25.

Castro-Esau K L, Sánchez-Azofeifa G A, Caelli T. 2004. Discrimination of lianas and trees with leaf-level hyperspectral data. Remote Sensing of Environment, 90: 353-372.

Choudhury B J, Ahmed N U, Idso S B, et al. 1994. Relations between evaporation coefficients and vegetation indices studied by model simulations. Remote Sensing of Environment, 50(94): 1-17.

Clark D H, Ralphs M H, Lamb R C. 1987. Total alkaloid determinations in larkspur and lupine with near infrared reflectance spectroscopy. Agronomy Journal, 79(3): 481-485.

Clark R N, Roush T L. 1984. Reflectance spectroscopy: Quantitative analysis techniques for remote sensing applications. Journal of Geophysical Research, 89: 6329-6340.

Coleman S W, Murray I. 1993. The use of near-infrared reflectance spectroscopy to define nutrient digestion of hay by cattle. Animal Feed Science and Technology, 44(3/4): 237-249.

Cosgrove G P, Burns J C, Fisher D S, et al. 1994. Near infrared reflectance spectroscopy prediction of quality from masticated temperate forage species. Crop Science, 34(3): 789-792.

Cozzolino D, Fassio A, Gimenez A. 2001. The use of near-infrared reflectance spectroscopy(NIRS)to predict the composition of whole maize plants. Science of Food and Agriculture, 81(1): 142-146.

Cozzolino D, Moron A. 2004. Exploring the use of near infrared reflectance spectroscopy(NIRS)to predict trace in legumes. Animal Feed Science and Technology, 111(1): 161-173.

Curran P J, Dungan J L, Gholz H. 1995. Exploring the relationship between reflectance red edge and chlorophyll content in slash pine. Tree Physiology, 15(3): 203-206.

Dwyer J, Gallo K, Lei J, et al. 2005. Multi-platform comparisons of MODIS and AVHRR normalized difference vegetation index data. Remote Sensing of Environment, (99): 221-231.

Evans J, Geerken R. 2004. Discrimination between climate and human-induced dryland degradation. Journal of Arid Environments, 57: 535-554.

Feng Y, Miller J R. 1991. Vegetation green reflectance at high spectral resolution as a measure of leaf chlorophyll content. Proceedings of the 14th Canadian Symposiumon Remote Sensing, Calgary Alberta, 35: 351-355.

Fensholt R, Sandholt I, Rasmussen M S. 2004. Evaluation of MODIS LAI, fAPA Rand the relation between fAPAR and NDVI in a semi-arid environment using in situ measurements. Remote Sensing of Environment, 91: 490-507.

Friedl M A, Brodeley C E. 1997. Decision tree classification of land cover from remotely sensed data. Remote Sens. Environ, 61: 399-409.

Gallo K, Ji L, Reed B, et al. 2004. Comparison of MODIS and AVHRR 16-day normalized difference vegetation index composite data. Geophysical Research Letters, 31: 502-513.

Gates D M, Keegan H J, Schleter J C, et al. 1965. Spectral properties of plants. Applied Optics, 4(1): 11-12.

Geerken R, Iaiwi M. 2004. Assessment of rangeland degradation and development of a strategy for rehabilitation. Remote Sensing of Environment, 90: 490-504.

Gibbens R P, McNeely R P, Havstad K M. 2005. Vegetation changes in the Jornada Basin from 1858 to 1998. Journal of Arid Environments, 61: 651-668.

Gillespie A R, Smith M O, Adams J B, et al. 1990. Spectral mixture analysis of multispectral thermal infrared images. Pasadena: Jet Propulsion Laboratory. Proceedings of Airborne Science Workshop: TIMS JPL Publication, 47: 90-95.

Gillies R R, Carlson T N, Cui J, et al. 1997. A verification of the 'triangle' method for obtaining surface soil water content and energy fluxes from remote measurements of the normalized difference vegetation index (NDVI) and surface radiant temperature. International Journal of Remote Sensing, 18: 3145-3166.

Gislum R, Micklander E, Nielsen J P. 2004. Quantification of nitrogen concentration in perennial ryegrass and red fescue using near infrared reflectance spectroscopy(NIRS)and chemometrics. Field Crops Research, 88(2/3): 269-277.

Givens D I, DeBoever J L, Deaville E R. 1997. The principles, practices and some future applications of near infrared spectroscopy for predicting the nutritive value of foods for animals and humans. Nutrition Research Review, 10(1): 83-114.

Gordona F J, Coopera K M, Parkb R S. 1998. The prediction of intake potential and organic matter digestibility of grass silages by near infrared spectroscopy analysis of undried samples. Animal Feed Science and Technology, 70(4): 339-351.

Gross J E, McAllister R R J, Abel N, et al. 2005. Australian rangelands as complex adaptive systems: A conceptual model and preliminary results. Environmental Modelling & Software, 9(21): 1264-1272.

Guo X, Wilmshurst J F, Li Z. 2010. Comparison of laboratory and field remote sensing methods to measure forage quality. International Journal of Environmental Research and Public Health. 7(9): 3513-3530.

Halgersona J L, Sheaffer C C, Martinb N P, et al. 2004. Near-infrared reflectance spectroscopy prediction of leaf and mineral contents in alfalfa. Agronomy Journal, 96(2): 344-351.

Hoffman P C, Brehm N M, Combs D K, et al. 1999. Predicting the effect of proteolysis on ruminal crude protein degradation of legume and grass silages using near-infrared reflectance spectroscopy. Dairy Science, 82(4): 756.

Huebner C D, Vankat J L, Renwick W H. 1999. Change in the vegetation mosaic of central Arizona USA between 1940 and 1989. Plant Ecology, 144: 83-91.

Hunt E R, Everitt J H, Ritchie J C, Moran M S, et al. 2003. Applications and research using remote sensing for rangeland management. Photogrammetric Engineering & Remote Sensing, 69(6): 675-693.

Jacquemoud S, Bacour C, Poilve H, et al. 2000. Comparison of four radiative transfer models to simulate plant canopies reflectance: Direct and inverse mode. Remote Sensing of Environment, 74: 471-481.

Jacquemoud S, Baret F. 1990. PROSPECT: A model of leaf optical properties. Remote Sensing of Environment, 34: 75-91.

Jakubauskas M, Kindscher K, Fraser A, et al. 2000. Close-range remote sensing of aquatic macrophyte vegetation cover. International Journal of Remote Sensing, 21(18):3533-3538.

Johnson P E, Smith M O, Tayor-George S, et al. 1983. A semi-empirical method for analysis of the reflectance spectra of binary mineral mixtures. Journal of Geophysical Research, 88: 3557-3561.

Johnson P, Andrews D C. 1996. Remote continuous physiological monitoring in the home. Journal of Telemedicine & Telecare, 2(2): 107-113.

Knipling E B. 1967. Physical and physiological basis for difference in reflectance of healthy and diseased plants. Workshop on infrared color photograph in the plant science. Winter Haven: Florida Department of Agriculture.

Liang S, Towshend J T G. 1991. A modified hapke model for soil bidirectional reflectance. Remote Sensing of Environment, 36: 13-44.

Liesenberg V, Galvão L S, Ponzoni F J. 2007. Variations in reflectance with seasonality and viewing geometry: Implications for classification of Brazilian savanna physiognomies with MISR/Terra data. Remote Sensing of Environment, 107: 276-286.

Liu X, Han L, Yang Z, et al. 2008. Prediction of silage digestibility by near-infrared reflectance spectroscopy. Journal of Animal and Feed Sciences, 17(4): 631-639.

Mbatha K R, Ward D. 2010. The effects of grazing, fire, nitrogen and water availability on nutritional quality of grasses in semi-arid savanna, South Africa. Journal of Arid Environments, 72: 1294-1301.

Michio S, Tsuyosho A. 1989. Seasonal visible near-infrared and mid-infrared spectra of rice canopies in relation to LAI and above-ground dry phytomass. Remote Sensing of Environment, 27(2): 119-127.

Miller J R, Hare E W, Wu J. 1990. Quantitative characterization of the vegetation red edge reflectance Ⅰ. An inverted-Gaussian reflectance model. International Journal of Remote Sensing, 11: 121-127.

Miller J R, Wu J, Boyer M G, et al. 1991. Seasonal patterns in leaf reflectance red-edge characteristics. International Journal of Remote Sensing, 12(7): 1509-1523.

Nemani R R, Keeling C D, Hashimoto H, et al. 2003. Climate-driven increases in global terrestrial net primary production from 1982 to 1999. Science, (300): 1560-1563.

Norris K H, Barnes R F, Moore J E, et al. 1976. Prediction forage quality by NIRS. Journal of Animal Science, 43(4): 899-897.

Pengra B W, Johnston C A, Loveland T R. 2006. Mapping an invasive plant, *Phragmites australis*, in coastal wetlands using the EO-1 Hyperion hyperspectral sensor. Remote Sensing of Environment, 108(1): 1-8.

Philip H S, Shirley M D. 1978. Remote Sensing: The quantitative approach. Berkshire: McGraw Hill International Book Company, 147-168.

Philips G L, Eminson D, Moss B. 1978. A mechanism to account for macrophyte decline in progressively eutrophicated freshwaters. Aquatic Botany, 4: 103-126.

Ruano-Ramos A, Garcia-Ciudad A, Garcia-Criado B. 1999. Near infrared spectroscopy prediction of mineral content in botanical fractions from semi-arid grasslands. Animal Feed Science and Technology, 77(3-4): 331-343.

Schmidt K S, Skidmore A K. 2001. Exploring spectral discrimination of grass species in African rangelands. International Journal of Remote Sensing, 22: 3421-3434.

Simth M O, Johnston P E, Adams J B. 1985. Quantitative determination of mineral types and abundances from reflectance spectra using principal component analysis. Journal of Geophysical Research, 90: 797-804.

Thenkabail P S, Enclona E A, Ashton M S, et al. 2004. HYPERION, IKONOS, ALI and ETM+sensors in the study of African rainforests. Remote Sensing of Environment, 90: 23-43.

Tucker C J, Townshend J R G. 2000. Strategies for monitoring tropical deforestation using satellite data. International Journal of Remote Sensing, 21: 1461-1472.

Tucker C J. 1978. Post senescent grass canopy remote sensing. Remote Sensing of Environment, 7(3): 203-210.

Verhoef W. 1984. Light scattering by leaf layers with application to canopy reflectance modeling: The SAIL model. Remote Sensing of Environment, 16: 125-141.

Wang Y J, Tian Y H, Zhang Y, et al. 2001. Investigation of product accuracy as a function of input and model uncertainties: Case study with SeaWiFS and MODIS LAI/FPAR algorithm. Remote Sensing of Environment, 78: 299-313.

Wiens J A. 1989. Spatial scaling in ecology. Functional Ecology, 3: 385-397.

Yamano H, Chen J, Tamura M. 2003. Hyper spectral identification of grassland vegetation in Xilinhot, Inner Mongolia, China. International Journal of Remote Sensing, 24(15): 3171-3178.

Zhang H, Yang G, Huang Q, et al. 2010. Study on spatial scale transformation method of MODIS NDVI and NOAA NDVI in Inner Mongolia grassland. IEEE proceedings of the 2010 International Conference on Computer and Computing Technology Applications in Agriculture(EI, Springer).

第七章　草地生产模拟技术

第一节　草地生产力与碳固持模拟技术

一、草地生产力与碳循环研究进展

自工业革命以来，人类活动对地球各圈层特别是大气圈与土壤圈之间的物质平衡机制产生了重要影响，造成大气中温室气体浓度的不断上升。大气中 CO_2、CH_4 和 N_2O 等主要温室气体浓度急剧增加（IPCC，2007），引发了气候变暖、臭氧层损耗、生物多样性丧失、降水特征改变、植被物候变化，并伴随着蒸散和径流过程的变化，引起海平面升高，生物地带性重新分配，以及其他一系列全球环境问题（Post et al.，1982；Jackson et al.，1996；Lal，2004；Foley et al.，2005）。冰芯记录表明，工业革命前地球大气的 CO_2 浓度约为 280ppm①，变化幅度约在 10ppm 以内。工业革命则打乱了这一平衡，导致地球大气中的 CO_2 增加了 30%左右。地球系统碳循环是全球气候变化中极其重要的生态过程，对生态系统碳循环的掌握和模拟为预测未来气候变以及人类活动可能对生态系统造成的影响具有重要的意义。全球碳循环中，草地生态系统作为全球陆地生态系统的重要类型，其碳循环及碳收支的动态变化研究在全球碳收支平衡中扮演着重要角色。草原是地球上最重要的植被类型之一，覆盖了全球陆地总面积的 1/5，约占全球植被生物量的 16%。大气中的 CO_2 有相当大一部分为草原植被所固定，其碳储量大约占陆地生态系统碳元素总储量的 30%（Ojima et al.，1996；Parton et al.，1996），同时它也向大气中释放大量的 CO_2。因此草原碳循环研究是全球碳循环中的重要组成部分，它既是草地生态系统碳收支机制研究的核心，也是全球气候变化背景下陆地生态系统碳收支的重要组成部分。

（一）生态系统碳循环研究概述

自工业革命以来，人类活动对生物圈的影响范围已由区域扩展到全球，人类过量地使用化石燃料、毁灭森林和草原、大幅改变土地利用方式、开垦和耕种土地等活动造成大气中温室气体浓度的不断上升。大气中的 CO_2 从 1750 年的 280ppm 升高到 2001 年的 371ppm，CH_4 从 1750 年的 700ppm 升高到 2001 年的 1782ppm，N_2O 从 1750 年的 270ppm 升高到 2001 年的 319ppm（IPCC，2001），温室气体含量的大幅上升改变了生态系统的碳平衡，在全球尺度上造成气候的变化，因此碳循环过程和机理的研究越来越受到各国科学家的关注。参与碳循环过程的主要碳库包括大气、海洋、陆地生物圈、土壤和沉积物。全球碳循环研究表明，全球在 1m 以内土壤碳库的储量约为 2500PgC，其中，约 1500PgC 是有机碳（SOC），另外

① $1ppm=10^{-6}$

的 1000PgC 以无机碳（SIC）的形式储存于地球土壤中（$1Pg=10^{12}kg$）。土壤碳库是大气碳库的 3.3 倍、生物碳库的 4.5 倍（Batjes，1996；Lal，2004）。分析参与碳循环的各个碳库之间的相互作用关系，对全球碳平衡中各主要碳汇和碳源的估计表明，在所进行的各种全球碳平衡估计中，都指出了碳失汇的存在（王效科等，2002）。即已知的碳汇不能平衡已知的碳源，存在一个很大的“漏失汇”，目前已成为碳循环研究中的一个关键问题。而对于大气中碳失汇最合理的解释在陆地生态系统中（王效科等，2002）。作为大气中 CO_2 的源和汇，陆地生态系统碳循环对全球碳平衡起着重要的作用，是全球碳循环中的重要环节（Canadel et al.，2000）。草地生态系统作为陆地生态系统的重要组成部分，在全球气候变化中扮演着重要角色，草地生态系统是碳源还是碳汇的问题目前尚无统一的结论，因此也成为全球碳循环研究中的热点（Del Grosso et al.，2006）。

（二）草地生态系统碳循环研究进展

草原是一种分布很广的植被类型，是陆地上面积仅次于森林的第二大绿色植被层，覆盖了将近 1/5 的地面（Scurlock and Hall，1998；Asner et al.，2004），其生物量约占全球植被生物量的 16%，活生物量碳储量占全球陆地生物区碳储量的 1/6 以上，全球草原碳贮量约为 266.3PgC，占陆地生态系统总碳储量的 12.7%，其中，草原土壤有机碳占世界土壤有机碳贮量的 15.5%（Raich and Schlesinger，1992）。草原对区域的气候变化和全球的碳循环有着非同寻常的意义。草原具有庞大的根系，根冠比相对于其他植被类型更大（Soussana et al.，2004）。Mokany 等（2006）指出草原地下部分占其总生物量的 80%，其贮存的碳约有 90%贮存在土壤中，在生物量中仅为 10%。因此草地碳循环的主要过程也是在土壤中完成的（Sharrow and Ismail，2004；Soussana et al.，2004），这些碳的转化速率相对比较慢，因而是潜在的重要碳汇（Eswaran et al.，1993；Conant et al.，2001），在全球变化、全球碳储存、碳循环以及碳平衡中具有非同寻常的意义（Scurlock and Hall，1998；Scurlock et al.，2002；Soussana et al.，2004；Klumpp and Soussana，2009）。然而，草地生态系统的碳储量和碳收支动态，由于不同估算方法之间的差异以及估算中的各种不确定性，估算值之间存在很大差异。

草原作为陆地生态系统的重要植被类型之一，具有其他植被类型不可替代的生态功能，在全球变化研究中占有重要的位置，对维持区域生态系统的稳定具有重要意义。草原也是我国最重要的植被类型之一，约占我国土地总面积的 41.7%，在世界上仅次于澳大利亚，位居第二位（陈佐忠等，2000；徐柱，1998）。同时，我国草原的总碳储量约占我国陆地生态系统总碳储量的 16.7%，在中国陆地生态系统碳循环中扮演着重要角色，也表明我国草原碳储量对于世界草原碳蓄积有着重要影响。因此，草地生态系统碳循环及碳收支的动态变化研究在全球碳收支平衡中占据非常重要的地位（Scurlock et al.，2002）。

草地生态系统碳收支的研究主要集中在生态系统生产力、土壤呼吸和草原碳源/汇关系上。草原作为世界上分布最为广泛的植被类型之一，其 NPP 约占全球陆地生物区 NPP 的 1/3（Atjay et al.，1979；Scurlock and Hall，1998）。在全球尺度上，对于不同的草地生态系统，如温带草原和热带草原等，大多是以不同的地理背景和研究方法为基础进行研究，因此，对于生态系统碳收支的估计值也不尽相同。Scurlock 和 Hall（1998）对草地生态系统的碳源/汇研究发现，天然草地生态系统的生产力大约占陆地生态系统总生产力的 20%

甚至更多，并认为这些生物区或许已经组成了每年约 0.5Pg 的碳汇。Ni（2002）对中国的 18 类草原进行研究发现，中国草原植被和土壤的碳储量分别为 3.06PgC 和 41.03PgC，大部分碳都储存在土壤中，而总的碳储量为 44.09PgC。此外，草地生态系统生产力一般包括地上部分和地下部分，且地上部分 NPP 几乎全部集中在光合组织中，地下部分的 NPP 则高于地上部分（Lauenroth and Whitman，1977）。世界草地生态系统地下生产力占总 NPP 的比例平均为 55.5%±2.8%，北美温带草原地下生产力占群落总 NPP 的 50%～75%，苏联温带草原平均为 68.6%，印度热带草原较低，为 40%左右，中国典型草原约为 70%（Coupland and Caseley，1979）。总之，草原群落总生物量中碳储量一般以欧亚温带草原较高，北美温带草原较低；地上部分活体生物量中碳储量一般以热带草原较高，温带草原较低；地下生物量中碳储量一般温带草原显著高于热带草原，尤以欧亚草原最高（Ni，2002）。

我国对于草原 CO_2 通量的研究较国际上的相关研究稍晚。杜睿等（1998）在内蒙古天然羊草草原利用静态箱法分析讨论了 CO_2 排放通量的日变化特征。日变化规律表现为白天 CO_2 通量变化较为复杂，仅在早晨和下午出现吸收 CO_2，其他时段均为排放，晚间呼吸作用最强，夜间随着温度的降低呼吸作用随之减弱。董云社等（2000）利用黑色不透光气体采集箱对内蒙古温带草原典型草原 CO_2 通量进行了现场测定，结果表明典型草原在碳的生物地球化学循环方面具有低强度、高循环的特点，同时也表现出明显的碳汇特征，而 CO_2 通量随着降水量的减少呈现降低的变化趋势，放牧和草原开垦利用显著影响草原温室气体通量。王永芬等（2008）利用涡度相关技术对内蒙古羊草草地生态系统的碳、水通量在平水年和干旱年进行了定量化研究，发现水分条件是影响羊草草地生态系统碳源/汇功能的主要控制因子。同时上述研究还进一步指出了 CO_2 通量日变化动态与气温和土壤温度日变化的正相关关系。

（三）草地生态系统碳收支研究方法

1. 箱式法

箱式法具有原理简单、仪器廉价、操作容易、移动便利和灵敏度高等优点，但是对观测对象的微气象条件有不同程度的扰动。静态箱法在我国已经有十多年的历史了，早期测定草原土壤呼吸量最为常见的一种方法就是静态箱-碱液吸收法。它是 CO_2 化学吸收法的一种，其原理是基于固态或液态碱对一定空间内 CO_2 的定量吸收。它具有长时间、多点测定土壤 CO_2 呼吸的特点。然而，更多的证据表明，采用碱液吸收法往往低估了土壤呼吸速率，尤其在土壤呼吸速率比较高时（Ewel et al.，1987；Nay et al.，1994；Pumpanen et al.，2004）。因此采用这种方法测定的草原土壤呼吸可能被大大低估了。而后期采用的静态箱-气相色谱法分为透明箱和暗箱两种方式。对于裸露地表或有植被的地表，在夜间没有光照的情况下，仅由土壤呼吸或土壤及植物呼吸排放构成地气 CO_2 净交换，此时无论采用透明箱法还是暗箱法，直接测定的结果为该时间段 CO_2 净交换。对于植物生长的地表，在白天有光照的情况下，植物和土壤通过呼吸作用向大气排放 CO_2，与此同时，植物还通过光合作用从大气吸收 CO_2，由两者的差值构成 CO_2 净交换。从理论上讲，用透明箱法直接观测可得到 CO_2 净交换通量，但实际上观测结果并不能代表真实的 CO_2 净交换量，因为箱体笼罩改变了植物光合作用吸收 CO_2 的过程。一方面，箱壁材料对光合有效辐射（PAR）的透过率通常小于 100%，尤其是观测过程中箱壁内侧因箱内气温升高而集聚大量水汽，使箱壁的 PAR 降低，从而使观测结果偏高。与此同时，箱内温度、湿度等因素的变化，不仅影响光合作用吸收 CO_2 的过程，而且也会影响植物呼吸作用排放 CO_2 的过程。通常温度升高会促进植物呼吸排放 CO_2，其结果会使观测结果偏高。20 世纪 70 年代初和 90 年代国际上先后开始采用动态箱法和巨型箱式法（Leuning et al.，1994）。它们克服了箱式法对植被和土壤的扰动与土壤气体排放客观存在的空间变异性。但是它们仍然存在难以解决的缺点：采样箱内的空气流动变化的不确定性、造价高和灵活性差（Nay et al.，1994）。

2. 涡度相关法

近年来，涡度相关技术（eddy covariance technology）已经在世界范围内被广泛用于测量植被与大气间碳、水和能量的交换（Baldocchi et al.，2001；Leuning et al.，2005）。用这种微气象学方法观测到的净生态系统 CO_2 交换（net ecosystem CO_2 exchange，NEE）能够为我们在生态系统尺度上了解光合、呼吸提供重要信息（Falge et al.，2002；Sanderman et al.，2003）。涡度相关技术是通过计算物理量的脉动与风速脉动的协方差求算湍流输送量（湍流通量）的方法，也称为涡度相关法（eddy correlation method）和湍流脉动法（turbulent fluctuation method），它是在流体力学和微气象学的理论发展以及气象观测仪器、数据采集和计算机存储、数据分析和自动传输等技术进步的基础上，经过长期的发展而逐渐成熟起来的（Baldocchi，1988，2003）。涡度相关法最早被 Swinbank（1951 年）应用于草原的显热通量和潜热通量测定。那时，Swinbank 开发利用了 3 台热线风速计测定垂直风速及其脉动的装置，开拓了涡度相关法的应用先例。此后，超声波风速/温度计的开发取得了重大的突破。把涡度相关法用于测定大气-群落间 CO_2 通量是 20 世纪 80 年代开始的。近年来，涡度相关技术的进步使得长期的定位观测成为可能，已经广泛地应用于不同陆地生态系统的测定中。目前，涡度相关技术已经成为直接测定大气与群落 CO_2 交换通量的主要方法，也是世界上 CO_2 和水热通量测定的标准方法，所观测的数据已经成为检验各种模型估算精度的最权威的资料。该方法已经得到微气象学家和生态学家的广泛认可，成为目前通量观测网络 FlUXNET 的主要技术手段，已经在世界范围内被广泛用来测量大气和地球表面碳、水、热通量的交换。

尽管涡度相关法对观测对象的微气象条件基本上没有扰动，理论上理想的界面通量观测值与实测值非常接近，但是这种方法原理比较复杂，且仪器昂贵、操作复杂，对下垫面、天气和地形的要求较高，限制了其应用范围（Baldocchi et al.，2001）。而且，涡度相关技术本身也具有一定的局限性，如夜间偏低通量的估算问题与通量观测中的高频和低频损失问题等等。因此，由于气候、土壤、植被和人类活动等主要驱动因子之间的相互作用，生态系统对环境变化的响应变得非常复杂，因此仅仅依靠观测到的 NEE 数据无论是箱式法还是涡度相关法都很难真正揭示控制生态系统碳动态的机制和其他生理过程（如植物自养呼吸和土壤异养呼吸）（Kurbatova et al.，2008）。

3. 模型模拟法

目前，国际社会普遍认为增加陆地生态系统碳固定与存储能有效地减缓大气 CO_2 浓度的增加，而定量评估陆地生态系统固碳能力及碳存储潜力取决于人们对碳循环过程的认知及相关研究的成果。陆地生态系统是一个极其复杂的系统，其碳循环过程受到自然环境（如气候、土壤和地形地貌等）和人类活动（如森林砍伐、土地利用、放牧和农业管理等）的强烈制约（Melillo et al.，2002）。由于陆地生态系统碳循环的复杂性，仅根据若干个点的测定结果尚不足以阐明区域乃至全球生态系统碳收支的时空分布特征及其对大气 CO_2 浓度的贡献，况且目前我们还难以进行大范围的野外测定。因此，建立受气候、土壤、生物和人类活动综合影响的生态系统模型不仅有助于客观认识我国陆地生态系统碳收支的过去、现在和未来，而且可以通过碳循环模型与气候模式的双向耦合对未来气候变化做出更为客观的估计，以帮助人类制定适应气候变化的措施。

近年来，生态系统模拟工作得到了越来越多的关注，经过近 30 年的发展，众多模型问世。1999 年，在 IGBP 核心研究计划支持下，Cramer 等对 17 个陆地生物地球化学模型进行了比较。这些模型大致分为3类：第一类，指定植被类型模拟碳循环的模型（HRBM、CENTURY、TEM、CARAIB、FBM、PLAI、SILVAN、BIOME-BGC、KGBM）；第二类，考虑植被潜在分布及物质循环的模型（BIOME3、DOLY、HYBRID）；第三类，遥感数据支持的模型（CASA、GLO-PEM、SDBM、TURC、SIB_2），由于遥感观测数据可以较为可靠地记录地表植被生长季节动态，所以这些模型可以用来评估气候变化对 NPP 和植被物候的影响。此后，新的模型陆续出现并被用于气候变化模拟，如 DNDC 模型和 GrassGRO 模型等。模型的特点和优势各不相同，我们对上述模型进行 4 个方面的比较：①模型数据获取的可行性；②模型预测结果的可用性；③模型可以或被二次开发应用于大尺度模拟的可操作性；④有相关研究文献证明模型预测结果的合理性。通过现有文献比较，CENTURY 模型是一个比较适合本研究的地球生物化学循环模型。首先，它的建立源于长期的草地生态系统野外实验数据，对草地生态系统的模拟更有针对性，模型所需数据也相对容易获取；第二，CENTURY 模型可以有针对性地输出植物产量、碳、氮元素生态系统通量模拟结果，可以更全面地评价中国北方草地生态系统综合性能；第三，该模型全开源，可以方便地进行代码集成以便模型的更改和空间化应用；第四，20 多年有关 CENTURY 模型的文献记载充分证明该模型的实践性和预测结果的合理性（Bhattacharyya et al.，2010；Batjes and Sombroek，1997）。

二、基于 CENTURY 模型草地生产力/承载力模拟预测

（一）CENTURY 模型简介

CENTURY 模型是一个由 Parton 等基于多年实验数据开发出来研究草地、农业及森林生态系统的过程模型，它通过 C、N、P、S 的循环来实现生态系统相关性能的模拟，由三个子模型组成：土壤有机质模型、水分收支模型、植物生长模型（图 7-1）。在土壤有机质子模型中，CENTURY 模型将土壤有机质库分为三个部分：活跃分解库、

中等分解库及缓慢分解库。每个库中物质的分解循环时间取决于一个降水和温度决定的无机分解函数；水分收支模型中，CENTURY 模型通过实际气候输入来计算蒸发、蒸腾及土层含水量，水分循环过程中系统冠层截留和植物蒸腾都得到了考虑；植物生长模型中，降水和温度起到了决定性作用，生物量的计算还引入了可用营养物质和植物个体遮阴的限制。

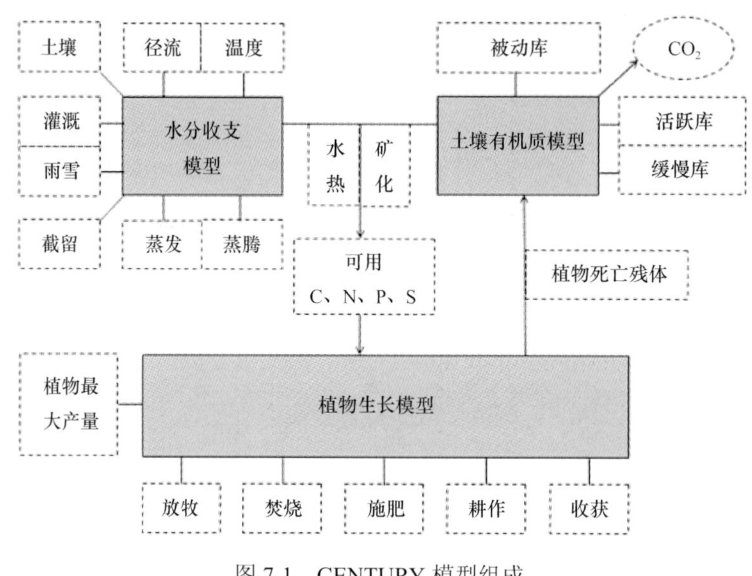

图 7-1　CENTURY 模型组成

（二）数据来源及参数化

1. PRECIS 区域气候模式数据及处理

气候情景数据使用英国气象局哈德雷中心 PRECIS 数据集，由中国农业科学院环境保护与可持续发展研究所提供，共 2 套数据，分别为由 HadCM3Q0（以下简称 A1B_1）和 ECHAM5（以下简称 A1B_2）驱动 PRECIS 产生的 SERS A1B 数据。将空间化的模型与气候数据进行栅格匹配，并根据模型要求将未来气候数据中的月最高温度、月最低温度及月降水量整理成 CENTURY 模型所需的输入格式。

2. 中国土壤数据

采用中国科学院南京土壤研究所制作完成的全国数字化土壤图，并将该数据与空间化的模型进行栅格匹配，属性包括：土壤 pH、容重（bulk density）、土壤有机质含量（砂粒、粉粒、黏粒）。

3. 中国典型草地分布

草地分类图选取 1∶1 000 000“中国草地资源分布图”，根据项目要求及现有数据的有效性，我们选取中国北方分布的 7 种典型草地进行研究分析，各类草原面积见表 7-1，7 种北方典型草地空间分布见图 7-2。

表 7-1　研究区域内草地类型及面积

序号	草地类型	面积/万 hm^2	面积比例/%
1	温性草甸草原	1 443	7.93
2	温性草原	3 862	21.21
3	高寒草甸草原	639	3.51
4	高寒草原	3 998	21.96
5	低地草甸	1 777	9.76
6	山地草甸	686	3.77
7	高寒草甸	5 803	31.87
合计		18 208	100

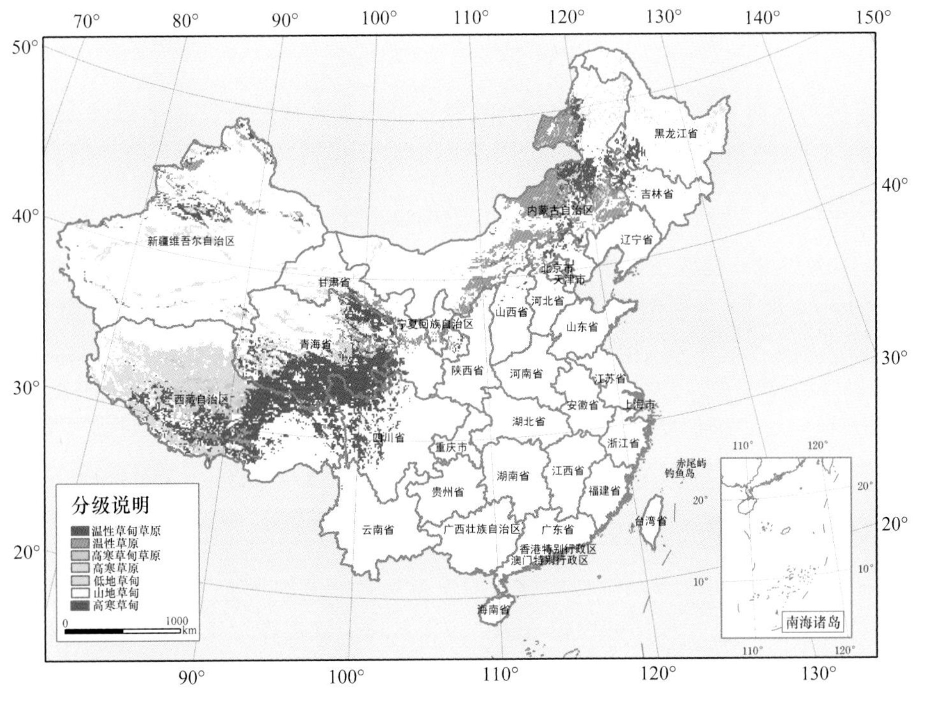

图 7-2　中国典型草地分布图

4. 植物生理参数

1）各类型草地 C3、C4 构成：我们使用 CENTURY 模型推荐的 C3、C4 植物组成法，对模型中涉及的 7 种草地类型进行定义，通常来说，干燥及温度较高区域，C4 植物的存在比例大于 C3。因此，模型中 C3、C4 植物的区分主要依靠对温度的响应以及植物所能达到的最大产量。根据实际采样数据，进行 C3、C4 植物标记，利用盖度和高度（或生物量）计算每个样方中 C4 植物所占的比例，根据多个样方平均，得出 C4 植物所占比例，最后给出 C3/C4 植物的值。

2）各类型草地生长的最优及最高温度：该数据主要用于控制草地生物量的地上积累

曲线，最高温度用于控制草地生长所能达到的上限温度，最优温度主要用于控制草地可用生产最大生物量的时间。最高温度：根据每个草地类型的集中分布区，挑选集中分布区的气象站点，利用最热月的最高温度的多年平均值得到（1961～2009 年）。最优温度：根据每个草地类型的集中分布区，挑选集中分布区的气象站点，利用最热月的平均温度的多年平均值得到（1961～2009 年）。

3）木质素含量：植物木质素含量决定着植物残体进入土壤碳库所需的时间，木质素含量越高植物残体的分解周期就会相应延长。本课题研究中，典型草原和高寒草甸类为现有资料中提取，缺省部分用 CENTURY 模型自带的木质素含量计算器计算得出。

4）C/N：依据各草地类型的物种组成结构，利用牧草营养价值数据，植物 N、P 计量学数据计算得出；文献资料记载。

C/N =（粗脂肪+粗纤维+无氮浸出物）× 0.45 / 粗蛋白质 × 0.16

植物干物质与碳的换算，采用 CENTURY 模型中使用的干物质（DM）× 0.40 = 碳（C）来计算（即 1gC=2.5gDM）。

5）建群种植株高度及根深：综合文献对各草地类型优势种特征的描述及实地测量数据。

5. 模型空间化

虽然 CENTURY 模型在科学方面满足了该课题任务需要，但由于它是一个基于试验点的 plot-based 模型，模型的每次运行都需要用户手动输入参数并通过 DOC 命令行进行控制，这显然满足不了模型国家尺度的运行需求，所以我们通过编程将 CENTURY 模型、GIS 技术以及数据库技术进行了耦合，建立了一个栅格分辨率为 10-km 的空间模型，目的在于更好地完成该课题空间尺度下的模拟任务。在任务执行过程中，土壤、草地分布及未来气候数据都被归一化为 10-km 的栅格数据与模型进行匹配。

6. 模型机理及运行过程

CENTURY 模型对生态系统物质循环的模拟包含众多的生物化学过程及事件。为了合理地组织各过程以达到最佳的模拟效果，必须对每个过程进行先后顺序的指定，图 7-3 为模拟过程中发生的事件及流程图。

7. 模型校正

（1）温度影响

中国典型草地类别中各草地类型生长的最优温度以及可生存的最高温度，通过这两个温度因子来校正温度-生长曲线的走向，从而实现对有机物合成速率和季节性相对产量的模拟（图 7-4）。

（2）湿度影响

通过土壤中的有效水分（降水+灌溉补水+土壤储水）与 PET 的比值来实现湿度对产量的调控（图 7-5）。直线的第一个节点表示植物生长开始与否的临界位，第二个节点表示植物生长是否依然受到水分胁迫的临界位，植物生长对水分的敏感程度则由斜率控制。

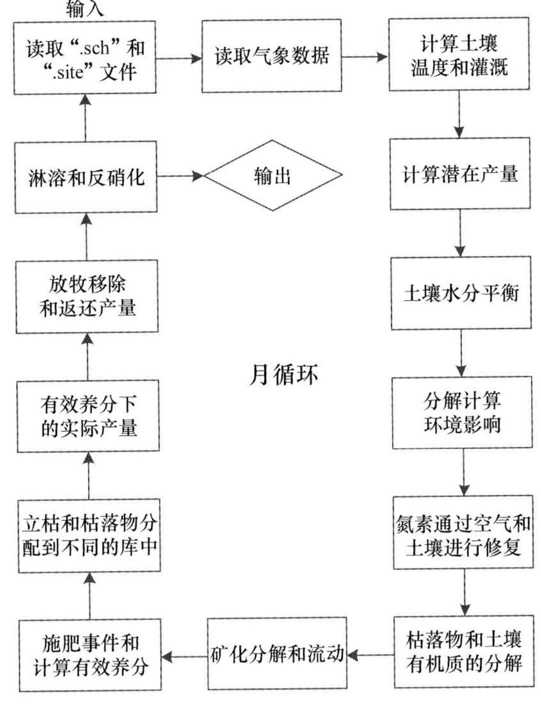

图 7-3　CENTURY 模型运行流程

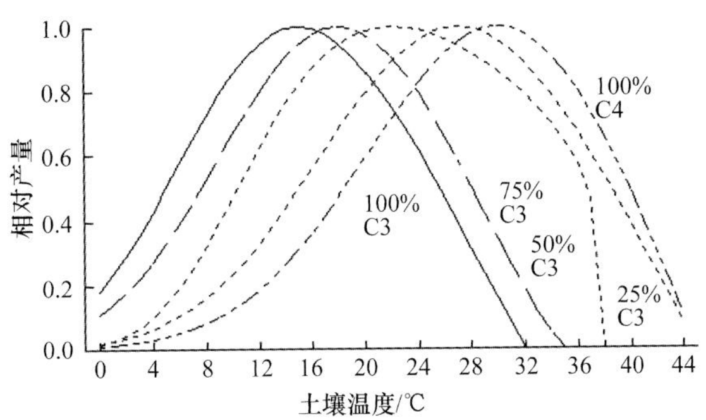

图 7-4　相对产量-温度控制函数

（3）C/N 影响

草地所能积累生物量的多少可以通过该草地建群种的平均高度得到侧面的反映，不同类型草地在一个生长季的各个时期可能有着不同的 C/N 比参数，通过文献及实测数据记录的建群种高度信息，调整影响植物生长的 C/N 变化幅度（图 7-6、图 7-7）。

（4）N 输入的影响

草地土壤中的 N 含量决定了有多少 C 可以被用来合成植物生长所需的有机物质，CENTURY 模型中排除人工施肥及固氮植物输入外，N 输入主要来源于降水过程中产生的大气 N 沉降（图 7-8）。

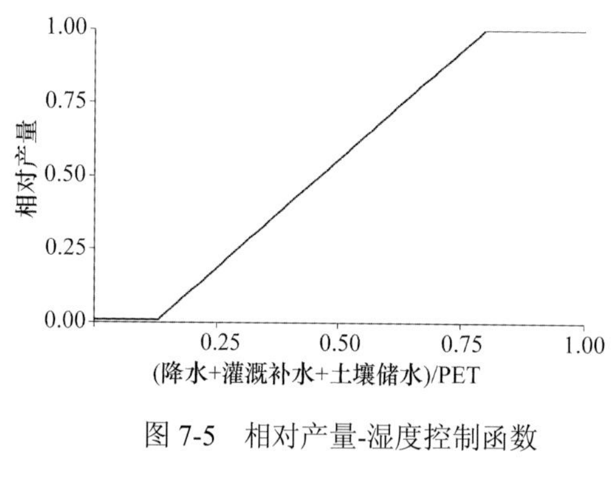

图 7-5　相对产量-湿度控制函数

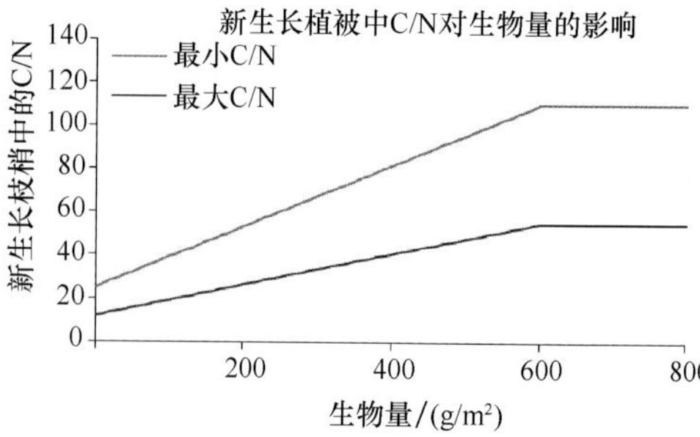

图 7-6　建群种较高的草地类型 C/N 范围函数

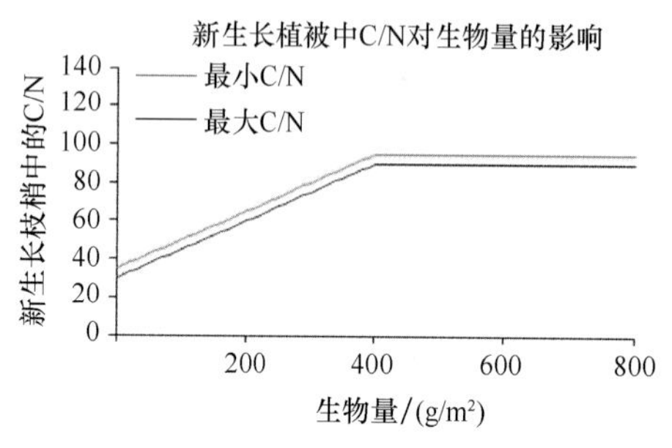

图 7-7　建群种较低的草地类型 C/N 范围函数

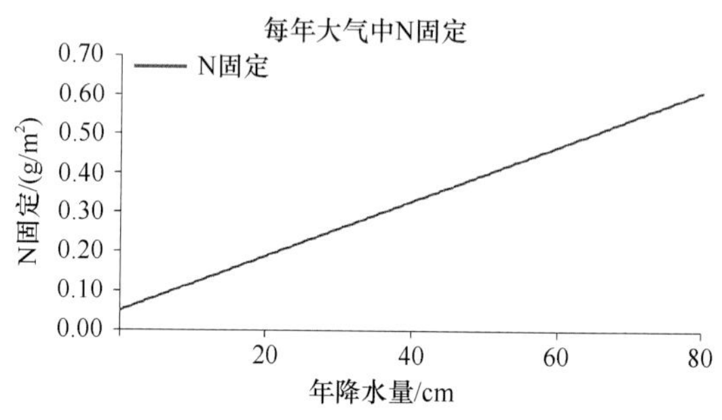

图 7-8　降水-N 沉降控制函数

（5）野外采样数据与模拟数据的比较

根据草地类型的不同设置样地 15～45 个，样地处在相对平坦，高度、盖度、生物量适中的地段，面积不小于 2km×2km，每个样地做 5～7 个样方，样方大小从 0.5m×0.5m～5m×5m，每个样方间距不小于 200m，交叉取样（图 7-9）。

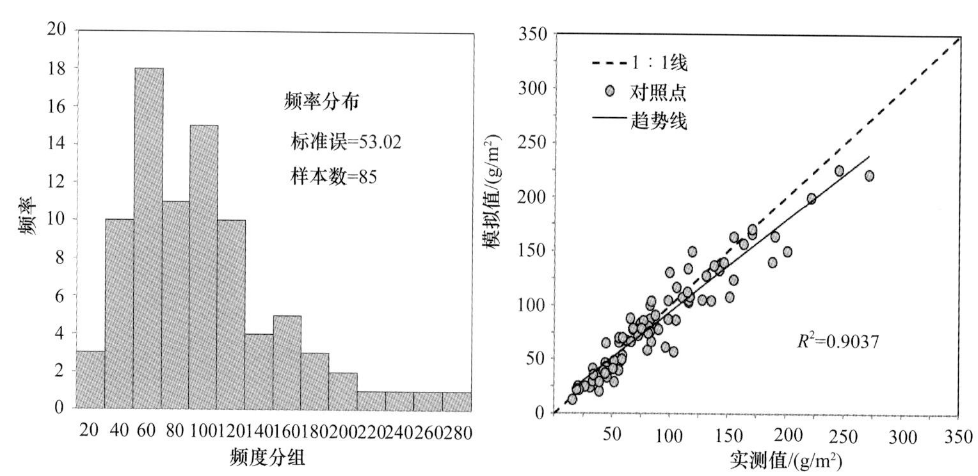

图 7-9　实测数据与模拟数据比较

8. 敏感性分析

所谓敏感性分析是指在模型经过校正的基础上，通过人为指定模拟情景以判断外界因素对生态系统影响的重要程度。此次敏感性分析的地点位于我国内蒙古与蒙古国交界处的巴彦德勒格尔温带草原生态系统，群落中 C3 和 C4 物种的组分为 3∶1，在模型其他相关参数都经过良好校正的情况下，选取降水充沛年改变其 6 类环境因子探究影响温带草原年净地上生产力的重要参数。其真实环境条件及模拟情景设定见表 7-2。

表 7-2　敏感性分析情景设定

因素	基础线	情景 1	情景 2
年降水量/cm	18.13	×0.5	×1.5
8 月土壤温度/℃	29.39	−2	+2
每年大气 N 固定/［g/(m²·年)］	0.15	×0.5	×1.5
土壤黏粒/%	12.3	×0.5	×1.5
pH	7.2	×0.8	×1.2
放牧强度（对产量影响）	GL	GM	GH

× 表示倍数；−/+ 表示加数；GL 表示无影响；GM 表示线性相关；GH 表示二次相关

从图 7-10 可以看出，降水对地上生物量（ANPP）影响最为剧烈，当年降水增加 50%时，ANPP 增加 38%；当年降水减少 50%时，ANPP 减少 43%。对于土壤温度而言，升高及降低 2℃导致 ANPP 增加 3%及下降 4%。对土壤属性而言，pH 对 ANPP 影响较大，尤其当 pH 从中性 7.2 变为酸性 5.7 时，导致产量下降 40%；而 pH 转为偏碱性时，对产量影响不大。当土壤黏粒含量增加 50%时，ANPP 增加 5.3%；黏粒含量下降 50%时，ANPP 随之下降 5.7%。大气 N 沉降作为生态系统固氮的一种重要方式，对植物生长也起到了比较重要的作用，从模拟结果可以看出，当大气固氮量增加 50%时，ANPP 增加 9.5%；当大气固氮量下降 50%时，ANPP 随之下降 6.6%。该结果说明大气 N 固定增加了可用 N 含量，从而直接影响到植物生长。人为管理对草原的影响主要体现在放牧强度的变化，当放牧强度从轻度增加到中度时，ANPP 下降 7.4%；增加到重度时 ANPP 下降 14%。从分析结果可以看出，CENTURY 模型可以较好地反映外界环境变化对生态系统的影响。

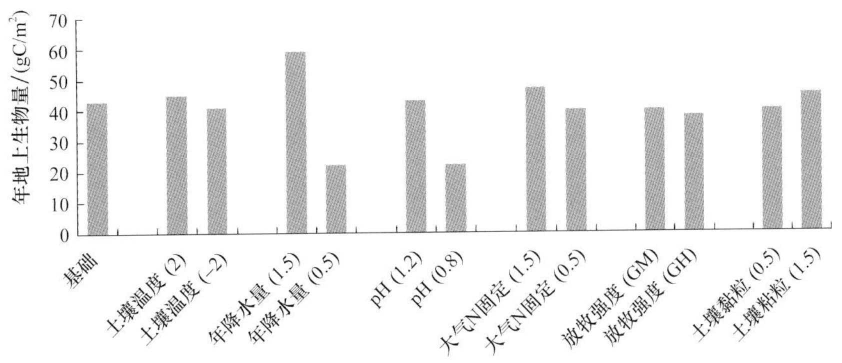

图 7-10　敏感性分析结果
GM 表示适度放牧；GH 表示过度放牧

9. 载畜量计算方法

合理载畜量是指在一定的草地面积和一定的利用时间内，适度放牧利用并维持草地可持续生长的条件下，满足承养家畜正常生长、繁殖所能承养的家畜头数。根据农业部发布的《天然草地合理载畜量的计算》标准，我们对草地载畜量的计算方法如下。

（1）以家畜单位表示的计算公式：

$$C = \frac{P \times E \times U \times A}{S \times D} \tag{7-1}$$

式中，C 为草地全年合理载畜量，羊单位；P 为草地标准干草产量（14%含水量的干草），kg/hm^2；E 为草地利用率（充分合理利用又不发生草地退化的放牧利用比例），%；U 为草地可食草产量系数，%；A 为草地面积，hm^2；S 为羊单位日食标准干草量（1.8kg/羊单位·天，折合生物量碳为 1.8×0.4=0.72kgC/羊单位·天）；D 为全年放牧天数（365 天）。

（2）以草地面积表示的计算公式：

$$G = \frac{S \times D}{Q \times E \times U} \tag{7-2}$$

式中，G 为保证一个羊单位全年正常生长所需的草地面积，hm^2/羊单位；Q 为单位面积草地的标准干草产量（kgC/hm^2）。

（三）数据与方法研究结果

1. 情景数据特征

（1）降水特征

两套气候模式均较好地输出了降水量的空间分布格局。降水量 200～400mm 的区域主要集中在内蒙古中东部、西藏中部地区；降水量较低地区集中在新疆塔里木盆地，内蒙古、甘肃和青海的西北部。A1B_1 情景较 A1B_2 情景更为湿润一些（图 7-11、图 7-12），表现在内蒙古中部的温性荒漠草原区和青藏高原北部的高寒草原区。从各气候模式输出的基准年（1961～1990 年 30 年的平均值，下同，图 7-13）降水量分析，7 类草地 A1B_1 情景的降水量均大于 A1B_2 情景，大约 50mm。A1B_1 情景中，温性草甸草原（TMS）、山地草甸（MM）和高寒草甸（AM）降水量最高，分别为 398mm、440mm 和 481mm；温性草原（TS）和高寒草甸草原（AMS）居中，分别为 320mm 和 355mm；低地草甸（LM）和高寒草原（AS）最低，分别为 270mm 和 280mm。A1B_2 情景中，山地草甸和高寒草甸降水量最高，分别为 404mm 和 444mm；温性草甸草原和高寒草甸草原居中，分别为 325mm 和 300mm；温性草原、低地草甸和高寒草原最低，处在 240～255mm。对比不同情景的降水量数据，温性草甸草原和温性草原差值最大，达 73mm 和 65mm；高寒草甸草原差值达 55mm，其余类型的差值在 30～40mm。不同草地类型的 10 年平均降水量基本都呈现上升趋势（表 7-3），A1B_1 情景降雨增加幅度大于 A1B_2 情景。

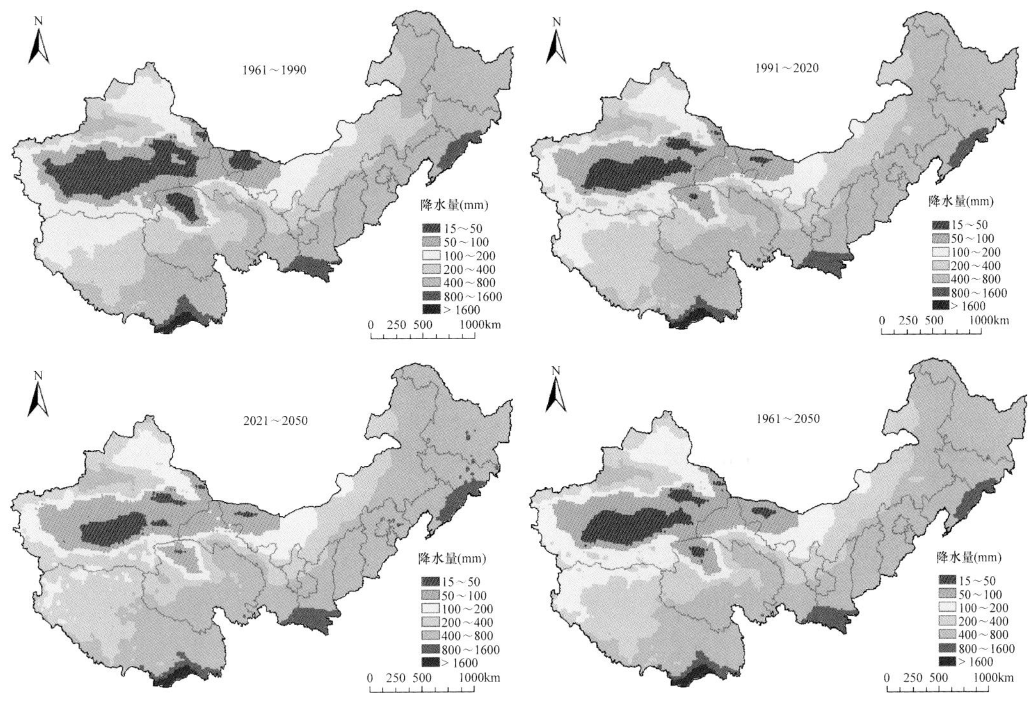

图 7-11　A1B_1 情景降水量空间分布格局

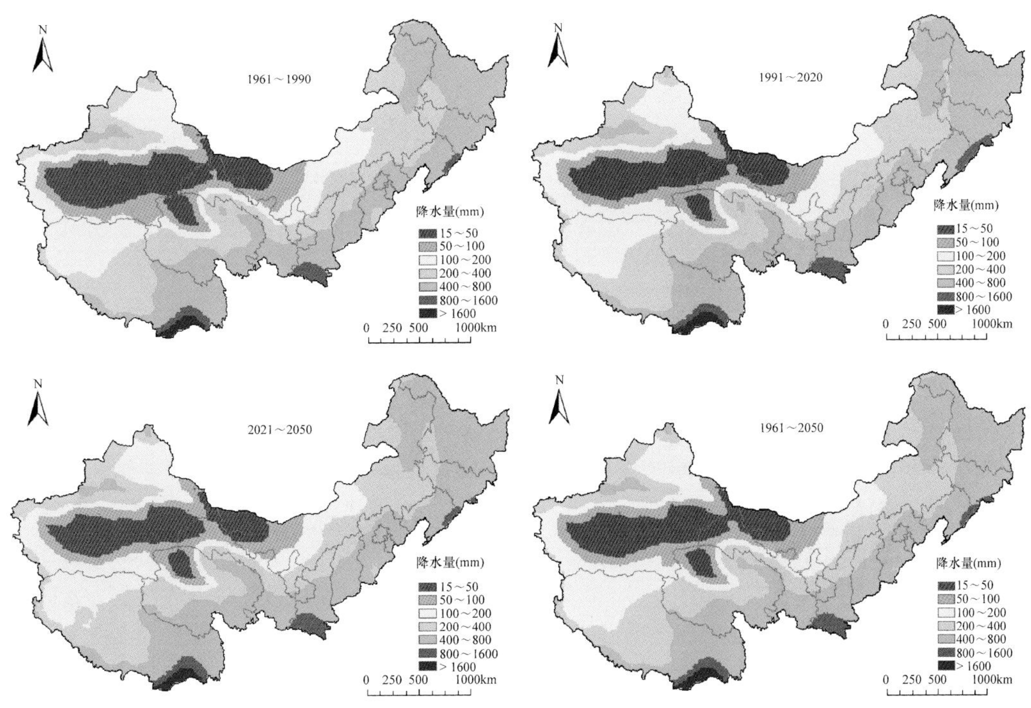

图 7-12　A1B_2 情景降水量空间分布格局

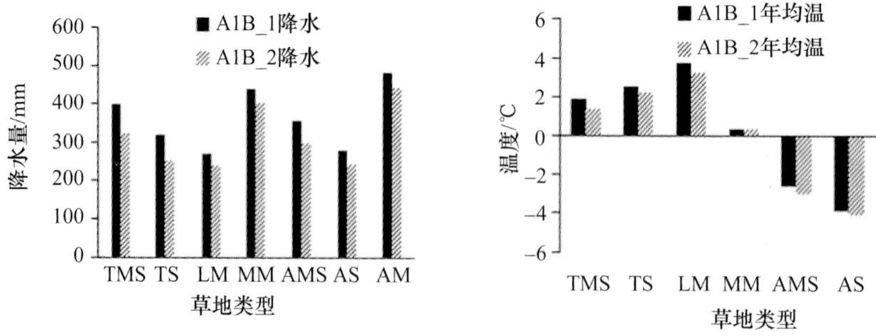

图 7-13　A1B_1 和 A1B_2 基准年（1961～1990 年）降水与年均温

表 7-3　降水量 10 年平均值（单位：mm）

情景模式	草地类型	20 世纪 60 年代	20 世纪 70 年代	20 世纪 80 年代	20 世纪 90 年代	21 世纪初	21 世纪 10 年代	21 世纪 20 年代	21 世纪 30 年代	21 世纪 40 年代	斜率
A1B_1	温性草甸草原	365	409	419	424	449	467	457	464	500	13.65
	温性草原	315	312	332	341	352	366	360	357	390	8.60
	高寒草甸草原	340	366	361	361	348	366	381	384	419	6.96
	高寒草原	279	274	288	304	301	326	332	341	361	10.56
	低地草甸	263	264	287	288	308	308	320	315	334	8.69
	山地草甸	436	430	453	446	470	466	469	459	495	6.20
	高寒草甸	466	478	500	494	486	485	494	493	530	4.73
A1B_2	温性草甸草原	325	365	339	400	378	346	365	360	369	2.69
	温性草原	254	271	256	276	273	271	268	281	281	2.62
	高寒草甸草原	301	278	295	285	306	263	311	316	319	3.29
	高寒草原	245	247	246	238	264	254	276	275	272	4.48
	低地草甸	240	249	232	255	254	246	241	257	264	2.07
	山地草甸	404	413	401	395	421	427	398	426	433	3.00
	高寒草甸	444	431	434	430	446	433	438	469	475	4.14

（2）温度特征

不同气候模式输出的年均气温空间分布格局与实践较为吻合。年均温 4～10℃的区域为主体，较高地区出现在河北东南部，陕西、山西、甘肃，西藏的南部；年均温较低地区出现在青藏高原和内蒙古，黑龙江北部（图 7-14、图 7-15）。从各气候模式输出的基准年年均温（图 7-13）分析，7 类草地 A1B_1 情景的年均温均大于 A1B_2 情景，但差异不明显，均在 0.50℃以内；高寒类草地年均温在 0℃以下，其余类型均在 0℃以上。

对于年均温 10 年平均值变率而言，两套情景的 10 年平均值都呈上升趋势，其中，A1B_1 情景每 10 年平均增温在 0.3～0.4℃，高寒地区的升温幅度较温带地区弱；A1B_2 情景每 10 年平均增温都在 0.25℃左右，且不同草地类型之间增温幅度没有显著差异。年均温距平也呈现上升趋势，其中，A1B_1 情景年均温每年平均增温在 0.04～0.06℃，同样表现出高寒地区升温幅度较弱；A1B_2 年均温每年平均增温在 0.04℃左右，不同草地类型间差异不明显（表 7-4）。与降水距平的波动相比，温度变化较为平缓。

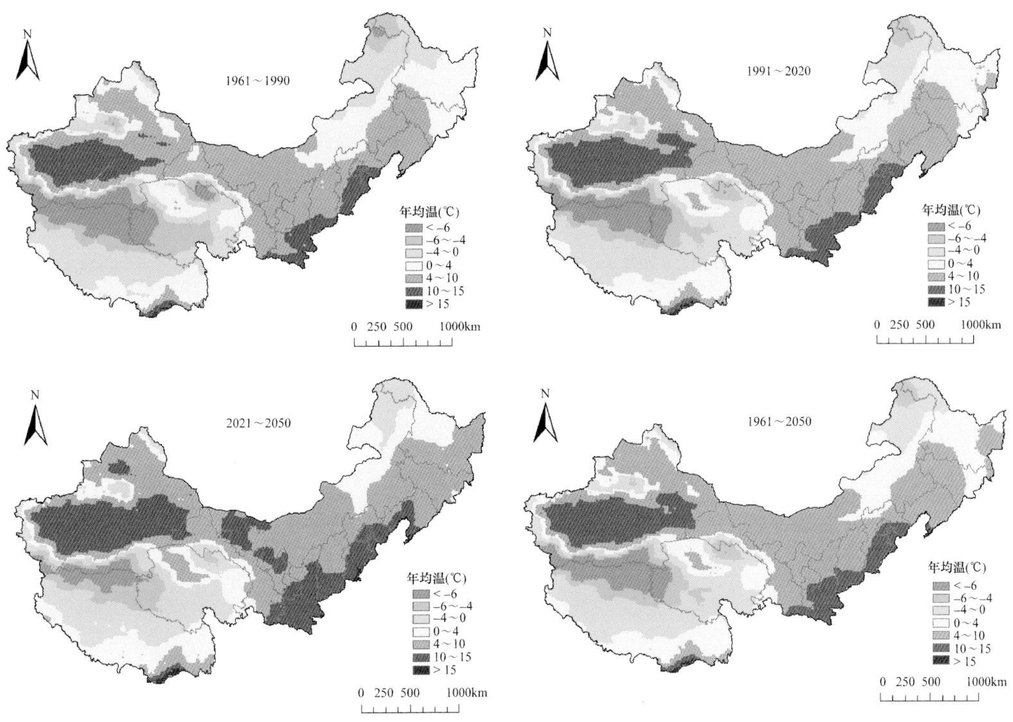

图 7-14　A1B_1 情景年均温空间分布格局

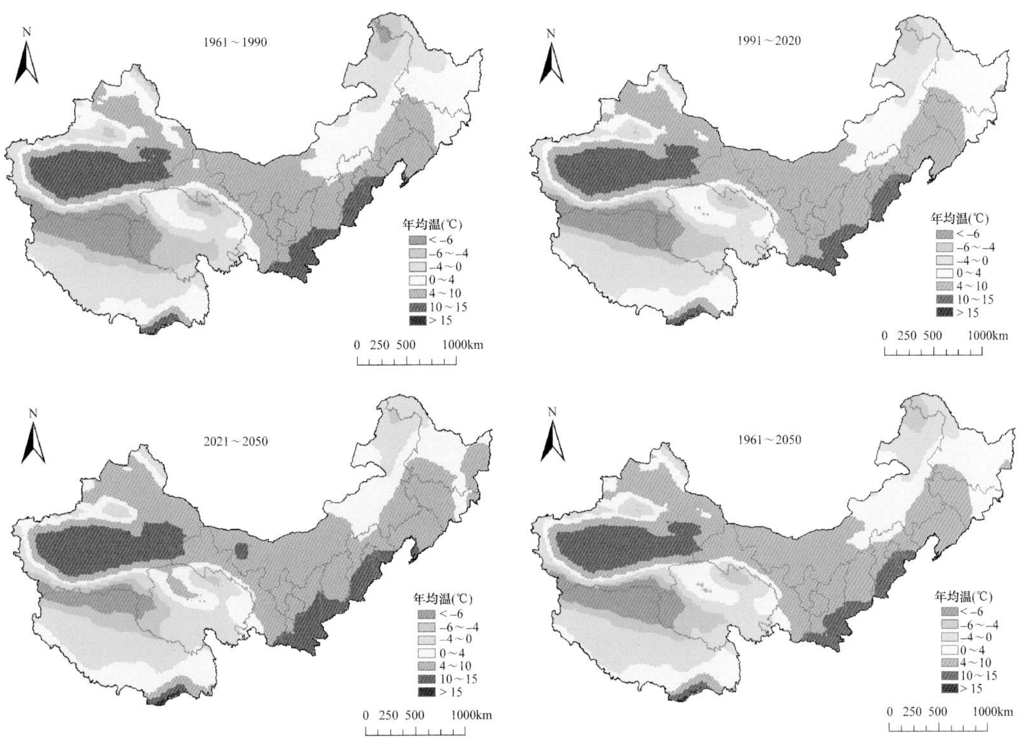

图 7-15　A1B_2 情景年均温空间分布格局

表 7-4　年均温 10 年平均值（单位：℃）

情景模式	草地类型	20 世纪 60 年代	20 世纪 70 年代	20 世纪 80 年代	20 世纪 90 年代	21 世纪初	21 世纪 10 年代	21 世纪 20 年代	21 世纪 30 年代	21 世纪 40 年代	斜率
A1B_1	温性草甸草原	1.69	1.58	2.13	2.05	2.20	3.25	3.45	4.03	4.71	0.39
	温性草原	2.28	2.18	2.77	2.73	2.76	3.74	3.97	4.60	5.19	0.37
	高寒草甸草原	–2.79	–2.64	–2.44	–1.89	–2.18	–1.19	–1.18	–0.64	–0.48	0.31
	高寒草原	–4.06	–3.97	–3.69	–3.19	–3.51	–2.51	–2.38	–1.90	–1.69	0.32
	低地草甸	3.54	3.44	4.01	4.12	4.30	5.06	5.50	5.98	6.48	0.39
	山地草甸	0.11	0.10	0.57	0.77	0.93	1.60	2.04	2.55	3.03	0.38
	高寒草甸	–2.45	–2.42	–2.12	–1.64	–1.83	–0.93	–0.84	–0.35	–0.08	0.32
A1B_2	温性草甸草原	1.87	1.11	1.31	1.75	1.82	2.43	2.62	3.36	3.28	0.26
	温性草原	2.56	2.00	2.05	2.43	2.80	3.17	3.43	3.94	3.98	0.25
	高寒草甸草原	–2.94	–3.00	–2.92	–2.40	–2.41	–2.33	–2.01	–1.34	–0.91	0.25
	高寒草原	–3.98	–4.09	–3.98	–3.50	–3.36	–3.43	–3.01	–2.37	–1.89	0.26
	低地草甸	3.44	3.07	3.24	3.69	4.02	4.32	4.55	5.12	5.23	0.28
	山地草甸	0.50	0.32	0.27	0.70	1.28	1.33	1.73	2.12	2.33	0.27
	高寒草甸	–2.58	–2.65	–2.65	–2.18	–2.00	–2.01	–1.58	–1.00	–0.58	0.25

2. 地上生物量估算

从草原地上生物量的空间分布格局来看，生物量较高区域主要集中青海、西藏的东南部，其次为内蒙古东部，较低区域主要分布在新疆北部、内蒙古中西部及西藏北部（图 7-16、图 7-17）。从草地类型方面划分，A1B_1 情景地上生物量模拟结果均大于 A1B_2 情景（图 7-18），生物量较高区域主要在高寒草甸，其基准年生物量平均值分别为 72gC/m^2（A1B_1）和 68gC/m^2（A1B_2）；其次为山地草甸（50gC/m^2、45gC/m^2）、高寒草甸草原（49gC/m^2、40gC/m^2）和温性草甸草原（42gC/m^2、35gC/m^2）；最低值出现在温性草原（24gC/m^2、20gC/m^2）、低地草甸（33gC/m^2、26gC/m^2）和高寒草原（30.76gC/m^2、24.48g/Cm^2）。

对于 A1B_1 情景地上生物量变率而言（图 7-19），1991～2020 年平均值与基准年相比，生物量增加面积较大，温性草甸草原、温性草原和高寒草原均有不同程度增加，高寒草甸草原呈现下降态势；2021～2050 年平均值与基准年相比，除高寒草原呈现出增加趋势外，其余类型均呈现出不同程度的下降态势，其中，高寒草甸下降最为明显。对于 A1B_2 情景地上生物量变率而言（图 7-20），1991～2020 年平均值与基准年相比，只有内蒙古中东部温性草甸草原和青海东部高寒草甸的小部分区域呈现增加趋势，温性草原和高寒草原有部分区域基本无变化，其余部分呈下降趋势；2021～2050 年平均值与基准年相比，内蒙古东北部、青海东南部和西藏中部地上生物量表现为增加，西藏南部的高寒草甸和北部的高寒草原呈现下降态势。

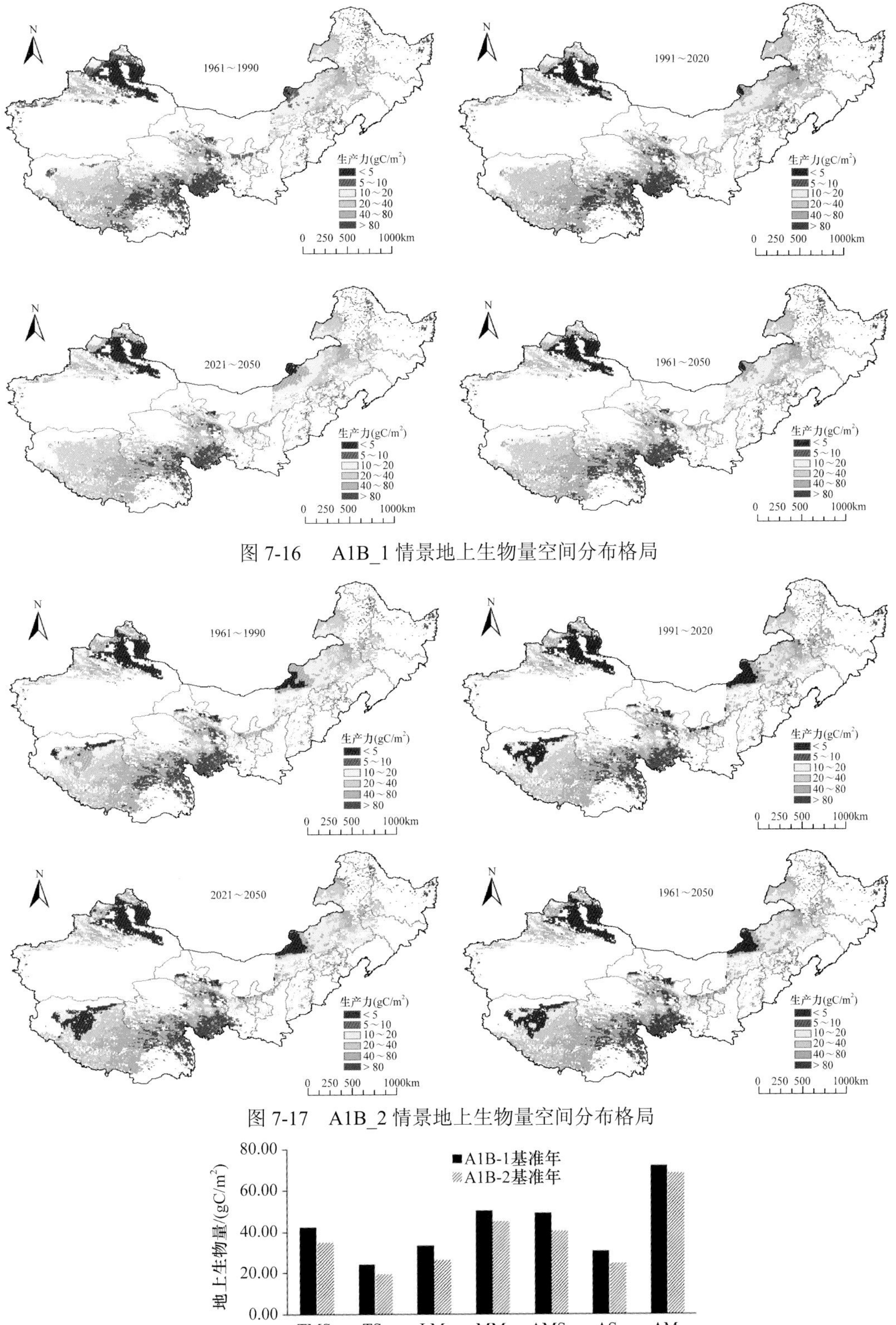

图 7-16　A1B_1 情景地上生物量空间分布格局

图 7-17　A1B_2 情景地上生物量空间分布格局

图 7-18　A1B_1 和 A1B_2 基准年（1961～1990 年）8 月最大地上生物量

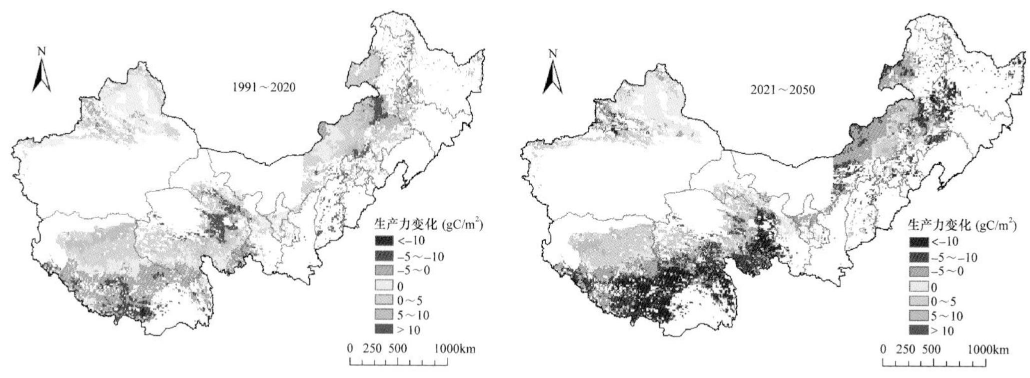

图 7-19　A1B_1 情景地上生物量变化

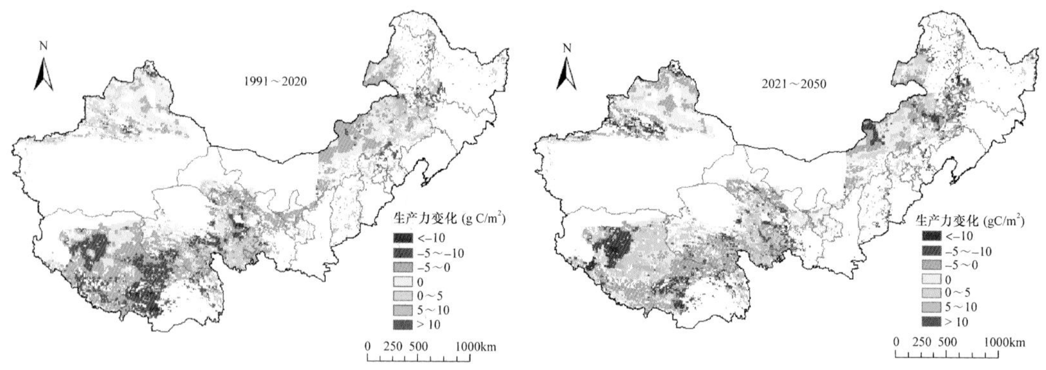

图 7-20　A1B_2 情景地上生物量变化

地上生物量 10 年平均值结果显示（表 7-5），除 A1B_2 情景山地草甸呈现上升趋势之外，其余所有草地类型地上生物量均表现为下降趋势。在 A1B_1 情景中，高寒草甸、高寒草甸草原和温性草甸草原下降最为明显，山地草甸下降较为缓慢。在 A1B_2 情景中，下降明显的为温性草甸草原。

表 7-5　地上生物量 10 年平均值（单位：gC/m^2）

情景模式	草地类型	20 世纪 60 年代	20 世纪 70 年代	20 世纪 80 年代	20 世纪 90 年代	21 世纪初	21 世纪 10 年代	21 世纪 20 年代	21 世纪 30 年代	21 世纪 40 年代	斜率
A1B_1	温性草甸草原	33.89	46.20	44.76	45.04	50.26	50.19	41.02	39.74	27.68	−0.78
	温性草原	23.81	23.31	24.91	26.26	28.52	26.21	23.75	22.19	17.08	−0.54
	高寒草甸草原	49.80	50.01	47.30	46.67	46.76	48.04	50.57	48.72	26.20	−1.51
	高寒草原	32.40	30.30	30.27	31.37	31.26	33.08	34.64	34.36	21.14	−0.37
	低地草甸	29.87	32.53	32.65	33.84	35.15	36.05	34.76	33.49	21.57	−0.40
	山地草甸	48.24	45.76	51.37	51.03	54.56	51.94	53.03	48.06	42.50	−0.20
	高寒草甸	73.45	71.46	71.67	72.56	71.97	71.26	71.78	70.85	49.12	−1.67

续表

情景模式	草地类型	20世纪60年代	20世纪70年代	20世纪80年代	20世纪90年代	21世纪初	21世纪10年代	21世纪20年代	21世纪30年代	21世纪40年代	斜率
A1B_2	温性草甸草原	31.96	39.58	33.48	46.35	41.64	30.73	35.12	34.51	29.61	−0.62
	温性草原	19.48	21.06	18.23	19.58	19.62	17.44	18.13	20.18	17.11	−0.24
	高寒草甸草原	45.80	37.23	38.26	35.38	39.47	32.94	39.38	40.97	42.92	−0.01
	高寒草原	28.18	22.82	22.45	20.74	23.16	21.99	23.53	23.94	24.13	−0.16
	低地草甸	25.87	27.25	24.95	29.39	27.21	22.56	23.74	27.15	26.61	−0.11
	山地草甸	42.42	48.01	45.18	42.09	47.89	49.60	44.45	48.05	46.01	0.34
	高寒草甸	69.67	67.63	67.80	64.89	65.95	65.46	65.73	68.01	68.20	−0.14

地上生物量距平结果则显示（图 7-21），A1B_1 情景全部草地类型均呈现下降趋势，A1B_2 情景中，高寒地区草地和山地草甸呈上升趋势，其余草地类型则表现为下降趋势。在 A1B_1 情景中，高寒类草地（高寒草甸、高寒草甸草原和高寒草原）从 2040 年以后急剧下降，是由 7～9 月降水量急剧下降所致（图 7-22）。

3. 未来气候条件下中国草地生态系统承载力估算

对草地载畜量空间变化进行分析（图 7-23）可得出：两套气候情景下，全国主要牧区草原的载畜量大小呈现出由南向北、由东向西递减的趋势，其中西藏、青海及四川三省交界处载畜量普遍较高，最高载畜量可达 2.5～2.7 个羊单位/hm^2，但这部分草地面积有限，全国单位面积的载畜量水平普遍低于 1.5 个羊单位/hm^2。内蒙古的高载畜量地区主要集中在北部的温性草甸草原和部分温性典型草原区。整体而言，大部分区域载畜量小于 0.5 个羊单位/hm^2。A1B_2 情景的载畜量低于 A1B_1 情景，尤其在西藏中部地区。对于草地载畜量变化而言（图 7-24），两套情景载畜量均大部分呈现降低趋势。其中，A1B_1 情景在西藏南部地区降低趋势明显，内蒙古大部分区域处于下降趋势。载畜量增加的区域主要集中在内蒙古东部、西藏北部和青海南部，以及新疆山地草甸的部分区域。

从表 7-6 可以看出，高寒草甸地区的整体载畜能力最强，每个羊单位只需提供大约 0.70hm^2 的草地就足以供应其全年的食草量；载畜能力最弱的草地类型是温性草原，由于这些地区生产力水平低下，大约 2.20hm^2 草地才足以供应一个羊单位的全年食草需求。对比未来 90 年内三个时期的变化趋势可以得出，两套情景下的载畜量大多呈现先升高、后降低的趋势，并且低于基准年值。所有草地类型基准年的总载畜量分别为 1.68 亿个羊单位和 1.51 亿个羊单位，气候变化导致这一数字在 2021～2050 年下降到 1.41 亿个羊单位和 1.38 亿个羊单位，A1B_1 情景下降更为明显。

对于不同省份草原载畜量而言（表 7-7），由于温性草甸草原、温性草原、高寒类草原的广泛分布，内蒙古、西藏和青海的载畜量位列三甲。每个羊单位对于草地的需求量与气候条件相关紧密，水分和热量充足的地区，需求草地相对较少，河北（A1B-1 情景）和黑龙江每个羊单位需求草地最小，青海由于高寒草甸和高寒草甸草原的大量存在及产草量相对高于其他所选草地类型，所以其每个羊单位草地需求量也较低。

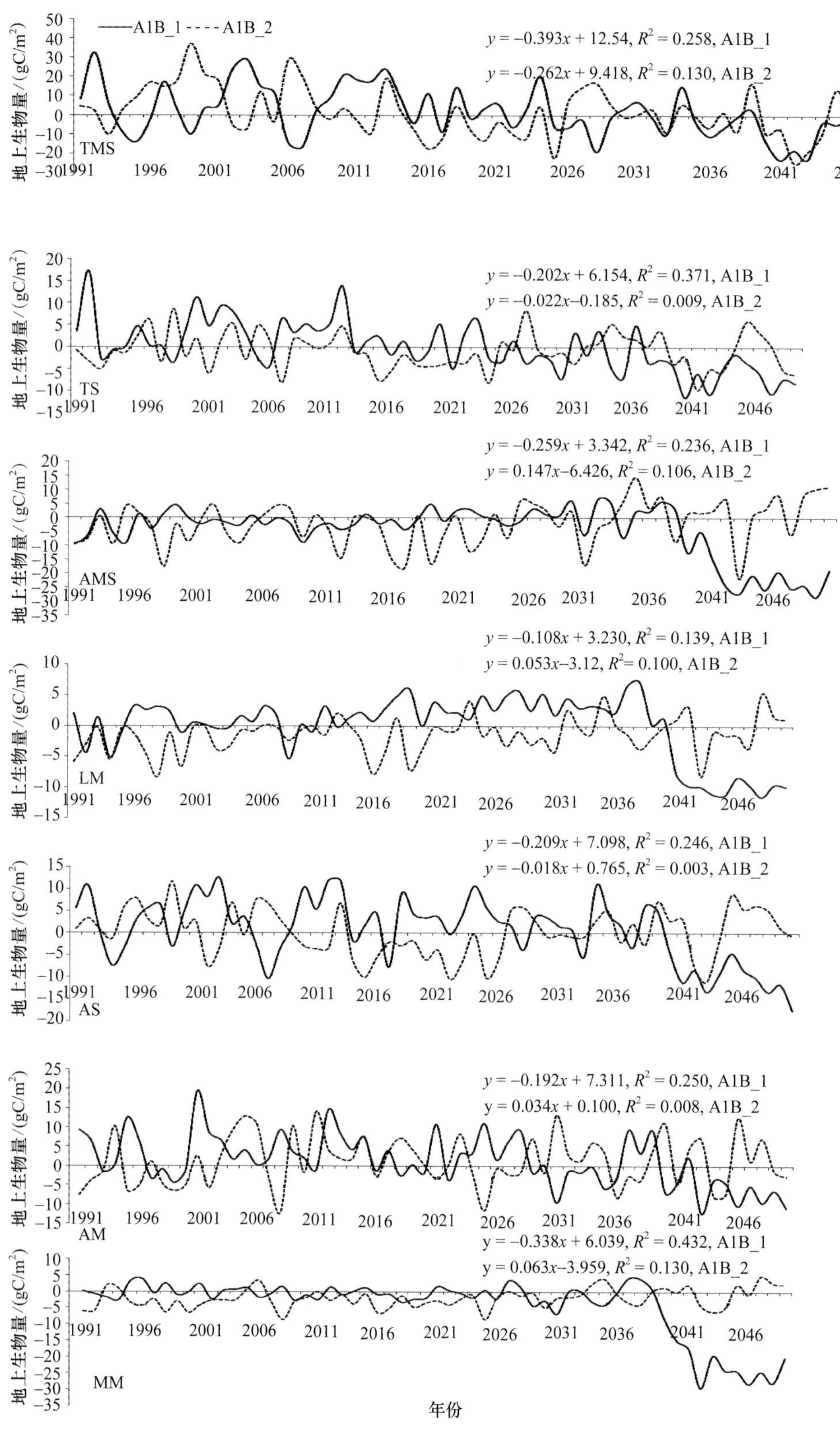

图 7-21　地上生物量距平

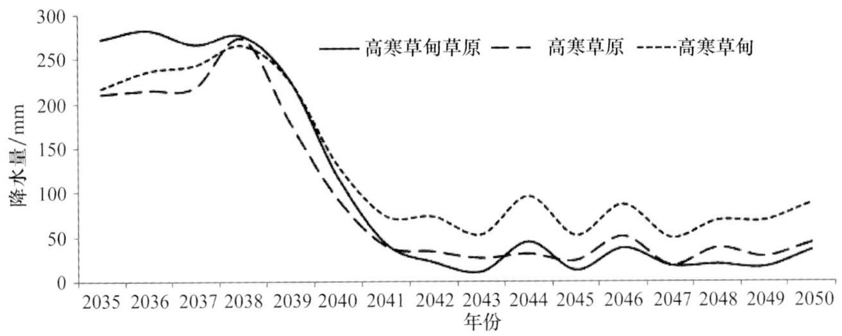

图 7-22　A1B_1 情景 7～9 月降水量

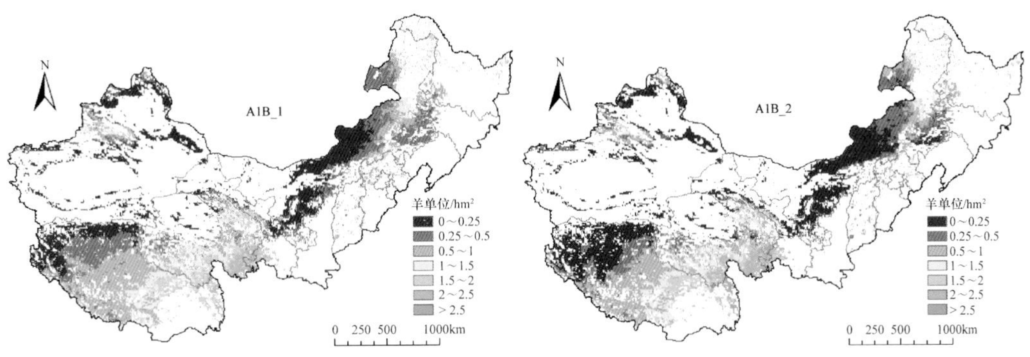

图 7-23　2021～2050 年草地载畜量空间分布格局

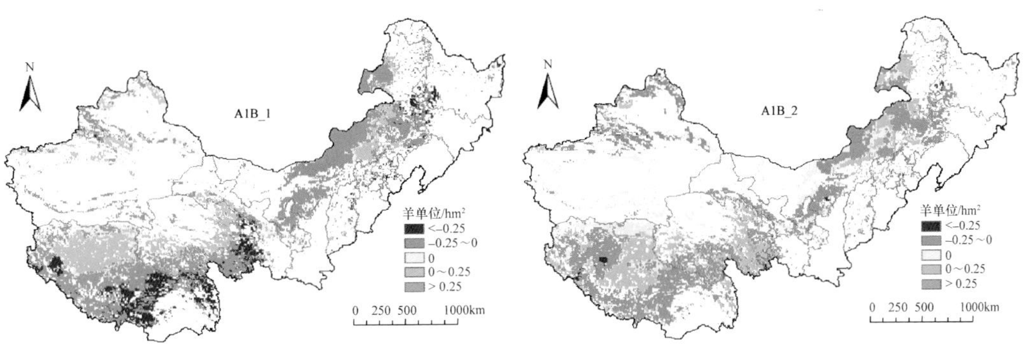

图 7-24　2021～2050 年草地载畜量变化空间分布格局

表 7-6　不同草地类型载畜量

情景模式	草地类型	20 世纪 60～90 年代		20 世纪 90 年代～21 世纪 20 年代		21 世纪 20～50 年代	
		CC	GAR	CC	GAR	CC	GAR
A1B_1	温性草甸草原	1275.23	1.13	1480.99	0.97	1102.26	1.31
	温性草原	1773.72	2.18	1992.71	1.94	1551.85	2.49
	高寒草甸草原	595.70	1.07	572.65	1.12	507.92	1.26
	高寒草原	2418.86	1.90	2486.27	1.85	2341.55	1.96
	低地草甸	1234.91	1.44	1358.27	1.31	1164.01	1.53
	山地草甸	785.81	0.87	846.86	0.81	770.11	0.89
	高寒草甸	8704.68	0.67	8670.53	0.67	7698.95	0.75

续表

情景模式	草地类型	20 世纪 60～90 年代		20 世纪 90 年代～21 世纪 20 年代		21 世纪 20～50 年代	
		CC	GAR	CC	GAR	CC	GAR
A1B_2	温性草甸草原	994.92	1.36	1124.75	1.21	940.15	1.44
	温性草原	1377.88	2.68	1328.00	2.78	1299.38	2.85
	高寒草甸草原	484.60	1.30	430.66	1.46	492.52	1.28
	高寒草原	1844.44	2.39	1654.56	2.66	1798.23	2.45
	低地草甸	849.47	1.84	861.43	1.81	843.38	1.85
	山地草甸	643.99	0.97	662.83	0.94	657.79	0.95
	高寒草甸	7917.95	0.70	7578.31	0.73	7795.83	0.71

注：CC 为载畜量（$\times10^4$ 个羊单位）；GAR 为羊单位需求草地面积（hm^2/羊单位）

表 7-7　不同省份载畜量

情景模式	省份	面积/万 hm^2	20 世纪 60～90 年代		20 世纪 90 年代～21 世纪 20 年代		21 世纪 20～50 年代	
			CC	GAR	CC	GAR	CC	GAR
A1B_1	河北	408.53	547.04	0.75	616.63	0.66	490.46	0.83
	内蒙古	6359.11	2486.66	2.56	2791.53	2.28	2156.85	2.95
	黑龙江	608.17	900.74	0.68	962.39	0.63	770.06	0.79
	西藏	7084.68	5611.32	1.26	5376.21	1.32	4842.46	1.46
	甘肃	1607.16	957.43	1.68	1000.51	1.61	881.90	1.82
	青海	3153.07	3856.19	0.82	4094.85	0.77	3691.25	0.85
	宁夏	262.56	53.40	4.92	54.13	4.85	43.21	6.08
	新疆	4800.68	894.70	5.37	932.32	5.15	863.60	5.56
A1B_2	河北	408.53	348.87	1.17	388.24	1.05	344.17	1.19
	内蒙古	6359.11	1788.38	3.56	1798.07	3.54	1688.05	3.77
	黑龙江	608.17	629.20	0.97	675.19	0.90	595.00	1.02
	西藏	7084.68	4525.59	1.57	4081.49	1.74	4358.80	1.63
	甘肃	1607.16	741.41	2.17	729.52	2.20	735.84	2.18
	青海	3153.07	3551.12	0.89	3457.90	0.91	3606.61	0.87
	宁夏	262.56	36.69	7.16	27.51	9.54	29.19	8.99
	新疆	4800.68	879.36	5.46	871.42	5.51	771.34	6.22

2021～2050 年载畜量和基准年相比（图 7-25），A1B_1 情景下，所以省份的载畜量均下降，除青海、新疆下降幅度在 5%以内，其余均在 5%～15%，宁夏更是下降了近 20%；A1B_2 情景下，除青海的总体载畜量有所改善外，其余省份均将出现减少，这意味着两套气候情景的未来气候变化很可能给我国畜牧业带来负面影响。

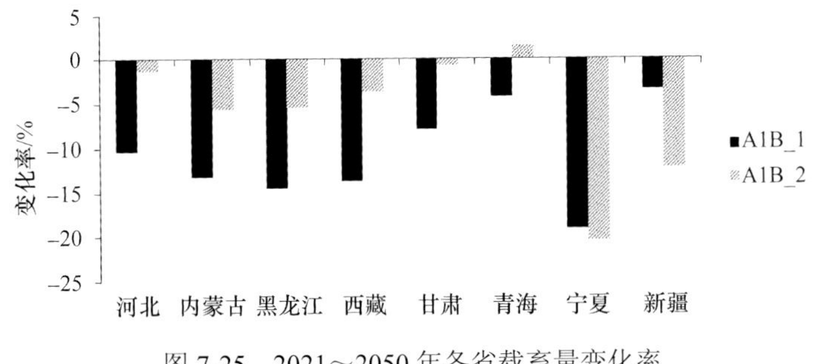

图 7-25　2021～2050 年各省载畜量变化率

（四）结论与讨论

HadCM3Q0 驱动 PRECIS 产生的 SERS A1B 数据（A1B_1）与 ECHAM5 驱动 PRECIS 产生的 SERS A1B（A1B_2）数据相比，降水量和气温都较高，A1B_1 情景基准年降水量比 A1B_2 情景平均多 50mm，年均温高 0.5℃，其生物量模拟结果、载畜量也高于后者。

A1B_1 情景 1991～2020 年的地上生物量与基准年相比，大部分区域呈现增加趋势，在降水与气温继续同步增加的情况下，2021～2050 年的地上生物量大幅下降，是由 2040 年以后 7～9 月降水量急剧下降所致。

草原载畜量呈现由南向北、由东向西递减的趋势，高寒草甸单位面积载畜量最大，温性草原最低。所有草地类型基准年的总载畜量分别为 1.68 亿个羊单位和 1.51 亿个羊单位，气候变化导致这一数字在 2021～2050 年下降到 1.41 亿个羊单位和 1.38 亿个羊单位，A1B_1 情景下降更为明显。除 A1B_2 情景下青海的总体载畜量有所改善，其余两套情景下的载畜量均降低，这将对我国畜牧业带来负面影响。

三、基于 DNDC 模型的草地生产力模拟

（一）DNDC 模型简介

DNDC 模型是一个描述农业生态系统中碳和氮生物地球化学过程的计算机模拟模型。DNDC 是 denitrification-decomposition（“反硝化-分解作用”）的缩写。反硝化和有机质分解是导致氮和碳从土壤丢失而转移入大气的主要生物地球化学过程。DNDC 模型是农业生态系统中一系列控制碳和氮迁移转化的生物化学及地球化学反应机制的计算机模拟表达。DNDC 模型由两大部分组成。第一部分包括土壤气候、农作物生长和土壤有机质分解三个子模型，利用生态驱动因子（气候、土壤、植被及人类活动）来模拟土壤环境条件（土壤温度、水分、酸碱度、氧化还原电位及相关化学底物浓度梯度）。第二部分包括硝化作用、反硝化作用以及发酵作用三个子模型，模拟土壤环境条件对微生物活动的影响，计算植物-土壤系统中二氧化碳（CO_2）、甲烷（CH_4）、氨（NH_3）、氧化亚氮（N_2O）、一氧化氮（NO）以及氮气（N_2）的排放。DNDC 模型中所采用的函数来自物理学、化学和生物学的经典法则或实验室研究所产生的经验方程（Li，2007）。

生态系统碳循环模型发展突飞猛进。这些模型从生态系统的光合作用、呼吸作用及

营养元素的循环等生理生态过程着手，研究各种环境、生物、气候因素对碳循环过程的综合影响，颇具代表性的模型包括 CENTURY（Parton et al.，1993）、TEM（Melillo et al.，1993）、DNDC（Li et al.，1992a）、Biome-BGC（Gower et al.，1993）和 CASA（Potter et al.，1993）等模型。IPCC 将这些模型分为两类：一类是生物地球化学循环模型（biogeochemical model），可以基于给定的土壤和气候特征，模拟陆地生态系统的碳、氮、水通量的耦合（Dargaville et al.，2002），这类模型均采用气候和土壤资料作为输入变量，模型的过程机制或基于经验回归，或包含光合作用和呼吸作用的简化激励模型；另一类是全球植被动态模型（global vegetation dynamical model），它更关注于生态系统内部结构和组成的相互作用（DeFries et al.，1995），可同时模拟生态系统结构和功能的变化。目前公开发表的生态系统模型大约有 30 个生物地球化学循环模型和 10 个全球植被动态模型，被广泛用于评价和预测全球陆地生物圈初级生产力及碳循环的过去、现在和未来格局（Cao and Woodward，1998）。陆地生物地球化学模型不仅为综合大量的观测数据、分析和预测大尺度的生态系统过程提供了一个强有力的工具，而且还给实验研究以新的启示（Oreskes et al.，1994）。

在众多的生态系统模型中，DNDC 模型已经被广泛地用于各大生态系统 C、N、H_2O 的模拟研究中。DNDC 模型是一个基于过程的生物地球化学循环模型，可用于定量分析管理措施的改变对陆地生态系统 C、N 和 H_2O 循环的影响，而且有助于判断在何时何地实施有效措施会获得最佳效果（Li et al.，1992a）。自 1992 年 DNDC 模型首次发表以来，DNDC 系列模型已在中国等 20 多个国家得到了很好的检验和应用，并被广泛用于农业、森林、草原和湿地等多个生态系统氧化亚氮（N_2O）、CH_4 和 CO_2 等温室气体排放的模拟研究（Kang et al.，2011；Li et al.，1994；Li et al.，1996；Qiu et al.，2005；Stange et al.，2000；Xu et al.，2003）。该模型最早应用于美国、德国、英国、哥斯达黎加等国家农业管理措施（耕作、施肥、改用农家肥、灌溉）对农田土壤 C、N 动态的影响预测（Li et al.，1996）。后来该系列模型开始应用于温度和降水对森林土壤 N_2O 和 NO 排放的影响（Stange et al.，2000）。改进后的 DNDC 模型在预测农田土壤痕量气体排放（Deng et al.，2006；Li and Wang.，2001）和温室气体排放（Cai et al.，2003）研究方面得到了很好的精度。此外，在区域尺度上，DNDC 模型是先估算点的物质能量循环，然后将所有点的数据扩充到面上，再与 GIS 相结合来研究温室气体排放、气候变化对 N_2O 排放量以及农田温室气体排放的影响（Li et al.，2005）。而且，Beheydt 等（2007）用比利时 22 个长期的 N_2O 观测点实测数据验证了该模型，结果表明，在农田中 N_2O 排放量模拟结果和实测结果基本一致，在草原上差异大一些，但总体表现要优于各种回归模型的计算结果。

DNDC 模型（图 7-26）在国内的应用是从 20 世纪 90 年代后期开始的，最早是徐文彬等用在农业活动对玉米农田土壤 N_2O 释放影响研究中（徐文彬和洪业汤，1999），研究结果表明，通过减少翻耕次数可将 N_2O 释放通量降低；有机肥和氮肥的大量使用能够增加 N_2O 的释放，但施加有机肥和氮肥对 N_2O 释放通量的影响是非线性的。2000 年以后 DNDC 模型在国内应用较多，如全国农业土壤 N_2O 排放量的估算（李长生等，2003）及其分布格局（王效科等，2001）、不同地区农田土壤 N_2O（韩冰等，2004）、CH_4（刘建栋和周秀骥，2001）排放量以及近地层臭氧（O_3）和 CO_2 浓度对冬小麦的研究工作等。

在国内，DNDC 模型主要应用在农业生态系统，模型输出结果基本与实测结果吻合，然而对森林和草地生态系统应用实例还较为少见，只有 Kang 等（2011）、Zhang 等（2010）应用 DNDC 模型对草原 CO_2 和氮氧化物排放做过模拟，结论证实 DNDC 模型能够成功地应用于天然草原模拟，但是多因素影响下的 DNDC 模型表现还需要进一步研究。

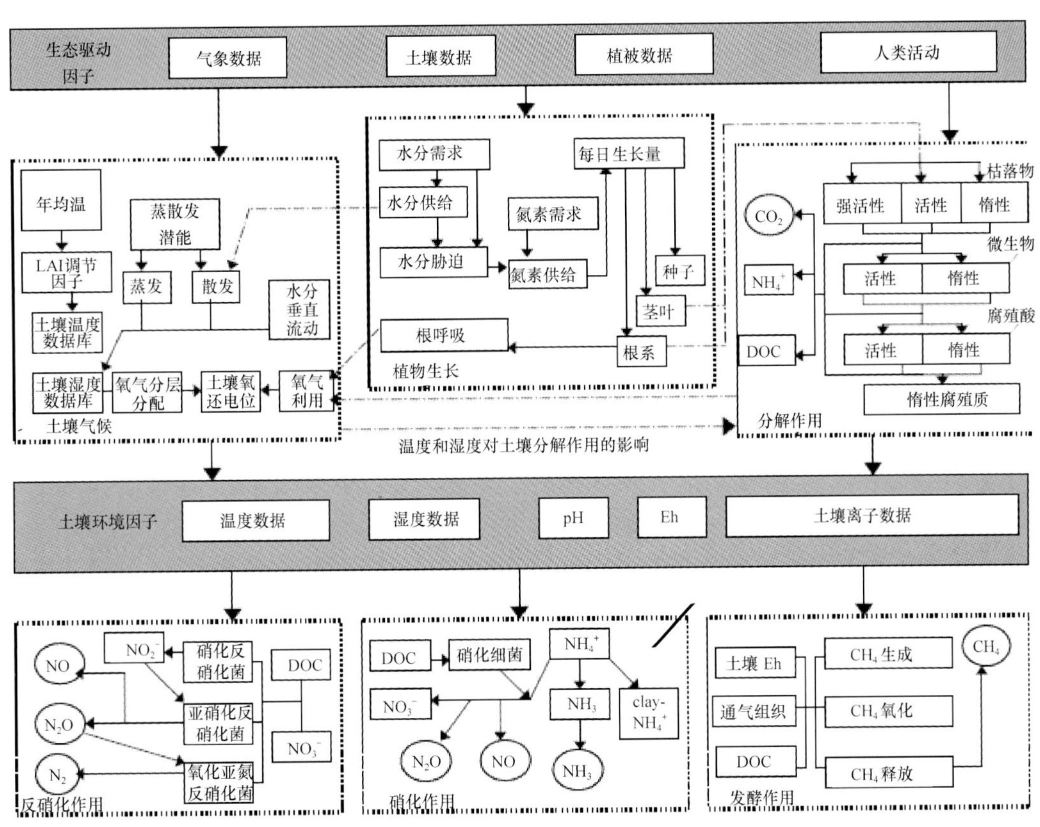

图 7-26　DNDC 模型原理

DNDC 模型能模拟点位尺度（field scale）和区域尺度（regional scale）的生物地球化学过程。当在任一点位上模拟时，需要该地点的气象和土壤等输入参数来支持，这些参数包括逐日气象数据（气温及降水）、土壤性质（容重、质地、初始有机碳含量及酸碱度）、土地利用（农作物种类和轮作制度）和农田管理措施（翻耕、施肥量及时间、灌溉量及时间、秸秆还田比例和除草等）。DNDC 模型也可根据设定进行多年模拟。

（二）研究方法和数据来源

1. DNDC 模型的初始化

模型的初始化，通过在模型内构建一个全新的植物参数温性草甸草原开始。通过将复杂的草地生态系统群落看作一个全新的混合草种来处理现实模型对作物的定量化描述。根据野外常年采样数据计算出植物的根冠比、茎叶比、碳氮比，估算出植物的潜在最大生物量，根据往年降水数据计算出温性草甸草原在生长季平均的需水量，结合定期地上生物量数据推断出适合温性草甸草原生长的最适温度。最后通过野外实验确定植物的最大根深、物候期、固氮效率等参数（Kang et al.，2011）。

土壤参数通过大量野外采样获得，部分参数如田间持水力、土壤萎蔫点、土壤孔隙度通过定量实验来获取。

气象参数由实验地中的小气候自动气象站获得。空气 CO_2 含量用 Li-cor 6400 在样地中多点、多时相采样取平均值，大气氮沉降数据采用全球氮沉降估计数据。

2. DNDC 模型的输入参数

模型的输入参数以相对较为稳定的大气、土壤、植被和人为管理因素基础参数组成。只有气象数据为逐日输入（表 7-8）。

表 7-8　DNDC 模型的输入参数

项目	输入参数
地理位置	模拟地点的名称、经纬度，模拟的时间尺度
气象	日最高气温、日最低气温和日降水量，大气 NH_3 沉降速率，CO_2 的背景浓度和年增加速率，降水中的 NO_3^- 和 NH_4^+ 含量
土壤	土壤 pH、质地、容重、田间持水量和萎蔫点、导水率，土壤表层土初始有机质含量，有机质的组成部分（包括枯枝落叶、活性有机质和惰性有机质等）所占的比例及各部分的碳氮比、总碳氮比，有机碳含量均一的表土层厚度，有机碳的下降速率，土壤初始硝态氮和铵态氮含量，土壤含水量，微生物活动系数，坡度，是否存在浅层地下水
植被	植被种类、地面物种的潜在最大生物量碳、根冠比、各部分碳氮比、生长需要最小积温、单位干物质生产需水量、固氮系数以及植被复种或轮作类型
管理	播种与收获日期，最佳作物产量，地上生物量在根、茎、叶及籽粒的分配比例及各部分的碳氮比，每千克干物质的耗水量，作物地上部分还田的比例，犁地次数、时间及深度，化肥和有机肥施用次数、时间、深度、种类及数量，灌溉次数、时间及灌水量，除草及放牧时间、次数

3. DNDC 模型的运转和输出

模型首先计算土壤剖面的温度、湿度、氧化还原电位等物理条件及碳、氮等化学条件；然后将这些条件输入植物生长子模型中，结合有关植物生理及物候参数模拟植物生长；当作物收割或植物枯萎后，DNDC 模型将残留物输入有机质分解子模型，追踪有机碳、氮的逐级降解；由降解作用产生的可给态碳、氮被输入硝化、脱氮及发酵子模型中，进而模拟有关微生物的活动及其代谢产物，包括几种温室气体以及氮的淋溶（表 7-9）。区域模拟是在点位模拟的基础上进一步扩展的，即将区域划分为许多小的单元，并认为每一小单元内部各种条件都是均匀的，模型对所有单元逐一模拟，最后进行加和得到区域模拟结果。

表 7-9　DNDC 模型的输出参数

项目	输出参数
土壤物理	逐日变化的土壤温度剖面、湿度剖面、pH 剖面及氧化还原电位（Eh）剖面，水分蒸发量速率，降水中的无机氮含量、氮素淋失
土壤化学	每日及全年的土壤有机碳、氮储量，土壤无机碳含量，土壤剖面 NO_3^- 和 NH_4^+ 含量，有机质矿化速率
作物生长	每日及全年的作物生物量碳，每日的地上部分和地下部分吸收碳氮量，水分吸收量
温室气体	CO_2、CH_4、N_2O、NO、N_2 及 NH_3 的日排放通量与全年排放总量

4. DNDC 模型的输入参数确定

DNDC 模型所用的参数涉及地点、气象、土壤、植被和管理措施等参数。由于模拟所需参数较多，必须分类进行确定。一部分模型参数使用模型的默认值，一部分模型参数从前人公认的研究成果中获得，另一部分参数则需通过野外试验观测获得。而模型参数优化通常采用的方法是结合模型敏感性分析在一些敏感参数合理的取值范围内调节并校正参数值，比较模拟值与观测值的符合程度，最终确定取值。

气象参数确定

模型所需地理位置/大气特征参数见表 7-10。其中降水含氮量数据是用氮沉降模型模拟得到，模型所需气象输入数据包括日最高气温、日最低气温、日降水量、风速、太阳辐射数据，采用碳通量涡度相关系统实测数据及呼伦贝尔草原生态系统国家野外科学观测研究站的实测气象数据。

表 7-10　气象参数输入

项目	输入参数	取值	来源
地理位置	模拟地点名称	呼伦贝尔	—
	经度	116.66°	—
	纬度	49.36°	实测
	模拟的时间尺度	4 年	实测
气象	降水中的 N 浓度/（mgN/L 或 ppm）	0.96	资料
	大气中 NH_3 的背景浓度/（μgN/m^3）	0.06	默认值
	大气中 CO_2 的背景浓度	375	实测

土壤参数确定

气候因子通过直接影响土壤环境条件，从温度、水分、pH 和氧化还原电位等方面来影响植物的生长，进而影响草原土壤碳的输入和土壤有机碳的分解，主要包括土地利用类型、土壤质地、土壤结构、土壤表层 SOC 含量及分层等（表 7-11）。

表 7-11　土壤输入参数

项目	输入参数	取值	来源
土壤	土地利用类型	湿润草原	王道龙和辛晓平等，2011
	土壤质地		王道龙和辛晓平等，2011
	黏粒含量	暗栗钙土	实测
	容重	0.14	实测
	土壤 pH	1.16	实测
	田间持水（WFPS）	8.3	实测
	导水率/（m/h）	0.3	默认值
	孔隙度	0.02	默认值
	土壤表层有机质/%	0.485	实测
	均匀 SOC 深度/m	0.04	默认值
	SOC 下降速率	0.08	默认值
	土壤 NO_3 浓度/ppm	1.4	实测
	土壤 NH_4 浓度/ppm	4	实测
	微生物活动系数	20	默认
	坡度	1	默认

植被输入参数

植物的生理特征参数是决定植物生产力的重要因素，主要包括植物地上地下各部分的生物量、C/N、植物根冠比以及植物的最大需水量、最大高度和最大叶面积指数等（表 7-12）。

表 7-12　植被输入参数

项目	输入参数	取值	来源
植被	植被种类	温性草甸草原	王道龙和辛晓平等，2011
	是否多年生	多年生	王道龙和辛晓平等，2011
	枯落物返回比例	1	默认值
	最大籽粒产量/(kgC/hm^2)	23	实测值
	最大茎叶产量/(kgC/hm^2)	1495	计算值
	最大根系产量/(kgC/hm^2)	782	计算值
	籽粒比例	0.01	实测值
	叶和茎比例	0.65	实测值
	根比例	0.34	计算值
	籽粒 C/N	23	实测值
	叶与茎的总 C/N	40	实测值
	根 C/N	55	实测值
	固氮系数	1.5	默认值
	需水系数	450	实测值
	LAI 调节因子	3.5	实测值
	最大株高高度/m	0.5	实测值

（三）模型运行结果及结果分析

1. 模型敏感性分析

模型基础参数构建完成之后，对模型的输入参数，尤其是植被参数和土壤参数中的默认值部分进行敏感性分析（图 7-27），判断对不同校正指标不同敏感的参数，进行参数的校正。

从模型的敏感性分析得出，在呼伦贝尔土壤气候背景下，草甸草原地上碳储量对降水、植物的需水能力和生长季有效积温非常敏感，准确模拟草甸草原地上碳储量的关键是调参时选择合适的植物需水系数和生长季有效积温。最大生物量、植物地上地下生物量比、植物各组分碳氮比是次级敏感因素，在局部上，短时间尺度内对模型预测曲线的微调起着重要作用。相反，氮固定系数对于地上碳储量并不敏感，只有在降低接近 100%时才出现对地上碳储量的影响，说明以暗栗钙土和黑钙土为主的草甸草原土壤中含氮有机质含量丰富，氮素并非植物生长中的主要限制因子。同时，气温和土壤有机碳含量对地上生物量碳的影响也相对较小。

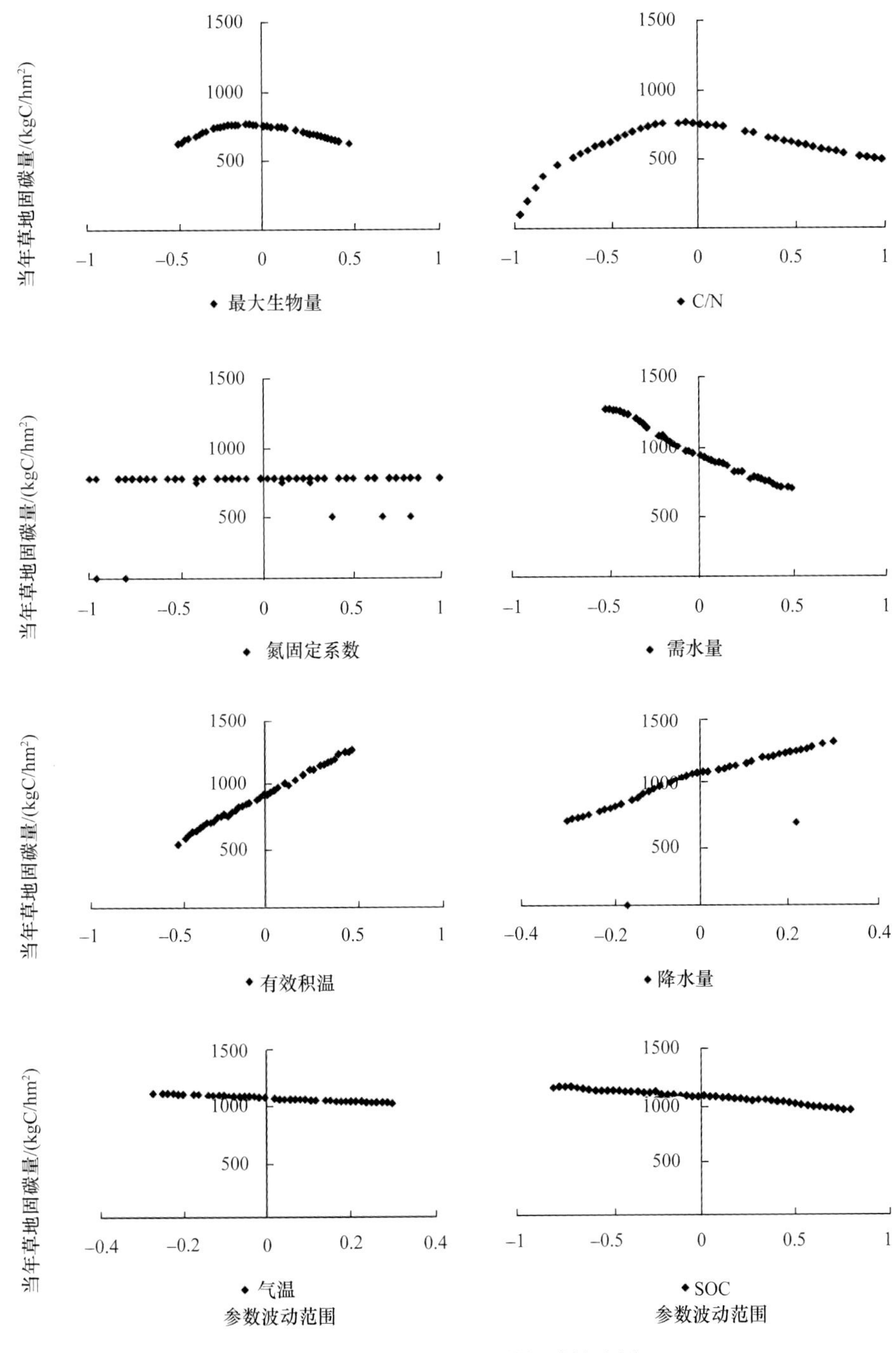

图 7-27 模型主要参数敏感性分析

2. 模型验证指标

为了定量地研究模型的精度和效率，本研究选用以下几个统计学指标来描述模型预测精度。

1）相对平均偏差（relative mean absolute error）：

$$\text{MAE（\%）}=100\frac{\sum_{i=1}^{n}|x_i-y_i|}{n}/\overline{y} \tag{7-3}$$

式中，x_i为模拟值；y_i为实测值。

平均偏差反映的是模型模拟结果与实测真实值的线形偏离值，而相对平均偏差反映的是模型模拟结果与实测真实值的线形偏离程度。一般来说，DNDC 模型准确模拟的数据相对平均偏差应在 15%以下，高精度模拟的 DNDC 模型相对平均偏差应该在 10%以下。

2）模拟相对均方根误差（relative root mean square errors of prediction）：

$$\text{RMSE（\%）}=100\sqrt{\frac{\sum_{i=1}^{n}(y_i-x_i)^2}{n}}/\overline{y} \tag{7-4}$$

均方根误差反映的是模型模拟值与实测真实值之差的离散度，相对均方根误差反映了离散度在整个数值中的离散程度。一般来说，由于偶然因素的影响，DNDC 模型的逐日模拟数据偶尔会有时滞性，因此相对均方根误差数值会偏大，一般在 20%以下，高精度模拟的误差一般在 15%以下。值得一提的是，由于相对平均偏差反映模型预测的偏离程度，而相对均方根误差反映的是模型预测的离散程度，所以两个值之间的差可以衡量预测误差显著性，差值越大，预测误差显著性越明显。

3）相关系数（correlation coefficient）：

$$R=\frac{\sum_{i=1}^{n}(x_i-\overline{x})(y_i-\overline{y})}{\sqrt{\sum_{i=1}^{n}(x_i-\overline{x})^2\sum_{i=1}^{n}(y_i-\overline{y})^2}} \tag{7-5}$$

相关系数反映的是模型模拟值和真实值之间的相关性，这个值本身并不能反映模型的准确程度，只能反映模型模拟值和真实值之间是否有稳定的变化规律，在 DNDC 模型模拟中这个值一般都在 0.9 以上，当相关系数低于 0.9 时，需要重新考虑模型主要模拟参数的准确性。

4）模型效率（决定系数）（modeling efficiency）：

$$R^2=1-\sum_{i=1}^{n}(x_i-y_i)^2/\sum_{i=1}^{n}(y_i-\overline{y})^2 \tag{7-6}$$

模型效率反映的是模型的综合预测精度，表现了在整个模拟尺度内，预测值能在总体上多大程度上反映出真实值，即模型模拟的有效率。决定系数是所有 DNDC 模型评价指标中最重要的一个，如果决定系数太低，其余指标再准确也没有实际意义。一般发表的 DNDC 模型模拟结果中不同模拟指标、不同模拟点数量、不同的真实数据误差情况下，决定系数在 0.3～0.9 浮动。

（四）模型模拟结果

模型的校正采用 2008～2011 年呼伦贝尔草原生态系统国家野外科学观测研究站的真实气象数据和样地样方实测数据作为基础数据校正模型参数，主要校正植被参数中的水分需求、最大生物量、C/N 等指标。采用 2009 年呼伦贝尔站样方实测数据进行验证，在 2009 年数据验证完成后对模型参数进行微调，然后利用微调后的参数对 2011 年实测数据进行验证。结果如图 7-28 所示。

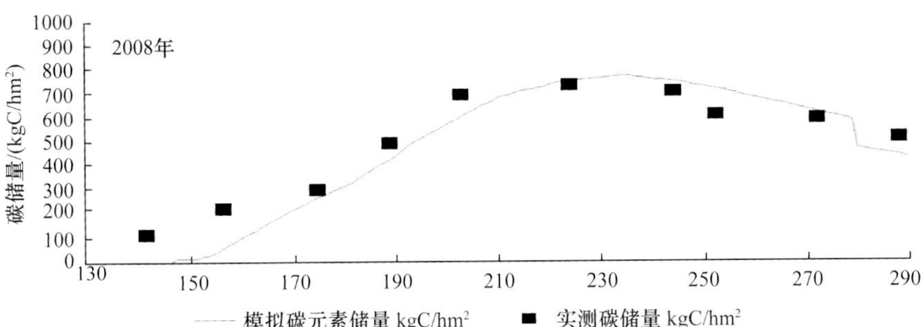

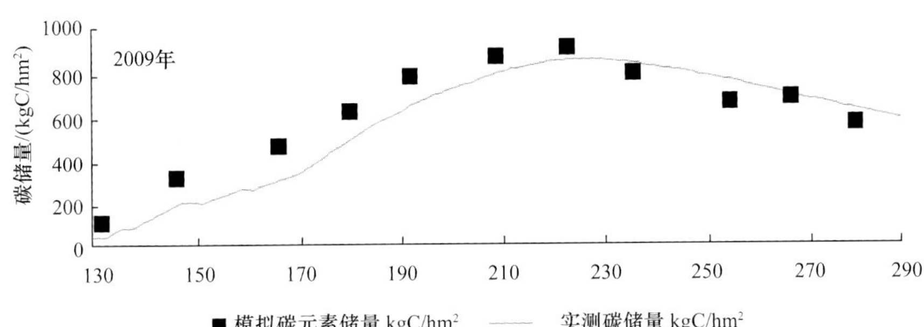

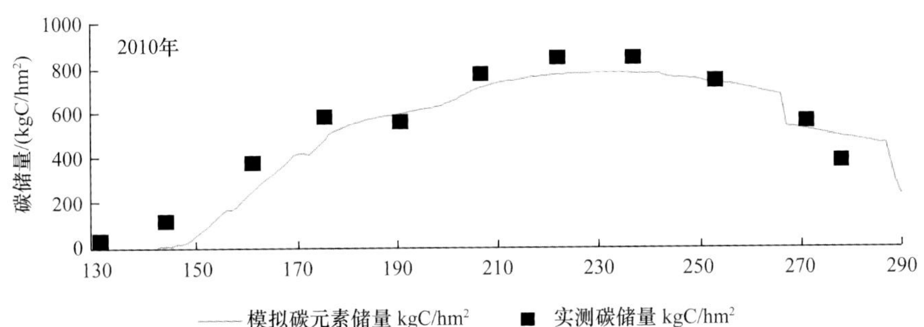

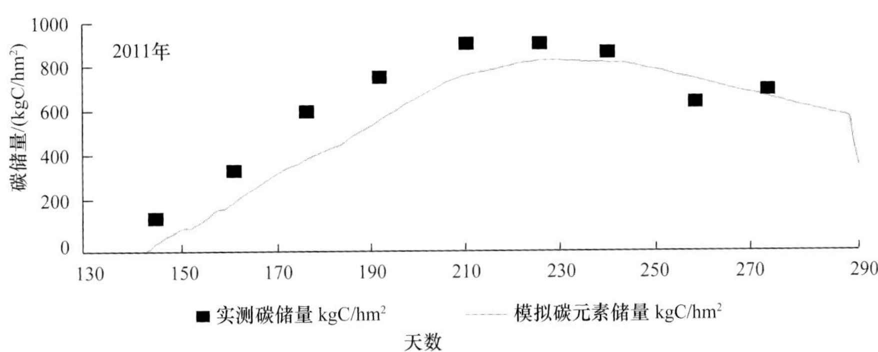

图 7-28　2008～2011 年针茅样地地上碳储量模拟图

（五）模型结果分析

DNDC 模型很好地模拟了 2008～2011 年呼伦贝尔站针茅样地的地上碳储量变化。4 个年份的模型效率都非常高，相对平均偏差控制在 20%以下，相对均方根误差控制在 20%以下，误差显著性都在 5%以内，4 年的模型效率都达到 0.95 以上（图 7-29、表 7-13）。这说明当年模型参数在模拟地上碳储量方面具有较高的可信度。

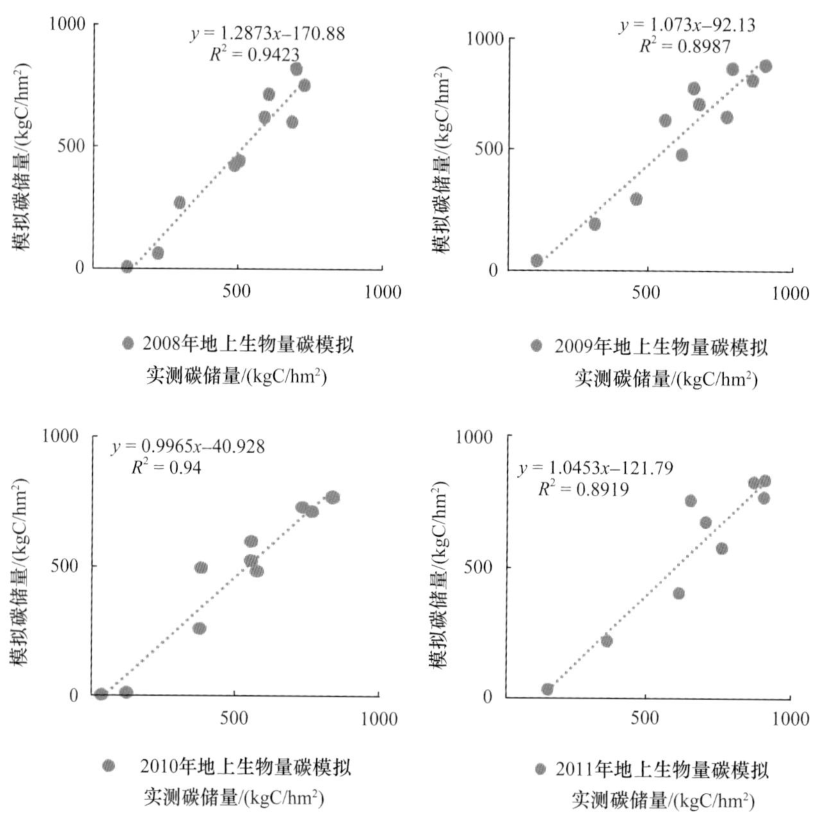

图 7-29　2008～2011 年针茅样地地上碳储量模拟值与实测值对照表

表 7-13　模型模拟结果评价

年份	MAE/%	RMSE/%	R^2	r
2008	16.21	18.42	0.94	0.97
2009	14.43	16.03	0.90	0.98
2010	13.28	14.90	0.94	0.98
2011	17.58	19.55	0.89	0.97

（六）DNDC 模型在草地生产力与碳固持模拟方向的发展趋势

DNDC 模型实现本地化高精度模拟之后，未来 DNDC 模型的模拟主要着眼于三个方向。

1. 生态系统碳轨迹的多指标动态模拟

结合本地实验和多指标、高时间分辨率监测仪器数据，利用 DNDC 模型分析碳通量中各个组分的运动轨迹和变化规律。根据模型的结构和特点，结合多指标、高时间分辨率的检测数据动态，未来可以进一步分析与归纳生态系统碳收支过程中各个组分详细的储量和动态，通过 DNDC 模型的输出结果来分析整个生态系统碳循环的全过程。

2. 大区域尺度的碳交换量估算

结合大区域尺度内的土壤、植被野外调查数据和气象监测数据，通过对模型关键参数的修改与调整，让模型适应不同类型的草地生态系统，实现大尺度碳交换量的估算。建立空间上大尺度的 DNDC 模型数据库，通过大尺度范围内的气象台站网络数据，以及各地各草地类型下的土壤和植被参数，实现大区域尺度的甚至全国尺度的碳交换量估计。根据模拟结果对草地生产力与碳固持的变化与趋势做定量分析。

3. 多种气候变化情景下的未来生态系统长期预测

根据多种不同的未来气候情景数据，预测点尺度和区域尺度的草地生态系统生产力变化和碳固持能力变化。根据过去数据在点尺度和区域尺度完成 DNDC 模型针对多种草地类型的高精度、高适应性参数，把握生态系统中碳循环的机理和规律，通过结合未来气候情景数据，分别模拟干旱、湿润、气候变暖、气候变冷情景下的草地生态系统对气候变化的响应和机理。

（七）大区域尺度的碳交换量估算

结合大区域尺度内的土壤、植被野外调查数据和气象监测数据，通过对模型关键参数的修改与调整，让模型适应不同类型的草地生态系统，实现大尺度碳交换量的估算。建立大空间尺度的 DNDC 模型模拟数据库，通过大尺度范围内的气象台站网络数据，以及各地各种草地类型下的土壤和植被参数，实现大区域尺度甚至全国尺度的碳交换量估计。根据模拟结果对草地生产力与碳固持的变化与趋势做定量分析。

四、草地生产力与碳固持模拟技术的发展趋势

基于 CENTURY 模型，利用 ArcGIS 以及 Access 数据库技术，实现了模型的空间化模拟，突破了点位模型的限制，使得空间模拟更加方便。但必须要指出的是，由于模型模拟的假设条件是确定的，而生物本身对于气候变化的响应却是动态变化的，如果在 100 年里气候发生了变迁，肯定导致生境发生变化，从而群落物种组成也随之变化，但 CENTURY 模型对于群落物种组成变化并没有加以考虑。另外，生态系统不是一个孤立的系统，不仅受气候变化的影响，同时由于自身的改变会打破原有系统间的平衡给其他系统造成反馈作用，包括与大气系统、水资源系统和人类社会系统之间的相互作用，在未来的模型模拟工作也将逐步重视各系统圈层之间的相互作用。

基于 DNDC 模型碳固持模拟，通过将模型与未来气候情景数据结合，模拟未来不同气候情景模式下，草地生态系统碳收支在未来的变化规律，预测草地生态系统对不同气

候变化情景的响应。判断草地生态的生产潜力与环境耐受韧性。既可以估计不同气候变化对草地可能的影响，也可以估计出不同的草地管理方式，在未来气候情景下对草地碳收支变化的作用。

第二节　栽培草地生产模拟技术

一、栽培草地生产模拟研究进展

植物生长模拟模型是指能定量地和动态地描述植物生长、发育和产量形成的过程及其对环境反应的计算机模拟程序。它可在全球范围内用来帮助理解、预测和调控植物的生长发育及其对环境的反应。植物生长模拟模型的开发和应用过程，称为植物生长模拟，是植物学科和计算机学科新兴的交叉研究领域。国外植物模拟研究以美国和荷兰开始时间最早（20 世纪 60 年代中期），研究力量最强，研究水平最高。荷兰瓦格宁根农业大学的 De Wit，1969 年提出了模拟作物生长过程碳素平衡的模拟模型（ELCROS 模型），Penning 等 1982 年正式提出 SUCROS 模型，为作物生长模拟模型的深入广泛研究和应用奠定了基础，Van Keulen 及 De Wit 等在此基础上考虑了水分的订正，建立了 ARIDCROP 模型。荷兰的模型研究注重对生物机理性和作物共性的描述，对作物的形态发育和阶段发育上的差异性描述相对薄弱（Tayfur et al.，1995；Wang et al.，2002）。刘建栋等（1997）利用 ARIDCROP 模型对黄淮海地区玉米生产力进行了模拟研究，指出该模型的光合及蒸腾子模型尚需进一步改进。据不完全统计，经过 40 多年的研究开发，全世界已开发出了包括大田作物、园艺作物、森林树木和草原牧草在内的各种植物模型逾百个，特别是 20 世纪 80 年代中期以来开发的植物模型都包含了对水分、养分和植物产量的模拟成分，能对植物生长发育和产量形成进行全过程模拟，较著名的有荷兰的植物模型 MACROS 和 SUCROS，美国的 CERES 系列模型（DSSAT）、GOSSYM 及 EPIC 等。Thomas 等将作物生产力模型的发展历程划分为幼年期、少年期、青年期和成熟期 4 个阶段。而加拿大的 Jame 等认为，目前作物生产力模型的发展还处于幼年期阶段，大部分的模型仅模拟了影响作物性能的主要因素，如天气、水、和土壤氮的有效性，而对于病虫害、耕作、种子、盐分及其他影响作物性能的因素考虑得较少。EPIC 模型是美国农业部农业研究组织（USDA-ARS）在 1984 年开发成功的一种用途广泛的土壤侵蚀与土地生产力模型。模型英文全称 erosion-productivity impact calculator（侵蚀-生产力相关性计算器），近些年也被称为 environmental policy integrate climate（考虑气候的环境决策模型）。EPIC 模型自首次发表以来，经过了多次修订和广泛验证，能够以天为时间步长，模拟气候变化、径流与蒸散、水蚀与风蚀、养分循环、农药迁移、植物生长、土壤管理、经济效益分析等过程与环节。EPIC 模型中植物生长模型是一个植物生长通用模型，根据各种植物生理生态过程的共性研制成模型的主体框架，再结合植物的生长参数和田间管理参数分别进行各种植物的生长模拟。植物种类包括大田作物（大豆、玉米、高粱、小麦、大麦、燕麦、棉花、花生、水稻、马铃薯）、牧草（苜蓿、草原、夏季草场、冬季草场）及树木（松树、苹果树）等 20 多种植物类型。植物与土壤管理模块能够对种植密度、播期、施肥、灌溉、土壤耕作等措施进行模拟与优化，能够模拟植物混作和轮作，可进行上百年的土壤侵蚀与植物生产力的模拟，评价土地利用方式和种植方式对土壤侵蚀与植物生产力的影响。经济效益分析模块能够估算作物生产过程中的各项投入成本和产出利润，为农业生产经济效益评价和管理方案制定提供决策支持。EPIC 模型已在美国和许多国家得到了广泛的应用，并且以 EPIC 模型为核心，开发出了土壤与水分评价工具 SWAT、流域土壤与水分资源管理模型 SWRRB 等，广泛地运用于水土资源利用规划与管理评价研究中，社会与生态效益十分显著。我国植物模型研究开始于 20 世纪 80 年代中期，机理性较强的模型有高亮之的水稻模型 RICEMOD、戚昌翰的水稻模型 RICAM、冯利平的小麦模型 WHEATSM、潘学标的棉花模型 COTGROW 及尚宗波的玉米模型 MPESM 等。

植物生长模拟模型是利用数学的方法，借助计算机等手段定量地描述植物生长过程的模拟系统（Curry，1971；Sinclair and Seligman，1996）。20 世纪 60 年代，国际上已有作物生长模拟模型研究的成果发表（Duncan and Hesketh，1968），目前已经有大量的成果应用于农业研究和生产（Izaurralde et al.，2003；Wang et al.，2002），并同 GIS 技术相结合扩展应用空间（Badini et al.，1997；Goddard et al.，1996：Rao et al.，2000；Tan and Shibasaki，2003）。植物生长的模拟研究在粮食作物和经济作物上研究比较多并深入，对于牧草的研究相对少些，其中研究最为深入的当属苜蓿的生长和生产管理的模拟，这也是各国牧草相关模型研究的重点。

(一) 单一模型

最早的模拟研究是在探求对于苜蓿生理反应的模拟，是 Field（1974）关于温度与生长的关系模拟研究，并建立了一个简单的关系模式。而 Holt 等在 1975 年开发的 SIMED（Holt et al.，1975）更深入了对生理过程的模拟。该模型以植物对碳的吸收过程的模拟为基础，模拟苜蓿的光合作用、呼吸作用还有它们代谢产物的运输过程，如模拟光合作用固定的结构性碳水化合物和非结构性碳水化合物在叶、茎和根中的分配，并模拟根、茎、叶生长和植株的干物质积累。SIMED 力图较细致地模拟碳吸收生理过程，但是模型中没有涉及土壤水分状况对植株生理过程的影响。

在国际上较有影响力的紫花苜蓿生长模型还有由 Cornell 大学 Fick 基于 SIMED 研发的 ALSIM，它是基于生理过程并兼顾生物和环境因子模拟苜蓿的生长过程的模型。其模型结构相对于 SIMED 更简化，不模拟根系的生长及其生物量。早期的版本，ALSIM 1（LEVEL 1）和其升级版 ALSIM 1（LEVEL 2）主要应用于苜蓿生产的管理研究。LEVEL 1 应用于害虫控制、水管理及收获管理等方面；LEVEL 2 则是添加了土壤水分的模拟，已经被当作较大的奶场-草料生产系统模型来分析各种生产水平的企业在苜蓿和青贮玉米生产方面的风险、优化苜蓿收获技术和苜蓿的田间化学环境控制。后来发展的 ALSIM 1（LEVEL ZERO）将牧草质量的预测功能包括进来。ALSIM 1（LEVEL 2）在 Michigan 气候条件下进行的测验中，参数变量和非参数变量的测验结果是表明模型可进行苜蓿收获产量的可信预测，早期的生长模拟较好，但是后期刈割后的再生模拟准确度不够（Parsch，1987）。ALSIM 在北美洲应用于很多的饲草产量和刈割管理及气候因素的关系的模拟，如 Rotz 等（1989）利用它作为用于整体农牧场生产管理的 DAFOSYM 模型的子模型，进行饲草的产量模拟。但是，ALSIM 1 缺少与抗逆性和冻害相关的过程模拟。

为模拟苜蓿生产以及它与气象、土壤环境之间关系，有学者建立了 ALFAMOD 模型。

它由收割期与叶面积动态、苜蓿生产力与产量、苜蓿需水量和土壤与肥料等 4 个一级子模式组成，每个一级模式又包括了不同的二级模式。以整个美国俄勒冈州气候及苜蓿的生产情况为研究背景，多年的生产结果和模拟结果相关性较好。

ALFALFA 模型（Denision and Loomis，1989）基于整个植株的生理和形态变化过程模拟苜蓿的发育和生长。此模型允许设置为每天的模拟模式，以研究温度、辐射、水胁迫和碳的供给对生产过程和发育的影响。模型将土壤分为 10 层来模拟多年生植物地下的根结构，包括根冠、主根和须根。该模型把植物群体数量的变化模拟纳入模型当中。

由于 ALSIM 1 缺少与抗逆性和冻害相关的过程模拟，而 ALFALFA 模型模拟了群体动态和对于低温的忍受能力，但是缺少对于越冬率和产量损失的模拟。Kanneganti 等在 1998 年基于 ALSIM 并结合低温耐受模拟、秋眠和冻害模拟，计算饲草多年中每年的干物质产量，建立了 ALFACOLD 模型（Kanneganti et al.，1998a）。经过验证，在威斯康星跨地域、年度以及品种，该模型每年干物质产量模拟值与实测值相差 12%以内（Kanneganti et al.，1998b）。

Luo 等（1995）则在 ALFALFA 模型的基础上考虑了苜蓿根系的生长和死亡，建立了一个苜蓿根系的季节性变化和分布模式。在 2 年的实验中，模型模拟苜蓿根系质量及其垂直分布的效果较好。Meuriot 等（2004）则在刈割后的苜蓿在再生过程中氮的分配和贮存模式研究方面进行了尝试。

可以看到，紫花苜蓿的生长模拟是从单一模型对于单一过程的模拟开始的，而近期人们仍然关注紫花苜蓿生长过程中的某一过程或者方面的模型研究，其成果对于模型的发展具有重要的作用。

（二）综合模型

随着模型研究的发展，国际上出现了利用其他作物研究的成果，在植物生长生理共性的基础上建立了一些具有普遍意义的植物生长模拟模型。这些模型在模拟其他作物的同时，也可以选择模拟紫花苜蓿的生长。

SIMFOY 模型（Selirio and Brown，1979）为模拟多年生牧草的生长而开发，同样可以模拟苜蓿的季节干物质产量。其假定植物的生长随时间的变化呈 S 形曲线。每天的潜在生长量增加值由每天的土壤湿度和大于 5℃温度的估计来决定。每次生长周期后的可收获干物质依赖于已经累积的生长量，每天的土壤湿度在每个土壤区域利用潜在蒸散由改进的能量预算方法（energy budget approach）计算，其提取方法依赖于土壤水分的分布和植物根系的分布。它不像 SIMED 基于生理过程的模拟，要求短时间段的气象参数、变量变化。

YIELD 模型（Hayes et al.，1982）是可以模拟多种作物生长及其产量的模型，其中也有苜蓿。模型中机理及基本方法上的验证已经在一般应用和玉米、苜蓿中进行（Slabbers et al.，1979）。

GROWIT 也不是特定于某个植物的生长模拟模型，模型反映了生长（干物质累积）、气温、日长、叶面积、光周期以及降雨之间的逻辑关系，可根据每天的温度、降水和土壤特性计算多年生植物的生长和植物的间作。在苜蓿的生长模拟方面也有成功的报道（Neels，1981），并被用于动物生长、植物生长和动物采食行为的模拟研究，其中 GROWIT

可以较好地预测苜蓿等饲用植物的产量和品质。

CropSyst（Stöckle and Nelson，1999；Stöckle et al.，2003）是可进行多年模拟的多种作物生长的以天为步长的作物系统模型。用于研究气候、土壤和田间管理对作物生产力以及环境的影响。此模型可以模拟土壤水分平衡、土壤和植物氮素平衡、作物冠层和根系的生长、作物干物质生产以及作物轮作等。有研究人员（Confalonieri and Bechini，2001；Confalonieri et al.，2001；Confalonieri and Bechini，2004）利用 CropSyst 模拟了苜蓿在意大利的生长和氮的平衡。对于产量的模拟比较好，但是对于氮平衡的模拟不理想。

EPIC 模型（Williams et al.，1984）的开发最早用于土壤侵蚀对美国农业生产区域土壤、气候和种植条件的影响，使植物生长模型和土壤侵蚀的嵌套结果。模型从那时起不断进行升级和改进，已经在更大的范围内进行了运用（Gassman et al.，2004），包括：①氮地表流失和淋洗估计、化肥和有机肥施用中的磷流失；②农药施用中地表流失和淋洗估计；③风蚀造成的土壤侵蚀损失；④气候变化对作物生产和侵蚀的影响；⑤土壤碳的收支评价。模型设计模块化，有专门的作物生长模块，包括植物生长的各种参量，因此可用于多种作物、牧草和树木，并可在其中重新建立某种植物的参数数据库。EPIC 模型已经大量地运用到了美国以及世界其他具有不同环境的地区和包括紫花苜蓿相关研究的各种领域。在作物轮作中，苜蓿的模拟产量与实际产量比较相近（Chung et al.，2001）。通过对 EPIC 模型的调整，较好地模拟了不同灌溉管理中的苜蓿产量和土壤盐分状况（Tayfur et al.，1995）。随着气候变化对农业生产的影响越来越受到重视，研究人员也利用全球变化模型模拟提供的数据结合 EPIC 模型进行了苜蓿对气候变化的反应的模拟研究（Izaurralde et al.，2003）。

DNDC（denirtification-decomposition）模型是美国 New Hampshire 大学发展起来的，目标是模拟农业生态系统中碳和氮的生物地球化学循环，时间步长以日为单位。模型由土壤气候、作物生长、反硝化、分解、硝化、发酵等相互作用的 6 个子模型构成，分别模拟土壤气候、农作物生长、反硝化、有机质分解、硝化和发酵过程。该模型要求输入的参数有逐日气象数据、农田管理技术措施（施肥的种类和时间、灌溉的时间和水量以及耕作的方式等）、最初的土壤有机质含量及构成和种植的作物等数据。模型的输出主要包括反硝化率，N_2O、N_2 的产出量，分解作用，硝化作用，氨挥发过程，CO_2 的产出量（土壤微生物呼吸量），每天根呼吸量，作物吸收氮量和作物生长情况。目前，该模型也应用在栽培草地的生长模拟中。

APSIM（McCown et al.，1996）是澳大利亚农业生产系统组（APSRU）开发的农业生产系统模型。模型以植物生长的共性为基础，集成了各种作物的生长模拟研究结果，建立起一个公用平台。某种植物的模拟通过各模块间的逻辑联系来决定。与其他模型不同，APSIM 模拟系统突出了土壤的基础作用，以土壤为核心，考虑了植株生长和产量、植株残留、种植制度、土壤性质受作物及管理的影响等方面，包括作物生长、水分、氮素和磷素平衡模块等。该模型目前在各领域均有应用。其中的紫花苜蓿生长模拟模型（APSIM-Lucerne）（Probert et al.，1998）在 APSIM 豆科作物模块的基础上开发，模拟紫花苜蓿生长、发育和氮素固定，及其受温度、光照等因子的影响。初步田间验证得出，APSIM-Lucerne 能较好地模拟灌溉条件下的苜蓿产量、叶面积指数和地上部的氮累积，但在旱作条件下的模拟结果相对较差（Probert et al.，1998）。还有一些调整和验证在新西兰（Moot et al.，2001）、澳大利亚西部（Dolling et al.，2001）和南部（Zahid et al.，2003）、中国甘肃（Chen et al.，2003）进行，经过调整后都能较好地模拟紫花苜蓿的生长及产量。

综合模型是单一过程模型的综合。在吸纳最新模型研究成果的同时，模型变得庞大而功能齐全，因而模型的设计变得越发重要，但是，学科的交叉和生产过程的综合性使模型综合是模型发展的必然趋势。

（三）虚拟模型

在虚拟苜蓿植物模型方面，由加拿大的 Manitoba 大学开发的虚拟苜蓿植物模型（Smith et al.，2005）已经从研究模型进入用户教学和扩展应用阶段。进展包括：更容易地修正苜蓿单株和整个草丛对于不同管理情形的反应；简化了数据的输入和处理格式。可以将 20 株苜蓿合并在一起模拟，并从幼苗开始，可以模拟 2 年中不同放牧模式（连续放牧、轮牧）下每天的生长。其图像还可以在模型中分解。模型还可以修正参数，以进行更多种的放牧和刈割情况的模拟。

（四）国内紫花苜蓿生长模型研究进展

我国的作物模拟模型研究起步较晚，在 20 世纪 80 年代多为引进国外的模型从事国内的研究（孙忠富和陈人杰，2003）。但我国在生产方式、耕作制度、气候、土壤等方面与国外具有差异，还有国内运用模型研究所需的各种参数数据不系统、不完善甚至缺失，造成模型研究的困难较大。同时，紫花苜蓿的生长模型研究内容比较宽泛，但是基于紫花苜蓿生长生理过程和田间生产管理的模拟较少。在苜蓿生长、地上生物量变化方面，多立安等（1996）对生长季内三次刈割条件下各苜蓿高度生长动态进行了研究，并根据结果确定了刈割后苜蓿高度生长最大速度值及时间特征值。吴勤等（1997）通过不同生育时期紫花苜蓿草地地上生物量的测定，统计分析建立了紫花苜蓿草地地上生物量季节动态模型方程和年度动态模型方程，用于确定不同生育时期紫花苜蓿草地的最佳打草期和有效利用年限。白文明等（2000，2001）研究并建立了紫花苜蓿在乌兰布和沙区建植与萌发预测模型和根系吸水模型。罗长寿等（2001）进行了盐分胁迫条件下苜蓿根系吸水特性的模拟与分析。此外，项斌等（1996）进行了与气候变化相关的光合作用、蒸腾作用、气孔导度、水分利用效率的生态生理变化研究，并对研究结果进行了模型拟合。

相对完整的紫花苜蓿生长发育模拟模型是白文明和包雪梅（2002）借鉴积温学的原理，结合紫花苜蓿生理生态学特性，建立的水分限制条件下干旱沙区紫花苜蓿生长发育模拟模型。模型主要由生长发育阶段子模型、叶面积动态子模型、干物质积累子模型和干物质分配子模型组成。模拟计算结果表明，该模型能较好地预测沙地紫花苜蓿生长发育进程、叶面积变化动态及牧草产量变化动态，具有一定的实际应用价值。

比较分析上述模型中针对牧草生产力的模拟，特别是关于苜蓿生长的模型以 EPIC 和 DNDC 两类模型更具有代表性。EPIC 模型主要针对管理模块，DNDC 模型主要是从生产力机理的角度进行分析。

二、基于 EPIC 模型的栽培草地生物量模拟

（一）EPIC 模型介绍

EPIC 模型对于植物生长和产量的模拟过程，是由太阳辐射、最高气温、最低气温和降水量等逐日气象数据，结合植物的光能生物量转化因子等植物参数，模拟计算太阳辐射能转化为干物质的数量，其中涉及估算光截获数量的叶面积变化动态，主要通过最大叶面积系数、叶面积变化的 S 形曲线形态参数、叶面积下降速率等作物生长参数来确定。同时，光合产物转化受作物水汽压差和大气 CO_2 浓度的影响。通过作物生长的最高温度、最低温度与作物生育进程计算温度对叶面积增长的影响效应。通过计算根系分布层次的土壤水分和养分状况，估计水分和养分胁迫对叶面积增长的影响效应。估算作物生长期生物量增长的水分胁迫因子、氮素胁迫因子、磷素胁迫因子和温度胁迫因子，估算干物质的合成数量。计算分配到地上部和根系的干物质数量，估算根系分布深度和根系密度，进而计算作物根系对土壤水分和养分的吸收利用情况。而植株水分、氮素、磷素满足程度最终又影响干物质合成数量。通过作物水分和养分临界期水分、养分亏缺状况估算实际收获指数，最后通过地上生物量和收获指数计算可供收获的作物经济产量（李军等，2004b）。

EPIC 模型由程序文件（EPICFILE.DAT）、运行文件（EPICRUN.DAT）、控制文件（EPICCONT.DAT）、输出文件（EPICPRNT.DAT）以及数据库文件组成。程序文件用于连接程序中运行需要的所有文件；运行文件用于根据用户的设计载入用户指定的数据库文件内容；控制文件用于控制模型运行参数和模型的输出；输出文件是程序运行的结果文件。EPIC 模型包括的数据库有：

作物数据库（CROP3050.DAT）：用来存储与作物特征有关的输入数据；

耕作数据库（TILL3050.DAT）：用来存储关于耕地、播种、收割、牵引机械和其他装备的信息；

农药数据库（PEST3050.DAT）：提供用来控制杂草和害虫的农药的信息；

化肥数据库（FERT3050.DAT）：包括无机化肥和有机化肥的信息；

复合参数（PARM3050.DAT）：存储了能够用来修改模型敏感性以便适应不同过程的复合数据。只有非常熟练的用户才可修改或者在模型的发展者指导下才可修改；

多项运行参数（MLRN3050.DAT）：用来控制多项运行的实施，在这个多项运行作用过程中，水侵蚀因子和风侵蚀因子可能取不一样的值来估算土壤侵蚀的长期影响；

径流估计参数（TR553050.DAT）：数据主要用于径流的估计；

风数据库（*.WND 文件及其列表文件）；

土壤数据库（*.SOL 文件及其列表文件）；

生产管理数据库（*.OPS 文件及其列表文件）；

气象数据库（*，WPI 文件及其列表文件）；

日气象文件（*.DLY）：提供模型可读的日常气象数据。

为方便用户的使用，EPIC3050 附带了一个界面程序 UTIL（universal text integration language），使用户可以利用它对上述文件进行建立、编辑、修改数据库和模型文件，并执行、控制模型运行和输出。EPIC3050 要求用户提供模拟地区的气象数据、土壤数据、

植物生理参数、试验地基础数据、耕作计划等。

（二）案例分析

利用EPIC3050模型，选择北京地区进行随机模拟验证研究，以观察该模型的可信度，为该模型在中国的使用提供依据。

1. 实验地概况

本试验设在北京市顺义区（北纬 40°00″～40°18″，东经 116.8°28″～116°58″）前傣伯乡的潮白河东岸冲积平原上。该区处于暖温带半湿润季风气候区，年平均气温 11.5℃，7月份平均气温为 25.7℃，极端最高气温 40.5℃，1月份平均气温–4.3℃，极端最低气温–19.1℃，无霜期平均195天，年平均降水量623.3mm，降水主要集中在7～8月。土壤为壤质潮土，主要成土母质是潮白河的冲积物。

2. 实验设计

引用EPIC3050，根据其运行要求采集数据资料，进行模拟计算。同时在实验地进行田间取样，将实测结果与模拟结果进行相关分析及其显著性检验。

实验地面积 333.5m^2，前茬为玉米，土壤理化性质：碱解氮 55.2mg/kg、速效磷 47.2mg/kg、速效钾 1283mg/kg。苜蓿种植于 2005 年 4 月 15 日进行，撒播，播量为 22.5kg/hm^2，播前施北京市顺义区农业科学研究所提供的 NPK 复合肥 750kg/hm^2。样区内的耕作和管理同当地一致，在 4 月 22 日进行喷灌（根据灌溉设施和灌溉时间计算为 100）；分别在7月12日、8月25日和9月13日进行收获性刈割。实验结合农场生产管理节奏进行，分别在5月20日、6月7日、6月30日、7月12日、8月2日、8月25日、9月13日、9月29日、10月13日、11月2日进行田间取样。选取代表性地块（1m^2），割取植株地上部分，其中7月12日、8月25日和10月13日的样品分为产量和留茬（5cm）来割取。5次重复。样品取回后在100℃下杀青30min，然后转到75℃直至烘干，称得干物质重。同时在5月20日、6月30日、8月2日、8月25日、10月20日进行了田间土壤样品的采集，用土钻钻取0～100cm土层，并按每10cm为一层进行取样分装。采集的土样用烘干法测定土壤含水量（%），用0.5mol/L $NaHCO_3$浸提，以分光光度法测定速效磷含量，用高温外热重铬酸钾氧化-容量法测定有机质，并换算为有机碳。

3. 模型参数与数据来源

气象数据模型日气象数据包括：最高温度、最低温度、太阳辐射、降水、相对湿度和风速。

土壤数据包括：土壤水文分类、土壤初始含水量、土壤剖面各层次深度的容重、萎蔫点、田间持水量、质地组成、土壤 pH、$CaCO_3$含量、有机碳含量、NO_3^-、有效磷等。

植物参数包括收获指数、生长最适温度和最低温度、最大叶面积指数、叶面积指数下降率、正常播量、最大株高、最大根深等40多种变量。

耕作计划包括：播种日期、刈割日期、施肥日期、施肥量、施肥深度、灌溉日期、灌溉量、潜在热量单位和种植密度（株/m^2）等。

4. 结果分析

（1）对地上生物量的模拟

模型模拟显示，在第一次刈割之前紫花苜蓿的地上生物量已经不再增长，并且在播后 64～72 天，紫花苜蓿的地上生物量增长减缓（图 7-30）。这是因为本实验中，第一次刈割相对较晚，已进入盛花后期，地上生物量的增长处于停滞期，并且气象资料显示，在 6 月 18～26 日高温（几天的最高温度平均值为 34℃）而少雨，所以也会抑制紫花苜蓿地上生物量的增长。第二次和第三次刈割时，紫花苜蓿均处于初花期，但是地上生物量明显减少，第三次刈割后地上生物量不再明显增加，进入播后 200 天，即进入 11 月后明显下降。在紫花苜蓿地上生物量变化的模拟中，实测值和与其相应的模拟值随播后天数的变化趋势一致，除了第五次取样和最后一次取样时的模拟值比实测值低以外，其他的模拟值均比相应田间实测值高。

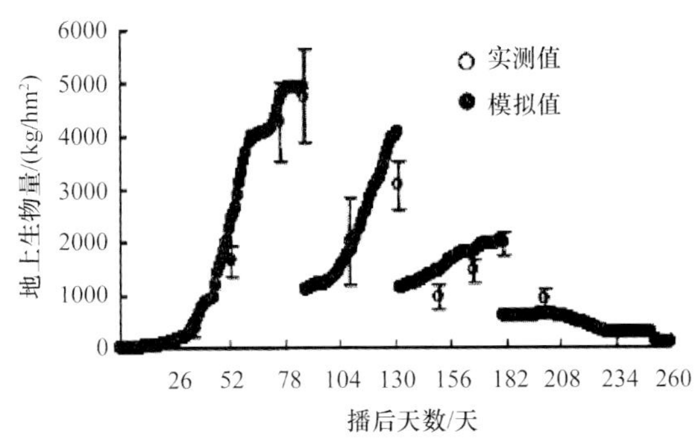

图 7-30　紫花苜蓿地上生物量的动态模拟和田间取样实测值

（2）对刈割的模拟

不同的刈割次第，地上生物量和产量模拟值与实测值的差距程度不同（表 7-14）。第一次和第三次刈割时的地上生物量和产量模拟结果与田间实测值比较接近，但是第二次刈割时的地上生物量和产量模拟结果和田间实测值相差比较大，分别为 31.39%和 29.47%，三次刈割时的地上生物量、产量的模拟值和实测值的相差平均分别为 12.0%、14.8%。留茬的模拟相差在三次刈割中均较大，并且相差的方向不稳定。另外，在第二次刈割的模拟中，地上生物量、产量、留茬的模拟结果与田间实测值相差均较大，并从地上生物量、产量到留茬，模拟值与实测值的相差有增大的趋势。

表 7-14　刈割时的紫花苜蓿地上生物量、产量和留茬

日期	模拟值与实测值	地上生物量/（tDM/hm^2）	产量/（tDM/hm^2）	留茬/（tDM/hm^2）
7 月 12 日	实测值	4.78	4.48	0.3
	模拟值	4.93	4.72	0.21
	相差/%	3.15	5.33	−29.57
8 月 25 日	实测值	3.09	2.85	0.24
	模拟值	4.06	3.69	0.37
	相差/%	31.39	29.47	51.38
9 月 13 日	实测值	1.97	1.64	0.33
	模拟值	2	1.8	0.2
	相差/%	1.6	9.73	−39.07

注：相差=（模拟值−实测值）×100/实测值

（3）对植物 N、P 累积的模拟

EPIC 模型可以输出的是植物的全部生物量中的 N 和 P 的累积量，而不能单独输出地上部的 N、P 累积量。所以，根据 EPIC 模型的模拟结果中，通过刈割后生物量中的 N、P 含量来计算紫花苜蓿刈割产量中的 N、P 产量（kg/hm^2），并和实际测定值进行比较（表 7-15）。

表 7-15 紫花苜蓿 N、P 产量（单位：kg/hm^2）

指标	日期	7 月 12 日	8 日 25 日	10 月 13 日	合计
N	模拟值	108.7	90.5	61.4	260.7
	实测值	107.1	88.9	29.9	225.9
	相差/%	−1.5	−1.8	−51.3	−13.3
P	模拟值	14.2	9.3	6.2	29.8
	实测值	8.6	7.2	3.9	19.7
	相差/%	−39.4	−22.7	−37.6	−33.8

注：相差=（模拟值−实测值）×100/实测值

结果显示，地上部全 N 的累积量，模拟值普遍比实测值高，前两次刈割 N 产量模拟值与实测值间相差不大，而第三次刈割 N 收获产量的模拟不理想（相差为−51.3%）。年刈割 N 产量的模拟值与实测值间的相差为−13.3%。地上部 P 产量的模拟结果同 N 的产量类似，各刈割 P 产量模拟值同样普遍比实测值高。但是，模拟值与实测值的相差均较大，年刈割 P 产量的模拟值与实测值间的相差为−33.8%。

三、基于 DNDC 模型的栽培草地碳通量模拟

（一）DNDC 模型介绍

DNDC 模型囊括了陆地生态系统中一系列主要的物理、化学及生物过程，能够分别模拟土壤气候、农作物生长、有机质分解、硝化、反硝化和发酵过程，时间步长以日为单位（李长生，2001），有关该模型的详细结构、方程和输入参数见文献（Li et al.，1994，1992a，1992b）说明。该模型具有模拟功能强大、输入参数容易获得、软件界面友好等优点，适用于农业生态系统（李长生，2001）。该模型既可以对某一实验点的农田土壤有机碳量及变化进行模拟，也可以估算一个国家或某一区域的农田土壤碳储量。DNDC 模型自发表以来已经在国外许多国家得到进一步应用和验证（李长生，2001），并在 2000 年被指定为在亚太地区进行推广的首选生物地球化学模型（邱建军和秦小光，2002）。近年来在我国，DNDC 模型得到东北地区、华北平原、内蒙古等地的观测数据的检验（韩冰等，2003，2004；邱建军，2004；王立刚和邱建军，2004；王立刚等 2004；邱建军和唐华俊，2003；陈晨等，2010），模拟结果与实测结果符合很好。

DNDC 模型模拟作物生长时，需要该作物的生理及物候学参数，这组参数包括作物最大生产量，生长积温，生物量在根、茎、叶及籽粒间的分配，根、茎、叶及籽粒中的碳氮比（C/N），作物需水量，作物固氮能力等。DNDC 模型点位模拟的数据库包括：

1）气象信息。

2）土壤信息。

3）农田管理信息。农田管理信息页内又包含 8 个子页，让使用者去确定农作物的种类与轮作、耕耘、化肥施用、有机肥施用、旱地灌溉、水田淹灌、塑膜技术、放牧与割草（图 7-31 至图 7-34）。

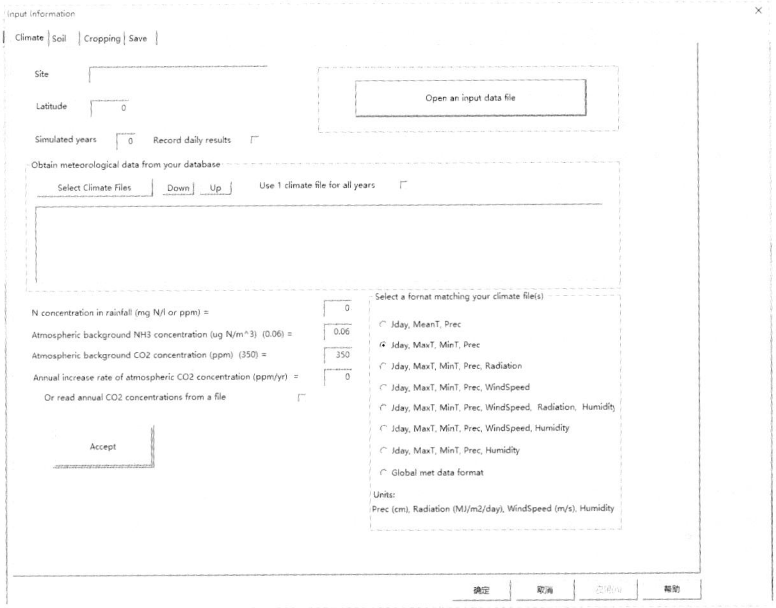

图 7-31　气象信息输入

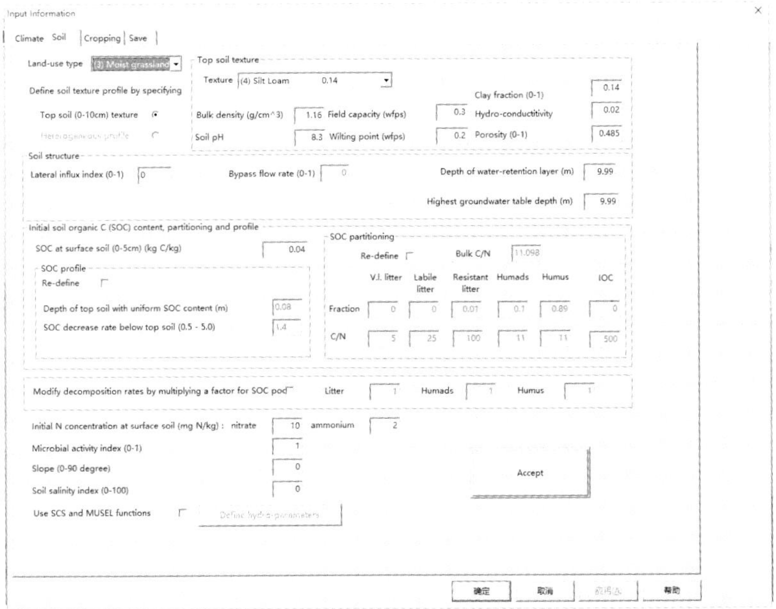

图 7-32　土壤信息输入

Farming Management Practices

Crop | Tillage | Fertilization | Manure Amendment | Irrigation | Flooding | Plastic | Grazing or cutting

Number of new crops planted in this year = 1

Crop # = 1 <- ->

Crop type: 71 TMSteppe2

This is a perennial crop ☑

Is it a cover crop? ● Yes ○ No

Planting month: 1 day = 1

Harvest month: 12 day = 31

Harvest mode 1: in this year; 2: in next year 1

Fraction of leaves+stems left in field after harvest (0-1) 0

Crop parameters

	Grain	Leaf+stem	Root
Max. biomass production, kg C/ha	23	1495	782
Biomass fraction	0.01	0.65	0.34
Biomass C/N ratio	23	40	55
Annual N demand, kg N/ha	52.5932		
Thermal degree days for maturity	3200		
Water demand, g water/g DM	450		
N fixation index	1.5		
Maximum root depth (m)	1		
Vascularity (0-1)	0		

Accept

CropID	CropTy...	Planting		Harvest		Mode	Residue	Yield
1st crop	71	1	1	12	31	1	0.000000	23.000...

确定　取消　应用(A)　帮助

图 7-33　农田管理信息输入：轮作系统和年循环

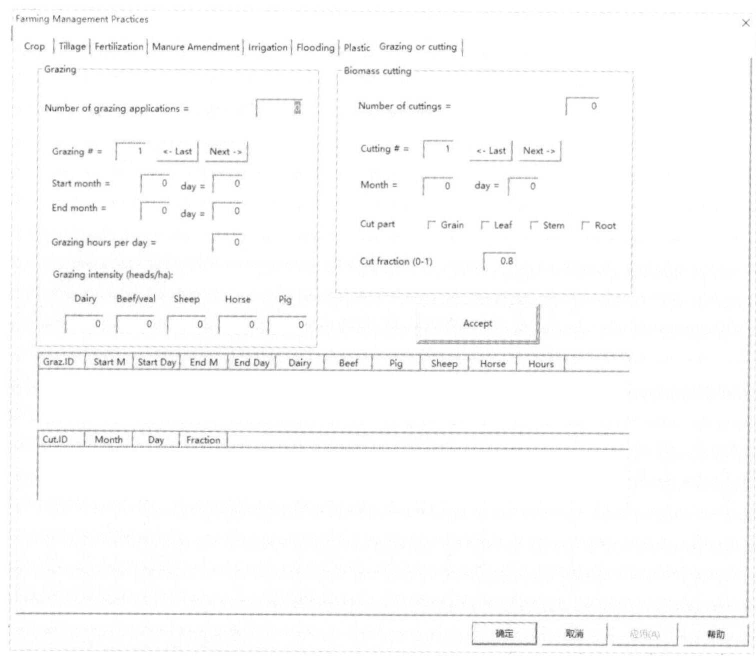

图 7-34　农作物类型、播种/收获日期、秸秆还田和作物生理/物候参数的输入

区域模式的数据库包括：

1）地理信息系统数据库。

2）气象数据库。

3）作物和土壤数据库。

（二）案例分析

1. 试验设计与数据处理

（1）试验设计与样地选择

田间试验是为揭示实际客观规律以及下一步的验证模型和进行区域模拟与评价奠定基础，为了涵盖本研究区域的主要种植品种以及对模型进行较为全面的验证，选取呼伦贝尔地区栽培草地的主要种植品种（杂花苜蓿和无芒雀麦）进行试验。以往的研究表明，土壤有机质含量是影响土壤温室气体释放的最主要因素，而温度和降水对温室气体释放的影响最为显著。本试验进行 1 年（2010 年），采样时间主要选择在牧草生长的主要生育期，并且在降水时增加取气频率，尽可能捕捉到 CO_2 通量高峰，冬季视温度适当减少通量观测次数，气样在取样后的 3 天内完成浓度测量。

试验地选择在呼伦贝尔草原生态系统国家野外科学观测研究站栽培草地试验田。整个试验地采用 3×3 设计。小区面积 $4.4\times3=13.2\text{m}^2$，根据工作量的大小和模型的需求，采用随机区组设计，重复 3 次。测量时间从 2010 年 6 月初（返青后）至 2010 年 9 月底（牧草收获后）。

旱作，种植采用条播，行距为 40cm，播量均为 7.5kg/hm^2。

试验地苜蓿 2008 年 6 月 2 日播种，次年 5 月初返青，8 月中旬收获，每年收获两茬，分别在 6 月下旬和 8 月中旬，鲜草产量在 8t/hm^2 左右。试验在苜蓿开花期进行测定，植株平均高度在 55cm 左右、日均气温 20℃。

（2）气体的测定

箱技术是测量土壤痕量气体释放通量的最常用方法，分为密闭箱技术和动态箱技术，本研究采用密闭箱技术。密闭箱由有机玻璃材料制成，呈正方体，分箱体和底座两部分。箱体底面开口，连接带有凹槽的底座，箱内带有空气搅拌的小风扇。测量时将底座封闭嵌入土中，然后将箱体置于底座凹槽内，凹槽内用水密封，使箱内空气不与外界空气交换或循环。然后每隔一定时间测量一次箱内所研究气体的浓度，分别在 0、10min、20min、30min 用注射器采集气体于气袋中（化工部大连光明化工研究所生产的铝膜气样袋）。

根据浓度随时间的变化速率计算土壤的气体释放通量。所测痕量气体（以 CO_2 为例）释放通量（F）的计算公式为

$$F=\rho H\text{d}c/\text{d}t \tag{7-7}$$

根据理想气体方程可转换成（郑循华，2000）：

$$F=60\times10^{-5}\times\left[273/(273+T)\right]\times(P/760)\times\rho H\times(\text{d}c/\text{d}t) \tag{7-8}$$

式（7-7）和式（7-8）中，F 为 CO_2 的释放通量，$\text{mgCO}_2/(\text{m}^2\cdot\text{h})$；$\rho$ 为 0℃和 760mmHg 气压条件下的 CO_2 密度，g/L；H 为采样箱气室高度，cm；dc/dt 为箱内 CO_2 气体浓度的变化速率，$\times10^9$/min；P 为采样箱箱内大气压，mmHg；T 为箱内平均气温，℃。试验地点的高程接近海平面，所以 $P/760\approx1$。

气体通量（F）为负值时表示土壤从大气吸收该气体，为正值时表示土壤向大气排放该气体。

（3）日常气象与农田管理记录

逐日气象资料包括：每天的最高气温、最低气温、降雨。

农田管理调查：在作物生长期间准确记录物候期、农田管理（施肥、灌溉、除草等）的时间和用量，见表 7-16。

表 7-16　田间管理措施

样地	返青日期	第一次刈割日期	收获日期
杂花苜蓿草地	5 月 10 日	7 月 14 日	8 月 27 日
无芒雀麦草地	5 月 8 日	7 月 14 日	8 月 27 日

（4）土壤样品理化性质测定

采集基础土样以确定各试验点土壤的基本理化性状。具体方法为：在各试验点采用五点法取 0～10cm 土样、10～30cm 土样，测定土壤有机质含量、pH、全氮、碱解氮、速效钾、土壤含水量等。测定具体方法及结果如下（表 7-17）。

土壤有机质——重铬酸钾外加热法；

土壤全氮——半微量凯氏定氮法；

土壤碱解氮——碱解扩散法；

土壤速效钾——火焰法；

土壤 pH——酸度计法；

土壤水分——烘干法；

土壤温度——温度计测定。

表 7-17　土壤基本理化性状分析结果

样地	pH	碱解氮/(mg/kg)	速效钾/(mg/kg)	全氮/(g/kg)	土壤有机质/(g/kg)
杂花苜蓿草地	6.96	135.57	307.88	2.40	16.17
无芒雀麦草地	6.88	124.37	205.81	2.29	15.83

（5）区域数据库的建立

主要完善建立三大类以县为单位的区域数据库：

牧草种类数据库：呼伦贝尔地区牧草种植（播种、收获、最适生物量等）数据。

气象数据库：呼伦贝尔综合试验站逐日气象资料，包括最高气温、最低气温和降雨。

土壤特性数据库：呼伦贝尔地区土壤有机质含量、pH、N、P、K（全量和速效）养分含量、土壤含水量、土壤容重及质地。

（6）数据处理分析

气体样品测定数据由气相色谱自带的数据处理软件 GIS 进行处理，数据分析用 Microsoft Excel、SAS 统计分析软件进行，据 GIS 作图由 Arcveiw 软件完成。

2. 结果与分析

（1）土壤 CO_2 通量变化规律

1）土壤 CO_2 通量日变化

以 2010 年 7 月 20 日测定杂花苜蓿与无芒雀麦草地 CO_2 通量为例进行说明。从图 7-35 可以看出，杂花苜蓿与无芒雀麦草地 CO_2 通量均呈现随机性，表现出多峰的日变化特征，这可能是由测定作物、时间及环境因素差异所造成的，测定当天气温与相对湿度见图 7-36。

杂花苜蓿草地 CO_2 通量的最大值出现在 10:30 和 16:30 前后。CO_2 通量也为全天最高，分别为 398.28mgCO_2/(m^2·h)和 453.99mgCO_2/(m^2·h)。无芒雀麦草地 CO_2 排放的最大值出现在 10:30 和 18:30 前后。CO_2 排放通量也为全天最高，分别为 933.88mgCO_2/（m^2·h）和 899.63mgCO_2/(m^2·h)。两种类型的草地 CO_2 通量最小值出现在夜晚温度较低时段，凌晨 3:30 左右。在降温过程中，CO_2 通量与温度并不呈现明显的相关性，具有一定的随机性。通过全天对两种类型草地 CO_2 通量的观测，发现无芒雀麦草地 CO_2 通量高于杂花苜蓿草地，分别为 453.69mgCO_2/(m^2·h)和 238.15mgCO_2/(m^2·h)。

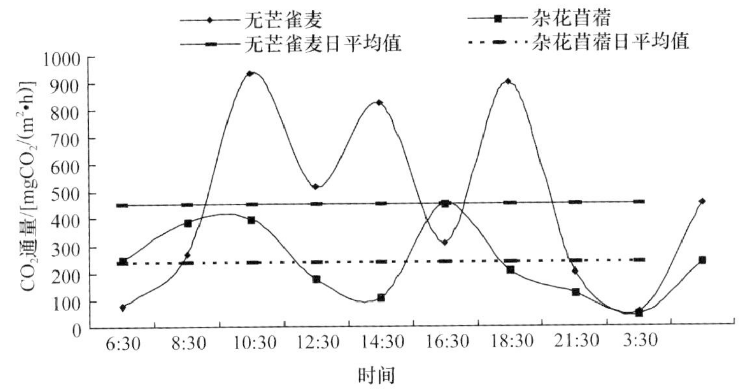

图 7-35 不同土地利用方式 CO_2 通量日动态

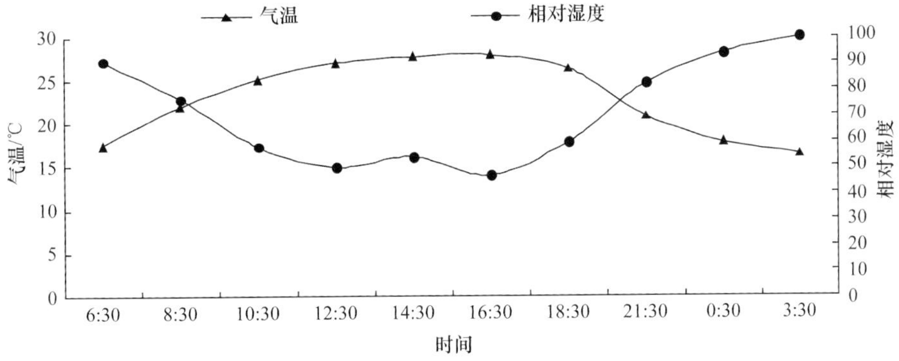

图 7-36 试验地气象因子日变化规律

2）土壤 CO_2 通量季节变化

试验测得杂花苜蓿与无芒雀麦草地土壤 CO_2 通量均由一系列明显的 CO_2 通量峰组成。杂花苜蓿与无芒雀麦种植时间相同，田间处理、生长发育各个阶段环境条件及管理条件基本相同，所以两种草地 CO_2 通量的季节变化规律做对应的比较是可行的。从试验结果可以看出，两种牧草品种在生长过程中除了受温度的影响外，降水也是影响 CO_2 通量的一个重要因素。降水对 CO_2 通量影响较大，有相应的降水出现，CO_2 通量就会产生一定的波动。值得注意的一点是，本试验测定的时间是在 9:00～11:00。图 7-37、图 7-38 中显示降水对 CO_2 通量有影响，但不明显，这主要是因为气体采集时间与降水时间存在一定的差异。存在上午气体采集，降水出现在中午、下午或者晚上。当天气体 CO_2 通量数据显示不出来，但是随着降水的发生，对土壤含水量产生一定影响，在接下来的测定

时间内 CO_2 通量出现“峰值”，但是，CO_2 通量出现“峰值”的这一天可能没有降水发生。

从这个生长季来看，杂花苜蓿草地在整个生长季 CO_2 通量相对无芒雀麦地较高，特别是在 7～8 月，CO_2 通量总体上呈上升趋势。之后，随着气温的降低，土壤呼吸逐渐减弱，CO_2 通量整体呈下降趋势，但因环境因素的影响，出现不同程度的波动。无芒雀麦草地在整个生长季 CO_2 通量均呈较大的波动，其中以 7～8 月波动幅度较大，CO_2 通量波动范围在 142.93～941.62mgCO_2/(m^2·h)（图 7-37、图 7-38）。

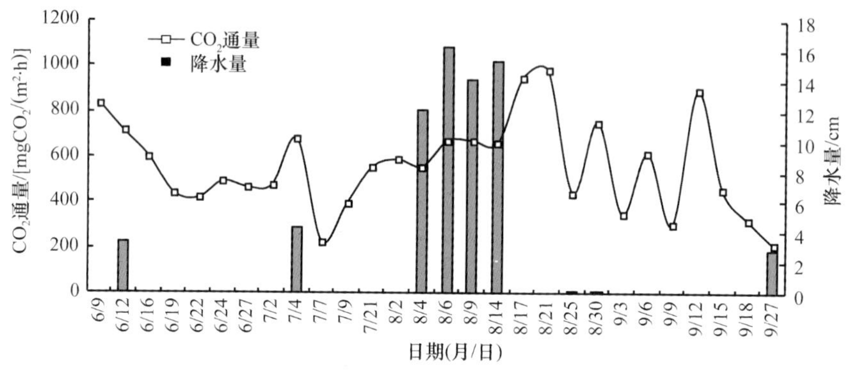

图 7-37　杂花苜蓿草地 CO_2 通量季节变化

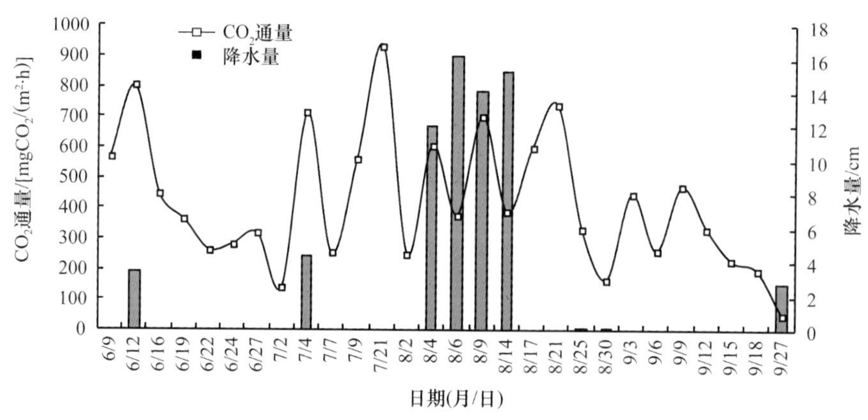

图 7-38　无芒雀麦草地 CO_2 通量季节变化

3）影响 CO_2 通量的环境因素

温度是影响土壤 CO_2 通量的主要环境因素之一。随着温度的升高，作物的根系呼吸增强，加速土壤中有机质的分解和微生物的活性，促进有机质的矿化过程，从而增加土壤中 CO_2 浓度及产生的 CO_2 向地表的扩散速率。从本试验相关分析结果来看，杂花苜蓿和无芒雀麦草地 CO_2 通量均受土壤温度的影响，呈正相关（图 7-39）。

土壤 CO_2 通量还受土壤水分含量的影响。土壤水分含量是促进土壤矿质化过程的重要因素。土壤水分含量高与低都将影响土壤呼吸速率，以及 CO_2 在土壤中的扩散。综合分析杂花苜蓿与无芒雀麦草地土壤含水量与 CO_2 通量的相关性，结果显示土壤含水量与 CO_2 通量呈正相关，相关系数达 0.453 以上。试验结果也显示，在土壤水分含量可以满足根系、土壤微生物及植株呼吸作用的需要时，其就不是限制因子（图 7-40）。

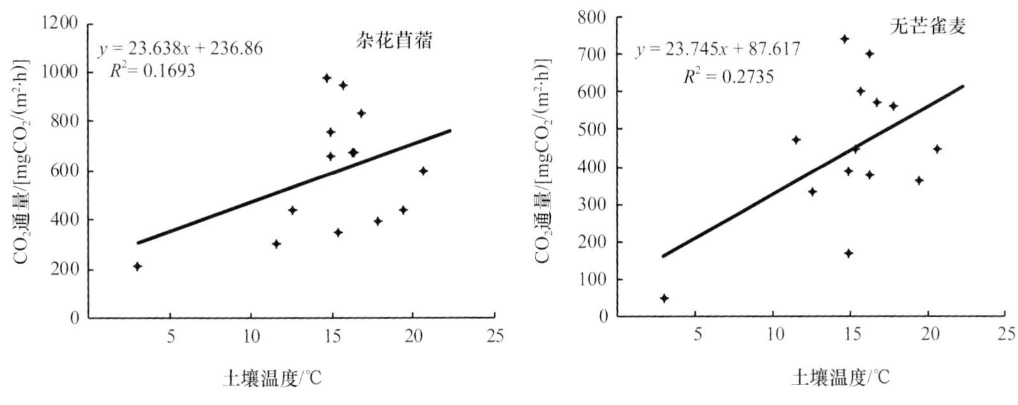

图 7-39　CO_2 通量与土壤温度相关分析

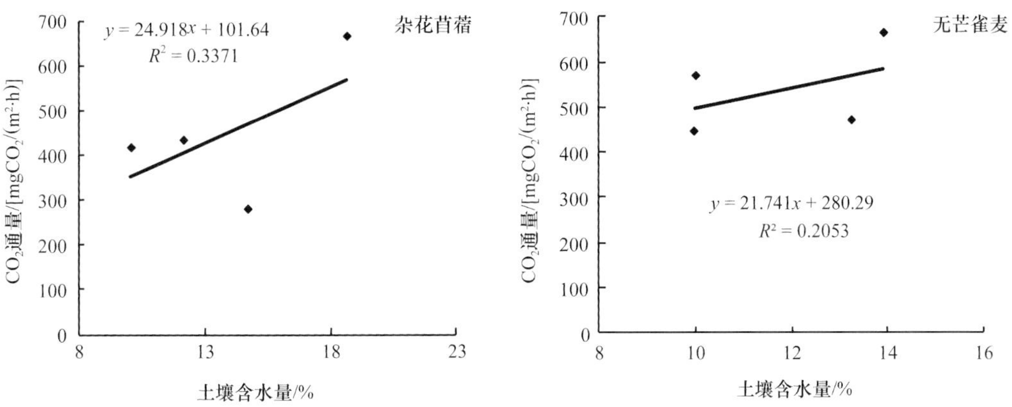

图 7-40　CO_2 通量与土壤含水量相关分析

4）DNDC 模型模拟 CO_2 通量

DNDC 模型对土壤 CO_2 释放通量及其影响因子季节变化的拟合程度是能否推广该模型的基础。本研究主要通过田间试验数据来验证该模型模拟出的一系列结果，包括土壤释放 CO_2 是否表现为产生一系列释放峰的过程。

田间观测表明，杂花苜蓿和无芒雀麦草地 CO_2 释放峰主要受温度和降水的影响，土壤释放 CO_2 表现为产生一系列 CO_2 释放峰的过程。模型计算 CO_2 释放通量季节变化与田间观测结果间的对比分析表明，模型基本上捕捉了田间观测到的强降雨后的 CO_2 释放峰，CO_2 通量季节变化规律也基本一致。但从图 7-41、图 7-42 中还看到，与实测值相比，杂花苜蓿草地模拟结果普遍偏高，无芒雀麦草地模拟结果普遍偏低，分析原因可能是模型在计算 CO_2 通量时，只考虑了土壤呼吸因素的影响，而没有考虑生物因素对两者测算的 CO_2 通量造成的差异，同时作物对温度、氮肥、水分的需求参数还不确定，这些因素都将影响模拟结果。在今后的研究工作中，将进一步加大这些因素的研究与分析。

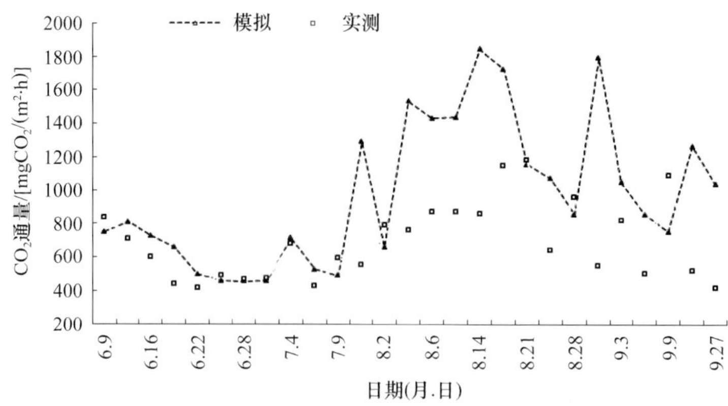

图 7-41　杂花苜蓿草地 CO_2 通量实测值与模拟值的对比

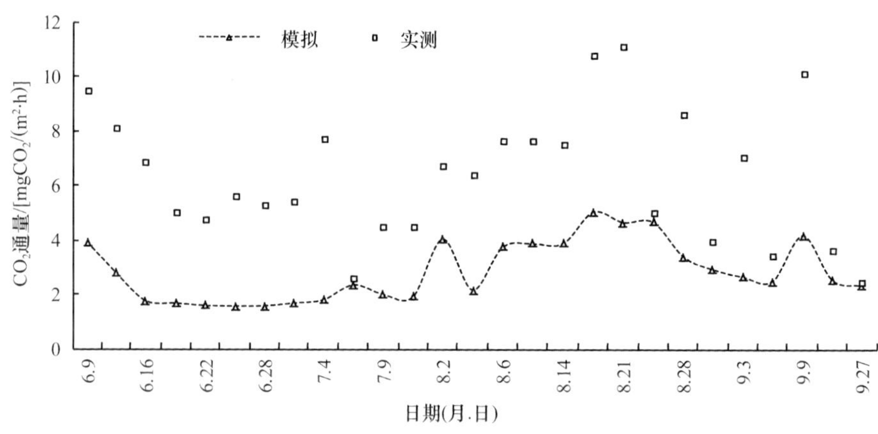

图 7-42　无芒雀麦草地 CO_2 通量实测值与模拟值的对比

四、栽培草地生产模拟技术的发展趋势

（一）不同尺度下栽培草地生长模拟

作物模拟按照研究对象的不同可分为两大类型，即以作物生长发育过程及群体质量为对象的作物生长模拟和以作物生长发育过程及形态质量为对象的作物形态结构模拟与可视化（曹宏鑫等，2010），栽培草地长模拟技术已逐渐趋于成熟，并在数字农业中发挥了重要作用，但其区域适用性和通用性显得十分重要，因此模型模拟的精确性及适用的尺度都需进一步研究。

（二）模型模拟与其他技术的耦合

栽培草地生长模型模拟一般注重机理性、系统性、数据性，模型创制出来后，难以在实际生产中直接利用，而在模型基础上耦合相关的技术、系统，使模型的操作环境更加完善，功能更加多样化，如专家系统、决策支持系统、3S 技术、网络技术等，这种综合性的模型能过更好地指导农业生产和服务管理决策，这将是栽培草地模拟技术的另一发展趋势。

第三节 草地-家畜过程模拟技术

一、草地-家畜系统模拟研究进展

近年来，随着全球气候变化研究的深入，有关植被生产力模型研究较多，如CENTURY、BIOME-BGC、TEM、CARAIB等生物地球化学模型；BIOME3、DOLY和HYBRID等生物地理模型以及基于遥感的模型等，它们都较好地模拟了各种植被类型的生产力（段庆伟等，2009）。但这些模型基本上都是大尺度的，不能为小尺度的牧场管理提供决策。基于小尺度的草畜系统模拟模型成为近年来研究的热点。草地-家畜系统管理模型是定量的研究草地放牧管理系统的重要工具。草地-家畜系统管理模型通过模拟牧场和动物的动态，来获得草地-家畜的实时数据，实现对牧场的动态管理（蒙旭辉，2009）。

目前，国内的草地利用优化管理研究还处于概念模型和理论研究阶段，没有真正实现优化管理。如何最有效地利用草地的生产资源，同时保障草地生态系统基本功能不受到破坏，是草地利用优化管理研究的核心。我国决策支持系统的研究始于20世纪80年代中期，李博等著《中国北方草地畜牧业动态监测研究（一）——草地畜牧业动态监测系统设计与区域实验实践》一书中建立了一些统计模型（李博等，1993）。史培军等（1993）根据内蒙古草地地面光谱时空分异规律建立了地上生物量估算的地面光学模型，并建立了内蒙古锡林郭勒盟草地地上生物量估算的地学模型。刘以连和丑自明（1994）建立了草地光合产量动态模拟模型。宫海静和王德利（2006）对草地放牧系统优化模型的研究进行了评述。赵慧颖等（2007）应用积分回归、模糊数学中隶属函数的统计方法，采用地理信息系统（GIS）进行了呼伦贝尔草地天然牧草生物量预报模型的研究。该研究为草地生产力评估、妥善解决草畜矛盾、制定畜牧业发展规划及有效保护草场资源、保持畜牧业的可持续发展提供依据。李自珍等（2002）以甘南高寒草地放牧系统为研究对象，运用生物控制论的理论与方法，确定了放牧管理的主要指标，组建了放牧管理的最优控制模式，并根据试验监测结果进行了实例计算与生态经济效益分析，提出了可持续利用的对策与意见，为草地放牧系统的管理提供了理论模式，对于指导牧业生产实践是有实用价值的。

目前，已有较多的研究工作对草地放牧系统管理的最优控制及其应用进行了讨论（克拉克，1984；李自珍等，1998；李文龙和李自珍，2000；李自珍等，2002），但这些工作几乎都没有考虑一个重要事实，即环境因素（降水、温度等）的周期性变化及放牧周期的干扰。Cushing（1997）指出考虑生态系统的周期干扰和生态参数的周期性变化是重要而且合理的。

Jones和Sandland（1974）提出了一个较为合适的表达动物生产与放牧率之间关系的家畜生产模型（Jones and Sandland，1974），其表达式如下：

$$Y=a-bS \tag{7-9}$$

式中，Y为个体增重；S为放牧率；a为每头家畜表现型潜力的估测值；b为放牧率增加时每头家畜的增重变化。

大量实验证明，这种线性关系适用于 90%以上的动物个体生产变化，对每一种给定的草-畜系统进行了比较简单且粗略的描述。有人将动物生产看成是放牧压力的函数，它表示出同样的线性关系。其优点是去掉了季节对饲草的影响，缺点是将牧草质量的年变化与放牧压力相混淆。

Stoorvagel J.J.提出了经济和环境指数平衡的综合分析方法，运用生物物理和计量经济模型，通过对时间和空间范围的清楚定义以及模型综合软件将这些完全不同的模型连接起来。他将这一方法运用于对厄瓜多尔安第斯山脉的马铃薯-草原生产系统进行分析，对这一系统土地利用的各种不同方式和几种不同的投入决策进行了综合模拟。这种将自然科学和社会科学方法相结合的研究方法运用于草原研究是一种新的尝试（Stoorvogel et al.，2004）。

决策支持系统（decision support system，DSS）在农业和放牧管理方面有了很大发展，世界各国开发了大量牧场放牧管理的软件，如 GrassGro、SPUR、GRASIM、GRASIM 等。这些模型的模拟过程囊括了放牧系统的牧草、牲畜、放牧管理措施等各方面因素，同时这些模型为科学研究、教学和推广提供了一个优秀的工具。

草原生产与利用模型（simulation production and utilization of rangeland，SPUR）是一个多点的、确定性的机理过程模型，逐日进行模拟。它主要用于设计和分析影响牧场可持续性的管理方案，如灌溉、施肥、播种和放牧系统等（Wight，1983），确定和分析影响草地可持续性的管理模式，预测气候变化对草地的影响（Hanson et al.，1992；Thurow et al.，1993）。

GRASIM 模型是一个综合放牧模型，可以模拟包含牧场系统所有成分的集约化的轮牧管理，可预测现存生物量、牧草营养质量和地下养分淋溶损失。通过模拟可以更好地理解牧场系统，并可以提出管理策略以改善草场的利用。GRASIM 以天为步长运行，输入变量包括每日最高最低温度、土壤氮转化系数、土壤水和土壤氮的初始水平。

GrassGro 模型是澳大利亚联邦科学与工业研究组织（CSIRO）植物工业部的 GRAZPLAN 小组开发的一个决策支持模型，以检验澳大利亚降水量很大的温带地区的放牧企业的生产风险（Moore et al.，1997）。该系统依据气象数据、土壤条件、牧场牧草来估测草场牧草的生长量；结合草地饲养的动物品种、生产能力、产品质量和价格，确定补充饲草的提供量，制定饲草饲料生产计划，以达到最佳经济效益的畜群管理。GrassGro 模型最大的优势在于其草地生态过程分析，包括草地-家畜相互作用，具有定量、科学地确定草地利用强度、程度及其经济效益的功能（Moore et al.，1994；Moore，1996）。

肯塔基肉牛-牧草模型（Kentucky beef-forage model）是一个完整的牧场系统模型，可以让用户高效地评价管理决策的结果，如植物和动物生产、能量消耗和经济回报等。该模型包括了一个植物生长-成分模型、一个动物生理生长-饲料采食模型和一个植物-动物界面模型，是个有关环境因子与家畜关系的过程模型，可以描述选择性放牧的逻辑（Hudson et al.，2001）。

国内外模拟模型的发展，使得草地-家畜系统的定量管理成为可能。GrassGro 模型具有强大的草地管理功能及数据模拟和分析功能，可以在家庭牧场尺度上为生产提供决策支持。本研究利用 GrassGro 放牧管理决策支持系统管理家庭牧场，综合草地放牧系统的主要因子，分析草场的动态以及牲畜和整个牧场的收益，实现对放牧管理系统动态的评估和评价，为生产提供决策依据。

二、GrassGro 模型在中国的修改和校正

（一）关于 GrassGro 模型

GrassGro 模型是澳大利亚 CSIRO 植物产业部开发的 GRAZPLAN 系列软件的核心模型，该系统依据气象数据、土壤条件、牧场品种来估测草场牧草的生长量；结合草地饲养的动物品种，生产能力、产品质量和价格，确定补充饲草的提供量，制定饲草饲料生产计划以达到最佳经济效益的畜群管理措施，在澳大利亚 GrassGro 模型以商业性计算机软件形式提供给农场主，帮助其制定自己的草地生产，改良动物生产的策略和具体措施。该系统功能强大，要求提供和确定各种参数，对使用者的技术水平要求很高。

GrassGro 模型在澳大利亚所有暖温性半湿润、半干旱气候的放牧区域应用广泛，经过 1000 多个牧场的应用校正，系统结构比较完善。由于中澳气候、土壤、植被区系方面的差异，GrassGro 模型在中国云贵川山区栽培草地-家畜系统可以直接使用，在北方温带草原和高寒草地放牧系统必须需要调整参数后才能够使用。GrassGro 模型模拟最大的优势在于其草地生态过程包括草地-家畜相互作用，具有定量的、科学的决策草地利用强度、程度及其带来的经济效益的功能，对于我国目前经营粗放草地畜牧业管理系统具有重要的借鉴意义。

（二）建立和完善了参数库

1. 植物参数

植物参数包括物候、光合作用、呼吸与生长、同化物质分配、死亡、可消化性、根系、种子与萌发、放牧反应等共 161 个参数。建立了北方草原主要建群植物羊草（*Leymus chinensis*）、大针茅/克氏针茅（*Stipa grandis*/*krylovii*）、冰草（*Agropyron* spp.）、隐子草（*Cleistogenes* spp.）、冷蒿（*Artemisia frigida*）的参数集。

2. 土壤参数

按土壤质地将土壤分为上层土和下层土两级，两个土层分别对应如下参数：土层累积深度、田间持水量、土壤萎蔫点、容重和饱和水通导性，另外还有土壤表层反照度。

3. 家畜参数

家畜参数包括生产特性和营养需求特性，参数直接采用国内测定数据。包括的家畜品种有：乌珠穆沁羊（山羊），乌珠穆沁牛，西门塔尔/安格斯/利蒙新/夏洛莱与乌珠穆沁牛杂交 1 代。

4. 饲料参数

包括各种添加饲料的营养成分、消化率、消化能。参数采用 18 种中国北方特有饲料实测数据。

5. 气象参数

利用引进的 MetAccess 气象数据处理软件建立了适合于 GrassGro 模型运行的锡林浩

特1980～2000年的气象数据库。包括每日最高气温、最低气温、降水、相对湿度、风速、光照时数、蒸发、草层温度、太阳辐射等。

（三）物种模型校正结果

基础参数集建立完成后，应用锡林浩特站1981～2000年的植被、土壤和气候数据，对GrassGro模型中相应的参数进行了校正，以使该模型进一步中国化。

首先进行了单种植物的模拟。单种物种的模拟比较理想之后，又进行了混合物种的模拟，最后确定了模型的植物参数系统。校正后的各种植物的生长曲线见图7-43。

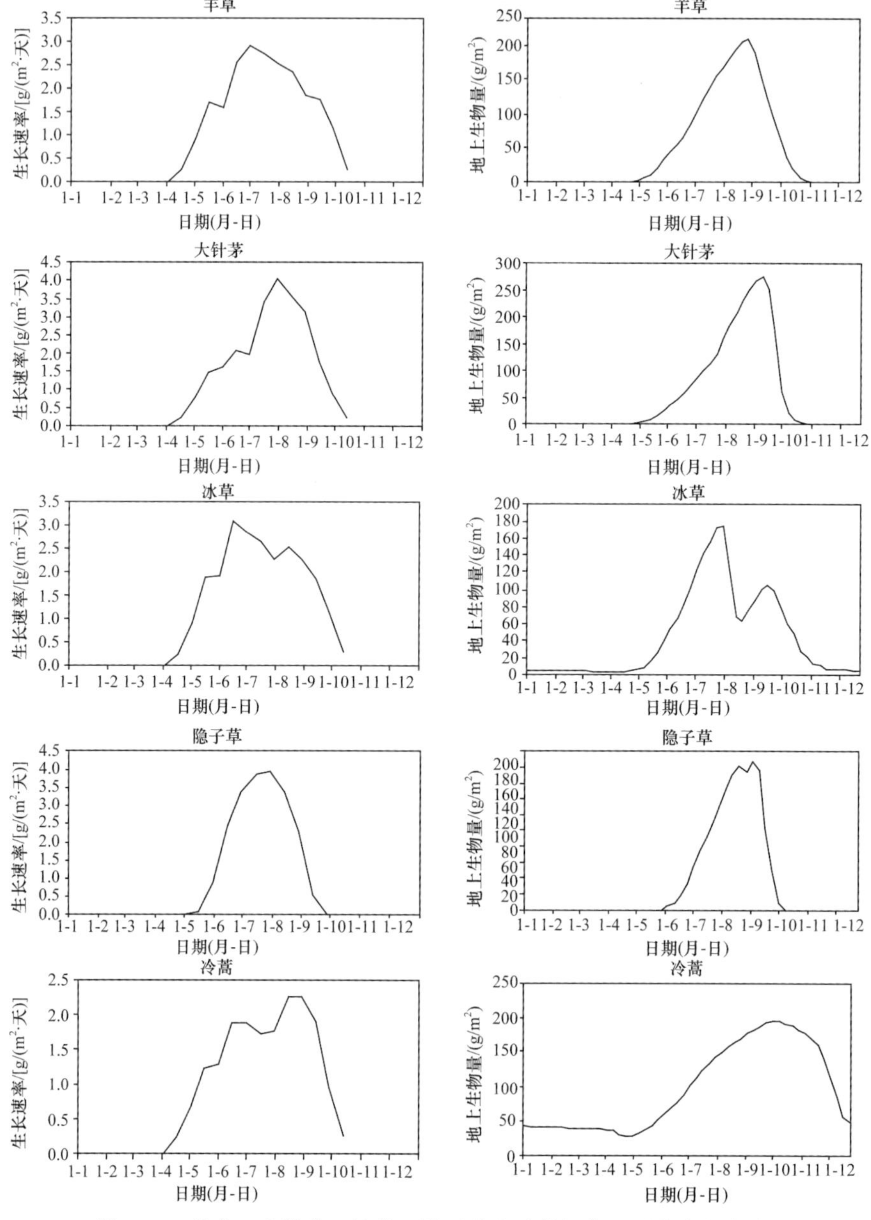

图7-43 羊草、大针茅、冰草、隐子草和冷蒿经校正后的生长曲线

所模拟的物候期与实际研究是一致的。羊草在 4 月下旬、5 月上旬返青，6 月中下旬抽穗，7 月下旬、8 月上旬种子成熟。冰草 4 月中下旬返青，6 月中旬抽穗，8 月上中旬种子成熟（戚秋慧等，1997）。冷蒿的生长速率在 7 月份存在生长低谷。

（四）管理过程修正——休牧模块（forbidden period）的添加

GrassGro 模型考虑的管理过程包括：饲养方式（舍饲或放牧）、放牧方式（轮牧和连续放牧）、饲料优化管理、割草场优化管理、家畜发育节律管理等。原版 GrassGro 模型对我国现行的季节性休牧无法处理，因此，在模型中增加了禁牧模块（图 7-44），以实现春季禁牧的管理决策。

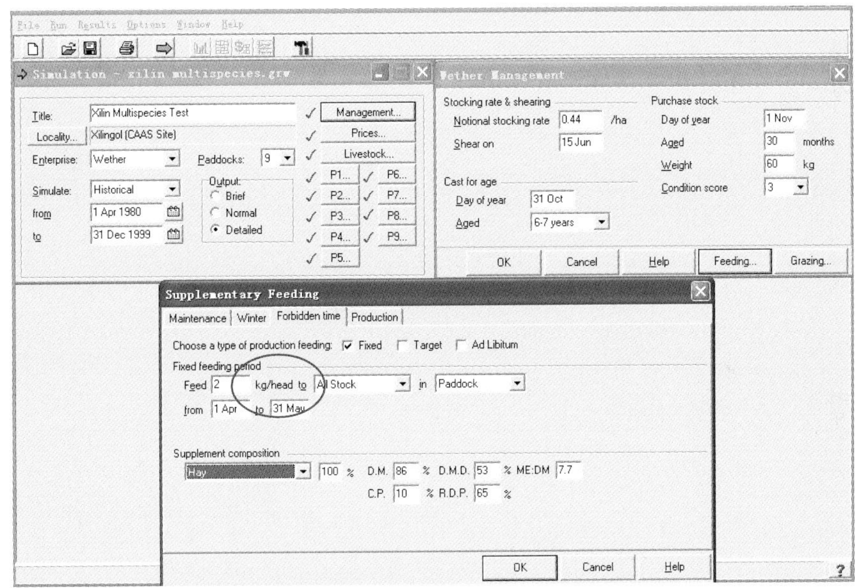

图 7-44　GrassGro 模型添加了禁牧模块

（五）轮牧在 GrassGro 模型中的实现

轮牧也是目前为应对草地退化而进行的行之有效的草地保护和利用方式，在 GrassGro 模型中也能够很好地实现（图 7-45），为草地的管理提供了很好的轮牧方案可供参考。

三、GrassGro 模型在内蒙古温性草原的应用

（一）典型草原草地-家畜生产系统动态模拟

1. 非放牧状态下对草地生物量和草地结构的模拟

植物参数校正后，模型能够准确地模拟非放牧状态下草地生产力和群落结构动态。从图 7-46 可以看出，1981～2003 年模拟值与实测值多年平均数据模拟与实际的季节曲线

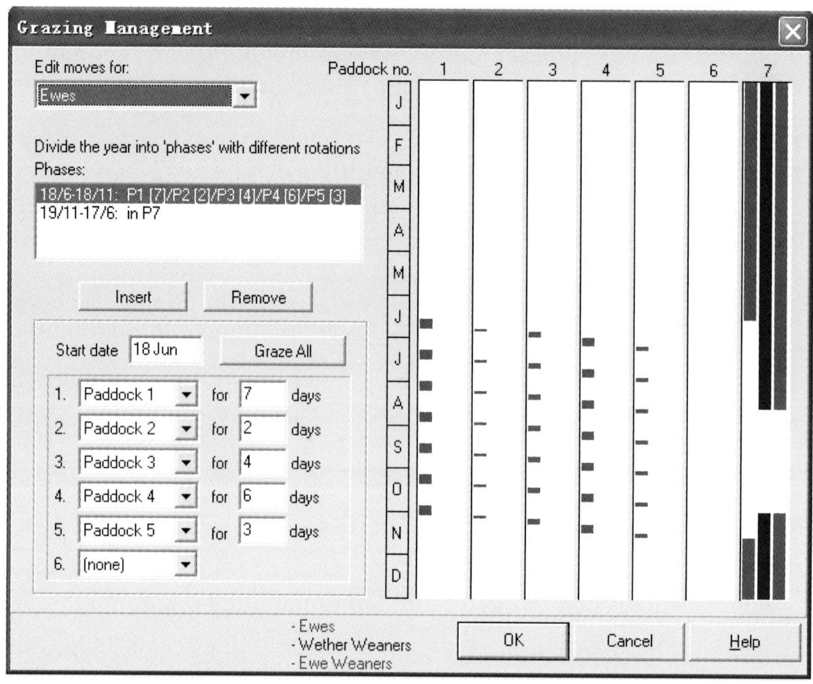

图 7-45　轮牧管理在 GrassGro 模型中的实现

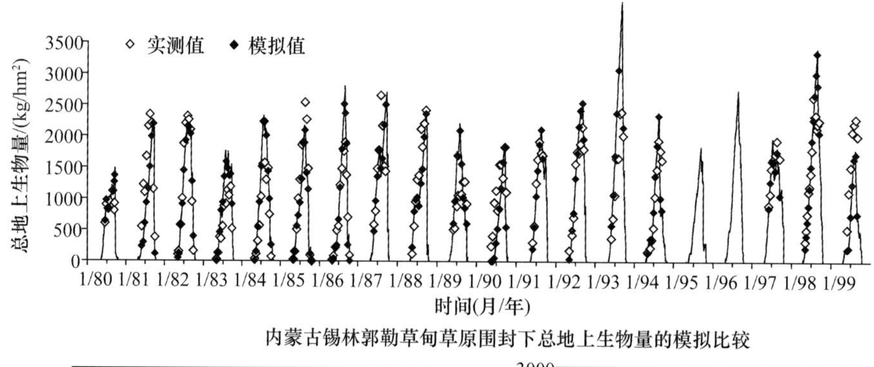

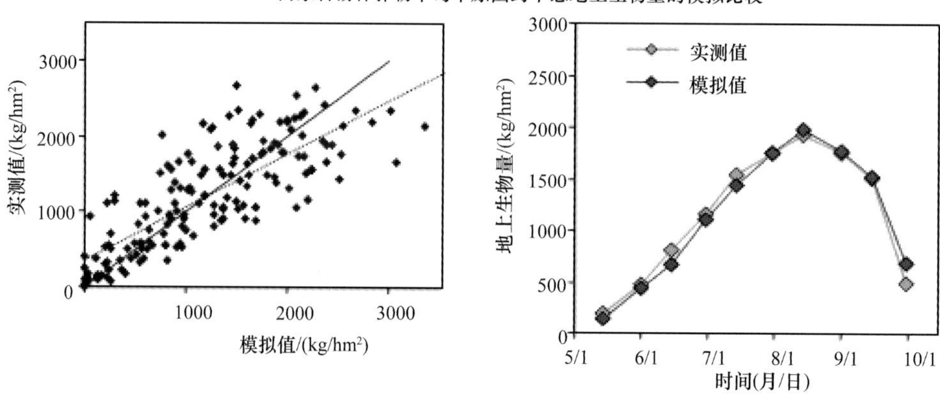

图 7-46　校正后模型对非放牧状态典型草原的模拟验证

上图为实测和模拟的 23 年草地总地上生物量；左下图为实测值和模拟值的关系散点图；右下图为模拟和实测的草地地上生物量季节动态

非常吻合，校正后的模型对草地地上生物量的模拟与实测数据吻合度很高，23 年模拟值与实测值残差分布斜率为 0.04，模拟值与实测值回归 R^2 为 0.66，回归关系在 0.001 的水平上显著，模拟值与实测值偏离系数小于 0.001。GrassGro 模型最可贵的地方在于，不但能够准确模拟生物量，而且，对于群落的物种组成、主要优势种的物候、繁殖特性也有比较准确地模拟。图 7-47 给出了 23 年中群落物种结构的变化、羊草和大针茅的物候和繁殖特性。

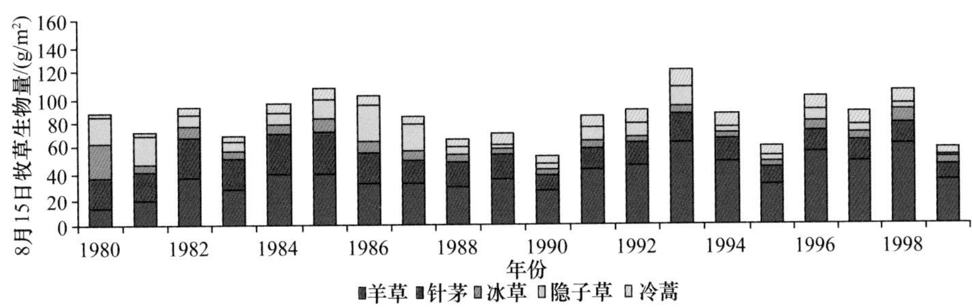

图 7-47 群落物种组成与生长最盛期主要物种的生物量

从图 7-47 可以看出，23 年来，模拟的围栏羊草样地中，糙隐子草在群落中的数量逐渐减少，羊草呈现逐渐增加的趋势，针茅的数量逐渐减少，冰草和冷蒿在群落中的数量保持随机波动。

2. 放牧率对草地生产力和结构的影响模拟

动物参数的校正使模型能够较好地模拟不同利用模式（轮牧、休牧）对草地成分和产量的影响、不同载畜压力和草地功能及结构退化之间的关系。本研究模拟了不同放牧压力下，羊草样地生物量、群落结构的反应。从表 7-18、图 7-48 可以看出，随放牧压力增加，羊草、针茅、冰草在群落中的比例下降，糙隐子草、冷蒿在群落中的数量增加，群落生长最盛期（8 月 15 日）的多年平均现存生物量从将近 100g/m^2 下降到 65g/m^2 左右（23 年平均）。这一模拟结果与实际状况比较吻合。因此，GrassGro 模型的草地-家畜相互作用部分参数的校正是比较有效的，GrassGro 模型可以用于辅助进行草地畜牧业管理决策。

表 7-18 不同载畜压力下羊草群落物种组成

载畜压力	羊草/%	针茅/%	冰草/%	糙隐子草/%	冷蒿/%	现存生物量/(g/m^2)
0 只羊/hm^2	56	19	6	7	11	96.7
1 只羊/hm^2	55	17	5	10	14	90.3
2 只羊/hm^2	50	15	4	14	17	82.0
4 只羊/hm^2	43	11	2	27	17	65.0

初步研究表明，高放牧率是生物量降低和优质牧草物种成分减少的主要驱动因子。在放牧率高于 0.5 只羊/hm^2 时，草场生物量的下降，糙隐子草和冷蒿的比例迅速增加。研究帮助阐明和数量化草地状况的可持续发展与家庭收入的增加之间的矛盾。在内蒙古，牧场收入受各家庭牧场面积的限制。对于所研究的土壤类型和放牧管理系统而言，最理想的公顷肉产量和有限的补饲放牧率的结合是 0.5～1.0 只羊/hm^2。然而，研究表明，放牧率

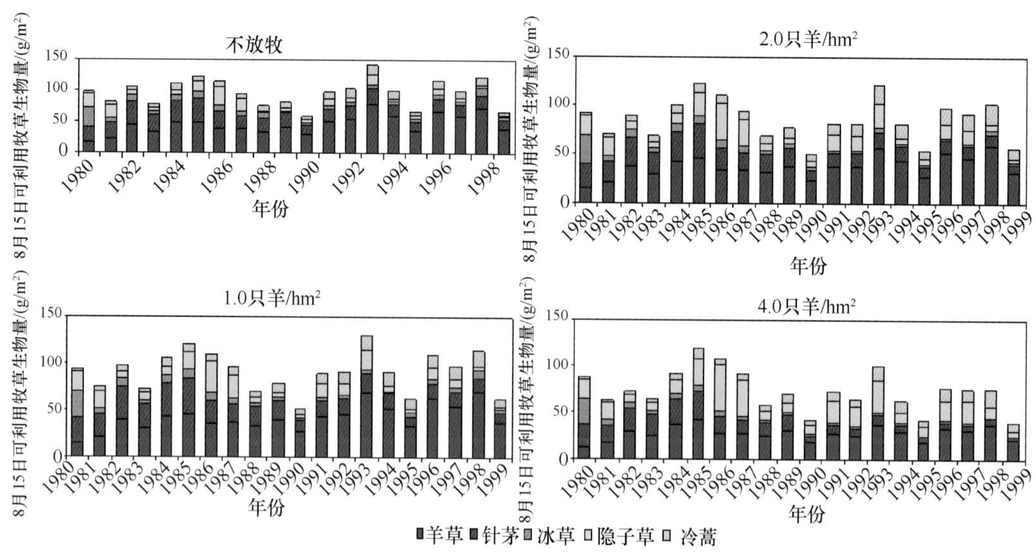

图 7-48　不同载畜压力下羊草群落物种组成模拟

在 0.5 只羊/hm^2 以上时，牧草生物量迅速下降，植物成分很快退化。这个放牧率近似考虑是可持续的。低的放牧率对基于草地的动物生产是一个巨大的限制。为了草地资源的可持续利用，并且经济上可持续，放牧产生的产值必须提高。

随着放牧率的增加，草原优势种羊草和针茅比例明显减少，糙隐子草和冷蒿比例逐渐增加，冰草比例逐渐减小，渐渐被排挤掉了。

3. 休牧对草地群落结构的影响

应用草地-家畜模拟和动态管理系统，模拟了休牧、轮牧等各种管理措施对示范牧户草地和家畜的可能影响。季节性休牧对草地结构有明显的影响，在现状的放牧强度下，不休牧的情况下，草地群落中羊草和大针茅的比例占 56%左右，进行季节性休牧可以将羊草和大针茅的比例提高到 60%以上，相应地，糙隐子草的比例下降 4%左右。当放牧强度增大时，休牧对草地群落结构的影响变得更加显著，见图 7-49。

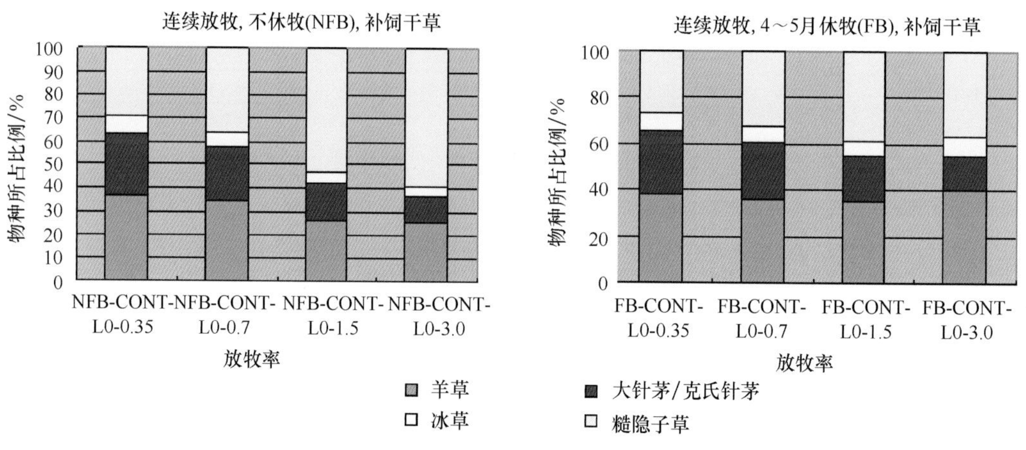

图 7-49　休牧对草地群落结构的影响

（二）草甸草原草地-家畜生产系统动态模拟

1. 草甸草原初级生产力的季节动态

应用草甸草原长期观测数据校正和拟合了 GrazPlan 模型参数，在草甸草原区开展了牧场尺度草地-家畜生产过程模拟和管理模型研究。20 年间的草甸草原生物量模拟表明（图 7-50），呼伦贝尔草甸草原年度间的差异较大，主要是因为植被生长期气候条件的差异，年度间降水的不均衡以及年均温的不断升高，加之近年来草地退化的不断加剧，无法控制的放牧强度等。以羊草为优势种的草甸草原，地上现存可利用的干物质生物量每年最高值的多年平均值约为 454kg/hm^2。

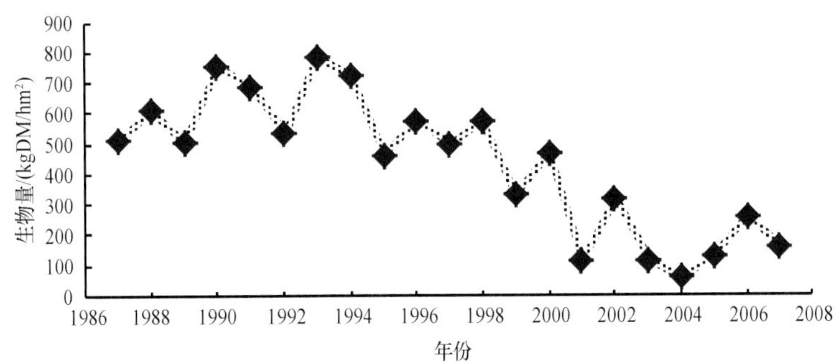

图 7-50　模拟羊草草甸草原 20 年间可利用干物质变化

应用 2006 年和 2007 年的草甸草地实测数据对模拟结果进行验证，模拟值与实测值的季节曲线比较吻合，2006 年的模拟值与实测值之间的相关系数为 0.865，在 0.01 的水平上差异极显著；而 2007 年的实测值与模拟值相关系数为 0.621，在 0.01 水平上相关性不是很好。分析其原因可能是由 2007 年的降水导致的，模拟值与实测值偏离系数小于 0.001。通过预测验证后的物种参数模拟 1987～2007 年的羊草草地生物量，如图 7-51 所示。

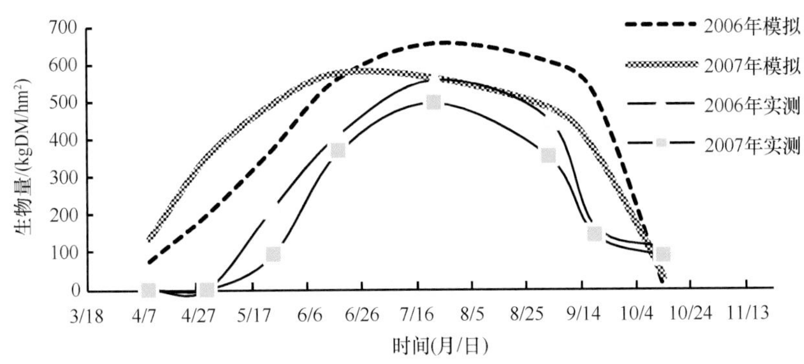

图 7-51　校正后模型对非放牧状态草甸草原的模拟验证

GrassGro 模型对草地生物量的模拟，模拟值明显高于实测值，但所模拟的草地生物量的季节动态与实测值相一致。可能是由于气候的不稳定及测定时的一些实验误差导致的。

2. 草地群落结构模拟

1987～2007 年，每年 8 月 10 日草地优势种的草地生物量模拟表明（图 7-52），随放牧演替的进行，土壤趋向干旱化、盐碱化，羊草等种群数量下降，而适应这种变化的旱生种（糙隐子草、苔草）和耐旱种（冷蒿等）优势度又逐渐增加，并在重牧或过牧阶段成为优势种或重要伴生种。

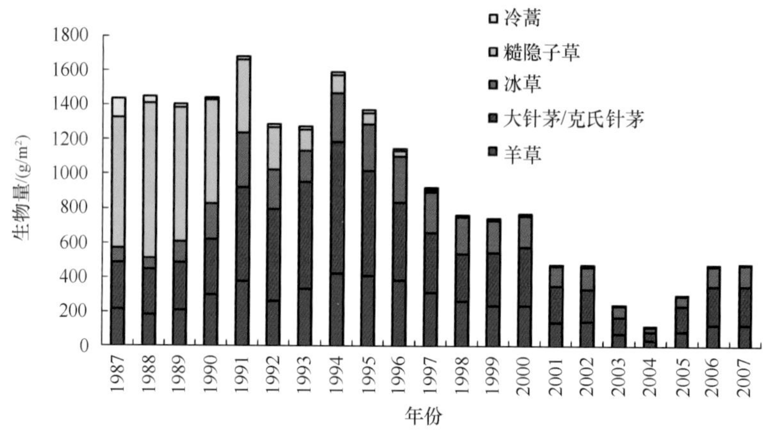

图 7-52　草地群落结构模拟

3. 不同放牧强度下草地生产力的变化

随着放牧强度的不断增大，草地生物量也在不断减少，草原优势种羊草和针茅比例明显减少，糙隐子草和冷蒿比例逐渐增加，冰草比例逐渐减小，渐渐被排挤掉了，如果持续过度放牧，羊草可能被冷蒿和苔草等杂类草所代替，草场退化。从结果来看，放牧强度在 0.75 母羊/hm^2 时草地的可利用牧草产量在气候条件相近的几年内达到最大值 899.77kg/hm^2。为验证模拟结果的可信度，设计不同梯度的放牧实验（图 7-53）。

年度内植被地上生物量的峰值出现在对照中，最小值出现在重度放牧中，随着载畜率的增大，草地的植物生产力逐渐降低，与对照相比重度放牧的差异呈极显著（$P<0.05$）（表 7-19）。放牧是植被地上生物量减少的主导因素。轻度放牧和中度放牧差异不显著，而中度放牧强度正是植被地上生物量变化的阈值，随着放牧强度的增加，对植被的保护效果明显，当放牧强度过大或过小时，产草量不稳定。在植物生长季，温度一致的情况下，降水是草地生物量变化的主导因素。由于降水的差异，2007 年不同处理间的地上生物量均较 2006 年有所下降。

相比之下，模拟值与实测值之间的相关性在（$P<0.05$）时都呈显著相关，但 2007 年模拟值与 2006 年实测值之间呈极显著相关（表 7-20）。分析其主要原因是，软件模拟所遵照的环境只有一个，即软件模拟所输入的初始值只有一个，当然在降水或其他气象条件比较极端的情况下也不能例外，而正好 2007 年是呼伦贝尔几十年难得一遇的大旱，所以实际所测定的生物量都偏小，按照软件所预测的正好与 2006 年相近。

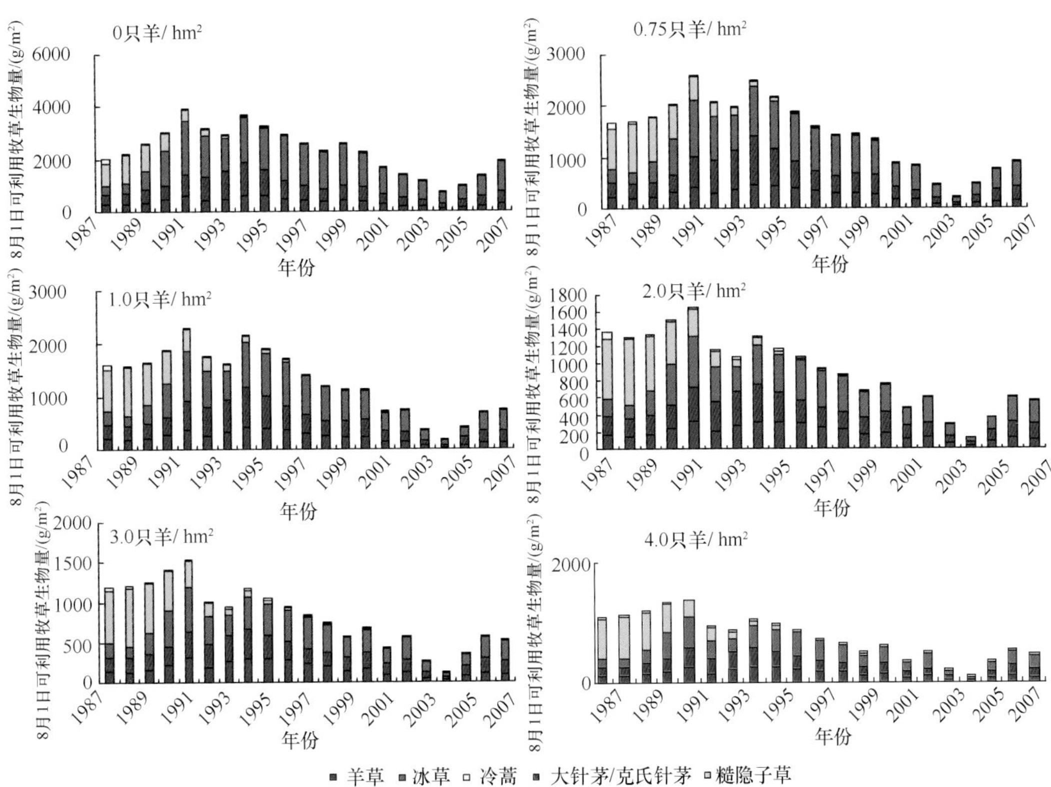

图 7-53　不同放牧强度下草地生物量变化

表 7-19　2006～2007 年不同放牧强度之间生物量的变化（单位：kg/hm^2）

处理	地上生物量	
	2006	2007
对照	3 813.342 9±161.989 46[a]	1 641.833 3±50.937 29[a]
轻度放牧	2 878.971 4±130.367 75[b]	1 454.833 3±51.952 36[a]
中度放牧	2 803.271 4±106.548 53[b]	1 038.933 3±276.056 96[b]
重度放牧	803.200 0±59.0034 7[c]	184.000 0±47.342 41[c]

注：表中数据为平均值，应用最小显著差异法（LSD）进行检验，不同字母表明差异显著（$P<0.05$）

表 7-20　不同放牧梯度下草地生物量模拟值与实测值之间的相关分析

	2006 年实测	2007 年实测
2006 年模拟	0.861*	0.833
2007 年模拟	0.882**	0.857

**表示 $P<0.01$；*表示 $P<0.05$

四、草畜放牧管理过程模拟技术的发展趋势

（一）国外放牧管理 DSS 总体状况

DSS 按照不同的标准可以分为很多类型：①根据软件的功能分为简单的放牧决策计

算器和牧场规划管理工具。前者主要为饲料、肥料和牧草的选择等放牧管理中的一个环节（牧草生产、动物营养和管理方式等）提供管理策略，如 GRAZFEED、NUTBAL 只对动物的营养管理给出管理指导；后者对整个放牧系统（草场、动物、管理等）进行管理。如 GrassGro 模型不仅可以模拟草场的生产、动物生产和管理方式，还可以对收入产出的经济效益进行计算。根据管理的牲畜不同可以分为多种和单种牲畜管理软件。如 GrassGro 模型可管理绵羊和肉牛，是一种多种牲畜管理软件；PâturIN、Grazemore 和 SEPATOU 等只能管理放牧奶牛，NGAUGE 只能管理草地氮肥的施肥，SheepO 410 只能管理绵羊生产系统。②根据可以管理的牧场小区或大畜牧场的数目分为单小区和多小区管理软件。如 GrassGro 模型为多小区管理软件，最多可以管理 10 个放牧小区；SPUR 也是多小区管理软件，最多可以管理 9 个放牧小区。草地 DSS 的管理模型有以下特点：①皆为点模型（SPUR 模型除外）。即模型是在特定区域开发，适用范围有限制，如要用于一个新的区域，需要进行校正。②以天为步长逐日运行。③需要气象数据和土壤数据等作为模拟基础。气象数据和土壤数据是植物生产的必要条件，是驱动模型运行的重要参数。④能较好地模拟草地生态系统各个层面（植物和动物）的变化过程。所以可以为牧草生产和动物管理提供参考依据。⑤奶牛场放牧管理软件（或计算机程序）较多，肉用牛羊生产的软件较少。⑥不仅有单机运行的管理软件，也有通过网络直接运行的软件（或程序）。单机版软件通常功能比较齐全，网络上直接运行的软件通常较小，只能进行相关的计算。这些模型在研究、教学和推广方面都已应用得比较广泛，并极大地推动了科研和教学的发展。

（二）国内放牧管理 DSS 的发展方向

一方面，我们要整合现有的各种资源，包括遥感监测数据、地面数据和气象数据等，利用好信息技术手段（如 WebGIS 技术）等，做好牧草适应性与生态分区，指导宏观区域的牧草生产。另一方面，我们必须借鉴国内外的研究基础和经验，研发具有自主知识产权并适合中国草原区生产管理的放牧 DSS。主要是必须加强机制模型的研究；另外增加与国外的合作，校正国外比较成熟的模型为我所用，如由中国农业科学院农业资源与农业区划研究所引进了澳大利亚 GRAZPLAN 系统，其中前文所述的 GrassGro 模型就是该模型最核心的部分，可以模拟牧场生产管理，目前正在进行校正和推广工作。同时应努力实现遥感监测数据与 DSS 的对接，实现放牧管理 DSS 的实时性和时效性。模型的地域性较强，异地使用通常需要做修改和校正。澳大利亚、加拿大、新西兰、美国等畜牧业发达的国家基本都有适合于当地生产的牧场管理的小型计算器或者大型的 DSS。对于我国，拥有约 $4\times10^8\mathrm{hm}^2$ 草地，面积居世界第二，我们应该研发具有适合我国草原地理、气候与独特放牧管理模式的放牧管理 DSS，这也是粗放经济到集约经济发展趋势的必然要求。要实现放牧管理的数量化和可控性，必须研发综合性的放牧管理 DSS，以及小型的放牧管理决策计算器。随着计算机网络技术的发达，可以提供小型计算器的在线使用。

总之，我国的放牧管理依然是家庭牧场式的粗放管理，与发达国家相比还有很大差距，我们的放牧管理 DSS 研究也还刚刚起步，因为 DSS 研究是一个耗时耗力的工作，一方面需要模型的工作基础，另一方面需要大量的数据基础和计算机应用能力，需要多学科的协作。

参考文献

埃塞林顿. J. R. 1989. 环境和植物生态学. 曲仲湘译. 北京: 科学出版社.

白文明, 包雪梅. 2002. 乌兰布和沙区紫花苜蓿生长发育模拟研究. 应用生态学报, 13(12): 1605-1609.

白文明, 左强, 李保国. 2000. 乌兰布和沙区紫花苜蓿建植与萌发预测模型. 草地学报, s(1): 15-22.

白文明, 左强, 李保国. 2001. 乌兰布和沙区紫花苜蓿根系吸水模型. 植物生态学报, 25(4): 431-437.

曹宏鑫, 葛道阔, 赵锁劳, 等. 2010. 对计算机模拟在作物生长发育研究中应用的评价. 麦类作物学报, 30(1): 183-187.

陈晨, 梁银丽, 吴瑞俊, 等. 2010. 黄土丘陵沟壑区坡地土壤有机碳变化及碳循环初步研究. 自然资源学报, 25(4): 668-676.

陈佐忠, 汪诗平, 等. 2000. 中国典型草原生态系统. 北京: 科学出版社.

董云社, 章申, 齐玉春, 等. 2000. 内蒙古典型草地 CO_2, N_2O, CH_4 通量的同时观测及其日变化. 科学通报, (45): 318-322.

杜睿, 王庚辰, 刘广仁, 等. 1998. 内蒙古羊草草原温室气体交换通量的日变化特征研究. 草地学报, (6): 258-264.

段庆伟, 李刚, 陈宝瑞, 等. 2009. 牧场尺度放牧管理决策支持系统研究进展. 北京师范大学学报(自然科学版), 45(2): 205-211.

多立安, 罗新义, 李红, 等. 1996. 一年三次刈割苜蓿高度生长动态模型的研究. 天津师范大学学报(自然科学版), 16(1): 55-60.

耿元波, 董云社, 齐玉春. 等. 2004. 草地生态系统碳循环研究评述. 地理科学进展, (23): 74-81.

宫海静, 王德利. 2006. 草地放牧系统优化模型的研究进展. 草业学报, 15(6): 1-8.

韩冰, 王效科, 欧阳志云, 等. 2003. 辽宁省农田土壤碳库分布及变化的模拟分析. 生态学报, 23(7): 1321-1327.

韩冰, 王效科, 欧阳志云, 等. 2004. 中国东北地区农田生态系统中碳库的分布格局及其变化. 土壤通报, (35): 401-407.

克拉克 C W. 1984. 数学生物经济学. 周勤学, 丘兆福译. 北京: 农业出版社.

李博等. 1993. 中国北方草地畜牧业动态监测研究(一)——草地畜牧业动态监测系统设计与区域实验实践. 北京农业科技出版社.

李长生, 肖向明, Frolking S, 等. 2003. 中国农田的温室气体排放.第四纪研究 2003, 23(5): 493-503.

李长生. 2001. 生物地球化学的概念与方法——DNDC 模型的发展. 第四纪研究, 21(2): 89-99.

李长生. 2004. 陆地生态系统的模型模拟. 复杂系统与复杂性科学, 1(1): 49-57.

李军, 邵明安, 张兴昌. 2004a. 黄土高原旱塬地冬小麦水分生产潜力与土壤水分动态的模拟研究. 自然资源学报, 19(6): 738-746.

李军, 邵明安, 张兴昌, 等. 2004b. EPIC 模型中作物生长与产量形成的数学模拟. 西北农林科技大学学报(自然科学版), 32(增刊): 25-30.

李军, 王立祥, 邵明安. 2001. 黄土高原地区小麦生产潜力模拟研究. 自然资源学报, 16(2): 161-165.

李军. 1997. 作物生长模拟模型的开发应用进展. 西北农业大学学报, 25(4): 39-42.

李文龙, 李自珍. 2000. 荒漠化针茅草原退化机制与可持续利用放牧对策研究. 兰州大学学报(自然科学版), 36(31): 161-168.

李自珍, 杜国祯, 惠苍. 2002. 甘南高寒草地牧场管理的最优控制模型及可持续利用对策研究. 兰州大学学报(自然科学版), 38(4): 85-89.

李自珍, 刘小平, 蒋文兰. 1998. 人工草地放牧系统优化模式研究. 草业学报, 7(4): 61-67.

刘建栋, 丁强, 傅抱璞. 1997. 黄淮海地区夏玉米气候生产力的数值模拟研究. 地理科学进展, 12(增刊): 33-38.

刘建栋, 周秀骥. 2001. 稻田 CH_4 排放的农业气象数值模拟研究. 应用气象学报, 2001(12): 409-418.

刘建栋. 1999. 农业气候资源数值模拟中气候资料处理模式的研究. 中国农业气象, 20(3): 1-5.

刘以连, 丑自明. 1994. 内蒙古草甸草原羊草生长动态模拟模型数值试验. 中国农业气象.(03): 21-24, 32.

罗长寿, 左强, 李保国, 等. 2001. 盐分胁迫条件下苜蓿根系吸水特性的模拟与分析. 土壤通报, 32(S): 81-84.

蒙旭辉. 2009. GrassGro 模型参数校正及其在草甸草原的应用. 兰州大学硕士学位论文.

戚秋慧, 尹承军, 盛修武. 1997. 不同时期羊草群落光合速率与环境条件之间的关系模型. 生态学报, 17(2): 171-175.

邱建军, 秦小光. 2002. 农业生态系统碳氮循环模拟模型研究. 世界农业, 281(9): 39-41.

邱建军, 唐华俊. 2003. 北方农牧交错带耕地土壤有机碳储量变化模拟研究——以内蒙古自治区为例. 中国生态农业学报, 11(4). 86-88.

邱建军, 王立刚, 唐华俊. 2004. 东北三省耕地土壤有机碳储量变化的模拟研究. 中国农业科学, 37(8): 1166-1171.

史培军, 陈晋, 王平, 等. 1993. 内蒙古锡林郭勒盟草地地上生物量估算的地学模型研究. 中国北方草地畜牧业动态监测研究, 1993: 98-108.

孙忠富, 陈人杰. 2003. 温室作物模型与环境控制管理研究. 中国生态农业学报, 11(4): 1-3.

王道龙, 辛晓平. 2011. 北方草地及农牧交错区生态-生产功能分析与区划. 北京: 中国农业科学技术出版社.

王立刚, 邱建军, 马永良, 等. 2004. 应用 DNDC 模型分析施肥与翻耕方式对土壤有机碳含量的长期影响. 中国农业大学学报, 9(6): 15-19.

王立刚, 邱建军. 2004. 华北平原高产粮区土壤碳储量与平衡的模拟研究. 中国农业科技导报, 6(5): 27-32.

王效科, 白艳莹, 欧阳志云, 等. 2002. 全球碳循环中的失汇及其形成原因. 生态学报, 22(1): 942-1031.

王效科, 庄亚辉, 李长生. 2001. 中国农田土壤 N_2O 排放通量分布格局研究. 生态学报, 21(8): 1226-1232.

王永芬, 莫兴国, 郝彦宾, 等. 2008. 基于 VIP 模型对内蒙古草原蒸散季节和年际变化的模拟. 植物生态学报, 植物生态学报, 32(05): 1052-1060.

王宗明, 梁银丽. 2002. 应用 EPIC 模型计算黄土塬区作物生产潜力的初步尝试. 自然资源学报, 17(4): 481-487.

吴勤, 宋杰, 牛芳英. 1997. 紫花苜蓿草地地上生物量动态规律的研究. 中国草地, 6: 21-24.

项斌, 林舜华, 雷高明. 1996. 紫花苜蓿对 CO_2 倍增的反应: 生态生理研究和模型拟合. 植物学报, 35(1): 63-71.

徐文彬, 洪业汤. 1999. 区域农业土壤 N_2O 释放研究——以贵州省为例. 中国科学(D 辑), 29(5): 450-456.

徐柱. 1998. 面向 21 世纪的中国草地资源. 中国草地, (05): 1-8.

宇振荣. 1994. 作物生长模拟模型研究和应用. 生态学杂志, 13(1): 69-73.

赵慧颖, 田辉春, 赵恒和. 2007. 呼伦贝尔草地天然牧草生物量预报模型研究. 中国草地学报, 29(2): 75-76.

郑泽梅, 于贵瑞, 孙晓敏, 等. 2008. 涡度相关法和静态箱/气相色谱法在生态系统呼吸观测中的比较. 应用生态学报, 19(2): 290-298.

Arnold J G, Williams J R. 1995. A Watershed Scale Model for Soil and Water Resources Management. USDA, ARS, Grassland Soil & Water Research Laboratory.

Asner G P, Elmore A J, Oler L P, et al. 2004. Grazing systems, ecosystem responses, global change. Annual Review of Environment Resources, 29: 261-299.

Atjay G, Ketner P, Duvigneaud P. 1979. Terrestrial primary production and phytomass. *In*: Kempe S, Ketner P. The Global Carbon Cycle. Chichester: Wiley & Sons, 129-181.

Badini O, Stockle C O, Franz E H. 1997. Application of crop simulation modeling and GIS to agroclimatic assessment in Burkina Faso. Agriculture, Ecosystems and Environment, 64: 233-244.

Baldocchi D, Eva F, Gu L, et al. 2001. FLUXNET: A new tool to study the temporal and spatial variability of ecosystem-scale carbon dioxide, water vapor, and energy flux densities. Bulletin of the American Meteorological Society, 82(11): 2415-2434.

Baldocchi D. 1988. A multi-layer model for estimating sulfur dioxide deposition to a deciduous oak forest canopy. Atmospheric Environment, 22(5): 869-884.

Baldocchi D. 2003. Assessing the eddy covariance technique for evaluating carbon dioxide exchange rates of ecosystems: past, present and future. Global Change Biology, 9(4): 479-492.

Batjes N H, Sombroek W G. 1997. Possibilities for carbon sequestration in tropical and subtropical soils. Global Change Biology, 3(2): 161-173.

Batjes N H. 1996. Total carbon and nitrogen in the soils of the world. European Journal of Soil Science, 47: 151-163.

Beheydt D, Boeckx P, Sleutel S, et al. 2007. Validation of DNDC for 22 long-term N_2O field emission measurements. Atmospheric Environment, (41): 6196-6211.

Bernardos J N, Viglizzo E F, Jouvet V, et al. 2001. The use of EPIC model to study the agroecological change during 93 years of farming transformation in Argentine Pampas. Agricultural System, 69: 215-234.

Bhattacharyya T, Pal D K, Williams S, et al. 2010. Evaluating the Century C model using two long-term fertilizer trials representing humid and semi-arid sites from India. Agriculture Ecosystems & Environment, 139(1-2): 264-272.

Boote K J, Batchelor W D, et a1. 1993. Pest damage relations at the field leve1. In: Penning de V. Systems Approaches for Agricultural Development. Dordrecht: Kluwer Academic Publishers, 277-296.

Cai Z, Sawamoto T, Li C, et al. 2003. Field validation of the DNDC model for greenhouse gas emissions in East Asian cropping systems. Global Biogeochemical Cycles, 17(4): 18.

Canadel J G, Mooney H A, Baldocchi D D, et al. 2000. Carbon Metabolism of the Terrestrial biosphere: A multitechnique approach for improved understanding. Ecosystems, (3): 115-130.

Cao M, Woodward F I. 1998. Dynamic responses of terrestrial ecosystem carbon cycling to global climate change. Nature, 393(6682): 249-252.

Chen W, Bellotti B, Robertson M, et al. 2003. Performance of APSIM-Lucerne in Gansu, north-west China.11th Australian Agronomy Conference, “Solutions for a new environment”, Geelong, February.

Chung S W, Gassman P W, Huggins D R, et al. 2001. EPIC tile flow and nitrate loss predictions for three Minnesota cropping systems. J Environ Qual, 30: 822-830.

Conant R T, Paustian K, Elliott E T. 2001. Grassland management and conversion into grassland: Effects on soil carbon. Ecol Appl, 11: 343-355.

Confalonieri R, Bechini L. 2001. The application of CropSyst simulation model to alfalfa. Atti del workshop nazionale in agrometeorologia, AIAM 2001, 24 Maggio, Milano, Italy, 12-24.

Confalonieri R, Bechini L.2004. A Preliminary evaluation of the simulation model CropSyst for alfalfa. European Journal of Agronomy, 21: 223-237.

Confalonieri R, Maggiore T, Bechini L. 2001. Application of the simulation model CropSyst to an intensive forage system in northern Italy. 2nd international Symposium "Modeling Cropping System", European Society for Agronomy, 59-60.

Coupland D, Caseley J C. 1979. Presence of 14C activity in root exudates and guttation fluid from Agropyron repens treated with 14C-labelled glyphosate. New Phytologist, 83(1): 17-22.

Curry R B.1971. Dynamic simulation of Plant growth Ⅰ. Development of a model. Transaction of the ASAE, 14(5): 946-959.

Cushing J M. 1977. Periodic time-dependent prey-predator system. SIAM J Appl Math, 12(1): 82-95.

Dargaville R, Heimann M, McGuire A, 2002. Evaluation of terrestrial carbon cycle models with atmospheric CO_2 measurements: Results from transient simulations considering increasing CO_2, climate, and land-use effects. Global Biogeochemical Cycles, (16): 1092.

De Wit C T. 1987. 农作物同化、呼吸和蒸腾的模拟. 北京农业大学生理生化组译. 北京: 科学出版社.

DeFries R, Field C, Fung I. 1995. Mapping the land surface for global atmosphere-biosphere models: Toward continuous distributions of vegetation's functional properties. Journal of Geophysical Research, (100): 20867.

Del Grosso S J, Parton W J, Mosier A R, et al. 2006. DAYCENT national-scale simulations of nitrous oxide emissions from cropped soils in the United States. Journal of Environmental Quality, 35(4): 1451-1460.

Deng S P, Parham J A, Hattey J A, et al. 2006. Animal manure and anhydrous ammonia amendment alter microbial carbon use efficiency, microbial biomass, and activities of dehydrogenase and amidohydrolases in semiarid agroecosystems. Applied Soil Ecology, 33(3): 258-268.

Denision R F, Loomis R S. 1989. An integrative Physiological model of alfalfa growth and development. Publication No. 1926. Oakland: Division Agricultural Natural Research, University of California, 73.

Dewi A H, Jeffrey W W, Gerrit H. 1999. Interfacing geographic information systems with agronomic modeling: A review. Argon J, 91(5): 761-772.

Dolling P J, Latta R A, Lyons A M, et al. 2001. Adapting APSIM Lucerne to the Western Australian environment. 10th Australian Agronomy Conference, "Science and Technology: Delivering Results for Agriculture?" Hobart January 2001.

Duncan W G, Hesketh J D. 1968. Net Photosynthetic rates, relative leaf growth rates, and leaf numbers of 22 races of maize grown at eight temperatures. Crop Science, 8: 670-674.

Eswaran H, Van Den Berg E, Reich P. 1993. Organic Carbon in Soils of the World. Soil Sci Soc Am J, 57: 192-194.

Ewel K, Cropper Jr W, Gholz H. 1987. Soil CO_2 evolution in Florida slash pine plantations. Ⅱ. Importance of root respiration. Can J For Res, (17): 330-333.

Falge E, Baldocchi D, Tenhunen J, et al. 2002. Seasonality of ecosystem respiration and gross primary production as derived from FLUXNET measurements. Agricultural and Forest Meteorology, 113(1-4): 53-74.

Field T R O. 1974. Analysis and simulation of the effect of temperature on the growth and development of alfalfa(*Medicago sativa* L.). Ph.D. Thesis, University of Guelph, Ontario, Canada.

Fischer A, Kergoat L, Dedieu G. 1997. Coupling satellite data with vegetation functional models: Review of different approaches and perspectives suggested by the assimilation strategy. Remote Sensing Reviews, 15: 283-303.

Foley J A, DeFries R, Asner G P, et al. 2005. Global Consequences of land use. Science, 309: 570-574.

Gassman P W, Williams J R, Benson V W, et al. 2004. Historical Development and Applications of the EPIC and APEX models. 2004 ASAE/CSAE Annual International Meeting, sponsored by ASAE/CSAE, Fairmont Chateau Laurier, The Westin, Government Centre, Ottawa, Ontario, Canada. August l-4.

Goddard T, Kryzanowski L, Cannon K, et al. 1996. Potential for Integrated GIS-Agriculture Models for Precision Farming Systems. Third International Conference/Workshop on Integrating GIS and Environmental Modeling. January 21-25, 1996 Santa Fe, New Mexico, USA.

Gower S, Haynes B E, Fassnacht K S, et al. 1993. Influence of fertilization on the allometric relations for two pines in contrasting environments. Canadian Journal of Forest Research, 23(8): 1704-1711.

Hanson J D, Baker B B, Bourbon R M. 1992. SPUR II Model Description and User Guide: GPSR Technical Report No. 1. Ft. Collins: USDA-ARS, Great Plains Systems Research Unit.

Hayes J T, O'Rourke P A, Terjung W H, et al. 1982. A feasible crop yield model for worldwide international food Production. International Journal of Biometeorology, 26(3): 239-257.

Holt D A, Bula R J, Miles G E, et al. 1975. Environmental Physiology, modeling and simulation of alfalfa growth: Ⅰ. Conceptual development of SIMED. Purdue Agricultural Experiment Station Research Bulletin 907.

Hudson R J, Donkor N, Okello M. 2001. Pasture model for farmed wildlife. Project Completion Report, AARI Direct Funding Project 990013.

Hudson R J, Donkor N, Okelloo M. 2001. Pasture model for farmed wildlife, Project Completion Report. AARI Direct Funding Project 990013, 1 Jan.

IPCC. 2001. Climate Change 2001: Synthesis Report.

IPCC. 2007. Climate Change 2007: The Physical Science Basis. Contribution of Working Group I to the Fourth Assessment Report of the Intergovernmental Panel on Climate Change. Cambridge and New York: Cambridge University Press.

Izaurralde R C, Rosenberg N J, Brown R A, et al. 2003. Integrated assessment of Hadley Center(HadCM2)climate-change impacts on agricultural productivity and irrigation water supply in the conterminous United States Part Ⅱ. Regional agricultural production in 2030 and 2095. Agri Forest Meteorol, 117: 97-122.

Jackson R B, Canadell J, Ehleringer J R, et al. 1996. A global analysis of root distributions for terrestrial biomes. Oecologia, 108: 389-411.

Jame Y W, Cutforth H W. 1996. Crop growth models for decision support systems. Canadian Journal of Plant Science, 76: 9-19.

Jones R J, Sandland R L. 1974. The relation between animal gain and stocking rate: derivation of the relation from the results of grazing trials. Journal of Agricultural Science, Cambridge, 83: 335-342.

Kang X, Hao Y, Li C. 2011. Modeling impacts of climate change on carbon dynamics in a steppe ecosystem in Inner Mongolia, China. Journal of Soils and Sediments, 11(4): 562-574.

Kanneganti V R, Bland W L, Undersander D J. 1998b. Modeling freezing injury in alfalfa to calculate forage yield: Ⅱ. Model validation and example simulations. Agronomy Journal, 90: 698-704.

Kanneganti V R, Rotz C A, Walgenbach R P. 1998a. Modeling freezing injury in alfalfa to calculate forage yield: Ⅰ. Model development and sensitivity analysis. Agronomy Journal, 90: 687-697.

Klumpp K, Soussana J-F. 2009. Using functional traits to predict grassland ecosystem change: a mathematical test of the response-and-effect trait approach. Global Change Biology, 15(12): 2921-2934.

Kurbatova J, Li C, Varlagin A, et al. 2008. Modeling carbon dynamics in two adjacent spruce forests with different soil conditions in Russia. Biogeosciences, 5(4): 969-980.

Lal R. 2004. Soil Carbon sequestration impacts on global climate change and food security. Science, 304: 1623-1627.

Lauenroth W, Whitman W. 1977. Dynamics of dry matter production in a mixed-grass prairie in western North Dakota. Oecologia, (27): 339-351.

Leuning R, Cleugh H A, Zegelin S J, et al. 2005. Carbon and water fluxes over a temperate *Eucalyptus* forest and a tropical wet/dry savanna in Australia: Measurements and comparison with MODIS remote sensing estimates. Agricultural and Forest Meteorology, (129): 151-173.

Leuning R, Condon A G, Dunin F X, et al. 1994. Rainfall interception and evaporation from soil below a wheat canopy. Agricultural and Forest Meteorology, 67(3-4): 221-238.

Li C S, Frolking S, Xiao X. 2005. Modeling impacts of farming management alternatives on CO_2, CH_4, and N_2O emissions: A case study for water management of rice agriculture of China. Global Biogeochemical Cycles, (19), doc: 10. 1029/2004GB002341.

Li C S. 2007. Selenium deficiency and endemic heart failure in China: A case study of biogeochemistry for human health. Ambio, (36): 90-93.

Li C, Frolking S, Frolking T A. 1992a. A model of nitrous oxide evolution from soil driven by rainfall events: Ⅰ. Model structure and sensitivity. Journal of Geophysical Research, 97: 9759-9776.

Li C, Frolking S, Frolking T A. 1992b. A model of nitrous oxide evolution from soil driven by rainfall events: Ⅱ. Model applications. Journal of Geophysical Research, 97: 9777-9783.

Li C, Frolking S, Harrlss R. 1994. Modeling nitrous oxide emissions from agriculture: A Florida case study. Chemosphere, 28: 1401-1415.

Li C, Narayanan V, Harriss R C. 1996. Model estimates of nitrous oxide emissions from agricultural lands in the United States. Global Biogeochemical Cycles, 10(3): 297-306.

Li C, Wang Y. 2001. Technology of swine manure treatment on intensive scaled swine farms. Transactions of the Chinese Society of Agricultural Engineering, 17(1): 86-90.

Littleboy M, Silburn D M, Freebaim D M, et al. 1989. A Computer Simulation Model of Productivity Erosion Runoff Functions to Evaluate Conservation Techniques. Brisbane: Queensland Dept. Primary Industries.

Luo Y, Meyethoff P A, Loomis R S. 1995. Seasonal Patterns and vertical distributions of fine roots of alfalfa(*Medicago sativa* L.). Field Crops Research, 40: 119-127.

McCown R L, Hammer G L, Hargreaves J N G, et al. 1996. APSIM: A novel software system for model development, model testing, and simulation in agricultural research. Agricultural Systems, 50: 255-271.

Melillo J, McGuire A, Kicklighter D. 1993. Global climate change and terrestrial net primary production. Nature, (363): 234-240.

Melillo J, Steudler P, Aber J. 2002. Soil warming and carbon-cycle feedbacks to the climate system. Science, (298): 2173.

Meuriot F, Eseobar-Gutierrez A J, Decau M L, et al. 2004. Modeling of N distribution and reserve mobilization dynamics in alfalfa(*Medicago sativa* L.)during Post-cutting regrowth. *In*: Godin C, et al. 4th International Workshop on

Functional-Structural Plant Models, Montpellier, 127.

Mokany K, Raison R J, Prokushkin A S. 2006. Critical analysis of root: shoot ratios in terrestrial biomes. Global Change Biology, 12(1): 84-96.

Moore A D, Donnelly J R, Freer M. 1997. GRAZPLAN: Decision support systems for Australian grazing enterprises.III. Pasture growth and soil moisture sub models and the GrassGro DSS. Agricultural Systems 55, 535-582.

Moore A D, Freer M, Donnelly J R. 1994. Calibration of the GRAZPLAN pasture growth model for ryegrass-subterranean clover pastures. Prime Lamb Program Systems Studies. Interim Report to the Meat Research Corporation Project CS223. Canberra: CSIRO Plant Industry, 9.

Moore A D. 1996. Computer simulation of beef and sheep production in research and on-farm trials in south-western Western Australia. Report to the Western Australian Department of Agriculture. Meat Research Corporation Project DAW.046. Canberra: CSIRO Plant Industry, 36.

Moot D J, Robertson M J, Pollock K M. 2001. Validation of the APSDIM-Lucerne model for Phenological development in a cool-temperate climate. 10th Australian Agronomy Conference, "Science and Technology: Delivering Results for Agriculture?" Hobart January.

Nay S, Mattson K, Bormann B. 1994. Biases of chamber methods for measuring soil CO_2 efflux demonstrated with a laboratory apparatus. Ecology, (75): 2460-2463.

Neels D R. 1981. Simulation of alfalfa a growth and harvest for improved machinery management. M.S. Thesis, University of Nebraska Lincoln, NE.

Neitsch S L, Arnold J G, Williams J R. 2000. SWAT, Soil and Water Assessment Tool, User's Manual, version 2000, ARS, Grassland Soil and Water Research Laboratory.

Ni J. 2002. Carbon storage in grasslands of China. Journal of Arid Environments, (50): 205-218.

Ojima D S, Parton W J, Coughenour M B. 1996. Impact of climate and atmospheric carbon dioxide changes on grasslands of the world. Global, 56: 271-311.

Oreskes N, Shrader-Frechette K, Belitz K. 1994. Verification, validation, and confirmation of numerical models in the earth sciences. Science, (263): 641.

Parsch L D. 1987. Validation of ALSIM1(Level 2)under Michigan conditions. Agricultural Systems, 25: 145-157.

Parton W J, Coughenor M B, Scurlock J M O. 1996. Global grassland ecosystem modelling: Development and test of ecosystem models for grassland systems. *In*: Breymeyer A I, Hall D O, Mellilio J M, et al. Global Change: Effects on Coniferous Forests and Grasslands. New York: John Wiley & Sons, 229-279.

Parton W, Scurlock J, Ojima D, et al. 1993. Observations and modeling of biomass and soil organic matter dynamics for the grassland biome worldwide. Global Biogeochemical Cycles, (7): 785-809.

Penning de Vries F W T, Vanlar H H. 1982. Simulation of Plant Growth and Crop Production. Wageningen: Wageningen Center for Agricultural Publishing and Documentation.

Pollock C J, Jones T. 1979. Seasonal patterns of fructan metabolism in forage grasses. New Phytol, 83: 1-15.

Post W M, Emanuel W R, Zinke P J, et al. 1982. Soil carbon pools world life zones. Nature, 298: 156-159.

Potter C S, Randerson J T, Field C D, et al. 1993. Terrestrial ecosystem production A process model based on global satellite and surface data. Global Biogeochemical Cycles, 7(4): 811-841.

Probert M E, Robertson M J, Poulton P L, et al. 1998. Modeling lucerne growth using APSDIM. 9th Australian Agronomy Conference, "Agronomy-Growing a Greener Future"Wagga Wagga July.

Pumpanen J, Kolari P, Ilvesniemi H, et al. 2004. Comparison of different chamber techniques for measuring soil CO_2 efflux. Agricultural and Forest Meteorology, (123): 159-176.

Qiu J, Wang L, Tang H. 2005. Studies on the situation of soil organic carbon storage in croplands in northeast of China. Agricultural Sciences in China, 2005(4): 594-600.

Raich J W, Schiesinger W H. 1992. The global carbon dioxide flux in soil respiration and its relationship to vegetation and climate.Tellus. Series B, Chemical and Physical Meteorology, 44(2): 81-99.

Rao M N, Waits D A, Neilsen M L. 2000. A GIS-based modeling approach for implementation of sustainable farm management Practices. Environmental Modeling & Software, 15: 745-753.

Rotz C A, Black J R, Mertens D R, et al. 1989. DAFOSYM: A model of the dairy forage system. Journal of Production Agriculture, 2: 83-91.

Sanderman J, Amundson R G, Baldocchi D D. 2003. Application of eddy covariance measurements to the temperature dependence of soil organic matter mean residence time. Global Biogeochemical Cycles, (17): 1061.

Schreilber M M, Miles G E, Holt D A, et al. 1978. Sensitivity analysis of SIMED. Agronomy Journal, 70(l): 105-108.

Scurlock J M O, Hall D O. 1998. The global carbon sink: A grassland perspective. Global Change Biology, 4: 229-233.

Scurlock J M O, Johnson K, Olson R J. 2002. Estimating net primary productivity from grassland biomass dynamics measurements. Global Change Biology, 8: 736-753.

Selirio I S, Brown D M. 1979. Soil moisture-based simulation of forage yield. Agricultural meteorology, 20: 99-114.

Sharpley A N, Williams J R. 1990a. EPIC-Erosion-Productivity Impact Calculator. 1. Model Documentation. Washington DC: US Department of Agriculture Technical Bulletin No. 1768.

Sharpley A N, Williams J R. 1990b. EPIC-Erosion-Productivity Impact Calculator. 2. User Manual. Washington DC: US Department of Agriculture Technical Bulletin No. 1768.

Sharrow S H, Ismail S. 2004. Carbon and nitrogen storage in agroforests, tree plantations, and pastures in western Oregon, USA. Agroforestry Systems, 60(2): 123-130.

Sinclair T R, Seligman N G. 1996. Crop modeling: from infancy to maturity. Agronomy Journal, 88: 698-704.

Slabbers P J, Herrendorf V S, Stapper M. 1979. Evaluation of simplified water-crop yield models. Agricultural Water Management, 2: 95-129.

Smith S R, Muendermann L, Singh A. 2005. Teaching stand management using virtual alfalfa plants. *In*: Lacefield G, Forsythe C. 25th Kentucky Alfalfa Conference Proceedings. Cave City Convention Center.

Soussana J-F, Loiseau P, Vuichard N, et al. 2004. Carbon cycling and sequestration opportunities in temperate grasslands. Soil Use and Management, 20: 219-230.

Stange F, Butterbach-Bahl K, Papen H, et al. 2000. A process-oriented model of N2O and NO emissions from forest soils 2. Sensitivity analysis and validation. Journal of Geophysical Research-Atmospheres, (105): 4385-4398.

Stöckle C O, Donatelli M, Nelson R. 2003. CropSyst, a cropping systems simulation model. European Journal of Agronomy, 18: 289-307.

Stöckle C O, Nelson R. 1999. CropSyst User's Manual. Biological Systems Engineering Department. Pullman: Washington State University.

Stoorvogel J J, Antle J M, Crissman C C, et al. 2004. The Tradeoff analysis model: integrated bio-physical and economic modeling of agricultural production systems. Agricultural Systems Volume 80, 1(4): 43-66.

Tan G, Shibasaki R. 2003. Global estimation of crop productivity and the impacts of global warning by GIS and EPIC integration. Ecological Modeling, 168: 357-370.

Tayfur G, Tanjl K K, House B, et al. 1995. Modeling deficit irrigation in alfalfa production. Journal of Irrigation and Drainage Engineering, 121(6): 442-451.

Thurow T L, Carlson D H, Heitschmidt R K. 1993. Estimating the impacts of alternative management practices on rangeland production and ecology using the SPUR model. P-. *In*: Robertson T, English B C, Alexander R R. Evaluating Natural Resource Use in Agriculture. Knoxville: Univ Tennessee Press.

USDA-ARS. 1995. EPIC User's Guide-Draft, Version 3270.

Wang E, Harman W L, Williams J R, et al. 2002. Simulated effects of crop rotations and residue management on wind erosion in Wuchuan, West-Central Inner Mongolia, China. J Environ Qual, 31: 1240-1247.

Wight J R. 1983. SPUR-simulation of production and utilization of rangelands: a rangeland model for management and research.Washington DC: US Dept of Agriculture, Agricultural Research Service, no.1431(NAL CALL NO: 1 Ag84M no.1431)

Williams J R, Jones C A, Dyke P T. 1984. A modeling approach to determining the relationship between erosion and soil productivity. Transaction of the ASAE, 27(1): 129-144.

Williams J R. 2001. WinEPIC3060 Researcher's guide. Black land Research Center, College Station: Texas A&M University.

Xu-R, Wang Y S, Zheng X H, et al. 2003. A comparison between measured and modeled N_2O emissions from Inner Mongolian semi-arid grassland. Plant and Soil, (255): 513-528.

Zahid M S, Bellotti W, McNeill A, et al. 2003. Performance of APSIM-Lucerne in South Australia. 11th Australian Agronomy Conference, "Solutions for a new environment", Geelong, February 2003.

Zhang F, Qi J, Li F M, et al. 2010. Quantifying nitrous oxide emissions from Chinese grasslands with a process-based model. Biogeosciences, 7(6): 2039-2050.

第八章　草地生产管理技术

第一节　天然草地管理决策技术

一、区域饲草平衡诊断

（一）概述

我国是草原资源大国，拥有近 4 亿 hm^2 的天然草原面积，占整个土地面积的 41.7%，全国草原可承载 6.3 亿个羊单位（Wang et al.，2005），草地畜牧业是我国畜牧业不可或缺的组成部分。近年来，由自然因素和超载过牧等人为原因造成草原生态环境日趋恶化，草地大面积退化（阿德力汗和叶斯汗，1997；张自和，2000；许志信等，2000；杨汝荣，2002）。目前草原存在着畜牧业发展与草原生产能力严重不协调的问题，草畜矛盾突出。

自 20 世纪 50 年代后期，实际载畜量已远远超出了理论载畜量，80 年代以后由于重视头数畜牧业，牲畜头数迅速增加。90 年代以后，虽然强调以草定畜，制定了相应的法律法规，但是由于多种原因还是没有认真地加以实施。90 年代后期，以草定畜、确定草场的适宜载畜量才得以重视。

草畜平衡是草地畜牧业发展的核心问题和关键技术，针对草畜平衡突出的问题，要确保草地畜牧业可持续发展，就必须构建起保证草畜平衡状态的长效机制。草畜平衡是指为保持草地生态系统良性循环，在一定区域和时间内，使草原和其他途径提供的饲草总量与饲养牲畜所需的饲草料总量保持动态平衡。载畜量的调控是实现草畜平衡的关键技术，饲草平衡优化决策和诊断技术研究是当今的重要研究方向。同时，草畜平衡模型研究与应用也成为研究热点，科学合理的饲草平衡诊断技术，对优化草畜平衡资源、缓解草地退化趋势、保护草地生态环境、最优化发展草地畜牧业、增加农牧民收入、实现草地畜牧业可持续发展具有重要的现实意义。

（二）国内外草畜平衡诊断技术研究进展

1. 国外研究进展

20 世纪以来，国外草地畜牧业发达国家，如英国、美国、澳大利亚、新西兰等，尤其是新西兰，对于草地放牧系统中饲料供给和家畜需求及其影响因素进行了深入持久的研究，发展了完善的草畜平衡优化配置和放牧管理系统，解决了草畜供求矛盾并加以推广。

20 世纪 60 年代末至 70 年代初，新西兰畜牧业专家为提高草地生产，采取了增施系统肥料和增加系统载畜量等策略（Reis and Schinckel，1961；Van Dyne and Aeady，1965）；澳大利亚开发了 LEYFARM 模型，模型针对地中海气候区三叶草地上的一个放牧系统草畜平衡问题，通过对草地上生物量的变化确定适宜的载畜量和放牧时间，研究了不同载畜量对牲畜产品及草地生产力的影响（Arnold and Bennett，1991）。英国研究了 Hurley 模型，模拟了寒温气候条件下，多年生混播草地合理地放牧母羊及羔羊草地及牲畜彼此之间的影响，通过对放牧牲畜的管理，提高草地的饲料生产和利用率，满足牲畜最佳营养需求，获得最大的畜产品效益（Edelsten and Newton，1975）。

20 世纪 70 年代中期至 80 年代中期，开始重视各种调控技术手段的综合应用，通过合理调整家畜策略如改变产羔（犊）时间和放牧管理（饲料配给）相结合的方式，在减少对饲料作物和储草依赖作用的基础上，使草畜供求关系达到平衡；日本专家对生产者级的能流放牧场的能量动态进行研究，建立了符合牧场管理实际的能量流动动态模型，为进一步建立草畜平衡模式提供了理论依据。

20 世纪 80 年代末至 90 年代中期，美国在不同放牧管理条件下草畜平衡模式进行了研究（Milchunas，1993）。其他专家通过实施低成本形式的施肥策略提高草地生产力，降低载畜量，进而提高家畜生产性能上（Edmeades et al.，1985；Park，1989），通过低投入高产出的方式使草畜供求关系趋于合理平衡（Nicol，1987；Gardener et al.，1993）。

20 世纪 90 年代以后，草地畜牧业最大限度地利用原位放牧系统，调整季节性载畜量，调整适宜的泌乳时间和泌乳期（Common，1998），通过家畜购买和出售时间选择，最大限度地减少储草和补饲需要，使冬春季牧草达到目标现存量，从而提高草地利用率和家畜转化效率（Corcha and Nicol，2000），使草畜供求关系趋于动态平衡。放牧家畜采食量是放牧营养和草地营养价值评定的基础，近几年国外研究者提出了一些预测采食量的模型（Caird and Holmes，1986；NRC，1989；Kertz et al.，1991；Fox et al.，1992；Vazquez and Smith，2000；Vazquez and Smith，2001；Bargo et al.，2003），为制定草地载畜率、对草地进行合理利用提供了理论依据。

2. 国内研究进展

我国对草畜平衡优化模型诊断技术研究较晚，利用放牧试验对放牧生态系统的草畜关系进行研究是主要的研究方法。通过探索不同放牧管理对牧草和牲畜的影响，从而选出最佳的放牧管理方式，为生产提供参考。草畜平衡在自然界是生态系统自我调节功能产生作用的过程，草地生产分为 4 个层次：前植物生产层、植物生产层、动物生产层、后生物生产层，核心是植物生产和动物生产，草畜平衡是这两个核心系统很复杂的耦合问题。

20 世纪 60 年代，我国北方才开始草原植物初级生产力的研究。

20 世纪 70 年代末，我国草原学家任继周院士等通过一系列试验研究提出草地季节畜牧业，即根据草地牧草生产的季节动态，减少冷季牧草产量和质量下降时期的载畜量，使畜群对牧草的需要量尽可能与牧草的供应量相符，在暖季以大量的新生幼畜生长旺盛的特点来充分利用生长旺季的牧草，在冷季来临之前，按计划宰杀或淘汰家畜，或实行异地肥育，不使其越冬，当年收获畜产品。

20 世纪 80 年代，由于草畜矛盾日益突出和草地日益退化，国内对草畜之间关系的报道逐渐多起来。李博等著《中国北方草地畜牧业动态监测研究（一）——草地畜牧业动态监测系统设计与区域实验实践》一书中建立一些统计模型。

20 世纪 90 年代，李博等（1993）在锡林郭勒盟进行了草畜平衡动态监测试验，研究了盟、旗县区域的载畜量和草畜平衡状况。王明玖和马长生（1994）用草地产草量和家畜日食量法及草地营养供给和家畜营养需要法估算了短花针茅草原放牧场的载畜量。李建龙等（1996）用 NOAA 卫星估测了新疆阜康县草地产草量、载畜量以及研究草畜平衡问题，效果较好。段舜山等（1995）在甘南草地畜牧业发展模型研究中指出要解决冷季饲草料不足问题，需大力发展季节畜牧业。

进入 21 世纪，我国草畜平衡优化配置方面才逐步有一些研究与实践，一些专家根据暖季草地地上净生物量及冷季家畜采食情况建立草原冷季载畜量计算模型（杨文义等，2001），提出了甘南高寒草地放牧系统管理的最优控制模型（李自珍等，2002），研究草地-家畜系统仿真和优化管理模型（岳东霞和惠苍，2004），根据草地的理论载畜量和实际载畜量，建立草地畜草平衡模型（魏玉蓉，2004），提出了肃南山地放牧系统四季供需动态模型，模拟了肃南山地放牧系统的牧草供给与家畜需求的季节动态，用模式图反映了放牧系统牧草供需平衡机理（雷桂林等，2004）。建立了青藏高原天然草地产草量反演模型及不同区域尺度天然草地年最大产草量、载畜量估算模型（钱拴等，2007）。对喀斯特地区奶牛泌乳中盛期营养需求模型进行了研究（孔德顺等，2008）。近年来，我国学者也对北方某些区域的草畜平衡状况进行了分析与探讨（李建龙等，1996；杨正礼和杨改河，2000；张慧等，2005；钱拴等，2007；卢苓苓和李青丰，2009），大量的研究为促进畜牧业健康发展和生态环境保护提供依据。

草畜平衡在自然界是生态系统自我调节功能生产作用的过程，是实现一个地区可持续发展的基础，是从根本上治理草地退化的途径（陈佐忠和江风，2003）。目前，草畜平衡的研究很多，下面具体介绍几种主要的草畜平衡模型。

（1）李建龙等（1996）建立的草畜平衡模型

通式为

$$BM=G\,[TY(Y,\ RI,\ S,\ t)=]\ -A[TF(U,\ AN,\ GI,\ t)] \tag{8-1}$$

式中，G 表示草地部分（以可食牧草产量计）；A 表示畜牧放牧部分（以载畜量按羊单位计）；TY 表示草地可食牧草总产量；Y 表示可食牧草产草量；RI 表示草地牧草再生强度；S 表示可利用草地面积；t 表示年季月；TF 表示家畜采食牧草总量；U 表示家畜采食量；AN 表示牲畜头数；GI 表示放牧强度。

此模型有三种情况：①当 $BM>0$ 时，表示草地载畜量尚有潜力，放牧利用较轻，可继续发展生产规模；②当 $BM=0$ 时，表示草畜之间达到能物流动态平衡，放牧利用适度，草地生态系统可持续利用；③当 $BM<0$ 时，表示草地载畜量超载，放牧利用过重，草地呈退化状态。它是进行草畜平衡分析的基础和判别标准，也是进行次级生产监测的主要方法。

（2）李博等（1993）建立的草畜平衡模型

通式为

$$B=f(W,\ R,\ t)-\ f(U,\ A,\ t) \tag{8-2}$$

式中，B 表示草畜平衡；W 表示产草量；R 表示饲草再生强度；U 表示草食家畜对饲草的利用数量（包括冬季饲草存储量）；A 表示草食家畜的数量；t 表示时间。

（3）魏玉蓉（2004）建立的草地畜草平衡模型

$$B\ =\ C_r-C_T \tag{8-3}$$

式中，B 为畜草平衡；C_r 为实时的草地实际牲畜头数，也可看作实际载畜量；C_T 为理论载畜量。

（4）杨文义等（2001）建立的草原冷季载畜量模型

$$M=\sum_{i=1}^{n}\frac{Y_{ci}}{e\times t}+\sum_{i=1}^{n}\frac{(g_i\times Y_i-Y_{Ci}+Y_{di})a_i\times b_i}{e\times t}\left(1-\frac{f(L_i)}{P_i\times f(h_i)}\right) \tag{8-4}$$

式中，M 为草原冷季载畜量（羊单位）；i 代表草原类型，i=1 时为荒漠草原，i=2 时为典型草原，i=3 时为草甸草原；Y_i 为不同草原类型草地地上净生物量鲜重（kg）；Y_{Ci} 为冷季贮草量（kg）；Y_{di} 为冷季贮草调入调出量（kg）；a_i 为冷季不同草原类型草地可利用率（%）；b_i 为不同草原类型冷季牧草保存率（%）；g_i 为不同草原类型牧草产量最高时牧草干鲜比（%）；e 为冷季 1 个羊单位每日采食量（kg）；t 为冷季日数（天）；h_i 为不同草原类型牧草黄枯时牧草高度（cm）；$f(h_i)$为不同草原类型牧草黄枯时牧草的产量（kg/km^2）；L_i 为不同草原类型冷季积雪深度（cm）；$f(L_i)$为不同草原类型冷季积雪掩埋牧草的产量（kg/km^2）；P_i 为不同草原类型家畜破雪采食能力。

（三）饲草平衡概念、理论与方法

饲草平衡是指为保持草地生态系统良性循环，在一定区域和时间内，使草原和其他途径提供的饲草总量与饲养牲畜所需的饲草料总量保持动态平衡。载畜量是指一定的草地面积，在一定的利用时间内，所承载饲养家畜的头数和时间。可分为合理载畜量和现存载畜量。其中草地理论载畜量是在一定的草地面积和一定的放牧时期内，在能够维持草地可持续生产且满足家畜正常生长、繁殖、生产、畜产品的需要，所能承养家畜的数量。天然草场的理论载畜量是根据草原的地上生物量、草地放牧牲畜对牧草的采食率和利用率，草地牲畜折合成一个家畜单位（羊单位）的日食量估算而得。实际载畜量是指在一定的草地面积和一定的放牧时期内，草地实际放牧的家畜数量。多年来，我国草地的实际载畜量一直高于理论载畜量，由于草地第一性生产随季节而变，相应理论载畜量也有很大的差异，畜草之间的差异也会随理论载畜量和实际载畜量的变化而变，使得草地载畜量的计算处于不断变化之中。根据现有的牲畜统计资料，12 月末（年初）牲畜存栏数和 6 月末牲畜饲养量分别为草地冬季和夏季的实际载畜量。全年实际载畜量要通过当年年初与当年 6 月底草地区域平均现存饲养量计算。

饲草平衡诊断基于不同尺度县、市不同季节草地可提供的饲草量，即饲草供给；然后根据这些饲草量（包括补饲）诊断所能养活的家畜数量，即理论载畜量。理论载畜量和当地实际载畜量相比较，就可以得出该地区草畜动态平衡现状，根据具体内容判断补饲/减畜还是打草/购畜，这些就是基于载畜量的草畜平衡诊断的内容，从而构成载畜量监测与评估的内容。

1. 载畜量的草畜平衡模型

生态安全、经济效益和生产风险是草地畜牧业优化决策的主要目标。我国草畜业目前最大的问题是家畜数量盲目扩张，以及粗放管理制度下的草畜资源浪费，草畜资源平衡诊断技术是进行草畜业优化管理的前提。草地载畜量作为评价草地资源的重要指标，反映了草地生产力的潜在水平。合理的草场载畜量，既是保护草场生态平衡和解决草畜矛盾的重要前提，也是畜牧业经济可持续发展的重要条件。开展草畜平衡优化模型，通过研制草畜平衡动态监测与诊断，为进行草畜系统优化决策、建立资源节约型草畜业数字化管理提供技术基础。

（1）原理

结合全国和区域尺度的草畜平衡分析诊断模型在草地生态系统承载力估测基础上，综合考虑区域饲草资源及其利用格局（包括天然草地、人工饲料基地等）与家畜资源（当家畜种、数量），进行饲草料供给和需求的空间动态核算，以及区域家畜-草地资源利用平衡分析、评价和动态调节。模型框架如图 8-1 所示。

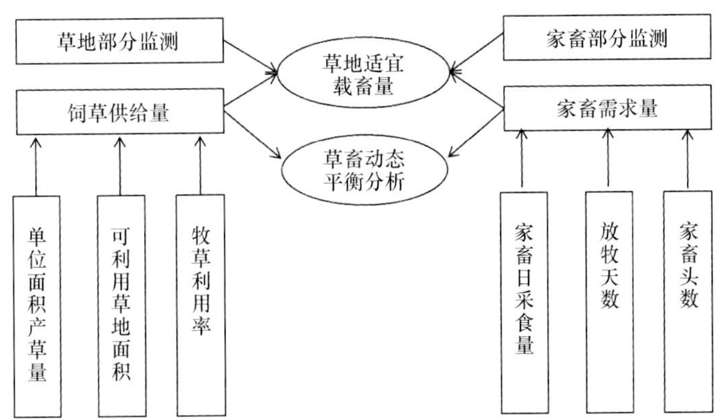

图 8-1　草场信息动态监测草畜平衡模型

（2）模型计算

1）以草定畜模型

根据家畜针对不同类型的牧草日食量不同，通过可利用草地面积、草地可食牧草产量、补饲量、总饲草供给量及由此计算得到在一定时期内家庭牧场可承载放牧家畜的头数，进而为用户提供草场理论载畜量。计算公式如下：

$$C_{\mathrm{T}}=\frac{W_{\mathrm{T}}\times U}{C_{\mathrm{d}}\times d} \tag{8-5}$$

式中，C_{T} 为理论载畜量；W_{T} 为牧草产量；U 为牧草的可利用率；C_{d} 为每一个标准家畜单位日食量；d 为利用天数。

2）以畜定草模型

根据家畜类别、数量和生产目标确定饲草需求量，建立动态的草畜供求平衡预算，确定适当的载畜量，既可以快速、及时地掌握草地现状，监测草地变化动态，又可以掌握草地的承载能力，及时对草畜做出合理的调配，计算公式如下：

$$TF=\sum_{t=1}^{n}(D_i\times A_i\times d) \tag{8-6}$$

式中，TF 为家畜所消耗的草产量；D_i 为不同种类家畜的日采食量；d 为利用天数；A_i 为不同种类家畜单位数；t 为年季月。

3）草畜平衡诊断模型

根据饲草供给量和家畜需求量分析得到不同尺度县市家畜超/欠载率，以此反映各县、市草畜平衡状况，为管理决策提供依据。

草畜模型计算公式如下：

$$BM = G\left[TY(Y,\ S,\ t)\right] - A\left[TF(D,\ AN,\ d)\right] \tag{8-7}$$

式中，G 为表示草地部分（以可食牧草产量计）；A 为表示畜牧放牧部分（以载畜量按家畜单位计）；TY 为草地可食牧草总产量；Y 为可食牧草产草量；S 为可利用草地面积；t 为年季月；TF 为家畜采食牧草总量；D 为家畜采食量；AN 为牲畜头数；d 为利用天数。

当 $BM>0$ 时，表示草地载畜量尚有潜力，能满足家畜需求，不需要补充饲料。

当 $BM=0$ 时，表示草畜之间达到动态平衡，放牧草地生态系统可持续利用。

当 $BM<0$ 时，表示草地载畜量超载，草地呈退化状态，不能满足家畜需求，需要补充饲料。

4）饲草供求预算

在以上三方面工作的基础上，结合各县、市实际载畜量数据，计算得到所需牧草量，这样就可以根据该县可食牧草产量计算得到需要补饲的干草量或需要增加、减少的家畜头数。以此实现饲草供求预算。

2. GRAZFEED 模型

GRAZFEED 模型是由澳大利亚 CSIRO 研究机构开发，目的是帮助牧民以最佳的方式利用牧草，尽量减少除牧草以外的其他饲料的供给，使牧民获得最大边际效益的同时使草地得到合理的利用。GRAZFEED 模型由草地、气候、补饲、牲畜品种以及饲养信息等几部分组成。GRAZFEED 模型适合任何类型的牧场，当然也适合任何品种的羊和牛的饲养。不同草地类型的牧草受降水、温度、日照和土壤条件的影响不同，其营养成分组成差异很大，这种差异对家畜种类、生长、发育、繁殖以及对畜产品的种类、数量和质量具有很大的影响。GRAZFEED 模型充分考虑了影响草地生长以及牲畜繁殖、生长发育的各种必要的因子，能够揭示草地的营养变化与放牧家畜营养状况之间的有机联系，以及草地营养特点与家畜生产肉、毛、乳之间的关系。进而合理、有效地为牲畜提供生长发育所需营养物质和能量，合理地配制饲料、畜种，在提高草地生产力的同时，保证牲畜体重的增长，使牧民的经济效益得到提高。

（四）应用案例

1. 呼伦贝尔谢尔塔拉牧场载畜状况分析

呼伦贝尔草原是欧亚大陆草原的重要组成部分，是发展畜牧业的物质基础，蕴藏着丰富的饲料资源，但由于长期过度放牧，草地草群植物种类贫乏，大量适口性好、营养价值高的草类逐渐衰退，导致草地资源生产力水平降低以及生物多样性下降。

草地载畜量作为评价草地资源的重要指标，反映草地生产力的潜在水平。合理的草地载畜量，既是保护草地生态平衡和解决草畜矛盾的重要前提，也是畜牧业经济可持续发展的重要条件。通过对谢尔塔拉小规模牧场不同草地利用下天然草地载畜状况评价分析，对维持草地生态系统平衡、实现草地科学合理利用，进而对该地区草地畜牧业宏观管理与调控奠定理论基础。

（1）研究区自然概况

研究区位于中国农业科学院呼伦贝尔草原生态系统国家野外科学观测研究站附近内

蒙古自治区呼伦贝尔市谢尔塔拉牧场（N 49°19′，E 120°03′，海拔 628m），年平均气温为–3～–1℃，年降水量 250～520mm，且主要集中在 6～8 月，蒸发量 1100～1630mm。一月最低气温可达–45°C，年积温 1780～2200℃，无霜期 100～110 天。地形为波状起伏的高平原，土壤以黑钙土和暗栗钙土为主，植被以中旱生植物为主体。

试验研究选择于具有典型代表性三个区域 A、B、C 区，A 区属于谢尔塔拉六队，利用草地为羊草+杂类草草甸草原；B 区属于谢尔塔拉十一队，为贝加尔针茅草甸草原；C 区属于谢尔塔拉十二队，为羊草+中生性杂类草草甸草原。谢尔塔拉牧场以典型的国营集体、专业联户或中等规模专业户等不同饲养规模、不同饲养方式进行奶牛饲养。按照中国奶牛饲养水平，目前六队和十一队属于散养户饲养模式，十二队属于典型的国营集体饲养模式。该地区放牧季节短，具有上百年割草补饲的历史，从 2006 年开始进行春季休牧，即每年放牧时间为 6 月 1 日至 10 月 1 日，牧压强度大，草地存在不同程度的退化。

（2）研究方法

诊断方法 1：a. 基于以草定畜模型进行理论载畜量计算，计算公式如下。

草地全年合理总承载量的计算见式（8-8）：

$$A=\frac{A_S\times d_S}{365}+\frac{A_W\times d_W}{365} \tag{8-8}$$

式中，A 为草地全年合理总承载量（牛单位，Au）；A_S 为草地暖季放牧草地可承养的牛单位总和［式(8-9)］；A_W 为草地割草地在冷季可承养的牛单位总和［式(8-10)］。

其中：

暖季放牧草地的合理承载量（Au）：

$$A_S=(Y_S\times U_S\times S_S)/(D\times d_S) \tag{8-9}$$

式中，A_S 为暖季放牧地载畜量（Au）；Y_S 为暖季放牧地草产量；U_S 为放牧草地利用率；S_S 为暖季放牧草地可利用面积；D 为单位日食量；d_S 为暖季放牧天数。

割草用于冷季投饲的割草地合理承载量（牛单位 Au）：

$$A_W=(Y_W\times U_W\times S_W)/(D\times d_W) \tag{8-10}$$

式中，A_W 为割草地载畜量（Au）；Y_W 为割草地草产量；U_W 为割草地的利用率；S_W 为割草地可利用面积；D 为单位日食量；d_W 为从割草地刈割牧草投饲的天数。

b. 草地载畜状况分析

将根据天然草地载畜能力情况计算出的理论载畜量与实际载畜量进行比较，对草畜平衡状况进行评价分析。

按全年利用的草地载畜量潜力与超载计算：

$$P_{WS}=A-A_d \tag{8-11}$$

$$P=P_{WS}/A\times 100\% \tag{8-12}$$

式中，P_{WS} 为按全年利用的草地载畜量潜力（Au）；A 为草地全年合理总承载量；A_d 为当年年初与当年 6 月底草地平均现存饲养量（Au）。当 $P_{WS}>0$ 时，按全年利用草地还有载畜潜力；当 $P_{WS}=0$ 时，草地全年合理承载量与全年平均饲养量达到平衡，草地利用适度；当 $P_{WS}<0$ 时，按全年利用草地已超载过牧。

（3）结果分析

天然草地载畜量估算是一项极其复杂而又十分重要的研究项目，是草地资源生态研究中不可缺少的内容，同时也是合理利用草地和防治草地退化的关键环节。草地的合理载畜量，是指在一定的草地面积和一定的利用时间内，在适度放牧（或割草）利用并维护草地可持续生产的条件下，满足承养家畜正常生长、繁殖、生产畜产品的需要所能承养的家畜头数和时间。合理载畜量又称理论载畜量。本研究采用一头 500kg 体重非泌乳奶牛为一个标准家畜单位。根据内蒙古自治区地方标准《天然草地适宜载畜量计算标准》，即蒙 DB604—90 标准，当年幼畜 3∶1 折为成年畜，两岁大牲畜以 3∶2 折为成年畜。

计算理论载畜量参数，温带草甸放牧地的利用率为 50%～60%，割草地的利用率为 75%。本节分别取 60%和 75%。本区域划分季节放牧地和割草地，区域内各季节放牧草地的放牧天数之和与区域内从割草地刈割牧草投饲的天数合计应为 365 天。暖季放牧天数为 120 天，冷季舍饲天数为 245 天。当地一个标准家畜单位饲草消耗量约为 8kgDM/天。本区域主要以天然草地为主，部分秸秆均用于回收地，所以本节草地合理承载量不含区域内农副产品、秸秆饲料资源的承载量。为此，我们用草地全年合理总承载量与实际牲畜量比较，计算草地的载畜潜力与超载。

研究表明（表 8-1），A 区 2008 年、2009 年全年合理理论承载量应为 286Au/年、291Au/年，而实际载畜量为 504Au/年、500Au/年，超载率分别为 76.22%和 71.82%，两年之间超载率在降低，年变率为 4.40%。其中暖季放牧地和冷季割草地牲畜超载率分别降低达 61.46%和 2.33%，暖季放牧地超载严重，有必要采取强有力的限制草地过牧的措施，防治退化、沙化。B 区暖季放牧地 2009 年较 2008 年超载率有所下降，达 2.1%，而冷季割草地超载率有所增加，增加幅度达 17.1%，牲畜全年超载率增加 17.62%；C 区暖季放牧地 2009 年较 2008 年超载率增加，但冷季割草地超载率有所缓解，由超载 14.02%转变为欠载 22.18%，暖季放牧地超载，冷季割草地仍然有承载家畜的潜力，与 2009 年割草地产量增加，而牲畜在减少密切相关；全年牲畜超载率由 2008 年的 8.89%转变为 2009 年欠载 11.11%，从全年草地载畜量来分析，草地目前还有一定的载畜潜力，但可以看出载畜潜力不大，应该适当保护利用并且控制牲畜数量，以防草地进一步退化。

表 8-1　谢尔塔拉牧场不同饲养模式载畜状况（载畜量：Au/年；超载率：%）

时间	区域	理论载畜量			实际牲畜量			超（+），欠（-）			牲畜超载率		
		暖季放牧地	冷季割草地	全年平均	暖季放牧地	冷季割草地	全年平均	暖季放牧地	冷季割草地	全年平均	暖季放牧地	冷季割草地	全年平均
2008年	A区	77	389	286	474	534	504	397	145	218	515.58	37.28	76.22
	B区	656	963	861	870	1049	960	214	86	98.5	32.62	8.93	11.44
	C区	451	642	579	529	732	631	78	90	51.5	17.29	14.02	8.89
2009年	A区	85	392	291	471	529	500	386	137	209	454.12	34.95	71.82
	B区	717	695	702	936	876	906	219	181	204	30.54	26.04	29.06
	C区	579	870	774	703	677	688	124	–193	–86	21.42	–22.18	–11.11

诊断方法 2：见以畜定草和草畜平衡诊断模型计算公式。

（4）结果与分析

研究表明（表 8-2），A 区 2008 年、2009 年暖季放牧地超载严重，有必要采取强有力的限制草地过牧的措施，防治退化、沙化；草地部分可食牧草产量暖季放牧地分别为 73 959kg、81 469kg，而家畜采食牧草产量为 455 040kg、452 160kg，超载率分别为 515.26%和 455.01%；冷季割草地超载率为 37.31%和 35.11%，两年之间超载率在降低，其中暖季放牧地和冷季割草地牲畜超载率分别降低达 60.25%和 2.2%，B 区暖季放牧地 2009 年较 2008 年超载率有所下降，达 2.1%，而冷季割草地超载率有所增加，增加幅度达 17.1%；C 区暖季放牧地 2009 年较 2008 年超载率增加，但冷季割草地超载率有所缓解，由超载 14.0%转变为欠载 22.2%，暖季放牧地超载，冷季割草地仍然有承载家畜的潜力，能满足家畜需求，不需要补充饲料。

表 8-2　谢尔塔拉牧场不同饲养模式饲草平衡诊断（产量：kg；超载率：%）

时间	区域	草地部分可食牧草产量		家畜采食牧草总量		超（+），欠（–）		超载率	
		暖季放牧地	冷季割草地	暖季放牧地	冷季割草地	暖季放牧地	冷季割草地	暖季放牧地	冷季割草地
2008 年	A 区	73 959	762 223	455 040	1 046 640	381 081	284 417	515.26	37.31
	B 区	630 065	1 886 533	835 200	2 056 040	205 135	169 507	32.56	8.99
	C 区	433 125	1 258 559	507 840	1 434 720	74 715	176 161	17.25	14.00
2009 年	A 区	81 469	767 412	452 160	1 036 840	370 691	269 428	455.01	35.11
	B 区	688 574	1 361 237	898 560	1 716 960	209 986	355 723	30.50	26.13
	C 区	555 591	1 705 989	674 880	1 326 920	119 289	–379 069	21.47	–22.22

经过两种方法进行饲草平衡诊断，谢尔塔拉牧场典型代表性三个区域 A、B、C 区，A 区六队、B 区十一队暖季放牧地和冷季割草地 2008 年和 2009 年均呈现出超载现象，草地呈退化状态，不能满足家畜需求，需要补充饲料。C 区十二队暖季放牧地也表现出超载现象，需要补饲一定的干草量或减少家畜头数，以此实现饲草供求平衡，保持放牧草地生态系统可持续利用。C 区十二队冷季割草地尚有承载潜力，能满足家畜需求，不需要补充饲料，但可以看出载畜潜力不大，应该适当保护利用并且控制牲畜数量，以防草地进一步退化。

2. 锡林浩特市不同苏木草地载畜状况分析

（1）研究区概况

内蒙古草原是欧亚大陆草原的重要组成部分，属于温带草原生态类型，在温带草原中具有代表性，是全球变化最为敏感的区域。而锡林浩特市位于内蒙古锡林郭勒盟草原腹地，东经 115°13′～117°06′，北纬 43°02′～44°52′，年平均气温 1.7℃，年平均降水量 294. 9mm，年日照时间 2877h，平均风速 3.5m/s ，其主要的草地类型是温性草原类和少部分的低地草原类草地。锡林浩特市的草地类型、气候、草地利用方式在北方草地尤其是内蒙古地区都具有很好的代表性，能够反映草地利用的基本情况。因此以锡林浩特市为例，研究其天然草地载畜能力和草畜平衡问题。

（2）研究方法

利用锡林浩特市草地地面观测资料、牲畜、饲料等统计数据，结合 GRAZFEED 模型，以锡林浩特市的天然草地为对象，模拟分析 4～10 月草地及牲畜的变化情况，研究锡林浩特市不同苏木天然草地的载畜能力以及草畜平衡问题。

（3）GRAZFEED 模型计算

运行 GRAZFEED 模型需要输入当地的草地状况、气候条件以及牲畜等信息。乌珠穆沁羊是锡林郭勒盟典型的羊品种，故以乌珠穆沁羊为标准羊单位，运用 GRAZFEED 模拟锡林浩特市各苏木载畜量，对锡林浩特市各苏木草地的载畜量进行研究。在 GRAZFEED 模型中有 Stocking Rate Calculator 模块。在该模块中输入草地面积、各月草地的增长速率、不同草地类型的消化率后即可模拟出最大载畜量。

（4）结果与分析

1）锡林浩特市各苏木的载畜量

根据各月份草地的增长速率，不同草地类型的消化率，以及羊品种特性，在没有补饲及将草地地上生物量完全吃光的情况下，锡林浩特市各苏木的最大载畜量见表 8-3。

2）利用 GRAZFEED 模型计算的载畜量与实际载畜量比较

因 2003 年锡林浩特市的苏木年存栏数只有 9 个苏木的数据，就以有数据的 9 个苏木与利用 GRAZFEED 模型模拟的载畜量进行比较分析。表 8-4 是锡林浩特市 2003 年 9 个苏木的存栏数情况。

表 8-3　以 GRAZFEED 模型计算的锡林浩特市各苏木载畜量（单位：只）

乡名	载畜量/只						
	4 月	5 月	6 月	7 月	8 月	9 月	10 月
朝克乌拉苏木	7 800	85 800	78 000	132 600	117 000	109 200	31 200
图古日格苏木	10 693	117 627	106 933	181 787	160 400	149 707	42 773
阿尔善宝拉格苏木	20 767	228 433	207 667	353 033	311 500	290 733	83 067
毛敦牧场	5 847	64 313	58 467	99 393	87 700	81 853	23 387
巴彦宝拉格苏木	14 820	163 020	148 200	251 940	222 300	207 480	59 280
巴彦锡勒牧场	34 033	374 367	340 333	578 567	510 500	476 467	136 133
伊利勒特苏木	19 033	209 367	190 333	323 567	285 500	266 467	76 133
锡林浩特市	543	5 970	5 427	9 226	8 141	7 598	2 171
城关苏木	1 173	12 907	11 733	19 947	17 600	16 427	4 693
达布希勒图苏木	13 307	146 373	133 067	226 213	199 600	186 293	53 227
贝力克牧场	5 113	56 247	51 133	86 927	76 700	71 587	20 453
巴彦呼热牧场	12 573	138 307	125 733	213 747	188 600	176 027	50 293

表 8-4　2003 年锡林浩特市几个苏木的牧业年度存栏数（单位：只）

苏木	伊利勒特苏木	达布希勒特苏木	巴彦宝拉格苏木	阿尔善宝拉格苏木	朝克乌拉苏木	毛敦牧场	巴彦锡勒牧场	巴彦呼热牧场	贝力克牧场
2003 年存栏	143 053	71 015	143 184	193 383	121 022	57 556	517 457	111 388	55 475

GRAZFEED 模型模拟的各月份的载畜量是各苏木的最大载畜量，如果以此牲畜放牧的话，各苏木的草场将严重退化至不可再利用。在不考虑补饲的情况下，根据各苏木的天然草地载畜能力（GRAZFEED 模拟），各苏木草畜平衡监测模型为

$$O=(C_a-CG)/CG\times100\% \tag{8-13}$$

式中，O 为现有天然草地某一区域的牲畜超载率，结果为正时表明牲畜超载，结果为负时表明牲畜欠载；CG 为 GRAZFEED 模型模拟的天然草地的最大载畜量，即表 8-3 中的计算结果；C_a 为各苏木的实际载畜量，即标准羊单位。大牲畜折算系数为 5.0，山羊为 0.8，绵羊为 1.0。

由表 8-5 可以看出，4 月各苏木的超载率都超过了 400%，有的苏木甚至超过了 1400%；10 月除了伊利勒特苏木及达布希勒图苏木的超载率小于 100%外，其他苏木的超载率均大于 120%。如果不进行补饲，草地将受到严重的破坏，牲畜膘情下降，甚至造成牲畜死亡。朝克乌拉苏木、巴彦锡勒牧场除了 7 月欠载外，其他月都已超载，说明朝克乌拉苏木、巴彦锡勒牧场的载畜量已经严重超载；毛敦牧场、巴彦宝拉格苏木虽然 5～9 月欠载，但模拟的载畜量是理论最大值，因此毛敦牧场、贝力克牧场的载畜量也已超载或者说其载畜量已经接近极限。

表 8-5　锡林浩特市生长季各苏木草畜平衡情况

乡名	超载率/%						
	4 月	5 月	6 月	7 月	8 月	9 月	10 月
朝克乌拉苏木	1451.56	41.05	55.16	−8.73	3.44	10.83	287.89
阿尔善宝拉格苏木	831.20	−15.34	−6.88	−45.22	−37.92	−33.48	132.80
毛敦牧场	884.37	−10.51	−1.56	−42.09	−34.59	−29.68	146.10
巴彦宝拉格苏木	866.15	−12.17	−3.38	−43.17	−35.59	−30.99	141.54
巴彦锡勒牧场	1420.46	38.22	52.04	−10.56	1.36	8.60	280.11
伊利勒特苏木	651.61	−31.67	−24.84	−55.79	−49.89	−46.31	87.90
达布希勒图苏木	433.67	−51.48	−46.63	−68.61	−64.42	−61.88	33.42
贝力克牧场	984.98	−1.37	8.49	−36.18	−27.67	−22.51	171.23
巴彦呼热牧场	785.93	−19.46	−11.41	−47.89	−40.94	−36.72	121.48

注：“−”表示欠载

达布希勒图苏木、巴彦呼热牧场、阿尔善宝拉格苏木 5～9 月份的最大载畜量都远大于存栏数，但是巴彦呼热牧场、阿尔善宝拉格苏木在 4 月、10 月份草地的缺口太大，如果按此放牧草场将严重退化，这说明巴彦呼热牧场、阿尔善宝拉格苏木的载畜量也已经超载；达布希勒图苏木 5～9 月份的载畜量还可以做进一步的调整，以充分利用草地资源，具有一定的发展空间，但是应当注意，在 4 月、10 月份草地生物量短缺的季节，要加强调整，或者将牲畜卖掉一部分，或者进行补饲，以保证草地、家畜的正常的生长发育。

二、家庭牧场能量营养平衡诊断技术

（一）概述

草地畜牧业家畜生产体系是一个包括牧草生产、家畜生产、草地利用和放牧管理在

内的错综复杂的草地畜牧业经济复合系统，目前家庭牧场是我国牧区最基本的生产单元，必须结合牧场尺度的草地生产动态模拟和管理，才能实现草地畜牧业可持续发展。在这个系统内部，影响草畜动态平衡和家畜生产效益的因素很多，包括气候条件、草地基况、家畜品种、家畜体重、家畜繁殖力、补饲情况等，并且它们之间互相影响和制约。在牧场/牧户尺度上，基于不同家畜营养需求，进行草地放牧系统管理和草畜平衡诊断技术研究，对实现牧场尺度的资源节约型草畜业优化管理具有重要的意义。

（二）模型介绍

1. 原理

结合 GRAZEFEED 模型与澳大利亚 GRAZPLAN 决策支持系统（Freer et al.，1997）建立优化草畜能量平衡模型，模型的一些参数来源于 CSIRO 的研究，并根据研究区域的实际情况进行了调整，通过调查数据与控制试验的测定数据，输入研究区域气候条件、草地基况、家畜情况、补饲情况等数据进行模型运算分析。分析不同月份家畜代谢能量需求的盈亏，从而分析当地草畜能量是否平衡。模型框架见图 8-2，模型输入参数见表 8-6。

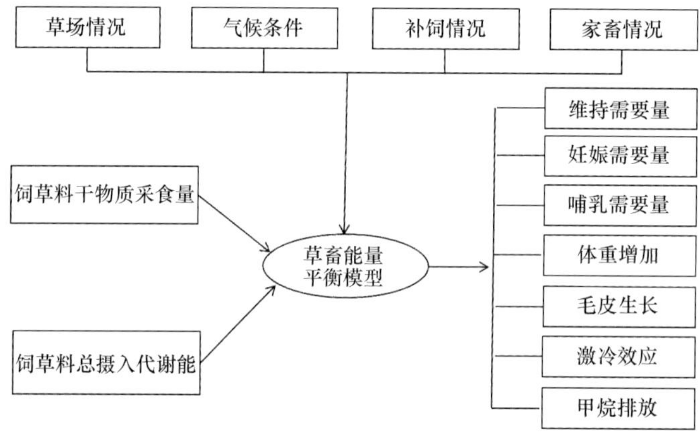

图 8-2　草畜能量平衡诊断模型

表 8-6　模型需要输入的参数

草场情况	气候条件	补饲情况	家畜情况
可利用牧草干物质	降雨量	干物质比例	成熟体重 *SRW*
干物质消化率	风速	粗饲料可消化干物质比例	平均净重 *W*
高度	最高温度	代谢能与干物质之比	平均年龄 A_y
粗蛋白	最低温度	粗蛋白比例	家畜的体况 *BC*
月份	平均温度	可降解蛋白比例	平均毛皮厚度 *F*
牧场纬度	时间	粗料价格	初生家畜的重量 *BW*
牧场坡度	日长	补饲量	妊娠的天数 A_g
草场面积	一年中天数		家畜在分娩时的体况 BC_b
豆科比例			哺乳的天数 *A*
代谢能与干物质之比			期望产奶高峰值
			家畜数量

2. 模型计算

（1）饲草供应能量

1）摄入总代谢能（MEI_{total}）：

$$MEI_{total} = MEI_f + MEI_s$$

式中，MEI_f为饲草代谢能；MEI_s为补饲代谢能。

2）饲草代谢能（MEI_f）：

$$MEI_f = (17.0DMD_f - 2.0)I_f$$

式中，I_f为饲草的干物质采食量（kg）；DMD_f为牧草干物质消化率。

3）补饲代谢能（MEI_S）：

$$MEI_S = (16.4DMD_S - 1.6)I_S$$

式中，I_S为补饲的干物质采食量（kg）；DMD_S为补饲牧草干物质消化率。

4）饲草的干物质采食量（I_f）：

$$I_f = [0.025 \times W \times BC \times (1.7 - BC)] \times [1 - \exp(-1.35 \times 0.00078 \times HF \times B_{dry})]$$
$$\times [1 + 0.6 \times \exp(-1.35 \times (0.00074 \times HF \times B_{dry})^2)] \times [1 - 1.7 \times ((0.8 - (1 - PL) \times 0.16) - DMD_f) + 0.1]$$

式中，W为家畜活重（kg）；BC为家畜体况；HF为草群高度（cm）；B_{dry}为牧草干物质（kg）；PL为豆科比例；DMD_f为牧草干物质消化率。

5）补饲的干物质采食量（I_s）：

$$I_f = [0.025 \times W \times BC \times (1.7 - BC)]$$
$$\times \{\max[1, 1.7 - 0.1 \times ((1.5DMD_S - 0.01)/CP_S)] \times [1 - 1.7(0.8 - DMD_S)]\} \times S_s \times DMD_S$$

式中，W为家畜活重（kg）；BC为家畜体况；DMD_S为补饲牧草干物质消化率；CP_S为补饲饲料粗蛋白含量；S_S为补饲饲料量（kg）。

（2）家畜需要能量

1）家畜代谢能总需求量（ME）：

$$ME = ME_m + ME_l + ME_c + ME_g$$

式中，ME为放牧家畜代谢能总需求量（MJ/天）；ME_m为维持代谢能（MJ）；ME_c为妊娠代谢能（MJ）；ME_l为哺乳期代谢能（MJ）；ME_g为增重代谢能（MJ）。

2）维持代谢能（ME_m）：

$$ME_m = \left[\frac{E_{metab} + E_{graze}}{(0.5 + 0.02) \times (ME / DM)} + 0.09MEI_{total}\right]$$

式中，E_{metab}为基础代谢能；E_{graze}为放牧需要的能量；ME/DM为每千克干物质的牧草代谢能（5 月，6 月，7 月，8 月，9 月，10 月，11 月，12 月）。

3）基础代谢能E_{metab}：

$$E_{metab} = 0.09 \times \mathrm{W}^{0.75} \max[\exp(-0.00008 \times A_y), 0.84]$$

式中，W为家畜体重；A_y为家畜平均年龄。

4）放牧需要的能量E_{graze}：

$$E_{graze} = C_{M6} \times W \times I_f(0.9 - DMD_f) + (0.0026 \times W(1 + \tan(s))/(0.000052 \times B_{dry} + 0.16))$$

式中，W为家畜体重；C_{M6}为放牧需要的能量咀嚼效应指数（牛：2.5×10^{-3}）；DMD_f为所食干物质的消化率；I_f 为干物质摄入量；S 为平均斜坡；B_{dry} 为牧草干物质重量。

5）妊娠期需要能量（ME_c）：

$$ME_c = \frac{BWBC_{foet}C_{p6}C_{p7}\exp[C_{p5} - A_g - C_{p6}\exp(-C_{p7}A_g)]}{0.133}$$

式中，BW 为家畜出生的正常体重；BC_{foet} 为胎儿的体况；C_{p5} 为孕体的能量需求指数（牛：345.667）；C_{p6} 为孕体的能量需求指数（牛：349.164）；C_{p7} 为每天孕体的能量需求指数（牛：5.76×10^{-5}）；A_g 为妊娠的天数。其中，

$$BW = 0.07\times(0.69 + 0.33BC)\times SRW$$

式中，BC 为家畜的体况；SRW 为家畜成熟体重。

$$\begin{aligned}BC_{foet} &= 1 + 2[C_{p2}\times C_{p3}\times\exp(-C_{p3}\times(A_g - 2))]\\ &\quad\times[BW\times\exp(C_{p1} - C_{p2}\times\exp(-C_{p3}\times(A_g - 2)))]\times(1 + \frac{BC - 1}{C_{p15,y}\times SRW})\end{aligned}$$

式中，BW 为家畜出生的正常体重；BC 为家畜的体况；SRW 为家畜成熟体重；C_{p1} 为胎儿正常体重（牛：2.386）；C_{p2} 为胎儿正常体重（牛：12.91）；C_{p3} 为每天胎儿正常体重（牛：6.2×10^{-3}）；$C_{p15,y}$ 为正常出生重，年龄。

6）泌乳期代谢能 ME_l（MJ）：

$$ME_l = \frac{1.17\times(0.375\times W^{0.75}\times BC_b\times((A+4)/30)^{0.6}\times\exp(0.6\times(1-((A+4)/30))))}{(1+\exp(-2.8\times((\frac{(MEI_{total} - ME_m)\times1.17\times(0.4+0.02\times ME/DM)}{C_{L0}\times W^{0.75}\times BC_b\times((A+4)/30)^{0.6}\times\exp(0.6\times(1-((A+4)/30)))}) \\ -0.5)))\times(0.4+0.02\times(ME/DM)\times0.94)}$$

式中，C_{L0} 为泌乳时产奶高峰尺度（牛：0.375）；BC_b 为家畜初生的体况；W 为家畜体重；A 为泌乳天数；ME/DM 为每千克干物质的牧草代谢能（5 月，6 月，7 月，8 月，9 月，10 月，11 月，12 月）。

7）补饲日增重所需代谢能 ME_g：

$$ME_g = (6.7 + 2(L-1) + \frac{C_{G7} - 2(L-1)}{1+\exp(-6(BC-0.4))})\times W_g/(1.09\times k_g)$$

式中，L 为饲养水平；BC 为家畜体况；C_{G7} 为 W_g 为增重的能量利用效率。

8）补饲增重的能量利用效率（k_g）：

$$\begin{aligned}K_g &= (0.9 + 0.3\times PL)\times(0.045\times(ME/DM))\\ &\quad + 0.01\times(15.4 - (ME/DM))\times((lat/40)\times\sin(6.28\times(T/365) - 1.0))\end{aligned}$$

式中，PL 为豆科比例；ME/DM 为每千克干物质的牧草代谢能（5 月，6 月，7 月，8 月，9 月，10 月，11 月，12 月）；lat 为纬度；T 为所在天数。

（三）应用案例

通过对呼伦贝尔谢尔塔拉牧场草地畜牧业现状和典型牧户调查，草地生产力和家畜生产性能的测定，根据牧场不同家畜的生理需求和营养需求，结合 GRAZEFEED 模型与澳大利亚 GRAZPLAN 决策支持系统（Freer et al.，1997）建立优化草畜能量平衡模型，应用模型对放牧期间不同月份家畜能量需求平衡进行分析，基于不同家畜营养需求，进行草地放牧系统管理和草畜平衡诊断技术研究，对实现牧场尺度的资源节约型草畜业优

化管理提供理论依据。

1. 研究区自然概况

同本章第一节“一、”中“（四）应用案例”。

2. 研究方法

同本章第一节“二、”中“模型计算”。

3. 结果分析

（1）成年未怀孕母牛不同生理阶段 *ME* 需求量和 *ME* 实际摄入量现状分析

根据2009年呼伦贝尔谢尔塔拉牧场草地动态变化及气候条件，对500kg成年母牛不同生理阶段 *ME* 需求量和 *ME* 实际摄入量平衡现状分析进行模拟，分析其家畜能量需求供需平衡。

从图8-3中可以看出，放牧期间泌乳前期成年未怀孕母牛在5～9月饲草充足时家畜实际摄入的能量高于维持基本生长所需的能量，但不能满足放牧家畜所需求总的代谢能量；在10月至翌年4月实际摄入的能量显著低于维持基本生长所需的能量及家畜总的需求量。泌乳中期和后期成年未怀孕母牛在5～9月饲草充足时家畜实际摄入的能量高于维持基本生长所需的能量和放牧家畜代谢能总需求量，但在10月至翌年4月实际摄入的能量均不能满足家畜维持代谢能和家畜总的需求量。说明在传统的放牧方式下，家畜存在能量供需的不平衡，需要进行补饲去促进家畜的生长，现有生产力水平下，在寒冷的冬季实行舍饲是非常必要的。另外从图可知，放牧家畜代谢能总需求量和摄入总代谢能均为泌乳前期＞泌乳中期＞泌乳后期。

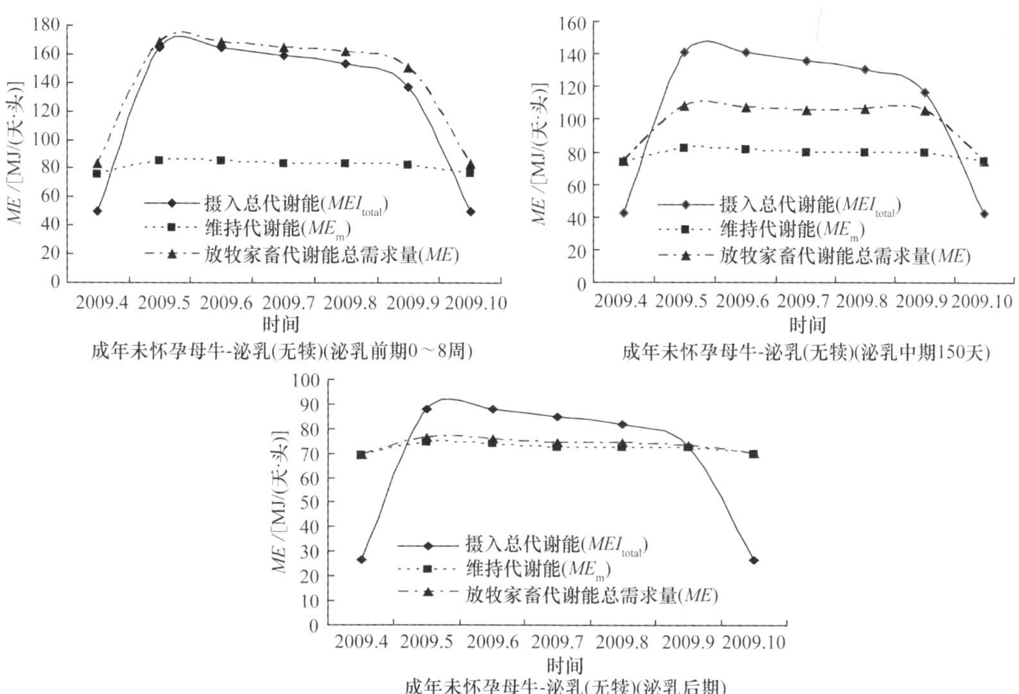

图8-3　成年未怀孕母牛不同生理阶段 *ME* 需求量和 *ME* 实际摄入量现状分析

（2）成年妊娠母牛不同生理阶段 *ME* 需求量和 *ME* 实际摄入量现状分析

模拟了成年母牛妊娠母牛不同生理阶段 *ME* 需求量和 *ME* 实际摄入量平衡现状。由图 8-4 可以看出，带犊和无犊的成年妊娠泌乳母牛在放牧期间 5～9 月饲草充足时家畜实际摄入的能量高于维持基本生长所需的能量，但不能满足放牧家畜所需求总的代谢能量；在 10 月至翌年 4 月实际摄入的能量显著低于维持基本生长所需的能量及家畜总的需求量。干奶期的成年妊娠母牛在 5～8 月家畜实际摄入的能量刚刚能够满足维持基本生长所需的能量，远不能满足放牧家畜所需求总的代谢能量；在 9 月至翌年 4 月实际摄入的能量远远不能满足家畜维持代谢能和家畜总的需求量，同样家畜存在能量供需的不平衡，需要进行补饲去促进家畜的生长。从家畜能量需求角度分析，冬季进行舍饲可以为家畜越冬提供充足的能量，保证家畜的能量需求，有利于家畜正常生长。放牧家畜代谢能总需求量和摄入总代谢能妊娠母牛泌乳期＞干奶期。

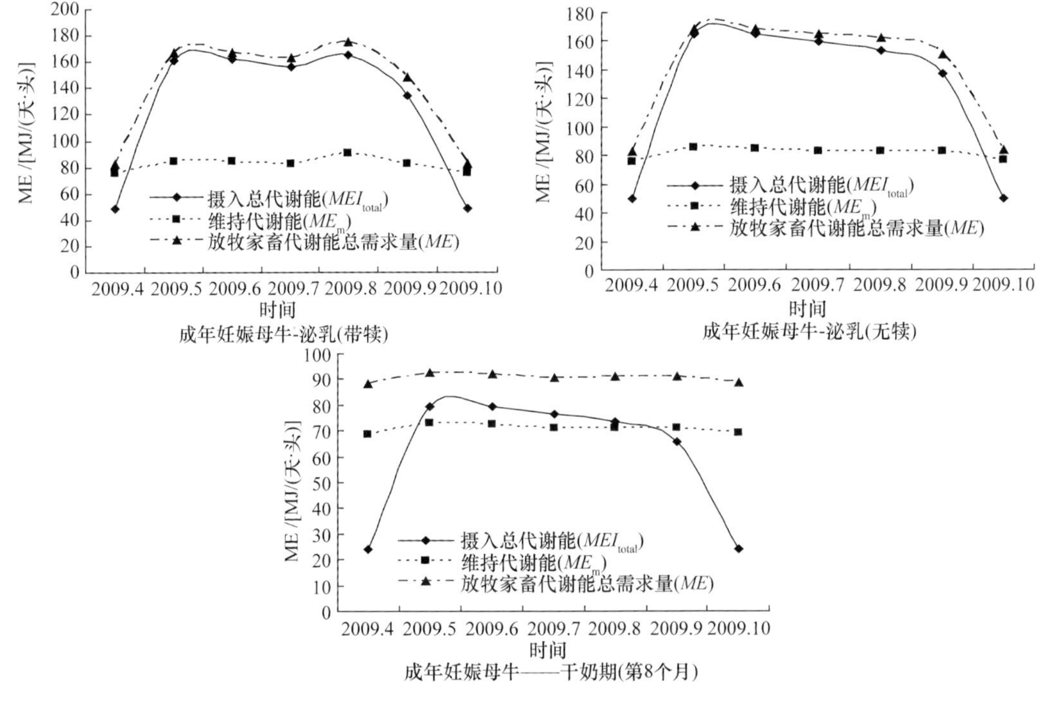

图 8-4　成年妊娠母牛不同生理阶段 *ME* 需求量和 *ME* 实际摄入量现状分析

（3）成年母牛不同生理阶段饲草干物质采食量

模拟了成年母牛不同生理阶段饲草干物质采食量。由图 8-5 可以看出，未怀孕母牛泌乳前期＞泌乳中期＞泌乳后期，泌乳前期饲草干物质采食量 4～10 月范围为 10.43～18.24kgDM/天，泌乳中期为 8.90～15.57kgDM/天，泌乳后期为 5.55～9.71kgDM/天。妊娠母牛泌乳期＞干奶期，泌乳期饲草干物质采食量 4～10 月范围为 10.22～18.99kgDM/天，干奶期为 5.00～8.76 kgDM/天。

（4）成年母牛不同生理阶段瘤胃微生物粗蛋白的降解、消化和合成

模拟了成年母牛不同生理阶段瘤胃微生物粗蛋白的降解、消化和合成情况。图 8-6 结果表现为，泌乳前期和泌乳中期瘤胃微生物粗蛋白的降解、消化和合成曲线非常接近，

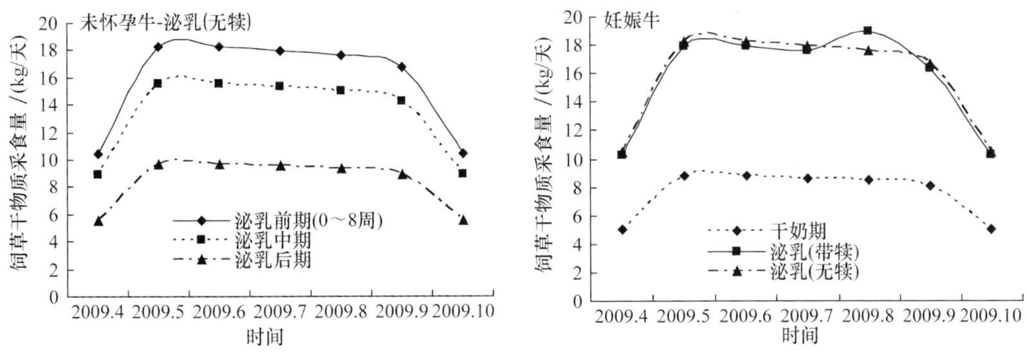

图 8-5　成年母牛不同生理阶段饲草干物质采食量

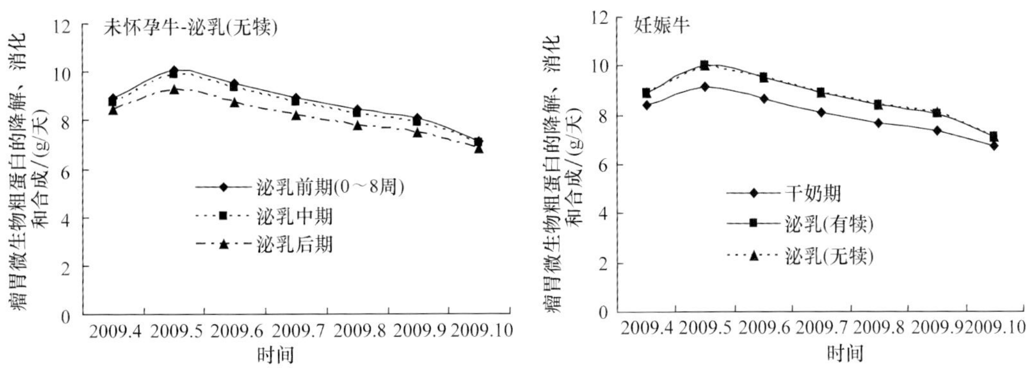

图 8-6　成年母牛不同生理阶段瘤胃微生物粗蛋白的降解、消化和合成

同时与饲草干物质采食量变化趋势相同，未怀孕母牛泌乳前期＞泌乳中期＞泌乳后期。妊娠母牛在带犊泌乳母牛和无犊泌乳妊娠母牛瘤胃微生物粗蛋白的降解、消化和合成曲线非常接近，整体呈现为泌乳期＞干奶期。

通过家畜能量平衡模型模拟，发现成年母牛不同生理阶段在牧草生长旺盛期家畜实际摄入的能量高于维持基本生长所需的能量，但不能满足放牧家畜所需求总的代谢能量；在冬春季节实际摄入的能量显著低于维持基本生长所需的能量及家畜总的需求量，家畜存在能量供需不平衡，需要进行补饲去促进家畜的生长。代谢能总需求量和摄入总代谢能未怀孕母牛泌乳前期＞泌乳中期＞泌乳后期，妊娠母牛泌乳期＞干奶期。成年母牛不同生理阶段饲草干物质采食量，瘤胃微生物粗蛋白的降解、消化和合成未怀孕母牛泌乳前期＞泌乳中期＞泌乳后期，妊娠母牛泌乳期＞干奶期。将来进一步对家畜能量平衡模型进行修正和优化，建立气候、草地、家畜数据集，评估家畜代谢能量平衡，促进在生产实际应用中进行深入的分析和验证。

三、数字牧场设计与管理技术

“数字牧场”是数字草业技术的主要内容。数字地球技术是 21 世纪的最重要的技术领域革命之一，有力地促进和推动了各国经济社会的快速发展，使得人类社会以前所未有的速度走向新的历史高度，特别是在农业领域应用的巨大成功之后，进一步带动了林业、草业、畜牧业、渔业等大农业领域数字技术的开发应用。我国是草原大国同时也是畜牧业大国，畜牧业生产发展水平直接影响了我国经济发展规模和国民经济稳定程度，特别是在当前我国畜牧业整体科技投入水平不高，生产模式以粗放型散养为主的情况下，如何利用数字技术，研制相关数字牧场软硬件产品，优化牧场利用模式，已经成为畜牧业发展的重要方向，同时也是数字技术在畜牧业领域实现飞跃的重要突破口。

数字牧场技术即充分利用数字地球技术建成集数据采集、数字传输网络、数据分析处理、数控牧业机械为一体的数字驱动的牧场生产管理体系，实现牧场生产经营管理的数字化、网络化和自动化。数字牧场技术通过智能决策系统，控制牧场载畜量，影响家畜采食行为，优化牧场家畜的生产经营管理模式，在保护草地生态环境、增加牧场草地资源持续供给能力的同时降低成本，使经济收益最大化。因此，畜牧业各应用层面大力引进数字化产品，提升数字化程度，是数字牧场技术为我国畜牧业发展保驾护航的必然趋势，也是拓宽数字技术及其产品应用的重要契机。

（一）基于物联网的牧场背景数据获取

针对牧区野外复杂环境和气候背景条件，基于现代物联网技术，建立使用无线传感器网络获取牧场野外基础背景数据采集系统，集成牧场经营管理决策支持信息系统，实现对牧场基础信息数据风速/风向、光照度、气温、相对湿度、气压、降水、四分量辐射、土壤温度、土壤湿度、FPAR、影像等传感器的数据和摄像头的视频图像数据进行转换、处理、传输等，研制基于遥感技术的多平台空间数据融合与集成系统，实现牧场基础背景数据的自控采集与快速成图。

1. 牧场基础背景数据采集系统

该系统能够对牧场气象数据、土壤参数及环境图片等信息进行高效地采集及传送，带有大型数据库，系统配备的采集设备是一款高性能高精度的物联网智能农情采集、监控及信息化综合管理产品，可通过传感或耦合信号的模拟电压、电流信号以及开关信号量对现场数据进行高速采集和控制，有效精度高达 16bit。系统配有广播级的 H.264 视频编码和 JPEG2000 图片压缩，可以采集并保存现场高质量的视频图像和图片，监控牧场的环境情况。集成视频服务器功能，提供扩展采集接口，可以扩展到多路模拟量、多路开关量或采集远程 ZigBee 任意组网的数据，带有能输出多路控制或通过任意组网无线 ZigBee 远程控制的信号，通过以太网、Wi-Fi 以及 3G 无线网络实现与远程服务器数据通信。交互数据带有高级加密标准（AES）加密功能，提供 128bit 的密钥，保证产品通信和传输的数据安全。从而使用户可以在网络的任意终端随时随地实时直观感知现场情况。

系统特点：

★支持 SQLServer、Oracle 大数据量存储；

★数据采用分布式方式实现海量存储；

★采用数据仓库实现海量的数据分析；

★支持有线（可达 256 路）、无线传感器（超过千路）输入，适应农牧业大容量参数采集需求；

★支持 ZigBee 自组网、RS232/485、USB、以太网等接入；

★提供用户分级管理、数据二次开发、数据模型集成及强大的定制功能；

★高性能、高可靠性、高稳定性，提供整个系统自动维护、智能管理和远程升级等功能。

采集终端设备的要求及实现功能：

★传感器可精确采集空气温度、空气湿度、CO_2、土壤温度、土壤水分、风速、风向、光照度、降水量、光合有效辐射等各项环境与气象数据；

★可定时通过无线网络将传感器数据传送至服务器端；

★具有 GPS 功能，可向系统平台传输 GPS 定位数据；

★可调节上传数据的时间间隔及上传服务器的 IP 地址。

2. 牧场经营管理决策支持信息系统

该系统提供强大的物联网信息化综合管理功能，整个软件模块化，是基于云计算架构部署的系统设计。对用户分层次管理，提供不同的权限策略。支持数据分析、统计以及各种数据应用模型加载，包括并支持地理信息应用，实现更高效、更直观的监管效果。

系统特点：

★具有云数据分析的能力；

★优良的硬件模块化接口；

★整个平台模块化设计可以实现任意扩展功能；

★整个软件平台带有独立数据共享接口，便于二次开发需要；

★软件平台对实时采集数据具有自定义决策模型的功能；

★优良的人机交互界面；

★支持 IE 等主流浏览器的访问。

系统软件要求及实现功能：

★信息雷达：对安装在牧场的采集设备进行实时监控，获取传感数据等，将各终端设备传送的数据保存至系统平台；并通过短信、Email、语音等多种方式通知管理者；

★决策与分析：借助数学模型对获取的牧场传感数据进行统计分析，作为牧场经营管理的决策依据，支持分析结果的多图表展现；

★实时视频监控：通过视频实时监视牧场环境及植被的生长与变化，可通过鼠标改变监控的位置与视野，实现实时不间断的高清视频传输；

★图片分析：对各监视点的图片进行浏览，通过定点多图对监视点植被的生长过程进行对比、分析；

★权限管理：支持用户分级管理及操作权限的设定，保证系统的运行安全。

（二）牧场家畜放牧行为与生产性能实时监测和传输技术

根据家畜种类的动物性行为习性、少数民族地区放牧习惯、牧场规划及自然生态环境状况等背景信息，开发基于物联网技术，开展了家畜身体特征、行为特征的自动监控设备与系统研制，并可做出相关信息反馈的高精度智能交互式无人放牧管理控制系统，开展自动放牧控制技术研究。

基于现代畜牧业的管理模式其核心为数字牧场远程监管服务系统，包括牲畜称重仪、耳标读写器、数据控制器、无线传输模块、通道门及射频天线，其中牲畜自动识别门包括电子秤、通道门、耳标读写器、射频天线，电子秤安装在地下，通道门装在电子秤两端与地面垂直，通道门上装有射频接收天线，牲畜通过自动称重仪，读写器发出信号，通道门上的射频接收天线收到，传输到数据控制器，数据控制器将数据信号处理后，传送到无线 GPRS 传输模块，再由无线模块输送到远程监管服务系统，由系统对数据进行分析、处理，全面开展家畜体况监测、家畜采食行为监测、家畜能量需求监测与评估，以及开发家畜生产监测模型和牧场家畜生产监测业务化运行平台。实现对牲畜身份识别与体重称重自动记录，提高生产效率，对放牧家畜进行精准饲养，科学补饲、合理放牧，适时出栏，加快畜群周转，减轻草原压力。

（三）牧场经营管理决策支持信息系统与应用

以内蒙古自治区呼伦贝尔牧区谢尔塔拉种牛场和呼伦贝尔站谢尔塔拉肉牛放牧梯度平台为研究对象，以地面调查和自动感测传感器等设备为基础，进行关键技术集成与系统应用示范，构建牧场经营知识库、生长收获与经营决策模型库，开发牧场基础背景数据采集系统，集成牧场经营管理决策支持信息系统，开展牧场背景数据采集，气候因子、土壤参数及环境因子的采集、传送和存储，实现了对牧场植被生长与变化情况、家畜采食行为动态和家畜时空分布实时视频监测。并且对自动获取牧场背景参数数据进行决策分析，有效提升牧区牧场数字化管理水平。

该系统分为用户管理、设备管理、数据管理 3 个功能模块。用户管理提供多用户管理，每个用户被赋予不同的权限，分别对应该软件系统中不同角色，具有不同的操作权限，如修改参数、信息配置、设备操作、数据查询、数据分析等；设备管理提供对前端设备的管理，通过该模块可以对设备进行添加、配置、查询、删除等操作；数据管理提供数据的服务功能，如对数据的查询、删除、分类、分析等操作等。除此之外，还可以实现多媒体数据的获取，如视频的浏览等。

1. 用户管理

系统在初始状态由系统管理员根据需求添加用户，并为用户建立不同角色，赋予每个用户不同的权限，以确保该用户在登录到该系统后的操作不对该系统的正常运行和数据的安全构成威胁，如图 8-7 所示。

图 8-7 牧场经营管理决策支持信息系统界面

2. 设备管理

通过设备管理列表的设备站点，建立“设备分类”，并可以对该设备分类进行修改；在“设备分类”下，可以创建“主设备”，并可以对其进行添加、修改、删除等操作。设备后，对主设备进行配置，在相应的设备上点击右键→参数管理→主设备参数进入配置页面，主要配置包括：

★网络参数的配置：主要配置各上传服务器和本地IP地址信息等关于网络通信参数。

★系统参数的配置：主要配置电源管理、上传间隔等参数。

★视频参数的配置：主要配置视频采集的参数，如视频格式、码率等。

★图片参数的配置：主要配置图片采集的参数，如采集间隔、预置点配置等。

3. 数据管理

（1）传感器数据采集

在相应的设备页面，点击传感信息就可以进入数据浏览页面，包含光照度、风速、风向、光合有效辐射、雨量等传感器数据，可根据不同环境的需求进行其他传感器的添加或者删除。

（2）背景数据决策与分析

经过一定时期的数据积累后，我们可以对数据进行统计分析，主要分析某一时期内光照、风速以及风向、光合有效辐射、雨量等气候的变化规律，进而预测牧场周围的气候和环境变化，为牧场的正常护理和生态的良性循环提供决策依据。该系统当前可以对数据进行单指标分析和多指标综合分析，让数据分析更加准确。

（3）牧场实时监控视频和图片数据采集

通过网络访问设备，获取视频信息，视频采集可远程控制，调整方向视野，实时监视牧场植被的生长与变化以及牧场家畜放牧行为，实现不间断的高清视频监测和传输；可以采集并保存现场高质量的视频图像和图片，监控牧场的环境情况，对各监视点的图片进行浏览，通过定点多图对监视点植被的生长过程进行对比、分析。

（四）牧场管理规划

以牧场生境因子自动获取设备和草地生产力模拟、草畜平衡诊断、牧场管理优化模型为核心，利用信息技术、WebGIS技术设计开发适宜于牧区牧场管理的生产经营管理决策系统，研发从牧场信息采集到草地生产要素监测、牧场家畜生产要素监测、牧场数字化管理控制的一系列专业应用模块，建立牧场草畜优化监测、评价、管理数字平台，实现天然草地生物量、生产力、长势监测、牧场草畜平衡决策和草畜能量平衡决策等功能，为数字化牧场监测管理提供动态信息和决策支持。一个牧场内可能有不止一个牧户，通过模型对牧场与牧户做了理论上的规划，通过牧场所具有的特性以及牧户所具有的特性，根据模型计算出牧场所消耗的资源以及牧户所花费的成本。也可以针对不同类型、不同层次的最终用户提供专门的产品级定制服务，为我国各地草地生产畜牧业等提供了科学、便捷的工具。

例如，以谢尔塔拉国营农牧场为基地，开展了牧场数字化管理示范基地建设，完成了牧场数字化制图，基于无线传感器网络，开展了牧场生境参数的信息自动采集系统研究；基于物联网技术，开展了家畜身体特征、行为特征的自动监控设备与系统研制；结合草畜平衡诊断和牧场管理优化模型，建立草畜生产管理应用系统，开展数字化牧场经营管理辅助决策支持技术研究。具体操作方法如下。

1. 进行数字化制图，构建草畜生产监测管理系统

建立了呼伦贝尔草原生态系统国家野外科学观测研究站遥感监测试验场，进行牧场基础背景数据采集，完成了谢尔塔拉牧场背景图边界绘制，完成了谢尔塔拉放牧场和打草场的数字化制图。

结合“3S”技术、信息技术、无线网络技术等，展开数字牧场监测管理的理论与技术探索，进行谢尔塔拉草地畜牧业数字化管理与优化决策技术研究，通过对谢尔塔拉牧场打草场和放牧场边界的 GPS 点进行数字化制图。针对不同饲养规模、不同饲养方式典型牧场、牧户进行调查，建立谢尔塔拉牧场的主要家畜、饲料、草原特性的数据库。结合建立的草畜平衡模型和参数测算，构建了牧场数字化草畜生产监测管理系统。

2. 开展数字化草畜监测与牧场优化管理技术研究，进行牧场管理规划

根据牧场优化理论模型，对牧场与牧户做了理论上的规划，通过牧场所具有的特性以及牧户所具有的特性，根据模型计算出牧场所消耗的资源以及牧户所花费的成本。

操作方法：

第一步：选择“畜牧管理”菜单，选择牧场规划，单击功能弹出钮，弹出功能对话框（图 8-8）。

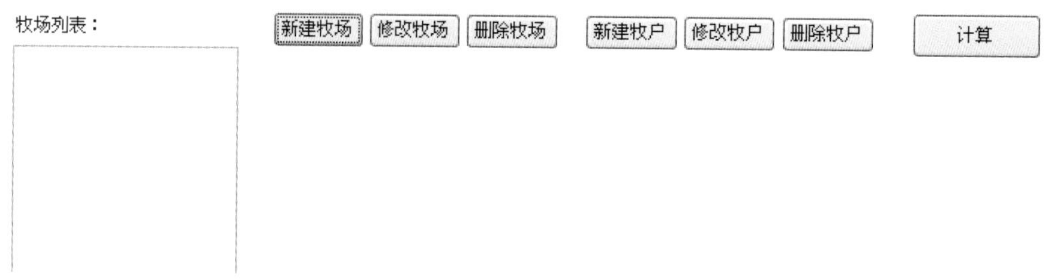

图 8-8　牧场规划初始界面

第二步：新建一个牧场，单击“新建牧场”，弹出新建牧场对话框（图 8-9），输入牧场所需要的参数，单击“提交”。

第三步：新建一个牧户，选择一个牧场节点，单击“新建牧户”，弹出新建牧户对话框（图 8-10），输入牧户所需要的参数，单击“提交”。

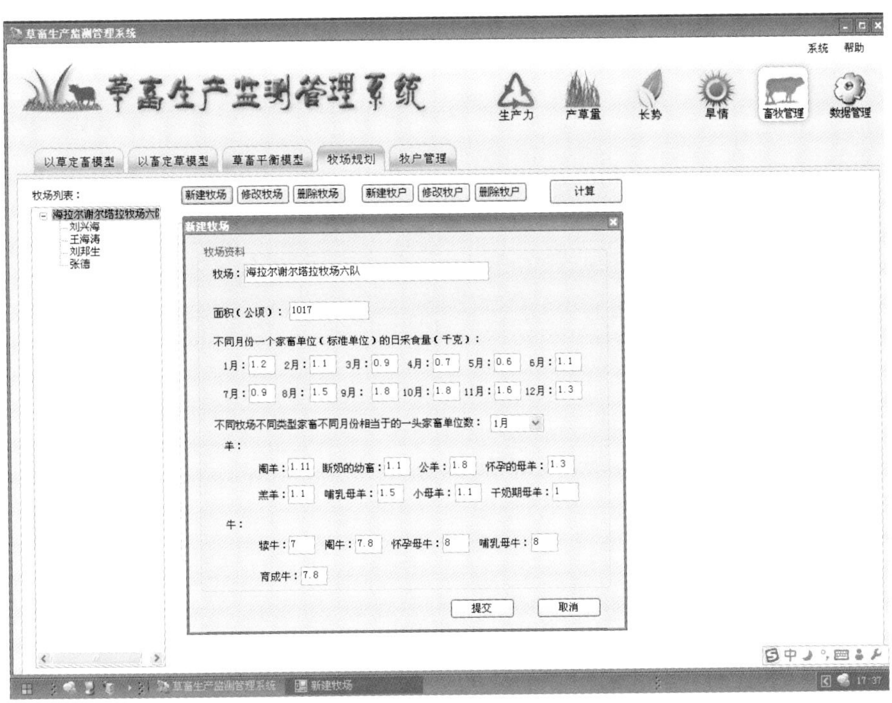

图 8-9　新建牧场

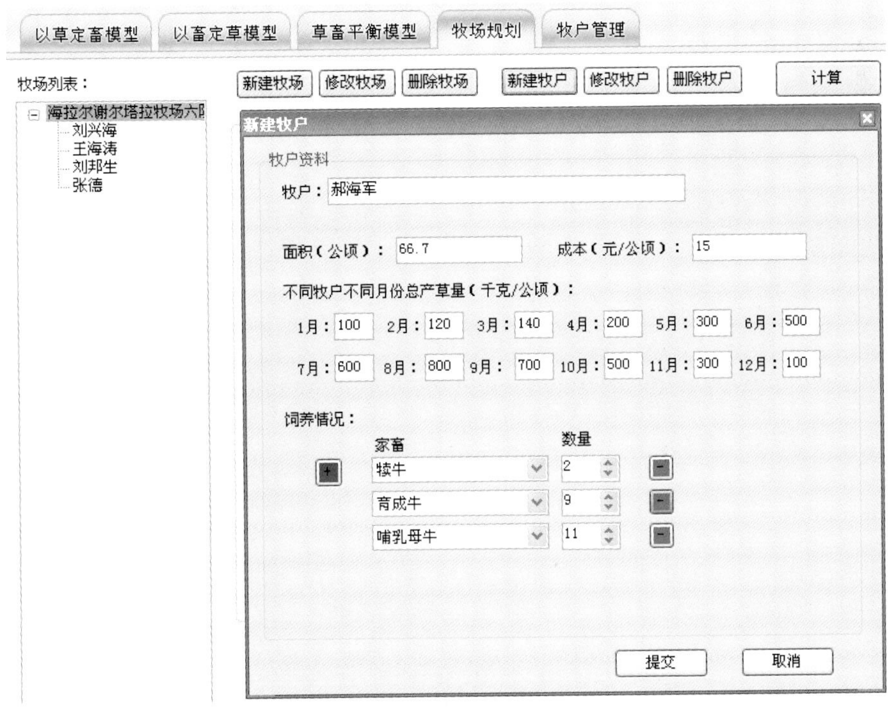

图 8-10　新建牧户

第四步：选择一个牧场节点，单击“计算”，弹出牧场计算结果对话框（图 8-11）。

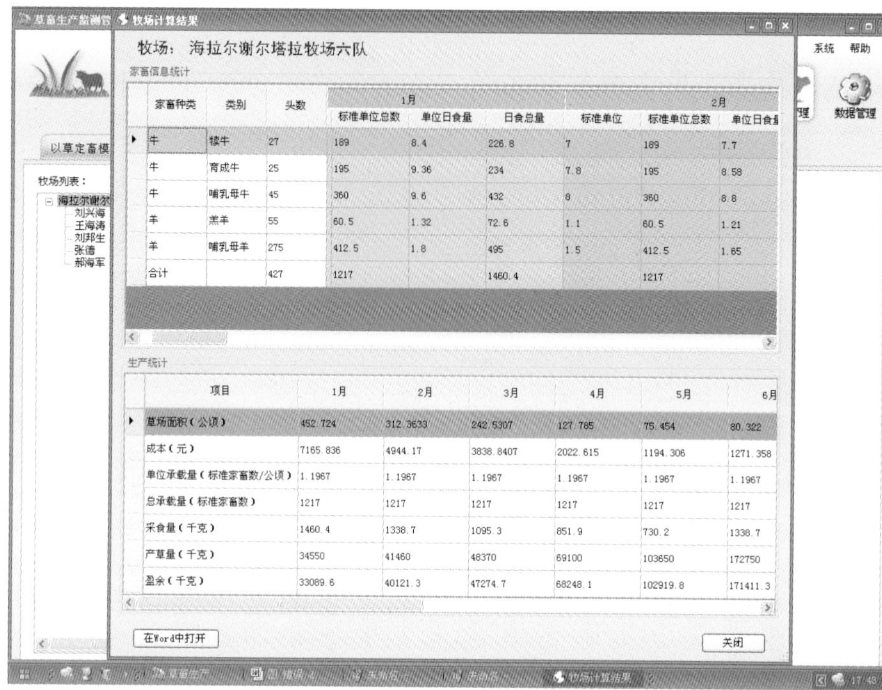

图 8-11　牧场规划结果

第五步：选择一个牧户节点，单击“计算”，弹出牧户计算结果对话框（图 8-12）。

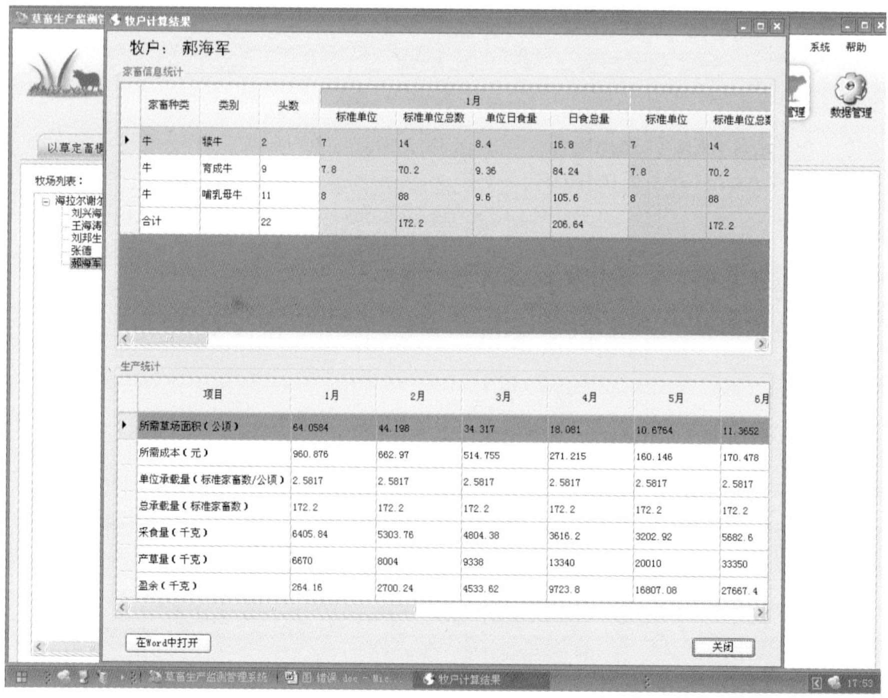

图 8-12　牧户规划结果

四、天然草地管理草畜平衡诊断技术研究展望

放牧是草地利用经济有效合理的方法之一。目前我国天然草场大部分严重超载，饲草料来源严重不足，不能满足现有牲畜的需求，草畜矛盾突出。草畜平衡的核心是以草定畜，根据草原生产能力，确定适宜的放牧牲畜数量。根据不同类型草原及季节牧场的面积、产草量、载畜能力及供水情况等基本资料，制定适宜的载畜量，对不同生态条件的草地实施不同的合理利用制度，建立合理的草畜平衡调节机制，使草原生产力和牲畜利用部分有一个平衡点，使草原生态与畜牧业生产能够协调发展。

草地供给和家畜需求的平衡是草地家畜放牧系统可持续发展的核心。传统放牧方式比较粗放，在生产实践中常出现超载过牧现象，导致草地严重退化，产生一系列的生态问题。通过采取系统综合的调控措施，实现放牧管理集约化，放牧技术的集约化，进一步实现草畜动态平衡，是实现草地畜牧业可持续发展的技术保证。

草地理论载畜量随草地地上生物量的变化而变化，也随草地畜牧业通过各种方式提供的饲草料供应而变，相应实际载畜量随理论载畜量而变。所以我们在现有的基础上，客观准确地计算草地理论载畜量，通过多种途径保护草地生态系统、恢复退化了的草地生态系统是解决草畜平衡问题的关键。

关于草畜平衡理论的研究，以草定畜是草地畜牧业发展的根本。伴随着计算机的广泛使用，饲草诊断模型作为生态系统草畜平衡研究的重要工具，我国草畜平衡模型研究工作与国外草畜模型的成熟度仍存在一定的差距，今后要做的工作还很多，模型在生产中的实际应用还有待于进一步的检验和提高，草畜平衡模型及草畜能量平衡模型理论研究只是一个初级阶段，还有待发展，随着工作的不断深入，更完善的模型将不断地开发出来供草地生产管理应用。

模型化技术的出现是当代系统科学发展中的重要标志之一。规范化的模型，是现代营养学中间方法论的一大特点。在动物营养需要量的研究中间，通过确定动物营养系统内影响营养需要的各种因素之间的数量关系，建立适当的数学模型，确立动物营养需要量的变化。逐步完善的家畜营养能量平衡模型将单一功能的现行标准转变为既能动态性描述家畜营养需要量又能对其生产性能进行预测并能进行优化饲养决策的多功能标准。另外还能将现行的表格式的饲养标准转变为计算机软件。所以模型的选择是动物营养需要量计算化研究的一个关键环节。

在草地利用中，如何将家畜营养需要和牧草的供应模式相匹配，是我国目前解决草畜矛盾面临的一个挑战。从国际上对家畜营养需要量研究的发展潮流的讨论和分析来看，对我国今后如何深化这一领域研究的问题也就不难得出结论。我们必须积极开展工作，走家畜的营养需要量模型化、计算机化的发展道路，使我国草畜平衡诊断技术这一领域的研究以至整个家畜的营养研究迈向新台阶。

近年来的研究对于载畜量的计算多趋向于以草地植物营养和家畜的需要来计算。这种方法将草地和家畜在更深层次上结合起来，更准确地反映了家畜需求和草地供给的有机联系。草畜供求模式的研究，是草地放牧系统优化决策和管理的基础。家畜能量平衡是今后研究草畜平衡的一个热点，家畜能量平衡模型经过不断修正，建立了气候、草地、

家畜数据集以及饲料数据集，通过建立饲草平衡诊断模型可以评估家畜总体营养及一年中每月的代谢能量平衡，分析当前的饲料供应与家畜需要。使家畜营养需要量实现模型化、计算机化，可根据各种营养因素的动态变化，确定家畜的营养需要量，预测家畜生产性能，并能在放牧条件下进行优化饲养决策，指导养畜生产实践，有效地提高决策措施的经济效益，便于在生产中推广应用。

但是，我们还要清醒地认识到，饲草平衡诊断模型尚有不少缺陷，首先现有的家畜能量平衡模型是以动物个体为基础的。如果用到群体时，还应当考虑变异和相关变异，还应加一随机相。其次估测动物营养需要量时，一般都是分别测定维持、生长、妊娠、泌乳的需要，然后一起相加，即可得出不同生理状态下的营养需要量的净值，忽略它们之间的互作。并且现在模型描述在一定条件下的动物营养需要量（卢德勋，1997）。为此，我们在总结国际经验建立现有家畜能量平衡模型新成果的基础上，还应加强对某些营养过程的功能性模型的研究使家畜的营养需要量的模型化更加科学、更加完整，实现家畜营养需要量研究模型化、计算机化，通过家畜数量和营养需求相对应匹配饲草的供给，能够准确合理地实现草畜平衡，使草地和家畜健康持续发展。

第二节　栽培草地设计与管理技术

一、牧草适宜性评价与引种技术

适宜性分析概念最早产生于英国，当时人们称呼它为筛网法，该方法用一系列的“筛子”不断筛出不符合要求的区域，直至最后余留下符合全部规则的区域。现代适宜性分析法首先是由美国宾夕法尼亚大学 McHarg 提出并赋予实践，用地图叠加法分析了斯塔腾岛对自然保护、消极游憩、积极游憩、住宅开发、商业及工业开发等 5 种土地利用的适宜情况（麦克哈格，1992；赵英琨，2009）。20 世纪 30 年代，美国以土壤分类为基础，按土壤、坡度、侵蚀类型的侵蚀强度划分了 8 个土地利用潜力级别，并于 1945 年编制了一系列的土壤图。1961 年美国农业部土壤保持局颁布了《土地潜力分类系统》，这是世界上第一个较为全面的土地适宜性评价系统（Klingebiel and Montgomery，1961），它以农业生产为目的，主要从土壤的特征出发进行土地潜力评价。1976 年联合国粮农组织（FAO）颁布了《土地评价纲要》，该纲要从土地的适宜性角度出发，分为纲、类、亚类、单元 4 级，按照土地构成要素及《土地评价纲要》所规定的方法将评价对象分为高度适宜、中等适宜、勉强适宜和不适宜 4 类（赵英琨，2009）。

植被生态学的观点认为主要的植被类型表现着植物界对主要气候类型的反应，每个气候类型或分区都有一套相应的植被类型。气候决定植被的分布主要体现在两个方面：气候的热量条件是植物生命活动的基础和能量来源，气候的水分条件是植物生理活动的源泉和构成植物的基本成分。由于热量条件的不同，形成了不同温度梯度上的植被变化，这表现在植被类型由南向北的纬向变化，由于水分条件的限制，形成了森林和荒漠植被之差异（方精云，1991）。利用自然植被与气候因子的关系，就可以再现自然植被的分布，在生产实践上有着十分重要的意义。植被-气候分类研究可大致分为 3 个阶段：第 1 个阶段是以现实自然植被类型与气候之间的相关性为特征，这一阶段还没有将对植物生理活动具有明显限制作用的气候因子作为植被分类的指标，代表性模型主要有 Holdridge 生命地带系统和 Box 模型等；第 2 阶段以对植物生理活动具有明显限制作用的气候因子为指标的气候-植被分类研究，代表性模型有 DOLY 模型、MAPSS 模型等；第 3 阶段，综合反映植被的结构和功能变化的气候-植被分类研究，将植物的结构和功能的变化在植被的分类上得到综合体现，代表性模型有 CENTURY 模型、TEM 等（杨正宇等，2003）。

1807 年，Humboldt 在《植物地理知识》一书中揭示了植物分布与气候条件的规律，同时也注意到了环境条件与植物形态的关系。Grisbaech（1814～1879）在大量野外考察的基础上，描述了 50 多个主要植被类型，根据植被外貌与其气候因子形成了第一张植被分布的世界地图。Schimper 于 1898 年发现气候对植物分布的影响与植物基本的生理过程密切相关，并从生理学角度解释特殊种只能在特殊区域生存的原因。Köppen W.在 20 世纪初提出植被与气候因子的相关性，并认为植被对气候的关系不是植物个体简单反应的总和，而是作为一个整体对气候做出响应（杨正宇等，2003），其基本观点是气候制约着植被的地理分布，植被类型反映气候特点。

我国地域辽阔，植被类型异常复杂，从森林、草原到荒漠，以及从热带雨林、寒温带针叶林到高寒植被等。中国陆地生物群区类型的划分首先是从现代的植被分类和区划开始的。我国气候-植被分类的相关研究始于“八五”期间，张新时（1993）首次将国际通用的植被-气候分类模型引进中国，建立了修正的 Holdridge 生命地带系统。此后，在此基础上提出了基于区域潜在蒸散进行气候-植被分类的观点，并给出了热量和水分划分的指标：区域热量指数（RTI）和区域湿润指数（RMI），初步定量地研究了中国的气候-植被分类（周广胜和张新时，1996；周广胜与王玉辉，1999）。

植被-气候区划方面，侯学煜（1981）根据外貌、结构、区系和生态地理环境等特征，把中国植被划分为 27 个植被型，近 60 个群系纲。吴征镒（1979）根据我国长期积累的植被资料，按照中国植被区划的原则和单位，将我国划分为 8 个植被区域（包括 16 个植被亚区域）、18 个植被地带（包括 8 个植被亚地带）和 85 个植被区。张新时（1989a，1989b）根据我国 672 个国家气象观测台站资料用 Thomthwaite 方法对中国主要植被类型及其地理分布格局进行了较详尽的分析，并根据在全国选择的 227 个有代表性的气象站的可能蒸散与温度指标所作的散点图较好地反映了植被类型与气候指标间的关系与格局，给出了中国各主要植被类型的数量界限。方精云（1991）利用 671 个气象台站的温度资料和大量植被资料，采用吉良的温暖指数作为温度气候指标，研究了我国湿润地区植被的分布与温度气候的关系；1994 年利用温暖指数和湿润指数分别作为温度气候和干湿度气候的指标，系统地研究了中国、日本和朝鲜半岛等东亚地区植被类型在这两个梯度上的分布规律，阐明气候梯度和植被分布之间的数量关系（方精云，1994）。李斌和张金屯（2003）利用地理信息系统技术结合典范对应分析和数量区划的方法，发现黄土高原植被与气候梯度表现出明显的纬向性、经向性规律，水分梯度是决定植被分布的纬向最主要气候因子，热量梯度对植被的纬向性分布有较大的影响；热量梯度是决定植被经向性分布的最主要气候因子，水分梯度对植被的经向性分布有较大的影响。

牧草的适宜性是指牧草对其栽培地区气候、土壤及栽培条件的适应能力。牧草适宜性评价可以从 2 个方面进行，第一是牧草适宜性试验评价，主要针对小尺度，通过直接的试验根据牧草生长表现，从形态特征、生物学特性等方面选择相关指标，根据实际测量数据进行评价；第二是牧草适宜性模型评价，主要针对大尺度，由于尺度过大而无法进行全面的试验评价，就需要借助牧草的生物学特性、生长习性、气候等相关资料，选择相关的指标建立适宜性评价的模型，通过模型模拟获得适宜性评价结果。牧草种类很多，适应的区域性强，经过周密、科学的草种适宜性评价后，就能因地制宜合理种植，充分发挥草种的生产力，为畜牧业稳定发展和不断提高奠定了可靠的物质基础。1980 年，任继周、胡自治等提出了草原的气候-土地-植被综合顺序分类法，以生物气候特征为依据，根据不同的热量级（≥0℃年积温，共分 7 个级别）和湿润度（年降水量，mm，共分 8 个级别）将具有同一地带性农业气候特征的草地划为一类，水热相互作用下可能形成的 56 个天然草地类型及其谱系关系（任继周等，1980）。红豆草被广泛种植在我国西部地区，与苜蓿相比，红豆草的抗寒性较弱，但耐高温的能力较强，同时其对水分的适应范围较广，因此更适宜在半干旱的气候条件下生长。1984 年，李向林用生态气候适宜度模型并结合调查对甘肃省的红豆草生态气候做了动态分析，划出了红豆草的宜植区、较宜植区和可植区（李向林，1985）。1989 年，洪绂曾等编著了《中国多年生栽培草种区划》，对我国牧草种植进行了分区，是我国牧草适应性区划研究的重要成果（洪绂曾等，1989）。苜蓿是我国种植最为广泛的牧草之一，目前已成为我国西北、华北和东北广大北方地区最重要的多年生豆科牧草。温度和水分是影响苜蓿生长发育及分布最主要的气候因素（苏加楷，2003）。易鹏利用专家调查法和层次分析法模型（AHP）确定影响苜蓿分布的主要气候因子的大小顺序为≥5℃积温、多年极端最低气温值、年平均降水量和无霜期。其中，≥5℃积温为划分一级区的主导指标。该结果将我国划分为东北带、黄淮海带、长江流域带、西北内蒙古带、青藏高原带和华南带等 6 个一级区，其中，黄淮海带最适宜苜蓿生长（易鹏，2004）。徐斌等（2007）利用近 2000 个气象站数据，通过 GIS 技术对我国的苜蓿进行了单项和综合气候区划，结果表明：从气候上适合于苜蓿生产的地区占国土总面积的 53.87%，其中 43.29%属于传统苜蓿种植区。

（一）牧草适宜性试验评价

牧草适宜性试验评价是通过牧草在本地区的试验，根据相关评价指标进行综合评价，最后得出牧草在本地区的适宜性。牧草试验评价内容主要包括牧草品种的形态学特征、生物学特性、丰产性、抗病虫性、抗逆性、适口性、品质特性等。

试验规范如下。

试验采用完全随机区组设计，重复不少于 3 次。矮秆密行条播牧草试验小区面积为 15～20m^2，高秆宽行条播饲料作物试验小区面积为 30～40m^2，试验地四周应设 1～2m 保护行。栽培措施和田间管理与当地大田生产相同。试验区内各项管理措施要求及时、一致，同一个试验的每一项田间操作最好在同一天内完成，如有实际困难同一重复的田间操作必须在同一天完成。一年生品种的试验时间不少于 2 个生产周期，多年生品种的试验时间不少于 3 个生产周年。参数对照品种应是当地登记的品种，或当地生产上应用广泛的品种。生产试验点的种植面积为 1000～3000m^2。

（二）牧草适宜性模型评价

牧草适宜性模型有很多，一般选择适宜的模型并建立相应的指标体系，通过模型模拟出牧草的适宜性，选择的指标应能包括影响植物生长发育的主要生态因子（臧敏等，2007）。所采用的数学模型主要有主成分分析法、相似分析法、灰色分析法、模糊综合评判方法等。中国农业科学院农业资源与农业区划研究所通过该方法获得了我国主要多年生栽培牧草的适宜性，以此为例介绍该方法。

1. 多年生牧草适宜性区划

针对我国牧草产业现状，根据牧草的生物学特性、气候特征等，分别建立了 2 种模型，分别是基于自然要素的适宜性评价模型和模型-专家经验交互的适宜性评价模型。

（1）基于自然要素的适宜性评价模型

基于自然要素的牧草适宜性评价模型主要考虑植被生长环境的气候、土壤、地形、地貌等自然要素，共建立 2 级指标体系。植物的生长是以一系列的生理生化活动为基础，这些生理生化活动受到温度的影响，每种植物的生长都有温度的三基点，即最低温度、最适温度和最高温度，温度三基点与植物的原产地有关；水分是植物体的重要组成部分，是植物生存的物质条件，植物体的许多生理活动都必须在水分的参与下才能进行，水分影响着植物的形态结构、生长发育、繁殖和种子传播等，因此自然的降水影响着植物的生长和景观；土壤是植物生长的基质和营养库，土壤提供植物生活的空间、水分和必需的矿质元素。在此基础上建立一级指标体系，包括温度、水分、土壤，建立温度适宜性、水分适宜性和土壤适宜性，从而确定牧草全国尺度上的分布。温度指标选择年平均气温、年平均最高气温、年平均最低气温 3 个指标，水分选择年降水量为指标，土壤以土壤 pH 为指标。

适宜性评价模型指标主要包括：极端低温适宜性模型（T-MIN）、极端高温适宜性模型（T-MAX）、平均温度适宜性模型（T-AVG）、水分适宜性模型（P）以及土壤酸碱度适宜性模型（pH）；模拟结果主要分为三个水平：适宜、次适宜及不适宜，详细表达式如表 8-7 所示。

根据一级指标体系获得牧草适宜性模型的表达式为：Fitness（T）=T-MIN× T-MAX× T-AVG×P×pH。通过收集牧草相关资料，如气候资料、牧草资料、自然资源资料等，气候资料包括温度、降水量等；自然资源资料包括土地利用资料、草地分布资料、水资源分布资料等；牧草资料包括牧草植物学特征、生物学特性、栽培技术等。获得这个资料后，通过牧草适宜性模型利用 ArcInfo Workstation 计算获得牧草全国尺度上的适宜性分布图。

二级指标体系主要是对一级指标体系建立的分布图在区域尺度上的深入修订，二级指标体系主要包括海拔高度、地形、地貌、地表水资源、土壤类型等，这些指标根据不同牧草的生物学特性确定使用不同的指标。确定二级指标体系后，使用 ArcGIS 叠加分析获得牧草的适宜性分布图。

表 8-7　基于自然要素的分布适宜性评价模型

模型名称	适宜	次适宜	不适宜
T-MIN	$Lt_{min} \geqslant Gt_{min}$	—	$Lt_{min} < Gt_{min}$
T-MAX	$Lt_{max} \leqslant Gt_{max}$	—	$Lt_{max} > Gt_{max}$
T-AVG	$G_{min1} \leqslant Lt \leqslant G_{max1}$	$G_{min2} \leqslant Lt < G_{min1}$ 或 $G_{max2} < Lt \leqslant G_{max1}$	$Lt < G_{min2}$ 或 $Lt > G_{max2}$
P	$GP_{min1} \leqslant Lt \leqslant GP_{max1}$	$GP_{min2} \leqslant Lt < GP_{min1}$ 或 $GP_{max2} < Lt \leqslant GP_{max1}$	$Lt < GP_{min2}$ 或 $Lt > GP_{max2}$
pH	$GpH_{min} \leqslant LpH \leqslant GpH_{max}$	—	$LpH < GpH_{min}$ 或 $LpH > GpH_{max}$

注：T-MIN 指极端低温适宜性模型，Lt_{min} 指区域的最低气温，Gt_{min} 指牧草能够忍受的最低气温；T-MAX 指极端高温适宜性模型，Lt_{max} 指区域的最高气温，Gt_{max} 指牧草能够忍受的最高气温；T-AVG 指平均气温适宜性模型，Lt 指区域的平均气温，G_{max1} 指牧草适宜的最高平均气温，G_{min1} 指牧草适宜的最低平均气温，G_{max2} 指牧草次适宜的最高平均气温，G_{min2} 指牧草次适宜的最低平均气温；P 指平均降水量适宜性模型，Lt 指区域的年平均降水量，GP_{max1} 指牧草适宜的最高年平均降水量，GP_{min1} 指牧草适宜的最低年平均降水量，GP_{max2} 指牧草次适宜的最高年平均降水量，GP_{min2} 指牧草次适宜的最低年平均降水量；pH 指土壤酸碱性适宜性模型，LpH 指区域的土壤 pH，GpH_{min} 指牧草能够忍受的最低土壤 pH，GpH_{max} 指牧草能够忍受的最高土壤 pH

（2）模型-专家经验交互的适宜性评价模型

以温度、水分、土壤等自然要素的空间数据库为基础，通过 GIS 的地统计学分析方法，以牧草生物学特性为系统标准获得牧草的适宜性分布图，通过模型可以利用连续数据和离散数据，可以合并不同变量之间的交互作用，相对任意地加入对最终分类有用的特征，为减小遗漏误差，将 GIS 与牧草适宜性模型、专家经验、室外调查进行耦合，通过专家经验、室外验证及调整模型参数最终建立牧草适宜性分布图。模型-专家经验交互的适宜性评价模型主要包括模型初模拟、模型再模拟及精度验证、模拟图区域修订 3 个过程，需要特别强调的是在模型初模拟过程中，指标体系的阈值是根据牧草相关文献、研究获得的，但模拟结果上往往会出现较大偏差，这就需要进一步的修订、再模拟；而模型再模拟是对初模拟图进行修订，通过参数提取与修订后，再次模拟获得理想结果的分布图，这时指标体系的阈值是通过计算、评价、修订后获得的，它只是模型使用的阈值，在范围上接近牧草的生物学特性，并不是理论上牧草相关指标的阈值。以紫花苜蓿为例说明模型-专家经验交互的适宜性评价 3 个过程。

▲模型初模拟

紫花苜蓿适宜性广泛，喜温暖、半干燥、半湿润的气候条件和干燥疏松、排水良好且高钙质的土壤。温度、降雨及土壤酸碱度是影响紫花苜蓿分布的主导因子，影响着紫花苜蓿在全国尺度上的分布，图 8-13 是根据紫花苜蓿生物学特性模拟的初步分布图。

▲模型再模拟及精度验证

模型再模拟过程首先进行模拟图修订及模型参数修订。通过生物学特性确定的模拟图在分布上可能存在一定的问题，为确定牧草分布图在全国尺度上的准确性，通过专家咨询、室外调查进行耦合，进行牧草分布图的修订。室外调查一般包括普查、路线调查和典型调查，根据多年生牧草区划原则、方法及实际工作的效果，主要采用路线调查和典型调查，路线调查是根据初步完成的牧草分布图，针对有争议或不确定的分区界线进行实地调查，从而对分布图进行调整和校正；典型调查是针对牧草具有代表性的点进行调查，通过对代表点的分析获得区域的信息。最后在分布图的基础上通过数据提取，确定牧草适宜性指标的阈值，最后进行模拟图的再模拟。图 8-14 是紫花苜蓿修订图，在此图上提取了紫花苜蓿的适宜性参数阈值，确定参数阈值后再进行第二次紫花苜蓿适宜性分布图的模拟。

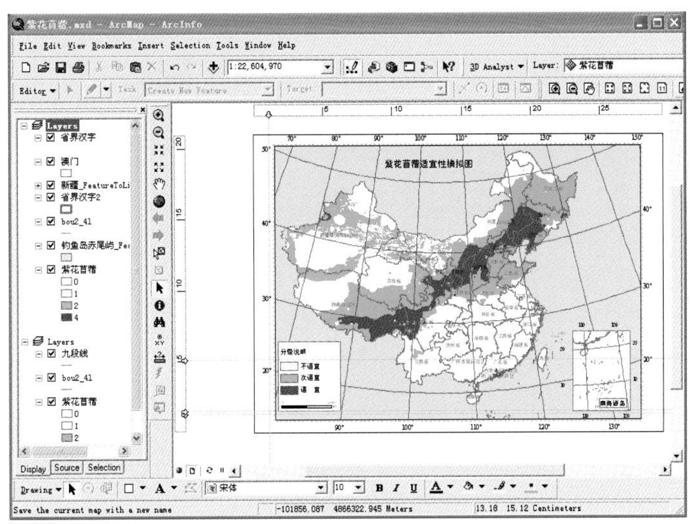

图 8-13　紫花苜蓿初模拟适宜性分布图

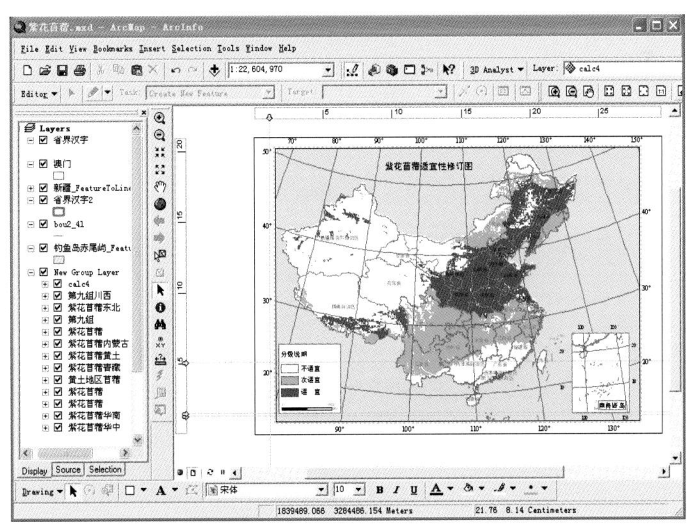

图 8-14　紫花苜蓿适宜性分布修订图

通过牧草适宜性模拟图的再次模拟，需要对获得的模拟图精度进行验证，以紫花苜蓿的适宜性模拟图为例介绍温度、水分精度验证。

图 8-15 是紫花苜蓿修订分布图中次适宜地区不同极端高温占有的栅格数量，模型设定的极端最高温度为 39℃，紫花苜蓿适宜性模拟图中极端高温小于 39℃的空间栅格数量占样本总量的 99.02%；模型设定的极端最低温度为–41℃，极端低温大于–41℃的空间栅格数量占总样本数量的 98.83%（图 8-16）。模型设定的适宜生长的年平均温度为 2～16℃，

区间的空间栅格数量占总样本数量的 83.26%（图 8-17）；模型设定的年均温–4～2℃为低温次适宜，16～18℃为高温次适宜，–4～18℃占总样本数量的 94.43%（图 8-18）。

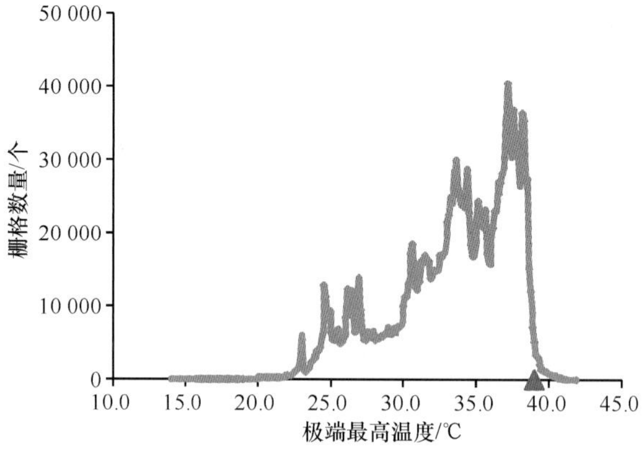

图 8-15　紫花苜蓿次适宜区极端高温分布图

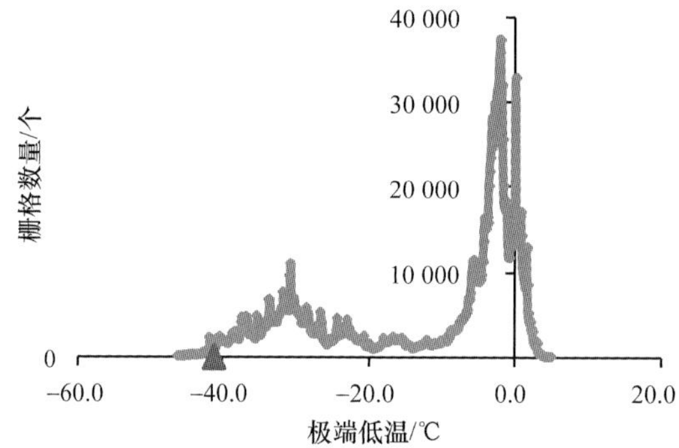

图 8-16　紫花苜蓿次适宜区极端低温分布图

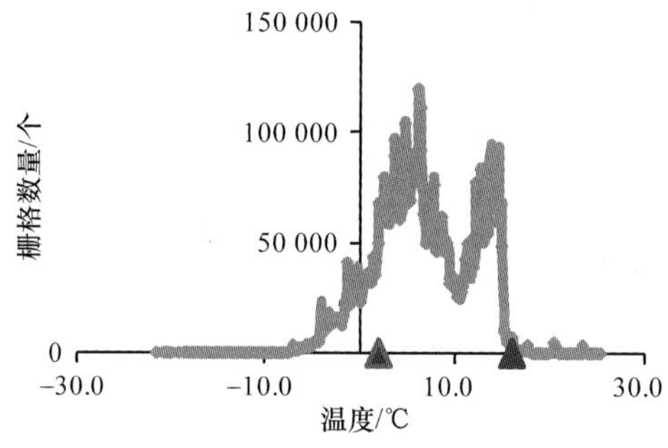

图 8-17　紫花苜蓿适宜区年均温分布图

紫花苜蓿对年降雨量最低要求 300mm，在更干旱地区则需要灌溉条件才能适应，年降雨超过 1300mm 时紫花苜蓿适宜性差，模型设定的紫花苜蓿适宜的年降雨量 350～900mm，这个区间的空间栅格数量占总样本数量的 83.57%（图 8-19）；300～350mm、900～1300mm 为模型设定的次适宜范围，300～1300mm 年降雨量占总样本数量的 65.40%（图 8-20）。

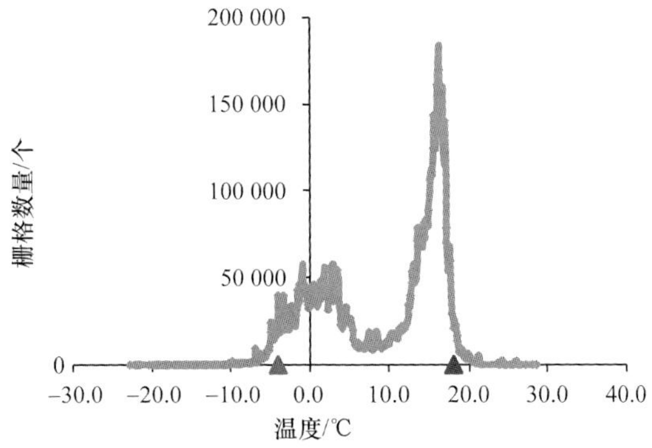

图 8-18　紫花苜蓿次适宜区年均温分布图

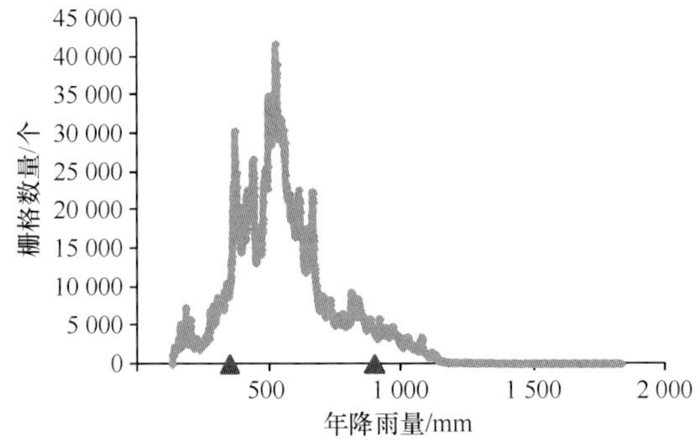

图 8-19　紫花苜蓿适宜性修订图适宜区年降雨量分布图

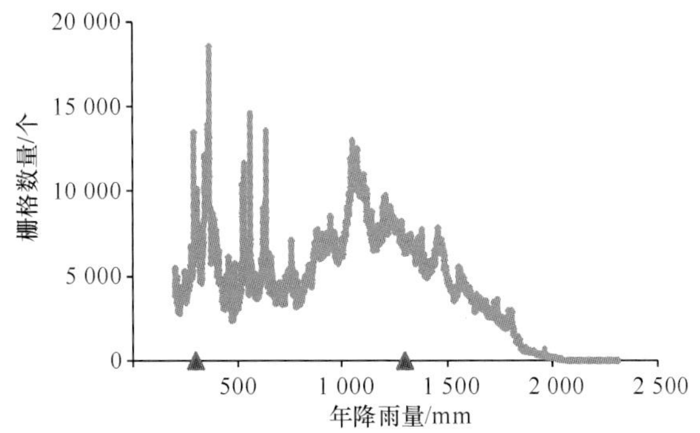

图 8-20　紫花苜蓿适宜性修订图次适宜区年降雨量分布图

▲模拟图区域修订

一级指标体系通过模型确定牧草全国尺度上的分布，而二级指标的某些因子则在小环境中影响着牧草的分布。例如，山体、湖泊、沼泽及有林地（指郁闭度＞30%的天然林和人工林。包括用材林、经济林、防护林等成片林地）都不利于紫花苜蓿种植，西北干旱区由于其温度、土壤条件适宜，但年降水量稀少，只要有河流分布的地区，在河流周围都适宜种植紫花苜蓿，青藏高原由于海拔较高，气候寒冷，该区域内极高海拔地区都不适宜种植紫花苜蓿（图 8-21）。

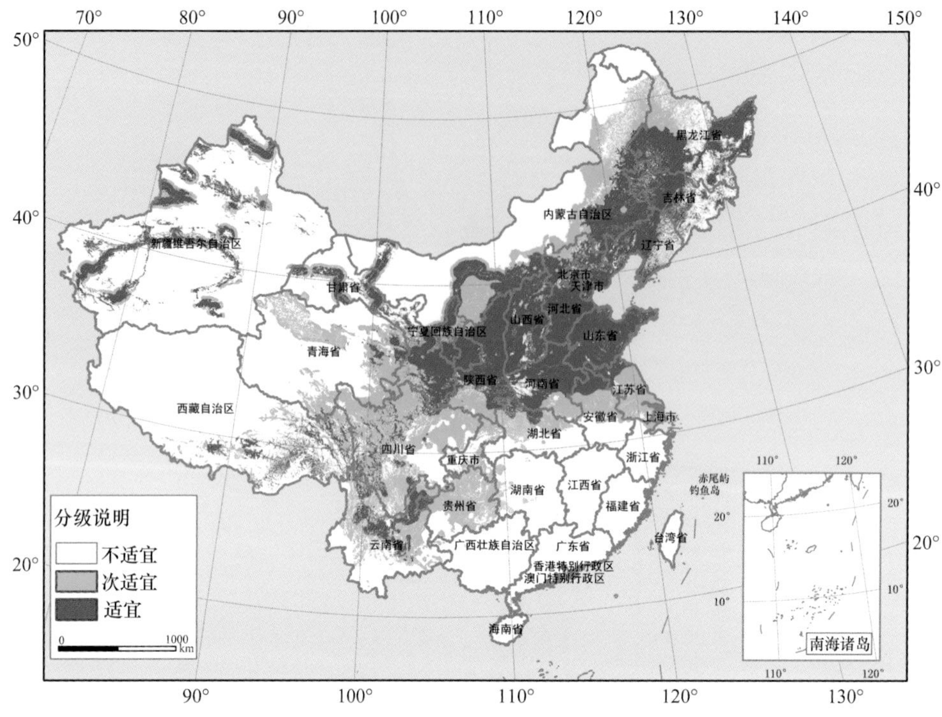

图 8-21　紫花苜蓿适宜性分布最终模拟图

（三）牧草引种技术

选用适合本地自然条件，且产量高、品质好的牧草已成为成功建植栽培草地、发展畜牧业的关键所在。而有些地区由于优良牧草较少、品种单一，或者生境条件等原因限制了本地牧草产业的发展。因此，从国外引种或从其他地区引进优良品种已成为发展牧草生产的重要途径（韩瑞宏等，2005）。

1. 牧草引种原则

（1）明确利用目的

若建立刈割型栽培草地，应以品种的丰产性为先，即以牧草生物量的高低作为选择重点来考虑；若是建立放牧型栽培草地，选择品种时除了考虑丰产性能外，要优先考虑再生能力强、耐践踏的品种；若考虑牧草的品质和适口性，则牧草蛋白质含量与可消化率及家畜、家禽的喜食程度是要考虑的重要因素。

（2）从农业气候相似的地区引种

牧草引种首先要进行农业气候相似论证，这是保证引种成功的最基本的步骤。所谓牧草引种的“农业气候相似论证”，就是要比较牧草原产地和引入地的农业气候条件是否相似，相似程度越大，引种成功的概率就越大（苏日娜和王国钟，2003）。

我国位于北半球，纬度越高，夏季白昼越长，冬季白昼越短。同时纬度越高，月平均温度和年平均温度越低，生长期越短。日照长短和温度高低是影响牧草良种引种能否成功的两个重要因素。在相同纬度的地区之间，两个因素差异较小，引种成功的可能性也较大。生态型是适于某一环境条件范围内的植物群体，同一生态型的植被，在光温特性、阶段发育、生育期长短和对旱、涝、热、病虫害的抗性等都有相似的特性。因此引入与本地区相同或类似生态型的牧草种或品种，容易获得成功。

（3）掌握牧草阶段发育规律指导引种

牧草只有通过一定的发育阶段，主要是春化阶段和光照阶段才能完成从生长到生殖的全过程。在不同纬度之间引种必须重视牧草阶段发育特性及其对环境条件的反应。短日照植物从低纬度的南方引种到高纬度的北方或长日照植物从高纬度的北方引种到低纬度的南方，一般会使生育期延长，甚至不能成熟，但营养体产量提高。反之，短日照植物从纬度高的地区向纬度低的地区引种或者长日照植物从纬度低地区向纬度高的地区引种则会使生育期缩短并使营养体产量低。冬性植物在低纬度可能因缺少必要的低温而不能度过春化阶段，因而不能抽穗、开花、结籽。春性植物在高纬度地区也可能因冬春季过低的温度而被冻死。在纬度相同而海拔高度不同的地区之间引种也有类似的情况，随着海拔的升高而温度降低，一般海拔每升高 100m，日平均气温降低 0.5～1℃。从高山向平原引种，因温度较高使生育期缩短，而从平原向山区引种则因温度低而生育期延长，甚至种子不能成熟。

2. 牧草引种方法

牧草引种首先要确定引种目标，然后收集引种材料，做好引种试验，最后扩大繁殖或到原引种区调入种子加速推广。

（1）确定引种目标

根据当地草地农业和畜牧业的发展，天然草地改良和栽培草地建设以及草地生态建设的需要，结合当地气候、土壤、经济条件和现有牧草种和品种存在的问题，有目的、有针对性地引进外国或外地的牧草种和品种。

（2）搜集引种材料

深入了解引进的牧草种和品种原产地的自然、经济条件，引进的牧草种和品种的来源、特征、特性、抗逆性、抗病虫性，以及与之配套的栽培技术，适宜推广的区域，种植生产及经销单位是否可靠等。

（3）做好引种试验

对于本地区从未引种过的牧草种和品种，应该小量引种，进行适宜性试验，以便鉴定改品种在本地区条件下是否能表现出其原品种的优良特性。对引进的牧草种和品种，要严格遵守种子检疫制度，防止危险性病虫害和杂草的传播。引进的牧草品种先小区试验观察，以当地生产中应用的品种为对照品种，筛选出丰产性、适宜性、抗逆性、抗病虫性、饲用品质等各方面优于对照品种的品种，进一步开展多点区域试验和生产试验。

（4）扩大繁殖和引种推广

对引种成功的牧草良种，可从产地或原引种区调入种子加速推广。必要时可在本地区建立种子繁殖基地以保证牧草良种种子的供应（苏加楷和张文淑，2007）。

二、牧草病虫害诊断与管理技术

牧草病虫害能够影响牧草的产量和品质，严重的病虫害会造成牧草大幅度减产和品质下降，通过相应的病虫害防治技术能够有效地降低损失。

（一）牧草病虫害诊断技术

牧草患病后表现出各种异常状态称之为症状，其中植物本身的异常状态称病状，发病部位表面形成的一些病原结构体称病征。植物发病后，根据外观变化主要有变色、坏死、腐烂、萎蔫和畸形等；病征主要有霉状物、粉状物、锈状物、点状物、索状物和脓状物等。牧草病害根据其病原性质可分为传染性病害和非传染性病害，传染性病害是由病原生物引起的病害，如真菌、细菌、病毒、类病毒、线虫、寄生性种子植物等，该类病害能够不断蔓延，甚至大面积流行；非传染性病害是牧草周围一些不适宜的环境因素影响植物的生长、发育，引起植物表现出异常状态，使其发生病害，如水分过多或过少、农药使用不当、温度过高或过低等（侯明生，2001）。非传染性病害田间发生时，一般面积较大，往往成片发生，且分布均匀，发病过程可能由轻到重，但没有由点到面的蔓延过程，通常植株表现全株性症状，少数表现局部病变。非传染性病害一般可采化学诊断、治疗试验、指示植物鉴定等诊断方法。化学诊断是对田间的土壤或植株进化学成分或植物组织进行测定；治疗试验是根据初步判断病因，采用相对应的治疗措施，如果病状减轻或恢复正常则确定为该病害，否则是其他病害；指示植物鉴定法多用于植株缺素症的诊断，一般选择对该种元素敏感而且易表现出明显症状的植物，种植在发生病害的植物周围，如指示性植物出现该缺素症的症状即该病害，否则是其他病害。传染性病害田间发生时，一般呈分散状分布，具有明显的有点到面，由中心向四周扩散的特点。不同的病原物引起的病害在植株发病部位多数都有病征（病毒、类病毒除外），如真菌病害在病部表面长出各种颜色的粉状物、霉状物、粒状物等；细菌病害在潮湿条件下病部长出菌脓；病毒病害虽不产生病征，但有明星的病状，如花叶萎缩等。

（二）牧草病虫害防治技术

非传染性病害、传染性性病害由于病因不同，所采取的防治策略亦不同。非传染性病害防治的主要措施是改善环境条件、消除不利因素、增强作物的抗病力等；传染性病害防治的主要措施是消灭病原生物的传播。

“预防为主，综合防治”的植保方针同样适用于牧草病害防治，“预防为主”是在病害发生之前采取措施将病害消灭在发生之前或初步发生阶段，这时的有效控制经济、生态效益最佳；“综合防治”是农业生产的全局和农业生态体系的总体出发，以农业防治为基础，根据病害发生、发展规律，合理运用农业防治、化学防治、物理防治和生物防治等措施，创造有利于牧草生长、发育条件，将病害的危害降到最低程度（赵美琦，1999）。

1. 植物检疫

牧草产业的植物检疫主要包括种子检疫和草产品检疫，我国的牧草种子很多都是由国外引入，并有大面积的种植推广，如阿尔冈金紫花苜蓿、皇冠紫花苜蓿、维多利亚紫花苜蓿是由加拿大引入；金皇后紫花苜蓿是由美国引入；三得利紫花苜蓿、德宝紫花苜蓿是由法国引入。这些种子有可能将某些病原生物传入无病的地区，这些病原生物一旦发生，可能会对当地的牧草生产带来很大的破坏作用。

2001 年，我国口岸检疫部门就从来自加拿大萨斯克彻温省新田种子公司的苜蓿种子中检出了我国禁止进境植物检疫性有害生物——苜蓿黄萎病（加拿大苜蓿黄萎病的发生控制情况）。2010 年，防城港检验检疫局受理报检了一批从美国进口的苜蓿草产品，通过现场查验、抽样、实验检测，确认该批货物含有苜蓿黄萎病菌（黄胜光等，2012）。因此植物检疫是牧草植物生产安全的一项重要措施，能够防止危险性病害的传入与传输。

2. 农业防治

农业防治是利用农业栽培管理措施，在牧草的种植、管理等过程中，改善牧草的生长环境条件，提高牧草的抗病能力，同时不利于病原生物的侵染，以抑制或者消灭病害，从而减少病害造成的损失。在牧草生产中，利用较多的农业防治措施有选用抗病品种，合理轮作、间作、混作、套作，合理水、肥等管理措施等。

（1）选用抗病、虫品种

抗病品种的利用是防治牧草病害非常有效和直接的措施，而牧草的抗病性鉴定通常分为直接鉴定和间接鉴定，直接鉴定可细分为田间鉴定和室内鉴定，田间鉴定是在田间自然条件下发病或者人工接种发病，从而测定植物的抗病性；室内鉴定是在温室或者其他控制条件接种病原生物诱导发病，使用材料有幼苗、离体植物组织等。间接鉴定法是通过测定与植物抗病性相关的形态、生理、生化等指标，简介获得植物的抗病性。黄宁借鉴北美苜蓿协会提出的苜蓿抗病性评价方法，并以其标准对照品种为对照，对中国的多数苜蓿品种进行匍柄霉叶斑病和镰刀菌根腐病进行抗病性评价，通过离体叶接种评价和田间评价验证获得了 44 个苜蓿品种匍柄霉叶斑病抗病性，筛选出标准高抗品种皇冠子紫花苜蓿，中抗品种新牧一号杂花苜蓿，感病品种中苜三号紫花苜蓿；利用菌液浸根的方法评价抗病性，以病情指数为变量，对 62 份苜蓿品种镰刀菌根腐病进行抗病性评价，筛选出标准高抗品种 Moapa 69，中抗品种公农 2 号紫花苜蓿，感病品种新牧 1 号杂花苜蓿（黄宁，2013）。

（2）合理轮作、间作、混作、套作

病原生物有一定的寄主范围，能够侵染特定的植物，可能是一种植物，也可能是多种植物，但只要离开了相应的寄主，就会逐渐消亡，轮作就是利用这种原理进行的一种防治策略。病原生物侵染某种牧草后，通过一到多年的轮作其他植物（粮食作物、经济作物或者其他差异较大的牧草），侵染的病原生物数量减少到不再威胁该牧草后，再进行种植。1976～1979 年在南澳大利亚库勒柏的砖红壤上进行作物与牧草对土壤病害的影响，试验发现轮作能够有效地降低病害的发生（King 和刘华荣，1987）。间作、混作、套作与平面单一种植相对而言的，通过各类作物的不同组合、搭配，构成了多种作物、多层次、多功能的作物复合群体，这种组合能够改善作物群体结构，使环境因素更加利于作物的生长，而不利于病原物的生长（胡新等，2011）。

（3）合理水、肥等管理措施

合理的水肥管理能够提高牧草的抗病能力，还影响病原生物的生活环境；其他的管理措施如土壤处理、播种期、种植密度等也能影响牧草的抗病能力。

3. 化学防治

化学防治是使用化学药剂直接杀灭病原生物或抑制其生长、繁殖等，从而防止病害发生或者降低病害危害的一种方法。化学药剂主要通过以下 4 个方面进行调节：①对有害生物有杀伤作用；②对生长、发育有抑制或调节作用；③对有害生物行为具有调节作用；④增强作物抵抗有害生物的能力（苏琴，2011）。用于防治植物病害的化学药剂称为农药，其中用于真菌和细菌的化学药剂称为杀菌剂，用于线虫的称为杀线剂化学防治是目前应该最广泛的防治方法，这种方法效率高、便于机械化，同时经济、便捷。同样，化学防治使用不当也会产生不良效果，如长期使用病原生物会产生抗药性，也会对植物生长环境产生不良影响。

4. 物理防治

物理防治是相对于化学防治来说的，是指利用光、热、声、电、温度等物理因子或者机械因子控制病害发生、发展手段。惠文森和陈怀顺（2003）通过研究发现开水烫种对较大的豆科牧草种子杀菌效果较好，而对小粒豆科种子及禾本科牧草种子有较大伤害。孟姗姗（2014）以自然携带真菌和细菌的种子为材料分离种子上的病原细菌测定其致病性，根据温度对病原菌的影响测定干热处理后带菌种子的活力及病原菌活力，发现干热处理可有效抑制多种病菌。

5. 生物防治

生物防治是利用生物防治植被病害的方法，指利用有益微生物或微生物代谢产物对植物病害进行有效防治的技术与方法，其实质就是利用微生物种间或种内的抗生、竞争、重寄生、溶菌作用，或者通过微生物代谢产物诱导植物抗病性等，来抑制某些病原物的存活和活动。目前，应用植物病害较多的生物防治细菌主要有芽孢杆菌、假单胞杆菌、土壤放射杆菌和巴氏杆菌等；真菌主要有木霉菌、毛壳菌、淡紫拟青霉菌、粘帚霉等；放线菌主要是链霉菌属及其相关类群（李凯和袁鹤，2012）。由于化学防治存在污染环境、破坏生态平衡、药物残留等问题，植物的生物防治越来越受到重视。

三、栽培草地水肥管理技术

我国是一个农业大国，农谚“有收无收在于水，收多收少在于肥”充分表明了水肥管理在农业生产中的地位。在全球范围内，农业面临的挑战是如何在 2050 年满足全球 90 亿人口的食物供给问题，Mueller 和 Gerber（2012）指出在科学的水肥管理下很多作物还具有 45%～70%的增产潜力，可以实现全球的食物安全和可持续发展。作为草地畜牧业的基础，栽培草地是保障我国食物安全的重要组成部分，而栽培草地实现高产和可持续发展面临的挑战和机遇是与我国具体国情紧密联系的，主要包括三个方面：首先，水资源严重短缺。我国水资源短缺严重，人均占有率为 2200m^3，占世界平均水平的 28%，而且我国 64%的耕地在北方地区，该区域水资源只占全国的 18%，水资源短缺的程度可想而知（刘昌明和陈志恺，2001）。2011 年中央 1 号文件《中共中央国务院关于加快水利改革发展的决定》中，未来 10 年将有亿元资金投入水利建设，计划从根本上改变靠天吃饭的局面并持续提高农业综合生产能力。其次，耕地质量较低。据国土资源部 2009 年《中国耕地质量等级调查与评定》调查显示，我国耕地整体质量较低，10～15 级的低质量耕地占土地总面积的 57%以上，而生产能力大于 15t/hm^2 的优质耕地仅占 6.09%（1 为优等，15 为最差等级）。实际上大量劣质耕地适宜于建植栽培草地。第三，现有水肥管理模式加重了土壤退化和污染。目前，我国氮肥消费量已占到世界氮肥消耗的 1/3 以上，在保障粮食产量的同时，过量氮肥施入降低了氮肥利用率，施肥的经济效益下降，另外过量肥料进入了自然环境造成环境污染（王激清等，2007）。大量的肥料施用使我国的耕地质量下降，最显著的特点就是土壤酸化（朱兆良和张福锁，2010），土壤酸化会加速营养元素流失，影响作物根系发育和养分吸收、滋生植物病虫害，这些都会进一步促使生产者加大肥料和农药的使用并形成恶性循环。此外，肥料的大量施用降低了利用效率。以氮肥为例，水稻、小麦和玉米的氮肥利用率分别为 28.3%、28.2%和 26.1%，低于国际水平的 40%～60%的氮肥利用率（张福锁等，2008），较低的利用效率一方面降低了生产者的经济效益，更为严重的是引起农业面源污染。20 世纪 90 年代就曾发现华北地区有半数饮用水中硝酸盐含量超标（50mg/L）（张维理等，1995）。2006～2008 年太湖连续爆发大规模蓝藻，很大程度是沿湖农田使用大量的化肥和农药，沿地表径流和地下水渗入湖中，使水体富营养化所致。可想而知，我国在肥料大量使用以及利用率低的情况下，大量流失养分对环境的污染的严重程度（何峰等，2014）。

由此可见，栽培草地的水肥管理技术应该围绕着增加牧草产量和品质，减少农业措施对自然环境的影响，保护环境并促进可持续发展。根据目前该领域技术的发展情况，栽培草地水肥管理技术将由草地营养状态的科学诊断和监测技术、根据栽培草地生长发育规律确定营养需要量的专家决策系统、按照栽培草地需要足量及时补充营养物质的精准施用技术 3 个部分组成。

（一）诊断和监测技术

1. 含水量监测

土壤含水量测定的最古老方法是质量法，同时也是最准确的方法，由于这种方法需要消耗大量的时间和人力，所以逐渐被更为简捷有效的时域反射仪（time domain reflectometry，TDR）和频域反射仪（frequency domain reflectometry，FDR）测定方法所取代，由于其准确性高，常用于其他方法的前期矫正工作。TDR 是一种快速检测土壤水分的方法，利用时域反射原理，通过采集反射波的时间信号，测量土壤介质的介电常数，计算土壤水分含量。TDR 设备的响应时间为 10～20s，适合于进行移动测量和定点监测，此外测定结果受盐度影响很小。缺点是电路比较复杂，设备较昂贵。FDR 则是另外一种常用的快速检测方法，它利用的是电磁脉冲原理，通过测定反射波在介质中传播频率的变化来测量土壤的介电常数，计算土壤含水量。FDR 与 TDR 相比价格便宜，操作更为方便，校正工作少，但精度略低。由于土壤质地以及含盐量等因素营养，相同土壤含水量的土壤的供水能力存在很大差异，因此部分科学家将水势拟为含水量评价指标，水势是推动水分移动的强度因素，可通俗地将水势理解为水移动的趋势，水总是由高水势处自发流向低水势处，直到两处水势相等为止。由此可见，相对于土壤质量含水量或体积含水量，水势更能反映土壤水分供给能力以及植物水分吸收情况，然而由于水势测定较为复杂且准确性差，目前在田间管理中应用还不十分广泛。

虽然 FDR、TDR 以及土壤水势仪器可以准确诊断和监测土壤水分状态，但是在完成大尺度土壤水分的动态监测时，这些监测都存在费时费力且探头成本过高及响应时间过长的问题，无法大范围高效率地获得土壤水分数据。因此，基于可见光与热红外波段和微波遥感监测土壤水分的方法受到推崇并得到了广泛应用。由于当前技术限制，遥感方法还不能完全脱离实测数据来确定土壤含水量，需要通过植被指数、亮度和温度等指标来间接评价土壤水分，然后通过实测的土壤水分数据进行回归和反演（汪潇等，2007）。由此可见，在当前技术条件下初步实现遥感数据与实测数据对大尺度土壤水分的动态监测，就为精准农业下变量灌溉管理提供了强有力的技术支持。

2. 植物和土壤营养监测

植物营养诊断目前有 3 种方法，即表观诊断、土壤测试诊断和植物组织分析诊断，这三种方法在判断植物营养状况和指导施肥上各有其优缺点。表观诊断通过植物的外观尤其叶片症状的观察对植物营养状况进行判断，优点是不需要任何仪器设备，且简单方便和低成本，常见的典型或特异症状的营养失调症可一望而知；缺点在于凭视觉判断有可能误诊，如遇疑似症和重叠症时将难以判断。在外观表现出缺素症状时往往已经造成产量损失，经验不足或知识不够时难以准确诊断，不能根据表观诊断结果制定出推荐施肥方案。土壤测试诊断是指通过测定土壤中养分的数量来判断植物营养状态的方法，优点在于有一定的预测意义。在播种前测定土壤养分含量可定量估计缺乏何种养分和缺多少数量，从而能及早制定施肥计划，并可探明缺素症究竟是由土壤某种养分不足引起的，还是由某种元素过多导致的拮抗作用引起的，结合目标产量能够较准确地给出推荐施肥量，但其缺点主要是由于土壤具有缓冲性能，土壤养分处于动态平衡，所以通过土壤测试得到的养分含量只是一个相对量，土壤取样和测定耗费时间较长，分析化验成本也较高，对同一土样使用不同测定方法所得的养分含量往往存在较大差异，需要确定统一的化验方法，有些元素例如钼含量不能通过土壤测验获得适用于所有土壤类型的诊断方案，一个方案往往只适于某一特定区域的土壤。目前在生产过程中能形成推荐施肥的诊断方法只有土壤测试，土壤测试可以在种植之前进行，这对制定栽培草地营养管理非常有利，尤其是在需要土壤改良和底肥管理的情况下，土壤测试非常实用。植物组织分析诊断就是通过测定植物特定部位株体组织的营养元素含量，对植物营养状态进行判断，其优点是精度高、数据资料可靠，能非常直观了解植物具体缺乏哪些营养元素，通过土壤测验无法诊断的问题，根据分析结果采取补救措施很快就能奏效，其缺点是分析仪器较为昂贵且分析成本较高，常量和中量元素测定结果准确，但有些微量元素难以准确测定，缺少基于植物组织分析诊断结果的推荐施肥方案，采样部位和生长阶段对分析结果影响较大，在标准化生产过程中，仅利用土壤诊断无法满足栽培草地优质高产对营养诊断的要求，尤其对于种植在风沙地和盐碱地等特殊土壤上的牧草生产，因此需要在土壤诊断的基础上辅之以植物组织分析诊断（李向林和何峰，2013）。当前植物组织分析面临的最大问题是分析结果的滞后问题，以紫花苜蓿为例，其评价指标是建立在初花期采集样本基础上的，分析结果出来以后苜蓿已经完成收获，因此测试结果对本次收获不具有指导意义。荷兰科学家 Sjoerd Smits 和 Maikel van de Ven 研究出了通过植物汁液测试对植物营养状态进行诊断的方法，即汁液分析法（sap analysis），该方法可以分别对新叶和老叶进行营养成分测试，并可 24h 内给出测试结果，与组织分析相比可以提前 4～6 周发现营养缺乏诊断，为采取施肥措施争取了宝贵的时间。汁液分析法和动物血液检查相似，利用不同种类、不同生长阶段的健康植物汁液中各种营养元素具有相对稳定的含量来进行营养诊断。目前汁液分析法可监测的养分有 16 种，涵盖了植物生长所必需的氮、磷、钾、钙、镁、硫、铜、铁、锰、锌、硼、钼等 12 种元素。

传统的土壤养分监测总是有意无意地回避了土壤空间上的差异，常采用多点混合土样的平均值作为推荐施肥的基础数据。表 8-8 是对牧草产业技术体系土壤肥料与施肥岗位在青岛试验站试验田的 2011 年土壤 0～30cm 土层养分测定结果，同一样地 8 个不同样点间存在巨大差异，尤其是在土壤中移动性差的速效磷，最低含量为 1.88mg/kg，最高含量为 26.87mg/kg，如果按照平均值进行推荐施肥量，部分样点养分供应不足造成生产潜力发挥受阻，部分样点养分过剩造成环境污染。当前我国的栽培草地大多种在土壤贫瘠的中低等级的耕地上，土壤一致性较差，因此更需要在肥料管理中注重土壤的空间差异。

表 8-8　青岛紫花苜蓿试验基地同一样地不同取样点的营养状况

样本编号	pH	有机质/（g/kg）	碱解氮/（mg/kg）	速效磷/（mg/kg）	速效钾/（mg/kg）
1	6.79	13.45	67.70	1.88	117.5
2	8.22	12.06	50.58	3.20	142.2
3	8.22	13.09	53.70	10.12	112.54
4	8.07	12.82	59.92	26.87	134.81
5	7.95	12.02	52.92	18.01	142.23
6	7.68	15.44	57.59	24.45	134.81
7	8.13	15.16	67.70	4.44	152.13
8	8.56	13.66	64.59	3.61	115.01
最大值	6.79	12.02	50.58	1.88	112.54
最小值	8.56	15.44	67.70	26.87	152.13
平均值	7.95	13.46	59.34	11.57	131.41
标准差	0.53	1.28	6.77	10.15	14.67

同水分监测类似，遥感技术和地理信息技术一起可以解决土壤和植物中养分含量差异的监测问题。随着遥感技术的发展，特别是高光谱遥感技术的出现和兴起，可将光谱波段在某一特定光谱区域进行细分，为植物的氮素营养诊断注入了新的活力。高分辨率的地物光谱仪有可能用于简单、快速、非破坏性的估测植物冠层生化组成，其良好的前景正引起越来越多的农学家关注，并已在大面积监测植物营养状况的研究方面取得了明显进展。利用高光谱遥感技术，可以快速准确地获取植物生长状态以及环境胁迫的各种信息，从而相应调整投入物质的施用量，达到减少浪费、增加产量、保护农业资源和环境质量的目的，是未来精准农业和农业可持续发展的重要手段。当前国际前沿的技术是利用便携式 X 射线荧光分析仪（portable X-ray fluorescence，P-XRF）实现快速测定植物

和土壤的养分含量。X射线荧光光谱法（X-ray fluorescence，XRF）是通过检测各个元素自己特有的X射线荧光谱线，确定各种物质含量。X射线荧光光谱法是地质、采矿和环境部门用于检测和研究土壤重金属污染的有效的原位分析和评价方法，具有谱线简单、干扰少、分析速度快、试样制备简单、重现性好和多元素同时测定等优点，缺点是仪器笨重携带不便。P-XRF克服了上述缺点，因此得到了更为广泛的应用。P-XRF技术有成为田间植物和土壤养分快速诊断评价关键技术的潜力，将在精准农业中的精准水分管理上大显身手。目前，土壤测试方法还是确定田间施肥量的主流方法。但是，土壤分析方法很难满足精准农业中对变量施肥的技术要求，生产者需要花费大量的人力物力在土壤测试上。此外，施肥量不容易控制，很难实现合理施肥，施肥量过高的区域出现肥料浪费并对环境造成污染，过低则导致植物的生产潜力不能够完全发挥，造成经济损失。虽然一定程度上，植物组织分析可以缓解土壤检测的不足，但是从植物采集到得出分析结果进行营养诊断则需要一定时间，导致错失叶面肥料喷施的最佳时期。在2014年美国农学会（ASA）、美国农作物科学协会（CSSA）、美国土壤科学协会（SSSA）会议上Haggard B. J. 介绍了利用便携式X射线荧光分析仪（P-XRF）对路易斯安那州的多个位置的玉米和大豆田中对不同生长阶段新鲜叶片进行了营养测定的研究，并将研究结果与传统方法进行了比较，发现锌元素（Zn）、钾元素（K）和硫元素（S）具有很好的相关性，其他元素的测定则需要进一步的扩大样本以及元素特有X射线荧光谱线的发掘。虽然目前此项技术还不完全成熟，但已成为解决变量施肥中，除了氮元素外其他元素的最有潜力的方法之一。

（二）灌溉定额与推荐施肥量的专家决策支持系统

1. 栽培草地的灌溉定额

蒸腾系数指植物合成1g干物质所蒸腾消耗的水分克数。蒸腾系数是一个无量纲数，值越大说明植物需水量越多，水分利用率越低。虽然同一种植物因外界条件及生育期不同而有所不同，但是常作为确定灌溉定额的重要参考参数。灌溉定额是指植物在整个生长季单位面积上合理灌溉水量，一般为需水量（满足正常生长的耗水量减去有效降水量）的1.2～1.5倍。黏性土壤保水性好，可取低限的灌溉量；沙性土壤保水能力差，可取高限的灌溉量（农业部畜牧业司和全国畜牧总站，2013）。注意：这里的耗水量是土壤蒸发、植物蒸腾及构建植物体消化的水分总量之和，与蒸腾系数密切相关。

2. 推荐施肥量

推荐施肥量是以土壤测试和肥料的田间试验为基础，根据植物需肥规律、土壤供肥性能和肥料效应来确定氮、磷、钾及中、微量元素等肥料的施用数量、施肥时期。肥料利用率低和对环境污染严重是国内外肥料利用中的难点，掌握施肥的基本原理及原则，包括养分归还学说、最小养分律、报酬递减率、营养临界期，对避免盲目性、提高肥料利用率和降低环境污染具有重要意义。

表8-9是以大量的紫花苜蓿肥效试验以及专家经验确定的针对氮、磷和钾元素的土壤养分诊断分级。在此基础上根据紫花苜蓿的目标产量，利用养分移出量、肥料利用效率以及土壤状态给出了推荐的氮、磷、钾肥的施肥量（表8-10）。

表 8-9　紫花苜蓿草地土壤养分诊断分级（单位：mg/kg）

诊断指标	分级指标			
	极缺	缺乏	足够	丰富
水解性氮	<15	15～30	30～50	≥50
有效磷	0～5	5～10	10～15	≥15
速效钾	0～50	50～100	100～150	≥150

表 8-10　目标产量 15t/hm^2 的紫花苜蓿草地推荐施肥量（单位：kg/hm^2）

营养元素	极缺	缺乏	足够
氮（N）	30～45	15～30	不施
磷（P_2O_5）	120～170	60～120	0～60
钾（K_2O）	120～230	60～120	0～60

3. 植物生长模型

灌溉定额以及推荐施肥量都是固态，而栽培草地在生长过程中随着生长发育以及自然环境变化，对水分和养分的需求是不断变化的。尤其是在进一步提高牧草产量和品质同时减少环境影响的大背景下，动态确定不同时期不同环境下栽培草地的水分和养分需求尤为迫切。随着植物生长模型的出现，这一问题得以解决。随着人们对植物生理生态机理认识的不断深入，以及计算机技术的快速发展，在植物生理生态机理的基础上，结合植物生长环境因素研发的植物生长数学模型得以不断完善，模型的预测能力得到认可并广泛应用于生长指导，并成为现代农业管理决策的基础（林忠辉等，2003）。以紫花苜蓿生长模型为例，目前正在研究的模型有澳大利亚联 CSIRO 的 APSIM 模型、美国农业部的 EPIC 模型、美国夏威夷大学研发的 DSSAT 模型、美国新罕布什尔大学的 DNDC 模型，以及 FAO 的紫花苜蓿模型，国内的有高亮之的 ALFAMOD 模型和中国农业大学研发的 ALFASM 模型。植物生长模型必将成为未来农业研究和资源研究的有效工具。但是从以往模型研究开发的经验上看，今后的植物生长模型无论是从研究还是开发应用角度都有待改进和加强。

4. 专家系统

目前来看，由于植物赖以生存的自然环境变化的复杂性，与经营者对经济效益的追求、社会对环境保护的期望交织在一起，单一技术的革新不可能彻底解决植物营养调控的问题。最优营养调控的实现必须充分考虑各方面的利益，因此需要对栽培草地营养调控进行统筹管理，建立最佳管理措施体系专家系统。

20 世纪末，北美地区在进行农业生产时，提出农业的最佳管理措施（BMP）方案。国际植物营养研究所（前身是国际钾磷研究所和加拿大钾磷研究所，PPI/PPIC）的科学家将 BMP 定义为通过研究和实践证明能发挥最佳的生产潜力、投入效率并能够保护环境的那些管理措施。如今，这个概念在关注最佳生产潜力的同时更关注环境问题。现在对 BMP 的定义是指一套实用的管理措施或有针对性的管理体系，用于减少土壤流失以及减轻由养分、动物粪便和泥沙引起的环境恶化对水质的影响。

土壤保持和农业 BMP 可结合起来使用，以达到最佳生产潜力和减轻由养分管理不当而导致的环境负面效应对水质的影响。虽然 BMP 会因目标的不同而异，但农民使用它们必须有经济效益，他们使用的措施和管理不但要获利，并且要具有可持续性。养分管理需要特别而持续的关注，因为它对优化生产潜力和保护环境非常关键。方法很简单：将合适的养分以适宜的用量，在合适的时间和地方施用以满足植物的需要，即正确的肥料种类、正确的施用量、正确的施肥时间和正确的施肥位置。这是肥料 BMP 的基本原则。以下是对这些指导性原则的一个概括。

正确的肥料种类：根据植物需求和土壤特性选取相应的化肥品种。要注意养分间的交互作用，并根据土壤测试和植物需求来平衡氮、磷、钾及其他养分。平衡施肥是增加养分利用率的关键之一。正确的施用量：根据植物需求确定化肥用量。施肥过多会导致淋失和其他损失而进入环境，而施肥不足又会减产，降低品质，使残留在土壤中的养分减少而维持和提高土壤肥力。实际的产量目标、土壤测试、缺素小区、植物对养分吸收量、组织测试、植株分析、施肥器具校正、变量施肥技术、植物监测、记录和养分管理计划都是 BMP 的内容，这些都有助于确定化肥的适宜用量。正确的施肥时间：在植物需要养分时施用。当养分供给与植物需求同步时，养分利用率最高。养分施用时间（种植前或分次施肥）、控释技术、稳定剂和抑制剂以及化肥品种选择都是 BMP 的例子，这些因素无疑会影响养分有效施用的时间。正确的施肥位置：把养分施在植物能利用的位置。养分施用方法对肥料有效利用率十分关键。植物、耕作体系和土壤特性决定着大多数适宜的施用方法，但是综合考虑这些因素通常是正确施肥及提高利用率的最佳选择。保护性耕作、植物缓冲带、地表植物和灌溉管理则是其他 BMP，它们可以使肥料养分保持在施用位置，并有利于植物利用。

不存在一套全球通用的肥料 BMP。按照定义，BMP 适用于特定的地点和植物，因而随土壤、气候和小型家庭农场的具体情况而变化，从一个地区到另一个地区，从一个农场到另一个农场都各不相同。适宜的施用量、合适的施肥时间、恰当的施肥位置具有相当的灵活性。肥料 BMP 应当有助于保证目标植物对肥料的吸收和移走是最优化的，流失到环境中的肥料是最少的。肥料 BMP 应当增加养分利用率，但是养分利用率的最佳化并不是主要目的。其目的是有效地利用肥料来为植物提供充足的养分。

（三）灌水施肥技术

1. 灌溉技术

灌溉的方式有漫灌、喷灌和滴灌。漫灌：通过分布在田间的渠道进行灌溉，利用地势高差进行灌溉，适用于地势平坦、水量充沛的种植区。其特点是：对地块要求不严格，大小地块均可；初始投资低；水利用率低，低于 50%；地面径流导致肥药流失严重；比滴灌和喷灌机灌溉减产 20%；费工费时，不能自动化；水资源浪费严重。喷灌：喷灌是利用安装的管路系统进行输水，用喷头喷水灌溉的方式。喷灌水分利用效率高，相比漫灌节水 30%～50%。喷灌灌水均匀度在 80%以上，受地形限制小，坡度小于 20°内均可应用。喷灌时可同时喷洒水溶性肥料和农药，节省工序降低成本。其特点是适用于规模种植，单位初始投资低，介于漫灌和滴灌之间；无需对水源进行严格过滤；保养相对容易，水利用率高，可达 85%以上，几乎没有地面径流，省时、省能、省钱，可实行高度自动化管理，不产生任何环境污染。滴灌：滴灌是通过铺设在土壤中的管道将水以较小流量均匀准确地直接输送到植物根系附近。其特点是：单位面积成本很高，需要对水源进行过滤，保养困难，水利用率高（90%～95%），地面径流小，需重复投资，塑料管会污染环境。灌溉均匀，均匀度达到 90%以上，便于田间作业。

2. 精准施肥

精准施肥也叫变量施肥。根据土壤营养条件、植物种类、适时全面的平衡施肥，与我国传统农业中的精耕细作“看天、看地、看植物长势施肥”的思想颇为相近。所不同的是，精准施肥以全球定位系统（GPS）、地理信息系统（GIS）、遥感（RS）对土壤、植物、气象进行快速实时监视与遥感，综合叠加多层数据分析为依据，以植物生长模型、植物营养专家系统为支持，以高产、优质、环保为目的，优化组合了现代信息技术生物技术、机械技术和化工技术。此种变量处方施肥技术，方法更先进，决策过程更加直观、快速、适时和有效，工作效率大为提高。

目前北美的精准施肥技术非常成熟，已有用传统的施肥机改装成的一次作业施一种肥料的简易型变量施肥机，而目前的发展趋势是使用大型的多种肥料同时变量施肥的机具。日本对小尺度地块在变量施肥方面的研究处于比较独特的地位。日本在精准农业领域进行的研究处于研究示范阶段，实现了多种肥料同时变量施肥，每个单独的排肥装置通过各自相连的电机驱动，排肥量的多少通过调节电机的转速来实现。肥料从排肥装置排出后，通过旋转风机的气流把肥料输送到各个排肥口。每个电机的控制由固定在拖拉机上的电脑来完成。

实现变量施肥的前提是掌握土壤肥力的空间分布情况，在获取土壤肥力基础数据时除了进行大量土壤测试外，还可以通过对生长植物进行光谱诊断进行判断。目前对植物大、中、微量元素的营养与其光谱特性做了大量的研究，并且利用不同的光谱提取和分析方法，从不同角度说明了植物营养与其光谱特性存在的密切相关关系。探明植物营养光谱特性的最终目的在于对植物进行适时监测和诊断，及时调整田间管理措施，提高肥料利用率，节约成本，最终保证植物的优质高产。在高光谱技术的支持下，经过大量的试验研究，在氮素营养方面，已经基本确定了敏感波段范围，但是在如何利用这些敏感波段或敏感波段组合建立回归关系或估测模型，或者在更高精度上估测植物氮含量，或给植物氮营养水平分级等问题上还存在较大的不确定性。而在磷、钾和其他中、微量营养元素方面，敏感波段和敏感时期的选择以及植物不同生育时期的光谱敏感波段还有待进一步探讨。

3. 水肥一体化技术

将灌溉与施肥两项田间作业融为一体的农业新技术也称水肥一体化技术。借助压力系统（或地形自然落差），将可溶性固体或液体肥料，按土壤养分含量和植物种类的需肥规律和特点，配兑成的肥液与灌溉水一起，通过可控管道系统供水、供肥，使水肥相融后，通过管道和滴头形成滴灌、均匀、定时、定量，浸润植物根系发育生长区域，使主要根系土壤始终保持疏松和适宜的含水量。

美国已经将水肥一体化技术应用到紫花苜蓿的生产中。根据苜蓿的需肥特点、土壤环境和养分含量状况、苜蓿不同生长期需水、需肥规律情况进行不同生育期的需求设计，把水分、养分定时定量，按比例直接提供给植物。这项技术的优点是灌溉施肥的肥效快，养分利用率高；可以避免肥料施在较干的表土层易引起的挥发损失、溶解慢，最终肥效发挥慢的问题；水肥一体化技术使肥料的利用率大幅度提高，同时降低由于施肥而造成的水体污染问题。图 8-22 是美国林赛（LINDSAY）公司的灌溉系统，可以将肥料和农药按照植物生长不同阶段的需求及时足量的供给。具有均匀、自动化，少量多次，省水、省肥（药）和省工的特点。灌溉施肥技术对设备、肥料和管理的要求高，是今后农业田间管理的发展方向。

图 8-22　施肥灌溉系统

引自第二届苜蓿种植加工技术研讨会

（四）栽培草地施肥研究案例

1. 苜蓿主产区产量与养分的关系

通过对主产区样地紫花苜蓿产量进行测定发现，在 2012 年调查的 21 个样点中，产量小于 5000kg/hm^2 的样点有 12 个，占所有样点的 57.14%；产量在 5000～8000kg/hm^2 的有 8 个，占 38.10%；产量大于 8000kg/hm^2 的样点只有 1 个，占 4.76%。在 2013 年调查的 28 个样点中，产量小于 5000kg/hm^2 的样点有 4 个，占所有样点的 14.29%；产量在 5000～8000kg/hm^2 的有 17 个，占 60.71%；产量大于 8000kg/hm^2 的样点只有 7 个，占 25%。产量最高样点为新疆，2012 年和 2013 年平均产量分别为 6776kg/hm^2 和 10 346kg/hm^2，其次是甘肃和内蒙古。此外，新疆、甘肃和内蒙古地区的紫花苜蓿都有灌溉，其中内蒙古样地为喷灌，新疆和甘肃大部分为自由漫灌，其余样地的苜蓿均为旱作。各地产量分布见图 8-23。

对调查样地植物养分与产量的相关性分析结果表明：植物中 S、P 和 K 含量与紫花苜蓿产量的相关性达到极显著水平（P<0.01），植物 Mn 和 Cu 含量与苜蓿产量呈负相关（P<0.05）。微量元素中 B 和 Mo 含量与苜蓿产量的相关性达到极显著水平（P<0.01，表 8-11），表明 B 和 Mo 含量增加可以提高产量水量，即植物体内累积 B、Mo 含量越多，

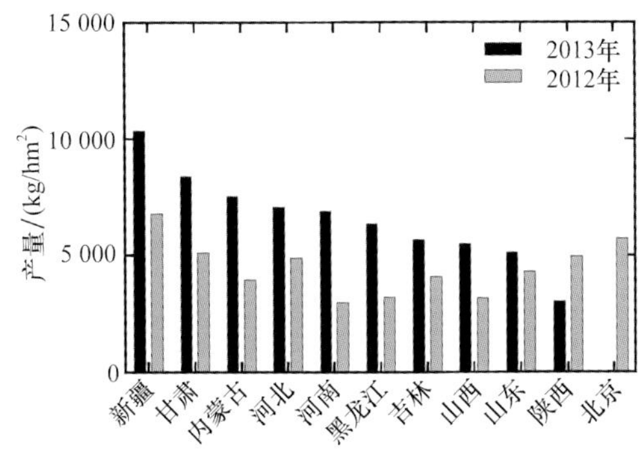

图 8-23　2012 年和 2013 年苜蓿主产区第一茬平均产量

紫花苜蓿第一茬干草产量越高。B 素缺乏新生组织生长缓慢，限制茎部伸长。Mo 对豆科植物非常重要，在各种植物中豆科植物需 Mo 最多。苜蓿吸收到体内的硝酸根必需还原成氨才能合成蛋白质，而 Mo 是硝酸还原酶的成分。同时 Mo 参与根瘤菌的固氮作用，还可能参与氨基酸的合成与代谢。因此，各地需要更加重视 Mo 元素的补充。然而在调查的 49 个样点中没有一个样点有针对性地施用 B 肥和 Mo 肥。

表 8-11　紫花苜蓿植物中营养元素含量与产量的相关性分析

产量	氮 N	磷 P	钾 K	钙 Ca	镁 Mg	硫 S
R^2	0.199	0.442**	0.472**	0.161	–0.270*	–0.352**
P	0.085	0.001	0.000	0.135	0.030	0.007
N	49	49	49	49	49	49
产量	铁 Fe	锰 Mn	铜 Cu	锌 Zn	硼 B	钼 Mo
R^2	0.114	–0.474*	–0.289*	–0.169	0.350**	0.437**
P	0.217	0.001	0.022	0.122	0.007	0.001
N	49	49	49	49	49	49

*表示 $P<0.05$ 显著差异；**表示 $P<0.01$ 极显著差异

2. 施氮与根瘤菌接种对苜蓿产量的影响

以三得利紫花苜蓿（*Medicago sativa* L.）为实验材料，采用二因素随机区组试验设计，分别为根瘤菌接种与否（A. 不接种根瘤菌、B. 接种根瘤菌）和施用氮肥（1. 不施氮、2. 施 30kgN/hm^2、3. 施 60kgN/hm^2、4. 施 90kgN/hm^2、5. 施 120kgN/hm^2），共计 10 个处理组合，分别设为 3 个区组。试验地位于青岛农业大学现代农业示范园内，样区为第三年的苜蓿地，土壤类型为沙壤土，其 0～30cm 土壤养分理化特征为：pH7.15，有机质 13.04g/kg、全氮 0.913g/kg、碱解氮 55.29mg/kg、硝态氮 24.35mg/kg、铵态氮 30.45mg/kg、速效磷 7.32mg/kg、速效钾 110.87mg/kg。

施氮、不同区组间、施氮与接种根瘤菌的交互作用均对苜蓿干物质产量有极显著影响，且就影响程度而言，施氮肥＞不同区组间＞施氮肥与接种根瘤菌的交互作用；接种根瘤菌与否也对苜蓿干物质产量有显著影响（表 8-12）。

表 8-12　施氮和接种根瘤菌与否对苜蓿干物质产量的方差分析

变异来源	自由度	平方和	均方	F 值	$F_{0.05}$	$F_{0.01}$	差异显著性
区组	2	0.4660	0.2330	10.47**	3.55	6.01	$P<0.01$
根瘤菌接种	1	0.1203	0.1203	5.41*	4.41	8.29	$P<0.05$
施氮水平	4	6.5915	1.6479	74.02**	2.93	4.58	$P<0.01$
交互作用	4	0.8252	0.2063	9.27**	2.93	4.58	$P<0.01$
误差	18	0.4007	0.0222				
总和	29	8.4038					

* 表示 0.05 显著水平；** 表示 0.01 显著水平

在不施氮肥的情况下，接种根瘤菌处理的干物质产量显著高于不接种根瘤菌的处理。而施氮后，分别在 30kgN/hm^2 和 120kgN/hm^2 的施氮水平时，是否接种的两个处理间没有显著差异；施氮量在 60kgN/hm^2 或 90kgN/hm^2 水平时，在同等施氮水平下分别表现出不接种根瘤菌的处理要显著高于接种的处理。此外，在不接种根瘤菌时，施 90kgN/hm^2 和 120kgN/hm^2 的处理间没有显著差异，但二者的干物质产量显著高于其他施氮水平的处理，并且其余各施氮水平间，施氮水平高的处理的干物质产量显著高于施氮水平低的处理，这表明在不接种根瘤菌的情况下，在 90kgN/hm^2 以下，施肥量越大，越有增产的作用，而施入量超过 90kgN/hm^2 以后，则没有明显增产作用。还有，在接种根瘤菌的情况下，30kgN/hm^2 施氮水平的干物质产量明显要高于不施氮的处理；而 60kgN/hm^2 施氮水平的干物质产量分别与 30kgN/hm^2 施氮水平、不施氮的处理没有明显差异；施 90kgN/hm^2 和施 120kgN/hm^2 处理的干物质产量均明显高于其他各施氮水平，二者间在干物质产量上也表现出明显差异，且施氮量在超过 60kgN/hm^2 后同样表现出施肥量越大增产的情况（表 8-13）。

表 8-13　施氮和接种根瘤菌与否对苜蓿干物质产量的影响

处理	干物质产量/（t/hm^2）	
A5	6.0067±0.2386	a
B5	5.7667±0.2139	a
A4	5.7600±0.3219	a
A3	5.4667±0.2730	b
B4	5.4600±0.1709	b
B2	5.0067±0.0416	c
B3	4.8700±0.1136	cd
A2	4.7600±0.2272	cd
B1	4.7267±0.1358	d
A1	4.4700±0.1967	e
A	5.2927±0.1956	a
B	5.1660±0.1267	a
总	5.2293±0.0161	

注：a、b、c、d 表示显著性差异

在不接种根瘤菌的处理中，施肥量由 30kgN/hm^2 增加至 60kgN/hm^2 时，苜蓿增产率随施 N 量增大而增大；而施肥量由 60kgN/hm^2 逐渐分别增加至 90kgN/hm^2、120kgN/hm^2 时，增产率却随着施 N 量增大而减小。在接种根瘤菌的处理中，在 30kgN/hm^2 的施量下，施 N 肥的增产率最大，而在 60kgN/hm^2 时施 N 肥的增产率最小，当达 90kgN/hm^2 时施 N 肥的增产率又增大，至 120kgN/hm^2 时施 N 肥的增产率又减少了，却与 90kgN/hm^2 时施 N 肥的增产率相当（图 8-24）。

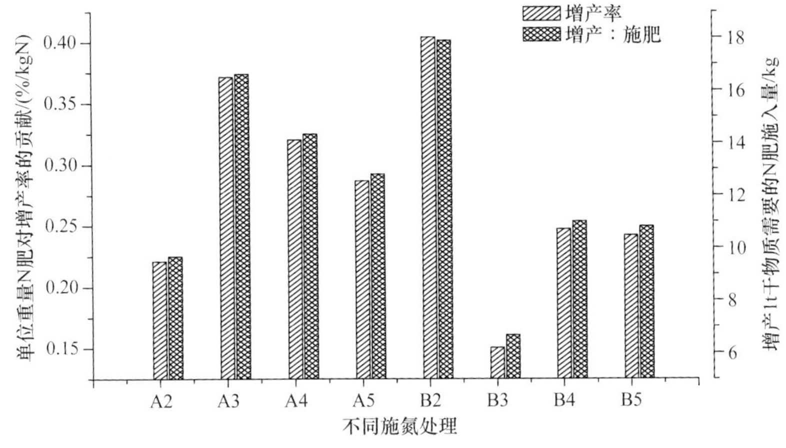

图 8-24　施氮处理对苜蓿增产的贡献及其相互关系

施肥比表现出来的趋势与单位重量 N 肥对增产率的贡献相同，其中在不接种根瘤菌的处理中，60kgN/hm^2 的 N 肥施用量增产/施肥最大，1kg N 肥施入可增加 16.6kg 苜蓿干物质产量，而在 30kgN/hm^2 时，只可增加 9.7kg 干物质产量；在接种处理中，30kgN/hm^2 时，增产/施肥最大，1kg N 肥施入可增加 17.9kg 苜蓿干物质产量，而在 60kgN/hm^2 时最小，只可增加 6.7kg 干物质产量。此外，在不接种处理中，在 30kgN/hm^2 的施量下，如要增产 1t 苜蓿干物质，则需在 7.94hm^2 苜蓿田中施氮 2383.1kg，才得以实现；而 60kgN/hm^2 至 90kgN/hm^2、120kgN/hm^2 三个施氮水平，如要增产 1t 苜蓿干物质，所需的施氮量依次上升，分别为 60.6kg、70.5kg、78.3kg，所需苜蓿田面积依次下降，分别为 1.01hm^2、0.78hm^2、0.65 hm^2。在接种处理中，在 60kgN/hm^2 的施量下，如要增产 1t 苜蓿干物质，则需在 5.34hm^2 苜蓿田中施氮 160.2kg，才得以实现；而 30kgN/hm^2 至 90kgN/hm^2、120kgN/hm^2 三个施氮水平，如要增产 1t 苜蓿干物质，所需的施氮量分别为 59.9kg、93.2kg、93.1kg，所需苜蓿田面积依次为 1.00hm^2、1.04hm^2、0.65hm^2（图 8-24）。

在增产利润回报上，不进行施肥只接种根瘤菌的处理是最高的；在不接种根瘤菌的处理间，不同施 N 水平间的关系，与单位重量 N 肥对增产的贡献和增产：施肥上表现出的趋势是一致，但除 30kgN/hm^2 水平上增产利润回报最低之外，其他三个水平在增产利润回报虽然仍呈现逐渐下降的趋势，但三者之差距不大；在接种处理中，除只接种不施氮的处理外，30kgN/hm^2 水平时的增产利润回报最高，从施 60kgN/hm^2 至 120kgN/hm^2，随肥量梯度增大，增产利润回报依次增大，但三者间亦相差不大。因此可知，只接种不施肥处理的增产利润回报最高，为 1t，科学又经济；接种后再施 N 肥，增产利润回报会下降。不接种、接种处理，施量分别在不小于 60kgN/hm^2 的水平时，增产利润回报基本相当，为 0.84～0.90t。综上可知，不论接种与否，随施 N 量的增多，增产带来的利润越大。不接种的情况下，施 N 越少利润越少，且不接种时，少施肥的增产利润回报最低，不考虑销售的前提下，苜蓿价格越低，少施 N 越不利。因此，若要少施不如不施，要施就相对施多点。但不接种的情况下，施 N 量越多，增产率却随与施 N 肥量增大而减小、增产利润回报也在不断减少；而在接种的情况下，增产利润回报会随施 N 量增多而变大，虽然增加幅度不大（图 8-25）。

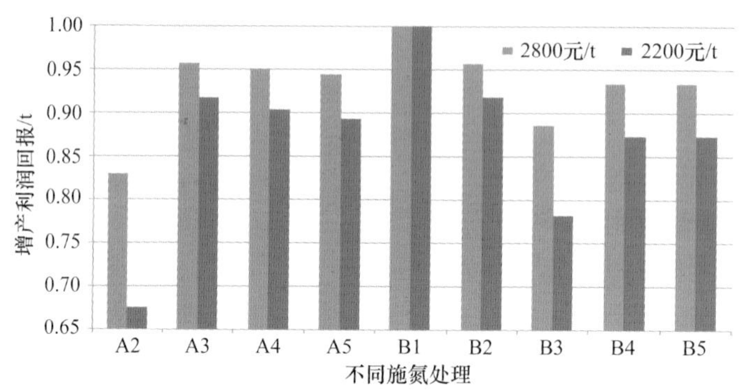

图 8-25　不同处理对增产利润回报的影响

低施 N 量水平（30kgN/m^2 水平）的增产利润回报最低，在生产中如果采用较低的施肥量水平，不如不进行施肥。如播前未进行根瘤菌接种，施量为 90kgN/m^2 时，增产率相对最大且增产利润回报最高；而对接种的苜蓿地，则施量为 90～120kgN/m^2 时较宜。推测可能在接种根瘤菌后，在低施 N 量水平（30kgN/m^2 水平）时，根瘤菌起主要作用；当超过中等氮水平施入量（60kgN/m^2）后，根瘤菌作用被抑制，或苜蓿优先使用外源施入的 N 素，且外源性 N 利用率低于同施 N 水平下不接种根瘤菌的处理；而当高施 N 量水平（120kgN/m^2 水平）时，根瘤菌所起作用渐近于无，除土壤 N 氮素外，N 素主要由 N 肥提供。

施 N 有促进苜蓿干物质增产的作用，但施 N 量不宜太高。在不接种根瘤菌的情况下，施肥水平在 90kgN/hm^2 以下，增产与施肥量成正比，但超过 90kgN/hm^2，则增产作用几近于无。在接种根瘤菌的情况下，低水平 N 施入量（30kgN/hm^2 水平）和高水平 N 施入量（120kgN/hm^2 水平），分别与不接种时同施 N 水平的处理无明显差异；而在中等 N 水平施入量（60kgN/m^2）和中高 N 氮水平施入量（90kgN/m^2），苜蓿干物质产量均分别明显小于与不接种时同施 N 水平的处理；当施入量超过 60kgN/m^2 时，也同样表现出施肥量越大越增产的表现。不论接种与否，随施 N 量的增多，增产带来的利润越大。不接种的情况下，施 N 越少利润越少，少施肥的增产利润回报最低，并且不考虑销售的前提下，苜蓿价格越低，越少施 N 越不利；施 N 量越多，增产率却随施 N 肥量增大而减小、增产利润回报也在不断减少。在接种的情况下，增产利润回报会随施 N 量增多而变大，虽然增加幅度不大。

3. 苜蓿测土配方肥效试验

在山东台儿庄、聊城、胶州等示范基地进行了系统的土壤取样和分析，并根据各自土壤肥力状况制定了相应的测土配方施肥方案。具体如下：在3个示范基地各示范了20亩，实施了施肥方案后对各茬苜蓿进行采样分析，主要从产量性状和营养品质两个方面对其进行对比分析。产量性状主要包括苜蓿株高、茎粗、茎叶比及鲜草产量，品质性状主要包括粗蛋白、粗脂肪、粗灰分、中性洗涤纤维等。3个示范基地中A组均为当地原有施肥水平，B组均为推荐施肥水平。

（1）台儿庄地区

山东台儿庄地区原有施肥水平为施用有机粪肥（牛粪）：每年春天每亩施1500kg，第二茬收后施肥2000kg/亩。实施了根据当地土壤及植物理化性质制定的施肥计划后，年内5次刈割后测定结果见表8-14。

表8-14　台儿庄地区苜蓿生产性能

生长性状			刈割次数				
			1	2	3	4	5
产量性状	株高/cm	A	74.51	78.2	68.22	56.28	47.8
		B	56.42	66.73	65.37	55.24	50.02
	茎粗/mm	A	3.54	3.11	2.54	2.22	2.26
		B	3.23	2.88	2.60	1.98	2.22
	茎叶比	A	1.40	1.42	1.65	1.68	1.82
		B	1.86	1.76	1.84	1.88	1.92
	鲜草产量/kg	A	2.52	2.75	2.33	1.5	1.12
		B	1.85	2.60	2.43	1.2	1.35
品质性状	粗蛋白/%	A	17.80	17.88	15.72	15.23	15.25
		B	16.24	15.83	15.20	15.31	15.11
	粗灰分/%	A	13.2	13.87	12.77	11.43	11.35
		B	11.61	12.13	11.43	11.48	11.27
	粗脂肪/%	A	2.76	2.54	2.32	1.87	1.93
		B	2.19	2.22	1.88	1.78	1.80
	中性洗涤纤维/%	A	35.75	34.76	42.71	42.81	42.78
		B	37.58	42.5	42.24	41.55	43.20
	酸性洗涤纤维/%	A	31.26	34.55	39.2	39.46	39.10
		B	34.44	34.9	37.23	39.44	39.68
	P含量/%	A	0.25	0.2	0.11	0.11	0.09
		B	0.16	0.18	0.10	0.07	0.09

注：表中A组为配方施肥组测定数据即实验组；B组为原施肥水平测定数据即对照组，下同

苜蓿的单位面积鲜草产量水平直接反映了苜蓿的总产量。从表8-14中可以看出，苜蓿鲜草前三茬产量相对较高，之后就开始下降，在第二茬达到最大值，分别为2.75kg与2.60kg，比最少产量高出145.5%和116.7%。主要原因是三茬过后土壤肥力的不断下降及气候变冷对苜蓿生长发育产生了影响。对比A组和B组产量可以发现，配方施肥产量要明显高于原施肥水平产量，说明了A组肥料中的N肥、P肥对植物生长的促进作用明显

好于的 B 组施用的有机肥。牛粪中含有机质约 14.5%、氮 0.30%～0.45%、磷 0.15%～0.25%、钾 0.10%～0.15%，且牛粪质地细密，分解慢，所以对植物生长的促进作用要低于配方施肥组。苜蓿叶片相对质量越大其适口性就越好，所含的粗蛋白、粗脂肪质量越高，NDF 与 ADF 的含量就越低，其品质就相对较高。分析表中茎叶比数据及粗蛋白、NDF、ADF 含量恰好吻合了这一点。表现较为明显的是在第一茬和第二茬，A 组中茎叶比小于 B 组，叶片面积相对 B 组较大，这主要是因为配方施肥中施用了 N 肥的缘故，说明配方施肥对改善苜蓿品质方面要优于原施肥水平。

综合产量性状和营养性状的对比分析可以看出，A 组和 B 组数据在第一茬和第二茬存在显著性差异，A 组株高茎粗在前二茬要高于 B 组，而且粗蛋白、粗脂肪及 P 含量所占比例要明显大于 B 组水平。这说明在本地土壤养分水平上，继续增加 N 肥、P 肥的使用可以加大苜蓿的产量，可以改善苜蓿的品质。但是，在第四茬与第五茬，两组数据的差异性急剧缩小。这说明有机肥在慢慢发挥了作用，同时也说明 A 组所用肥料的肥力在逐渐减弱。因此，配方施肥在提高苜蓿产量及品质方面比单施牛粪的效果更为明显。

（2）聊城地区

山东聊城苜蓿种植基地原有施肥水平是每亩施 25kg 复合肥，生长期基本不施肥。实施了根据当地土壤及植物理化性质制定的施肥方案，其中硫酸钾确定为 8kg，年内 4 次刈割后测定结果见表 8-15。

表 8-15　聊城地区苜蓿生产性能

生长性状			刈割次数			
			1	2	3	4
产量性状	株高/cm	A	74.44	76.5	77.22	68.5
		B	72.62	75.57	76.3	70.21
	茎粗/mm	A	3.56	2.5	2.54	2.31
		B	3.55	2.28	2.3	2.01
	茎叶比	A	1.79	1.81	1.89	1.92
		B	1.29	1.48	1.62	1.55
	鲜草产量/kg	A	1.68	2.10	1.78	1.65
		B	1.57	1.83	1.65	1.58
营养性状	粗蛋白/%	A	19.8	19.21	17.2	16.87
		B	19.72	18.9	16.07	16.35
	粗灰分/%	A	11.23	11.03	10.25	10.18
		B	9.95	10.03	8.78	9.37
	粗脂肪/%	A	2.42	2.4	2.18	1.98
		B	2.37	2.41	2.05	1.97
	中性洗涤纤维/%	A	31.88	40.25	42.64	43.33
		B	32.45	39.77	43.27	43.31
	酸性洗涤纤维/%	A	29.76	33.03	34.72	34.89
		B	32.23	34.58	37.85	38.21
	P 含量/%	A	0.57	0.45	0.25	0.17
		B	0.35	0.28	0.24	0.18

苜蓿的株高、茎粗与苜蓿的产量呈正相关关系，两组数据反映了同一个趋势，其中株高对苜蓿的增产起到一个直接的关系。从株高的数据可以看出，到第三茬时两组数据达到峰值，但对比分析AB组发现，其差异并不是很显著。株高最高时A组比B组高出1.2%，整个生长季四茬平均株高A组仅高出B组0.7%。说明配方施肥对苜蓿的增高作用并不是十分明显。不同茬次的鲜草总产量为先增后减的趋势，在第二茬时达到最高，分别为21t/hm^{2}和18.3t/hm^2，实验组比对照组多出14.8%。对比四茬平均产量A组比B组平均高出8.75%，说明配方施肥中使用的较多的P肥，促进了苜蓿的增产，随着刈割次数的增加，施肥效果逐渐降低，产量下降。对比分析两组的品质性状可以看出，苜蓿中粗蛋白的含量随着刈割次数的递增而不断地减少，其中第三茬和第一第二茬差异比较显著。第三茬刈割期处于秋季，此时由于气候环境的变化，苜蓿植株生长及物质积累相对缓慢，茎秆变细，从而使粗蛋白的含量降低。粗脂肪含量总体是下降趋势，这主要是和在不断地刈割中土壤中的磷肥钾肥不断被消耗有关，但是两组差异不显著，第二茬B组粗脂肪的含量要高于A组，这说明配方施肥对粗脂肪含量的增加作用并不明显。P是核酸的重要组成部分，其含量总体上是呈下降趋势，在第三茬下降的幅度比较明显，同时AB组的差异也是急剧缩小，A组仅比B组高出0.01%。主要原因是两茬之后，并未进行追肥，同时这也与气候变化、植物的吸收能力有所下降有关。配方施肥下降比例要低于原施肥水平，说明在促进植物吸收P肥方面配方施肥要比原施肥水平效果要好。配方施肥组比原施肥水平组在苜蓿增产上起到了一定的作用，营养品质上有一定的促进效果，但是效果不是十分显著。

（3）胶州地区

青岛胶州原施肥水平为每亩施多普乐复合肥15kg。实施了根据当地土壤及植物理化性质制定的施肥方案，其中硫酸钾施入8kg，年内3次刈割后测定结果见表8-16。

表8-16　胶州地区苜蓿生产性能

生长性状		组别	第一茬	第二茬	第三茬
产量性状	株高/cm	A	78.03	78.01	75.71
		B	80.16	74.58	78.82
	茎粗/mm	A	3.23	3.82	3.38
		B	3.26	3.74	3.23
	茎叶比	A	1.37	1.61	1.89
		B	1.44	1.73	1.95
	鲜草产量/kg	A	2.22	2.53	1.94
		B	2.23	2.28	2.25
营养性状	粗蛋白/%	A	19.8	19.21	17.2
		B	19.72	18.9	16.07
	粗灰分/%	A	11.88	12.34	10.42
		B	9.49	9.68	9.40
	粗脂肪/%	A	3.21	3.24	2.85
		B	2.97	2.86	2.56

续表

生长性状		组别	第一茬	第二茬	第三茬
营养性状	中性洗涤纤维/%	A	30.45	32.8	40.12
		B	33.48	38.54	43.25
	酸性洗涤纤维/%	A	26.37	33.2	39.28
		B	30.02	32.56	40.42
	P 含量/%	A	0.42	0.38	0.33
		B	0.27	0.20	0.15

在产量性状方面，A 组中前两茬苜蓿的株高基本相近，但要明显优于第三茬，B 组中第一茬苜蓿株高最高，随后开始降低，第三茬时又开始升高但增高幅度不大，A 组三茬平均株高为 77.25cm，低于 B 组的平均株高 77.85cm，说明胶州土壤中的 P 肥已满足植物生长的需求。茎粗方面，A 组与 B 组在苜蓿三次刈割中总体趋势相同，呈现先增后减的情况，而且第二茬明显要优于其他两茬，分别为 3.83mm 和 3.74mm，分别高于各自组其他两茬平均值约 15.6%和 15.3%。这说明在整个苜蓿生长期内，第二次刈割前的苜蓿，对土壤中肥料养分的利用率最高，产出也最高，这点从苜蓿的鲜草产量可以得到验证。A 组与 B 组的苜蓿鲜草产量都在第二茬时达到最大值分别为 25.3t/hm^2 和 22.8t/hm^2，且 A 组产量要高于 B 组约 2.5t/hm^2，但从三茬产量平均值来分析，A 组产量平均每平方米为 2.23kg 低于 B 组的平均值 2.25kg。这说明配方施肥对本地区苜蓿的增产效果并不明显。从营养价值角度来分析 AB 两组数据，可以比较明显地看出 A 组植物体内 P 含量要显著高于 B 组。主要是因为配方施肥中施入了相对较多的 P 肥，加之当地土壤中本来 P 元素含量就相对较高，所以 A 组植物体对 P 元素的吸收较为充足；同时，这也使得 A 组粗蛋白的含量要高于 B 组。从表中可以看出在苜蓿三茬刈割中，粗蛋白的含量呈逐渐下降趋势，与 P 含量的趋势一致，A 组粗蛋白含量最高占 19.8%，B 组最高为 19.72%。这说明在 N 肥低于平均水平的情况下，配方施肥中 P、K 肥对苜蓿品质的提升有促进作用。NDF 与 ADF 的含量决定了苜蓿对牲畜的适口程度，随着刈割次数的增加，NDF 的含量呈上升的趋势，其中第二茬之后 NDF 的含量上升幅度比较大，这主要是土壤中 K 肥含量减少，叶片面积减小，导致植物的茎重比例增加造成的。配方施肥处理的苜蓿其 NDF 和 ADF 含量总体上是低于对照组，说明配方施肥对改善苜蓿品质方面起到了很大的作用。

4. 多花黑麦草对氮磷钾的吸收

在四川资阳地区开展了氮磷钾组合肥效试验，测定不同肥料处理下多花黑麦草植物形态指标以及产量构成因素的各项指标，包括植株株高、群体密度、冠层上层叶绿素含量以及产草量等。不同施肥处理对产草量的影响详见表 8-17。试验结果表明，四川资阳紫色土上以产量和经济效益为目标的多花黑麦草的最佳施肥方案是氮肥 450kgN/hm^2，以刈割 4 次计算每次追施 112.5kgN/hm^2；磷肥的最佳施用量为每公顷 100kgP_2O_5，以底肥的方式施入一次性施入。由于紫色土富钾，所以不需要施用钾肥，过量施用钾肥反而造成草产量的降低。

表 8-17　多花黑麦草肥效试验设计

处理	氮素水平	磷素水平	钾素水平	产草量/（t/hm^2）
1	0	0	0	6.81
2	0	2	2	6.04
3	1	2	2	13.67
4	2	0	2	14.98
5	2	1	2	14.59
6	2	2	2	15.92
7	2	3	2	15.87
8	2	2	0	16.28
9	2	2	1	15.11
10	2	2	3	15.34
11	3	2	2	15.78
12	1	1	2	14.42
13	1	2	1	14.27
14	2	1	1	14.47

注：记为 N0（不施氮）、N1（每公顷 200kg 纯氮）、N2（每公顷 400kg 纯氮）、N3（每公顷 600kg 纯氮）；磷肥设 4 个水平，分别记为 P0（不施磷）、P1（每公顷 50kg P_2O_5）、P2（每公顷 100kg P_2O_5）、P3（每公顷 150kg P_2O_5）；钾肥设 4 个水平，分别记为 K0（不施钾）、K1（每公顷 50kg K_2O）、K2（每公顷 75kg K_2O）、K3（每公顷 150kg K_2O）；磷肥作为底肥播种前一次性施入。钾肥分为 2 等分，分别在播种前和第二次刈割（春季开始生长时）施入。氮肥分别于播种前和每次刈割后施入。下同

对不同处理下多花黑麦草再生植株养分吸收规律的研究发现，每 5 天测定不同处理多花黑麦草再生生长情况以及体内对应的氮磷钾含量，计算不同时期氮磷钾肥移出量，进而揭示不同生长阶段多花黑麦草对肥料的需求规律（表 8-18、表 8-19、表 8-20）。

表 8-18　多花黑麦草对氮素的吸收规律（单位：%）

氮处理	测定时期				
	3 月 11 日	3 月 16 日	3 月 21 日	3 月 26 日	小计
N0	2.73	2.85	2.17	2.20	2.48
N1	4.33	4.72	3.18	2.83	3.76
N2	5.20	4.86	4.47	3.96	4.62
N3	5.82	5.66	4.92	4.67	5.27
小计	4.70	4.60	3.90	3.52	4.18

表 8-19　多花黑麦草对磷素的吸收规律（单位：%）

磷处理	测定时期				
	3 月 11 日	3 月 16 日	3 月 21 日	3 月 26 日	小计
P0	0.70	0.69	0.55	0.58	0.63
P1	0.57	0.53	0.44	0.39	0.48
P2	0.64	0.59	0.49	0.48	0.55
P3	0.67	0.51	0.46	0.44	0.52
小计	0.63	0.59	0.49	0.47	0.55

表 8-20 多花黑麦草对钾素的吸收规律（单位：%）

钾处理	测定时期				
	3 月 11 日	3 月 16 日	3 月 21 日	3 月 26 日	小计
K0	3.04	3.06	2.62	3.03	2.94
K1	2.90	2.92	2.81	2.89	2.88
K2	3.15	3.05	2.79	2.79	2.95
K3	3.22	3.18	3.00	2.92	3.08
小计	3.09	3.03	2.79	2.85	2.94

结果显示：①随着氮肥施用量增加，多花黑麦草体内氮素含量显著增加，从 3 月 11 日至 26 日，保持相同的变化趋势。不同处理间差异显著，没有施肥（N0）处理氮素含量最低，每公顷施用 200kg 氮素处理（N1）由于施用量较低，前期氮素含量较高，后期氮素含量较低仅为 2.83%。②施用磷肥没有显著提高多花黑麦草体内磷素含量，多花黑麦对磷素前期吸收的比例明显高于后期吸收，磷肥适宜早施。③多花黑麦草对钾素的吸收与磷素不同，不同时期体内含量均保持在 3%左右，由于多花黑麦后期生长迅速，所以可推断钾素后期吸收较多，与对磷素的吸收相反。

（五）小结

在我国现有粮食安全政策的影响下，栽培草地大都种植在贫瘠的土壤上，多为轻度盐碱地和沙地。在这种大背景下，栽培草地要实现优质高产，同时减少管理措施对周边环境的影响，保护生态环境，促进可持续发展的目标，对水分管理技术提出了更高的要求；同时也是对水分管理中营养诊断和监测技术，灌溉定额与推荐施肥量的专家决策支持系统和施用技术提出的要求。遥感技术以及地理信息系统技术的不断发展，显著提高了对大尺度土壤和植物营养的动态以及空间异质性的诊断和监测能力，植物生理生态学、植物生长模型和专家系统方面的研究已提高了水分管理的决策支持能力，精准施肥技术和水分一体化技术显著提高了水肥的利用效率，所有这些都属于精准农业的范畴，这是农业的发展方向，也是栽培草地水肥管理的发展方向。

四、栽培草地设计与管理技术发展趋势

（一）区域化布局、规模化经营

目前，我国栽培草地种植格局已经步形成，北方地区以苜蓿、沙打旺、老芒麦、披碱草、无芒雀麦、燕麦、青贮玉米等牧草为主；南方地区以一年生黑麦草、柱花草、红三叶、白三叶、苏丹草等牧草为主。牧草产业应充分发挥资源优势和区位优势，优化布局，扩大规模，在牧区和半农半牧区，有条件地发展雨养和灌溉草地，建立饲草基地，促进草畜平衡，缓解天然草原的压力，转变生产方式，提高优良种畜生产力；对于农区的中低产田要大力引草入田，实现低产变高产。以生产优质商品和高蛋白饲草为重点，将饲草纳入粮经轮作体系，建立科学的农作制度。在提高农牧业生产的同时，培育耕地持续发展的能力，在南方高产农区，争取粮食高产的同时，要利用立体种植，提高复种

指数和冬闲田等资源的利用率，种植牧草和饲料作物（洪绂曾，2009）。

（二）标准化生产、科学化管理

栽培草地是集约化草地生产，是通过现代技术装备、现代科学技术和现代科学管理等措施来实施的，栽培草地从地块选择、地面处理、牧草品种选择、种子处理、播种技术、草地管理、牧草加工与利用整个流程，都要实行科学生产、规范管理。栽培草地经营重点在科学管理和新技术应用，为牧草正常生长、发育创造良好的环境条件，是获得高产、优质、可持续的保证。

参考文献

阿德力汗，叶斯汗. 1997. 新疆草原退化原因及治理对策. 中国农业资源与区划, (6): 8-10.

陈世荣，王世新，周艺. 2008. 基于遥感的中国草地生产力初步计算. 农业工程学报, 24(1): 208-212.

陈佐忠，江风. 2003. 草地退化的治理. 中国减灾, (3): 45-47.

杜自强，王建，沈宇丹. 2006. 山丹县草地地上生物量遥感估算模型. 遥感技术与应用, 21(4): 338- 343.

段舜山，张卫国，吕胜利，等. 1995. 甘南草地畜牧业中长期发展动力学模拟研究. 草业科学, (1): 43-48.

方精云. 1991. 我国森林植被带的生态气候学分析. 生态学报, 11(4): 377-387.

方精云. 1994. 东亚地区植被气候类型在温度、降水量坐标中的表达. 生态学报, (03): 290-294.

韩瑞宏，卢欣石，余建斌. 2005. 我国牧草引种及其适应性鉴定概况. 四川草原, (02): 19-21.

何峰，谢开云，万里强，等. 2014. 紫花苜蓿在维护我国食物安全中的作用. 中国农业科技导报, 16(6): 7-13.

洪绂曾，等. 1989. 中国多年生栽培草种区划. 北京：中国农业科技出版社.

洪绂曾. 2009. 饲草生产是国家食物安全与生态安全的重要保障. 草业科学, 26(7): 2.

侯明生. 2001. 农作物病害防治手册. 武汉：湖北科学技术出版社.

侯学煜. 1981. 中国植被地理分布的规律性. 西北植物研究, (01): 1-11.

胡新，许艳丽，李春杰. 2011. 利用作物多样性控制病害研究进展. 农业系统科学与综合研究, 27(1): 118-122.

黄宁. 2013. 苜蓿(*Medicago sativa*)匍柄霉叶斑病和镰刀菌根腐病抗性评价及标准对照品种的筛选. 北京林业大学硕士学位论文.

黄胜光，兆山，邱世明，等. 2012. 广西防城港首次截获苜蓿黄萎病菌. 植物保护, 38(1): 180-183.

惠文森，陈怀顺. 2003. 几种种子处理方法对牧草种子带菌及发芽的影响. 草业科学, 20(2): 14-15.

姜立鹏，覃志豪，谢雯，等. 2006. 基于 MODIS 数据的草地净初级生产力模型探讨. 中国草地学报, 28(6): 72-76.

孔德顺，杨正德，刘镜，等. 2008. 喀斯特地区奶牛泌乳中期营养需求模型研究. 贵州畜牧兽医, 32(1): 3-5.

雷桂林，孔敏庭，陈秀武. 2004. 畜群结构与效益的研究. 草业学报, 13(1): 105-108.

李斌，张金屯. 2003. 黄土高原地区植被与气候的关系. 生态学报, (01): 82-89.

李博，等. 1993. 中国北方草地畜牧业动态监测研究(一)——草地畜牧业动态监测系统设计与区域实验实践. 北京：中国农业科技出版社.

李刚，辛晓平，王道龙，等. 2007. 改进 CASA 模型在内蒙古草地生产力估算中的应用. 生态学杂志, 26(12): 2100-2106.

李贵才. 2004. 基于 MODIS 数据和光能利用率模型的中国陆地净初级生产力估算研究.中国科学院博士学位论文.

李建龙，任继周，胡自治，等. 1996. 新疆阜康县草畜平衡动态监测与调空研究. 草食家畜, 17(增刊): 32-43.

李凯，袁鹤. 2012. 植物病害生物防治概述. 山西农业科学, 40: 807-810.

李向林，何峰. 2013. 苜蓿营养与施肥. 北京：中国农业出版社.

李向林. 1985. 红豆草在甘肃的宜植区. 中国草原与牧草, (03): 65-67.

李自珍，杜国祯，惠苍，等. 2002. 甘南高寒草地牧场管理的最优控制模型及可持续利用对策研究. 兰州大学学报(自然科学版), 38 (4): 85-89.

林忠辉，莫兴国，项月琴. 2003. 作物生长模型研究综述. 作物学报, 29(5): 750-758.

刘昌明，陈志恺. 2001. 中国可持续发展水资源战略研究报告集(第 2 卷)：中国水资源现状评价和供需发展趋势分析. 北京：中国水利水电出版社.

卢德勋. 1997. 反刍动物营养检测. 内蒙古畜牧科学, (S1): 112-119.

卢苓苓，李青丰. 2009. 北方草原牧区草畜平衡分析及对策——以克什克腾旗中-韩生态示范村为例. 中国草地学报,

31: 98-101.
麦克哈格. 1992. 设计结合自然. 北京: 中国建筑工业出版社, 1-35.
毛留喜, 侯英雨, 钱拴, 等. 2008. 牧草产量的遥感估算与载畜能力研究. 农业工程学报, 24(8): 147-151.
孟姗姗. 2014. 四种带菌蔬菜种子的干热处理技术研究. 中国农业科学院硕士学位论文.
农业部畜牧业司和全国畜牧总站. 2013. 苜蓿草产品生产技术手册. 北京: 中国农业出版社.
朴世龙, 方精云, 郭庆华. 2001. 利用CASA模型估算我国植被净第一性生产力. 植物生态学报, 25(5): 603-608.
钱拴, 毛留喜, 侯英雨, 等. 2007. 青藏高原载畜能力及草畜平衡状况研究. 自然资源学报, 22(3): 389-397.
任继周, 胡自治, 牟新待, 等. 1980. 草原的综合顺序分类法及其草原发生学意义. 中国草地, 2(1): 12-24.
苏加楷, 张文淑. 2007. 牧草良种引种指导. 北京: 金盾出版社.
苏加楷. 2003. 苜蓿的适应性、分布和区划. 北京: 第二届中国苜蓿发展大会暨牧草种子、机械、产品展示会, 3
苏琴. 2011. 化学防治与生物防治的优缺点浅析. 内蒙古农业科技, (6): 84-85.
苏日娜, 王国钟. 2003. 牧草引种有农业气候相似论证. 内蒙古畜牧科学, (06): 31-33.
汪潇, 张增祥, 赵晓丽, 等. 2007. 遥感监测土壤水分研究综述. 土壤学报, 44(1): 157-163.
王激清, 马文奇, 江荣风, 等. 2007. 中国农田生态系统氮素平衡模型的建立及其应用. 农业工程学报, 23(8): 210-215.
王明玖, 马长升. 1994. 两种方法估算草地载畜量的研究. 中国草地, (5): 19-22.
魏玉蓉. 2004. 中国典型草原牧草生长发育和畜草平衡模型的研究. 中国农业大学硕士学位论文.
吴征镒. 1979. 论中国植物区系的分区问题. 云南植物研究, (01): 1-20.
徐斌, 杨秀春, 白可喻, 等. 2007. 中国苜蓿综合气候区划研究. 草地学报, (04): 316-321.
徐丹. 2004. 基于CASA修正模型的中国植被净初级生产力研究.北京师范大学硕士学位论文.
许志信, 赵萌莉, 韩国栋. 2000. 内蒙古的生态环境退化及其防治对策. 中国草地, (5): 59-63.
杨汝荣. 2002. 我国西部草地退化原因及可持续发展分析. 草业科学, 19(1): 27-28.
杨文义, 王英舜, 贺俊杰. 2001. 利用遥感信息建立草原冷季载畜量计算模型的研究. 中国农业气象, 22(1): 39-42.
杨正礼, 杨改河. 2000. 中国高寒草地生产能力与载畜量研究. 资源科学, 22(4): 72-77.
杨正宇, 周广胜, 杨奠安. 2003. 4个常用的气候-植被分类模型对中国植被分布模拟的比较研究. 植物生态学报, (05): 587-593.
杨正宇, 周广胜, 杨奠安. 2003. 4个常用的气候-植被分类模型对中国植被分布模拟的比较研究. 植物生态学报, (05): 587-593.
易鹏. 2004. 紫花苜蓿气候生态区划初步研究. 中国农业大学硕士学位论文.
岳东霞, 惠苍. 2004. 高寒草地生态经济系统价值流、畜群结构、最优控制管理及可持续发展. 西北植物学报, 24(3): 437-442.
臧敏, 卞新民, 王龙昌. 2007. 作物-地理生态适宜性评价指标体系研究. 安徽农业科学, 35(6): 1571-1573.
张福锁, 王激清, 张卫峰, 等. 2008. 中国主要粮食作物肥料利用率现状与提高途径. 土壤学报, 45(5): 915-924.
张慧, 沈渭寿, 王延松, 等. 2005. 黑河流域草地承载能力研究. 自然资源学报, 20(4): 514-520.
张维理, 田哲旭, 张宁, 等. 1995. 我国北方农用氮肥造成地下水硝酸盐污染的调查. 植物营养与肥料学报, 1(2): 80-87.
张新时. 1989a. 植被的PE(可能蒸散)指标与植被-气候分类(一)——几种主要方法与PEP程序介绍. 植物生态学与地植物学学报, (01): 1-9.
张新时. 1989b. 植被的PE(可能蒸散)指标与植被-气候分类(二)——几种主要方法与PEP程序介绍. 植物生态学与地植物学学报, (03): 197-207.
张新时. 1993. 研究全球变化的植被-气候分类系统. 第四纪研究，(02): 157-169, 193-196.
张自和. 2000. 无声的危机荒漠化与草原退化. 草业科学, (4): 10-12.
赵美琦. 1999. 草坪病害. 北京: 中国林业出版社.
赵英琨. 2009. 作物生态适宜性评价决策支持系统的设计与实现. 北京: 北京林业大学
周广胜, 王玉辉. 1999. 全球变化与气候植被-分类研究和展望. 科学通报, (24): 2587-2593.
周广胜, 张新时. 1996. 全球变化的中国气候-植被分类研究. 植物学报, (01): 8-17.
周寿荣. 1996. 草地生态学. 北京: 中国农业出版社, 31-84.
周咏梅, 王江山. 1996. 青海省草地资源卫星遥感监测方法. 应用气象学报, 7(4): 507-510.
周咏梅. 1997. 青海省草地资源评价模型. 中国农业气象, 18(1): 38-40.
朱兆良, 张福锁. 2010. 主要农田生态系统氮素行为与氮肥高效利用的基础研究. 北京: 科学出版社.
Arnold R N, Bennett G L. 1991. Evaluation of four simulation models of cattle growth and body composition. Ⅱ.Simulation and comparison with experimental growth data. Agricaltural Systems, 36: 17-41.
Bargo F, Muller L D, Kolver E S, et al. 2003. Production and digestion of supplemented dairy cows on pasture. J Dairy Sci,

86: 1-42.

Caird L, Holmes W. 1986. The prediction of voluntary intake of grazing dairy cows. J Agric Sci(Camb.), 107: 43-54.

Common T G, Wright I A, Grant S A. 1998. The effect of grazing by cattle on animal performance and Forages Science, floristic composition in Nardus-dominated swards. Grass & Forages Science, (3): 260-269.

Corcha M A, Nicol A M. 2000. Selection by sheep and goats for perennial ryegrass and white clover offered over a range of sward height contrasts. Grass and Forage Science. 55(1): 47-58.

Edelsten P R, Newton J E. 1975. A simulation model of intensive lamb production from grass. Grassland Research Institute, Technical Rep. No. 17. Hurley.

Edmeades D C, Cornforth I S, Wheeler D M. 1985. Getting maximum benefit from soil testing. New Zealand Fertiliser Journal, (67): 16-17.

Fox D G, Sniffen C J, O'Connor J D, et al. 1992. A net carbohydrate and protein system for evaluating cattle diets: III. Cattle requirements and diet adequacy. J Anim Sci, 70: 3578.

Freer M, Moore A D, Donnelly J R. 1997. GRAZPLAN: Decision support systems for Australian grazing enterprises. II. The animal biology model for feed intake, production and reproduction and the GrazFeed DSS. Agricultural Systems, 54: 77-126.

Gardener C J, McCaskill M R, Mclvor J G. 1993. Herbage and animal production from native pastures and pastures over sown with *Stylosanthes hamata*. Aust J Exp Agric, 33(5): 561-570.

Kertz A F, Reutzel L F, Thomson G M. 1991. Dry matter intake from parturition to midlactation. J Dairy Sci, 74: 2290.

King P M, 刘华荣. 1987. 在南澳大利亚库勒柏, 作物与牧草轮作对土壤病害、土壤氮素及谷物产量的影响. 贵州畜牧兽医, (03): 50-53.

Klingebiel A A, Montgomery P H. 1961. Land Capability Classification. USDA Handbook.

Matsushita B, Tamura M. 2002. Integrating remotely sensed data with an eco system model to estimate net primary productivity in East Asia. Remote Sensing of Environment, 81: 58-66.

Milchunas D G, Laurenroth W K. 1993. Quantitative effects of grazing on vegetation and soils over a global range of environments. Ecological Monographs, 63(4): 327-366.

Mueller N D, Gerber J S, et al. 2012. Closing yield gaps through nutrient and water management. Nature, 490: 254-257.

National Research Council(NRC). 1989. Nutrient Requirements of Dairy Cattle. 6th rev. ed. Natl Acad Sci, Washington DC.

Nicol A M. 1987. Livestock feeding on pasture. New Zealand Society of Production.

Park W. 1989. An Introduction to Farm Management. Pamerston North: Massey University.

Reis P J, Schinckel P G. 1961. Nitrogen utilization and wool production by sheep. Aust J Agric Res, (12): 335-352.

Thornley J H M, Cannell M G R. 1997. Temperate grassland responses to climate change: An analysis using the Hurley pasture model. Annals of Botany, 80: 205-221.

Van Dyne G M, Aeady H F. 1965. Dietary chemical composition of cattle and sheep grating in common on a dry annual range. J Range Manage, (18): 78-86.

Vazquez O P, Smith T R. 2000. Factors affecting pasture intake and total dry matter intake in grazing dairy cows. J Dairy Sci, 83: 2301-2309.

Wang L J, Guo H C, Wang J H, et al. 2005. The watershed environmental-economic system planning and optimizing based on the IMOP. Acta Geographica Sinica, 60(2): 219-228.

第三篇

实　践　篇

第九章　数字草业技术平台

第一节　草业科学数据共享中心

一、数据共享中心建设意义与背景

（一）数据共享中心建设意义

科学数据是指人类社会科技活动所产生的基本数据，以及按照不同需求而系统加工的数据产品和相关信息。科学数据是信息时代最基本、最活跃、影响面最宽的科技资源，具有明显的潜在价值和可开发价值，并在应用过程中得以增值。科学数据共享问题是随着信息时代的到来而越发凸现的，只有实现不同部门、领域的科学数据共享，才能实现数据的效益最大化。正是由于科学数据的明显资源属性及其在日益激烈的国际竞争中的主动性，许多发达国家和国际科学组织都更加重视科学数据的采集、管理与共享服务工作。随着计算机技术、数据库技术和网络技术的发展，数据的管理工作走向智能化和网络化。数据管理由传统的存档保护功能向提供数据服务和数据产品分发转变，数据应用由单一目标向面向全社会多目标服务转变，数据服务转变为以社会需求为导向的主动服务方式。同时，在信息技术的驱动下，数据的传播与交流向标准化、数字化和网络化的方向转变，数据共享为时代发展的必然。

农业科学数据是从事农业科技活动所产生的基本数据，以及按照不同需求而系统加工整理的数据产品和相关信息，包括农业科学实验数据、农业科技基础数据和农业科技成果转化数据。农业科学数据是农业科技创新的重要基础资源，通过农业科学数据中心的建设可以为农业科技创新、政府管理决策、农村经济和社会发展提供农业科学数据信息资源的支撑和保障。

草地科学数据共享是国家农业基础数据共享、科技创新体系的重要组成部分，草地科学数据涉及范围广、种类多、语义多、共享难度大，草地科技创新需要搭建全球化的数据工作平台，因此对草地科学数据共享发展进行深入的研究具有重大的现实意义。

草地科学数据往往需要长期的野外和实验室观测来大量积累。然而这些散布在个体科学家实验室中的数据缺乏有效整合，在21世纪的今天，草地植被破坏和退化、水土流失、荒漠化及洪涝、沙尘暴无时无刻不在威胁着我国的生态环境，进而危及我国的生态安全保障体系。科学家不但要通过大尺度研究来理解众多全球性问题，而且要基于科学数据提出相应的对策。因此，如何有效地共享以及整合草地科学数据，是草地科学领域在信息时代面临的一个重要挑战。

草地科学数据共享的重要性主要体现在三个方面。第一，相关领域的基础科学研究需要数据共享。第二，制定切实可行的草原环境保护政策，需要科学证据及原始数据开展系统的分析研究，这在政策水平相对落后的发展中国家显得尤为重要。第三，科学研究的可重复性一直都是学术界关注的重要问题，而原始数据共享是检验研究结果可重复性最重要的前提，再加上野外研究很多时候难以实现真正的反复，以及目前很多原始数据并未共享，原始数据的共享显得更为重要。

（二）数据共享中心建设背景

草地数据是草地科学研究的基础，同时也正在成为草地科学研究的驱动力。越是重大的草地科学研究，越需要大量基础数据的支持，国内外重大的草地科学研究项目和计划都有赖于科学数据的采集、整理和分析。科学数据是知识创新的发动机和思想库，是信息和知识的源泉，是推动社会发展的重要条件之一。在经济全球化的背景下，一方面科技创新面临着更加激烈的竞争，另一方面也促进了全球科技创新的合作与交流。特别是对于一些重大科技难题的探索，出现了对科学数据共享的强烈需求。

国外的科学数据共享方面的研究起步于 20 世纪 40 年代，在 20 世纪 80 年代得到发展，在欧洲，英国、法国、德国等国家非常重视数据管理与共享，美国是科学数据共享的倡导者，1975 年美国开发了 177 个大型数据库，主要服务目标是政府决策和政府启动的重大科研项目。《欧洲数据库指令》、英国《布加勒斯特宣言》和《信息自由法》等，在科学数据的产权归属、共享管理和开发利用等方面均有明确的规定，以保障科学数据活动的有序开展。

国际科技数据委员会（CODATA）于 1966 年成立，是全球最大的科技数据国际学术组织，其宗旨是推动科技数据应用、发展数据科学、促进科学研究、造福人类社会。美国国家航空航天局（NASA）分布式最活跃数据档案中心群（DAACs）及日本产业技术综合研究所（AIST）科学数据公开数据库拥有 70 个主题数据库，全部数据库通过网络提供免费服务，服务于科研机构，也服务于一般工业企业。

草地科学数据共享是国家农业基础数据共享的重要组成部分，是农业科技创新的重要支撑，其使用效率低下、资源重复浪费是严重制约我国草地科技发展与进步的突出瓶颈之一。鉴于我国整体科技发展状况，自 2002 年起，科技部会同 16 部门开始了国家科技基础条件平台建设的试点工作，目标是搭建具有公益性、基础性、战略性的科技基础条件平台。试点工作的核心是建立共享机制，坚持以人为本，通过改革带动资源系统的整合，充分运用现代信息技术并利用国际资源，从而有效改善科技创新环境，增强科技发展能力。科学数据共享被作为一项战略选择纳入国家科技基础条件平台建设，重点实施了科学数据共享工程。

2004 年，国家科技部、发改委、教育部、财政部联合制定了《2004-2010 年国家科技基础条件平台建设纲要》，主要任务是：构建和完善物质与信息保障系统，建立以共享为核心的制度体系，培育专业化技术人才队伍和机构。《纲要》的发布表明我国科技发展从分散研究向集成研究转变，国家科技体系从个别运作转向集体运作，政府的职能从单纯抓科技项目转向抓宏观机制，创造良好的科研环境转变。

二、数据共享中心开发环境

网站开发环境：Microsoft Visual Studio 2008 集成开发环境 。

网站开发语言 ：Asp.net + C# + HTLM 语言。

网站后台数据库：SQL Server 2005 。

开发环境运行平台：Windows 。

Active Server Pages（动态服务器主页，简称 ASP），内含 Internet Information。

Server（IIS）当中，提供一个服务器端（server-side）的 scripting 环境，让用户产生和执行动态、交互式、高效率的站点服务器的应用程序。

用户不必担心浏览器是否能执行其设计出来的 Active Server Pages，用户的站点服务器会自动将 Active Server Pages 的程序码解释为标准 HTML 格式的主页内容，在送到用户端的浏览器上显示出来。用户端只要使用常规可执行 HTML 码的浏览器，即可浏览 Active Server Pages 所设计的主页内容。

C sharp（又被简称为 C#）是微软公司在 2000 年 6 月发布的一种新的编程语言，并定于在微软职业开发者论坛（PDC）上登台亮相。C#是微软公司研究员 Anders Hejlsberg 的最新成果。C#看起来与 Java 有着惊人的相似：它包括了诸如单一继承、界面、与 Java 几乎同样的语法，和编译成中间代码再运行的过程。但是 C#与 Java 有着明显的不同：它借鉴了 Delphi 的一个特点，与组件对象模型（COM）是直接集成的，而且它是微软公司.NET windows 网络框架的主角。

HTML（hyper text markup language，超文本标记语言）是一种用来制作超文本文档的简单标记语言。与常见的字处理文件不同，Web 页以超文本标识语言编排格式。HTML 文件是带有特定 HTML 插入标记的用以编排文档属性和格式的标准文本文件。它能独立于各种操作系统平台（如 UNIX、Windows 等）。自 1990 年以来，HTML 就一直被用作 World Wide Web 上的信息表示语言，用于描述 Homepage 的格式设计和它与 WWW 上其他 Homepage 的联结信息。

SQL（structured query language，结构化查询语言）的主要功能就是同各种数据库建立联系，进行沟通。按照美国国家标准协会（ANSI）的规定，SQL 被作为关系型数据库管理系统的标准语言。SQL 语句可以用来执行各种各样的操作，如更新数据库中的数据、从数据库中提取数据等。绝大多数流行的关系型数据库管理系统都采用了 SQL 标准。虽然很多数据库都对 SQL 语句进行了再开发和扩展，但是包括 Select、Insert、Update、Delete、Create 以及 Drop 在内的标准 SQL 命令仍然可以被用来完成几乎所有的数据库操作。

三、数据共享中心实现功能

（一）数据管理中心总体设计

系统设计遵循的原则为：技术先进、操作简便、系统可靠性、实用性、易维护性。系统结构框架如图 9-1 所示。

系统采用当前代表信息系统开发方向的浏览器/服务器（B/S）模式，以 WEB 为基础，支持多种硬/软平台，统一的浏览器界面，采用许多动态技术如 JAVA、ACTIVE-X、ASP、CGI 等实现数据库操作等交互式的应用功能，为系统用户提供较好的服务，快速地应答用户的请求。其工作方式如图 9-2 所示。

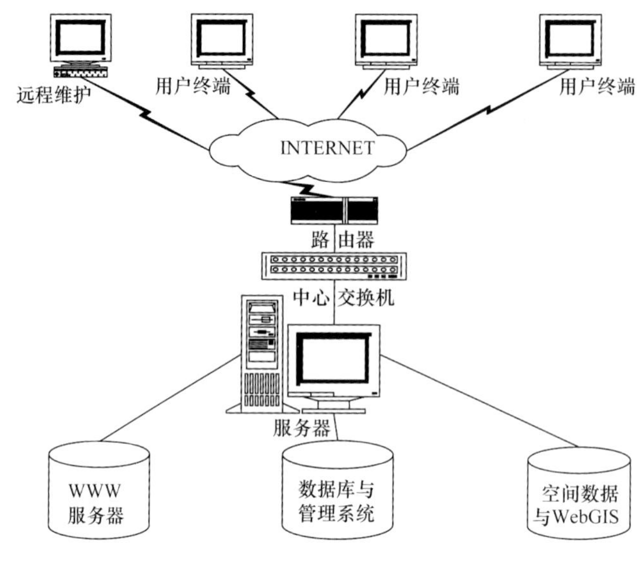

图 9-1　数据管理设计图

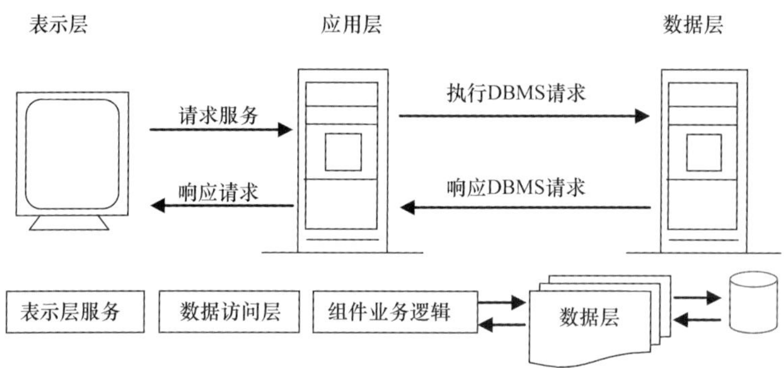

图 9-2　基于 OLTP 的三层客户/服务器模式

系统有下列优点。

1)客户端界面程序简单化。客户端运行是 HTML 浏览器解释执行软件如 Internet Explorer 或 Netscape Navigator 等，界面相对稳定一致。通过一个浏览器就可以访问多个应用服务器，使开发人员在前端减少了很多工作量，集中精力搞好数据库的开发工作。

2）客户端不需要安装除浏览器以外的其他软件。程序位于服务器一端，浏览器根据用户请求直接将结果下载到客户端，减轻了客户端的维护工作，软件的更新也不涉及用户，具有很好的扩展性和可塑性。

3）加快了程序信息的更新与发布。所有复杂的数据计算和数据处理都在服务器端的应用模块上完成，在客户端和服务器之间传递数据只有计算条件和计算结果，降低了网络通讯量，加快了网络通信速度。

4）系统具有可移植性。当服务器端程序改变时，客户端只做少量的修改就可以，不影响系统的整体结构，解决了 C/S 应用中存在的客户端跨多平台的问题，适用于网上信息的发布。

（二）数据库建设

我国草业研究起步晚，信息化程度低，科研和生产数据积累分散，目前存在的数据库和网络系统没有统一的规范和标准，不利于数据整合与共享。课题在农业科学数据共享工程的各项规范之下，抽象和归纳草业和草地科学数据在数据采集、资料保存、信息处理和使用、数据库质量管理等各方面的特征，制定能够满足农业数据共享需求的草业信息化标准和规范，为中国现代草业数字化管理研究奠定标准和规范基础。

草地科学数据平台研究分析了多个现存数据库的内容与结构，考虑到草业科学和产业发展的进展与需求，设计了草地与草业数据库全部数据集的数据库结构（图 9-3），完成了《草地与草业数据库结构标准规范》，并制定草地与草业科学分中心运行管理规范、草地与草业科学分中心数据采集标准、草地与草业科学分中心数据汇交规范、草地与草业科学分中心数据分类规范，研究并制定了草地与草业科学领域科学数据共享管理办法。

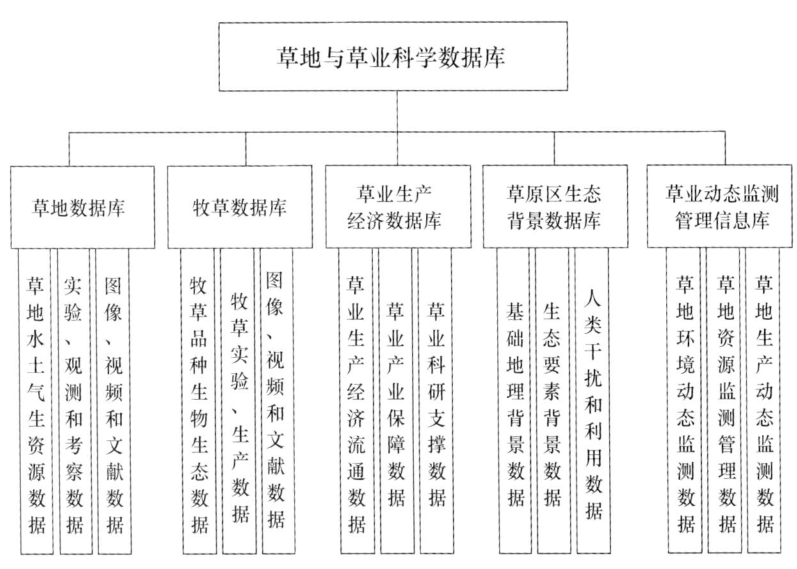

图 9-3　草地与草业数据库基本框架

草地数据库：更新了草地资源图像数据库、草地资源视频数据库、20 世纪 90 年代草地调查数据库、草地气象观测数据库、草地土壤观测数据库、草地植被观测数据库等 6 个原有数据库；新增了草地资源分布数据库、草地植物分类数据库、草地动物分类数据库、60 年代草地调查数据库、70 年代草地调查数据库、80 年代草地调查数据库、2000 年草地调查数据库、草地动物观测数据库、草地植物图像视频数据库、草地动物图像视频数据库 10 个数据库，目前已完成数据库结构建设和部分数据入库，新增数据量 500 万个数据。

牧草数据库：更新了牧草适宜性数据库、牧草引种试验数据库、牧草营养价值数据库、牧草图像数据库、牧草病虫害图像数据库、牧草文献题录数据库、牧草文献全文数据库、牧草模型数据库8个数据库；新增了牧草审定品种数据库、引进牧草品种数据库、牧草物候数据库、牧草病虫害防治药物数据库、牧草化肥信息数据库5个数据库。目前已完成数据库结构建设和部分数据入库，新增数据量120万个。

草业生产经济数据库：更新完善了世界草业经济数据库、中国省级草业经济数据库、中国县级草业经济数据库3个数据库；新增了草坪草品种信息数据库、草坪病害数据库、草坪虫害数据库、牧草产品进出口数据库、草业机械信息数据库、草业科研与人才信息数据库、草业政策法规和标准数据库、草业文献题录8个数据库。目前已完成数据库结构建设和部分数据入库，新增数据量120万个。

草原区生态背景数据库：完成了气象数据库（6要素逐旬、月、年）、居民点与交通数据库、水系数据库、土壤养分数据库、草地类型数据库5个数据库建设结构建设。相关空间数据正在进行数字化和标准化处理。

草业动态监测管理信息库：该主体数据库全部内容是今年新增。目前完成了草原区遥感影像数据库、草原区沙尘暴数据库、天然草地产草量监测信息库、天然草地生产力监测信息库、天然草地长势监测信息库数据库结构建设，数据库内容正在整理和标准化处理。

（三）功能设计

草地科学数据共享平台（图9-4）是一个综合的数据服务平台，它能够将不同领域的知识统一在一个系统框架下，建立针对草地科学研究的综合观测网络，这个网络可以通过可视化和空间化开展各类数据共享和服务，对于研究者而言，相当于有一个全景的研究区域的综合信息。平台由以下几个子系统组成。

网络用户界面子系统：采用Web方式建立网络交互的查询和浏览界面。

数据采集子系统：对草地科学数据的多源数据进行采集入库操作平台，原则是建立以空间坐标信息为基础的数据管理。

数据分析子系统：能够完成草地科学数据的统计分析工作。

可视化子系统：采用GIS技术建立数据的空间信息窗口，便于数据的空间化处理和显示。

数据挖掘子系统：在多学科建模的基础上，应用多种数据挖掘工具进行基于空间数据基础的数据挖掘工作，找出多源数据中可能存在的相互联系。

数据库子系统：是科学数据共享平台的核心，能够满足对各种来源复杂单位多样的空间数据、土壤数据、气象数据、草地生态数据、草地经济数据、动物生理生态数据、植物生理数据、微生物数据等科学数据的统一管理。

系统管理子系统：完成对系统的管理与维护工作。

数据查询子系统：用来进行与用户交互的主要窗口，完成一般用户对非特殊数据需求的简单查询。

图 9-4　草地科学数据共享平台

第二节　草地监测管理平台

一、草畜生产监测管理平台开发意义

（一）草畜生产监测管理平台开发背景

我国是一个草原大国，拥有各类天然草原近 4 亿 hm^2，面积居世界第二位，占国土面积的 41.7%。草原发展有利于夯实畜牧业基础，有利于增强草原地区经济社会发展能力，有利于促进农牧民增收，有利于构建和谐文明的社会主义新牧区。草原不仅是畜牧业发展的物质基础，也是维护国家生态安全和食物安全的重要保障，是草原地区农牧民赖以生存的家园，是少数民族文化传承和发展的基本载体，同时也是重要的生物资源库。

当前，我国草原退化、沙化严重，病虫鼠害持续发生，人为破坏和不合理利用现象明显增多，草原生产力不断下降，草原生态从整体上呈不断恶化的趋势，导致沙尘暴频发、水土流失加剧，草原地区农牧民的生存、生活环境也不断恶化，对国家生态安全和农业生产安全造成严重影响。因此，通过加强草原保护建设，实现草原资源合理利用，尽快恢复草原植被，使草原生态环境逐步好转，使草地畜牧业生产体系得到恢复和发展颇为重要。

但是近些年来，草原资源的不断破坏、草原生态的持续恶化，从根本上说是由草原上所承载的人口不断增加、人们对草原经济效益的索取不断增加造成的。由于草地畜牧业是草原地区的主要产业和农牧民收入的主要来源，在人口增加的同时又要保证人均收入不断增长，势必要不断增加草原家畜的数量、加大对草原野生植物资源的采挖力度，这将严重制约和影响草原保护建设。

正确处理好草地畜牧业经济发展与草原保护的关系是实现草原可持续发展的关键。按照草畜平衡的总体要求，通过加强草原建设、改良家畜品种、实施休牧轮牧制度、发展舍饲圈养、转变草地畜牧业生产方式等措施，发挥草原生产潜力，不断提高草地畜牧业生产水平和草业经济发展水平显得尤为重要。在畜牧业生产方式和草原管理方式上，应积极响应国家政策，一是实行“种草养畜”模式，对农牧民进行牧草栽培技术和舍饲养畜的技术培训，广泛种植优质牧草，提高饲草产量和质量，改变家畜的饲养方式，既减轻了天然草地的载畜压力，又缩短了家畜的生长周期，提高了生产性能和肉的品质。二是建立“优化放牧系统”模式，草地生产力不仅直接反映草地在自然环境条件下的生产能力，是评价草地生态系统健康与否一个重要因子，也是确定草地载畜量的重要参数。因此进行草畜生产监测管理系统研究，对维持草地生态系统的平衡，维护人类良好的生存环境，实现对草地资源进行科学管理和可持续利用，有效地发挥草地资源的经济效益，具有重要的现实意义和深远的历史意义。

（二）草畜生产监测管理平台开发目的

管理平台开发研制主要为了建立“草畜优化放牧系统”模式，进行草畜生产监测管理系统研究，提升畜牧业生产、管理科技水平，直接降低草畜生产管理成本，增加牧民畜牧业经营收入，促进牧区经济、社会和环境的稳定和谐发展。

（三）草畜生产监测管理平台开发目标

1）提升系统对输入参数计算的兼容能力，使之能够适应更多种遥感数据的输入计算。

2）将原有系统的监测周期由旬缩短至周（部分监测指标周期缩短至日），实现全国范围内的草原植被生产力、产草量、旱情、长势的高时效、高精度监测。

3）通过监测牧草生长，确定逐月或逐旬的牧草供应量，根据家畜类别、数量和生产目标确定饲草需求量，建立动态的草畜供求平衡预算，确定适当的载畜量，掌握草地的承载能力，及时对草畜做出合理的调配，为促进畜牧业健康发展和生态环境保护提供依据。

4）实现牧场、区域尺度的草畜生产模拟和科学管理决策。指导牧民按照草畜平衡的原则合理安排载畜量，充分利用草地资源以及农作物秸秆资源，调整畜种结构，改良品种，发展健康、安全和生态畜牧业。

5）提升系统输入参数的智能化处理能力，使得系统的使用更为简洁、方便，易于操作。

二、草畜生产监测管理平台开发环境

（一）平台系统运行环境

1. 硬件环境

草畜生产监测管理平台硬件环境见表 9-1。

表 9-1 草畜生产监测管理平台硬件环境

类别	硬件
CPU	Inter P4 2.8G
内存	RAM 2G 以上
硬盘	可用空间 100G 以上
网卡	100M/1G
显示器	模式设定为 1024×768 的分辨率、32 位真彩色，64M

2. 软件环境

草畜生产监测管理平台软件环境见表 9-2。

表 9-2 草畜生产监测管理平台软件环境

类别	软件
操作系统	Windows XP 、Windows 2003、Office 2003
WEB 服务器	IIS 6.0
数据库软件	Microsoft Access XP
GIS 软件	采用 ArcGIS Engine 9.3、.NetFrameWork2.0 开发，便于产品的分发及部署

（二）系统开发环境

本系统在 Windows XP 上，基于 ESRI 公司的 ArcGIS 平台利用作为开发工具，进行二次开发，数据库选用 ArcGIS 空间数据库管理工具+Microsoft Access XP 数据库。

三、草畜生产监测管理平台实现功能

为了实现草原状况监测和畜牧业生产的科学管理，有效地集成多源遥感数据、地面观测数据和空间背景数据，使之能够高效科学地应用在草畜生产监测管理系统（图 9-5）中，并满足草畜生产管理自动化、业务化运行的需要，在设计科学、功能完善、使用简便的基础上进行本系统的研发，系统的主要功能包括草地状况监测和草地畜牧业生产管理。

（一）草地状况监测

该部分主要包括草地生产力监测、草地产草量监测、草地长势监测、草地旱情监测 4 部分监测计算功能，以及数据空间分析和制图设计两个数据处理分析模块。实现了以下技术指标监测。

1）监测范围：可按照全国、省、市、县 4 级尺度进行监测。

2）监测功能：生产力、产草量、旱情、长势。

图 9-5　草畜生产监测管理系统

3）监测最小周期：月。

4）输入数据：固定格式遥感数据、气象数据及部分统计数据。

5）输出数据：可生成固定格式空间数据、统计数据。

6）系统计算依靠单一模型完成。

7）数据属性管理可实现对输入数据的简单处理。

8）可实现子系统分发（过程复杂）。

9）查询分析可实现对监测统计数据结果的详细分析。

通过以上现存系统主要技术指标可以看出，该监测系统的优点包括在输入参数类型上灵活、多样，在计算方法上可选择性强，在计算应用上简洁、方便。

1. 草地生产力监测模块功能

草地生产力监测模块主要功能为计算给定范围内的草地 NPP 空间数据，并具有一定的查询分析、图像输出功能，为草地决策管理部门提供科学决策依据。此模块可以基于 NOAA、MODIS 数据对生产力、产草量、长势和旱情进行检测。

（1）监测功能

选择生产力监测模块，选择生产力计算模型，确定要计算的区域，其中研究区域分为全国、省、市、县、乡 5 个尺度，也可以根据热区、经纬度坐标、不规则矩形等形式来选择研究区域（图 9-6）。

图 9-6　草地生产力监测（1）

（2）计算功能

系统提供了两种生产力计算模型：CASA 模型和综合自然植被模型。以 CASA 模型为例，模型首先计算要求时间内的土壤水分数据，输入计算所在年份 7 月、8 月的月 NDVI 最大值数据（默认 7 月、8 月份为研究区域内植被生产力积累最大时期），然后输入监测月份的 NDVI 最大值数据，并确定输出 NPP 空间数据的分辨率（图 9-7）。

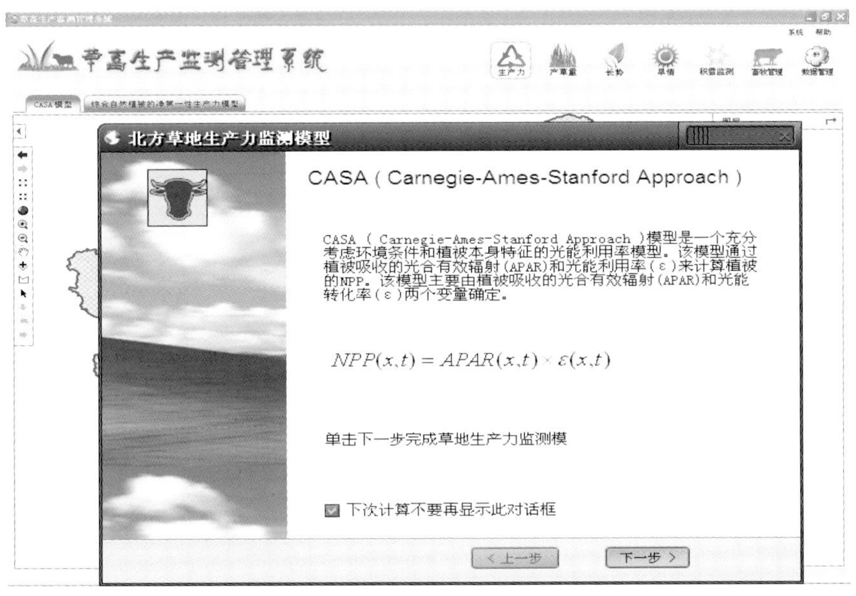

图 9-7　草地生产力监测（2）

模型可根据 TOMS 反射率数据或太阳总辐射数据计算 PAR、光合有效辐射量（IPAR）和 FPAR 参数，并结合输入最大光能转化率数据，最终完成 NPP 计算。

该模块输入参数：月气温、降雨量、NDVI 指数、TOMS 反射率等。

输出结果：瞬时 PAR，逐日 PAR、FPAR、IPAR，NPP。

该模块在计算过程中，任何参数都是可输入的，任何常量都是可在后台修改的，这样加强了输入参数的智能化处理能力和兼容能力，使得系统的使用更为简洁、方便，易于操作，能够适应更多种遥感数据的输入、更为灵活的模型计算和结果输出的多形性。例如：

我们可随意指定监测周期，如天、月、年等；

我们可输入 WGS84、北京 1954、西安 80 多种坐标系的 NVDI 数据，系统自动识别出其坐标系类型，并自动转换为 Alberts（阿尔伯斯）投影。

我们可输入任意分辨率的 NVDI 数据，系统会自动识别出，进而选择与之适应的参数进行计算。

我们可以输入 image、grid、tif 多种数据。

每一种草地状态的计算都有很多模型，每种模型适应一定的环境。随着环境的变化、算法的更新，新的运算模型会被要求加入或对现有模型进行修改。

在本系统设计时考虑到了这种情况，在系统运行时，每一种模型都是以动态链接库（dynamic link library）的形式动态加载进来，这样不仅实现了计算模型的多样性，而且解决了日后对现有模型的扩充和修改。

2. 草地产草量监测模块功能

该模块主要功能是根据线性拟合模型计算给定范围内的产草量空间数据，并具备一定的查询分析和图像输出功能，为草业信息管理部门的决策科学依据。

（1）监测功能

选择产草量计算模块，确定要计算的区域，其中研究区域分为全国、省、市、县、乡 5 个尺度，也可以根据热区、经纬度坐标、不规则矩形等形式来选择研究区域（图 9-8）。

（2）计算功能

产草量计算模块需要输入实地调查数据，按需求填写对话框，首先选择年份，打开该年份的生物量调查表，打开监测时间段的 NDVI 数据，选择提取 NDVI 均值的方式，点击“取值”获取调查点对应的 NDVI，选择草地分类方法，确定对应的草地类型所应用的回归类型，并将其添加到调查表中。在此可通过绘制调查点盖度、鲜重、干重对应调查点区域 NDVI 的散点图，观察两者之间的关系，确定回归方式，完成草地产草量计算（图 9-9）。

该模块输入参数：NDVI 或 NPP、野外实测数据。

输出结果：产草量估算模型、模型估算精度、产草量空间数据。

主要利用遥感植被指数或生产力数据与草地产草量的相关关系，根据地面实测数据和遥感植被指数或生产力数据来建立相关模型，计算草地生物量。主要包括以下几方面功能。

图 9-8　草地产草量监测（1）

图 9-9　草地产草量监测（2）

1）基于常用遥感植被指数的生物量模型模拟

该模块输入数据的数据源（MODIS、TM、CBERS 等）和分辨率不限，基于 NDVI、MSAVI、SAVI、RVI 4 种遥感植被指数（表 9-3）以及 22 种统计拟合模型（表 9-4）来完成草地产草量的计算，用户可以任意选择植被指数和统计拟合模型。此外该模块还具有自动识别、转换输入遥感数据投影类型的功能。

表 9-3　植被指数公式

植被指数名称	计算公式
NDVI	$(\mathrm{NIR}-\mathrm{R})/(\mathrm{NIR}+\mathrm{R})$
MSAVI	$[2\mathrm{NIR}+1-\sqrt{(2\mathrm{NIR}+1)^2-8(\mathrm{NIR}-\mathrm{R})}]/2$
SAVI	$(\mathrm{NIR}-\mathrm{R})(1+L)/(\mathrm{NIR}+\mathrm{R}+L)$
RVI	NIR/R

注：NIR 代表红外波段；R 代表红色波段；L 代表土壤调节系数

表 9-4　统计拟合模型表

模型编号	模型	模型类别
1	$y=a+bx$	一元线形模型
2	$y=a+b\times\ln(x)$	对数模型
3	$y=b_0+b_1\times x+b_2\times x^2$	多项式模型
4	$y=b_0+b_1\times x+b_2\times x^2+b_3\times x^3$	多项式模型
5	$y=a+b\times\sqrt{x}$	幂函数模型
6	$y=a\times x^{b}$	幂函数模型
7	$y=a+bx\times x$	二次抛物线模型

续表

模型编号	模型	模型类别
8	$y=a+bx\times x\times x$	三次抛物线模型
9	$y=a\times e^{bx}$	指数模型
10	$y=a\times e^{bx^2}$	指数模型
11	$y=a\times b^{x^3}$	指数模型
12	$y=a\times b^{\sqrt{x}}$	指数模型
13	$y=a\times e^{b/x}$	指数模型
14	$L+K/(1+a\times e^{bx})$	Logistic 生长曲线模型，其中 K 为上渐近线与下渐近线的距离
15	$y=1/(a+bx)$	曲线模型
16	$y=1/a+b\times e^{-x}$	曲线模型
17	$y=1/(a+bx\times x)$	曲线模型
18	$y=1/(a+bx\times x\times x)$	曲线模型
19	$y=(a+bx)/x$	曲线模型
20	$y=x/(a+bx)$	曲线模型
21	$y=1/[a+b\times 1n(x)]$	曲线模型
22	$y=1/(a+b\times\sqrt{x})$	曲线模型

2）基于生产力计算结果的生物量模型模拟

该模块主要利用生产力计算结果和生物量的统计模型（表 9-4）来完成草地产草量的计算。

3）多种算法的生物量精度自动验证

该模块利用逐点输入地面实测数据（经度、纬度、实测生物量数据）或导入数据文件（txt、xls 格式）两种方式进行数据输入，自动给出相对平均偏差：$(\sum_{i=1}^{n}|d|/x_i)/n$、平均绝对误差：$\sqrt{(\sum_{i=1}^{n}|d|^2)/n}$（其中 d 为预测值与实测值之差、x 为实测值、n 为样本数量），以及模型的拟合度。

3. 草地长势监测模块功能

该模块主要利用遥感植被指数或生产力数据与牧草长势的相关关系，根据地面实测数据和遥感植被指数或生产力数据来建立相关模型，以往年或丰年 NDVI 平均值（或生产力、产草量等）为分级标准，计算牧草长势，并具备空间数据的统计分析和输出功能，为草业信息管理部门的决策提供科学依据。

长势监测向导根据不同的源数据，提供了三种方法供用户选择，分别是：NDVI、产草量、NPP 数据，用户可以任意选择其中的一种进行长势计算。选择监测时段数据和对比时段平均数据，在没有对比时段平均数据的情况下，可通过距平计算得到结果，点击长势监测图开始计算并输出结果（图 9-10）。

该模块输入参数：NDVI 或 NPP、野外实测数据。

输出结果：产草量估算模型、模型估算精度、产草量空间数据。

图 9-10　草地长势监测

该模块主要包括以下几方面功能：

1）基于常用遥感植被指数分析牧草长势

该模块输入数据的数据源（MODIS、TM、CBERS 等）和分辨率不限，基于 NDVI、MSAVI、SAVI、RVI 4 种遥感植被指数（表 9-3）以及 22 种统计拟合模型（表 9-4）来完成草地长势监测，用户可以任意选择植被指数和统计拟合模型，此外该模块还具有自动识别、转换输入遥感数据投影类型的功能。

2）基于生产力计算结果分析牧草长势

该模块基于生产力和牧草长势的正相关关系，主要利用统计拟合模型（表 9-4）来进行计算。

3）基于产草量计算结果分析牧草长势

该模块基于产草量和牧草长势的正相关关系，主要利用统计拟合模型来进行计算。

4）长势监测精度自动验证

该模块利用逐点输入地面实测数据（经度、纬度、实测长势数据）或导入数据文件（txt、xls 格式）两种方式进行数据输入，自动给出相对平均偏差：$(\sum_{i=1}^{n}|d|/x_i)/n$、平均绝对误差：$\sqrt{(\sum_{i=1}^{n}|d|^2)/n}$（其中 d 为预测值与实测值之差、x 为实测值、n 为样本数量），以及模型的拟合度。

4. 草地旱情监测模块功能

该模块主要基于距平植被指数法和气象监测法进行旱情监测，并具备空间数据的统计分析和输出功能，为草业信息管理部门的决策提供科学依据。

点击旱情监测下拉菜单中的旱情监测计算向导，设定计算范围后，弹出旱情监测对话框，该模块为用户提供了两种方法进行草地旱情的监测，用户可以任选一种进行计算（图 9-11）。

图 9-11　草地旱情监测

该模块输入参数：地表温度、NDVI、野外实测数据。

输出结果：草地旱情空间数据、旱情监测精度。

该模块主要包括以下功能。

1）基于温度植被干旱指数等 6 种方法的草地旱情模型模拟

该模块计算按照草地类型、行政区划等需求划分的草地旱情空间数据，并能够对旱情空间数据进行输出制图编辑。此外该模块不限输入数据源和分辨率，还具有自动识别、转换输入遥感数据投影类型的功能。

2）多算法旱情精度自动验证

该模块利用逐点输入地面实测数据（经度、纬度、实测土壤水分数据）或导入数据文件（txt、xls 格式）两种方式进行数据输入，自动给出相对平均偏差：$(\sum_{i=1}^{n}|d|/x_i)/n$、平均绝对误差：$\sqrt{(\sum_{i=1}^{n}|d|^2)/n}$（其中 d 为预测值与实测值之差、x 为实测值、n 为样本数量），以及模型的拟合度。

5. 数据空间分析

（1）栅格数据计算

草地状况监测模块主要实现栅格数据的计算功能，主要包括：栅格加、减、乘、除、最大值、最小值、平均值等常规功能，以及可按照经纬度进行计算的功能。

（2）区域统计计算

草地状况监测模块主要实现矢量数据和栅格数据的混合运算，包括按照矢量数据属性完成对栅格数据的最大值、最小值、平均值的统计，按照经纬度点数据自动提取相应位置栅格数据值（1个、4个、9个、16个、25个点平均值等），以及输出的制图编辑功能。

（3）域值分析

草地状况监测模块主要实现按照给定分级标准，对栅格数据值的分级统计和显示。

6. 制图设计

制图设计主要功能包括：图例编辑、指北针编辑、比例尺编辑、经纬线编辑、标题文本编辑等常用编辑模块。

（二）畜牧业生产管理

该部分系统模块分别包括以草定畜、以畜定草、草畜平衡、牧场规划以及牧户管理等。

1. 以草定畜

（1）选定区域

选定一个区域，来限制载畜量计算的空间范围。

（2）载畜量计算

该模块功能根据不同类型家畜日食量的不同，牧草的供应量确定在一定时期内，牧场可承载放牧家畜的头数，为用户提供草场理论载畜量，以求得草地牧草产量与家畜数量之间达到的相对平衡（图9-12）。

图9-12　草地载畜量计算

2. 以畜定草

（1）选定区域

选定一个区域，来限制载畜量计算的空间范围。

（2）需草量计算

该模块功能根据家庭牧场的家畜数量，针对不同类型家畜的牧草日食量和利用天数，确定总的需草量，合理利用草地，保持草地内草与畜的动态平衡（图 9-13）。

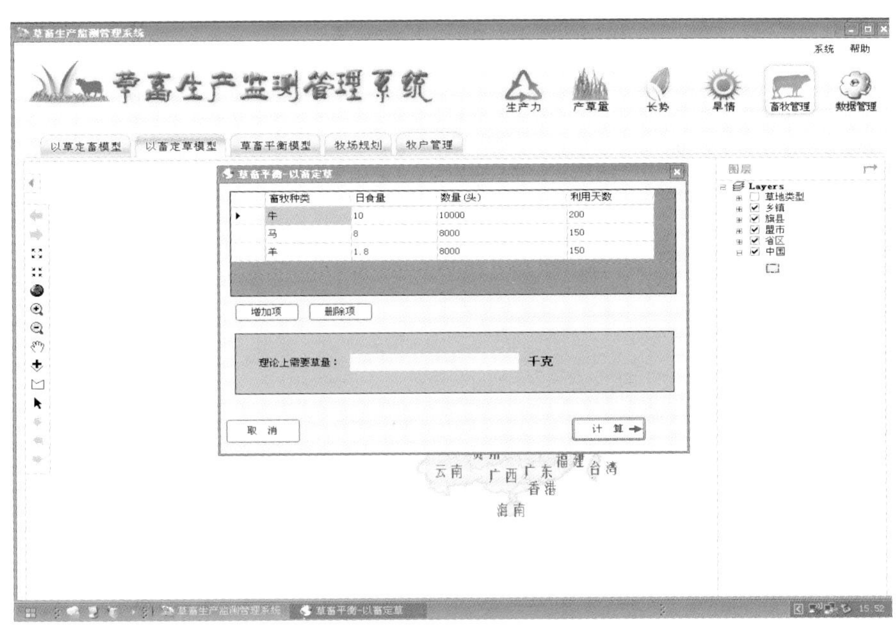

图 9-13 需草量计算

3. 草畜平衡

（1）选定区域

选定一个区域，来限制需草量计算的空间范围。

（2）草畜平衡计算

主要功能根据饲草供给量和家畜需求量分析得到不同尺度县市家畜超/欠载率，以此反映各县、市草畜平衡状况（图 9-14）。通过对草地可食牧草产量和载畜量的对比，可得出三种结论：①草地载畜量尚有潜力，能满足家畜需求，不需要补充饲料。②草畜之间达到动态平衡，放牧草地生态系统可持续利用。③草地载畜量超载，草地呈退化状态，不能满足家畜需求，需要补充饲料，为管理决策提供依据。

4. 牧场规划

该模块主要功能：一个牧场内可能有不止一个牧户，这个模型对牧场与牧户做了理论上的规划，通过牧场所具有的特性以及牧户所具有的特性，根据模型计算出牧场所消耗的资源以及牧户所花费的成本，能够帮助牧户更简便、更明确地管理牧场（图 8-8、图 8-9 和图 8-11）。

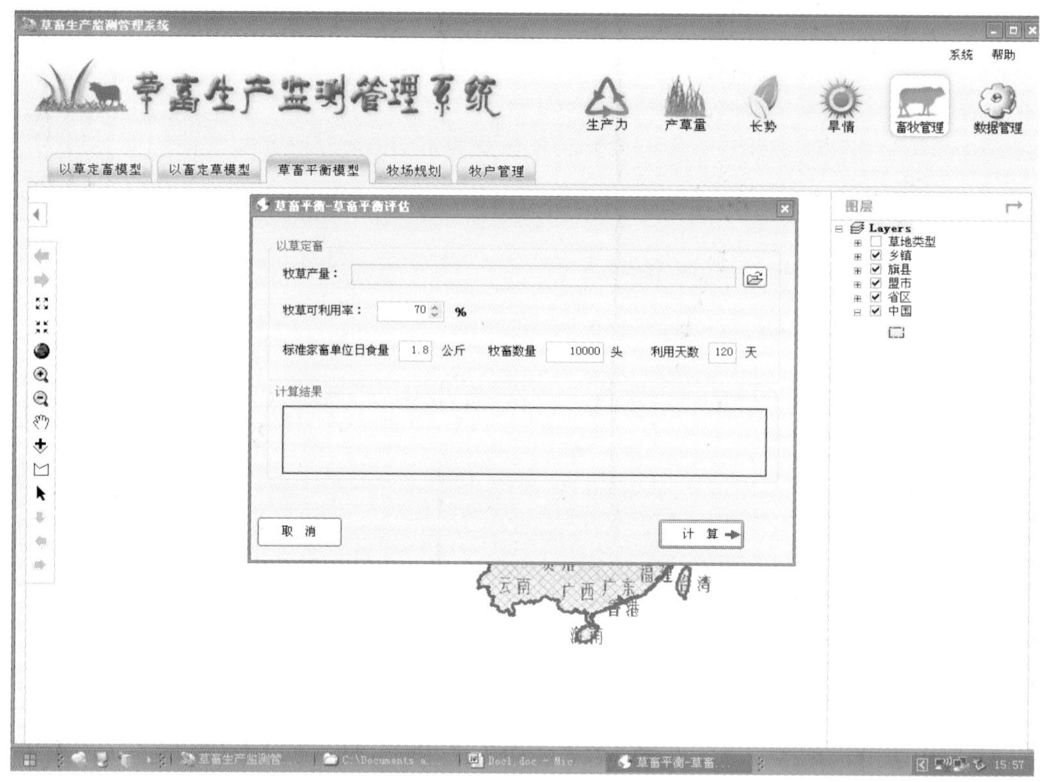

图 9-14　草畜平衡监测

5. 牧户管理

主要功能：家畜的饲养成长过程是一个由多种因素共同作用而形成的结果，根据不同的草场、不同的气候条件、不同的补饲策略，动态地计算不同类型家畜（种类、体况及妊娠、哺乳的情况各不相同）的各种生长因子（如能量等）（表 8-6）。对于畜牧研究者来说，可以根据不同的情况制定出较科学的补饲及放牧策略；对于牧户来说，从饲草料总摄入代谢能与家畜所需维持、妊娠、哺乳期等不同时期所需能量进行比较，分析不同月份家畜代谢能量需求的盈亏，从而分析当地草畜能量是否平衡，可以根据理论结果更好地掌握家畜生长的规律，提高经济效益（图 9-15）。

输出结果：家畜代谢能总需求量，维持代谢能，妊娠期需要能量、泌乳期代谢能；补饲日增重所需代谢能、毛生长需要代谢能、御寒需要代谢能、家畜净增重代谢能和甲烷排放代谢能。

（三）数据管理

系统中有些数据是为其他数据的生成或计算操作服务的，我们把这些数据称之基础数据。数据管理的功能主要实现这些基础数据的添加、修改、删除、插值、投影转换。

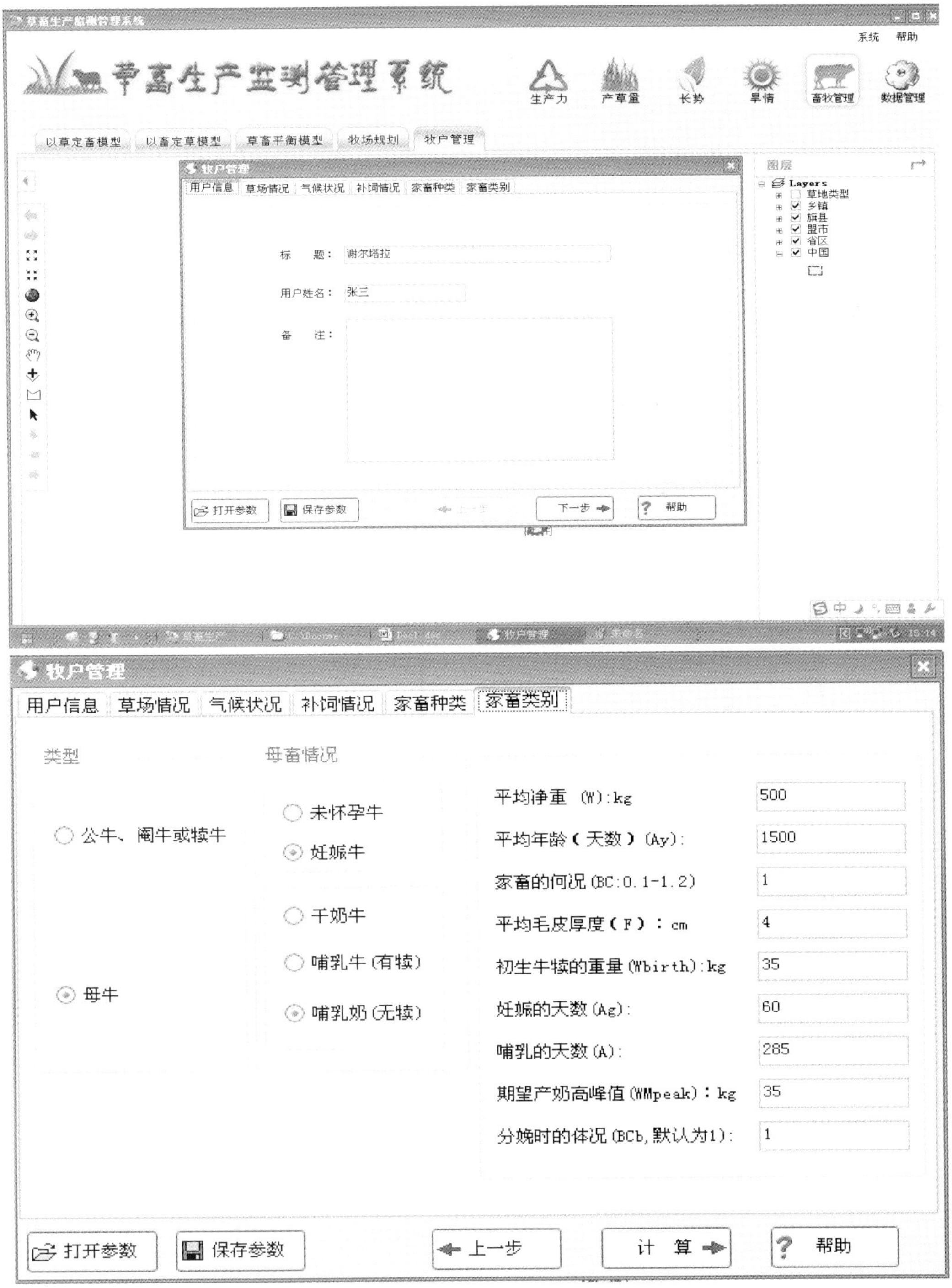

图 9-15　牧户管理监测

1. 基础气象数据的导入（包括插值）

在进行系统的各个功能计算时，会需要一些相同的数据，这些数据在同时间内是固定的，因此我们可以预先将这些数据生成出来，这样会降低系统计算所需的时间。它们包括：地理底图数据、气象栅格数据、TOMS 反射率数据、土壤水分子模型水分子初始值、土壤类型图、土壤含水量图、DEM 数据、NDVI 数据。

（1）地理底图数据

地理底图是区域位置判定，政区识别的基础，因此其是系统运行必不可缺的。由于行政区划在不断更新，用户对政区矢量数据精度的要求也在变化，这需要我们能够更换新的地理底图数据（省、市、县三级行政区域矢量数据）。

（2）气象栅格数据

数据范围：全国。

时间：新中国成立至今。

功能：由已知格式的文本数据插值成栅格数据（可指定其插值后栅格数据的投影、分辨率）（图 9-16）。

图 9-16　气象数据监测

（3）TOMS 反射率数据

数据范围：全国。

时间：新中国成立至今。

功能：由已知格式的文本数据插值成栅格数据（可指定其插值后栅格数据的投影、

分辨率）。

（4）土壤水分子模型水分子初始值

功能：导入或更换土壤水分子模型水分子初始值，数据格式为已知栅格格式。

（5）土壤类型图

功能：导入或更换土壤类型图，数据格式为已知栅格格式。

（6）土壤含水量图更新

功能：添加或更换土壤含水量图数据

（7）DEM 数据

此数据主要是用来计算坡度或坡向，因此也可直接导入或更换坡度、坡向数据。

数据范围：全国。

功能：更换或导入 DEM 栅格数据，数据格式为已知栅格格式。更换或导入坡度栅格数据，数据格式为已知栅格格式。更换或导入坡向栅格数据，数据格式为已知栅格格式。

（8）NDVI 数据

功能：导入或更换 NDVI 栅格数据，数据格式为已知栅格格式。导入或更换 NDVI 文本数据数据，插值为指定投影的栅格数据。

2. 辅助功能

在系统的某项计算完成后，用户往往会有以下几种需求。

对计算结果进行简单的其他运算，如与某种栅格数据比较（进行栅格直接的减法）等。

在导出产品时往往会需要添加诸如高精度影像之类的背景，或其他背景数据等。

（1）栅格计算器

栅格计算机是一种空间分析函数工具，可以输入地图代数表达式，使用运算符和函数来做数学计算，建立选择查询，或键入地图代数语法。可输入栅格数据、栅格图层、coverages、shapefiles、表格、常数、数值。

功能：栅格加减法；使用简单的公式进行栅格运算。

（2）距平数据源计算工具

功能：计算数据源的距平均值。

（3）AVHRR_NDVI 数据转换

功能：对不同格式的 NDVI 数据进行转换。

（4）添加具有经纬度字段的数据

将具有经纬度字段的文本数据以适量形式添加到地图中。

功能：导入经纬度文本数据（选择坐标字段）；选择投影类型。

（5）添加高精度背景影像

功能：添加栅格图层；调整栅格图层的显示与否；调整栅格图层的显示顺序。

3. 系统分发

此功能用来限制用户能够使用的模块和操作、计算范围。可按三种方式分发出子系统。如按模块、按行政区、模块和行政区综合分发。

（1）按模块分发

分发成用户只能使用部分模块的子系统。其中可分发的模块包括：

生产力计算

产草量计算

草地长势计算

草地旱情计算

畜牧管理

数据管理等

根据不同等级、不同需求的用户进行按模块分发（图 9-17）。如给某用户分发只有草地状况监测的子系统。

（2）按行政区域分发

分发成不同区域的子系统。此类子系统只能使用被允许的可视范围、计算范围、基础数据。超出指定范围的计算将会被禁止。

分发手段可分为按行政区、按图形、按坐标、按坐标文件等。

1）按行政区

可根据全国、省、市、县 4 个尺度进行区域选择。

图 9-17　模块分发

2）按图形

在跨行政区，或对行政区一部分内的草地生产力进行计算时我们可以地图上绘制出目标区域的图形来选定区域。绘制的类别有：三角形、矩形、圆形、多边形。

3）按坐标

如果对选择区域的精度要求很高，如对小区域计算，我们可以用输入坐标点的方式来选定区域。这种选定区域方式要求至少输入 3 个点。

4）按坐标文件

在用户对某个区域进行跟踪监测时，每次计算都要以按坐标的方式选中同一个区域，如果此区域较大或边较复杂，输入点的数量就会很多，造成时间的浪费。

根据用户所在的行政区不同分发为某地区的子系统。如给内蒙古用户分发内蒙古草畜监测管理系统。

（3）模块和行政区综合分发

按模块分发和按行政区分发的综合。如给河北省某用户分发河北省草地监测系统（只有草地监测功能）。

四、管理平台应用事例

（一）草地生产力监测

草地生产力监测模块主要功能为计算给定范围内的草地 NPP 空间数据，为草地决策管理部门提供科学决策依据。此模块可以基于 NOAA、MODIS 数据对生产力、产草量、长势和旱情进行检测。

例如，以向导的方式，根据 CASA 模型批量实现 NPP 的计算。

操作方法如下。

第一步：选择“生产力”菜单，选择 CASA 模型，单击功能弹出钮，弹出功能项选择对话框（图 9-18），选择“CASA 模型批量向导 NPP 计算”，单击“确定”。

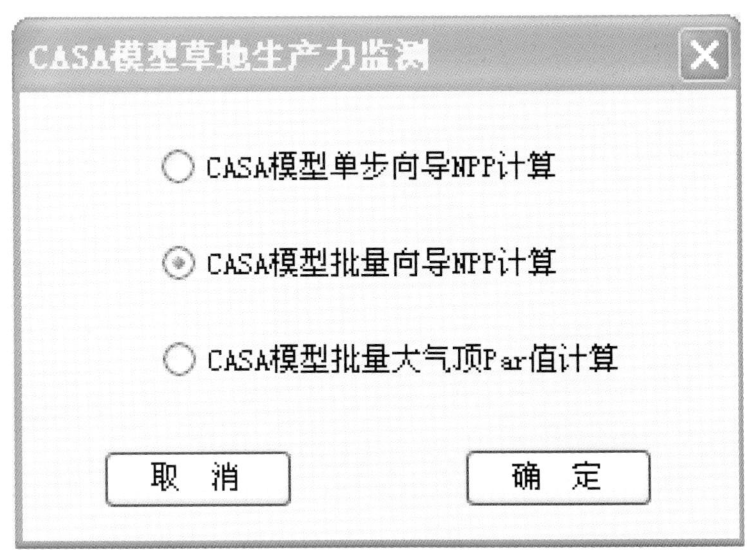

图 9-18　批量计算 NPP

第二步：设定 NPP 计算范围及计算时间（图 9-19），单击“下一步”。

图 9-19　批量计算 NPP 范围及时间设定

第三步：计算逐日地表 PAR 值（图 9-20），单击“下一步”。

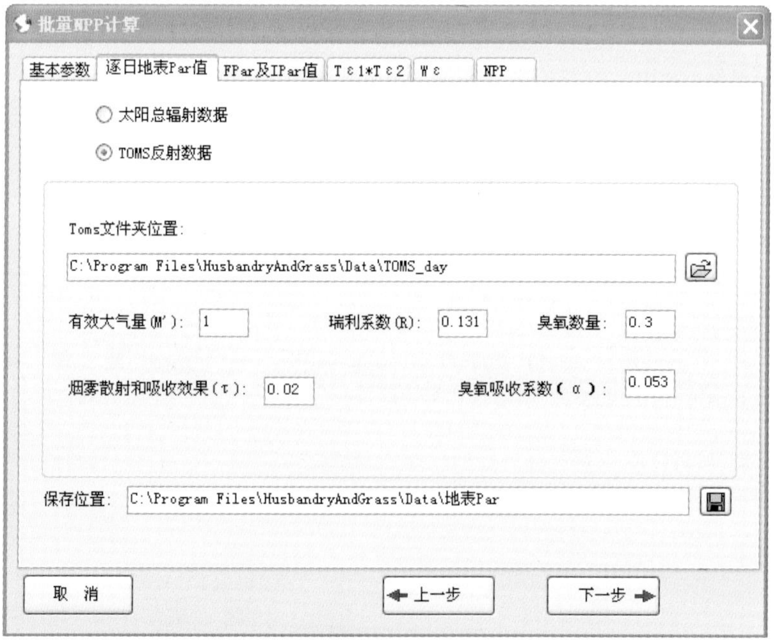

图 9-20　批量计算 NPP 逐日地表 PAR 值计算设定

第四步：计算逐日 FPAR 值及 IPAR 值（图 9-21），系统会根据批量计算的月数自动计算需要选择的 NDVI 数据，选择完成后，单击“下一步”。

图 9-21 批量计算 NPP FPAR 值计算设定

第五步：计算逐日 $T_{\varepsilon 1}$ 值及 $T_{\varepsilon 2}$ 值（图 9-22），系统会根据批量计算的月数自动计算需要选择 7 月份 NDVI 数据和 8 月份 NDVI 数据以及当月温度数据，选择完成后，单击“下一步”。

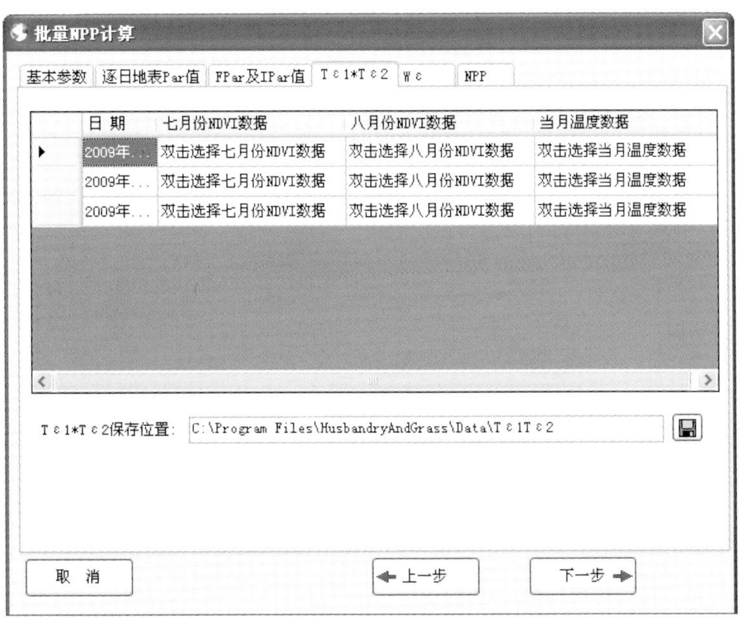

图 9-22 批量计算 NPP T_{ε} 值计算设定

第六步：计算土壤水分子模型 W_{ε} 值（图 9-23），单击“下一步”。

图 9-23　批量计算 NPP W_ε 值计算设定

第七步：计算 NPP 值（图 9-24），单击“计算”。

图 9-24　批量计算 NPP 值计算设定

（二）草地产草量监测

草地产草量监测功能主要利用遥感植被指数和实地采样点数据求出统计拟合模型，进而计算出草地产草量。

整个产草量计算过程共划分为 4 个步骤：选定区域、统计拟合、产草量计算、精度验证。例如，以单步向导产草量计算。

操作方法如下。

第一步：选择“产草量”菜单，选择产草量计算的生物量模型，单击功能弹出钮，弹出功能项选择对话框（图 9-25），选择“单步向导式产草量计算”，单击“确定”。

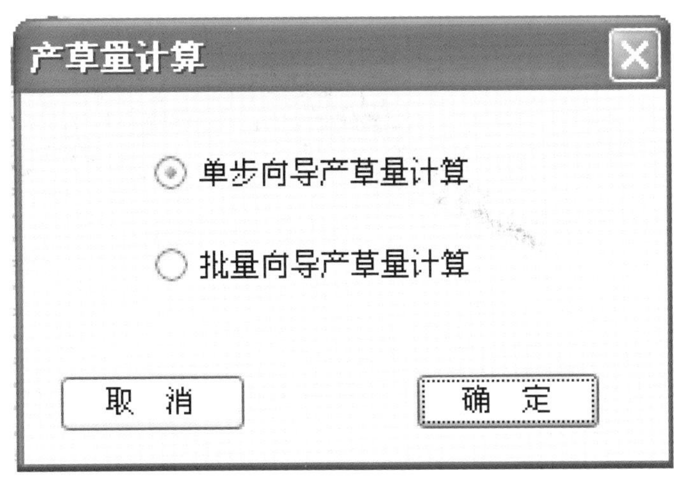

图 9-25　单步向导式产草量计算

第二步：设定产草量计算的基本参数值（图 9-26）。

首先设定是“根据 NDVI 数据计算产草量”还是“根据 NPP 数据计算产草量”，然后设定产草量计算和范围、计算时间以及相应的生物量数据。

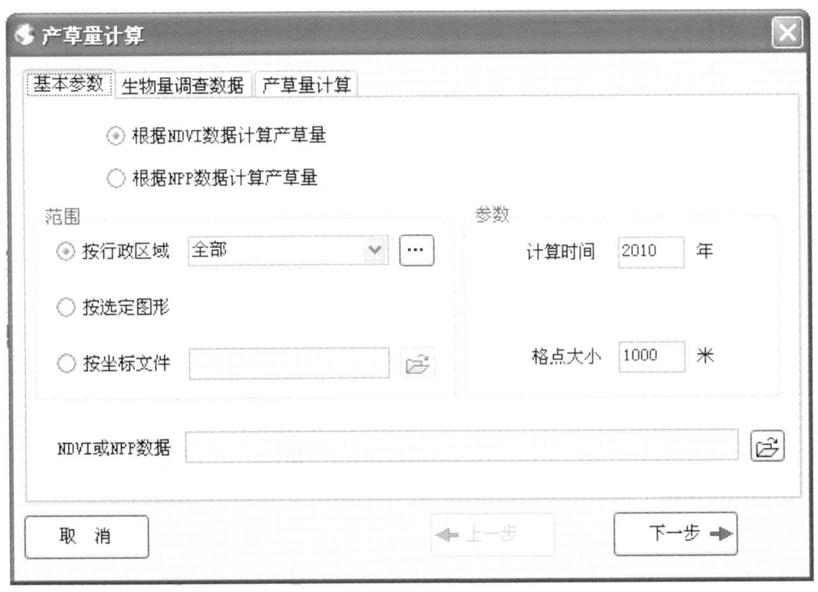

图 9-26　单步向导式产草量计算基本参数设定

第三步：设定实测样本数据（图 9-27），选择生物量调查表，选择所用的生物量，生物量调查数据保存在 Excel 数据表中，格式如表 9-5 所示，单击下一步。

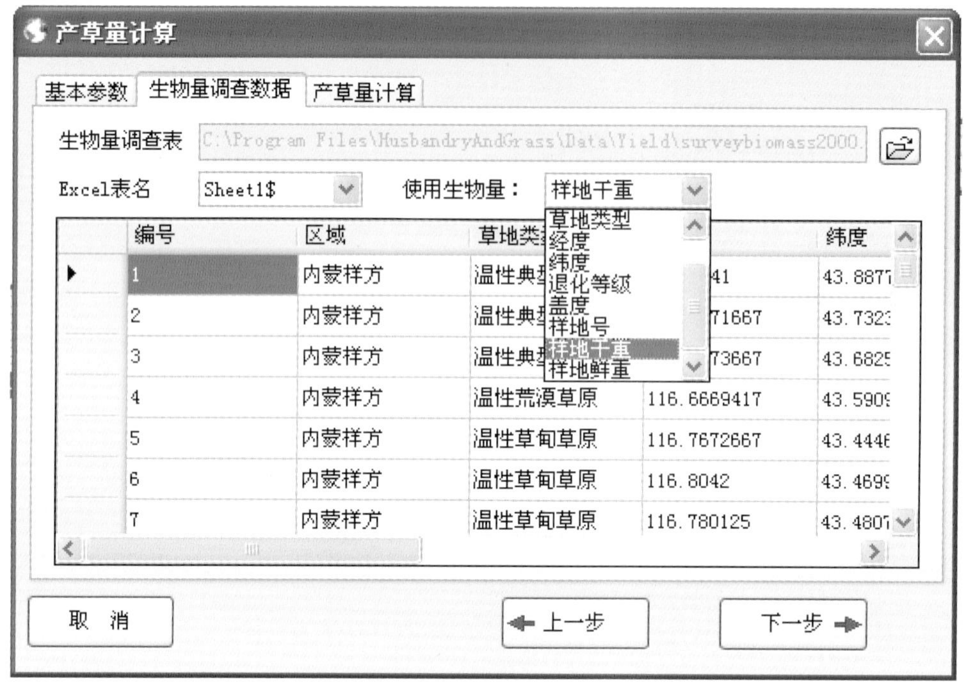

图 9-27　单步向导式产草量计算生物量调查数据设定

表 9-5　实测样本数据

编号	草地类型	经度	纬度	盖度	样地号	样地干重	样地鲜重
1	温性典型草原	116.604 1	43.887 775	40	NM1	371	1 410
2	温性典型草原	116.617 166 7	43.732 341 67	24	NM2	145	373
3	温性典型草原	116.637 366 7	43.682 541 67	32.5	NM3	340	878
4	温性荒漠草原	116.666 941 7	43.590 991 67	45	NM4	288	648
5	温性草甸草原	116.767 266 7	43.444 658 33	55	NM6	251	612

第四步：计算产草量值（图 9-28），选择拟合模型是直线回归、指数回归还是抛物线回归，首先要单击“统计拟合”，计算出拟合公式，然后才可以单击“计算”，计算出产草量，或者在计算前或计算后单击“精度验证”，计算拟合的“平均方差”和“平均绝对误差”以验证本次拟合的精确度。

（三）牧户管理

操作方法如下。

第一步：选择“畜牧管理”菜单，选择牧户管理，单击功能弹出钮，弹出对话框（图 9-29），输入牧户的基本信息，或者可以打开设定好的参数文件（图 9-30）。

第二步：模型输入草场情况对话框（图 9-31）。

产草量计算
基本参数 生物量调查数据 产草量计算
统计拟合
拟合模型： 直线回归 统计拟合
拟合结果： Y=A+B*X
平均偏差： 未验证
精度验证
平均绝对误差： 未验证
加入地图
保存位置: C:\Program Files\HusbandryAndGrass\Data\Yield
取 消 上一步 计 算

图 9-28　单步向导式产草量计算设定

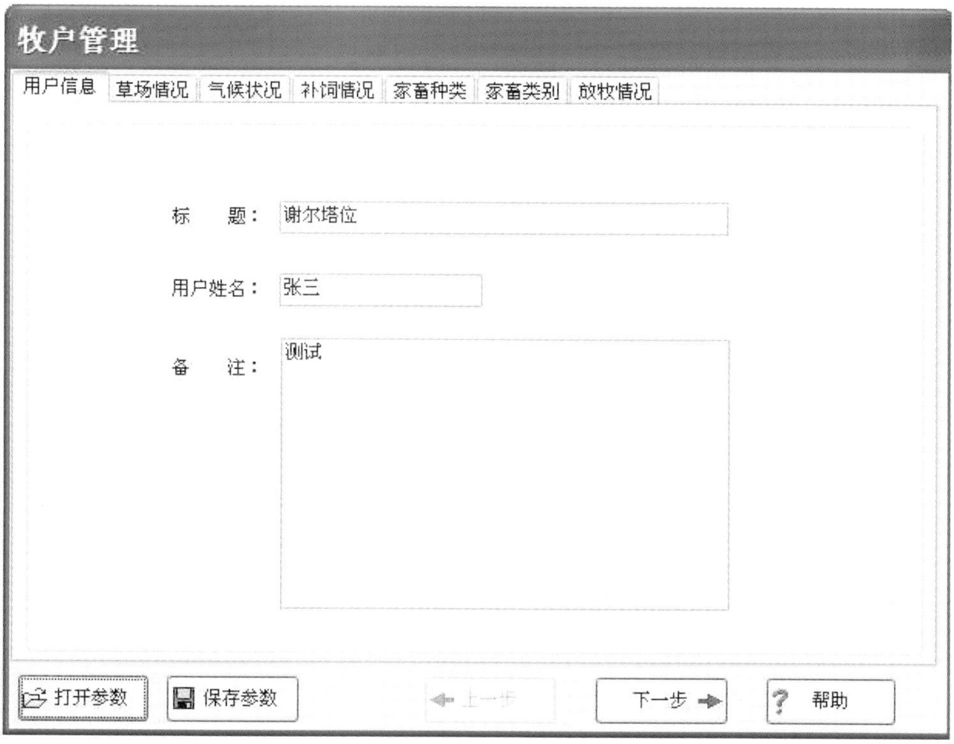

牧户管理
用户信息 草场情况 气候状况 补饲情况 家畜种类 家畜类别 放牧情况
标　题： 谢尔塔位
用户姓名： 张三
备　注： 测试
打开参数 保存参数 上一步 下一步 帮助

图 9-29　牧户管理牧户信息对话框

选择输入参数文件
查找范围(I):
Feeding
我最近的文档
桌面
我的文档
我的电脑
网上邻居
测试哺乳无犊牛
测试哺乳羊
测试哺乳有犊牛
测试干奶母羊
测试公牛
测试公羊
测试妊娠干奶牛
测试妊娠无犊母牛
测试妊娠羊
测试妊娠有犊母牛
测试未怀孕干奶牛
文件名(N):
文件类型(T):
参数文件 (*.xml)
打开(O)
取消
打开参数
保存参数
上一步
下一步
帮助

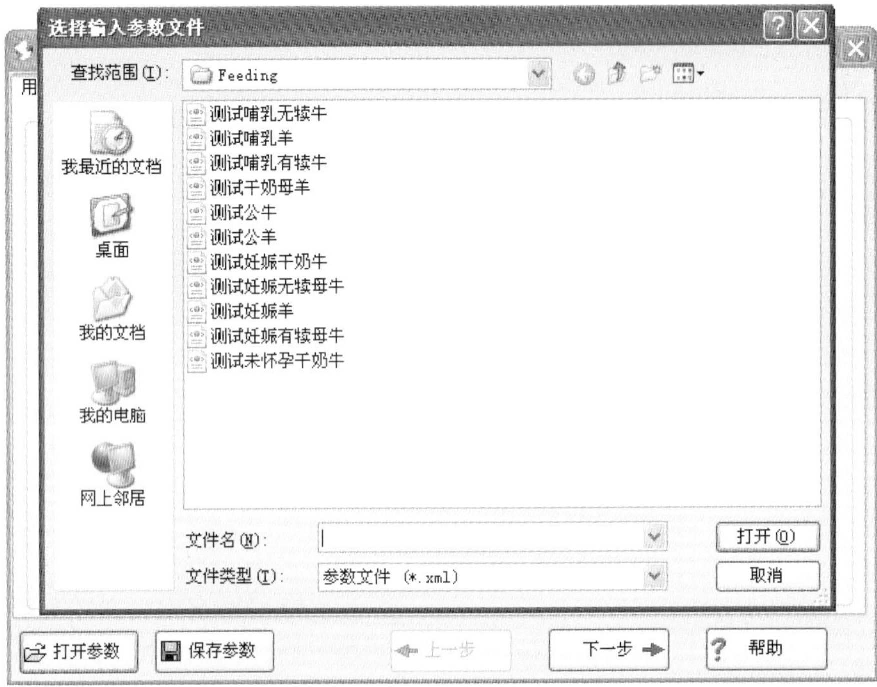

图 9-30　牧户管理参数文件选择

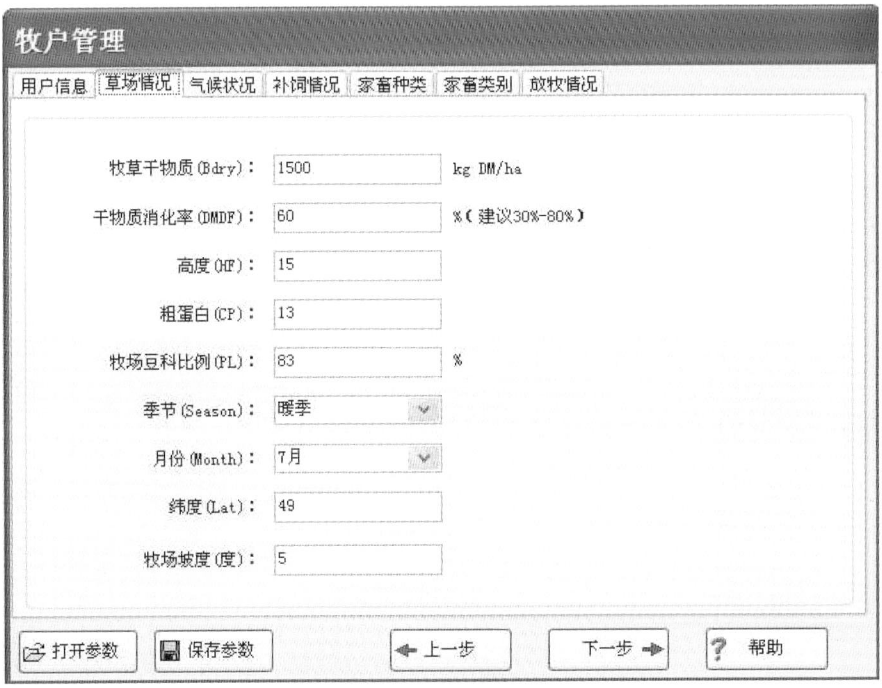

牧户管理
用户信息
草场情况
气候状况
补饲情况
家畜种类
家畜类别
放牧情况
牧草干物质(Bdry)：
1500
kg DM/ha
干物质消化率(DMDF)：
60
%(建议30%-80%)
高度(HF)：
15
粗蛋白(CP)：
13
牧场豆科比例(PL)：
83
%
季节(Season)：
暖季
月份(Month)：
7月
纬度(Lat)：
49
牧场坡度(度)：
5
打开参数
保存参数
上一步
下一步
帮助

图 9-31　草场参数

第三步：模型输入气候情况参数（图 9-32）。

牧户管理

用户信息　草场情况　气候状况　补饲情况　家畜种类　家畜类别　放牧情况

○ 不考虑气候影响

⊙ 考虑气候影响

降雨量(R)：5 mm/d

风速(Vmean)：5 m/s

最高温度(Tmax)：39 ℃

最低温度(Tmin)：10 ℃

平均温度(Tmean)：20 ℃

时间(Hour)：9 h(默认值9)

日长(DL)：12 h(默认值12)

一年中天数(Days)：220 如2009年10月1日填272

打开参数　保存参数　上一步　下一步　帮助

图 9-32　气候参数

第四步：模型输入家畜补饲情况参数（图 9-33）。

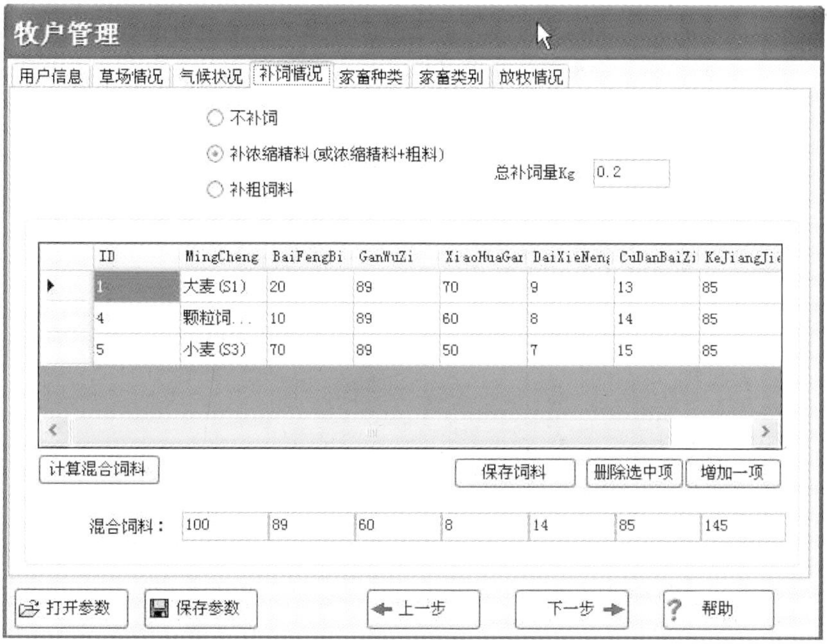

牧户管理

用户信息　草场情况　气候状况　补饲情况　家畜种类　家畜类别　放牧情况

○ 不补饲

⊙ 补浓缩精料(或浓缩精料+粗料)　　总补饲量Kg 0.2

○ 补粗饲料

ID	MingCheng	BaiFengBi	GanWuZi	XiaoHuaGan	DaiXieNeng	CuDanBaiZi	KeJiangJie
1	大麦(S1)	20	89	70	9	13	85
4	颗粒饲...	10	89	60	8	14	85
5	小麦(S3)	70	89	50	7	15	85

计算混合饲料　保存饲料　删除选中项　增加一项

混合饲料：100　89　60　8　14　85　145

打开参数　保存参数　上一步　下一步　帮助

图 9-33　补饲参数

第五步：模型输入家畜种类情况参数：家畜种类对话框（图 9-34）特别提出的是，不同的家畜种类，具有不同的信息特征，也就是家畜类别对话框中的信息是不一样的。

图 9-34　家畜参数

第六步：模型输入家畜类别情况参数（图 9-35）。

图 9-35　家畜类别参数

图 9-36　计算结果

第七步：计算结果，单击“计算”，弹出计算结果对话框（图 9-36），本次计算的结果为最后一条记录（即 ID 号最大的记录）。

第八步：以报表方式查看计算结果，选择一条记录，单击“查看报表”（或者右键选择查看报表），系统自动生成结果报表（图 9-37），以 Word 方式进行浏览。

第九步：计算结果，开展图表分析（图 9-38）。

草畜平衡研究

用户信息

标题	谢尔塔位
姓名	张三
备注	测试

草场情况

牧草干物质	1598
干物质消化率	0.8
高度	29
粗蛋白	14
牧场豆科比例	1.17
季节	暖季
月份	7 月

畜类型

未怀孕干奶母牛			
类型	三河牛	标准体重	500
羊毛增长需要的蛋白质		平均净重	300
平均年龄	360	家畜的体况	1
平均毛皮厚度	4	初生羊羔的重量	35
计算结果			
饲草的干物质采食量(If)	6.0515	LF	1
		家畜的潜在摄入量(Imax)	5.25
摄入总代谢能(MEItotal)	70.197	饲草代谢能(MEIf)	70.197
		补饲代谢能(MEIs)	
维持代谢能(MEm)	50.4948	家畜走动所耗的能量(Emove)	3.4893
		放牧需要的能量(Egraze)	3.9432
		基础代谢能(Emeta)	25.2137
家畜预期最大体重（N）	285.3817		
增重时的能量利用效率(Kg)	0.1216		
饲养水平(L)	0.3902		
瘤胃微生物粗蛋白的降解，消化和合成(MCP)	8.6037		
生长家畜空腹增重所需能量 MJ/Kg(EVG)	22.7287		
成年家畜空腹增重所需能量 MJ/Kg (EVG)	27		
生长家畜空腹增重所需蛋白质含量 g/Kg(PCG)	95.3214		
成年家畜空腹增重所需蛋白质含量(PCG)	72		
成长家畜每天净增重 500g 所需代谢能(MEg)	85.7379		

图 9-37　输出报告

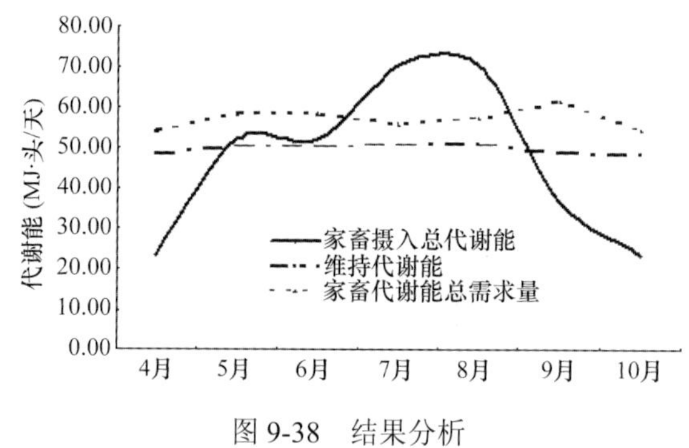

图 9-38 结果分析

通过模型运算帮助牧民以最佳的方式进行放牧、补饲，以达到家畜的能量需求平衡，在使牧民获得最大效益的同时使草地得到合理的利用与恢复。模型由气候、草地、家畜、饲养信息、经济、人力资源等部分组成，适合任何类型的草地，也适合任何品种的牛的饲养。"草畜能量平衡模型"可以根据草地生产性能和家畜的饲养情况分析出家畜的能量需求与草地、补饲的能量供给。

第三节 栽培草地管理平台

一、牧草信息化管理平台开发意义与背景

目前，发达国家在牧草信息化管理和智能决策的技术措施、管理模式方面已经进行了很多研究，各国拥有不同类型的牧草信息数据库体系及牧草信息化管理决策系统。当前我国牧草管理和决策系统的信息化程度还很低，牧草信息化管理研究还处于起始阶段，很多研究仍停留在概念模型或局部应用的水平。随着国际草业界对中国草业的关注与日俱增，国外智能信息产品也开始向中国引进。由于牧草地域生长的特异性，目前国外草业管理模型与软件在国内的引进以本土验证、修正、改进为主。

根据我国牧草产业化发展趋势，结合牧草生产、管理中的需求，综合运用网络技术、数据库技术、人工智能技术、面向对象技术、构件技术、地理信息系统等现代信息技术，研制具有开放性、可扩展性、可靠和易用等特点的平台构件，中国农业科学院农业资源与农业区划研究所构建了适合我国国情的牧草信息化管理平台，平台采用组件技术，将牧草信息化管理的功能分成不同的功能模块、组件进行组织。牧草信息化管理平台是以计算机信息技术、地理信息技术、数据库技术等高新技术为支撑，采用 C/S 模式建立的一套完善的牧草信息化管理平台，为国家草业发展规划、决策提供信息化平台支持，同时提供更加方便灵活的信息管理工具。具体目标包括如下。

1）提供直观方便的牧草信息化管理平台

用计算机软件技术实现牧草信息化管理平台，为牧草规划、决策提供方便、快捷的信息管理工具。为牧草规划决策提供信息平台和牧草信息化管理工具。

2）建立牧草查询分析决策模型

为保证平台能满足牧草管理要求，并为规划决策提供科学数据，必须建立一系列牧

草查询、分析、模拟的模型作基础。

3）为满足牧草管理和规划决策提供支持服务

建立牧草管理基础数据库，建立牧草查询分析决策模的最终目的是为满足牧草管理和规划决策提供支持服务。

二、牧草信息化管理平台系统设计

（一）设计原则

1）牧草信息化管理平台的设计和建立要充分考虑最新的技术发展与趋向，使系统不仅满足当前牧草生产智能管理，也能够考虑到将来的需求。在总体框架上，牧草信息化管理平台总体采用“面向对象的”的思想进行架构，将数据和牧草信息化管理平台进行分离。

2）从平台、开发、推广等方面综合考虑经济效益，从而使本系统能更好地为牧草生产智能管理服务。

3）牧草信息化管理平台将提供进一步开发功能，能够扩充功能模块。系统将充分考虑到将来的可扩充性，在将来系统改进时，最大限度地保护已有的数据资源和投入，最大限度地保证总体框架的稳定，在现行系统上增加功能模块而不会使系统做大的改动或影响整个系统的结构。

4）系统按国家规范标准设计，包括数据表示、专业分类、编码标准、记录格式、控制基础等都按照统一的规定，以保证软件和数据的匹配、交换和共享。能和其他系统交换数据。

（二）牧草信息化管理平台开发环境

从系统的硬件环境和软件环境分别描述牧草信息化管理平台。

1. 硬件环境

牧草信息化管理平台硬件环境见表 9-6。

表 9-6　牧草信息化管理平台硬件环境

类别	硬件
CPU	Intel Xeon 2.0G　四核心
内存	2GB
硬盘	TB 级磁盘阵列
网卡	100M/1G
显示器	普通 CRT 或 LED，建议分辨率 1024×768

2. 软件环境

牧草信息化管理平台软件环境见表 9-7。

表 9-7　牧草信息化管理平台软件环境

类别	软件
操作系统	Windows 98、Windows 2000、Windows 2003、Windows XP 等
WEB 服务器	IIS 6.0
数据库软件	Microsoft office 2000 自带的 Access
GIS 软件	ESRI MapObjects 2.0
开发语言	Microsoft Visual C++ 6.0
其他	Microsoft Visual Studio 2005 SP1 Redistribution

三、草业信息化管理平台详细设计

（一）系统框架结构

本系统使用 Microsoft Visual C++ 6.0 开发。系统中包含的主要类有：

CMainFrame 类：MFC 主框架窗口类；

CGrassNewVersionDoc 类：MFC 文档类；

CChildFrame 类：子框架窗口类；

CMapView 类：地图窗口视图类；

CAttribView 类：属性窗口视图类；

CLayerView 类：显示已加载图层条目信息的视图类。

主框架窗口对应多个子框架窗口，子框架窗口有两种不同的类型：地图窗口和属性窗口。属性窗口由地图视图（CMapView）和图层条目视图（CLayerView）共同构成。各类之间的关系如图 9-39 所示。

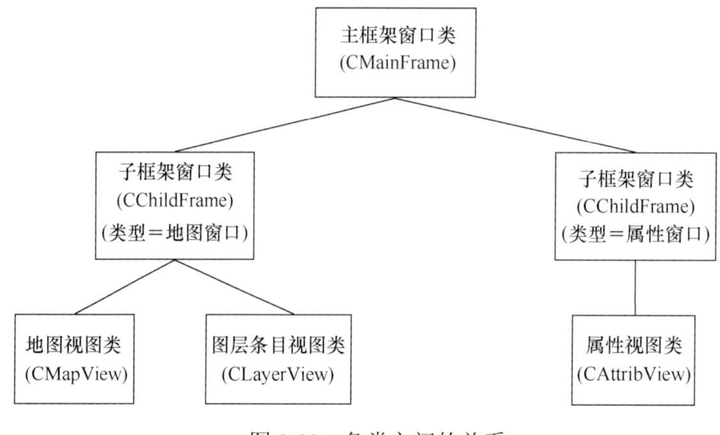

图 9-39　各类之间的关系

根据功能的不同，也可以把系统划分为以下几个大的功能模块。

空间数据显示模块：该模块是牧草信息化平台的基础模块，主要负责各种空间数据

（地图）的显示及与显示相关的各种操作。安排本模块是因为本模块与其他模块相对独立，并且是其他模块的基础，可以广泛地使用于各个模块，避免了在其他模块中重复编写相关代码。本模块的主要功能是实现各种空间数据（地图）的显示及与之相关的放大、缩小、漫游及图素的选择等。

属性数据管理模块：该模块也是牧草信息化平台的基础模块，主要负责各种属性数据的显示、录入、查询、修改等各种操作。本模块与其他模块相对独立，并且是其他模块的基础，可以广泛地使用于各个模块，避免了在其他模块中重复编写相关代码。本模块的主要功能实现各种属性数据的显示、录入、查询、修改等各种操作。

查询统计模块：该模块是牧草信息化平台的主要模块之一，主要负责属性数据和空间数据的各种查询和统计操作。草业信息化平台作为一种具体的地理信息系统，查询统计是其很重要的功能，因此有必要作为一个单独的模块来设计和开发。本模块的主要功能实现属性数据和空间数据的查询、统计功能，支持各种常见的统计方法，如平均值、方差、最大值、最小值等，支持空间数据和属性数据的关联查询并能在地图上显示查询结果。

牧草业务管理模块：主要包括牧草适宜性评价、引种决策、牧草栽培咨询、田间诊断、生长模拟，该部分管理模块是牧草信息化平台的核心模块，通过这些模块能够确定牧草适宜分布的区域；按照各种生产引种的目的，计算指定行政区内适宜种植的牧草；能够咨询牧草相关的信息；诊断牧草生产中的病害、虫害、水分状况；以及模拟牧草的生长状况。

各模块的关系如图 9-40 所示。

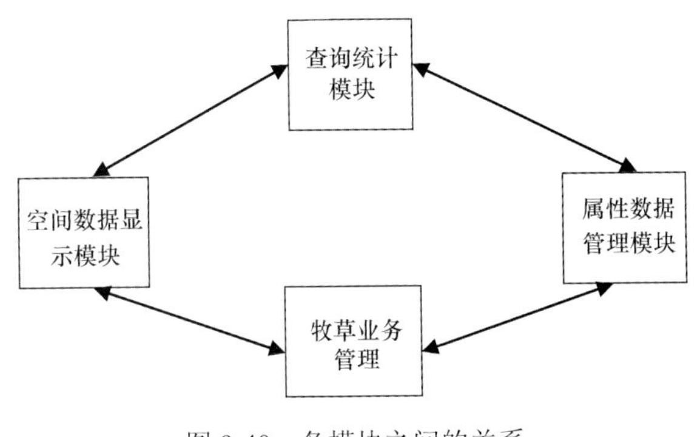

图 9-40　各模块之间的关系

（二）功能需求与程序的关系

1. 类的划分及说明

由于草业信息化管理平台涉及的信息几乎涵盖了所有的信息类型，包括字符信息、数字信息、空间的矢量和栅格信息、各种图像声音信息、以一定方式组织的专家知识和模型。这些信息分为两个主题：一类是和牧草有关的信息，另一类是和区域有关的信息。

同时组件对象模型（COM）是一种可扩展服务的体系结构，即每一个 ACTIVE 控件对于其他部分来说是一个积木块。因此我们构造了三个抽象基类，抽象基类派生出来的具体类可以被实例化和直接操纵。

▲数据库类

参照 ActiveX Data Object（ADO）与数据库相连的机制，建立和管理数据库的连接，从数据库服务器提取数据，执行更新、删除、添加数据的操作。其成员包括一般数据类型的字段，如日期型字段、字符型字段、数字型字段等。使用的方法有数据库连接（数据库的初始化连接，包括数据库用户登录和建立连接）、错误类型（提供属于数据访问错误的细节）、数据导入（能够处理不同的数据源，包括 xls、txt、dbf 格式文件，然后读入相应的字段，并创建表，最后取出数据）、数据操作（包括创建数据库表、修改数据、删除数据等）、数据查询。

▲推理类

在推理类的实现中，集成知识库和数据库，首先定义一个规则关系，这一规则关系由规则序号、规则前件、规则后件、规则模糊度 4 个属性来组成。其中规则序号为对应的规则库中的记录号；规则前件为普通字符串或数值类型，用以表示规则前件的谓词名；规则后件表示与规则前件相对应的结论，可以为数值的序号对应决策结果表中的描述性结论，也可以为计算公式；规则模糊度属性表示在该规则前件下各子前件的权值和真度，规则结果部分的可信度因子和条件阈值等。即数据库系统的记录中有一个字段被定义为前提条件，有一个字段表示结论，有一个字段表示相应的计算公式，有一个字段表示规则前提的权值、真度和规则结论的可信度及条件阈值。我们可以将推理规则用数据库中的字段内容来表示，而不是将推理规则分割成字段来描述。一旦推理规则需要改动，我们只需改动字段的内容，而不需变更数据库结构，这样便大大提高了推理类的通用性和可维护性。使用的方法有读取规则前件（根据数据查询读取规则前件）、规则解析（解析按照约定的语法生成的规则前件）、读取规则后件（根据规则解析的结果及数据查询读取规则后件）、读取规则模糊度（如需模糊推理，则读取规则模糊度）。

▲空间属性类

空间属性类指地理信息系统的数据库是某一区域内关于一定地理要素特征的数据集合。其成员包括地理要素的属性数据、描述地理要素分布位置的空间数据和空间关系。使用的方法有空间数据导入（导入 ArcView 的 Shape 等格式数据）、地图显示（包括空间图层的增加和删除、空间图层间顺序的调整，放大、缩小、漫游等地图浏览功能）、图层叠加（矢量数据叠加，并产生新的数据）、空间信息显示（显示被选中的行政区图层的矢量数据有关属性）、空间数据查询和统计[通过结构化查询语言（SQL）语句选择相应的属性列表，得到图和数据]。

2. 功能需求与程序图

以矩阵图说明抽象基类同牧草主题类和区域主题类的派生关系：牧草主题分为牧草属性数据管理类、基于属性数据的牧草适宜性评价类、基于属性数据的查询类、田间管理诊断类、牧草属性数据显示类、生长模拟及产量评价类，区域主题可以分为牧草空间信息类、基于空间数据的查询类和区域引种决策和基于空间的牧草适宜性评价类（表 9-8）。

表 9-8　功能需求与程序图

	数据库类	推理类	空间属性类
牧草属性数据管理类	√		
基于属性数据的牧草适宜性评价类	√	√	
基于属性数据的查询类	√		
田间管理诊断类	√		
牧草属性数据显示类、生长模拟及产量评价	√	√	
牧草空间信息类			√
基于空间数据的牧草适宜性评价类	√	√	
基于空间数据的查询类			√
区域引种决策		√	√

（三）接口设计

1. 用户接口

界面设计：在应用系统中无论从哪一功能模块入手，只要出现牧草名称，就应该可以链接到牧草基本属性和图像、适宜性分布图、栽培咨询、田间管理决策、生长模拟模型。只要出现区域名称，就可以连接到其地形、土壤、气候、社会经济、适宜种植的牧草名列。

2. 外部接口

软件与硬件之间的接口：主要是加密用的软件狗接口。

3. 内部接口

按照 ACTIVE X 的规范设计。

（四）运行设计

1. 运行模块组合

根据用户的需求定制相应的牧草生产管理智能信息系统。

2. 运行控制

根据数据库权限管理和服务器端控制等。

（五）系统数据结构设计

数据库设计包括牧草品种信息数据库的字段名、类型、关键字以及与其他数据库之间的逻辑关系等。

1. 数据字典设计

给出本系统内所使用的每个数据结构的名称、标识符，以及它们之中每个数据项、记录、文卷和系的标识、定义、长度及它们之间的层次的或表格的相互关系。如牧草品种信息数据库的字段名、类型、关键字以及与其他数据库之间的逻辑关系等。

2. 物理结构设计

给出本系统内所使用的每个数据结构中的每个数据项的存储要求、访问方法、存取单位、存取的物理关系（索引、设备、存储区域）、设计考虑和保密条件。

3. 数据结构与程序的关系

说明各个数据结构与访问这些数据结构的形式。

4. 安全保密设计

说明在数据库的设计中，将如何通过区分不同的访问者、不同的访问类型和不同的数据对象，进行分别对待而获得不同的数据库。

（六）系统出错处理设计

1. 出错信息

用一览表的方式说明每种可能的出错或故障情况出现时，系统输出信息的形式、含意及处理方法。

2. 补救措施

说明故障出现后可能采取的变通措施，包括：

1）后备技术说明准备采用的后备技术，当原始系统数据丢失时启用的副本的建立和启动的技术，如周期性地把磁盘信息记录到磁带上就是对于磁盘媒体的一种后备技术。

2）降效技术说明准备采用的后备技术，使用另一个效率稍低的系统或方法来求得所需结果的某些部分，如一个自动系统的降效技术可以是手工操作和数据的人工记录。

3）恢复及再启动技术说明将使用的恢复再启动技术，使软件从故障点恢复执行或使软件从头开始重新运行的方法。

3. 系统维护设计

为了系统维护的方便而在程序内部设计中做出的安排，包括在程序中专门安排用于系统检查与维护的检测点和专用模块。

四、管理平台实现功能

根据业务需求和 GIS 平台设计两个方面，平台又开发并实现了以下功能模块。

1）基础管理功能

√工程管理（新建工程、打开工程、保存工程）
√用户管理（系统登录、用户设置、权限设置、修改密码）
√设置系统参数
√设置附加工具
√数据分发
√系统打包

2）空间地图数据应用模块

√图层管理（加载图层、卸载图层）
√图层选择（点选、矩形选、多边形选、全选、清除选择、相交选、包含选、新增加入清除选择集）
√图层显示（放大、缩小、漫游、全图显示、自定义比例缩放、前一次/后一次视图）
√地图属性表显示
√图元信息显示
√地图专题分析
√行政区模糊查询
√地图输出
√打印当前图
√自定义打印模块

3）属性数据应用模块

√数据表管理（打开数据表、更新数据表、另存数据表、关闭数据表）
√表结构维护
√编辑数据表（新增记录、修改记录、删除记录）
√记录排序（升序、降序）
√保存选择集
√属性库查询
√统计制图（属性库统计、牧草经济统计、区域经济统计、区域气象统计）

4）牧草业务管理模块

√适宜性评价模块
√引种决策模块
√牧草栽培咨询模块
√田间诊断模块
√生长模拟模块

系统界面效果见图 9-41；系统菜单设计列表见表 9-9。

（一）属性数据管理

实现如 xls、dbf、mdb、txt 数据的导入、删除等功能，如牧草生物学数据（包括分类、形态、营养、物候和生态学基本特征）、牧草生态适宜性数据、牧草产业经济数据（包括不同时期草产品进出口量和价格、国内产量和市场价格）、栽培管理技术定性描述信息、田间管理决策数据（包括水-肥-产量定量关系数据和有关模型）、牧草病害数据和知识、牧草虫害数据和知识、牧草/病害/虫害图像数据、草地资源数据、气候数据、土壤数据、社会经济数据、牧草文献等数据。

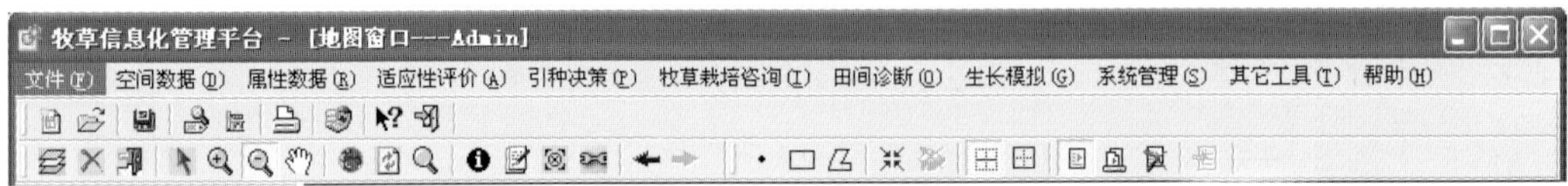

图 9-41 系统界面图

表 9-9 系统菜单设计列表

文件	空间数据	属性数据	适宜性评价	引种决策	栽培管理咨询	田间诊断	生长模拟	系统管理	其他工具	帮助
新建工程	加载图层	调用属性窗口	参数设置	草原改良	牧草栽培咨询	病害诊断	牧草生长管理	工具栏	设置工具	帮助
打开工程	卸载图层	属性库查询	按牧草名称查询	生态生产引种	牧草经济咨询	虫害诊断		状态栏		关于
保存工程	卸载所有图层	属性库统计	牧草综合适宜性评价	饲用生产引种	牧草文献查询	水分诊断		用户管理		
另存工程	图层选择	牧草经济统计制图	空间叠加适宜性评价			事实查询		修改密码		
地图打印	图层显示	区域经济统计制图				诊断结果查询		数据分发		
	打开属性表	气象资料查询统计				水分诊断查询		系统打包		
	空间信息显示									
	行政区模糊查询									
	专题分析									
	保存窗口内容									
	打印当前图									
	打印窗口									

（二）空间信息管理

1. 数据管理

实现如栅格和矢量（包括线划矢量、格网矢量）数据导入、删除等功能，如 ARC/Info 的 E00、ArcView 的 Shape 格式的数据，包括牧草空间分布数据、行政边界矢量数据、与气候/土壤/草地资源/土地利用/水资源分布/居民点分布/社会经济信息对应的线划矢量或栅格数据。

2. 地图显示

可以直接在地图上通过地图点选、拉框或多边形选择等多种方式选择地图区域和对象，选择到的对象高亮显示。能够控制图层的显示与否，同时能够实现图层的无级放大、缩小和漫游，能够利用属性数据中的字段设置图层图例。

3. 图层叠加

可以基于行政区进行空间图层的叠加，也可以通过选择两个图层进行叠加分析。叠加时可以按照设定的计算法则，新生成一个图层，并且得到新图层的属性。

4. 信息显示

通过信息栏显示同名点多层栅格和矢量数据的属性，被选中的行政区高亮显示，能够用信息对话框显示该行政区图层的属性数据。

（三）查询功能

1. 属性数据查询

用户根据需要可以设计查询的逻辑结构，查询结果可以浏览、存储和输出。可以保存在不同的路径和格式下。

2. 空间图层查询

用户根据需要，可以通过 SQL 语句选择属性列表，得到图和数据。查询得到的图居中高亮显示，查询得到的数据表可以浏览。查询得到的图和数据结果可以保存在不同的路径和格式下。

（四）统计功能

1. 属性数据统计

对选定属性数据进行统计分析，可以进行分组（如对省、地、县三级分组）统计，统计操作包括求和、平均、方差等。同时可以做出统计图表，如饼图、三维饼图、柱状图、线图等。

2. 空间数据统计

可以进行选定行政边界内属性库的统计，对属性表进行求和、平均值、方差简单统计分析功能，还可以分组统计。也可以按选择到的行政区统计其他空间图层（包括矢量、栅格）的属性，按区域求和、平均值、方差、计数。统计数据要求可以进行叠加分析。

（五）数据分发

1. 属性数据分发

基于选择到的行政区裁切属性数据表，只提取该选择行政区的数据。可以保存成不同格式的表。

2. 空间图层的分发

基于选择到的行政区裁切空间图层，相应地裁切其属性表。裁切出来的数据可以选择性地保存到不同地路径和格式下。

（六）牧草适宜性评价模块功能

该模块功能细分为 3 种类型：

1）根据牧草的生态适宜信息和评价模型，通过空间叠加计算得到适宜性评价结果，确定牧草适宜分布的区域。

2）根据行政区的气候资源属性，通过适宜性评价模型的计算得到牧草适宜分布的行政区列表。

3）提供直接查询功能，如果要查询的牧草在适宜性分布图数据库和适宜性分布行政区数据库中不存在，可以选择 1）或 2）的方法进行计算。

（七）牧草引种决策模块功能

根据牧草生产用途目的不同，计算指定行政区内适宜种植的牧草。

1. 草原改良、生态生产引种决策

根据生产引种区域内气候、土壤、降水量等通过综合适宜度模型计算，获得适宜种植的牧草品种。

2. 饲用生产引种决策

根据生产引种区域内不同牧草的产量资料，或根据模型计算生产引种区域内不同牧草的产量潜力、饲用价值、经济价值，计算综合适宜生产引种指数，根据综合适宜生产引种指数对能够种植的牧草进行适宜性排序，由用户根据此排序确定最后引种结果。

（八）牧草栽培咨询模块功能

主要针对牧草栽培病虫害、田间管理、基础信息知识，以及牧草产业经济及相关文献进行查询，查询检索方式包括组合查询方式和简单查询方式。组合查询将数据库字段形成下拉式菜单，用户可单项或综合进行选择，或规定输入信息，进行检索和显示；简单查询按牧草名称全字段显示和关联。

（九）田间管理诊断模块

主要针对牧草栽培过程病害、虫害、水分等问题建立疑难解答和诊断专家系统。

1. 病害管理

根据牧草田间症状和植物生理特征，在牧草病害诊断知识库基础上采用多因数综合评判和模糊推理决策树结构进行智能诊断，鉴定病害并显示诊断结果的可信度，根据诊断结果给出防治决策。

2. 虫害管理

根据害虫对其各部位上所造成的危害状、害虫形态特征，在牧草虫害诊断知识库基础上采用多因数综合评判和模糊推理决策树结构进行智能诊断，鉴定害虫类群或优势种，并显示诊断结果的可信度，根据优势种的学名、分类地位、寄主、分布、为害、各虫态形态特征、习性、发生与环境关系，进行防治决策以及预测预报。

3. 水分诊断

根据不同牧草、不同栽培地点气候、土壤、灌溉方式等指标，利用模型计算灌溉量，通过决策分析诊断结果。

（十）生长模拟模块功能

牧草栽培产量很大程度上取决于水分、土壤、气象动态变化过程，在得克萨斯州立大学提供的 EPIC 模型基础上，完成了牧草生长模拟系统。

五、管理平台应用事例

将从牧草信息化管理平台的“适宜性评价”、“引种决策”、“牧草栽培咨询”、“田间诊断”和“生长模拟”5 个方面详述该软件的功能。

（一）适宜性评价

适宜性评价是指定判断牧草适宜生长的地区。在适宜性评价时有三个评价方法，一个是直接查询现有结果，在菜单中表现为“按牧草名称查询”；二是根据气候、积温、降水量和土壤指标的阈值进行计算评价，在菜单中表现为“牧草综合适宜性评价”；三是通过空间图层叠加计算获得牧草的适应性，在菜单中表现为“空间叠加适宜性评价”。下面分析这些菜单的功能要求和操作界面。菜单如下。

1. 按牧草名称查询

点击菜单后，出现如图 9-42 所示对话框，让用户选择要评价的牧草名称。选择好牧草名称后，利用这个牧草名称去查询牧草适宜生长的行政区。查询的结果以临时表的形式显示下面信息：行政区名称、牧草名称、行政区代码、适宜分布的面积比例、次适宜分布的面积比例、平均产量、经济价值指数。

图 9-42　按牧草名称查询对话框

2. 牧草综合适宜性评价

点击菜单后，出现如图 9-43 所示对话框，其中牧草名称可以输入与选择。在设置好牧草名称后，利用“属性数据”下“属性库查询”的“牧草生态知识信息库”中的数据，查询得到该牧草的气候信息，并自动从该表中读得该牧草上面对话框中包含的属性字段数据，自动填到相应的数据框中。让用户参考，并且可以做修改，以便于用户进行重新计算。

3. 空间叠加适宜性评价

其中牧草名称可以输入与选择。“设置行政区”是由用户选择需要叠加的图层，是必须选择的，打钩表示要用这个图层进行叠加。“选择叠加图层”是由气候因子（6 个指标）、年降水量（2 个指标）和土壤（1 个指标）组成，可以选择多个指标。选择参与叠加图层后，更改路径将结果保存下来，最后选择分析即可（图 9-44）。

（二）引种决策

引种决策是指定行政区名称，判断该地区某种目的下可以引进的牧草。按照草原改良、生态生产引种、饲用生产引种三个用途进行设置。其中每一个目的引种都包含直接查询现有结果和修改行政区属性表进行计算评价。

图 9-43　牧草综合适宜性评价对话框

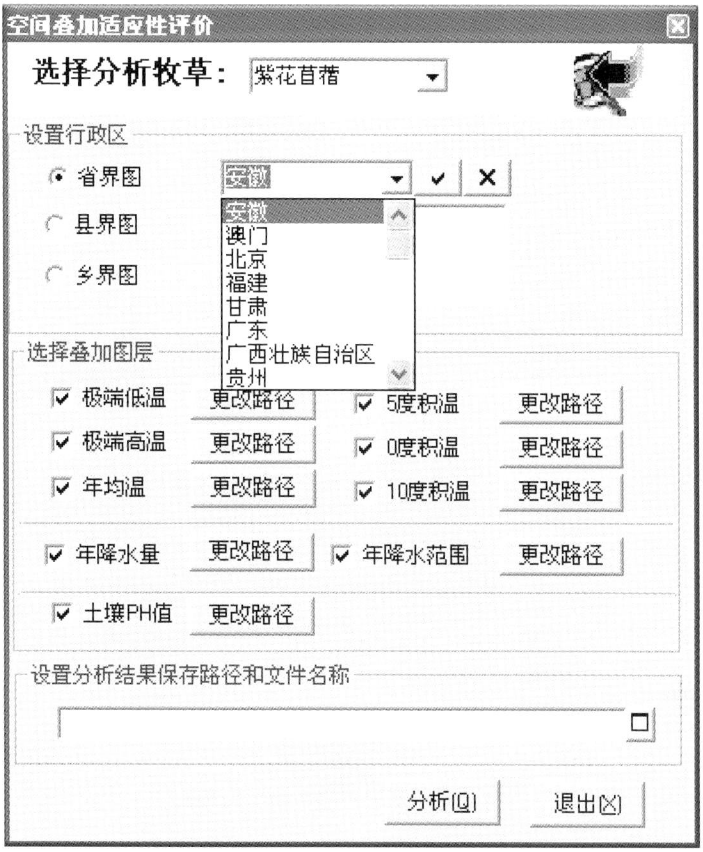

图 9-44　空间叠加适宜性评价对话框

1. 草原改良

操作分为“按地图上选择的行政区查询”和“按输入的行政区查询”。在确定好行政区后，点击“查询”，查询结果以临时表表示：行政区名称、牧草名称、行政区代码、适宜分布的面积比例、次适宜分布的面积比例、平均产量、经济价值指数（图 9-45、图 9-46）。

图 9-45　行政区查询对话框

“修改行政区属性”是指通过修改行政单位的气候、积温、降水量、土壤条件，获得与当前行政单位一致的条件，通过此种条件获得相对应的牧草品种（图 9-47）。

2. 生态生产引种

“生态生产引种”与“草原改良”的菜单设置、过程、步骤和结果是一样的。

3. 饲用生产引种

“饲用生产引种”与前 2 个的不同之处在于通过计算产草量、饲用价值、经济价值、综合适宜度，在用户修改数值、设置行政区等后，点击“决策”后，结果以临时表表示，列表给出行政区名称、牧草名称、产草量、饲用价值、经济价值、综合适宜度。并且根据综合适宜度排序，得到一个排序列表，由用户确定最后引种结果（图 9-48、图 9-49）。

图 9-46　查询结果对话框

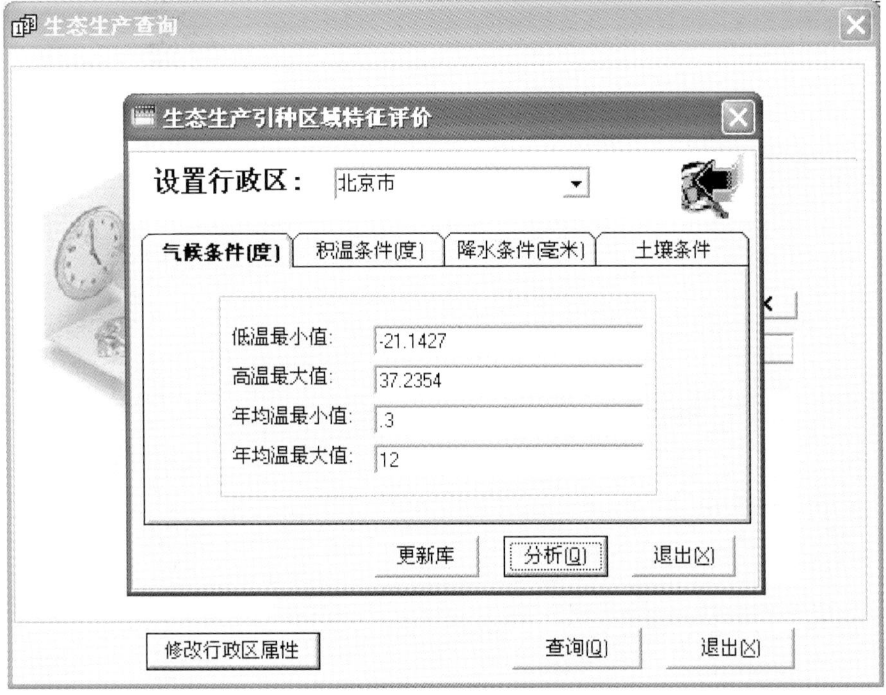

图 9-47　修改行政区属性对话框

图 9-48　饲用生产引种对话框

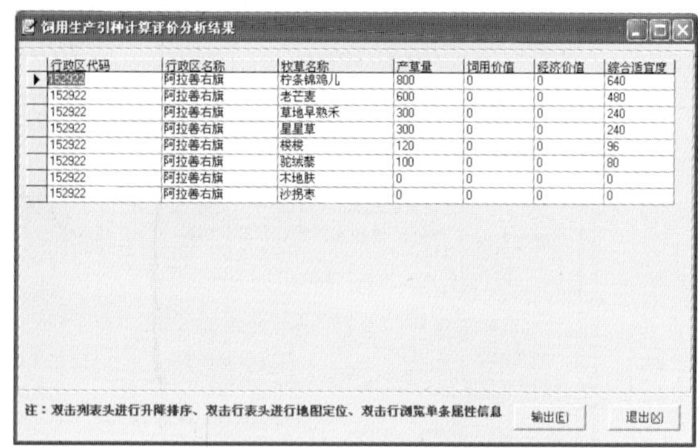

行政区代码	行政区名称	牧草名称	产草量	饲用价值	经济价值	综合适宜度
[illegible]	阿拉善右旗	柠条锦鸡儿	800	0	0	640
152922	阿拉善右旗	老芒麦	600	0	0	480
152922	阿拉善右旗	草地早熟禾	300	0	0	240
152922	阿拉善右旗	星星草	300	0	0	240
152922	阿拉善右旗	梭梭	120	0	0	96
152922	阿拉善右旗	驼绒藜	100	0	0	80
152922	阿拉善右旗	木地肤	0	0	0	0
152922	阿拉善右旗	沙拐枣	0	0	0	0

图 9-49　查询结果对话框

（三）牧草栽培咨询

牧草栽培咨询是从牧草的栽培管理（病虫害、田间管理、基础信息）、经济情况（草产品价格、草种价格、牧草进出口、生产地区经济）、牧草文献（牧草图像、病害图像、虫害图像、牧草文献）等方面给用户一个综合的信息咨询。

1. 牧草栽培咨询

“牧草栽培咨询”分为“病虫害咨询”、“田间管理咨询”和“基础信息咨询”。其中“病虫害咨询”分为“病害查询”、“虫害查询”和“杂草害咨询”，通过输入相关条件后，点击“咨询”后，弹出相应的咨询结果。“田间管理咨询”包括播种、肥料、水分、刈割、栽培等管理措施以及生长规律。“基础信息咨询”包括“生物学信息”、“物候信息”、“营养价值”和“牧草适宜性”（图 9-50 至图 9-53）。

2. 牧草经济咨询

“牧草经济咨询”分为“草产品价格”、“草种价格”、“牧草进出口”、“生产地区经济”4 个菜单。以“草种价格”为例，通过选择牧草名称后，点击“咨询”后，弹出相应的咨询结果，包括牧草品种、种子来源公司、原产地、种子质量、种子规格和价格（图 9-54、图 9-55）。

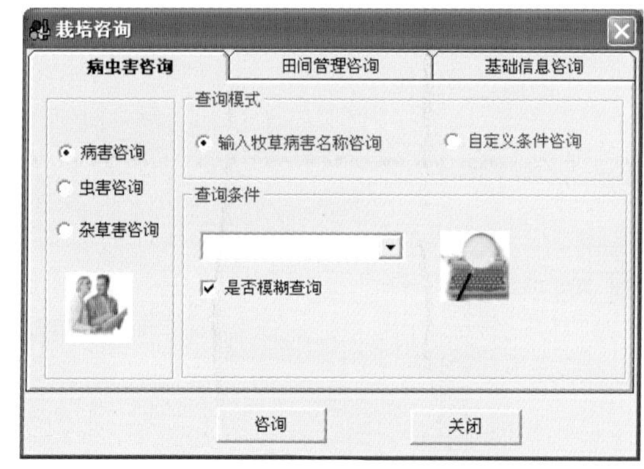

图 9-50　病虫害咨询对话框

牧草病害知识

牧草病 豆科腐霉根腐病　拉丁名 德氏腐霉（Pythium debaryanum Hesse）

分布

危害部位 根部

病害形态 病原菌为鞭毛菌亚门、卵菌纲、霜霉目、腐霉科、腐霉属真菌。本属病原表现着很强的水生习性，生长在水中或土中，或寄生于水藻、水霉、水生植物或陆生植物的根或近地面部分；寄生性弱，多从伤侵入为害抵抗力弱小的植物或器官，但破坏力强，引起迅速的腐烂，成为猝倒，根腐，基腐或果腐的主要病原。（1）瓜果腐霉[Pythium aphanidermatum（Eds）Fitzp.]菌丝发达，直径2.8–7.3μm；孢子囊条状或肥大而有瓣状分枝，直径4–20μm，萌发生泡囊，形成十余个至数十个游动孢子；游动孢子肾形，侧面有鞭毛2根。藏卵器球形，直径13

危害症状 在种子发芽期间可受到病原菌的侵染，种子的内含物在种皮内成为褐色的胶质团，或者幼根和子叶从种皮伸出后变褐和变软。当感染发生在发芽的后期，病斑更典型地被局限于下胚轴和根上，水渍状并萎蔫，最终衰弱枯萎，幼苗猝倒，或生长受阻，子叶小，暗绿色，并在几天内死掉。在有潮湿空气，适当温度和充足土壤水分情况下，幼苗有病的初生根可以存活并从病部以上产生次生根。多数不定根（叉状根）的形成与幼苗小

病症 枯萎，猝死

病状 生长受阻，暗绿色

发生规律 病原菌以卵孢子和菌丝在土壤中或病株残余上可存活相当长时间，至少1年以上。有些地方以病原状态或腐生状态定殖于其他作物或杂草上。当菌丝或萌发的卵孢子与寄主植物接触便产生附着胞和侵入钉，靠机械压力直接侵入寄主。菌丝也可产生孢子囊，再由萌发的孢子囊侵入寄主或产生游动孢子，再发芽侵入寄主，同样

防治决策

防治方法 （1）用豆科草种建立人工草地，要选择地势较高，排水良好的地块；（2）用对霜霉目真菌特效的杀菌剂如甲霜灵（metalaxyl）等处理种子，可起到早期保护作用。

查看文献　查看图像　退出

图 9-51　查询结果对话框

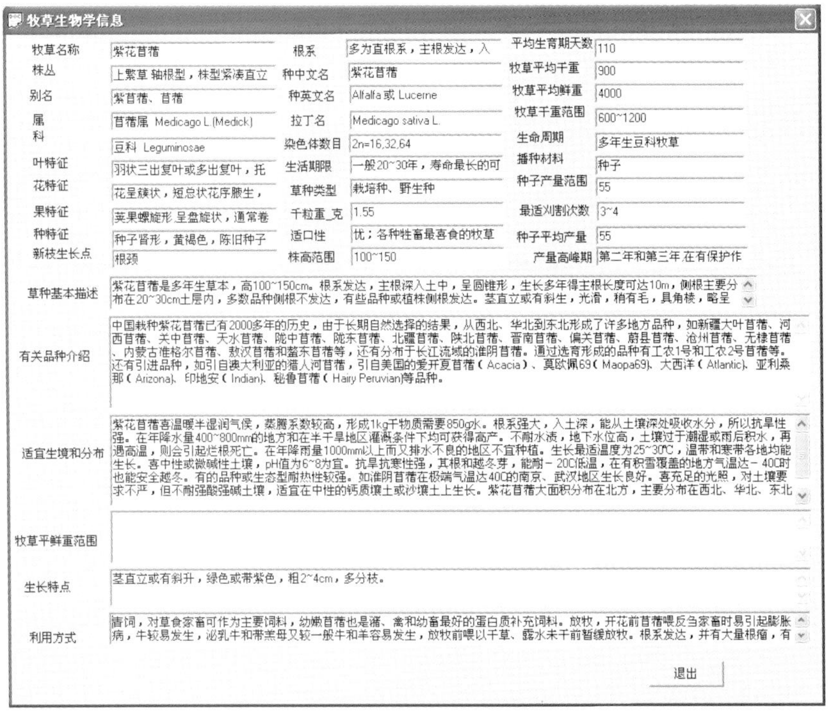

牧草生物学信息

牧草名称 紫花苜蓿　根系 多为直根系，主根发达，入　平均生育期天数 110
株丛 上繁草 轴根型，株型紧凑直立　种中文名 紫花苜蓿　牧草平均干重 900
别名 紫苜蓿、苜蓿　种英文名 Alfalfa 或 Lucerne　牧草平均鲜重 4000
属 苜蓿属 Medicago L.(Medick)　拉丁名 Medicago sativa L.　牧草干重范围 600~1200
科 豆科 Leguminosae　染色体数目 2n=16,32,64　生命周期 多年生豆科牧草
叶特征 羽状三出复叶或多出复叶，托　生活期限 一般20~30年，寿命最长的可　播种材料 种子
花特征 花呈簇状，短总状花序腋生，　草种类型 栽培种、野生种　种子产量范围 55
果特征 荚果螺旋形 呈盘旋状，通常卷　千粒重_克 1.55　最适刈割次数 3~4
种特征 种子肾形，黄褐色，陈旧种子　适口性 优；各种牲畜最喜食的牧草　种子平均产量 55
新枝生长点 根颈　株高范围 100~150　产量高峰期 第二年和第三年 在有保护作

草种基本描述 紫花苜蓿是多年生草本，高100~150cm。根系发达，主根深入土中，呈圆锥形，生长多年得主根长度可达10m，侧根主要分布在20~30cm土层内，多数品种侧根不发达，有些品种或植株侧根发达。茎直立或有斜生，光滑，稍有毛，具角棱，略呈

有关品种介绍 中国栽种紫花苜蓿已有2000多年的历史，由于长期自然选择的结果，从西北、华北到东北形成了许多地方品种，如新疆大叶苜蓿、河西苜蓿、关中苜蓿、天水苜蓿、陇中苜蓿、陇东苜蓿、北疆苜蓿、陕北苜蓿、晋南苜蓿、偏关苜蓿、蔚县苜蓿、沧州苜蓿、无棣苜蓿、内蒙古准格尔苜蓿、敖汉苜蓿和蓋东苜蓿等，还有分布于长江流域的淮阴苜蓿。通过选育形成的品种有工农1号和工农2号苜蓿等。还有引进品种，如引自澳大利亚的猎人河苜蓿，引自美国的爱开夏苜蓿（Acacia）、莫欧佩69（Maopa69）、大西洋（Atlantic）、亚利桑那（Arizona）、印地安（Indian）、秘鲁苜蓿（Hairy Peruvian）等品种。

适宜生境和分布 紫花苜蓿喜温暖半湿润气候，蒸腾系数较高，形成1kg干物质需要850g水。根系强大，入土深，能从土壤深处吸收水分，所以抗旱性强。在年降水量400~800mm的地方和在半干旱地区灌溉条件下均可获得高产。不耐水渍，地下水位高，土壤过于潮湿或雨后积水，再遇高温，则会引起烂根死亡。在年降雨量1000mm以上而又排水不良的地区不宜种植。生长最适温度为25~30℃，温带和寒带各地均能生长。喜中性或微碱性土壤，pH值为6~8为宜。抗旱抗寒性强，其根和越冬芽，能耐－20℃低温，在有积雪覆盖的地方气温达－40℃时也能安全越冬。有的品种或生态型耐热性较强。如淮阴苜蓿在极端气温达40℃的南京、武汉地区生长良好。喜充足的光照，对土壤要求不严，但不耐强酸强碱土壤，适宜在中性的钙质壤土或沙壤土上生长。紫花苜蓿大面积分布在北方，主要分布在西北、华北、东北

牧草平鲜重范围

生长特点 茎直立或有斜升，绿色或带紫色，粗2~4cm，多分枝。

利用方式 青饲，对草食家畜可作为主要饲料，幼嫩苜蓿也是猪、禽和幼畜最好的蛋白质补充饲料。放牧，开花前苜蓿喂反刍家畜时易引起膨胀病，牛较易发生，泌乳牛和带羔母又较一般牛和羊容易发生，放牧前喂以干草、露水未干前暂缓放牧。根系发达，并有大量根瘤，有

退出

图 9-52　生物学信息对话框

图 9-53 栽培知识对话框

图 9-54 经济咨询对话框

咨询结果:国内草种价格

种子来源公司名	种子级别	原产地	质量标准纯净度	质量标准发芽率
北京市中种草业有限2		美国	≥99	>90
北京市中种草业有限2		美国	≥99	>90
北京市中种草业有限2		美国	≥99	>90
北京市中种草业有限2		美国	≥99	>90
北京市中种草业有限2		美国	≥99	>90
北京市中种草业有限2		美国	≥99	>90
北京市海淀区上地四彳		加拿大	≥98	>85
北京市中种草业有限2		加拿大	≥98	>85
北京市绿洲科技发展有		加拿大	≥98	>85
北京横店草业公司		加拿大	≥98	>85
北京万禾丰收科技有阝		加拿大		
北京市克劳沃草业技才			≥99	>90
中农草业有限公司（原		加拿大	≥98	>85
北京市克劳沃草业技才			≥99	>90
中农草业有限公司（原		美国	≥98	>85
北京市中种草业有限2		加拿大	≥98	>85
北京市克劳沃草业技才			≥99	>90

关闭

图 9-55 查询结果对话框

3. 牧草文献查询

“牧草文献查询”分为“牧草图像”、“病害图像”、“虫害图像”和“牧草文献”4 个菜单。以“病害图像”为例，通过选择相应牧草病害后，点击“咨询”后，弹出相应的咨询结果，以病害症状图片显示（图 9-56、图 9-57）。

（四）田间诊断

“田间诊断”分为“病害诊断”、“虫害诊断”、“水分诊断”等。

“病害诊断”首先要建立病害事实记录，在“牧草名称”输入紫花苜蓿，“病斑特征”输入有病斑，“主要分类病症”选择有霉状物，“主要部位”选择“叶、茎”，点击“确定”后，即建立该病害的事实记录。建立后选择该事实记录，点击“咨询”后，即弹出该特征下牧草可能感染的病害，可以通过点击基础信息、“图像信息”等按钮，获得该病害的进一步信息，以便做更深入的判断。“虫害诊断”、“水分诊断”操作类似（图 9-58 至图 9-62）。

（五）生长模拟

点击“牧草生长管理”，进入牧草生长模拟系统。

图 9-56　文献查询对话框

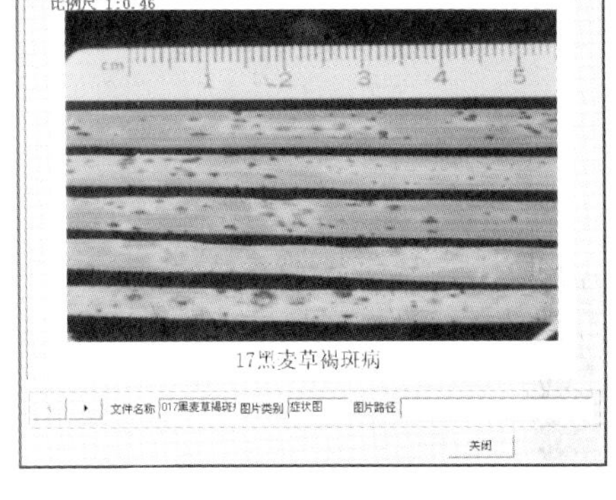

图 9-57　查询结果对话框

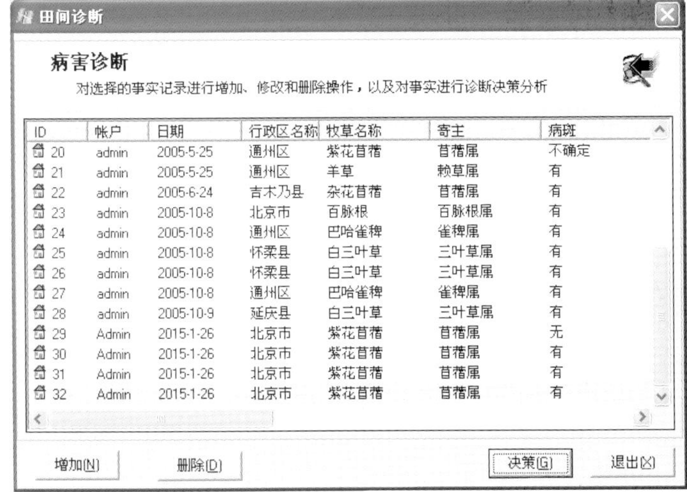

图 9-58　病害事实记录对话框

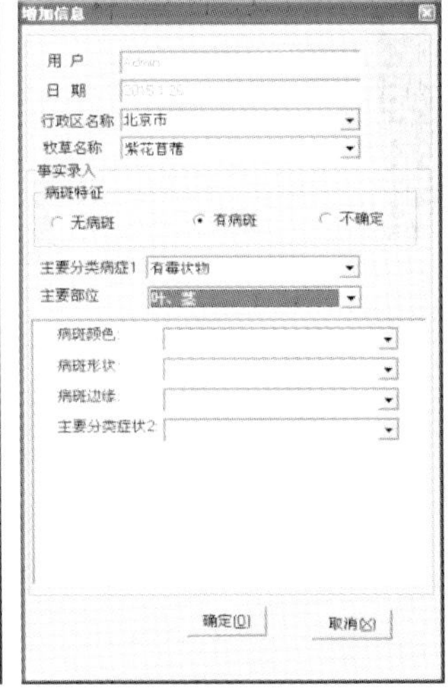

图 9-59　信息输入对话框

1. 文件菜单设置

点击“文件”，显示菜单，选择“新建”，模型会通过运行配置来新建数据集；选择“打开”，模型将打开已建立的数据集。数据集的新建和选择给用户提供了利用系统数据资源、自行搭配数据集组成，并保存和提供已有数据集的功能（图 9-63）。

（1）数据集的新建

进入数据集新建界面，输入用户自拟的运行代码。依次需要用户确定的还有数据集中的基础数据、气象数据、风数据、土壤数据、耕作数据等。其中，气象数据、风数据、土壤数据由模型提供，根据用户的选择，这些数据将从模型的数据库中调用。模型同时可以提供已经存在的基础数据和耕作数据，用户可以从中选择，也可以在利用模型界面

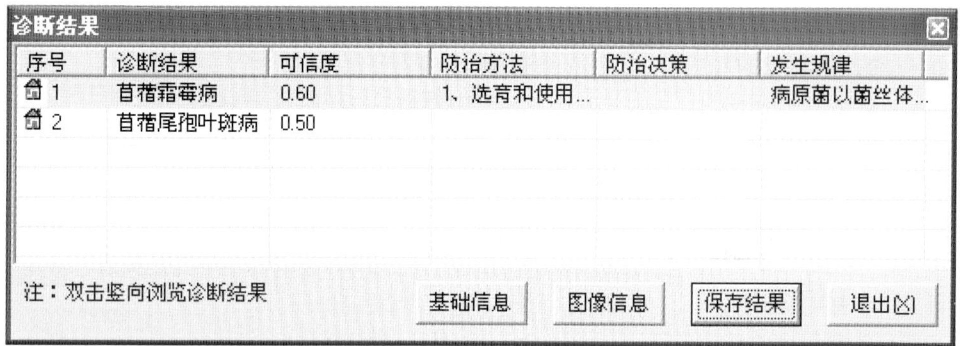

图 9-60　病害诊断对话框

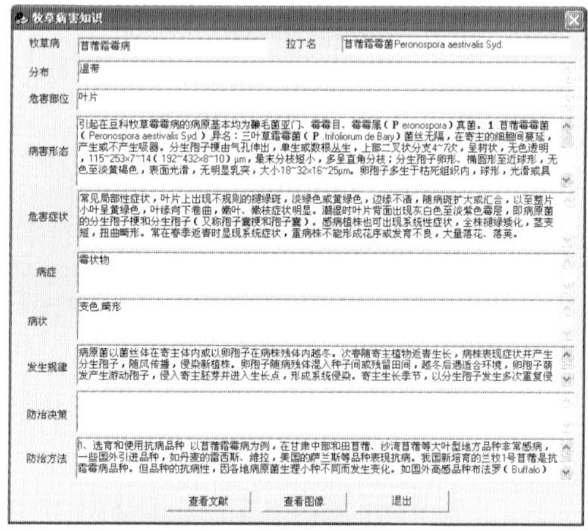

图 9-61　病害知识对话框

图 9-62　病害图片对话框

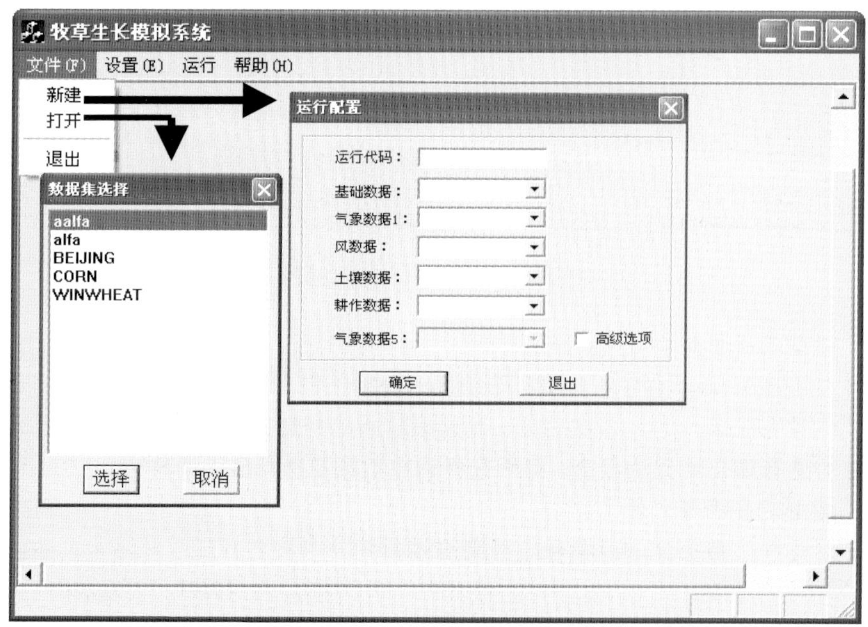

图 9-63　文件菜单设置对话框

的“设置”菜单预先自拟新建基础数据（*.sit）和耕作数据（*.ops），然后保存，再在建立数据集的过程中选择。

（2）数据集的选择

进入数据集选择界面，可以点击选择模型已建立的数据集，并在进行控制参数和输出设置确定后，进行模型的运算。

2. 模型的运行设置

（1）控制参数设置

进入模型程序界面，点击“设置”菜单，选择“控制参数”。用户可以输入模型运行所要模拟的年限、模拟起始的时间以及耕地的长度（m）和宽度（m）。界面上还提供了灌溉水价格、石灰价格、耕地其他投入价格、燃料价格、劳力价格以及其他投入等有关经济的可选项（图 9-64）。

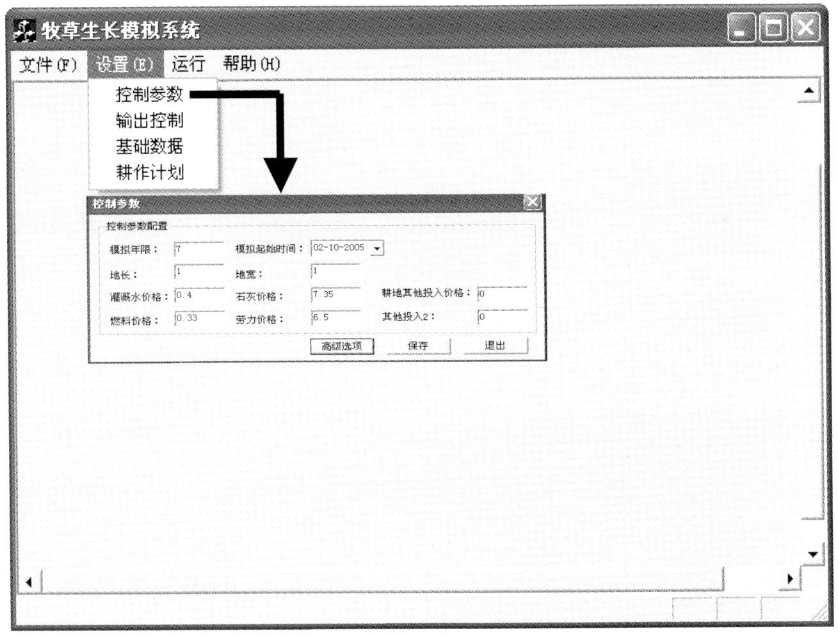

图 9-64　控制参数设置对话框

（2）模型输出控制

在模型程序界面上，点击“设置”菜单，选择“输出控制”。在输出因子选择界面，模型提供气象与胁迫因子、水文因子、侵蚀因子和养分因子等类别的输出结果。模型允许用户自行选择输出结果的组合，但所选择输出的项目数总共不能超过 40 个（图 9-65）。

（3）模型的数据集文件

模型运行哪个数据文件及参数，可通过数据集文件中各项的设定而定。数据集中包括有模型运行需要的各数据库文件（气象数据、风数据、土壤数据）和由用户提供的基础数据和耕作计划。数据库文件均由模型提供选择，基础数据和耕作计划由模型提供已建立的文件或由用户自己建立。

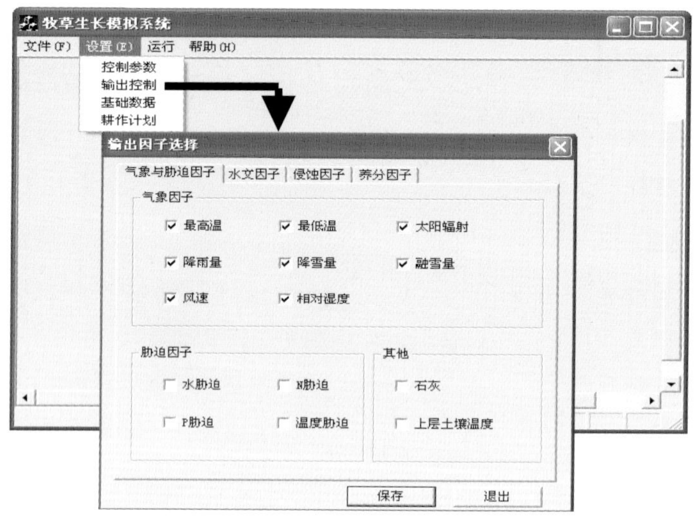

图 9-65　输出因子对话框

（4）基础数据

基础数据包括模型将进行模拟的目标区域的地理位置以及相应的生产条件等相关参数。由模型界面上的“设置”，进入基础数据的建立和编辑界面，可以进行数据组的输入、选择和编辑。界面左侧为已存在的基础数据文件名列表，右侧为基础数据各选项。基础数据的选项包括常规选项和高级选项两部分（图 9-66）。

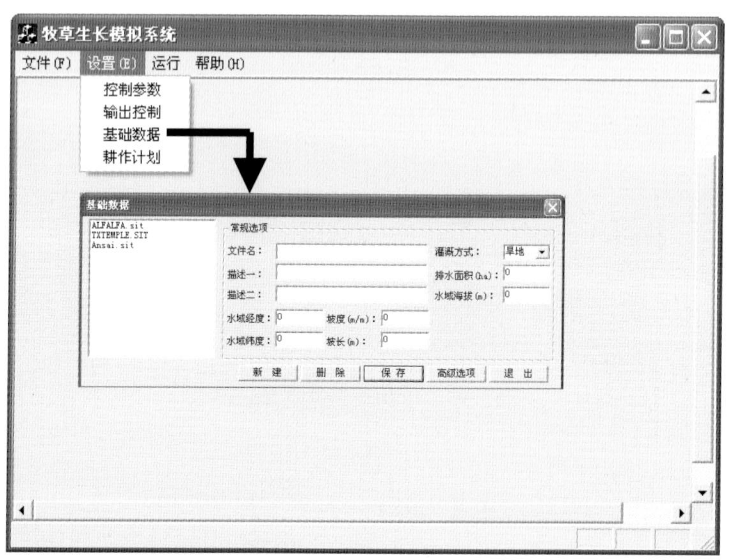

图 9-66　基础数据对话框

（5）耕作计划

模型需要用户预先按照一定的规则建立一个包括年份、日期、具体操作以及所涉及的耕作设备和参数的耕作计划。在模型界面上，点击“设置”进入耕作计划的建立、选择界面。用户可以新建或者选择已有的耕作计划文件（*.ops），然后点击“编辑”进入耕作计划编辑界面，建立具体的耕作计划内容（图 9-67）。

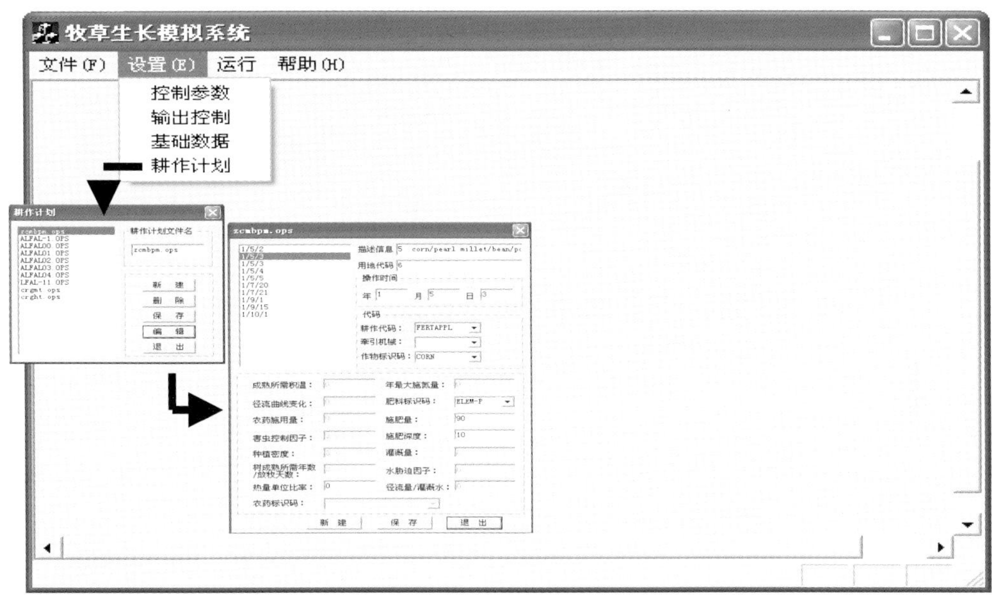

图 9-67　耕作计划对话框

3. 模型运行

（1）模型的运行

点击模型界面上的“运行”菜单，选择“运行模型”。点击后弹出对话框，要求用户将运行的结果文件保存到某个文件夹中，保存文件类型为*.mdb，需要用户输入新文件名。保存后，模型将运行（图 9-68）。

图 9-68　模型运行对话框

（2）运行结果查看

点击模型界面上的“运行”菜单，选择“查看结果”，可以查看模型的结果输出，包括土壤模拟和作物生长模拟部分。

第四节　远程管理诊断平台

一、远程管理诊断平台开发目的

由于单机版本的草业信息管理平台在牧区不能普及，必须开发出基于网络的远程管理平台，因此中国农业科学院农业资源与农业区划研究所又开发了远程管理平台。该平台的目的以计算机信息技术、地理信息技术、数据库技术等高新技术为支撑，基于.NET平台和GIS平台，采用三层架构（3-tier）模式，建立一套完善的草业信息化平台，为国家草业发展规划决策提供信息化平台支持，为草业信息化工作提供更加方便灵活的信息管理工具。具体的目标如下：

◆基于数据库开发牧草知识网络平台

◆基于数据库开发牧草专家诊断平台

◆基于数据库开发草地监测软件及发布平台

为了开发科学的远程管理平台，系统吸收了单机版本的经验，调研了国内外现有技术和相关系统的开发平台，制定了系统开发的原则：

◆先进性原则

当今信息技术发展日新月异，所以在系统设计建设时要具有前瞻性。采用的软件体系架构和开发工具应具有先进性，但在保证先进性原则的基础上要充分考虑系统的应用性、系统的稳定性，应选用经受考验比较稳定的软件和硬件产品。

◆实用性原则

要按照草业信息化管理的实际需要，提出切实可行的软件工程解决方案。结构优化、数据库管理完善、界面简单、使用方便、工作流程科学合理。

◆标准性原则

系统采用的信息分类编码、网络通信协议和数据接口将严格按照国家有关标准和行业标准制定。在软件开发和数据库设计中，有国家标准的要严格应用国家标准。没有国家标准的，可采用行业标准。在系统的开发建设中，也将遵循软件工程的实施原则和标准。

◆扩展性原则

系统具有升级和扩展能力。系统中配置的软件和开发的系统应便于升级和扩充，系统设计要遵循构件化设计原则，各部分遵循标准的规范接口，基于 XML 技术实现组件化“主线插槽”技术，系统具备灵活、弹性的体系架构，保证系统具备较好的业务扩展功能，保证用户单位的技术人员能方便地进行二次开发，扩张系统应用功能。

◆经济性原则

遵循“少花钱多办事”的原则，在设计草业信息化管理平台系统时，要在全面进行分析与调研的基础上，确定系统总体框架，进行广泛而深入的市场调查，严格遵循经济性的原则，充分考虑到系统的现状、发展，进行详细的分析，在满足性能要求的前提下，尽量为用户节约成本。

◆安全性原则

在设计时，将按照国家有关规范要求，从网络安全和应用安全两个层面进行统一的安全规划和管理。系统实行分级分类的系统安全维护。按照系统管理和应用的要求，设置严格的安全等级，详细确定功能操作权限、数据修改权限、确保系统运行的高效性、稳定性，数据安全性。

◆界面美观、操作简便

为降低系统使用难度，系统操作界面尽量美观大方、操作简便。

二、远程管理平台开发环境

★服务器端

1）硬件环境

远程管理平台服务器端硬件环境见表 9-10。

表 9-10　远程管理平台服务器端硬件环境

类别	硬件
CPU	Intel Xeon 2.0G 四核心
内存	2GB
硬盘	TB 级磁盘阵列
网卡	100M/1G
显示器	普通 CRT 或 LED，建议分辨率 1024×768

2）软件环境

远程管理平台服务器端软件环境见表 9-11。

表 9-11　远程管理平台服务器端软件环境

类别	软件
操作系统	Windows 98、2000、2003、XP 等
WEB 服务器	IIS 6.0
数据库软件	SQL Server2003
GIS 软件	ESRI ArcIMS4.0
开发语言	Microsoft Visual Studio.net 6.0
其他	Microsoft Visual Studio 2005 SP1 Redistribution

3）加密：软件狗技术。

★客户端

1）硬件环境

远程管理平台客户端硬件环境见表 9-12。

表 9-12　远程管理平台客户端硬件环境

类别	硬件
CPU	P4 2.0G
内存	4G
硬盘	100G
网卡	10/100M
显示器	普通 CRT 或 LED，建议分辨率 1024×768

2）软件环境

远程管理平台客户端软件环境见表 9-13。

表 9-13　远程管理平台客户端软件环境

类别	软件
操作系统	Windows 2000 SP4\Windows XP\Windows Server 2003
办公软件	Microsoft Office
浏览器	IE 6.0 以上
其他	Microsoft Visual Studio 2005 SP1 Redistribution

三、远程管理平台实现功能

远程管理平台利用遥感（remote sensing，RS）、地理信息系统（geographical information system，GIS）空间技术和计算机硬件、软件技术，实现了牧草适宜性诊断模块、病虫害诊断模块、水肥管理诊断模块等。

牧草适宜性诊断模块根据牧草的生长过程中需要的环境参数与自然环境因素进行对比评价，依据一定的优先法则和权重，确定牧草是否可以在特定的自然条件下生长。依据评价目的，可以分为自然适宜性评价和引种适宜性评价，其基本原理相同，只是评价的过程相反。前者为已知某种牧草的生长适宜的环境参数，利用各地区的自然环境要素来进行比较，得到该牧草可以生长的地区范围和名称；后者是已知某地区（一般是以行政区为单元）的自然环境因素，同样是利用各牧草的生长环境参数进行比较，得到可以在该地区生长的牧草名称，只是后者依据一定的引种原因，会增加一些特殊的判断条件，如经济利益最大化、生态效益最大化等。

在牧草适宜性评价过程中，依据的牧草生长特性、牧草生长适宜的评价因子主要是温度、降水、土壤特性等基本因子。在我国草业科学工作者多年的努力下，基本摸清了我国主要牧草的生长特性参数，中国农业科学院农业资源与农业区划研究所组织国内专家，绘制我国主要牧草的适宜生长分布图，并形成了专家知识库，同时制定了牧草适宜性评价的主要模型。

病虫害诊断模块依据国内常见病害分析，提取了病害发生是主要现象，然后根据区分病害的优先顺序，组织了牧草病害诊断的神经网络，采用人工神经网络算法，针对录入的病害事实，利用多现象求综合分值，然后依据分值高的节点结论作为病害结论提示。人工神经网络（artificial neural network）也简称为神经网络或者连接模型，是对人脑或者自然神经网络若干基本特色的抽象和模拟，人工神经网络以对大脑生理研究成果为基础，其目的在于模拟大脑的某些机理和机制，实现某个方面的功能。人工神经网络定义就是：“人工神经网络是由人工建立的以有向图为拓扑结构的动态系统，它通过对连续或断续的输入作状态相应而进行信息处理。”人工神经网络是在现代神经科学的基础上提出来的。它虽然反映了人脑功能的基本特征，但远不是自然神经网络的逼真描写，而只是它的某种简化抽象和模拟。

牧草病害诊断的过程是先录入最容易发现的事实，如牧草名称、有无病斑等，录入中会根据病害发生的规律，自动过滤不可能发生的事实，并逐步筛选到最后的病害结论。在知识网络中，根据某个事实确定某种病的可能性给予一个权重分值，每符合一个事实，就给某种病的结论加上该分值，到事实录入完毕，依据某种病得到的分值总和，分值一般要大于 0.75 才算可能是该种病，给出的最后结论为分值最高的病的名称。

为了科学诊断牧草病害，借助人体诊断原理，建立了全国 135 种牧草 600 多种常见病的知识库，建立了病害名称、病害诊断的知识、防治的方法等信息。同时，建立了病害发生的病理学图片和实物图片，提高诊断的准确性。

水肥管理诊断模块是牧草生长过程中重要的一环。在栽培过程中，时刻需要控制的是牧草的水分管理和肥料管理。牧草在生长过程中，需要水、阳光等自然因素，必须有适宜生长的环境，但是由于地域的关系，有些地区的自然环境并不是十分适宜，必须经过人为的环境创造。也就是在牧草生长过程中需要进行田间的管理，这些管理包括施肥、水等。水分管理是个重要却又非常困难的工作。因为在需要人工灌溉的地区一般都比较缺水，一方面要保证牧草的顺利生长、一方面要进行节约用水。因此在管理中，面临着艰难的决策，对于一般的牧民，他们根本不知道该怎么样去管理。该模块通过研究人工灌溉的时间和灌溉量，建立模型，取得了良好的效果。

四、远程管理平台应用事例

远程管理平台总体界面如图 9-69 所示。

图 9-69 远程管理平台总体界面

下面以病害专家诊断子模块和草地生产力发布介绍应用方法：点击“专家诊断”进入如下界面。

登录以后可以操作相关模块功能：

◆田间诊断

田间诊断提供了病害、虫害、水分诊断功能，并提供了诊断结果和事实查询。

★病害诊断

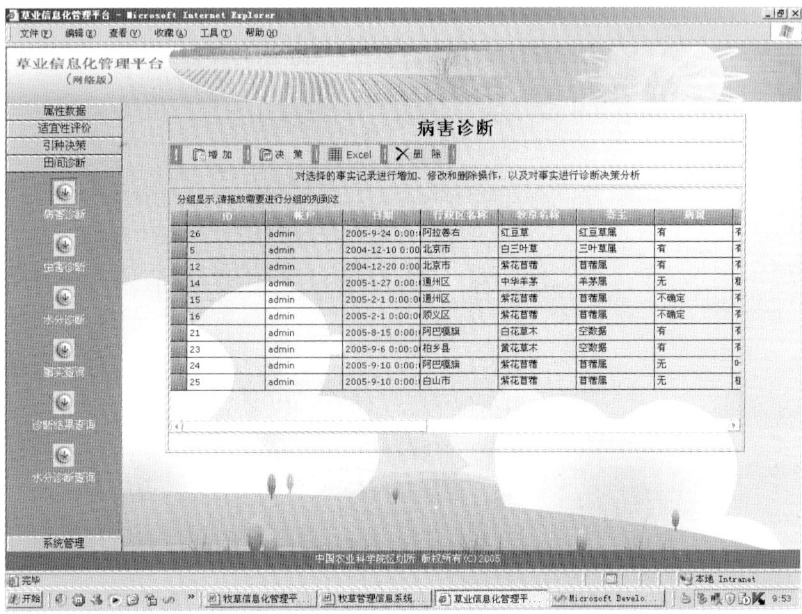

●可以对病害事实记录进行增加和删除操作

●可以对病害事实进行诊断决策操作：浏览决策信息、保存决策结果

1）增加事实：弹出增加信息设置框

●可以设置行政区、寄主等其他的病害信息

●其中对信息的选择取决于上级信息，以方便用户的操作

●“确定”按钮：保存增加的事实

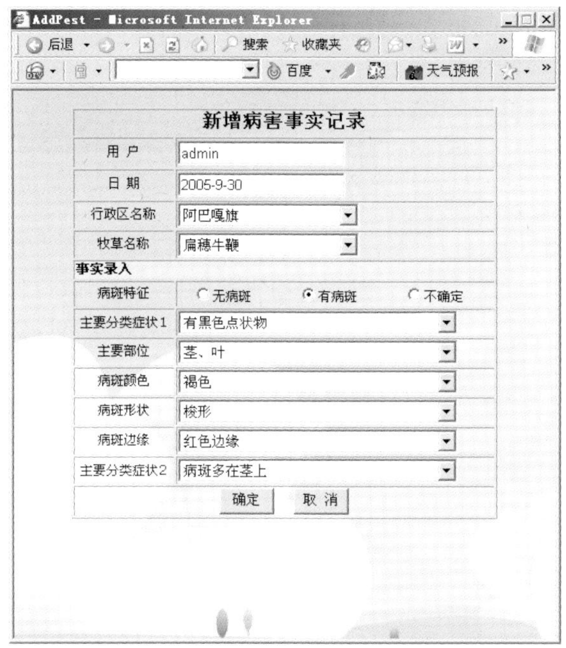

2）诊断决策：进行决策分析，并显示诊断结果

●“图像信息”按钮：弹出图像类别菜单，显示该类别的图像信息

●“基础信息”按钮：显示该病害的基础信息

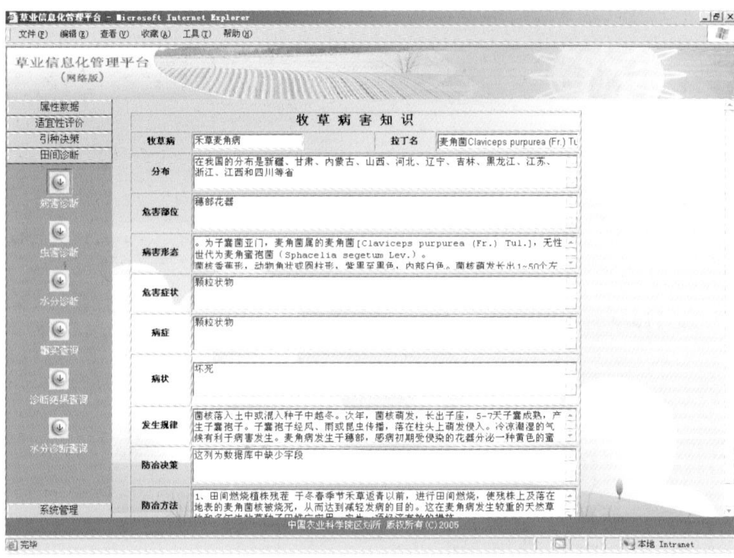

★虫害诊断

●可以对虫害事实记录进行增加、删除和修改操作

●可以对虫害事实进行诊断决策操作：浏览决策信息、保存决策结果

1）增加事实：弹出增加信息设置框

●可以设置行政区、危害部位、寄主等其他的虫害信息

●其中对信息的选择取决于上级信息，以方便用户的操作

●“确定”按钮：保存增加的事实

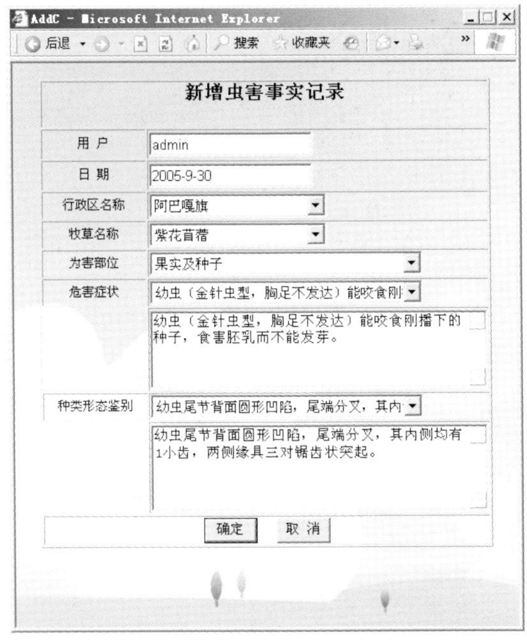

2）修改事实：弹出修改信息设置框

●可以修改行政区、危害部位、寄主等其他的虫害信息

●其中对信息的选择取决于上级信息，以方便用户的操作

●“确定”按钮：保存修改的事实

3）诊断决策：进行决策分析，并显示诊断结果

●“基础信息”按钮：显示该虫害的基础信息

●“保存结果”按钮：保存诊断结果，弹出保存确认框

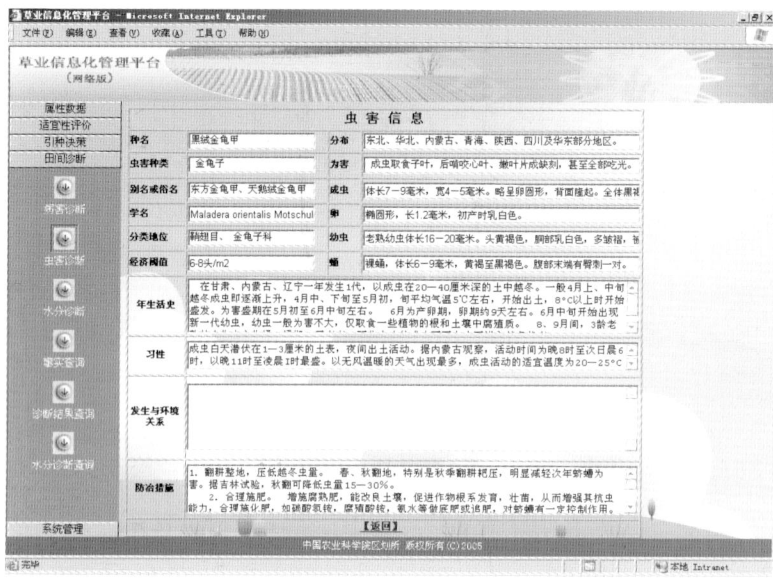

★草地生产力发布

草地生产力发布平台不仅实现了大量属性数据（文本、图片、报告、统计信息等）的网上发布，还有大量动态交互的空间图形数据，因此，需要采取双向交互式的动态网页来实现空间数据的网上发布，并根据用户的需求生成网页，分发给用户。平台采用目前国际上最为流行的ArcIMS作为WebGIS平台。ArcIMS的关键技术都是用目前Internet领域最强大、最有前途的Java语言开发的。它可以跨平台、跨系统、跨网络运行，是真正的WebGIS平台。ArcIMS的运行机制：Web Server接收来自客户端的请求，通过中间层把请求传递给ArcIMS连接器，再送往ArcIMS应用服务器。应用服务器根据客户端的具体请求和客户端的类型、配置，提交给空间服务器读取数据集，进行具体的处理并形成结果。处理的结果再按照相反的顺序回应给客户端。

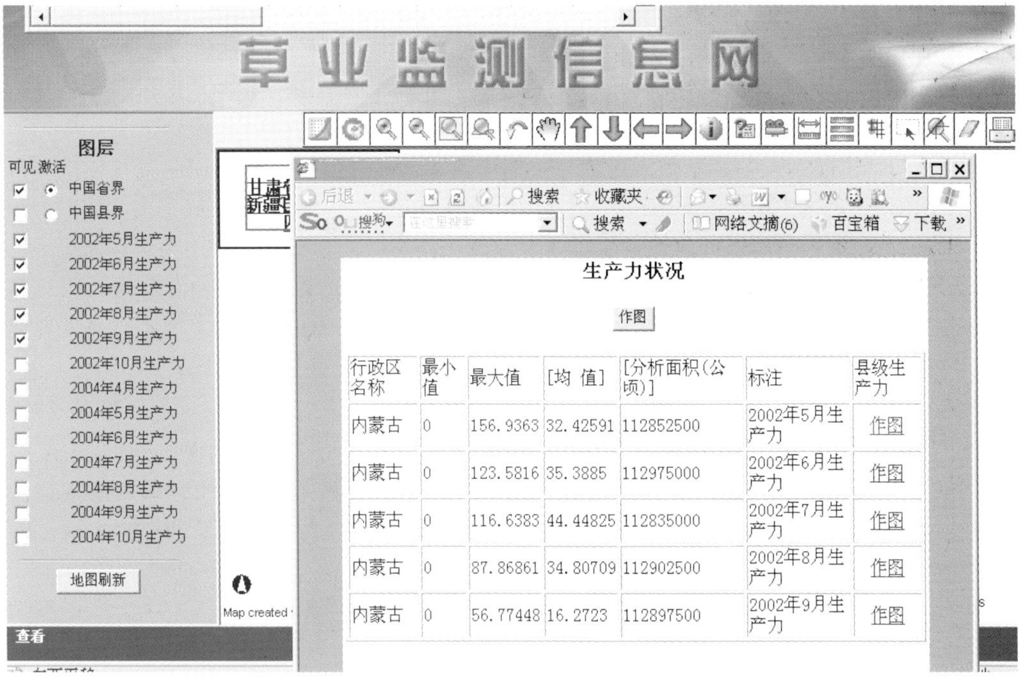

行政区名称	最小值	最大值	[均 值]	[分析面积(公顷)]	标注	县级生产力
内蒙古	0	156.9363	32.42591	112852500	2002年5月生产力	作图
内蒙古	0	123.5816	35.3885	112975000	2002年6月生产力	作图
内蒙古	0	116.6383	44.44825	112835000	2002年7月生产力	作图
内蒙古	0	87.86861	34.80709	112902500	2002年8月生产力	作图
内蒙古	0	56.77448	16.2723	112897500	2002年9月生产力	作图

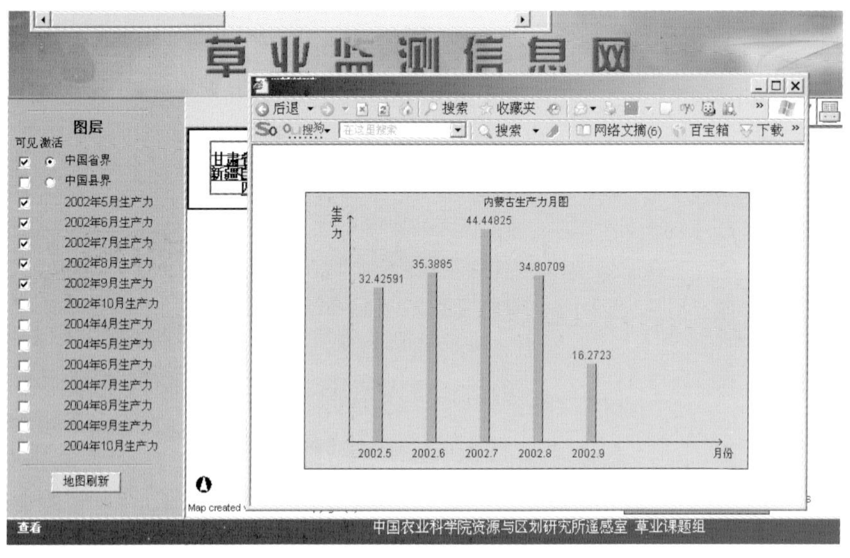

第五节 基于 PDA 的牧草管理系统开发

一、系统开发目的

牧草信息管理平台单机版以及远程管理平台都存在不能适应田间地头的矛盾，一来不方便携带电脑设备，同时也存在网络覆盖的问题。而在牧草病虫害、水分诊断过程中，都需要在实地进行测量和诊断，因此需要开发一种轻便携带的牧草信息化管理平台。

现代电子产品和电脑技术的发展，出现了完全满足要求的技术产品，即个人数码助理（personal digital assistant，PDA），一般是指掌上电脑。PDA 具备了一台电脑主机的基本结构，因此它也拥有电源开关、屏幕开关、硬启动和软启动按钮。相对于传统电脑，PDA 的优点是轻便、小巧、可移动性强，同时又不失功能的强大，缺点是屏幕过小，且电池续航能力有限。PDA 通常采用手写笔作为输入设备，而存储卡作为外部存储介质。由于软件架构上的巨大区别，PDA 上的应用程序与传统台式机差异较大，即便是相同的 Word 文档，在 PDA 上的格式与台式机上的格式还是略有不同。在无线传输方面，大多数 PDA 具有红外和蓝牙接口，以保证无线传输的便利性。许多 PDA 还具备 Wi-Fi 连接以及 GPS 全球卫星定位系统。

第一款 PDA 是 1992 年由苹果电脑出品的 Newton。但这一款产品在商业上很不成功。后来出现了专门为了手写输入的 Graffiti 输入法，一家利用此方法作为输入法的 PDA 公司推出了 Palm 这一个系列的产品，并获得了巨大的成功。在 20 世纪末，微软进入这一领域，并首先推出了 Windows CE 1.0 操作系统，该系统在各方面表现并不尽如人意，但后来微软推出的 Windows Pocket Edition 2002 一举奠定了 PPC 操作系统的领先地位。

目前最受欢迎的掌上电脑操作系统平台分别有 Palm OS 及微软 Windows Mobile 系列。

基于 PDA 开发草业管理平台在国内是第一次尝试，必须充分考虑到现有设备的不足，开发技术难点，分步进行系统开发和集成。有不能直接实现的技术难题，应该采取转换数据格式或者其他办法来实现。因此，开发本系统需要遵循以下基本原则。

1）采用成熟的主流开发技术

本软件系统应采用工业界主流的开发技术，一方面，最大限度地避免因开发环境带来的软件稳定性问题；另一方面，最大限度地兼容各类硬件环境，便于今后软件的维护和升级。

2）基于目标平台的广泛稳定性测试

本软件系统的开发属于嵌入式开发领域，嵌入式开发最大的特征就是基于目标平台进行，对目标平台存在依赖，不同的目标平台将导致软件稳定性的差异。因此，本软件系统需要基于当前应用广泛且性能满足要求的目标平台进行广泛且严格的稳定性测试。

3）功能实用

本软件系统最终是以产品的形式提供非专业用户使用，功能必须实用，能够解决用户的实际问题。

4）操作便捷

本软件系统局限于 PDA 设备自身的操作方式，在此基础上，尽可能通过界面设计手段使操作便捷、人性化。

5）数据优化

本软件系统源起桌面系统，其数据均以桌面计算环境进行组织，在迁移到 PDA 计算环境中时，必须进行必要的转换，在转换的同时对数据结构进行优化，这是使软件在 PDA 中获得比较高的运行效率的关键。

二、系统开发环境与实现功能

从技术的视角看，本软件系统整体上包括三块：数据库再设计、桌面端软件和 PDA 端软件，三者之间的关系见图 9-70。

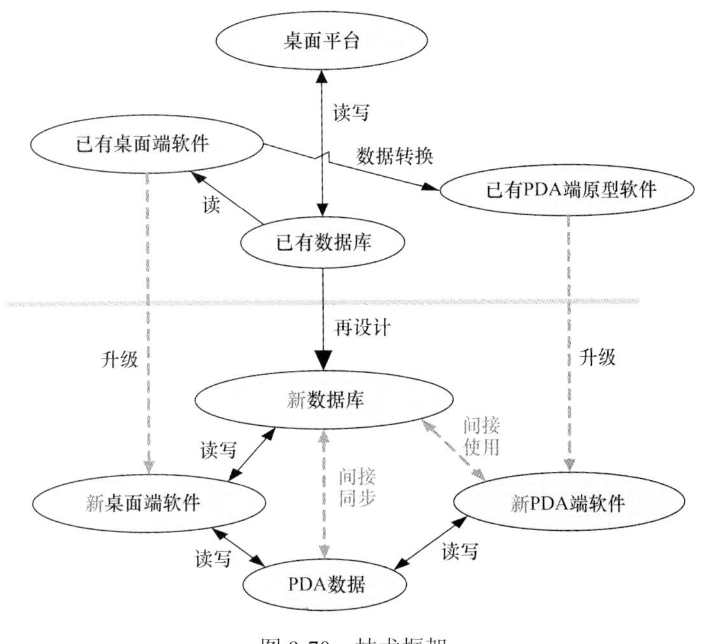

图 9-70　技术框架

其中数据库再设计是基于已有的数据库生成新数据库，主要进行以下几个方面的优化处理。

1）清除冗余表

根据本系统的应用目标，只保留与 PDA 软件计算相关的数据表，多余的数据表坚决予以清除，既减少数据量也有利于数据结构的优化。

2）清除冗余字段

对于保留的数据表，坚决清除与 PDA 软件计算无关的字段，在减少数据量的同时，也加快数据加载效率，进而提高查询效率。

3）清除冗余记录

对于保留的数据表，坚决清除错误记录、空记录和重复记录以减少数据量。

4）优化表之间的关联

优化数据表之间的关联包括合并、拆分和规范化，使数据表组织更加符合数据库设计的原则。

5）设计 PDA 中的数据结构

设计与桌面数据库对应的 PDA 数据结构，既要保证转换后数据的完整性，又要保证转换后数据的查询效率，同时也要使转换后的数据可反向转换到数据库中。

6）完善数据库内容

数据库内容至少包括足够支持软件测试的各类数据，保证其完整性、准确性。

（一）开发环境

基于 PDA 的牧草信息化管理系统开发环境见表 9-14。

表 9-14　基于 PDA 的牧草信息化管理系统开发环境

类别	软件
操作系统	Windows CE.NET 4.2
目标平台	Pocket PC2003 及其后续产品
设备模拟器	Microsoft Pocket PC 2003 SDK 中文
数据结构	STL 标准模板库
通信软件	ActiveSync v4.5 Simplified Chinese
开发语言	Microsoft Embedded Visual C++ 4.0 + sp4
界面	基于 MFC 构建

（二）实现的基本功能

PDA 端软件是基于桌面端软件组织好的数据，进行浏览、查询、分析、管理和统计等，其基本功能具体如下。

1. 数据浏览

包括：单个数据表打开浏览，也可以是根据用户选择对数据表局部视图的浏览。

2. 数据查询

包括：按照SQL方式构造，大体分为普通模式和高级模式两种方式，普通模式就是关键字匹配，高级模式包括模糊、比较等多种筛选手段。查询的内容包括牧草文献查询、牧草经济咨询、牧草栽培咨询。

3. 数据管理

包括：数据表另存为其他格式、数据表属性字段修改和增减、数据表记录修改和增减、数据表按照指定属性排序、查询结果保存和连接外部数据源等。

4. 诊断分析

包括：适宜性评价、引种、水分诊断、病虫害诊断等专业分析模型。其中适应性包括：按名称查询适宜性、牧草综合适宜性评价、栽培地区自然资源查询和栽培地区气候资源查询。引种决策包括：基于饲料生长引种、基于生态生长引种和基于草原改良引种。田间诊断包括：病害诊断、虫害诊断、水分诊断以及诊断结果和诊断事实查询。

5. 统计图表

包括：对查询和分析结果以简单折线图、直方图等形式展示，这部分是系统设计的难点，根据实际情况，量力而行。

6. 多媒体数据展示

包括：JPG图片、文本文件、网页等的自动打开。

三、系统应用事例

（一）加载数据

从“系统”菜单的下拉菜单中选择“加载”子菜单（图1），并打开进入图2界面。如图2选择数据“Peking”并打开，进入图3界面。

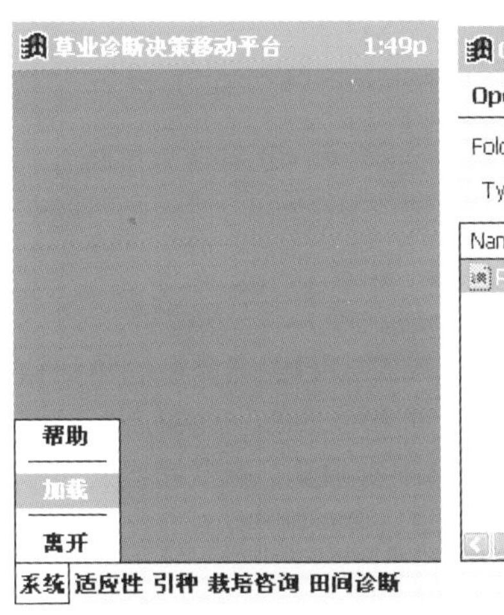

图1

图2

图3

（二）适应性

“适应性”主菜单包括 4 个子菜单见图 4。

1）点击“按名称查询适宜性”菜单，进入图 5 界面；选择牧草名称为“中华羊茅”的牧草，点击“信息查询”，得到查询结果，见图 6 界面；选择牧草查询结果中的某个行政区名称，可点击“详细内容”进行查询，进入图 7；得到详细信息表，点击“下一个”可以查看该牧草在下一个行政区的详细信息，也可点击“显示地图”查看分布位置，点击“下一个”可以查看该牧草在下一个行政区分布的地图位置。

2）点击“牧草综合适宜性评价”菜单见图 8，进入图 9，可以选择某种牧草的名称查看该牧草生长的“气候”条件。然后可点击“积温”“降水”“土壤”“分析”查看具体信息。具体见图 10 至图 13。

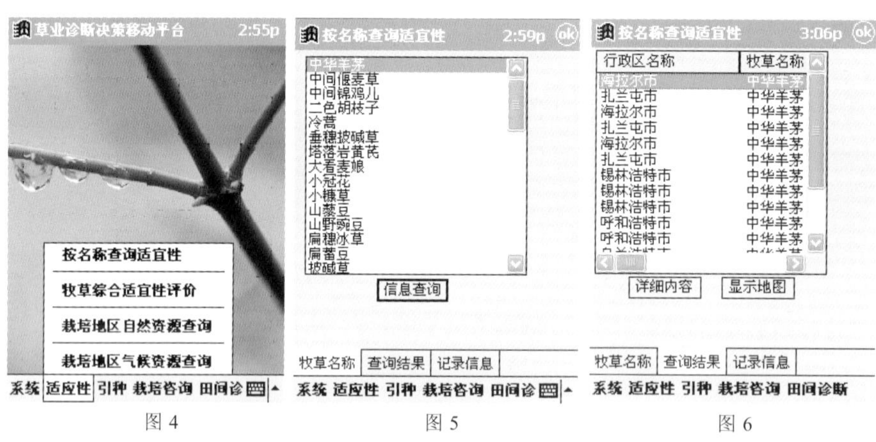

图 4　　图 5　　图 6

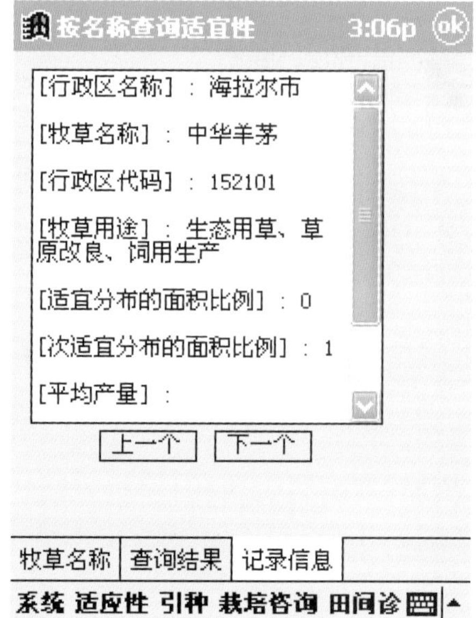

图 7

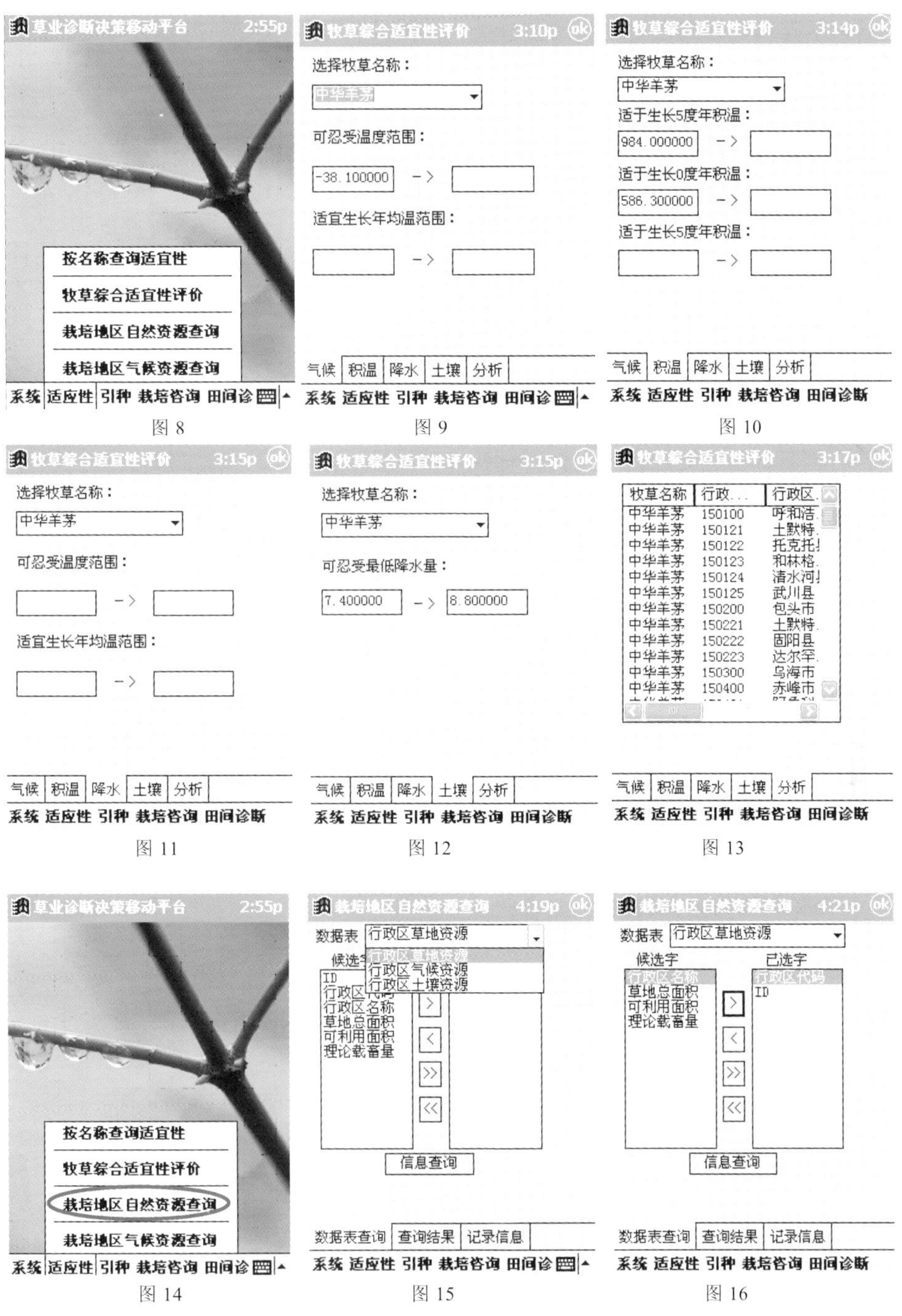

图 8　图 9　图 10

图 11　图 12　图 13

图 14　图 15　图 16

3）在图 13 中点击右上角的“ok”，可以回到主界面见图 14。点击“栽培地区自然资源查询”菜单进入图 15；先选择数据表，再从候选字中选择查询的关键字，然后点击信息查询，见图 16；查询结果见图 17，就某条查询结果，可以点击“详细内容”查看详细信息，具体见图 17、图 18。

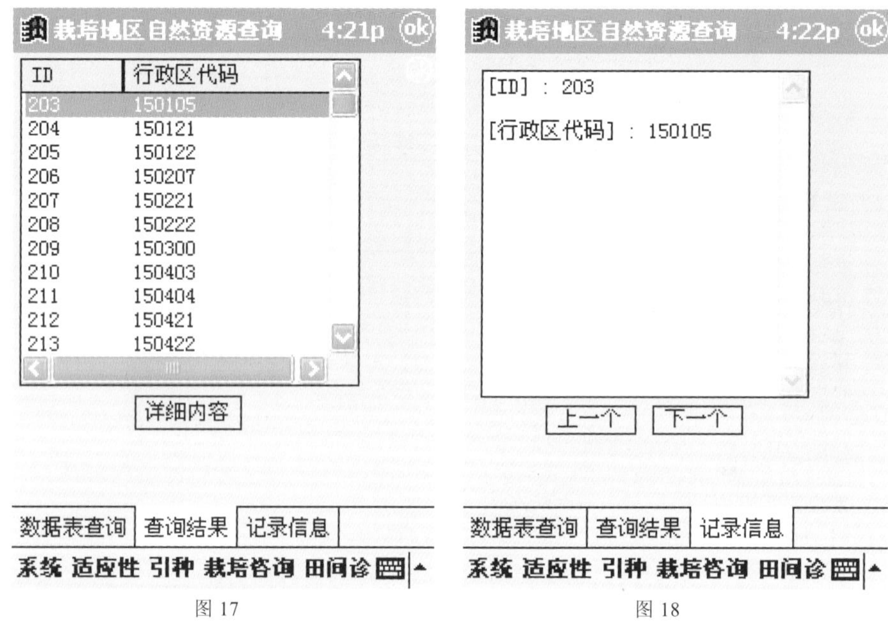

图 17　　图 18

4）在图 18 中点击右上角的“ok”，可以回到主界面见图 14。点击“栽培地区气候资源查询”菜单进入图 19；先选择数据表，再从候选字中选择查询的关键字，然后点击信息查询，查询结果见图 20；就某条查询结果，可以点击“详细内容”查看详细信息，具体见图 21。

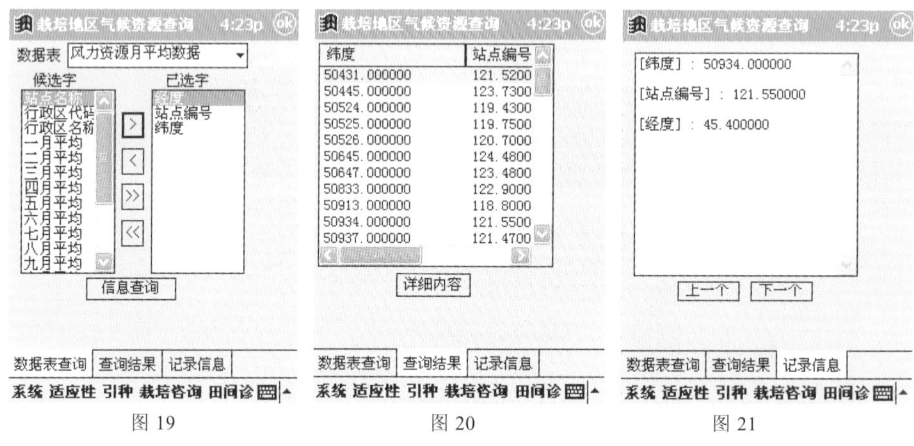

图 19　　图 20　　图 21

（三）引种

“引种”主菜单包括三个子菜单见图 22。

选择“饲料生产引种”子菜单，进入图 23；首先选择行政区，然后设置草产量模型，最后分别依次点击“设置参数权重”“修改饲用参数”“设置管理费用”，如图 24、图 25，最后得到“决策”结果，见图 26。

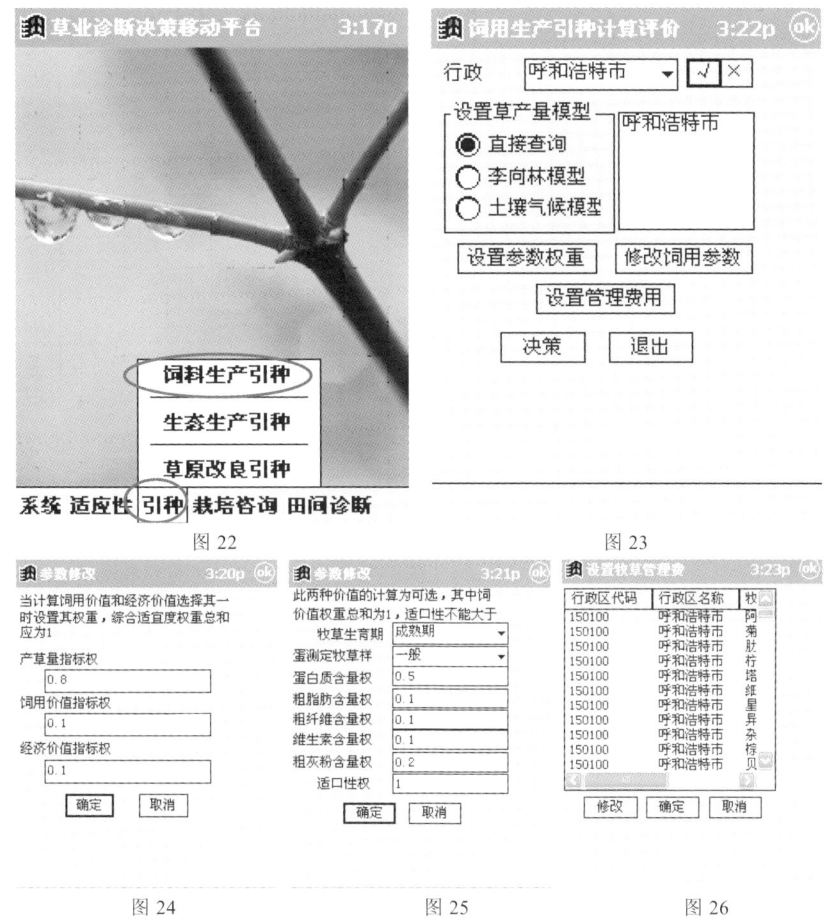

图 22　　图 23

图 24　　图 25　　图 26

选择“生态生产引种”子菜单，如图 27，进入图 28；首先选择行政区，如图 29，进行“信息查询”，得到查询结果如图 30，点击“详细内容”查看“记录信息”，如图 31。

选择“草原改良引种”子菜单，如图 32，进入图 33；首先选择行政区，进行“信息查询”，得到查询结果如图 34，点击“详细内容”查看“记录信息”，如图 35。

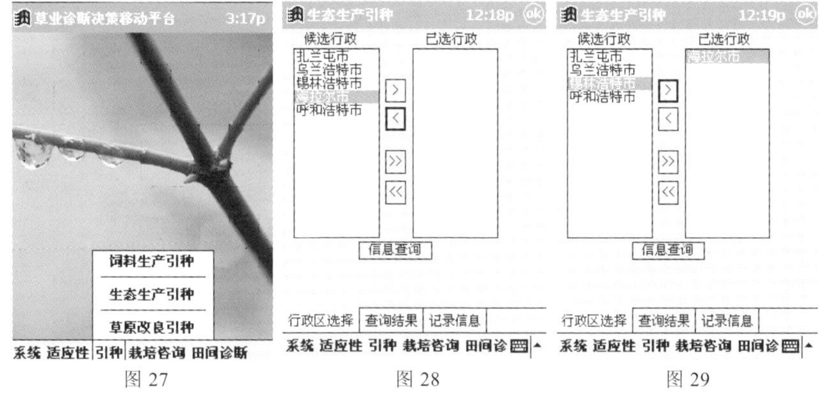

图 27　　图 28　　图 29

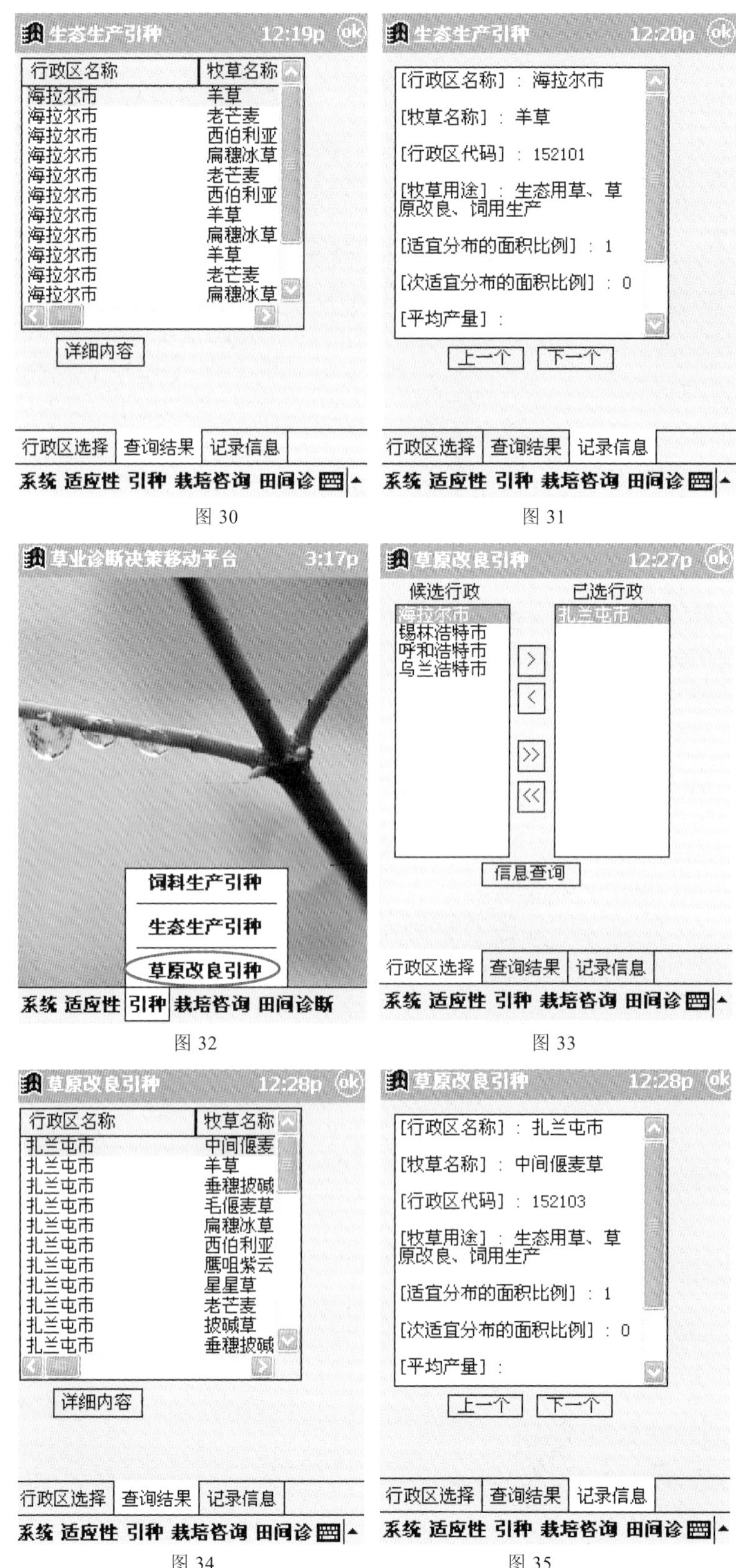

图 30　　图 31

图 32　　图 33

图 34　　图 35

（四）栽培咨询

“栽培咨询”主菜单包括三个子菜单见图 36。

1）选择“牧草文献查询”子菜单，进入图 37；选择“牧草图像”，进行“信息”查询，得到“文献信息”，如图 38，点击“详细内容”查看“记录信息”，如图 39。

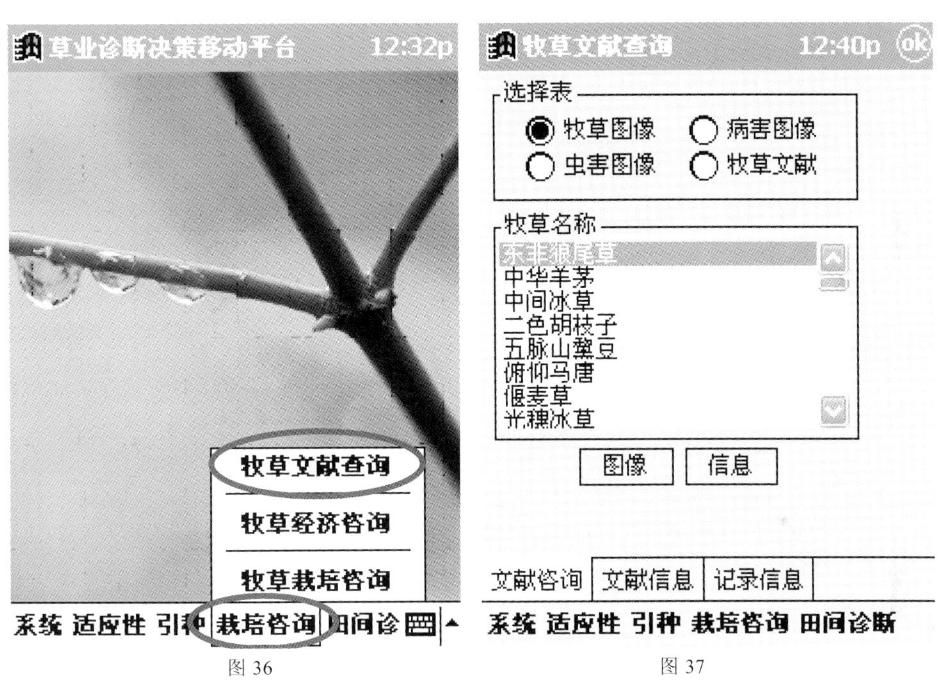

图 36　　图 37

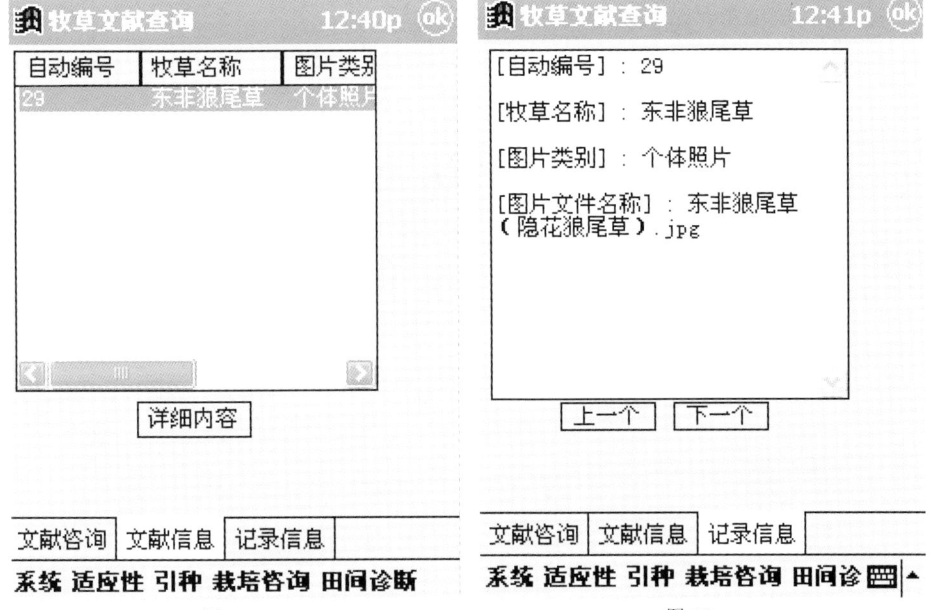

图 38　　图 39

2）选择“牧草经济咨询”子菜单如图 40，进入图 41；选择“草产品价格”和“牧草名称”，进行“信息咨询”，得到如图 42 的咨询结果，点击“详细内容”查看“记录信息”，如图 43。

3）选择“牧草栽培咨询”子菜单如图 44，进入图 45；选择“病害咨询”和“按名称查询”，得到如图 46 的咨询结果，点击“按照名称查询”查看结果，如图 47。

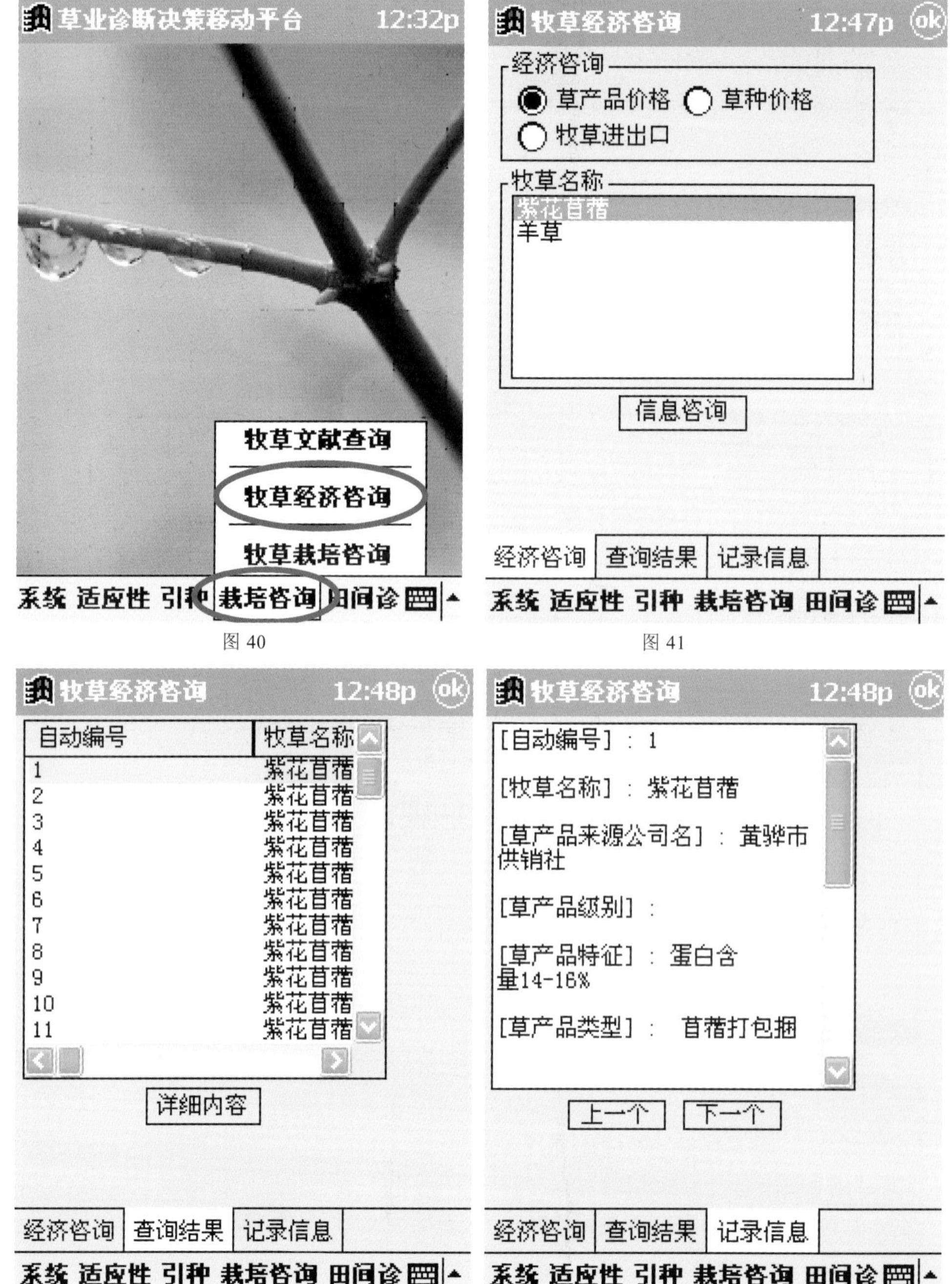

图 40　　图 41

图 42　　图 43

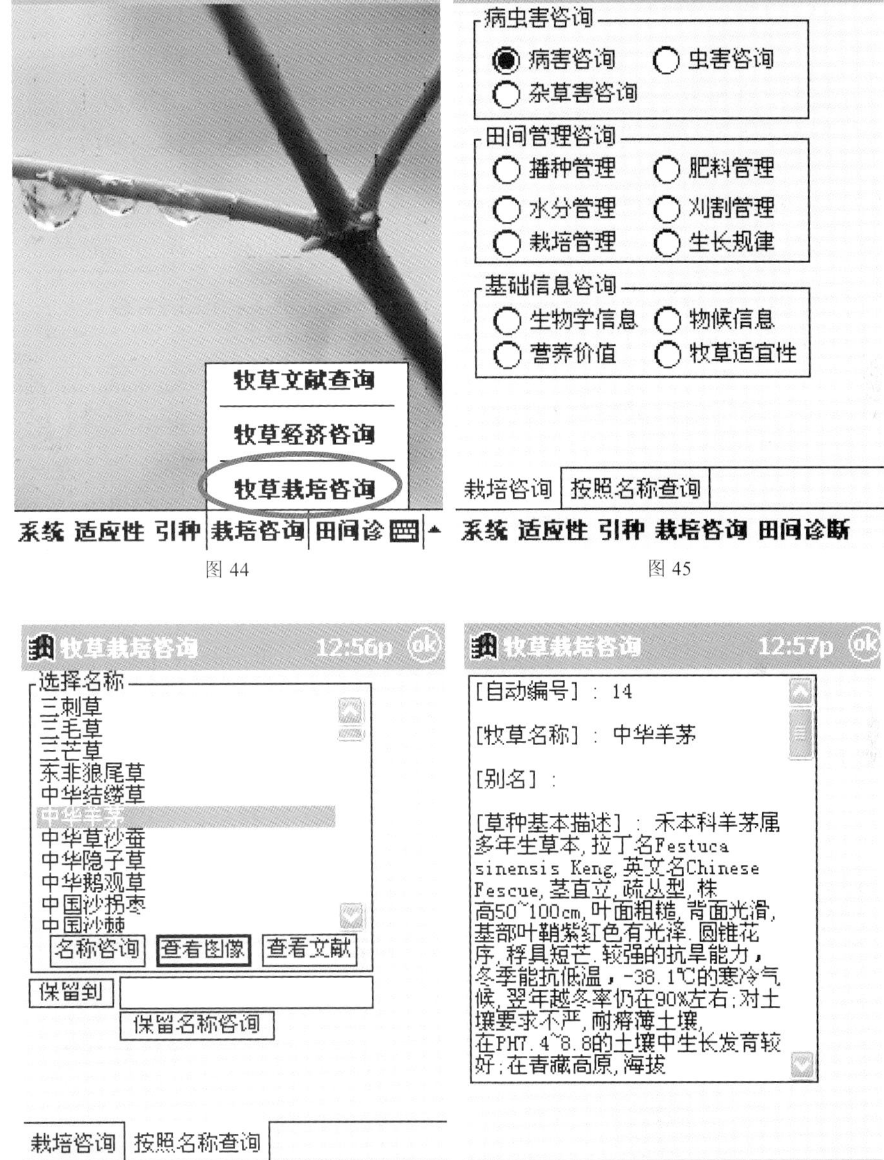

图 44　图 45

图 46　图 47

（五）田间诊断

“田间诊断”主菜单包括 5 个子菜单见图 48。

选择“病害诊断”子菜单如图 48，进入图 49；可以增加记录（如图 50、图 51）、删除记录，也可以根据某条记录信息进行“决策”，如图 52，查看“病害知识”，得到如图 53 的结果。

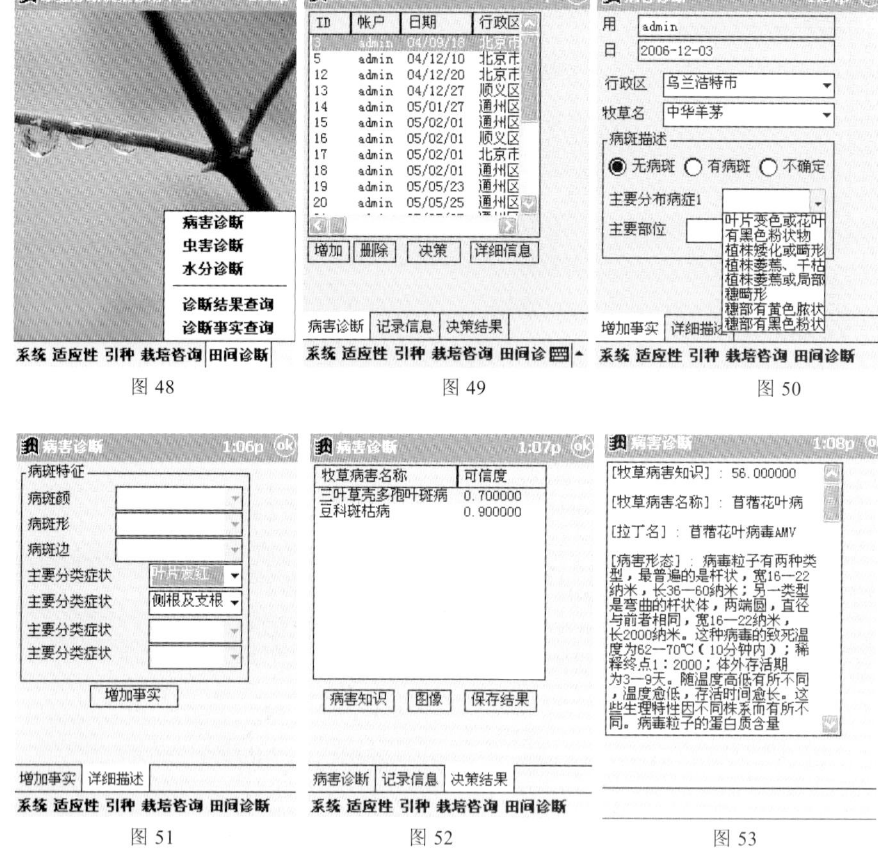

图 48　图 49　图 50

图 51　图 52　图 53

选择“虫害诊断”子菜单如图 54，进入图 55；可以增加记录（如图 56）、删除记录，也可以根据某条记录信息进行“决策”，如图 57，查看病害知识，得到如图 58 的结果；查看记录的“详细信息”，如图 59。

选择“水分诊断”子菜单如图 60，进入图 61；选择“计算模型”，点击“下一步”，得到如图 62 的“灌溉需水量”。

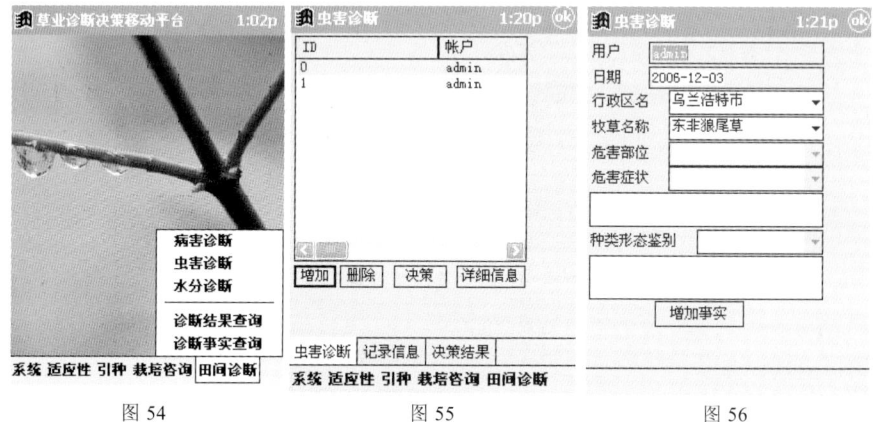

图 54　图 55　图 56

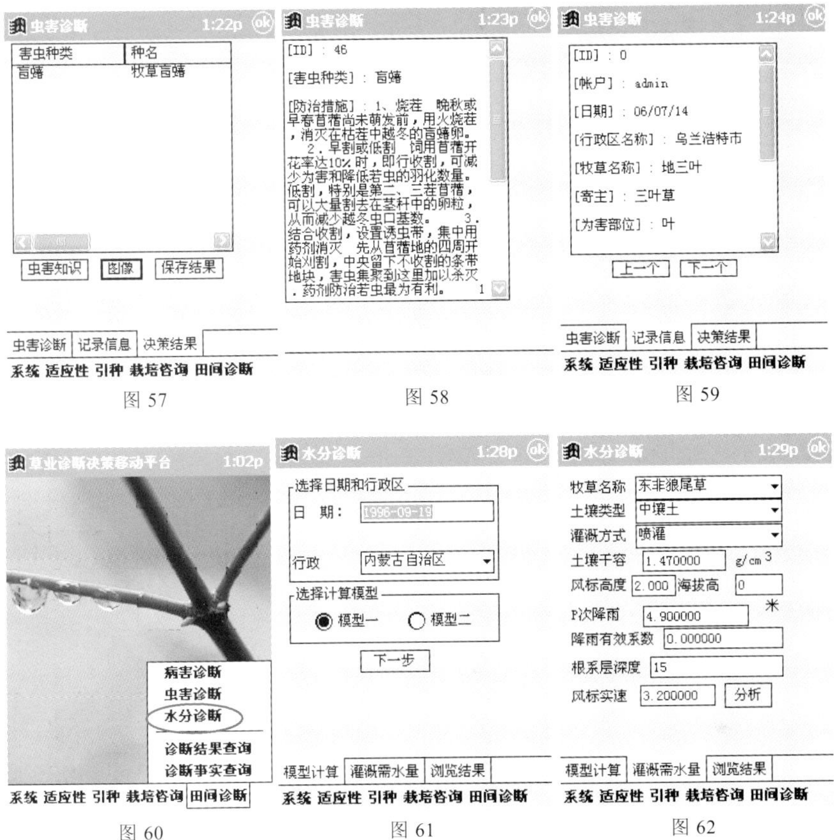

图 57　　图 58　　图 59

图 60　　图 61　　图 62

选择“诊断结果查询”子菜单如图 63，进入图 64；选择“数据表”，从候选字中选择关键字，进行“信息查询”得到如图 65 所示的结果，点击“详细内容”查看详细信息，如图 66。

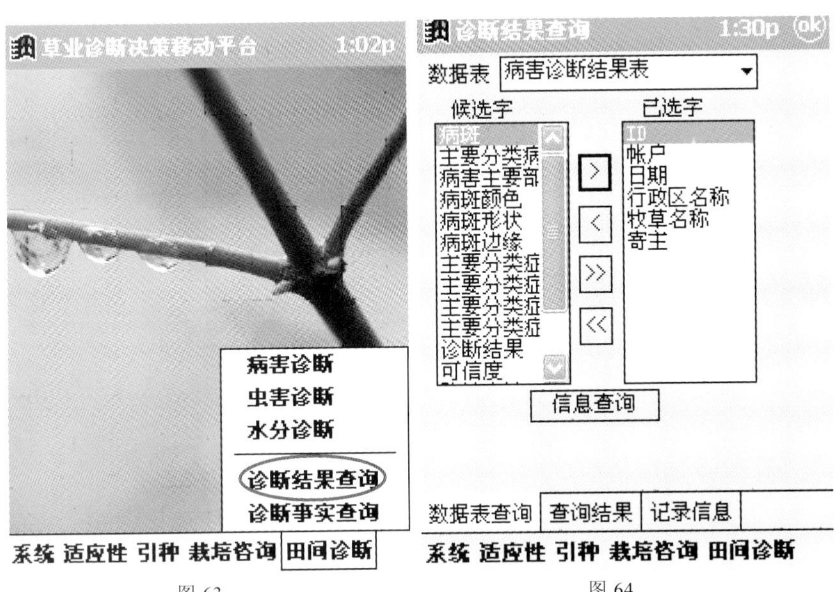

图 63　　图 64

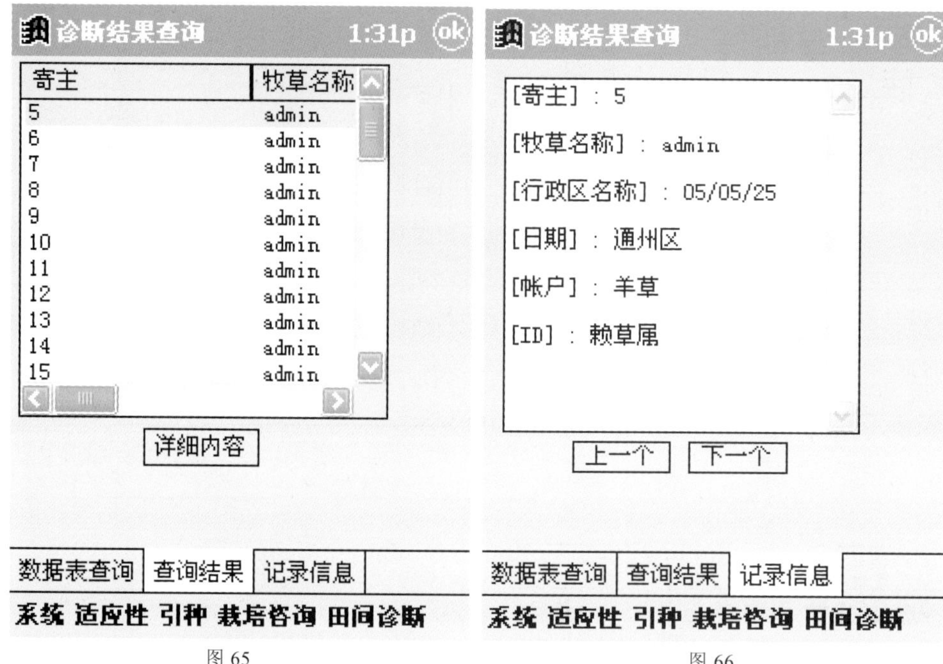

图 65　　图 66

选择“诊断事实查询”子菜单如图 67，进入图 68；选择“数据表”，从候选字中选择关键字，进行“信息查询”得到如图 69 所示的结果，点击“详细内容”查看详细信息，如图 70。

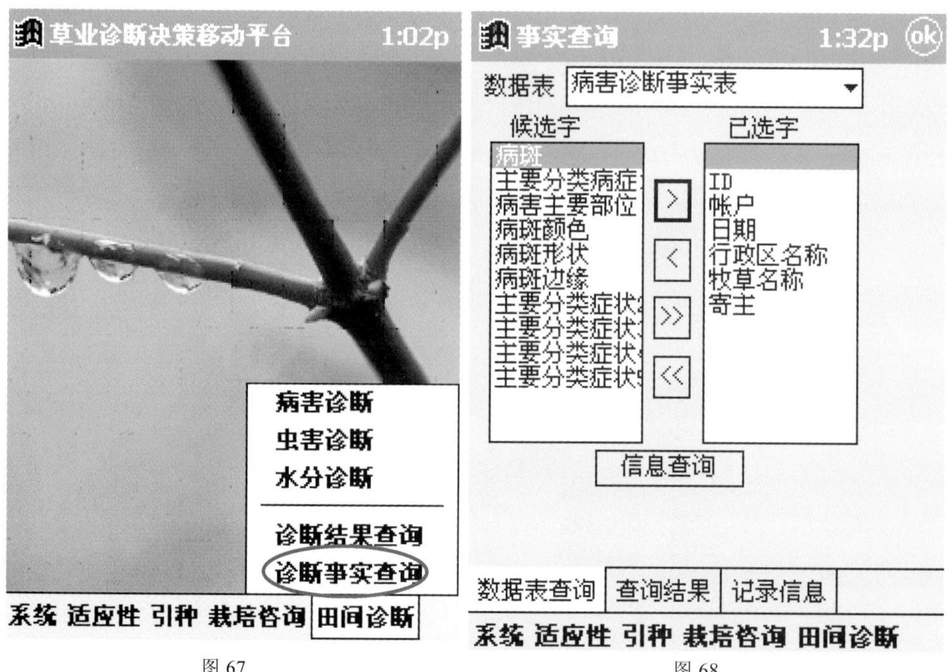

图 67　　图 68

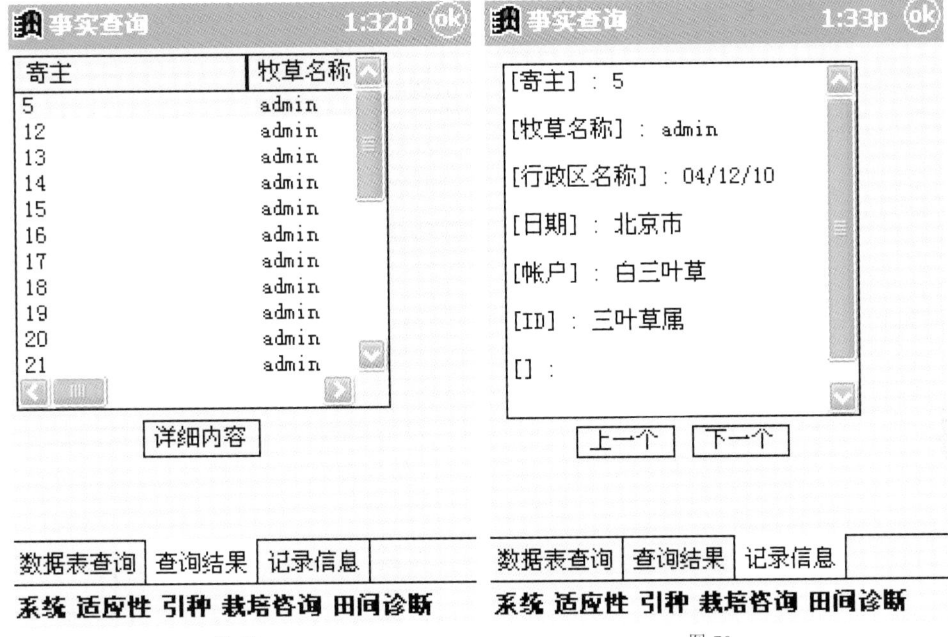
事实查询 1:32p ok
寄主 牧草名称
5 admin
12 admin
13 admin
14 admin
15 admin
16 admin
17 admin
18 admin
19 admin
20 admin
21 admin
详细内容
数据表查询 查询结果 记录信息
系统 适应性 引种 栽培咨询 田间诊断
事实查询 1:33p ok
[寄主]：5
[牧草名称]：admin
[行政区名称]：04/12/10
[日期]：北京市
[帐户]：白三叶草
[ID]：三叶草属
[]：
上一个 下一个
数据表查询 查询结果 记录信息
系统 适应性 引种 栽培咨询 田间诊断

图 69　　图 70

第十章　前景和展望

第一节　我国草业发展趋势

作为草业科学和信息技术交叉学科的数字草业，从信息技术角度看，是数字农业在草业领域的延伸；从草业科学范畴出发，是对草业理论和技术的数字化表达。数字草业的发展，在技术上受到信息技术发展应用的激发和制约，但是，作为一门学科，数字草业归根结底从属于草业科学本身的发展。我国虽然在 20 世纪 80 年代就提出了草业的概念，然而，由于我国在生产上以粮为纲，生态上以森林为主，草业学科发展比较缓慢，没有建立较为完善的草业产业系统。草业的三个主要子产业——草食畜牧业、饲料草业、生态草业，目前只有草食畜牧业有可观的产值而被认可，饲料草业和生态草业基本没有形成产值，只是停留在观念探讨和产业探索中。所以，目前数字草业主要以草食畜牧业数字化监测管理为核心，并随着饲料草业和生态草业的发展，逐步纳入高产栽培草地数字化管理、多尺度生态评估和数字规划等内容。

草地是草食家畜和草食动物的主要饲料来源，也是主要的陆地生态屏障，对人类环境和文明发展具有极其重大且不可代替的作用，具有重要的经济、生态和社会价值。草地资源丰富的国家如蒙古国、澳大利亚家畜饲料中有 50%以上来自草地。我国人口多，耕地少，长期农业经营基本上充分挖掘了农田生产潜力，发展以精饲料为主的畜牧业受粮食生产制约，而草地蕴藏着发展草食家畜的巨大潜力，根据全国草地资源调查研究成果分析和评估，我国草地的生物量每年约为 22.29 亿 t，进行草地改良后生产力能够进一步提高，有可能建成我国重要的食物生产基地，成为解决我国食物问题的重要组成部分。我国草地畜牧业与发达国家主要差距在于：一是投入和建设、二是科学管理、三是经营意识。

在投入建设方面，我国历史上草食畜牧业以资源消耗型放牧畜牧业为主，粗放经营的观念促使人类通过低投入方式不断向天然草原索取廉价粗饲料，在增加了本已脆弱的草地生态系统压力的同时，导致人类忽视和放松了加工饲料、畜牧业生产技术的合理改进和升级。近两个世纪以来，畜牧业发达的国家就通过投入建立栽培草地提高草地生产力，而在我国，放牧被认为是“投入最少”、“成本最低”的生产方式，事实上，所谓“成本最低”并没有考虑自然资本的损失，超载过牧所造成的草地退化、土地荒漠化具有极其高昂的生态代价，甚至是无法用金钱计算的。从国家的层面上来看，占 41%国土面积的草地没有得到相应的生产建设投入，其对可持续发展的支撑能力也没有被正确评估，草原生态问题只有在发生沙尘暴等灾害时才偶然被关注一下。仅把草地资源当作生产对象，没有当作资本来看待，只要求其产出而不进行投入，因而对草地的建设和维护力度十分薄弱。中国大部分天然草地已经不堪重负，传统的草地畜牧业已经难以持续，草原区环境安全和生态保育面临着前所未有的挑战。20 世纪 80 年代以后，农区畜牧业、城郊畜牧业迅速崛起，特别是近十年来集约化、工厂化家畜生产兴起，使畜牧业格局发生较大变化，农区家畜数量逐渐超过了牧区。面对这些问题和挑战，我国草地畜牧业应该有一个新的发展思路，有一个大的转型。

在管理方面，我国长期以来重技术轻管理，草地畜牧业还基本没有定量管理的概念，没有考虑草、饲、畜的配置，忽视肉、毛、奶的质量管理，现有单项技术没有有效集成和利用，生产效率低下，事倍功半，资源浪费。其实，国外草地畜牧业也出现过很多的失误与教训。20 世纪 30 年代美国半干旱草地过牧和植被开垦，造成 2 次横扫美国 2/3 领土的黑风暴，刮起了约 3 亿吨土表土。20 世纪 50 年代，苏联草地风蚀也引起了黑风灾难。这些国家出现草地利用问题后，采取了一系列措施改善草地植被。许多国家制定了各种保护和管理草地的法律条例，如美国于 1936 年和 1950 年先后制定了保护草地和草地改良制度，明确规定根据不同草地的自然状况核定载畜量，租用属于国家的牧场放牧过度政府即将土地收回；英国经常进行草地调查和登记工作，将永久性草地划分类型，分别制定利用和改良方案，国家拨给补助金鼓励和推动草地改良。澳大利亚、新西兰等畜牧业发达的国家，数字化技术应用已深入草业生产、管理、市场经营的各个环节，先进的专家决策支持系统能够支持牧场规划、家畜饲养和能量管理、畜产品质量控制等各个方面的生产效率优化。

在产业发展方面，我国草地畜牧业过分单一地依赖草地资源的直接产出，忽视了创建生产、加工与市场经营一体化的产业链条，甚至循环的产业体系，起于草、止于畜的低附加值生产体系下，草地区域家畜数量在增加，但产值没有以相应的比例增加。而世界上的先进国家自 20 世纪 30 年代以来已先后完成了从原始的天然草地放牧到人工饲草地为主支持的现代化畜牧业的转变，不仅极大地提高了草地畜牧业的生产力，形成先进的产业链与发达的畜牧业经济，而且使天然草地得到充分的恢复和具有良好的生态功能。我国急需促进草地畜牧业和饲料业的产业化，建立现代化草食畜牧业产业体系；通过调整畜牧业结构，发展强大的饲料业和舍饲畜牧业，扩大饲养能力；结合牧区、农区、城郊草地牧业，建成一体化的草地畜牧业系统；制定产业扶持政策，加强政府对草畜业产业体系的宏观调控；扶强龙头，壮大基地，大力推行产业化经营。

当前，以云计算、物联网、移动互联网等为代表的新一代信息技术产业蓬勃发展，信息产业与其他产业间相互融合迅速深化，形成新商业模式和产业形态。新型现代技术的发展和深入运用，为我国草业生产结构优化与产业发展提供了强大的科技支撑。生态系统理论和模拟技术的快速发展，为草业数字化管理确立了专业理论基础；遥感技术的发展及其在农业和环境领域的深入应用，为大尺度草业信息快速获取提供了信息和技术基础；物联网技术、微电子技术、自动控制技术的迅猛发展，使得全方位开展草业系统各要素的连续观测成为可能；业已建立的草业数据基础数据系统结合数据库与大数据处理技术，为草业数字化监测、模拟、预测、管理、控制提供了信息基础和平台条件。草业数字化管理、现代化发展面临良好的机遇，我国草业的产业发展应发挥该后发优势，走一条科技化、现代化、信息化的新道路。

第二节　数字草业发展：问题与展望

一、数字草业发展趋势

数字草业的关键任务是利用现代信息技术实现草业专业模型的软件化、硬件化和产品化。数字草业随着现代信息技术的飞速发展迅速成长，不仅改变了传统的草地生态系统管理思想，而且引发了以知识为基础的草业产业技术革命。

2010 年《国务院关于加快培育和发展战略性新兴产业的决定》中提出大力发展七大国家战略性新兴产业，规划中指出，到 2020 年新一代信息技术产业将发展成为中国国民经济的支柱产业，现代信息技术正在发生迅速变化。硬件方面，微电子技术的飞速进步使各类计算机有了跨越式发展，计算机向着高集成度、高速度、低功耗、低成本方向发展；软件方面，随着大规模集成系统需要的增加，以超高速度、并行处理、智能化为发展方向，各种优秀的专业软件系统相继问世；计算机技术（信息处理技术）和通信技术（信息传输技术）在兼容与共存的基础上有机结合，促使信息技术进入了信息传输、处理、储存一体化的网络化新时代，现代网络技术正在突破传统技术和基础设施的局限，朝着更大、更快、更及时、更安全、更方便的方向发展。随着国际信息技术进入以网络化、智能化、高速度、低成本为主的全面信息化阶段，各领域数字化技术趋于硬件化、实用化、产品化。根据我国国情和草业生产发展水平，数字草业理论与技术表现出空间化、精确化、自动化、集成化的发展趋势。

数字草业研究是计算机技术、网络技术、通信技术和传感技术在草业中的综合应用，包括草业相关信息获取、信息处理、信息传输、信息利用等一系列环节的技术研究，包括多尺度草业生产系统功能、格局与过程的数字化表达、模拟、管理和控制。与现代信息技术的发展同步，数字草业在近期及未来的发展，体现出几方面明确的趋势：一是信息获取多元化和自动化、二是草业生产过程的模型化、三是草业生产管理的精准化和智能化、四是信息技术集成化与交叉融合。

（一）草业信息获取多元化和自动化

和其他各行业中信息技术的作用一样，在草业发展中，信息技术最基本、最有价值的服务是以数据库形成提供事实信息的编目及索引，基础信息积累是数字草业发展的基础和前提。庞大繁冗的数据只有依赖于强大功能的信息手段，才可以充分地发挥作用。业已建立的草业数据基础数据系统结合大数据处理技术，为草业数字化监测、模拟、预测、管理、控制提供了平台条件。

新型对地观测技术为获取大尺度草业背景信息提供了重要的调查方法和调查手段。我国草地面积广阔、类型多样、地形复杂，草业系统具有多空间尺度变化的特点，利用传统的信息调查方法难以在短期内及时获取有关定量数据。目前多平台、多卫星的搭载的高分辨率遥感数据为草地业信息动态获取提供了可靠的基础，RS、GPS 和 GIS 技术结合的调查技术可以减少县级调查 50%以上的人力，缩短工时 75%～80%，在大范围的地域效率更高，可以大大缩短信息获取周期、提高数据精度。

微电子技术、自动控制技术的迅猛发展，使得全方位开展草业系统各要素的连续观测成为可能，目前针对各种植被参数实现实时自动观测的传感器种类相对较多，其中观测温度、湿度、植被光合有效辐射和土壤水分的传感器都实现了市场化和商业化。尤其是新一代无线传感器网络技术集计算机科学技术，微机电系统（MEMS）传感器技术，网络通讯技术和嵌入式系统于一体，是后 PC 时代信息科学技术发展的一个主要趋势，也是当今陆基观测技术的前沿领域。

无线传感器网络应用于地面现场数据的实时获取，并作为辅助手段对遥感观测进行了校正和信息提取。美国国家航空航天局空气动力实验室基于传统遥感技术对于地面观测的不连续性和非唯一确定性，提出通过地面布设无线传感器网络对观测对象和环境实时连续不间断的监测以弥补传统遥感技术的不足和对相关观测进行校正的想法。基于这种想法，建立了 Web Sensor 的概念并开始了相关的研究，并成立了 Web Sensor 联盟，开放式 Web Sensor 架构和节点已被用于野外现场试验。以物联网技术为纽带的多源多尺度对地观测是现代环境信息获取的方向之一。

（二）草业生产过程的模型化

草业系统的生态和生产过程的机制及其对人为和自然干扰的响应，是数字草业最根本的理论基础。基于植被生长发育过程、草地-家畜相互作用机理，研究草业系统生态-生产功能的平衡关系，量化系统内各组分间能量流动、物质循环、信息传递功能，通过优化系统各组分功能关系，形成良性草业生产技术体系，是草业数字技术的前沿领域。

生态系统模型是认知草业生产和生态过程最有用的工具，目前各国开发的生态系统模型覆盖了宏观草业经济到微观分子水平的光合作用过程，几乎涉及所有草业生产问题，研究范围从全球到全国或地区牧场、生物群体到个体生长等不同层次，这些模型对生态系统过程和格局进行了精确刻画。近半个世纪以来，草业系统事实信息零散缺失是草地生态系统模型的进一步发展和应用的重要制约因素。当前社会进入大数据时代，基于海量数据的、开放协同的研究与创新模式，开创了数据密集型科学研究方法；海量数据和高性能计算技术的发展，为分析解决重大科学问题提供了可能，草业系统模型面临前所未有的机遇。发达国家已在农学、地学、环境领域应用高性能计算机、虚拟技术、网格技术、云计算等技术进行了多方面的尝试，交互式的数据分析、分散的数据资源整合、高性能的集成运算，极大地推动了生态系统模拟技术的发展。

现代生态系统模型的另外一个特点是越来越多地纳入社会经济要素。草业生态系统过程的最终目的是实现经济生产力的扩大增值，而经济生产力发展涉及草畜生产、加工、市场、用户各个方面。从定性的观点出发，经济生产力可以用投入与产出的对比关系来表示，运用信息技术以实现经济效益提高的中心目标，就是力争实现投入与产出的最优组合；从定量的角度考虑，投入与产出必须而且能够通过量化关系来衡量其结果优劣，即资源消耗与资源占用、利用的效率高低；从发展的角度讲，经济生产力是一个历史的范畴，计划经济时期和市场经济条件下，经济效益原则具有极大的差异性；从技术进步的角度看，信息技术广泛地应用于生产过程，可以在人力、物力、财力等投入一定甚至减少的情况下，使经济生产力倍增。在大数据、云计算等技术环境下，草业生产系统模型与社会经济信息的耦合，将促进草业与社会经济领域的交叉融合，推动草业经济宏观调控，以及产业链各个环节优化决策。

（三）草业生产管理的精准化和智能化

当前，全球农业正向精准化、智能化演进，21 世纪农业发展的方向是精准农业，即充分利用现代信息获取技术、结合生产过程的精确模拟，对各个关键生产环节和生产要素进行精确的计划和控制，避免因盲目投入所造成的浪费和环境污染。精准农业是信息技术与农业生产全面结合的一种新型农业，它将农业带入数字和信息时代。精准农业并不过分强调高产，而主要强调效益，其重要性是使各种原料的使用量达化型、规模化经营。

我国目前仍处于传统农业向现代农业的转变过程中，精准农业在我国的发展还比较落后。但由于精准农业在全世界发展劲头强，我国农牧业向精准化发展是一个必然趋势。在农牧业向精准化转变过程中，应用物联网技术的引进具有重要意义，以往在生态系统不同环节曾被“模糊”处理的问题，都可以通过物联网智能监控系统连续采集环境信息、实时跟踪系统状态，“精确”把关各环节的管理调控，提高草业要素管理防控能力、优化经济效益，通过建立集约型生产经营管理方式大大节约成本。我国草地生态系统区域辽阔、自然条件复杂，草业生产问题具有多时间、多空间尺度变化特点，正确了解草原基础信息是合理有效地管理草业资源的前提。日臻完善的空间技术和信息技术，为不同尺度草业资源信息的及时准确获取及处理加工提供了技术上的保障和可能。基于遥感（RS）、地理信息系统（GIS）、全球定位系统（GPS）、连续数据采集传感器（CDS）、变率处理设备（VRT）和决策支持系统（DSS）等现代高新技术，结合多远数据与生态系统模型同化技术，可以获取多尺度草业系统及其环境因素（如土壤结构、地形、植物营养、含水量、病虫草害等）时空差异性信息，并采取技术上可行、经济上有效的调控措施，为可控尺度上的草业精确化生产控制提供技术基础。

人工智能与自动控制技术是信息领域最前沿的技术之一，应用人工智能进行草业管理参数的获取与识别，大大提高了草业生产管理的自动化和实时化程度。各种用于科研和生产的草业信息快速获取、数字化管理、决策支持的硬件技术产品也得以迅速发展，包括草地生产过程如植物光合、呼吸、分解状况的自动连续精细监测设备，家畜活动行为、采食行为、体况及畜产品品质在线获取和分析设备，基于无线传感器网络的“虚拟栅栏”、“电子栅栏”、多用途放牧机器人等数字牧场技术等。设备自动化对于优化草地家畜的生产经营管理模式，保护草地生态环境、增加草地资源持续供给能力同时降低成本、争取经济收益最大化具有重要的支撑和保障作用。因此，草业管理自动化是我国数字草业发展的必然选择，也是拓宽数字技术及其产品应用的重要契机。

（四）草业经营管理的网络化和集成化

“网络化”是计算机及其应用系统的发展趋势，也是数字草业应用系统的发展方向和开发策略。信息技术对草业产业发展重要的帮助之一是远程信息通讯，草原区地域广阔，气候农业生产活动和自然生态系统中存在许多不确定性和非线性因素，草地生产、经营管理存在明显的地域性不平衡。具有网络支持的移动存储平台能够弥补电信基础设施条件带来的不便，提供更加方便的服务。近二三十年，数理理论工具和应用技术的发展、遥感和地理信息系统技术都迅速应用并移植入网络环境中，这为分布式决策支持系统提供了技术上的基础，为草业发展和生态系统管理中的不确定性和非线性问题提供了丰富的手段。另外，我国草地农业产业化发展的道路是以承包责任制为基础的，如何把千家万户的小生产与千变万化的农牧产品大市场联系起来，将草业发展所必需的各种要素按生产资源配置的要求优化组合，将草畜生产各环节按一体化经营的要求有机联系，完成草地生物生产向经济生产的转换，实现草畜产品的价值实现和价值增值。移动互联的飞速发展，兼以云计算和大数据时代的演进，草业数字化管理将不仅仅局限在生产环节，进一步扩大到产业经营和流通领域，有计划、有目的地引导草业产品的流通与增值。

现代信息技术的核心内容是基于微电子技术的计算机技术和通讯技术，21 世纪人类将全面进入信息化社会，对微电子信息技术将不断提出更高的发展要求，促进微电子技术本身及其与其他学科的深度集成。就草业生产系统而言，因其具有生产环节多、产业流程长、空间布局分散等特点，任何单项信息技术都无法处理草业生产不同环节、产业经营不同流程的规划决策问题，而需要计算机技术、通信技术、网络技术、传感技术、控制技术、显示技术等与草业生产经营过程的多元集成。新方法、新技术的应用，不一定完全取代或排斥传统技术，往往采取“相互结合、取长补短”的“集成化”策略会更有效、更实用。

二、我国数字草业发展面临的问题

我国在草业数字化技术研究方面已经取得了很多进展，为我国草业信息化、科学化、现代化发展奠定了技术基础。但是，草业数字技术推广应用受到整体社会经济水平、管理观念和信息通讯基础设施的限制，我国数字草业技术市场化程度整体还比较低，发达地区与欠发达地区表现出极大的不平衡，还需要很长的时间来完善和发展。

（一）产业积累不足：我国与国际同行业的差距

自 20 世纪 30 年代以来，世界上的先进国家已先后完成了从原始的天然草地放牧到人工饲草地为主支持的现代化畜牧业的转变。草业的产业转变不仅极大地提高了草地畜牧业的生产力，造就了现在高度发达和工业化的先进畜牧业经济，而且，发达国家在草业产业发展的同时对基础数据和管理技术投入了很大关注，各种现代信息技术在草业生产过程监测、模拟、评估、管理、控制中得到广泛和深入的应用，数据系统和管理支持技术反过来对草畜产业生产和调节产生了积极的反馈。与发达国家比较，我国数字草业效益不明显。由于数字草业在国内总体上尚处于探索阶段，实用性、普遍性的技术应用还很少，直接带来的经济效益还没有很好地显现出来。

草业基础信息积累是草业信息化管理的原材料，我国在草业基础信息标准化集成方面整体水平偏低，收集、处理、传播的软硬件设备与网络体系不健全，现有大量信息系统、病虫害数据库、品种资源管理数据库系统、土壤系统分类数据库系统等大多不涉及空间维度，难以适应当前对空间数据信息的需求；对于来源多种多样、格式也不尽相同的各种数据的实时性、地域性、综合性处理还需做出很多努力。

技术研究方面，我国缺乏把信息技术作为草业生产第一要素的高度进行技术研究的系统组织、设计，研究力量和目标分散，数字化技术对草业进行系统表达、设计、控制、管理的作用远远没有发挥出来；缺乏具有带动全局性和战略性的重大技术、重大产品和重大系统，目前已有的研究成果相当一部分是把信息技术作为外围辅助的手段，提供表层的信息服务，数字化技术没有作为本质要素真正参与到草业生产、管理、科研和推广各个环节中。

最关键的是，我国草业产业对数字技术应用的认识不到位，人才缺乏，现有的草业信息系统和实用数字技术难以得到深入应用。缺少草业生产管理与经营决策方面专门的信息技术人才，网络信息集成分析、在线处理、市场形势分析等方面的人才也不多，在很大程度上限制了数字草业技术产品的应用和行业发展。

（二）数字鸿沟：地域和学科领域的差距

草业的三个子系统：草地畜牧业、饲料草业、生态草业中，只有饲料草业没有明显的地域性，草地畜牧业和生态草业的分布均与天然草原地域分布一致，主要分布在北方干旱地区、青藏高寒地区，是我国自然条件最严苛的区域，气候干旱少雨，土壤沙化严重，生态系统非常脆弱。天然草原区生产方式原始落后、生产力水平低，是统筹区域发展的弱势地区。从经济发展水平看，该区域是相对不发达省区分布较多的区域，人均 GDP、工农业总产值均低于全国平均水平，和经济发达地区的差距则更大。这些差距以地区经济发展的非均衡态势表现出来，经济结构和经济效益的差距对于草业的发展也是一个重大的障碍。经济发展水平、基础设施条件的差距，限制了草原区域信息技术的深化应用，造成了草原区与发达地区、草业与其他产业间的信息鸿沟。在经济欠发达地区，虽然信息技术也以迅猛态势发展，但与发达国家和我国发达地区相比差距仍然很大，集中表现在信息意识落后、信息技术市场化程度低且动作不规范，传统产业对信息产业的拖曳等方面，这些都直接或间接地反馈到草业经济发展上。2013 年《中国信息化发展水平评估报告》指出，我国信息化指数在 90 以上的省市基本上集中在东部经济发达省市，新疆、内蒙古、甘肃、青海、西藏等草业大省，信息化指数在 60～70。这种地域性信息鸿沟限制了数字草业在产业生产管理、决策支持中的应用，减缓了数字草业技术的发展和深化应用。

从学科领域看，相对于种植业、林业、养殖业的数字化研究进展，数字草业的发展也比较缓慢。新中国成立以来的几十年间，我国在农业生产上“以粮为纲”、重农轻牧，在生态建设上忽视草原、重林轻草，在养殖业上以耗粮型猪禽养殖为主、忽视草食畜牧业，所以草业本身的发展就滞后于种植业、耗粮型养殖业和林业，长期以来，在投入建设、政策补贴、科技研究方面，草业都没有得到足够关注，数字草业发展也落后于数字农业的其他组分如数字种植业、数字养殖业及数字林业。针对我国草原区的发展和环境问题，2010 年国务院通过了《草原生态保护补助奖励机制》，每年投入 136 亿元促进草地生态恢复、畜牧业发展方式转变和牧民增收。2012 年中央 1 号文件决定启动实施“振兴奶业苜蓿发展行动”，2012～2015 年每年投入 5.25 亿元建设 50 万亩高产优质苜蓿示范片区。这些重大政策措施极大地推进了草业发展壮大。同时为数字草业的发展创造了契机，因为农业信息化发展归根结底依赖于原产业的发展水平。在信息技术深化应用方面，2010 年国务院发布的《国务院关于加快培育和发展战略性新兴产业的决定》、2012 年发布的《“十二五”国家战略性新兴产业发展规划》，明确了新一代信息技术产业成为未来支柱性战略性新兴产业，各省市纷纷出台政策规划，大力发展现代信息服务业，抢占产业发展先机，推动区域经济转型升级。这些草业和信息产业方面国家大政方针的转变，对于数字草业的发展无疑是一剂强心针。

三、我国数字草业发展展望

我国数字草业总体发展目标根据国民经济和社会发展的需要，进行数字草业重大技术、重大系统、重大产品的研究开发并取得突破性进展，建立我国数字草业技术体系，使我国数字草业技术研究应用达到世界先进水平，全面推进我国草业信息化和现代化进程。要加强数字草业应用基础研究，建立规范化草业信息标准，开展重大关键技术攻关和超前探索研究，构建适应我国国情的数字草业公用技术平台，为我国数字草业的应用发展提供技术支撑；要加强统一标准下的国家草业信息资源库的开发利用，整合现有资源，建立高速畅通的信息传播渠道和资源共享机制，服务草业、农村和农民，普及草业科学知识，加快市场信息的传播，帮助农民致富；要依据技术经济综合最优的原则，加强数字草业技术产品的研究开发，建立面向宏观决策、生产管理、技术传播、市场经营的数字草业专业技术系统，提高决策、管理、生产、经营的科学水平，为草业和农村经济战略性结构调整服务；并开展数字草业技术应用示范，建立适合当地的数字草业技术应用平台和推广体系。近期主要工作任务包括：

1）依托国家现有基础设施，完善我国草业数字信息传播体系。充分发挥现有计算机网络、广播电视网络、电话网络和卫星传输网络的作用，以地方投入为主导，完善农村信息基础设施建设，建立高效的信息获取、信息处理和信息传输网络体系，为草业数字信息的传播利用奠定坚实的物质基础。建立国家草业数字信息传播骨干网络体系，依托各种涉农网络，实现省、地、县、乡镇的有效连接，确保政务、技术、生产、市场等方面的信息传输，为农民提供方便快捷的信息服务。

2）构建我国数字草业信息标准体系。本着有利于草业数字信息的共享和集成分析，保证草业信息高速公路的高效、畅通，实现草业生产的科学决策、实时管理和可持续发展为前提，突出草业科技信息，兼顾生产信息和市场信息，遵循国家和行业标准的制定原则，研究制定适合数字草业发展的草业信息标准化准则，以保证在草业各领域在长期的生产和研究实践中积累的知识、数据得到充分利用；保证为政府和社会各阶层的管理决策提供科学准确的信息；为数字草业当前和长远发展提供保障，满足信息生产者、加工者、传播者和使用者的长远需要。

3）开发一批共享的数字草业信息资源数据库系统。面向国家和省级政府层面的决策服务体系、生产决策体系、市场流通体系、信息管理体系、信息服务与技术推广体系，建立草业种植业、养殖业、林业、加工业等有关技术、生产、管理、气象、市场、政策法规等方面的信息数据库、1∶10 000 的地理信息基础数据库和环境资源信息数据库、国家草业核心科技资源数据库，建立国家数字草业资源中心，实现草业生物、环境、技术和社会经济要素信息数字化，通过网络系统进行信息的发布和应用，促进相关信息业和服务业的发展。

4）构建和完善我国主要农林植物和畜牧养殖动物的生物生长数字模型，实现我国主要农林植物和畜牧养殖动物数字模拟和设计；研究开发不同层次、不同草业产业类型的草业系统数字模型，实现农用物资设备、草业生产管理、经营决策的智能化和数字化。

5）研究和开发适合我国实际情况的数字草业信息采集技术。建立以地面、航空和航天平台为基础，以 3S 技术为支撑、立体交叉的草业数字化监测体系，实现对草业生产及重大植物病害、畜禽疫病的实时监测和预报，提高草业宏观决策的科学水平和快速反应能力。

6）构建我国自主知识产权的数字草业公共技术平台。根据我国草业不同领域、不同目标和服务对象的需要，基于当前主流信息技术和计算机软硬件环境，采用软构件技术和面向对象的技术，通过系统集成，研究开发一批技术先进、界面友好、功能丰富、实用性和可推广性强，拥有自主知识产权的开放式数字草业公共技术平台，为各地区实施数字草业提供强大的技术支撑。

7）进行数字草业信息获取、处理、加工、传播和应用等方面的重大基础性、共性和关键技术研究。开发具有自主知识产权，能够适应不同层次、不同类型需求的数字化软硬件产品，主要包括信息采集技术产品，面向农民和农村干部使用的便携式草业数字化产品（如草业掌上电脑、电子书等），其他网络终端产品，光、温、水、养分传感器，设施环境智能监控设备，机电一体化设备，多媒体光盘信息系统产品等。

8）研究开发各类实用的数字草业应用系统。基于公共数字草业技术平台，研究开发本地化的草业信息数据库，建立本地化的草业知识库、模型库，通过系统集成，建立各类服务于当地草业生产的数字草业信息系统、服务于市场经营的分析预测系统、服务宏观管理的决策支持系统、资源管理的地理信息系统、教育培训的远程多媒体教育系统、用于知识普及的多媒体光盘系统等。

9）数字草业技术集成与应用示范体系建设。依据当地经济条件和信息基础设施水平，结合地方草业特色，以完善草业技术推广体系、提高科技信息意识、加速科技成果转化和富裕农民为目标，优先选择重点应用领域，在区域典型性和代表性的前提下，选择若干积极性高的省、直辖市建立数字草业示范区，使数字化技术在草业和农村经济发展中得到广泛应用，实现草业生产、科研、教育、推广、市场经营和农村社区信息服务的数字化，提高当地草业信息化水平，促进农村经济的发展。

10）加强技术培训和人才培养。一方面要培养高水平的数字草业专业技术人才，特别是计算机和草业复合型人才的培养；另一方面要广泛开展基层的草业信息化技术培训，提高有关人员的信息意识，加速数字草业技术成果的推广应用。